Win-Q

전기
기능사 실기

시대에듀

[편·저·자·약·력]

박성운

現 부산전자공업고등학교 전기과 교사

[학력]
충남대학교 전기공학교육과 졸업
부산대학교 산업대학원 전기공학 석사 졸업

[경력]
전기기사 취득
전기공사기사 취득
옥내배선 지도 교사 역임
동력제어 지도 교사 역임
전기 관련 전국교육용소프트웨어와 교육자료전 다수 수상 등

박지환

現 부산공업고등학교 전기과 교사

[학력]
충남대학교 전기전자통신교육과 졸업

[경력]
전기기능사 취득
전기산업기사 취득
전기기사 취득
전기공사기사 취득

편집진행 윤진영 · 김경숙 | **표지디자인** 권은경 · 길전홍선 | **본문디자인** 정경일 · 박동진

PREFACE

전기기능사 분야의 전문가를 향한 첫 발걸음!

오랜 기간 학교에서 수업을 하거나 전기기능사 실기 감독을 하다 보면 "동작만 되면 된다"는 식으로 기본 원칙을 무시하고 작업을 하는 경우를 많이 보아 왔습니다. 자격증 취득도 중요하지만 대충하는 작업이 습관화되면 현장에서 안전에 심각한 문제가 발생하게 됩니다. 처음부터 정확한 작업 방법과 올바른 규칙을 지켜 작업하는 것이 매우 중요합니다. 현재까지 전기기능사에 대한 체계화된 지침서가 부족하여 오랜 시간 자료를 수집하고 정리하였습니다. 그 자료를 바탕으로 회로를 분석하고 재구성과 창작을 통해 도면을 제작하였고 오류를 최대한 줄이려 노력하였습니다. 단순한 기능에 치우치지 않고 가능한 정확한 작업 방법을 제시하여 전기공사에 대한 기본 기능을 익힐 수 있도록 하였습니다. 전기기능사의 실기 도면을 직접 작성하고 작업하는 데 많은 도움이 될 것이라 생각합니다. 하지만 전기기능사 실기시험은 아는 것보다 기능에 중점을 두어야 하기 때문에 주어진 시간 내에서 작품을 완성하고 동작이 되어야 함을 꼭 명심하여야 합니다.

[책의 구성]
❶ 기초회로에서 응용회로까지 다루어 전기회로에 대한 해석 능력을 갖게 하였습니다.
❷ 전기기능사 실기를 위해 기본에 충실하고 응용력을 높여 어떤 작업이나 회로에도 스스로 해결할 수 있는 능력을 갖게 하였습니다.
❸ 최근에 실시한 과년도 기출문제를 분석하여 출제 경향을 알 수 있도록 하였습니다.

이 책은 크게 다섯 부분으로 나누어 집필하였습니다.
첫 번째 부분에서는 제어의 가장 기본이 되는 스위치 접점과 심벌, 조작 스위치, 검출 스위치, 출력 기기, 보호 장치, 조작 기기의 역할과 동작을 익히고, 공구와 재료의 용도를 정확히 구분하고 공구의 올바른 사용법을 익혀 작업의 안정성과 작업 능률을 향상시킬 수 있게 하였습니다.
두 번째 부분에서는 곱셈과 나눗셈을 하기 위해 구구단을 외워야 하듯 기본회로의 구성과 동작을 이해하여 작업함으로써 새로운 도면이나 어렵고 복잡한 도면을 만났을 때 작업할 수 있는 능력을 갖게 하였습니다.
세 번째 부분에서는 전기기능사 실기회로의 이해와 정확한 방법으로 작업하여 어떤 회로나 작업이 주어지더라도 해결할 수 있는 능력을 길러 주기 위해 구체적이고 정확한 작업 방법과 작업 순서를 제시하였습니다.
네 번째 부분에서는 최근에 가장 많이 출제되었던 도면을 중심으로 동작회로도 번호 넣기, 단자대 이름 붙이기, 제어판 결선 방법, 동작검사, 외부 기구 결선 등 작업 방법을 상세히 설명하여 반복 작업을 통해 스스로 실습을 할 수 있도록 하였습니다.
다섯 번째 부분에서는 다양하고 많은 전기기능사 실기도면을 제시하여 시퀀스도면과 배관작업에 대한 적응력을 키울 수 있도록 하였습니다.

이 책을 통해 학생과 교사, 전기기능사 실기를 준비하는 수험생에게 조금이나마 도움이 되었으면 하는 바람을 가져 봅니다. 아무쪼록 "전기기능사 합격"이라는 소기 목적을 이루시길 기원합니다. 계속 보완하여 좋은 교재가 되도록 노력하겠습니다.

편저자 씀

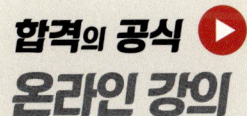 

보다 깊이 있는 학습을 원하는 수험생들을 위한
시대에듀의 동영상 강의가 준비되어 있습니다.
www.sdedu.co.kr ➔ 회원가입(로그인) ➔ 강의 살펴보기

[전기기능사] 실기

시험안내

개요
전기로 인한 재해를 방지하기 위하여 일정한 자격을 갖춘 사람으로 하여금 전기기기를 제작, 제조, 조작, 운전, 보수 등을 하도록 하기 위해 자격제도를 제정하였다.

진로 및 전망
발전소, 변전소, 전기공작물시설업체, 건설업체, 한국전력공사 및 일반사업체나 공장의 전기부서, 가정용 및 산업용 전기 생산업체, 부품제조업체 등에 취업하여 전기와 관련된 제반시설의 관리 및 검사업무 보조 및 담당할 수 있다. 설치된 전기시설을 유지·보수하는 인력과 전기제품을 제작하는 인력수요는 계속될 전망이며, 새롭게 등장하는 신기술의 개발로 상위의 기술수준 습득이 요구되므로 꾸준한 자기개발을 하는 노력이 필요하다.

수행직무
전기에 필요한 장비 및 공구를 사용하여 회전기, 정지기, 제어장치 또는 빌딩, 공장, 주택 및 전력시설물의 전선, 케이블, 전기기계 및 기구를 설치, 보수, 검사, 시험 및 관리하는 직무를 수행한다.

시험일정

구분	필기원서접수 (인터넷)	필기시험	필기합격 (예정자)발표	실기원서접수	실기시험	최종 합격자 발표일
제1회	1월 초순	1월 하순	2월 초순	2월 초순	3월 중순	4월 중순
제2회	3월 중순	4월 초순	4월 중순	4월 하순	5월 하순	6월 하순
제3회	6월 초순	6월 하순	7월 중순	7월 하순	8월 하순	9월 하순
제4회	8월 하순	9월 하순	10월 중순	10월 하순	11월 하순	12월 하순

※ 상기 시험일정은 시행처의 사정에 따라 변경될 수 있으니, www.q-net.or.kr에서 확인하시기 바랍니다.

시험요강
❶ 시행처 : 한국산업인력공단
❷ 시험과목
  ㉠ 필기 : 1. 전기이론 2. 전기기기 3. 전기설비
  ㉡ 실기 : 전기설비작업
❸ 검정방법
  ㉠ 필기 : 객관식 4지택일형(60문항)
  ㉡ 실기 : 작업형(5시간 정도, 전기설비작업)
❹ 합격기준(필기·실기) : 100점 만점에 60점 이상

출제기준

세부항목	세세항목
전기공사 준비하기	• 전기공사를 수행하기 위하여 전기공사 도면을 이해할 수 있다. • 전기공사 수행을 위한 필요 자재물량을 산출할 수 있다. • 전기공사를 수행하기 위해 공구를 용도에 맞게 준비할 수 있다.
전기배관 배선하기	• 배관, 배선공사를 위해 전선관 및 전선을 원하는 사이즈로 재단할 수 있다. • 배관, 배선공사를 위해 도면을 이해하고 금속관, PVC관 배관을 할 수 있다. • 전기배선을 위해 전선 접속을 정확하게 수행할 수 있다.
전기기계기구 설치하기	• 각종 장비의 매뉴얼에 따라 해당 장비가 정상적으로 동작되는지를 판단할 수 있다. • 설계도면에 따라, 선로의 시공의 적합성에 대하여 판단할 수 있다. • 기기의 설치 위치 및 관로의 구성을 파악하여, 문제점을 판단할 수 있다.
전동기제어 및 운용하기	• 시퀀스 원리를 활용하여 작업지침서에 따라 시퀀스회로를 완성하고 제어용 기기(전자접촉기 등)를 설치할 수 있다. • 전동기 정회전, 역회전 원리를 기초로 작업지침서에 따라 전동기 단자에 전원선을 연결할 수 있다. • 전동기 기동원리를 기초로 작업지침서에 따라 전동기 기동장치를 설치 및 기동 운전할 수 있다. • 전동기 운전조건을 활용하여 운전지침에 따라 전동기를 기동하고 정지할 수 있다. • 전동기 정격운전 조건을 기초로 하여 전동기 운전지침에 따라 전동기 운전값을 계측, 기록, PC에 모니터링할 수 있다.
전기시설물의 검사 및 점검하기	• 계측기를 활용하여 지정된 운전정격값에 따라 운전값(전압, 전류, 역률, 전력 등)을 측정할 수 있다. • 계측된 값을 활용하여 운전지침에 따라 운전값을 기록, 저장, 컴퓨터 모니터링을 할 수 있다. • 계측된 값을 활용하여 정상운전값에 따라 계측된 값을 비교하여 기록할 수 있다. • 운전지식을 활용하여 운전지침에 따라 전력시설물을 정지 또는 가동시킬 수 있다.

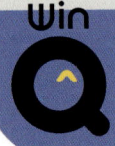

[전기기능사] 실기

구성 및 특징

핵심이론

필수적으로 학습해야 하는 중요한 이론들을 각 과목별로 분류하여 수록하였습니다. 시험과 관계없는 두꺼운 기본서의 복잡한 이론은 이제 그만! 시험에 꼭 나오는 이론을 중심으로 효과적으로 공부하십시오.

기본회로

출제경향을 분석하여 실기 학습에 기초가 되는 기본회로와 작업방법을 명쾌한 해설과 함께 수록 하였습니다.

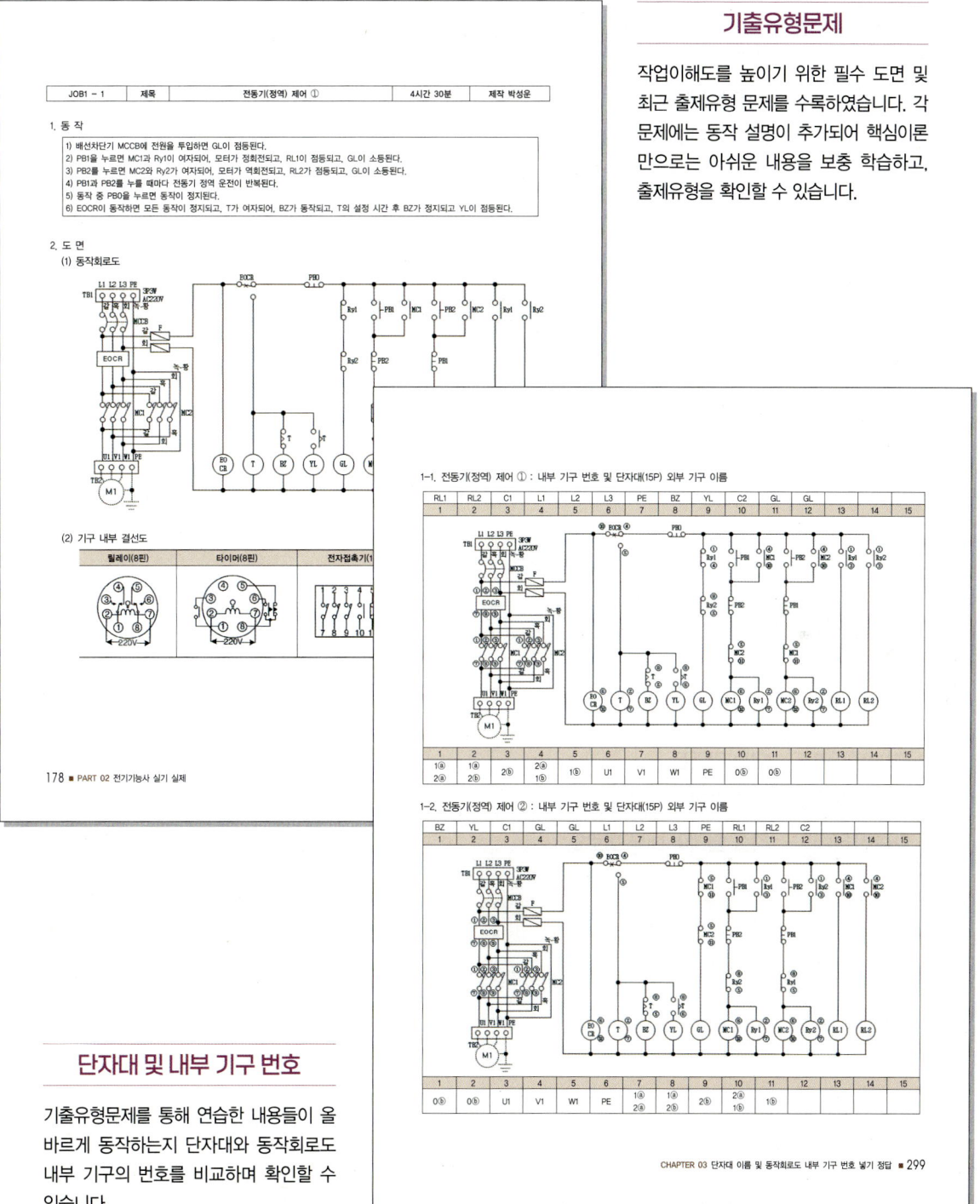

기출유형문제

작업이해도를 높이기 위한 필수 도면 및 최근 출제유형 문제를 수록하였습니다. 각 문제에는 동작 설명이 추가되어 핵심이론만으로는 아쉬운 내용을 보충 학습하고, 출제유형을 확인할 수 있습니다.

단자대 및 내부 기구 번호

기출유형문제를 통해 연습한 내용들이 올바르게 동작하는지 단자대와 동작회로도 내부 기구의 번호를 비교하며 확인할 수 있습니다.

이 책의 목차

PART 01 | 핵심이론

CHAPTER 01　시퀀스 제어의 기초　　002
CHAPTER 02　시퀀스 제어의 기본회로 이해　　028

PART 02 | 전기기능사 실기 실제

CHAPTER 01　작업 순서와 방법　　092
CHAPTER 02　전기기능사 실기 이해와 작업　　132
CHAPTER 03　단자대 이름 및 동작회로도 내부 기구 번호 넣기 정답　　298

PART 03 | 부록 : 전기기능사 실기(작업형) 응시요령

CHAPTER 01　작업 방법 및 순서　　330
CHAPTER 02　실기(모의) 문제지　　340
CHAPTER 03　채점 기준표　　349
CHAPTER 04　출제 경향　　350
CHAPTER 05　각종 릴레이 내부 회로도　　351

PART 01

핵심이론

CHAPTER 01　　시퀀스 제어의 기초
CHAPTER 02　　시퀀스 제어의 기본회로 이해

> **일러두기**
>
> • 2023년 10월 12일 한국전기설비규정(KEC) 일부 개정에 따라 용어가 아래와 같이 변경되었으나 교재 내에서는 도면 표기 및 학습의 편의상 변경 전 용어를 그대로 사용하였으니 학습에 참고하시기 바랍니다.
>
> | 변경 전 | 결선 | 백색 | 청색 | 황색 | 흑색 |
> |---|---|---|---|---|---|
> | 변경 후 | 전선연결 | 흰색 | 파란색 | 노란색 | 검은색 |

CHAPTER 01 시퀀스 제어의 기초

핵심키워드 시퀀스의 정의와 제어의 가장 기본이 되는 접점의 구성과 역할을 이해하여 회로도 보는 능력을 기를 수 있게 한다. 또한 기구의 구조와 동작 원리, 특징을 알고 공구의 용도와 사용법을 익혀 작업의 안정성과 작업능률을 향상시킬 수 있게 한다.

(1) 시퀀스 제어(Sequence Control)

㉮ 시퀀스 제어 용어 정리

- ON과 OFF : 스위치에 따라 동작의 형태가 달라진다.

동 작 \ 종 류	푸시버튼		유지형 스위치 (셀렉터/텀블러)
	a접점	b접점	
ON	누르면 접점이 붙는 상태	누르면 접점이 떨어지는 상태	켜진 상태 유지
OFF	떼면 되돌아가 떨어지는 상태	떼면 되돌아가 붙는 상태	꺼진 상태 유지

- 점등 : 전기를 공급하여 전구에 빛이 나는 것을 말한다.
- 소등 : 전기를 끊어 전구에 빛이 꺼지는 것을 말한다.
- 점멸 : 전구가 켜지고 꺼지는 동작을 반복하는 것을 말한다.
- 여자 : 릴레이 코일에 전류가 흘러 전자석이 되는 것을 말한다.
- 소자 : 릴레이 코일에 전류가 끊어져 전자석을 잃게 되는 것을 말한다.
- 동작 : 어떤 원인을 주면 정해진 작용을 하는 것을 말한다.
- 복귀 : 동작 이전의 상태로 되돌아가는 것을 말한다.
- 순시 : 코일이나 동작회로에 전기가 들어오면 접점이 바로 동작하는 것을 말한다.
- 한시 : 동작회로에 전기가 들어오면 일정한 시간이 지난 후 동작하는 것을 말한다.
- 촌동(인칭) : 푸시버튼을 누르는 동안에만 동작하는 것을 말한다.
- 기동 : 정지상태의 전동기나 히터 등을 운전상태로 만드는 것을 말한다.
- 정지 : 전동기나 히터 등의 동작 중인 부하가 멈추는 것을 말한다.
- 경보 : 고장의 원인으로 주의를 요구하기 위해 신호를 발생시키는 것을 말한다.
- 배선 : 정해진 방법에 따라 전선을 배치하는 것을 말한다.
- 결선 : 기구와 기구를 서로 전선으로 연결하는 것을 말한다.
- 입선 : 전선관에 전선을 집어넣는 것을 말한다.
- 접속 : 전선과 전선을 서로 연결하여 전기를 통하게 하는 것을 말한다.
- 트립 : 고장으로 회로를 차단하는 것을 말한다.
- 시퀀스도(동작회로도) : 기기, 기구의 동작 및 기능을 전개하여 표시한 도면을 말한다.

㉯ 시퀀스 제어(Sequence Control) 개요

'정해진 순서에 따라 제어의 동작을 차례로 행하는 것'으로 다음과 같이 분류한다.

㉠ 순서 제어(기억+판단) : 앞 단계에서 제어 동작을 끝낸 후 다음 동작을 하는 제어

　　예 기계나 장치의 기동, 운전, 상태 변경

㉡ 시한 제어(기억+시한) : 앞 단계에서 제어 동작 후 일정한 시간이 지난 후 다음 동작을 하는 제어

　　예 신호등, 전기 밥솥, 세탁기 등

㉢ 조건 제어(판단) : 앞 단계에서 제어 결과에 따라 다음에 할 동작을 정하고 다음 동작을 하는 제어

　　예 보일러(온도), 급배수(물 높이), 화재감지(연기량), 가로등 점멸(빛의 양), 엘리베이터(위치) 등

㉰ 시퀀스 제어의 구성과 기능

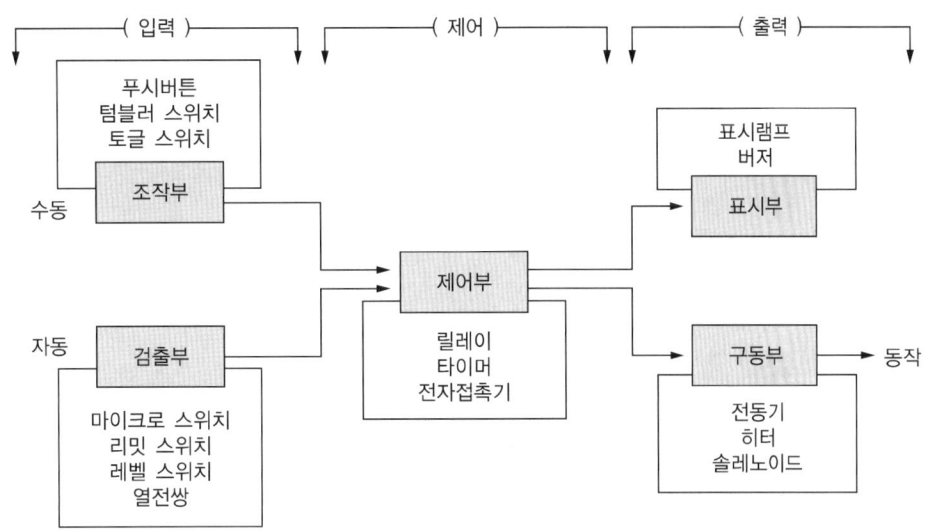

㉱ 스위치의 이해

㉠ 스위치의 구성

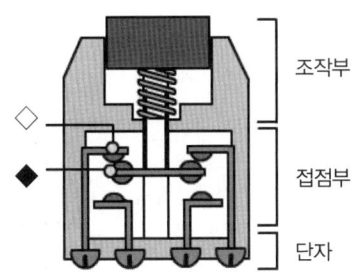

- 조작부 : 외부 힘을 받아 접점을 조절하는 부분
- 접점부 : 전기를 흐르게 하거나 차단하는 부분

　전극 : 금속체가 서로 접촉하는 부분
　◇ 고정 전극 : 움직이지 않는 전극
　◆ 가동 전극 : 움직이며 접점의 상태를 바꾸는 전극

- 단자 : 전선을 연결하는 부분

ⓒ 접점의 구분

도면에서 기본 표시는 "기기가 작동하지 않은 상태(무조작 상태, 평상시(Normal))"로 나타낸다. 제어에서 가장 기본적인 장치인 각종 스위치나 릴레이에 포함되어 있다. 기능 검정에서는 "c접점"을 주로 사용한다.

종류 특징	상태	심벌	설명
NO접점 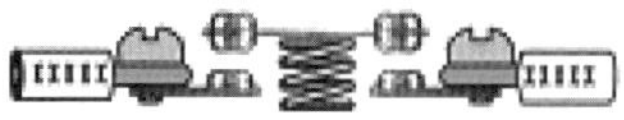	초기 (복귀)	 —o o—	• 평상시 열려 있는 접점(Normal Open) • 기구 단자 사이에 표시(NO)
a접점 	동작	 —o o—	• 가동접점이 고정접점에 접촉되는 접점 • arbeit 접점(make 접점)
NC접점 	초기 (복귀)	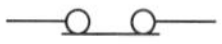 —o o—	• 평상시 닫혀 있는 접점(Normal Close) • 기구 단자 사이에 표시(NC)
b접점 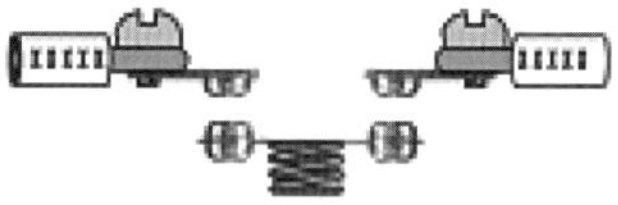	동작	 —o o—	• 가동접점이 고정접점에서 떨어지는 접점 • break 접점
NO + NC접점 	초기 (복귀)	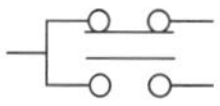	• 조작을 가하면 변환되는 접점 • change over 접점 • NO + NC
a접점 + b접점 	동작	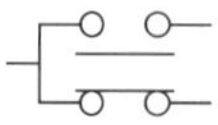	• 조작을 가하면 변환되는 접점 • change over 접점 • a접점 + b접점

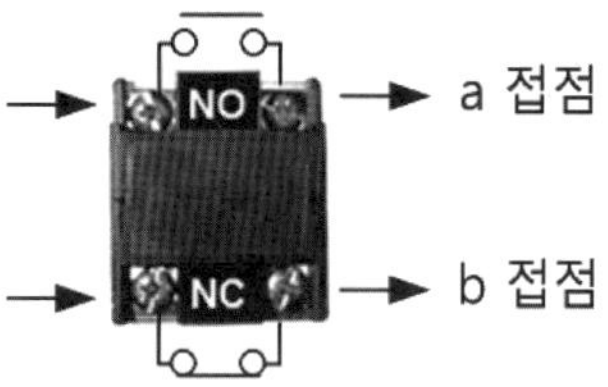

※ 왼쪽 그림에서 화살표 방향으로 전선을 연결해야 접점의 역할을 한다.

※ 오른쪽 그림에서 화살표 방향으로 전선을 연결하면 접점의 역할을 하지 못한다.

㉮ 스위치의 분류 : 시퀀스 제어를 이해하기 위해서는 스위치를 알아야 한다.

- 실제 배선도
- 시퀀스도

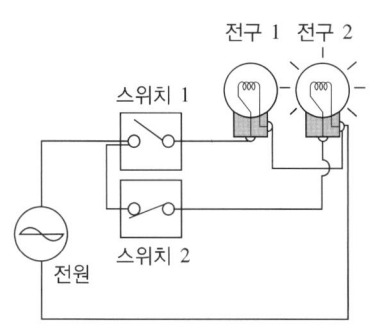

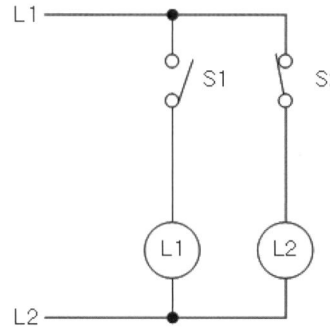

전원 부분은 생략(L1, L2, L3 표시)

종 류	심 벌	특 징			
수동조작 자동복귀 (푸시버튼)	PB ─o o─	• 누를 때만 동작, 손을 놓으면 "조작부분과 접점"이 같이 복귀한다. • 시퀀스 제어에 많이 사용된다. • 푸시버튼이 주로 쓰인다.			
수동조작 수동복귀 (유지형 스위치)	• 조작 후 손을 놓아도 "조작부분과 접점"은 그 상태를 계속 유지한다. • 셀렉터 스위치, 텀블러 스위치, 토글 스위치가 있다.				
		단로 스위치(S)	3로 스위치(S_3)	4로 스위치(S_4)	
				ON	OFF

		─o╱o─	─o╱o─
			    o
				═o o═
				═o o═
					═o o═
					  ╳
					═o o═

	1개소 점멸	• 2개소 점멸 : S_3 2개 • 3개소 점멸 : $S_3 + S_4 + S_3$ • 3개소 점멸 이상인 경우 S_3 사이에 S_4를 1개씩 추가			
조작부 복귀 잔류 접점	S ─o o─ ─o o─	조작 후 손을 놓으면 접점은 그 상태를 계속 유지하고 조작 부분만 원래 상태로 되돌아온다.			

※ KS 접점의 위치 규정

a접점(위, 오른쪽)			b접점(아래, 왼쪽)		
a접점	─o o─	o│	b접점	─o o─	│o

(바) 접점의 종류와 기호

항목		a접점		b접점		c접점		비 고
		가로	세로	가로	세로	가로	세로	
수동조작접점	수동동작 수동복귀							• 토글 스위치 • 텀블러 스위치 • 셀렉터 스위치
	잔류접점							잔류형 푸시버튼 스위치
	수동동작 자동복귀							푸시버튼 스위치
	기계적 접점							리밋 스위치
전자계전기접점	수동복귀							EOCR
	자동복귀 (소전류)							• 각종 릴레이 • 전자접촉기 보조접점
	자동복귀 (대전류)			• 주회로 제어에는 "a접점"만 사용 • 3선을 동시에 열고 닫는다.				전자접촉기 주접점
타이머접점	한시동작 순시복귀							ON Delay 타이머
	순시동작 한시복귀							OFF Delay 타이머

(2) 조작 스위치

㉮ 푸시버튼 : 버튼을 누르거나 놓아 접점을 열고 닫는 스위치

모양	구조	그림 기호
NC(b접점) NO(a접점)	누름버튼, 복귀 스프링, 고정 전극, 가동 전극, 단자	a접점 b접점 c접점

㉠ a접점 : 기동 스위치(녹색-도면 원칙)

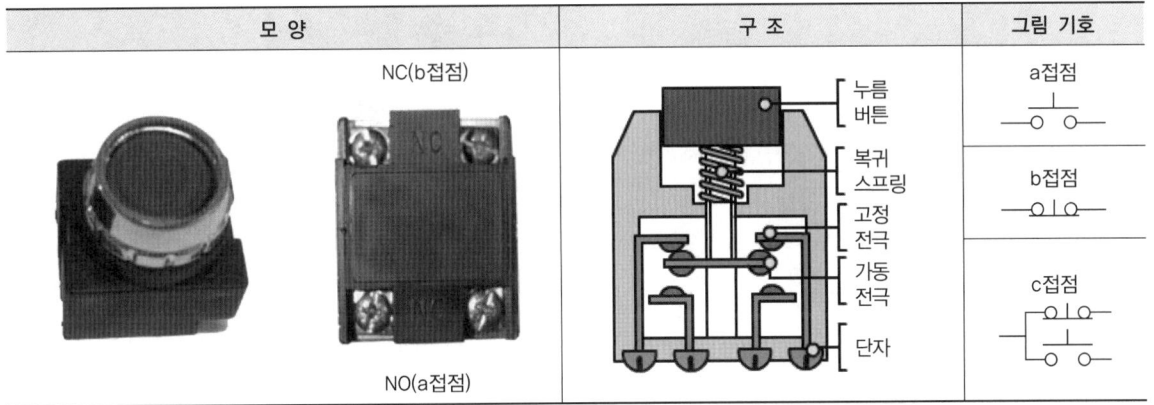

복귀	동작
스프링 풀림 / 열린 접점 / 전류 끊김	버튼 누름 / 스프링 압축 / 접점 닫힘 / 전류 흐름

㉡ b접점 : 정지 스위치(적색-도면 원칙)

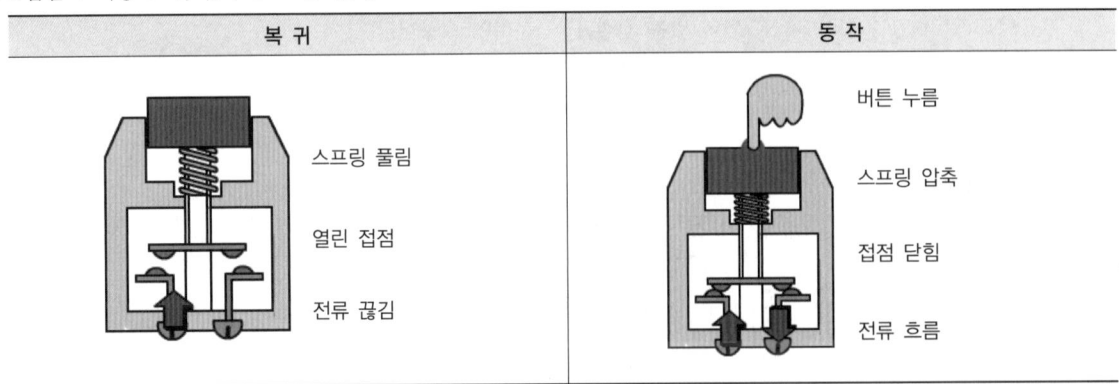

복귀	동작
스프링 풀림 / 접점 닫힘 / 전류 흐름	버튼 누름 / 스프링 압축 / 접점 열림 / 전류 끊김

ⓒ c접점(a접점+b접점) : 전기기능사에 사용하는 푸시버튼, a, b접점 단독 사용 가능

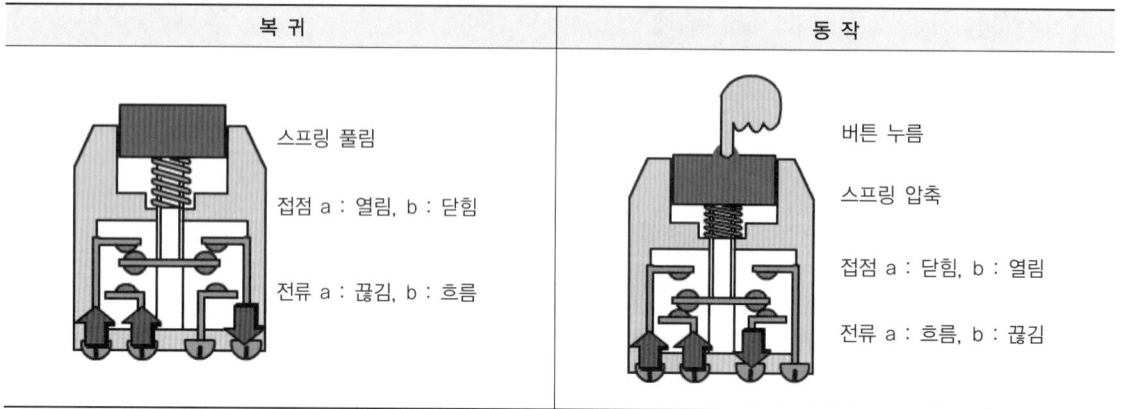

복 귀	동 작
스프링 풀림 접점 a : 열림, b : 닫힘 전류 a : 끊김, b : 흐름	버튼 누름 스프링 압축 접점 a : 닫힘, b : 열림 전류 a : 흐름, b : 끊김

ⓔ 푸시버튼의 특성
- 정전이 일어나면 초기 상태로 돌릴 것, 이것이 안전을 위해 시퀀스 회로에서 가장 많이 사용된다.
- NO(열려 있는 접점)와 NC(닫혀 있는 접점)를 구분하여 사용한다.
- 전기기능사 색깔 표시 : 기동 - 녹색(초록색), 정지 - 적색(빨간색)
    ※ 전기기능사에서는 반드시 도면에 지정된 색깔을 사용한다.
- 문자 : PB, PB_1, PB_2, START, STOP, ON, OFF 등으로 나타낸다.
- 접점 표시

단자 사이 문자(NO와 NC)	단자 사이 색깔	나사의 높낮이
NC / NO	b접점(적색) 적 / 녹 a접점(녹색)	NO / NC

ⓜ 컨트롤박스 커버에 기구(푸시버튼, 파일럿 램프, 버저, 셀렉터 스위치 등)를 고정

[작업순서]
- 컨트롤박스 몸체를 작업대에 부착
- 요소 작업
    - 컨트롤박스 커버에 각종 기구 고정
      (고무 패킹을 커버 안쪽에 반드시 끼울 것)
    - 공통선 결선
    - 기구 이름 붙이기(견출지 사용)
- 몸체에 커버를 뒤집어 임시로 고정
  (아래 혹은 옆면에 나사 1개나 2개로 고정)
- 단자와 결선 후 커버를 분리하고 앞면을 닫은 후 나사로 고정

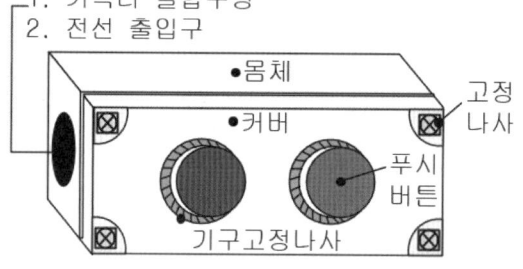

⑭ 셀렉터 스위치 : 레버를 돌려서 동작을 선택하는 스위치
  ㉠ 모양 : 전기기능사에서 그림기호는 일반 접점으로 나타내고 SS 문자로 표시한다.

타입1(단자 : 뒷면)	타입2(단자 : 왼쪽면)	그림기호
		a접점
		b접점
		c접점

  ㉡ 타입1형 접점 찾기 및 결선

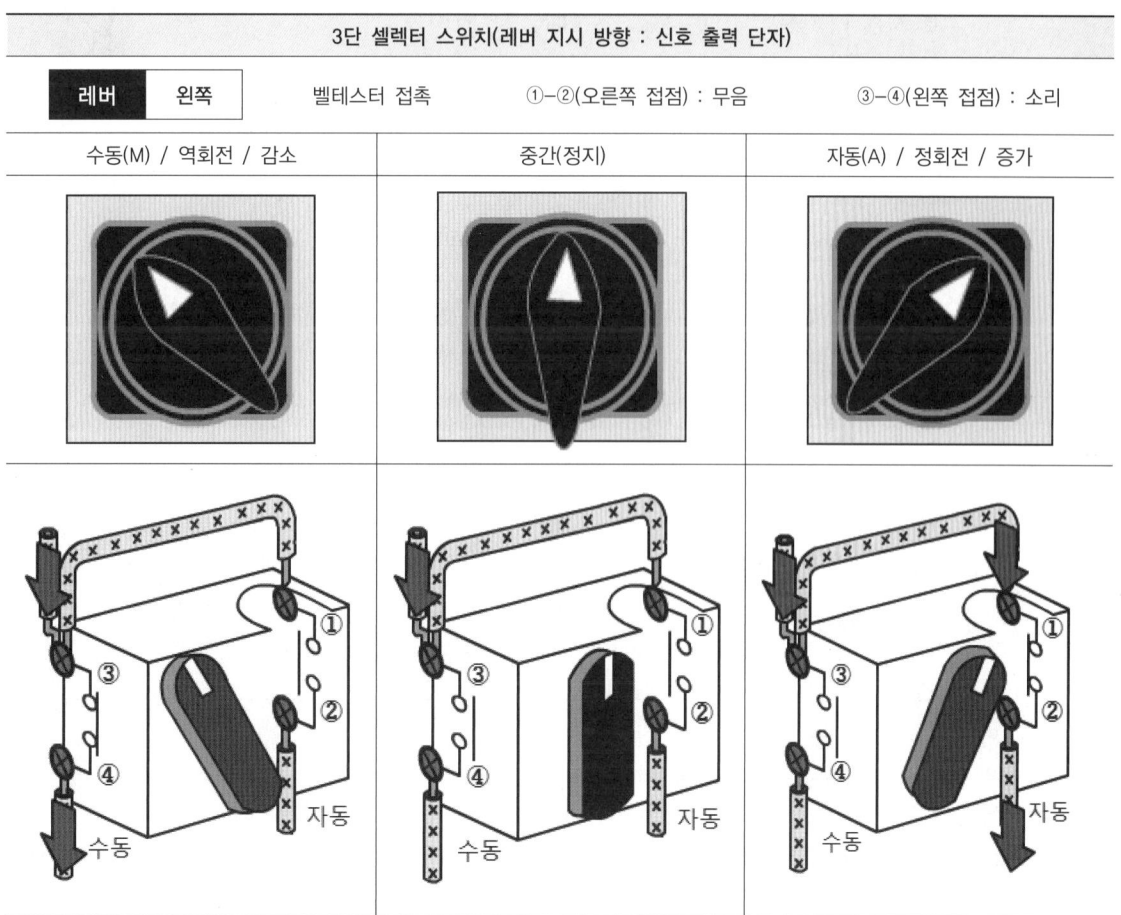

ⓒ 타입2형 접점 찾기 및 결선

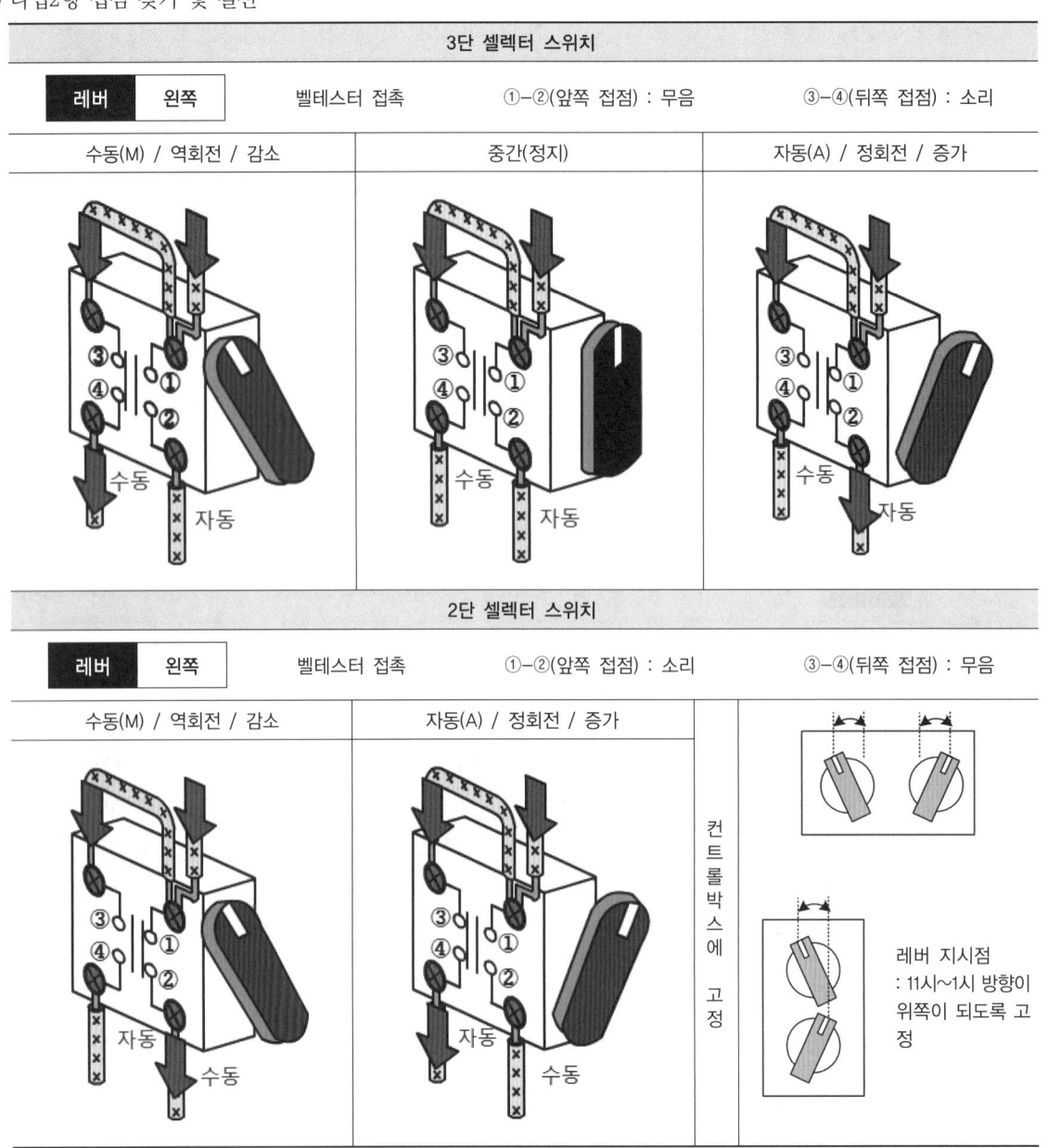

- 반드시 벨테스터기를 접촉시켜 확인한 후 결선하는 습관을 기르도록 한다.
- 위 방향 결정 : 레버를 돌려 지시점이 움직이는 범위가 위쪽이 된다.
- 레버를 기본상태(왼쪽)에서 위 단자와 아래 단자에 벨테스터기로 확인 후 단자를 결정한다.
- 2단과 3단 셀렉터 스위치의 접점의 위치가 반대인 경우가 있어 확인이 필수가 된다.

㉓ **텀블러 스위치** : 파동형 손잡이를 상하로 움직여 접점을 열고 닫는 스위치

모 양	구 조	그림기호
	파동형 손잡이 고정 전극 전선 삽입구 가동전극	a접점
초기/복귀	동 작	

전선은 아랫부분의 구멍에 밀어 넣어 고정시키고 드라이버로 분리버튼을 누르고 전선을 당기면 빠진다.

㉔ **토글 스위치** : 레버 조작에 의해 접점을 열고 닫는 스위치

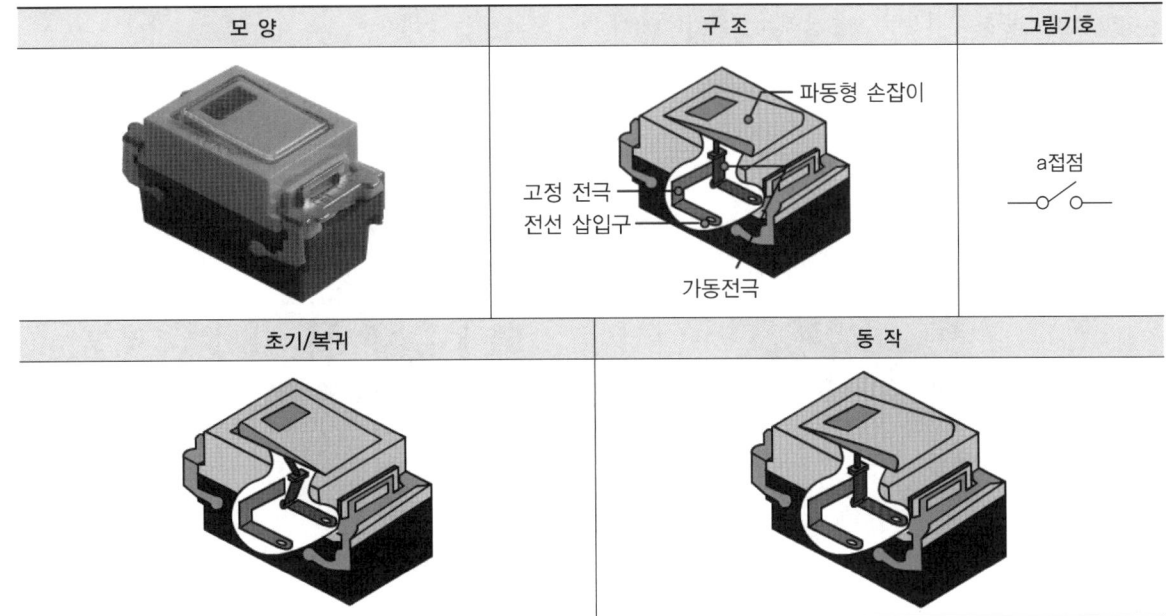

모 양	구 조	그림기호
	레버 활동봉 가동 접점 고정 접점 단자	a접점 b접점 c접점

(3) 검출 스위치

㉮ 리밋 스위치 : 기기의 운전 중에 물체와의 접촉에 의해 열고 닫는 스위치

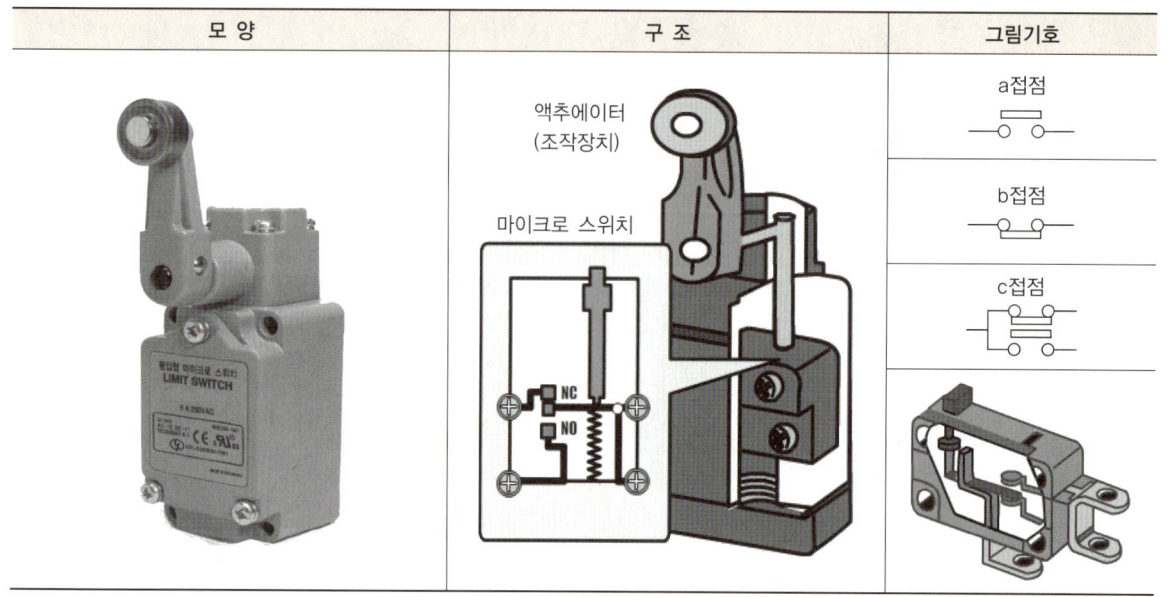

㉯ 스위치의 기호

검출 스위치	그림기호		동작개요
	a접점	b접점	
리밋 스위치	LS	LS	물체와 직접 접촉한 힘으로 액추에이터를 밀어서 접점을 열고 닫는다.
플로트 스위치	FS	FS	플로트로 액체의 높이를 검출하여 접점을 개폐한다. 센서를 이용한 플로트레스를 더 많이 사용한다.
온도 스위치	TC	TC	열전쌍으로 미리 설정된 온도에 도달하면 동작하는 스위치이다.
광전 스위치	PHS	PHS	투광기와 수광기 사이의 물체를 접촉하지 않고 물체를 감지하여 접점을 열고 닫는다. ※ 전기기능사에서는 푸시버튼으로 대체한다.
센 서	Sensor		적외선, 초음파 등에 의해 동작된다. ※ 전기기능사에서는 푸시버튼이나 단자대로 대체한다.
화재 감지기	FD		화재가 발생했을 때 연기량을 감지하여 신호를 내보내 동작한다. ※ 전기기능사에서는 푸시버튼이나 단자대로 대체한다.

(4) 출력기기(부하)

㉮ 전동기 : 전기를 입력하여 회전력을 만드는 기기

모 양	특 징	그림기호
	㉠ 교류전동기(유도전동기 : IM)가 가장 많이 사용되고 있다. ㉡ 시퀀스 제어에 사용되는 부하는 전동기 제어 : 65%, 빛 : 15%, 기타 : 20% ㉢ 회전 방향 변경(정역회전) • 3상 전원 : 전원 3선 중 2선의 결선 변경 시 회전 방향 전환 • 단상 전원 : 기동권선이나 운전권선 중 1개의 결선 변경 시 회전 방향 전환 • 변경 기구 : 전자접촉기	전동기 Ⓜ

㉯ 램프 : 전기로 빛을 만드는 기기

모 양	특 징	그림기호
파일럿 램프	㉠ 파일럿 램프 : 동작 상태나 경보를 알림 • 색깔 표시 : 도면 원칙 | 동작 상태 | 문 자 | 색 상 | |---|---|---| | 전원표시 | WL | 백 색 | | 운 전 | RL | 적 색 | | 정 지 | GL | 녹 색 | | 경 보 | OL | 오렌지색 | | 고 장 | YL | 황 색 | • 컨트롤박스에 고정하여 사용 • 단자는 항상 2개 ㉡ 백열전구 • 리셉터클이나 소켓에 끼워 사용 • 문자 표시 : L, R 사용 ㉢ 전구 부하는 형광등 등 다른 어떤 전구를 사용해도 된다.	파일럿 램프 ㊤ 백열전구 Ⓛ
리셉터클(백열전구)		

㉰ 벨(버저) : 장치에서 고장이나 이상이 생겼을 때 알리는 기기

모 양	특 징	그림기호
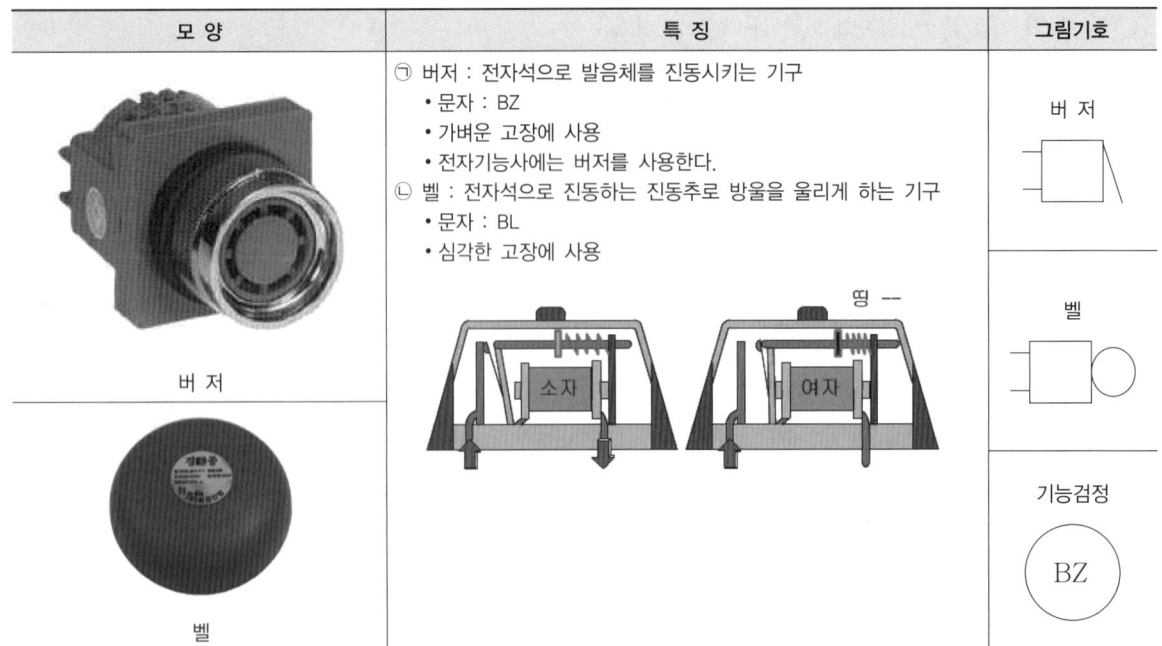 버저 벨	㉠ 버저 : 전자석으로 발음체를 진동시키는 기구 • 문자 : BZ • 가벼운 고장에 사용 • 전자기능사에는 버저를 사용한다. ㉡ 벨 : 전자석으로 진동하는 진동추로 방울을 울리게 하는 기구 • 문자 : BL • 심각한 고장에 사용	버저 벨 기능검정 BZ

㉱ 기 타

모 양	특 징
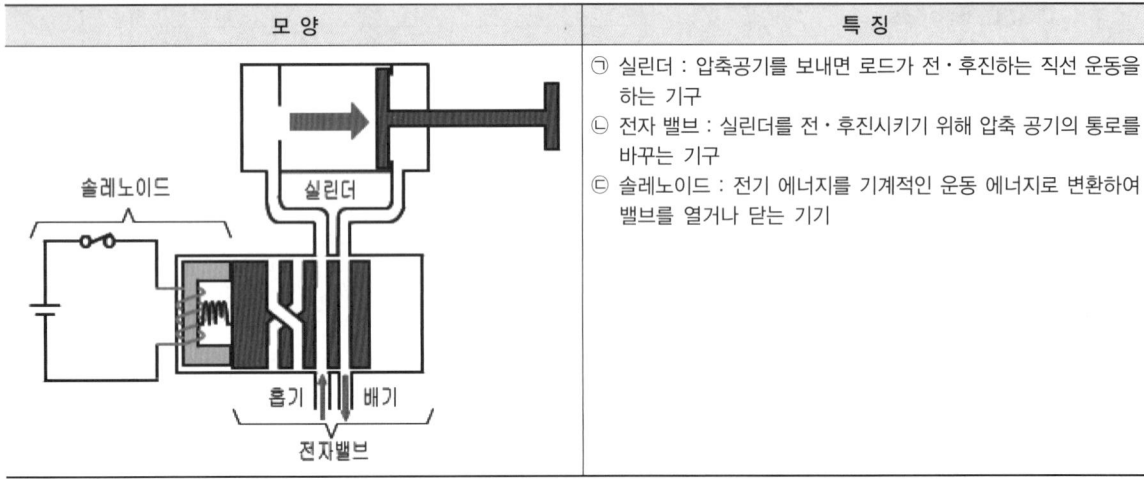	㉠ 실린더 : 압축공기를 보내면 로드가 전·후진하는 직선 운동을 하는 기구 ㉡ 전자 밸브 : 실린더를 전·후진시키기 위해 압축 공기의 통로를 바꾸는 기구 ㉢ 솔레노이드 : 전기 에너지를 기계적인 운동 에너지로 변환하여 밸브를 열거나 닫는 기기

(5) 보호장치

㉮ 배선차단기(퓨즈) : 회로의 단락사고 등에 의한 과전류로부터 회로를 보호하는 장치

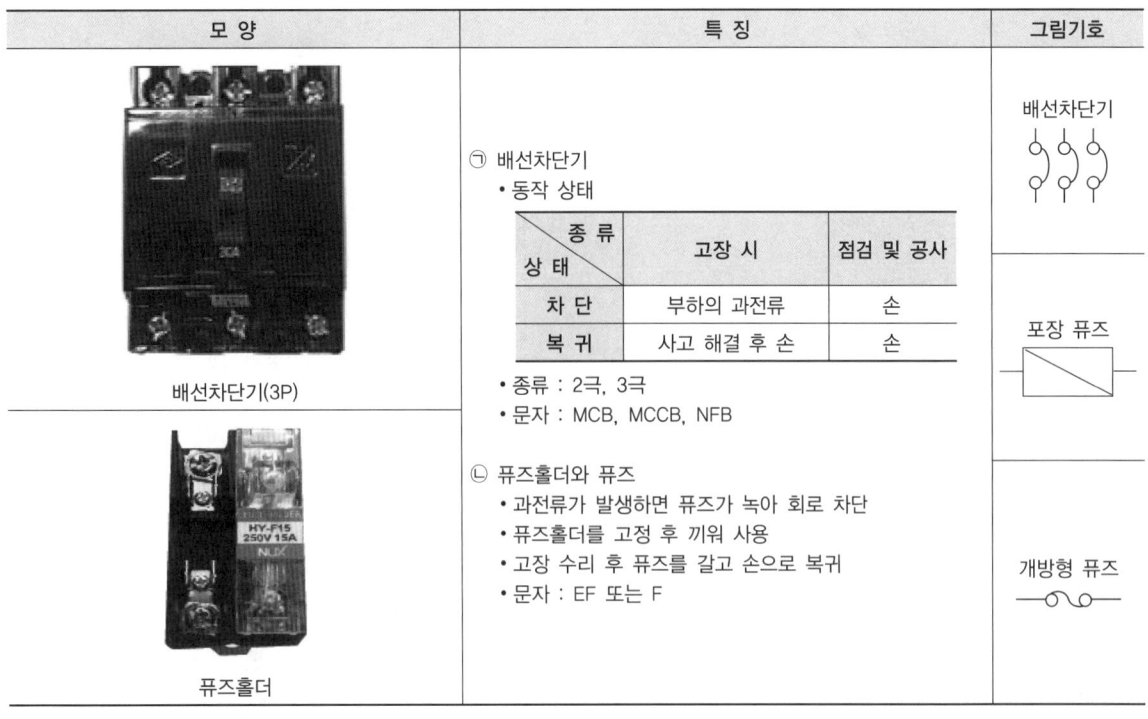

모양	특징	그림기호
배선차단기(3P)	㉠ 배선차단기 • 동작 상태 | 종류\상태	고장 시	점검 및 공사
차 단	부하의 과전류	손
복 귀	사고 해결 후 손	손 | • 종류 : 2극, 3극 • 문자 : MCB, MCCB, NFB	배선차단기
퓨즈홀더	㉡ 퓨즈홀더와 퓨즈 • 과전류가 발생하면 퓨즈가 녹아 회로 차단 • 퓨즈홀더를 고정 후 끼워 사용 • 고장 수리 후 퓨즈를 갈고 손으로 복귀 • 문자 : EF 또는 F	포장 퓨즈 개방형 퓨즈

ON 표시	트립 표시	리셋 표시
핸들을 ON 위치에 놓았을 경우 과전류에 의해 트립이 된다.	과전류에 의해 자동 차단될 경우 핸들의 위치는 ON과 OFF의 중간에 위치한다.	중간 위치에 있는 핸들을 아래로 내려 리셋한 후 스위치를 올려 ON한다.

※ 트립(중간)이 발생한 경우 사고 원인을 제거한 후 핸들을 일단 내렸다(OFF)가 올려준다.
※ 트립 : 고장으로 회로를 차단한 것

(6) 조작기기

㉮ 릴레이 : 전자력에 의해 접점을 자동적으로 열고 닫는 기구

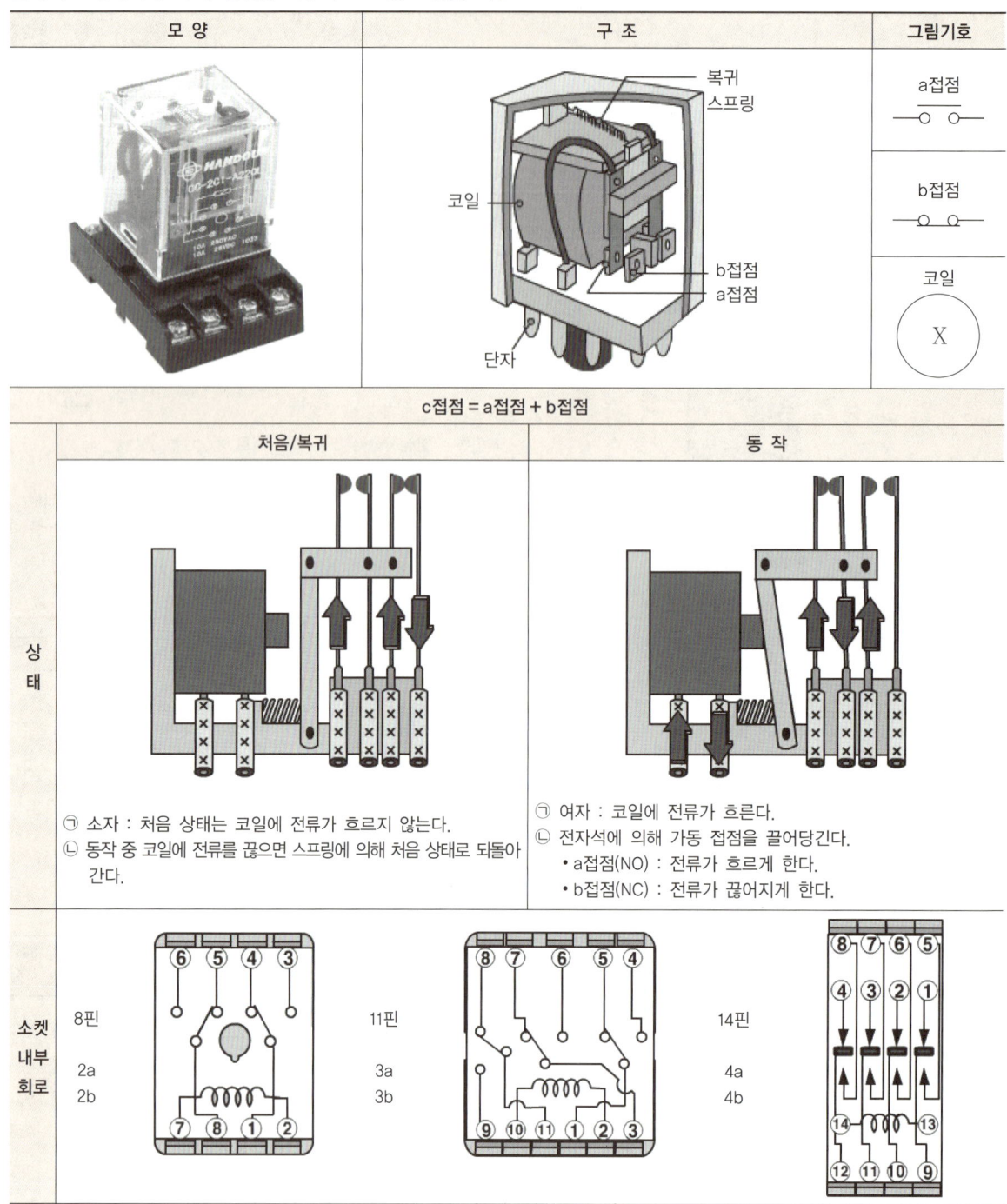

⑭ 릴레이의 특징
  ㉠ 릴레이의 구조 : 전자석을 만드는 코일부와 접점부(가동접점과 고정접점)로 구성되어 있다.

구 분	힌지형(Hinge)	플런저형(Plunger)

구 조	• 1접점 차단
	• 8핀(가장 많이 사용), 11핀, 14핀
	  - 전원부, 접점부로 구성
		• 2접점 동시 차단
		• 12핀, 20핀(전기기능사 : 소켓, 현장 : 실물)
		  - 전원부, 주접점부, 보조접점부로 구성

성 능	• 기계적으로 수명이 길다. • 경부하 개폐용으로 적당하다. • 소비전력이 작다. • 소형이며 밀폐되어 방진이 된다.	• 전기적으로 수명이 길다. • 비교적 큰 부하 개폐용으로 적당하다. • 소비전력이 약간 크다. • 약간 대형이며 구조가 견고하다.

  ㉡ 릴레이의 기능
    • 증폭 : 낮은 전압으로 높은 전압회로를 열고 닫는다.
    • 분기 : 1개의 입력신호에 대해 많은 출력 접점을 동시에 열고 닫는다.
    • 변환 : 입력은 직류, 출력은 교류로 구성할 수 있다.
    • 기억 : 입력 상태의 유지가 가능하여 동작 신호를 기억할 수 있다.
    • 논리 : 여러 개의 릴레이를 합쳐 판단 기능을 가진 논리회로를 구성한다.

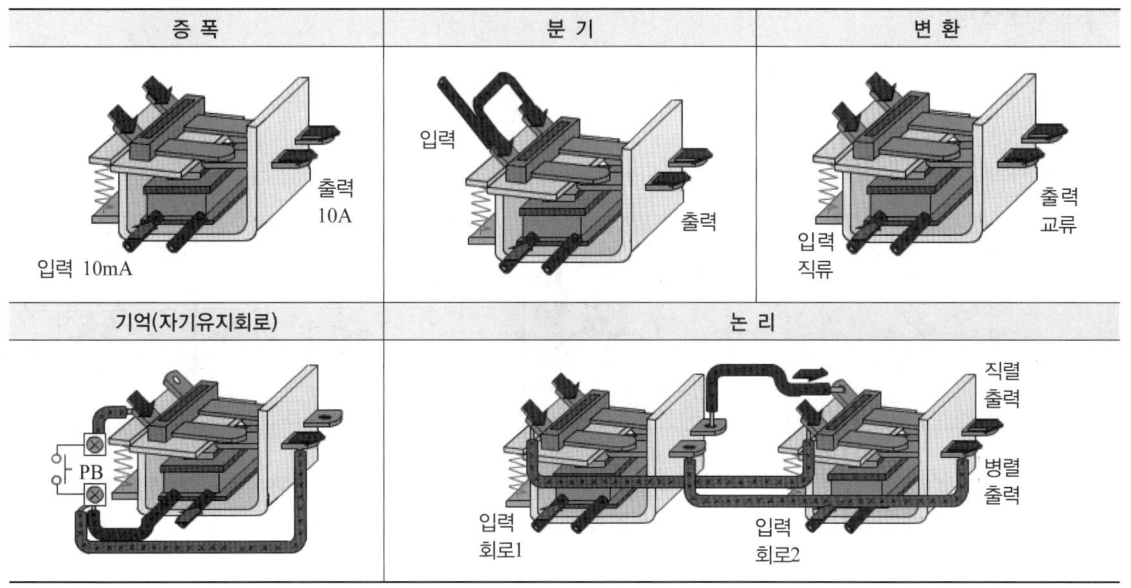

㉰ 타이머 : 설정된 시간이 지난 후 동작하거나 복귀하는 기기

모 양	동작 특성
(타이머 이미지)	㉠ 순시동작 : 바로 동작 ㉡ 한시동작 : 설정시간이 지난 후 동작 ㉢ 순시복귀 : 바로 복귀 ㉣ 한시복귀 : 설정시간이 지난 후 복귀 • ON 타이머(가장 일반적) : 한시동작 + 순시복귀 • OFF 타이머 : 순시동작 + 한시복귀 • 지연 타이머(ON 타이머와 OFF 타이머 조합으로 구성) : 한시동작 + 한시복귀

소켓 및 내부 회로	코 일	접 점	ON 타이머	OFF 타이머
(ON 타이머 / OFF 타이머 8핀 회로도) • ON 타이머 : 8핀(순시접점 a접점 1개, 한시접점 1a, 1b, 전원)으로 되어 있다. • OFF 타이머 : 8핀(한시접점 2a, 2b, 전원)으로 되어 있다.	T	a접점	(기호)	(기호)
		b접점	(기호)	(기호)
		c접점	(기호)	(기호)

㉱ 기타 릴레이
  ㉠ 플리커 릴레이(FR) : 설정된 시간 간격으로 반복 동작하는 릴레이이며 경보용으로 사용한다.
  ㉡ 플로트레스 릴레이(FLS) : 액면 검출봉을 연결하여 물이나 액체의 높이에 따라 동작한다.
  ㉢ 온도 릴레이(TC) : 열전쌍을 연결하여 온도가 설정값에 도달하면 동작한다.
  ㉣ 카운터(C) : 물체의 위치나 상태를 파악하고 횟수를 세어 설정값과 같으면 동작한다.

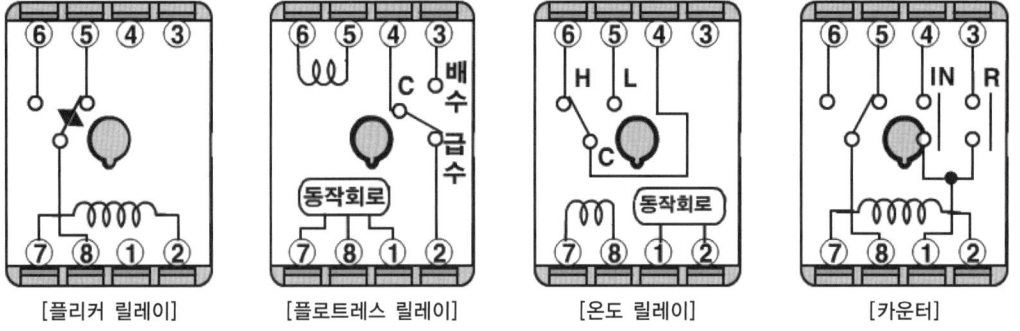

[플리커 릴레이] [플로트레스 릴레이] [온도 릴레이] [카운터]

㈐ 각종 기구 동작 특성

회로 동작을 설명하는 것은 다음과 같은 방법이 있다.
  ㉠ 동작 설명 : 시퀀스의 동작 방법과 순서를 글자로 나타내는 것
  ㉡ 순서도 : 전체 관련 동작에 대한 순서를 세우고 이것을 도형기호와 화살표로 간단히 나타내는 흐름도
  ㉢ 타임차트 : 동작 순서의 시간적인 변화를 알기 쉽게 나타내는 도면

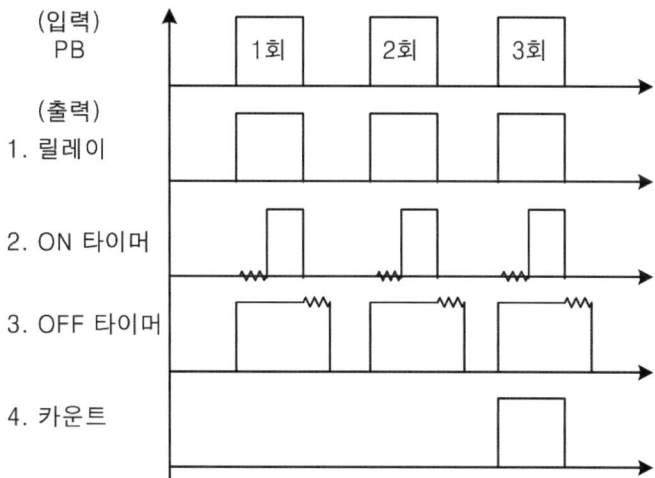

- 릴레이 회로 : a접점은 열려 있다 전원이 들어오면 바로 동작하고 전원이 끊어지면 복귀하는 회로로, b접점과 반대이다.
- ON 타이머 회로 : 타이머 회로에 전기를 주면 설정 시간이 지난 후에 동작, 전기를 끊으면 바로 복귀한다.
- OFF 타이머 회로 : 타이머 회로에 전기를 주면 바로 동작, 전기를 끊으면 일정한 시간 후에 복귀한다.
- ON/OFF 타이머(지연 타이머) 회로 : 타이머 회로에 전기를 주면 일정한 시간 후 동작, 전기를 끊으면 일정한 시간 후에 복귀한다.
- 플리커 회로 : 설정된 시간 간격으로 반복 동작한다.
- 카운터 회로 : 물체의 위치나 상태를 파악하고 횟수를 세어 지정한 횟수가 되면 동작한다.

ⓑ **전자접촉기** : 전자력에 의해 주접점과 보조접점을 열고 닫는 기구

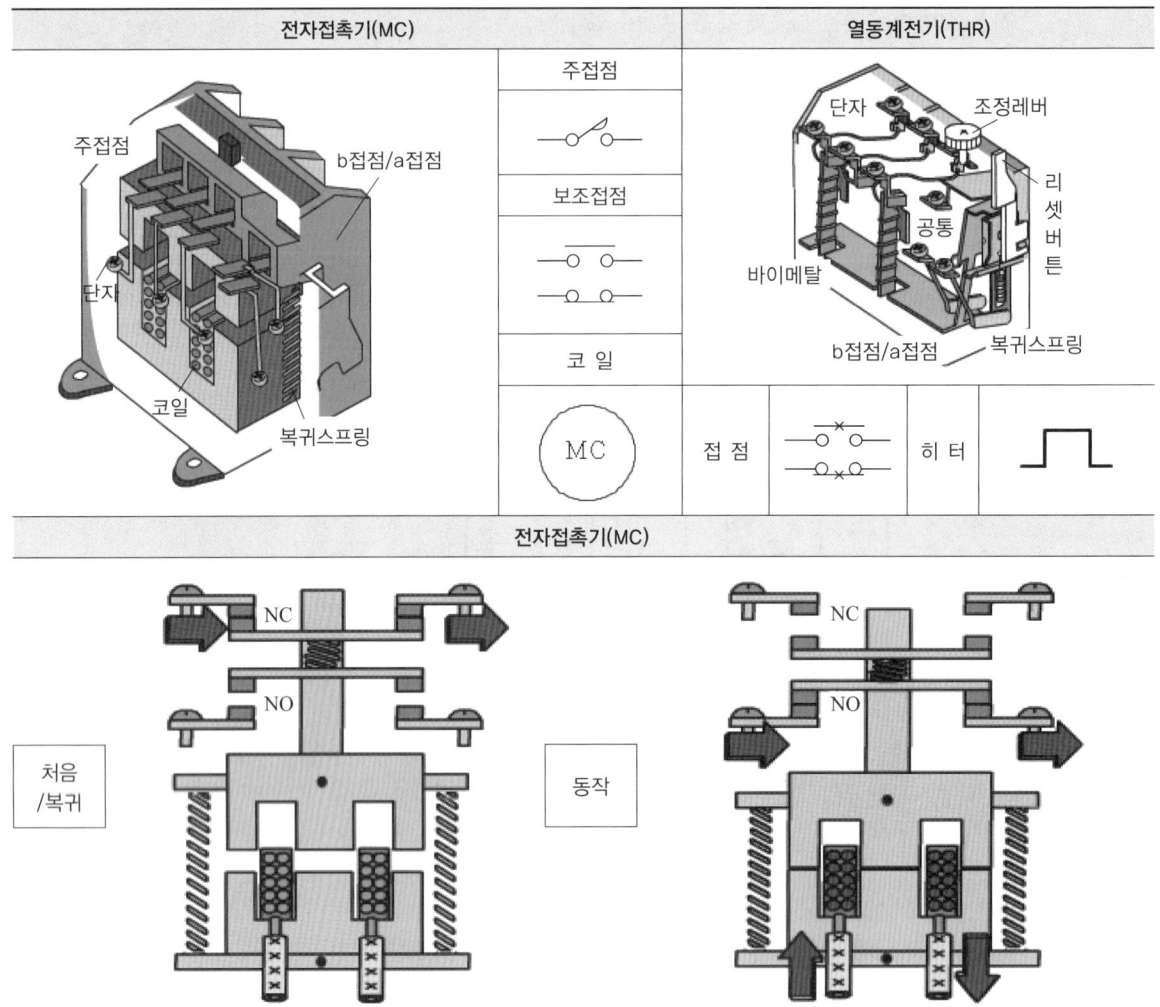

전자석 코일에 전류가 흐르면 흡인력에 의해 철심을 끌어당겨 주접점은 닫히고 보조접점은 상태가 바뀐다. 전류를 끊으면 스프링의 힘으로 처음 상태로 되돌아간다.

㉠ 전자개폐기(MS)=전자접촉기(MC)+열동계전기(THR)
㉡ 전자접촉기 문자기호로 MC, PR, MCF, F-MC 등을 사용한다.
㉢ 전자접촉기의 구조는 코일, 주접점(대용량 전류), 보조접점으로 구성되어 있다.
㉣ 12핀(4a1b), 20핀(5a2b) 소켓을 고정한 후 배선하고 현장에서는 소켓 없이 직접 연결하거나 보조접점을 추가로 설치할 수 있다.
㉤ 열동계전기는 부하의 이상으로 정상 전류의 증가를 감지하여 회로를 여는 과부하 보호장치(바이메탈 원리 이용)이다. 전기기능사에서는 EOCR을 사용한다.

ⓗ 전자접촉기의 구조

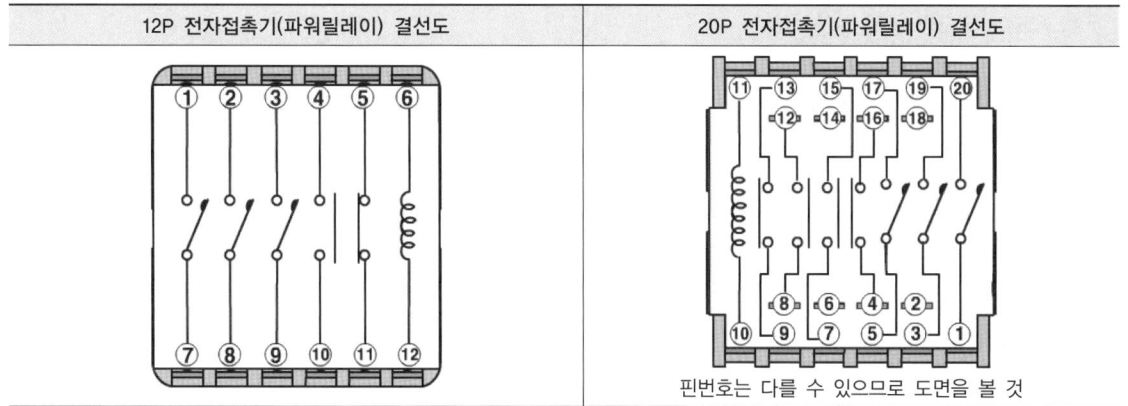

핀번호는 다를 수 있으므로 도면을 볼 것

ⓢ 전자식 과전류계전기 : 주회로에 과전류가 흘렀을 때 회로를 보호하는 기구

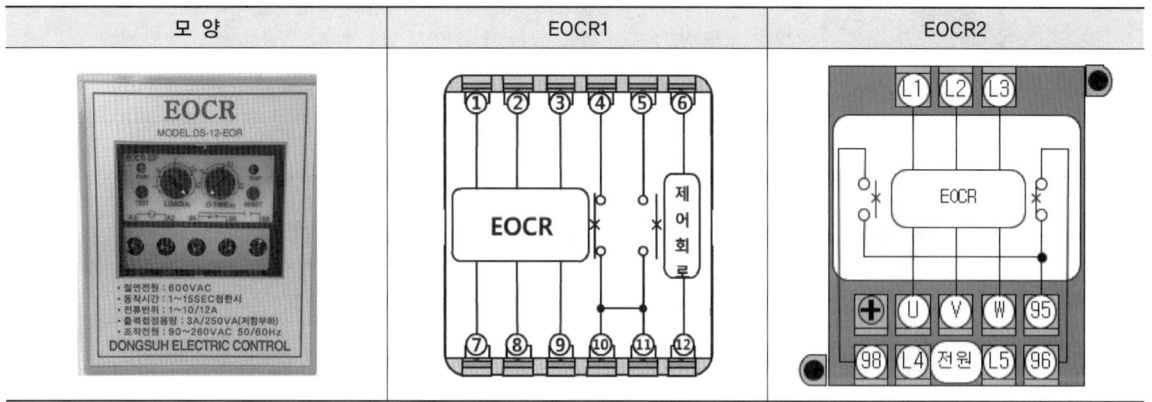

㉠ 12핀 전자접촉기 소켓이나 EOCR 전용 소켓에 꽂아 사용한다.
㉡ 열동계전기와 같은 역할을 하므로 전기기능사에서 사용한다.
㉢ D-time : 설정 시간 동안 세팅한 트립전류값을 오버해도 동작하지 않는 시간
㉣ O-time : 부하 변동이 심한 전동기 등의 오동작을 방지하고 EOCR이 작동하기 위하여 과부하전류가 지속되어야 하는 시간
㉤ LOAD : 정상 운전 중 실제 부하전류값으로 맞춘다.

(7) 전기 배선 공구

㉮ 작도에 필요한 공구 : 자와 분필

- 줄자는 기구 및 각종 부품의 배치 작업을 하거나 배관 및 배선 작업을 할 때 길이를 잴 때 사용한다. 주로 2m 규격을 사용한다.
- 직선자 : 제어판에 기구 배치선을 긋거나 작업판에 배관 작업 선긋기에 사용한다. 주로 1m 규격을 사용한다.

㉯ 배선과 결선에 필요한 공구

① 와이어 스트리퍼

- 절연 전선을 절단하거나 피복을 벗기는 데 사용한다.
- 전선에 상처가 나지 않도록 치수에 맞는 구멍을 선택하여 피복을 벗긴다.
- 작업 능률 향상, 신뢰성 확보, 효율적인 면에서 필수적이다.

② 전동 드라이버

- 배관 및 결선 작업을 할 때 나사못을 조이거나 뺄 때 사용한다.
- 충전식이 편리하며 사용 전에 반드시 충전 상태를 확인하고 회전 방향은 정·역 레버로 조정한다.
- 기구가 파손되거나 나사가 헛돌 수 있어 다음 작업에서는 손 드라이버를 사용한다.
    - 리셉터클, 퓨즈홀더, 배선차단기 등
- 작업 시간 단축을 위해 전기기능사에서는 필수적이다.

③ 드라이버

- 배관 및 결선 작업을 할 때 나사못을 조이거나 뺄 때 사용한다.
- 전기공사에는 손잡이가 큰 것이 힘을 넣기 쉽다.
- 종류 : 일자형(-), 십자형(+)
    - 일자형은 나사 머리 파손으로 나사가 돌아가지 않을 경우 사용한다.

㉓ 배관 및 검사에 필요한 공구
  ㉠ 쇠 톱

- PE 전선관이나 CD전선관, 케이블 등을 자를 때 사용하고 톱질은 밀 때 힘을 준다.
- 전선관 커팅기를 사용하면 작업 시간을 줄일 수 있다.

  ㉡ 관굽힘 스프링

PE 전선관이나 PVC 전선관을 굽힐 때 구부려지는 안쪽 부분 주름을 방지한다.

  ㉢ 벨테스터

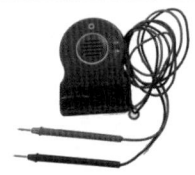

- 부품 검사나 제어판 및 전체 동작 상태 확인, 결선 작업에 사용된다.
- 리드선 길이는 1m 정도, 한쪽은 클립, 다른 한쪽은 핀으로 구성된 것이 편리하다.
- 사용 전에 반드시 건전지의 상태를 점검해야 한다.

㉔ 기타 : 전기기능사에서는 스트리퍼로 모든 기능을 다 할 수 있다.
  ㉠ 펜 치

- 굵은 전선을 절단, 구부림, 접속 또는 너트와 볼트를 조이거나 푸는 데 사용한다.
- 전기가 흐르고 있는 전선, 케이블 등 2선을 한꺼번에 절단하면 단락되어 위험하다.

  ㉡ 니 퍼

배선용 전선 및 부품의 리드선, 코드선, 비닐 전선을 절단하거나 피복을 벗기는 데 사용한다.

ⓒ 롱노즈 플라이어

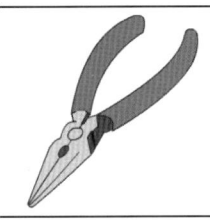
- 소형 너트와 볼트의 조임과 푸는 데 사용한다.
- 리셉터클이나 퓨즈홀더 단자의 전선 접속 고리를 만들거나 좁은 장소, 세밀한 조립 작업에 적당하다.

㉮ 전기공사용 배관 및 배선 재료

　㉠ PE 전선관

- 전선을 보호하기 위해 지중에 매설되는 가로등의 배관, 도로를 횡단하는 배관에 사용된다.
- 스프링을 넣어서 손과 무릎을 이용하여 자유롭게 굽힘 가공한다.
- 관의 크기는 안지름에 가까운 짝수 14, 16, 22, 28 등이 있다.

　㉡ 플렉시블 전선관(CD전선관)

- 표면이 요철로 되어 있어 스프링을 사용하지 않고 간단히 손만으로 굽힘 작업을 할 수 있고 매입 공사도 가능하다.
- 관의 크기는 안지름에 가까운 홀수 15, 19, 25 등이 있다.

　㉢ 전선관 커넥터

PE
CD
- PE 전선관과 플렉시블(CD) 전선관을 제어판이나 컨트롤박스, 스위치박스 등에 연결할 때 사용한다.
- 전기기능사에서는 제어함 대신 합판을 사용하기 때문에 결합 상태를 표시하기 위해 제어판 위에 전선관 커넥터를 0.5mm 겹쳐 올려 놓는다.

　㉣ 새 들

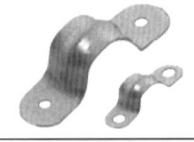
- 노출 배선에서 전선관이나 케이블을 벽이나 천장에 고정한다.
- 새들 간격은 정해진 규칙을 고려하여 작업한다.
- 표시된 지점에 한쪽은 고정하고 나머지는 약간 벌려 놓는다.

㉤ 단자대

- 제어판에서 전선이 들어오거나 나가는 곳에 사용한다. 3P와 4P를 조합하여 12P, 15P, 16P, 20P를 제어판 위·아래로 배치하여 사용한다.
- 전원이 들어오거나 부하(전동기, 히터 등)로 나가는 곳에 사용한다.
- 기구의 대체용(화재경보기, 열전쌍, 플로트레스 접점 등)으로 사용한다.

㉥ 컨트롤 박스

- $\phi 25$ 기구를 부착할 수 있고 붙일 수 있는 개수에 따라 1~4구용이 있다.
- 푸시버튼 스위치, 셀렉터 스위치, 표시등(파일럿 램프), 버저 등의 기구를 부착한다.
- 전기기능사에서는 철제보다는 플라스틱 제품을 더 많이 사용한다.

㉦ 4각 및 8각 박스

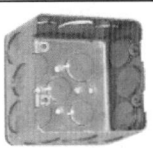

- 전선관이 분기하거나 전선수를 줄이기 위해 접속하는 곳에 사용한다.
- 박스에 목대나 커버를 붙여 기구(조명 기구, 콘센트)를 부착하여 사용한다.
- 얕은 형과 깊은 형이 있다.
  - 아웃렛 박스(4각, 8각) : 전등 기구나 콘센트 노출 시설
  - 정션 박스(4각) : 관과 관의 접속, 전선 출입
  - 조인트 박스(8각) : 전선의 접속
  - 스위치 박스 : 스위치 고정 전용

㉧ 와이어 커넥터

- 4각/8각 박스 내 전선의 접속(쥐꼬리접속) 부분 절연에 사용된다.
- 쥐꼬리접속하여 커넥터를 끼운 다음 돌려서 고정한다.

㉨ 리셉터클

- 주로 백열전구 및 각종 전구를 끼워 사용하고 스위치와 함께 회로를 구성하여 사용한다.
- 파손이 잘되므로 전동 드라이버 사용을 하지 않는다.
- 한 개의 나사에 전선 2가닥을 연결할 때 많은 연습을 필요로 한다.
- 전선의 접속은 고리를 만들어 연결한다.

ⓧ 전선

- 전류가 흐르는 도체와 피복으로 구성된 전선을 절연전선이라 한다.
- 단선은 도체가 1가닥, 연선은 도체가 여러 가닥으로 되어 있다.
- 전선의 굵기는 단선과 연선 모두 도체 단면적(mm^2)으로 나타낸다.
- 주회로 전선의 색깔은 갈색, 흑색, 회색이고, 굵기는 2.5mm^2를 사용한다.
- 접지선의 색깔은 녹-황색이고, 굵기는 2.5mm^2를 사용한다.
- 제어회로 전선의 색깔은 황색이고, 굵기는 1.25mm^2를 사용한다.
- 절연 전선을 다시 피복한 것을 케이블이라 하고 전기 기구에 사용하는 전선을 코드라 한다.

ⓚ 케이블 타이

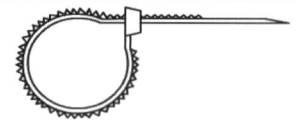

- 전선을 정리한 후 묶어 전선의 흐트러짐이나 늘어짐을 방지한다.
- 주로 100mm를 사용하고 검은색과 흰색을 많이 사용한다.

ⓔ 푸시버튼

- 푸시버튼 색깔은 기동할 때 녹색, 정지할 때 적색을 사용한다.
  (반드시 도면을 원칙으로 한다)
- 주로 c접점(4단자)을 사용하고 a접점 혹은 b접점 단독사용되거나 동시에 사용하기도 한다.

ⓟ 파일럿 램프

- 파일럿 램프는 동작 상태를 표시하는 기능을 갖는다.
- 녹색과 적색, 흰색, 노란색, 오렌지색으로 표시되며 단자가 2개뿐이다.

ⓗ 셀렉터 스위치

- 셀렉터 스위치의 결선이 가장 까다롭고 어렵다.
- 전기기능사에 사용되는 형태는 2가지이며, 단자의 위치와 단자의 역할 및 결선이 달라진다.
- 단자가 4개이고 입력은 공통선을 사용하여 출력을 선택한다.

㉕ 각종 소켓의 종류
- 제어판에 소켓을 고정할 때 "아래 표시 홈"은 아래 방향으로 배치한다.
- 릴레이(8핀, 11핀) 소켓은 ①에서 반시계 방향으로 숫자가 증가한다.
- 타이머(8핀, 대)와 릴레이(8핀, 소)를 구분하여 사용한다.
- 소켓의 핀번호는 반드시 알고 있어야 결선할 때 빠르고 정확하게 할 수 있다.
- 최근 전기기능사 실기에서는 릴레이(11P, 14P), EOCR 전용과 20핀 파워릴레이 소켓은 출제되지 않고 있다.

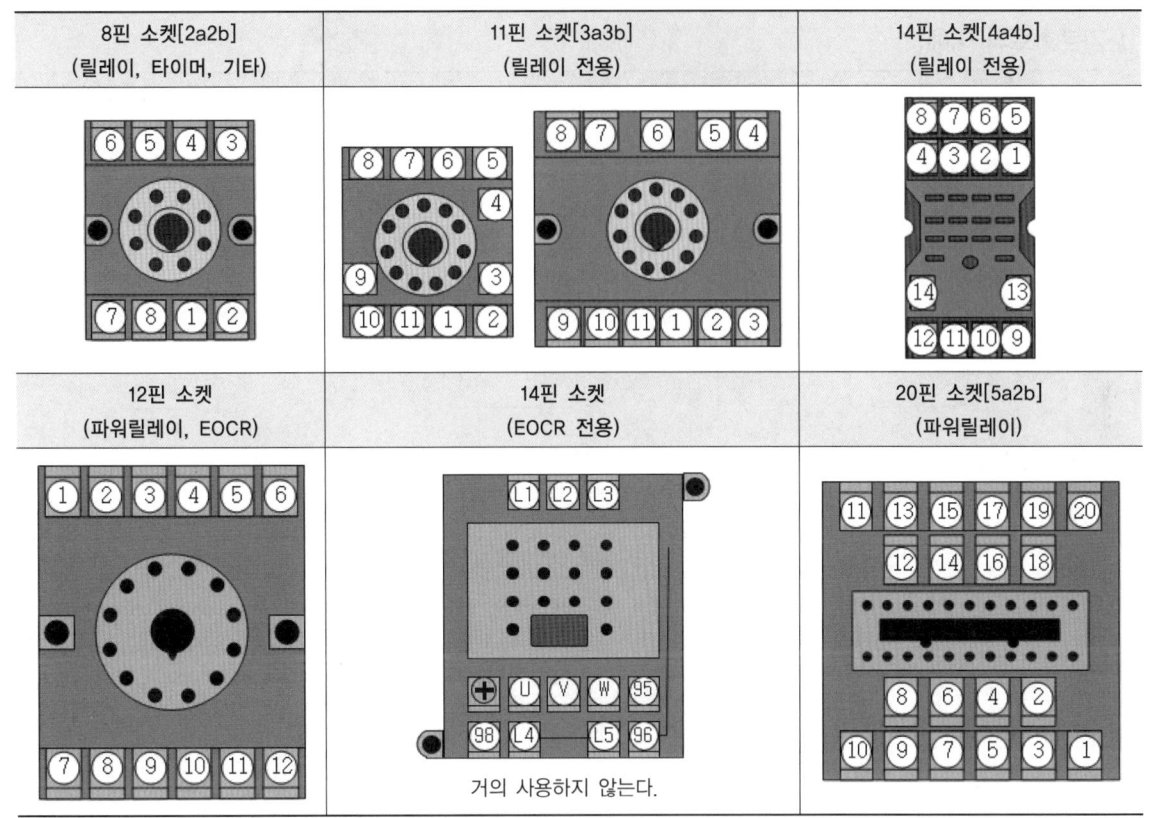

CHAPTER 02 시퀀스 제어의 기본회로 이해

핵심키워드 수학에서 기초가 튼튼해야 하듯이 전기기능사 실기 시험에 앞서 기초 시퀀스 기본회로를 충분히 이해해야 한다. 기능사 실기 문제나 복잡한 각종 응용회로를 분석하면 기본회로의 조합으로 되어 있어 기본 동작만 이해해도 도면 해석이 쉬워진다.

(1) 기본회로의 이해

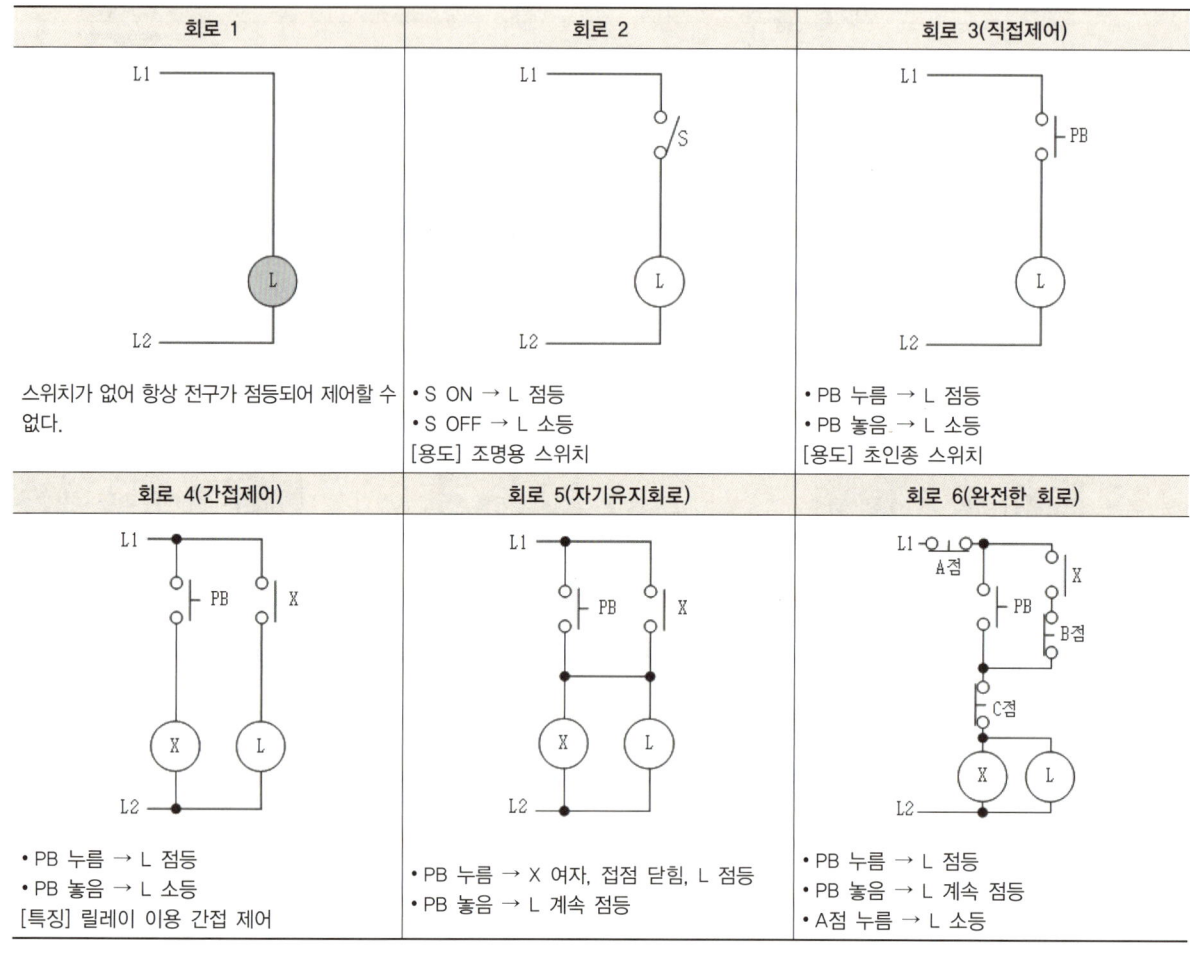

[회로 6] b접점 위치에 따른 기능
- A점 : 회로 전체를 비상 및 긴급 정지, 복잡한 회로를 정지시킬 때 사용된다.
- B점 : 동작우선회로에 해당되며, 실무에 잘 사용되지 않으나 전기기능사에서는 간혹 출제된다.
- C점 : 정지우선회로에 해당되며, 가장 많이 사용된다.

(2) 논리회로

㉮ OFF회로(NOT회로)

ON회로는 스위치를 눌러야 출력이 되지만 OFF회로(b접점 회로)는 스위치를 평소에는 닫고, 누르면 열린다. 예를 들면 냉장고나 자동차 실내등은 리밋 스위치로 문이 열리면 점등된다.

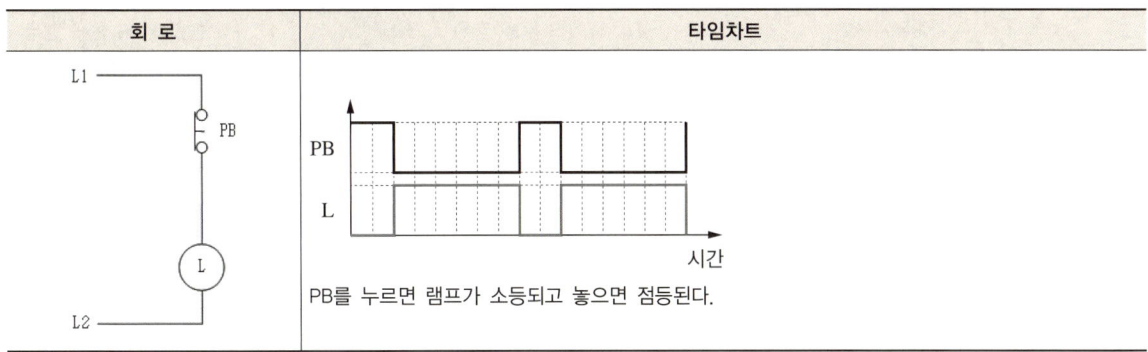

㉯ 직렬회로(AND회로)

2개 이상의 입력이 있을 때 "모두 누를 때"만 출력이 나타나는 회로이다.

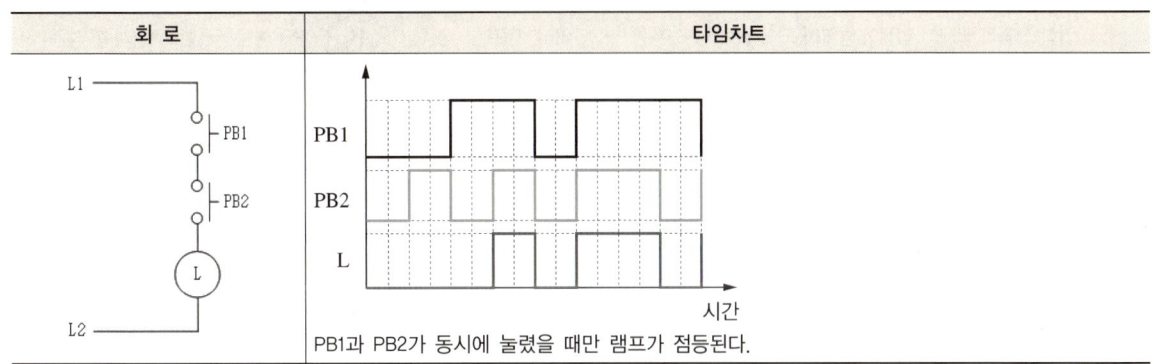

㉰ 병렬회로(OR회로)

2개 이상의 입력이 있을 때 "1개 이상을 누르면" 출력이 나타나는 회로이다.

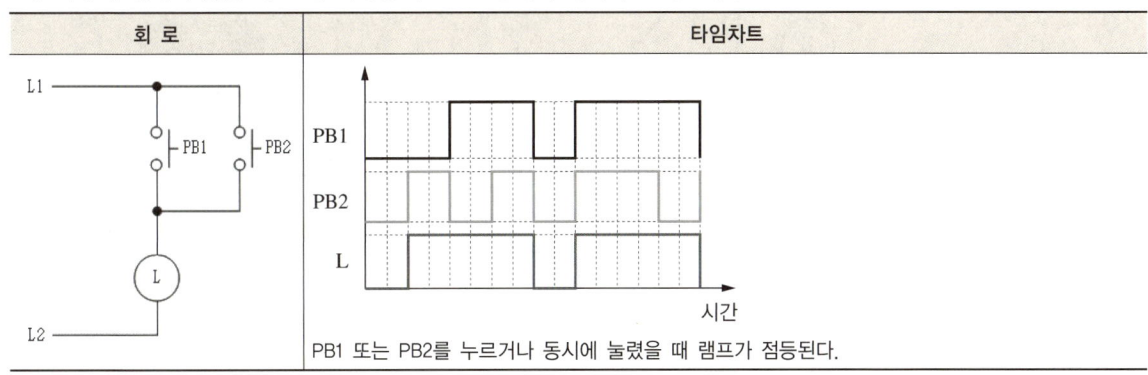

(3) 자기유지회로(기억회로)

㉮ 동작 : 접점(푸시버튼, 각종 릴레이 접점 등)이 닫히면 릴레이가 여자되어 자기유지접점(릴레이의 a접점)이 붙어 손을 떼어도 여자를 계속한다.

㉯ 구성 : 입력 접점과 병렬로 연결되는 릴레이의 a접점

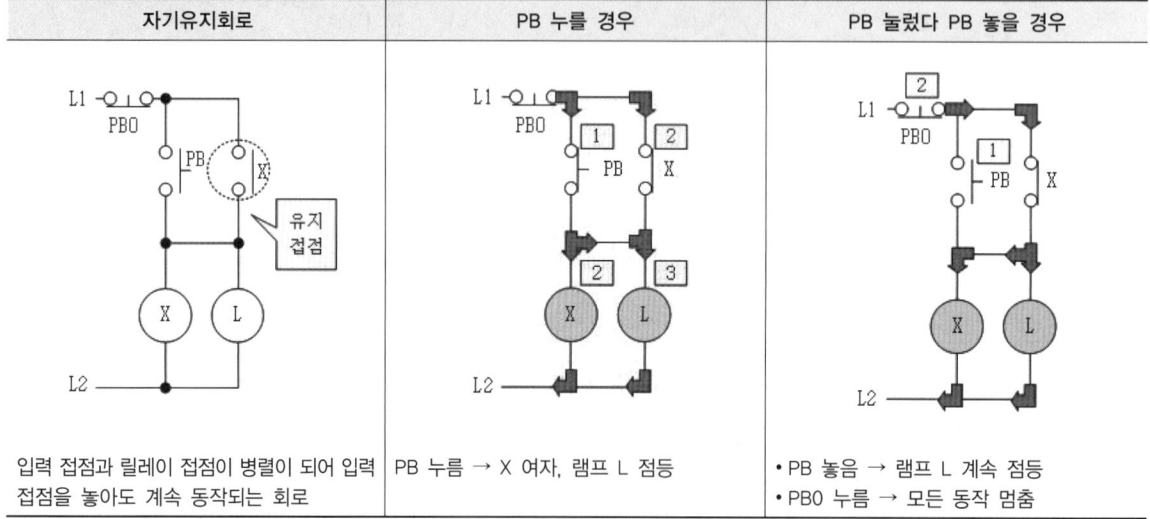

자기유지회로	PB 누를 경우	PB 눌렀다 PB 놓을 경우
입력 접점과 릴레이 접점이 병렬이 되어 입력 접점을 놓아도 계속 동작되는 회로	PB 누름 → X 여자, 램프 L 점등	• PB 놓음 → 램프 L 계속 점등 • PB0 누름 → 모든 동작 멈춤

PB과 PB0 동시 누름	
정지우선 자기유지회로	동작우선 자기유지회로

특징	• 정지우선회로 : OFF 푸시버튼과 ON 푸시버튼이 직렬로 연결되어 동시에 눌렀을 때 OFF 신호가 우선되는 회로이다. 안전이 중요하므로 정지우선회로를 사용한다. • 동작우선회로 : OFF 푸시버튼과 ON 푸시버튼이 병렬로 연결되어 동시에 눌렀을 때 ON 신호가 우선되는 회로이다.

(4) 인터록회로(선행동작 우선회로, 병렬 우선회로)

㉮ **동작** : 2개 이상의 입력 중 한쪽이 동작되면 나머지 쪽은 동작이 불가능하다.

㉯ **구성** : 자기 회로를 제외한 나머지 회로의 b접점을 직렬 연결

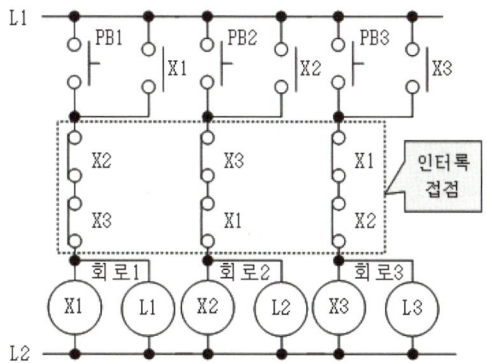

㉰ **종류** : 전기적 인터록(릴레이 b접점)과 기계적 인터록회로(푸시버튼 b접점)가 있다.

인터록회로	PB1 누를 경우
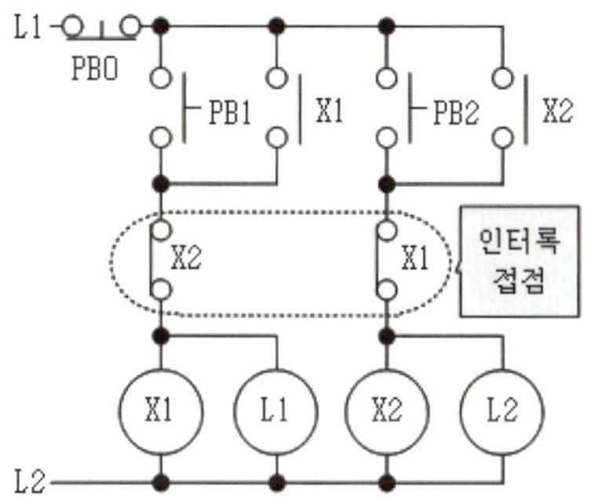 여러 회로 중 제일 먼저 동작되는 회로를 제외한 다른 회로는 동작되지 않는 회로	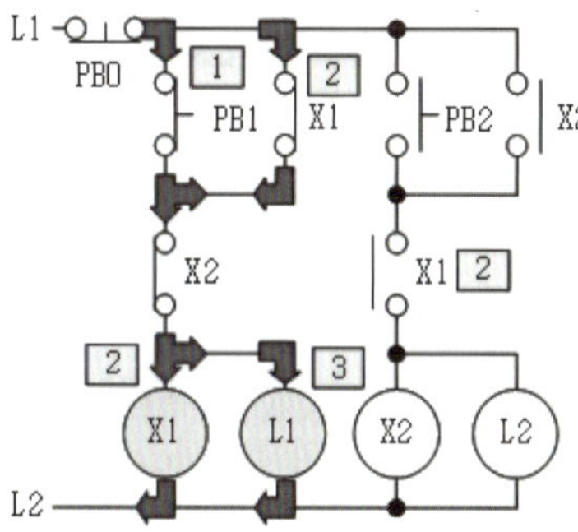 PB1 누름 → X1 여자(자기유지, 인터록), 램프 L1 점등, 램프 L2 회로 차단
PB1 눌렀다 놓고 PB2 누를 경우	**PB0 누른 후 PB2 누를 경우**
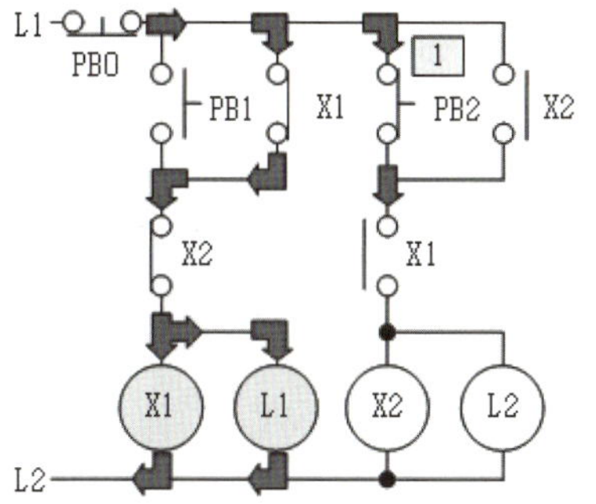 PB2 누름 → 램프 L1 점등, 램프 L2 회로 차단	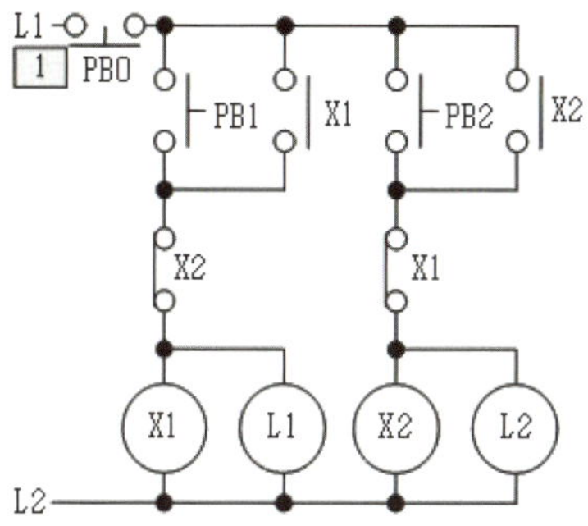 • PB0 누름 → 모든 동작 멈춤 • PB2 누름 → X2 여자(자기유지, 인터록), 램프 L2 점등, 램프 L1 회로 차단

(5) 신입력 우선회로

㉮ 동작 : 선풍기의 "바람 세기 선택" 버튼과 같이 새로운 입력이 항상 동작이 된다.
㉯ 구성 : 자기유지회로를 끊을 수 있도록 "자기유지접점에 나머지 코일의 b접점을 직렬"로 연결한다.

신입력 우선회로	PB1 눌렀다 놓은 경우
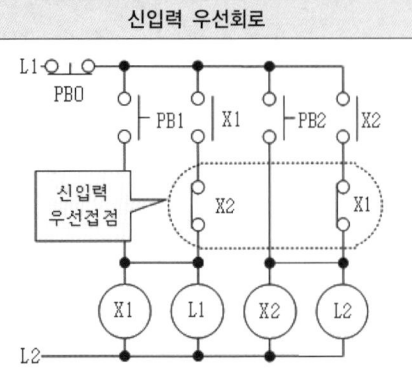 자기유지접점을 끊기 위해 다른 회로의 릴레이 b접점을 자기유지접점과 직렬로 접속하고 항상 마지막 동작이 선택되는 회로	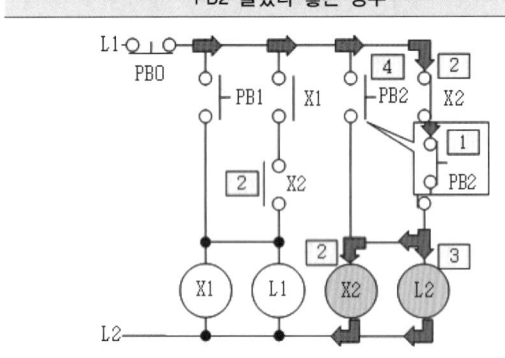 PB1 눌렀다 놓음 → X1 여자, 램프 L1 점등, X2 소자, 램프 L2 소등
PB2 눌렀다 놓은 경우	PB0 누를 경우
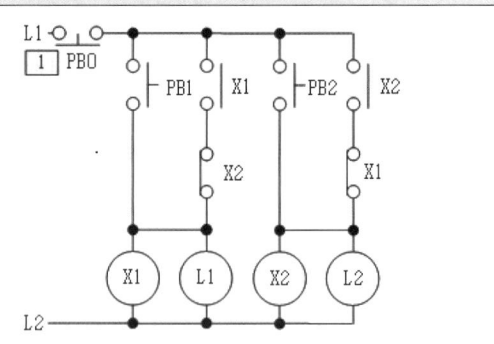 PB2 눌렀다 놓음 → X2 여자, 램프 L2 점등, X1 소자, 램프 L1 소등	PB0 누름 → 모든 동작 멈춤

(6) 타이머회로(한시회로)

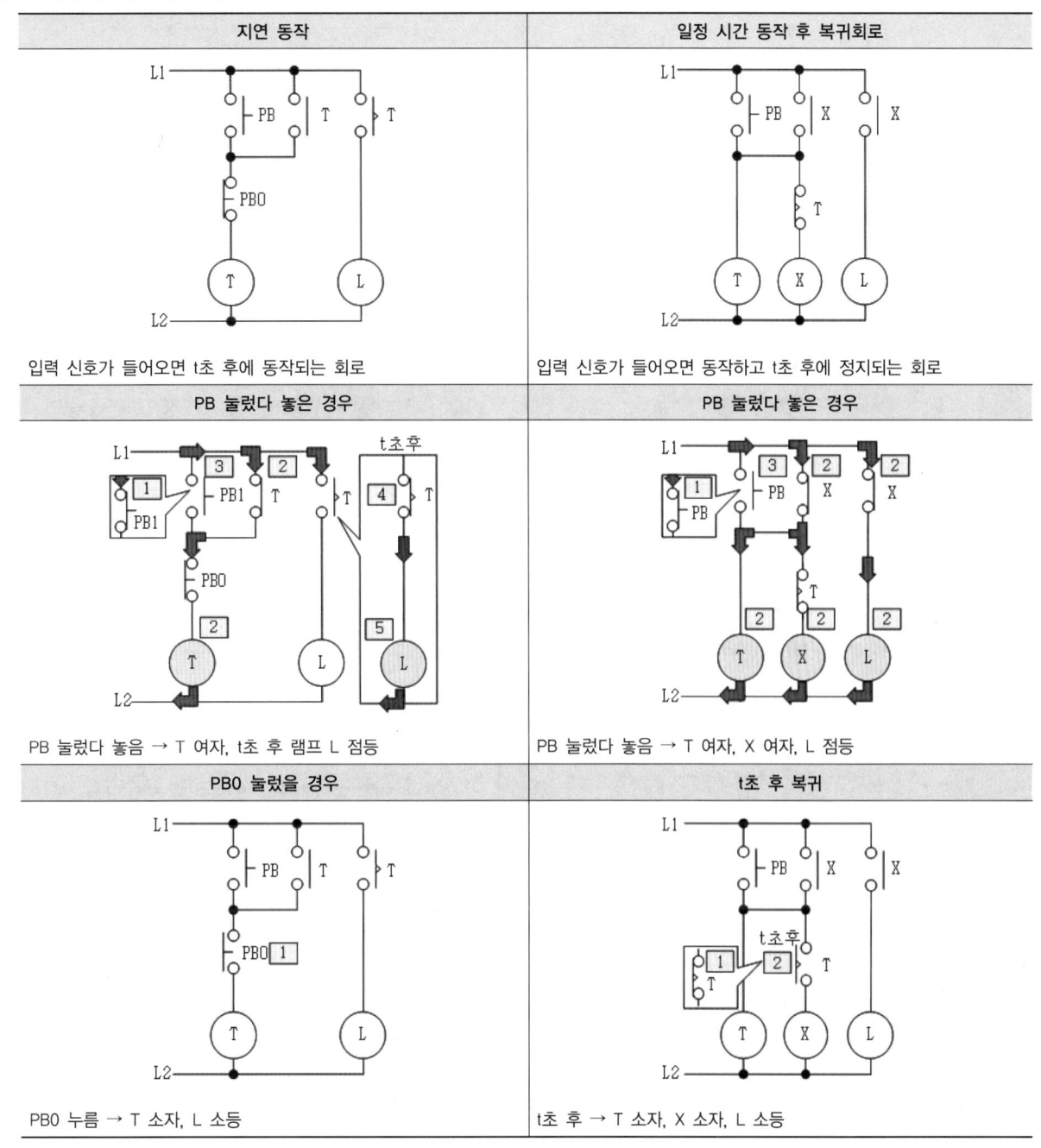

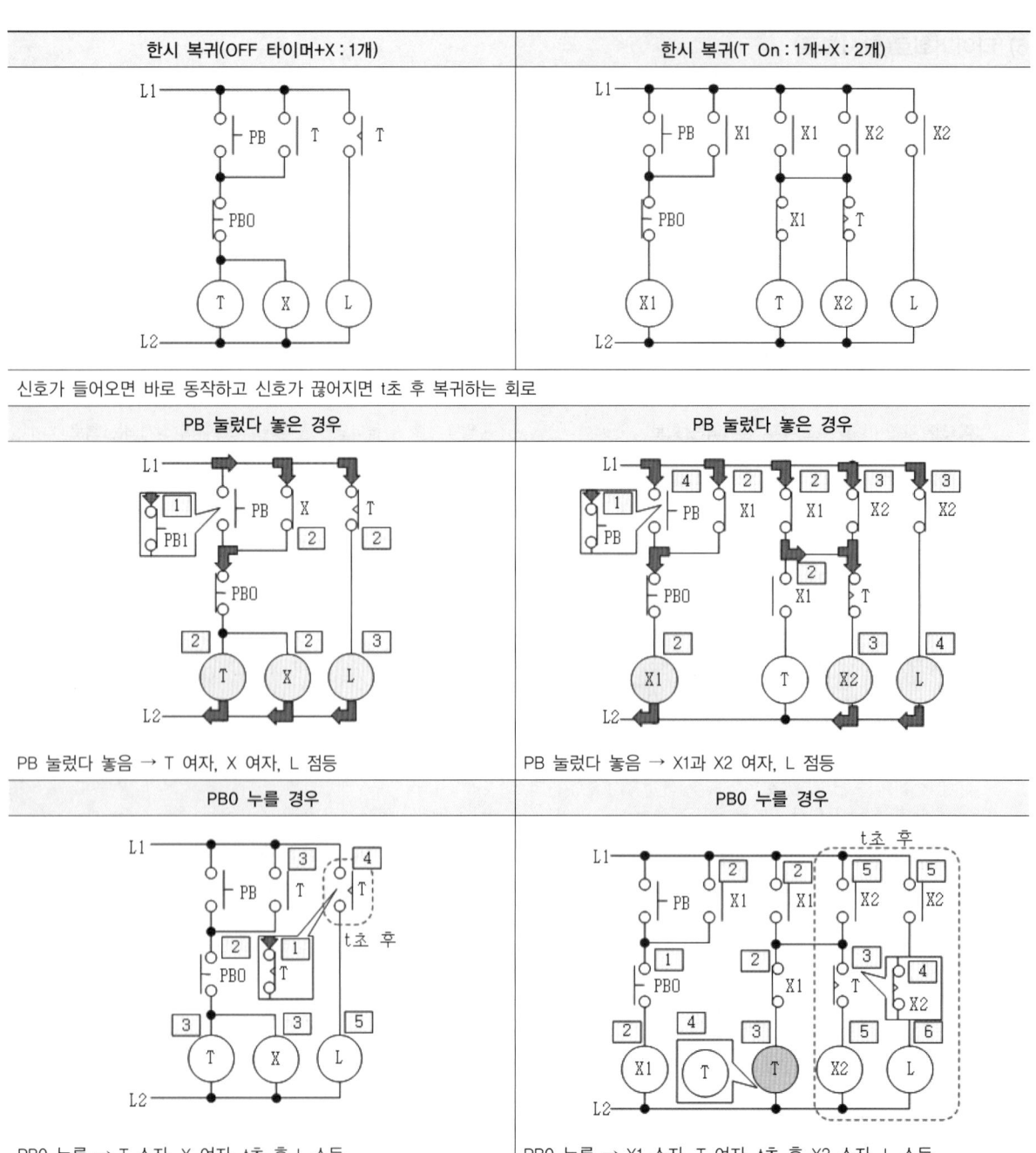

(7) 순차 제어회로 : 전원에 가까운 순서에 따라 동작하는 회로

직렬 순차 제어회로(1)	직렬 순차 제어회로(2)
	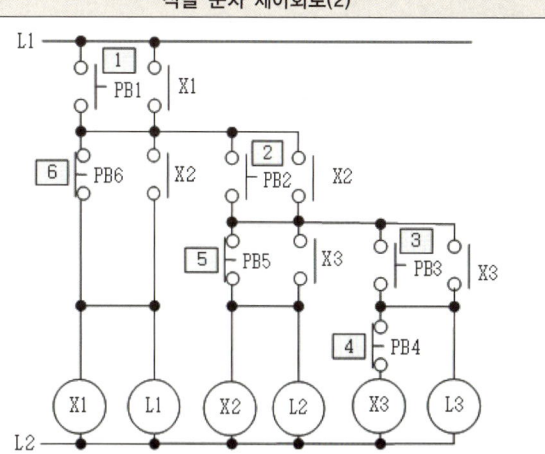
• PB1 누름, X1 여자, 자기유지, L1 점등 • PB2 누름, X2 여자, 자기유지, L2 점등 • PB3 누름, X3 여자, 자기유지, L3 점등 • PB0 누를 때 모든 동작 멈춤 ※ PB1 → PB2 → PB3 순서대로 눌러야 동작한다.	• 동작은 PB1 → PB2 → PB3 순서대로 눌러야 한다. • 정지는 PB4 → PB5 → PB6 순서로, 동작의 반대로 눌러야 한다.
병렬 순차 제어회로(1)	병렬 순차 제어회로(2)
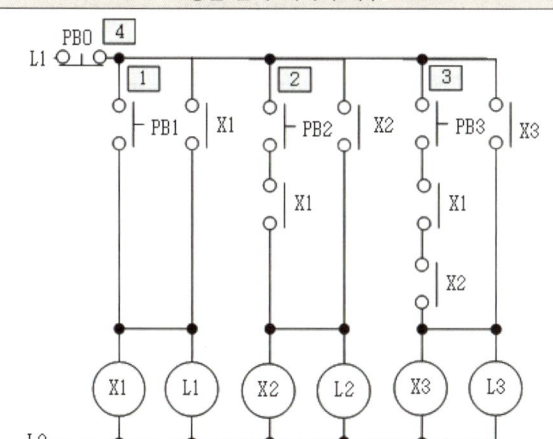	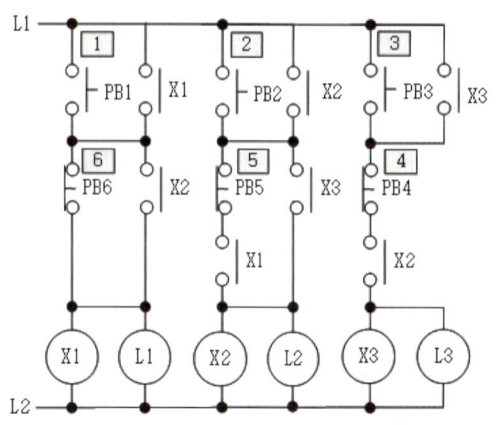
• 동작은 PB1 → PB2 → PB3 순서대로 눌러야 한다. • 정지는 PB0을 누를 때 모든 동작이 멈춘다.	• 동작은 PB1 → PB2 → PB3 순서대로 눌러야 한다. • 정지는 PB4 → PB5 → PB6 순서로, 동작의 반대로 눌러야 한다.

(8) 표시회로

㉮ **정의** : 차단기나 전자접촉기, 부하의 동작 상태를 나타내는 회로
㉯ **종류** : 전원 상태, 동작 대기 상태, 동작 상태, 고장, 경보

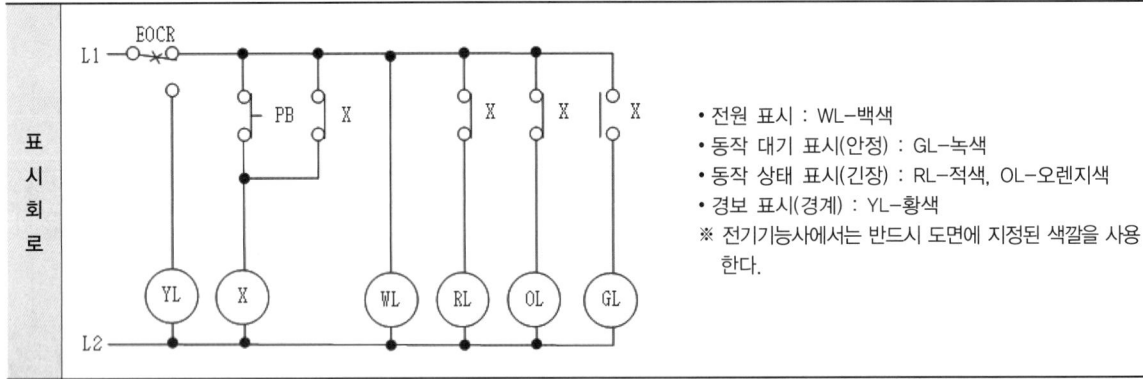

- 전원 표시 : WL-백색
- 동작 대기 표시(안정) : GL-녹색
- 동작 상태 표시(긴장) : RL-적색, OL-오렌지색
- 경보 표시(경계) : YL-황색
※ 전기기능사에서는 반드시 도면에 지정된 색깔을 사용한다.

(9) 경보회로

㉮ **경보 표시 회로** : 대전력용 부하인 전동기와 히터에 과전류가 흐르면 회로가 차단되며 외부로 위험을 알리는 회로를 말한다.
㉯ **경보 동작 회로**
　㉠ 종류 : 열동계전기(Thr)와 전자식 과전류계전기(EOCR)가 있고 전기기능사에서는 EOCR을 사용한다.
　㉡ 기능 : 주회로가 단락 사고 등으로 과전류가 발생하면 차단되어 전동기나 히터 등 부하를 보호한다.
　㉢ 동작 : 부하 과전류 발생 → 주회로 과전류 감지 및 동작 → 경보 표시 회로로 접점 전환 → 제어회로 차단 → 주회로 차단 → 회로 보호

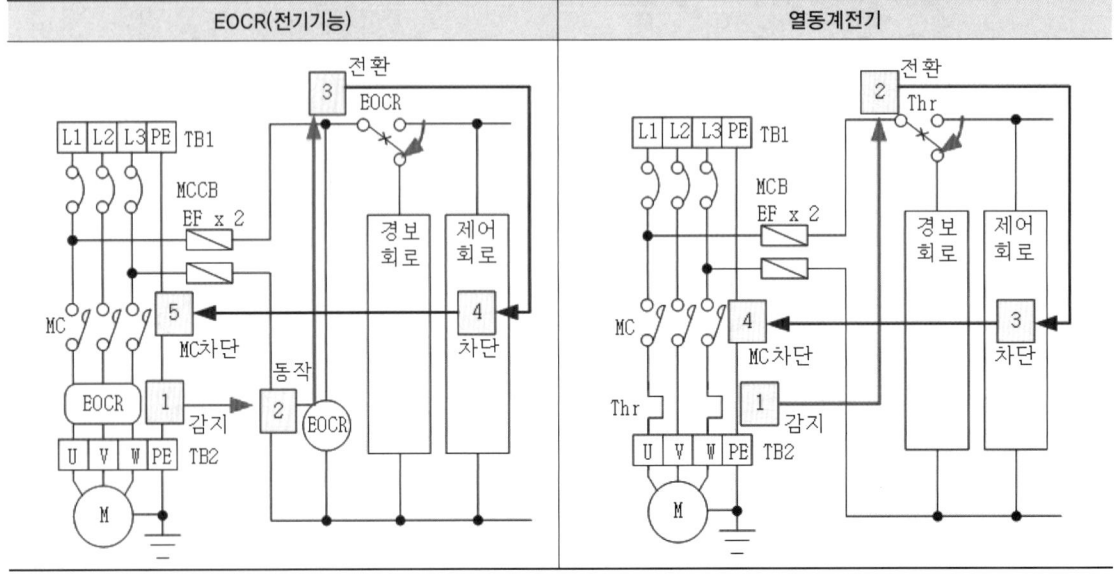

㉰ 경보 표시 회로 구성

시퀀스 제어의 경보 표시 회로는 다음과 같이 4가지 경우가 대부분이다.

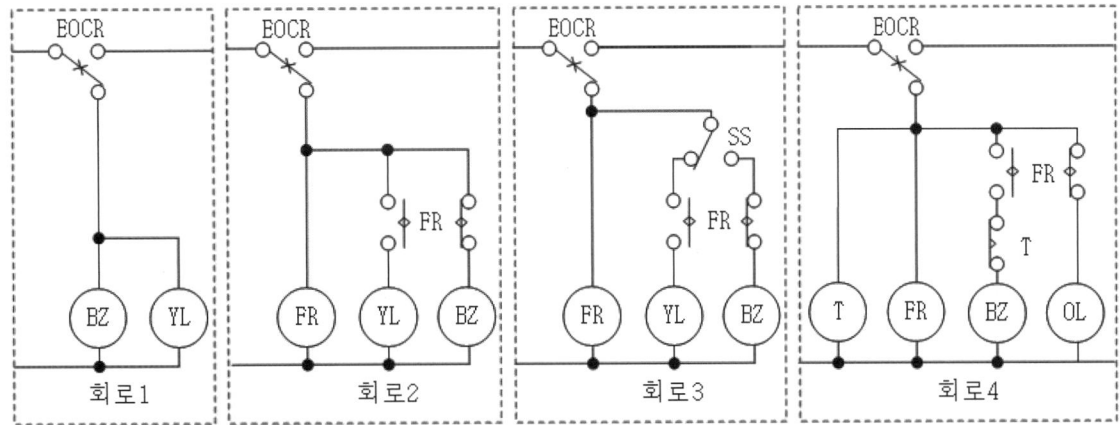

㉠ 회로 1 : 버저와 램프를 직접 연결, 계속 동작, BZ, YL, L 등 단독 및 조합 사용 가능
㉡ 회로 2 : 플리커 릴레이 사용, 버저와 황색 램프 반복 교대 동작, 단독 및 같이 사용 가능
㉢ 회로 3 : 셀렉터 스위치 사용, 버저나 램프(YL, OL, L) 선택 가능
㉣ 회로 4 : 타이머 사용, FR 설정시간 간격으로 BZ와 OL이 교대 동작, 타이머 설정 시간 후 BZ만 꺼지고 OL은 점멸한다.

㉱ 경보 해제

EOCR 경보 해제 후 복귀는 고장 원인을 찾아 고친 뒤에 리셋을 해야 한다.

㉠ 자동(타이머 사용)

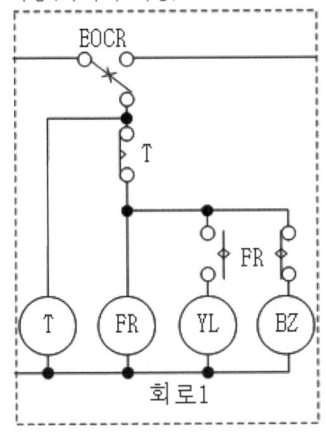

설정시간 후 경보해제

㉡ 수동(푸시버튼 사용)

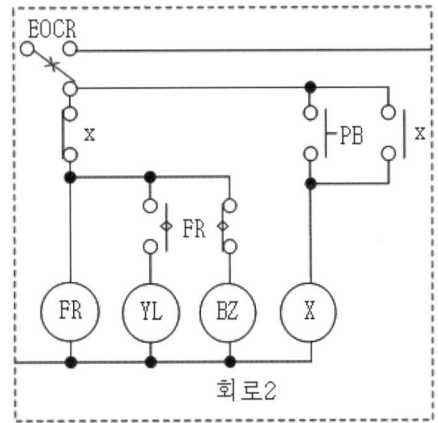

PB를 눌렀을 때 경보해제

(10) 전동기회로

㉮ 전동기 결선

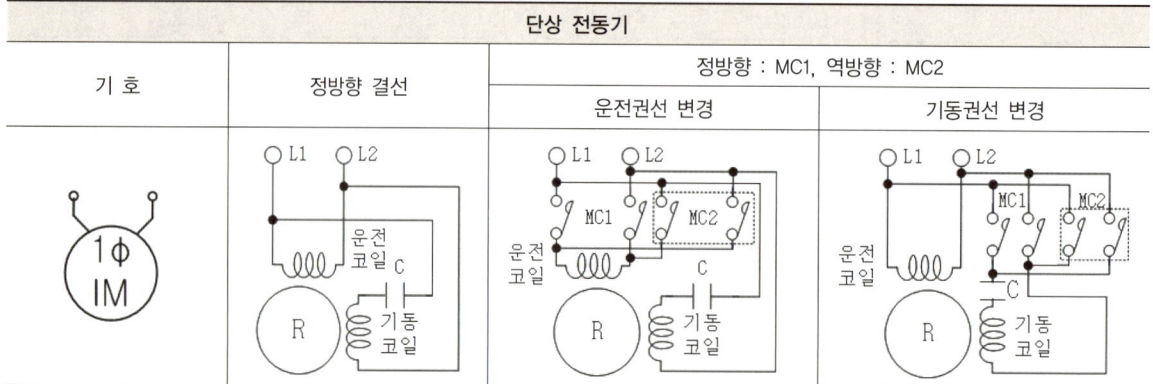

회전방향 변경은 전자접촉기를 사용하여 운전권선 또는 기동권선의 결선을 변경한다.

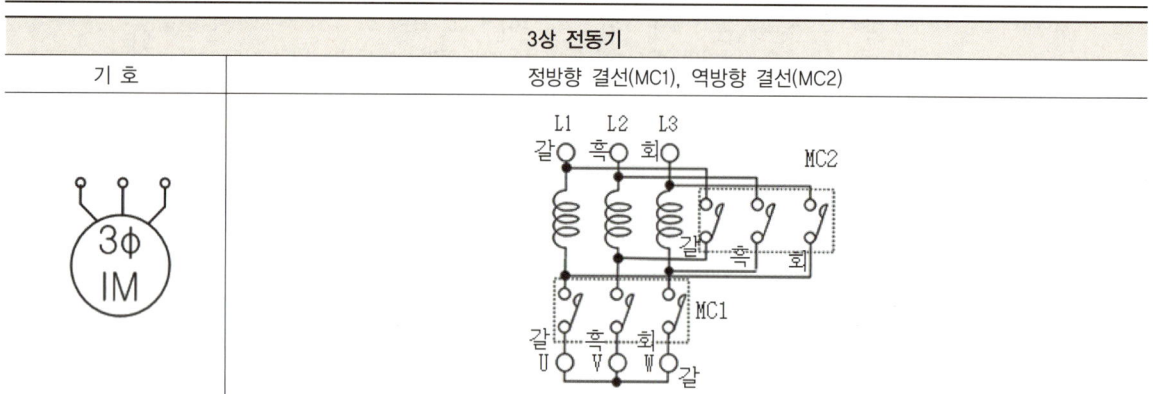

회전방향 변경은 전자접촉기를 사용하여 3선 중 2선의 전원 극성을 바꾸면 된다.

- Y결선 : 권선의 한쪽 단자를 한군데 모아 결선하고 다른 쪽 3단자에 전원을 넣는다.
- △결선 : 고정자 권선에서 L1-W, L2-U, L3-V를 차례로 결선, 결선점에 전원을 넣는다.

㉯ 전동기 제어의 종류
　㉠ 직입 기동제어 : 전원 전압을 가해 시동하는 것으로, 비교적 용량이 적은 전동기에 적합
　㉡ Y-△ 기동제어 : 기동할 때 전동기 권선을 Y결선으로 전원 전압을 $\frac{1}{\sqrt{3}}$로 낮추어 기동 전류의 $\frac{1}{3}$이 흘러 가속되면 △결선으로 전환하는 방식
　㉢ 인칭 운전제어 : 버튼을 누르고 있는 동안만 전동기가 회전하고 놓으면 정지하는 방식
　㉣ 정역제어 : 정방향과 역방향의 2방향으로 회전하도록 전환하는 방식
　㉤ 한시 운전, 교대 운전, 순차 운전 등이 있다.
㉰ 전동기 제어의 특징
　㉠ 주회로 : 전동기를 운전함에 있어 직접적으로 전동기 전원을 공급하는 회로
　㉡ 제어회로 : 전동기를 원하는 동작으로 제어할 목적의 회로
　㉢ 전구와 전동기 제어 비교

특 성 \ 부하종류	전 구	전동기(3상 유도전동기)
릴레이 종류	릴레이	전자접촉기
보호장치	MCB(2P), 퓨즈	MCB(3P), 퓨즈, EOCR
전 류	소	주회로(대), 제어회로(소)
부하의 위치	제어회로	주회로(배선차단기, 주접점, EOCR, 전동기)
전선색	황 색	전원 3가닥(갈, 흑, 회)+접지(녹-황)
전선 굵기	가늘다.	굵다(주회로).
용 량	소용량(250V, 10A)	대용량(주접점)
접 점	보조접점	주접점+보조접점

　㉣ 전동기 제어회로는 주회로와 보호회로, 제어회로가 필요하기 때문에 회로가 복잡해진다.

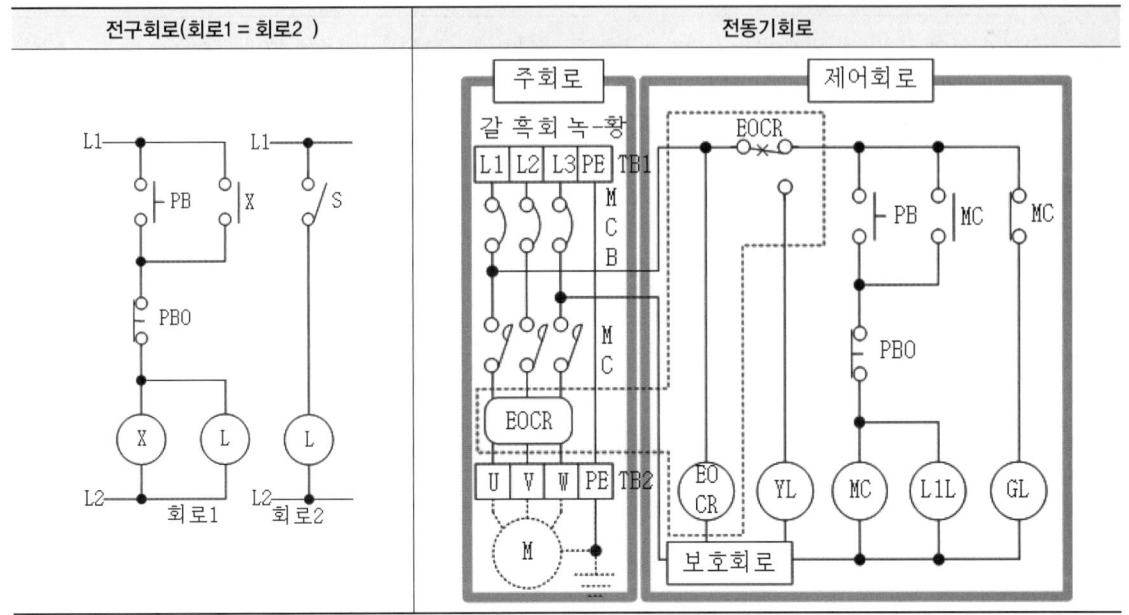

(11) 기본 작업 익히기(전동기 운전)

동작회로도	배관 및 기구 배치도
• 동작 상태 확인 • 작업 : 배선 및 결선, 기구 번호 넣기, 제어판 단자대 기구 이름 정하기 및 공통선 정하기	• 전선관 종류(PE관, CD관) • 전선관의 모양(-, ㄱ, ㄷ자) 및 길이 • 외부 기구 종류 및 위치 • 작업 : 배관, 외부 기구 배치 및 고정
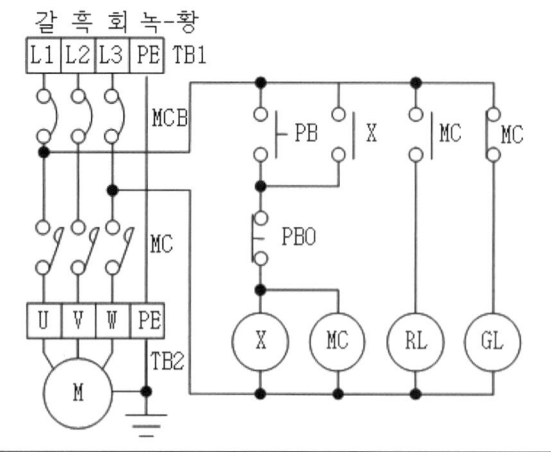	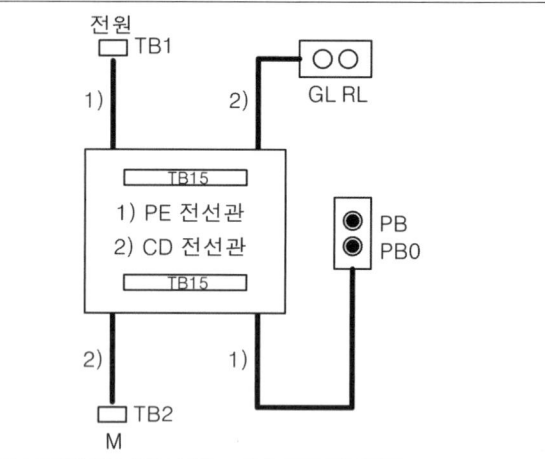

㉮ 동작회로도 기구 번호 넣기

㉠ 동작회로도 번호를 넣는 기구

번호 부여	주회로	MC 주접점, EOCR 감지기
	전원	MC, EOCR, Ry, T, FR 등
	보조접점	MC, EOCR, Ry, T, FR 등
	예외 기구(개인번호 가능)	스위치(SS, PB, LS 등), 부하(M, RL. GL, BZ 등)

㉡ 번호 부여 규칙(8핀 릴레이) : 숙달자는 결선을 간단하게, 초보자는 기준에 따라 부여

전원	접점			
	a, b접점 단독(2단자)	a, b접점 동시(3단자)		
작은 번호(위쪽)	공통(위쪽)	공통(위쪽)	공통(아래쪽)	공통(가운데)

ⓒ 틀리기 쉬운 경우

오 류	번호 표시 오류	같은 기구 중복 불가	접점 사이 기구 공통접점 불가	공통접점 교차
✕				
○				

ⓓ 동작회로도 번호 넣기

X : 릴레이(8핀)						MC : 전자접촉기(12핀)				
	전원	접 점					전원	접점		
		a	b	a	b			주접접	a	b
	2	1	1	8	8		6	1 2 3	4	5
	7	3	4	6	5		12	7 8 9	10	11

순서1	주회로에서 MC 주접점과 EOCR 감지기의 개수에 상관없이 (상) ① ② ③, (하) ⑦ ⑧ ⑨를 넣는다.
순서2	각종 릴레이의 전원은 개수에 상관없이 작은 숫자는 위쪽, 큰 숫자는 아래쪽에 넣는다.
순서3	화살표 방향으로 이동하며 릴레이 종류별로 ⓐ접점과 ⓑ접점을 구분하며 넣는다. X의 접점을 화살표 방향으로 찾아 번호를 넣고, 다음 MC를 화살표 방향으로 찾아 번호를 넣는다. 병렬로 연결된 것은 같은 줄로 본다.

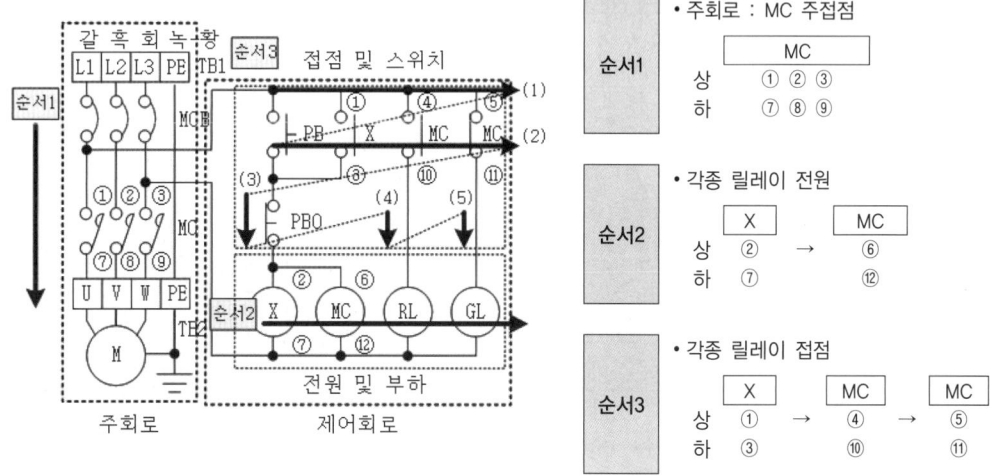

㉯ 단자대에 외부 기구 이름 넣기
　㉠ 제어판 단자대
　　• 역할 : 외부 기구와 내부 기구를 연결
　㉡ 필요한 도면 : 배관 및 기구 배치도(단자대 위치 표시), 동작회로도(공통 확인)
　㉢ 작업 방법
　　• 기구의 단자대 위치 결정

[제어판 상]
① 기구 파악 : L1, L2, L3, PE
② 전선관 따라 이동
③ 기구의 단자대 위치 결정

[제어판 상]
① 기구 파악 : GL, RL
② 전선관 따라 이동
③ 기구의 단자대 위치 결정

[제어판 하]
① 기구 파악 : U, V, W, PE
② 전선관 따라 이동
③ 기구의 단자대 위치 결정

[제어판 하]
① 기구 파악 : PB, PB0
② 전선관 따라 이동
③ 기구의 단자대 위치 결정

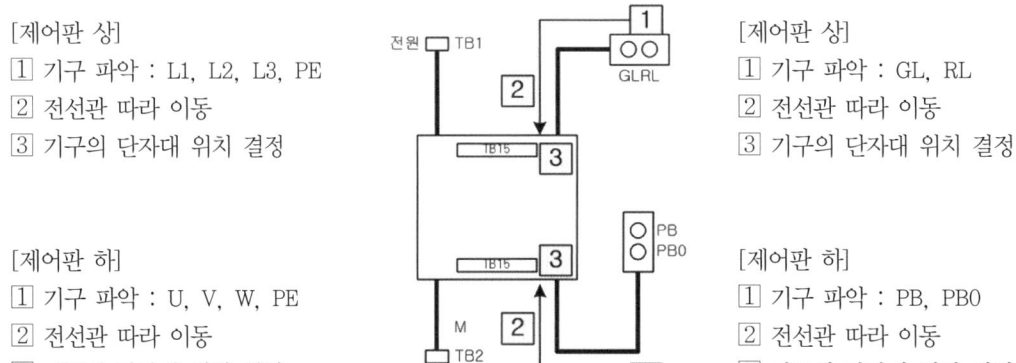

　　• 공통선 결정

| • 공통선 조건 : 같은 전선관 끝에 위치, 기구 나사끼리 전선으로만 연결된 선 |
| • 공통선 : RL/GL, ⓐ / 0ⓑ |

전 원					램 프			제어판 단자대(상)		
L1	L2	L3	PE	RL	GL	RL/GL			

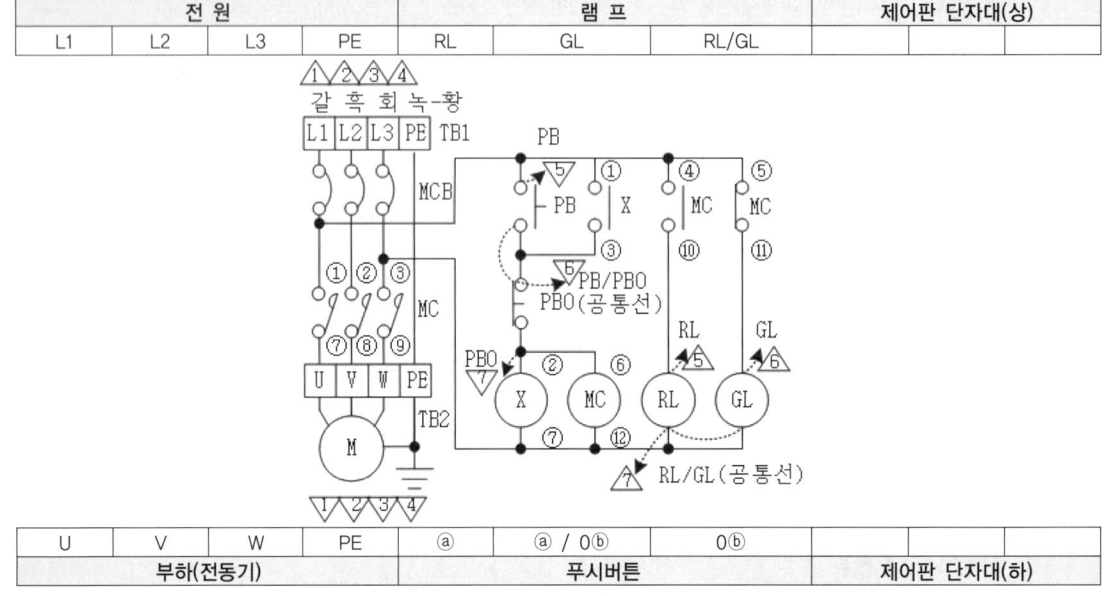

U	V	W	PE	ⓐ	ⓐ / 0ⓑ	0ⓑ			
부하(전동기)				푸시버튼			제어판 단자대(하)		

　　• 단자대에 기구 이름 넣기 : 제어판 단자대에 종이테이프를 붙인 후 필기구로 적는다.

| • 방법1 : 단자대에 기구 이름을 적는다. 1칸에 문자를 적기가 어렵다. 동작회로도 없이 작업이 가능하다. |
| • 방법2 : 회로도에 단자번호를 표시하고 단자대에 번호를 적는다. 결선 시 동작회로도가 있어야 한다. |

㉰ 작업의 개념도

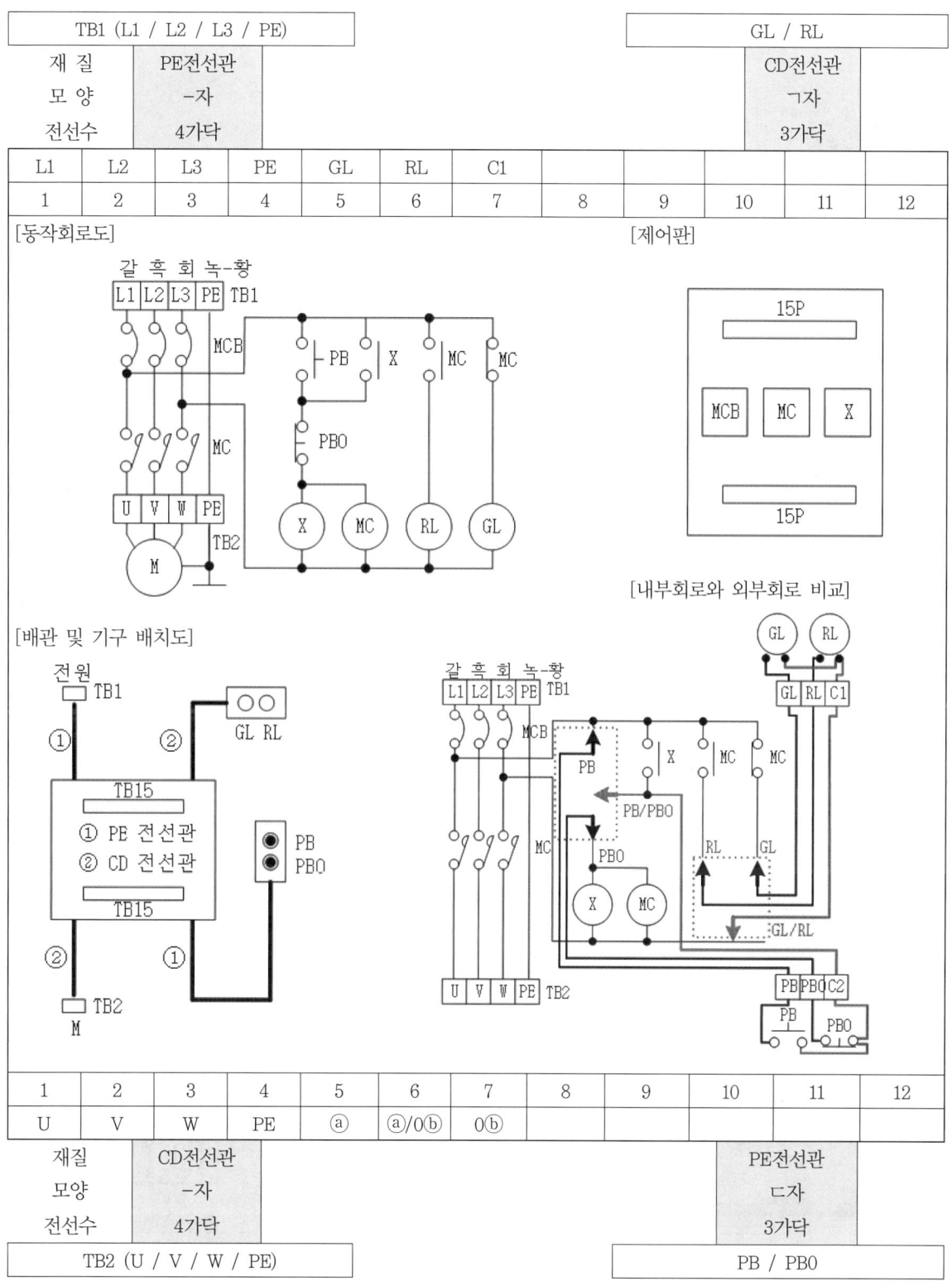

| 실습의 기초 | 전동기 운전 제어회로(도면) |

㉠ 유의사항 : 전원선(갈, 흑, 회), 접지선(녹-황), 보조선(황)
㉡ 기구 : 제어판(400×400), 배선차단기(3P : 1개), 단자대(4P : 4개), 릴레이(8P : 1개), 전자접촉기(12P : 1개), 푸시버튼(녹 : 1개, 적 : 1개), 램프(적 : 1개, 녹 : 1개)
㉢ 동작회로도

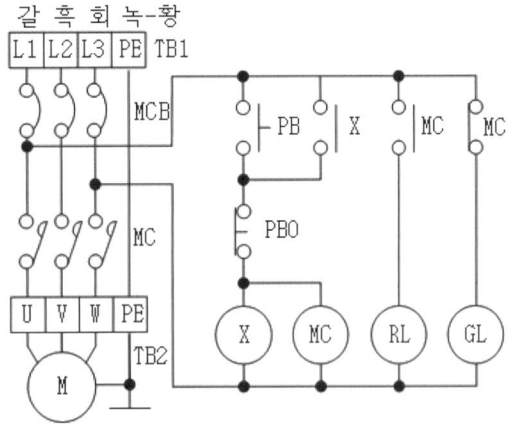

자기유지회로 + 3상 전동기

| 동 작 | • 배선차단기를 ON하면 GL(녹색)은 점등된다.
• PB(녹색)를 누르면 MC가 여자되어 전동기가 기동되고 RL(적색)이 점등되며 GL(녹색)은 소등된다.
• PB0(적색)을 누르면 MC가 소자되어 전동기는 정지되고 GL(녹색)은 점등된다. |

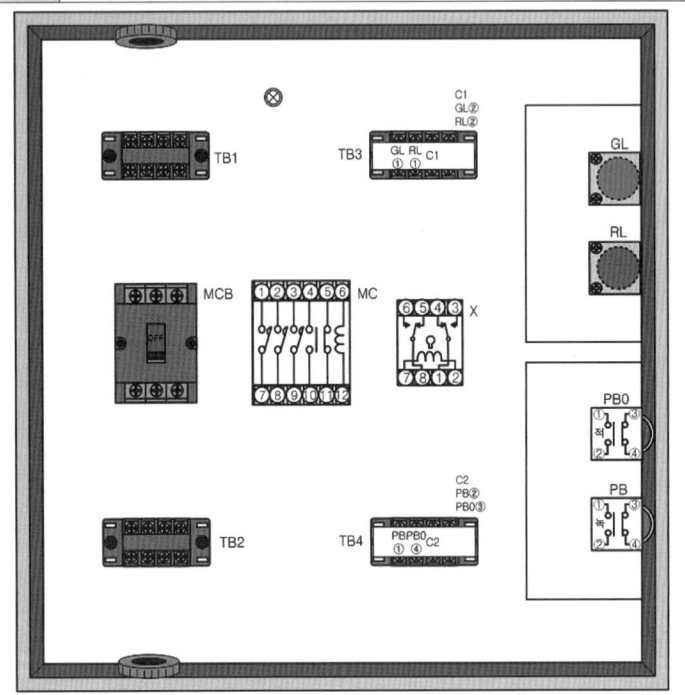

기구 내부 결선도

릴레이(8핀)

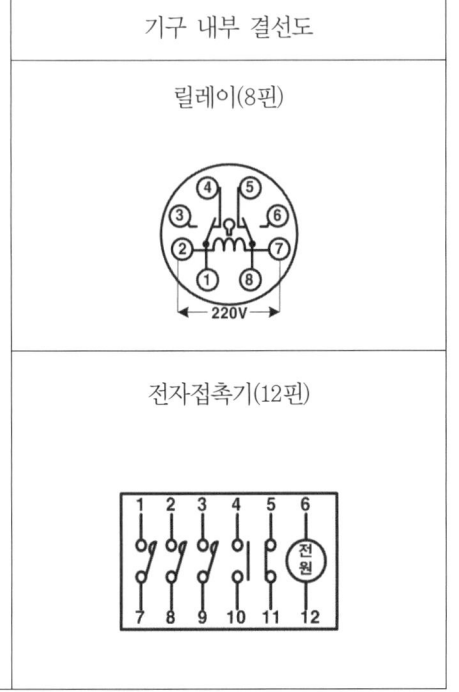

전자접촉기(12핀)

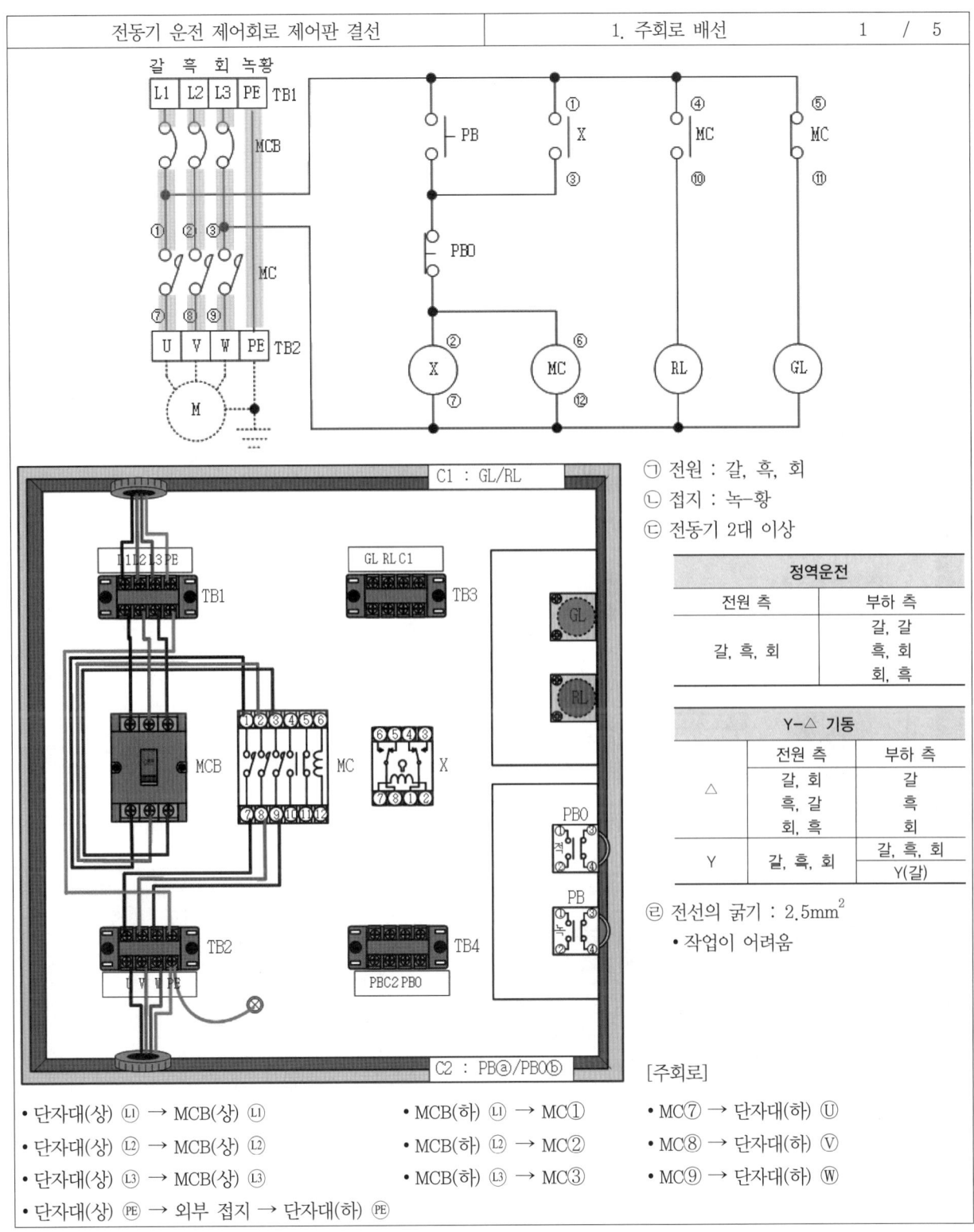

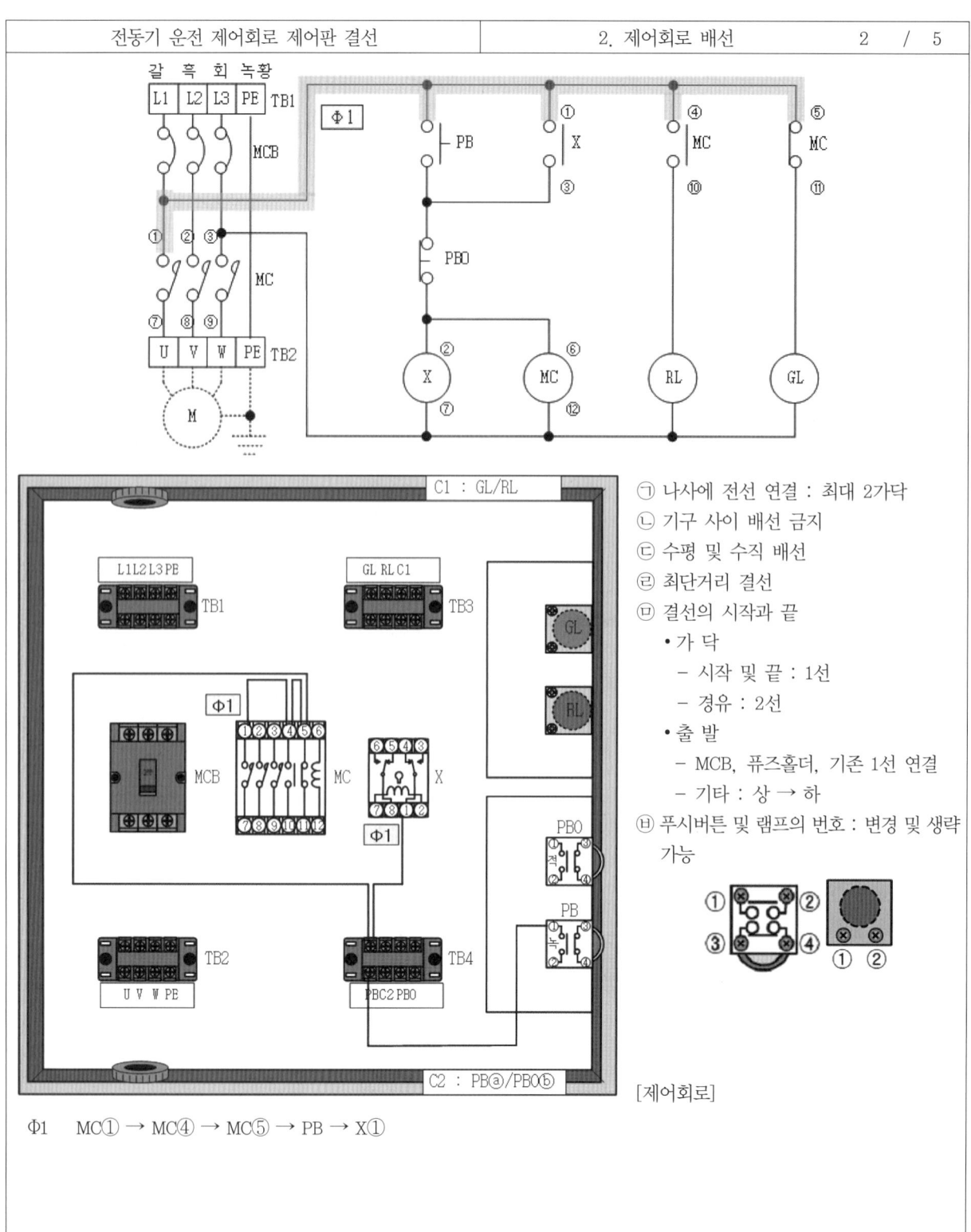

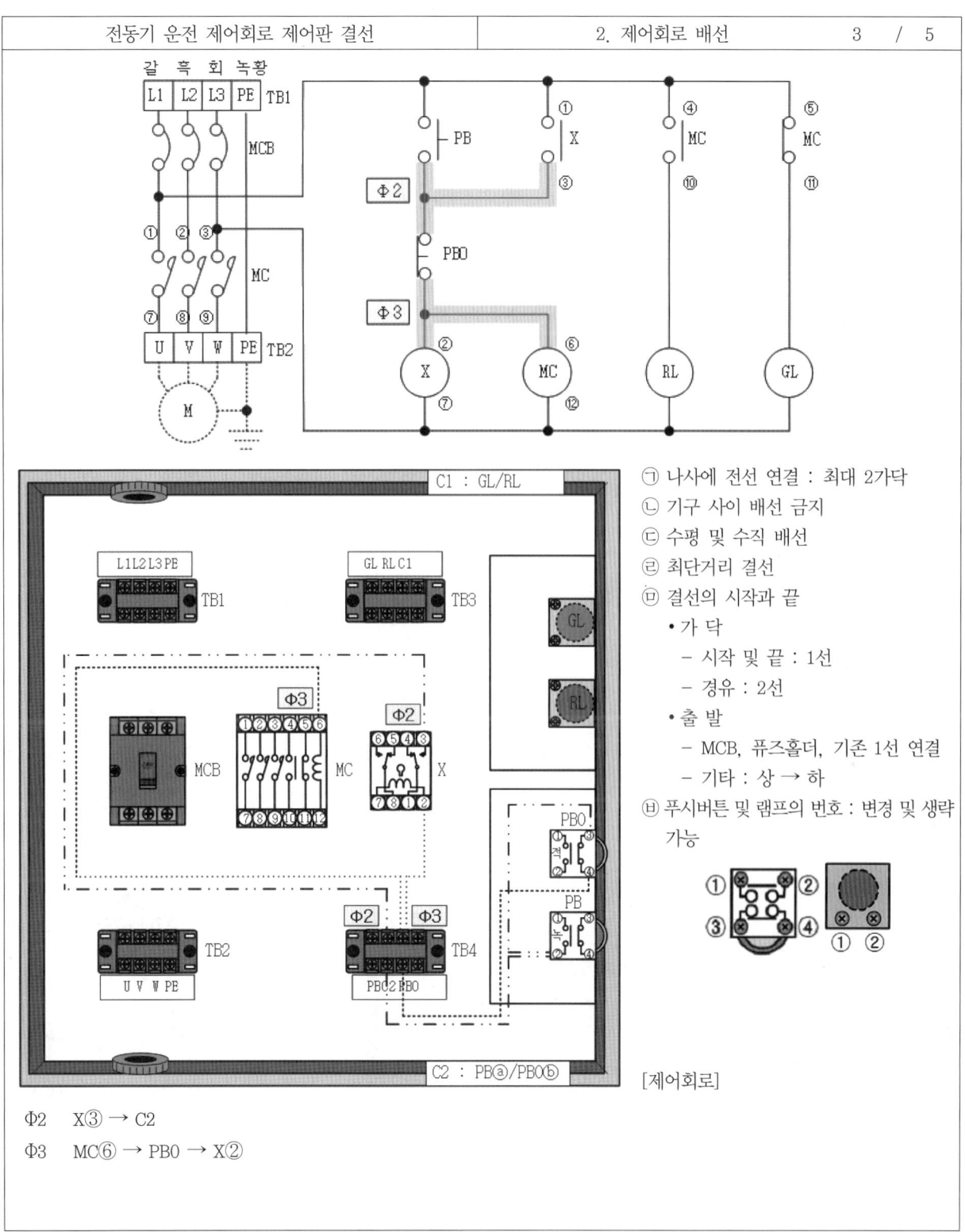

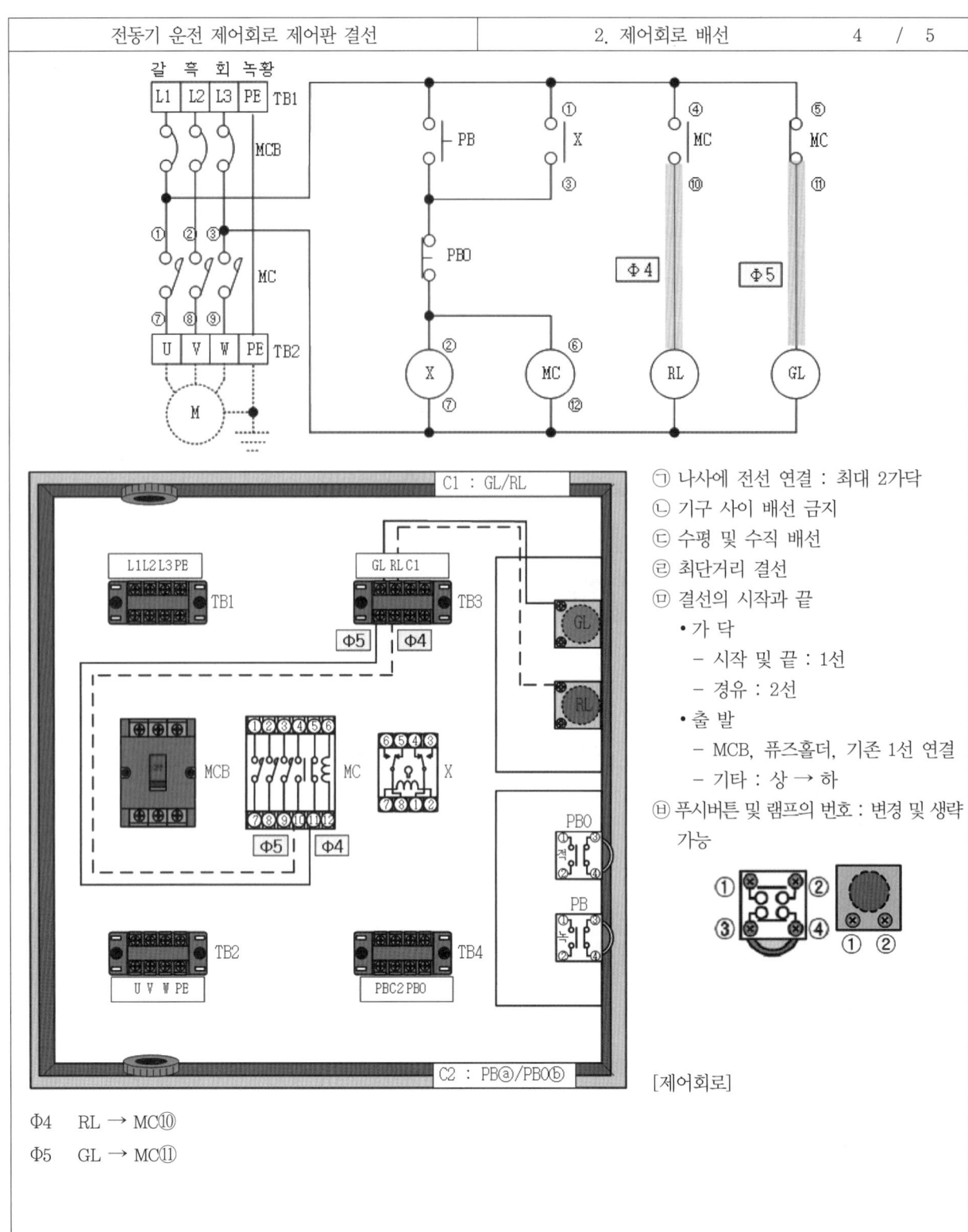

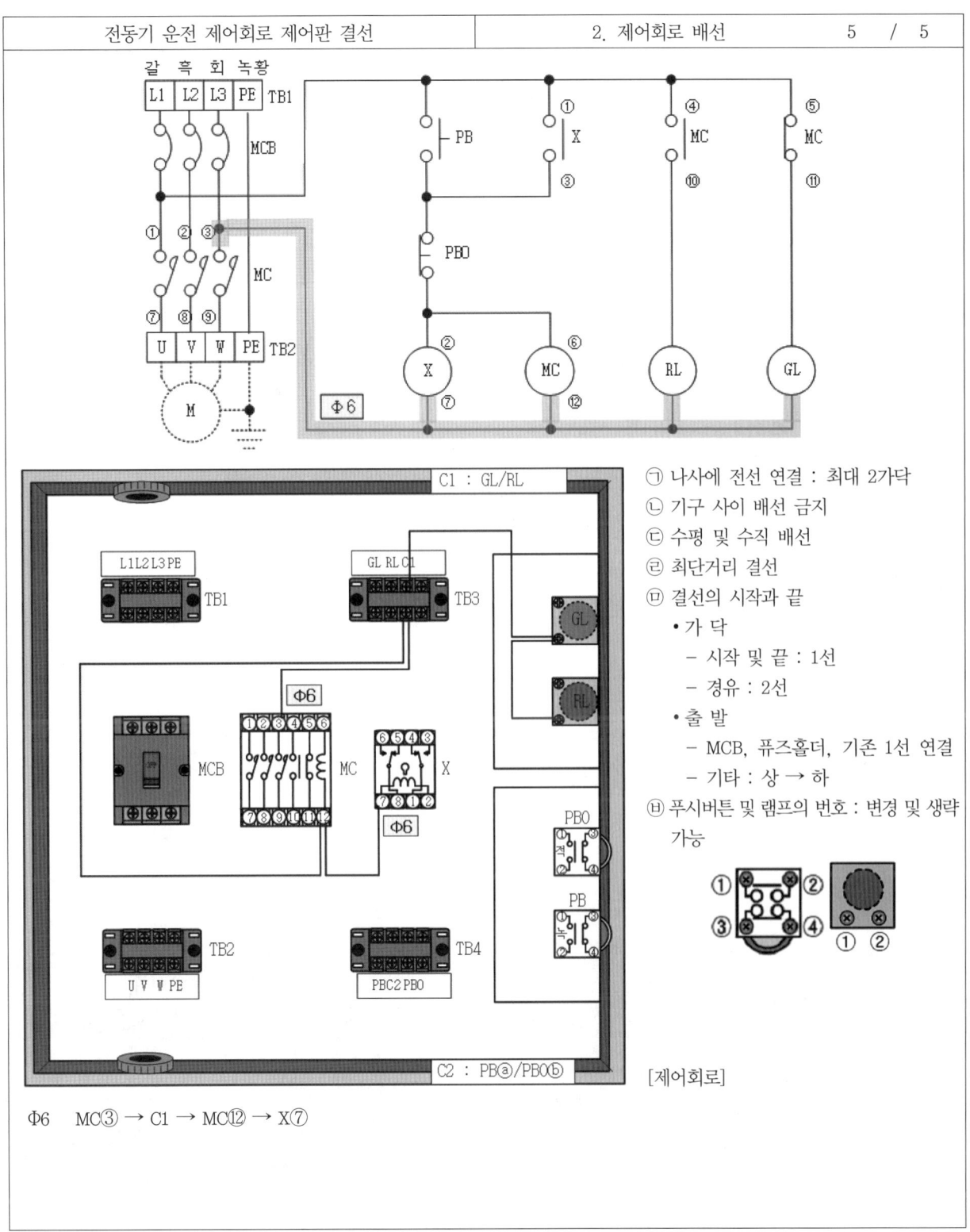

㉣ 결선하기

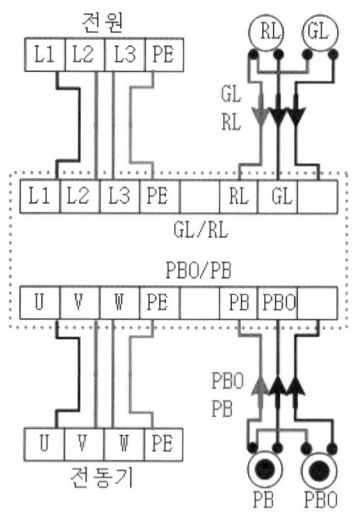

- GL②와 RL②를 외부에서 연결한 공통선 1선, GL①과 RL①은 각각 1선을 단자대로 연결한다.

- 전원선(L1, L2, L3, PE)과 전동기선(U, V, W, PE)은 색깔을 고려하여 단자대로 연결한다.

- PB0③과 PB②를 외부에서 연결한 공통선 1선, PB0④와 PB①은 각각 1선을 단자대로 연결한다.

㉤ 제어판 동작 검사

㉠ 눈으로 검사 : 동작회로도에 표시된 각종 릴레이 코일 및 접점 결선을 확인한다.

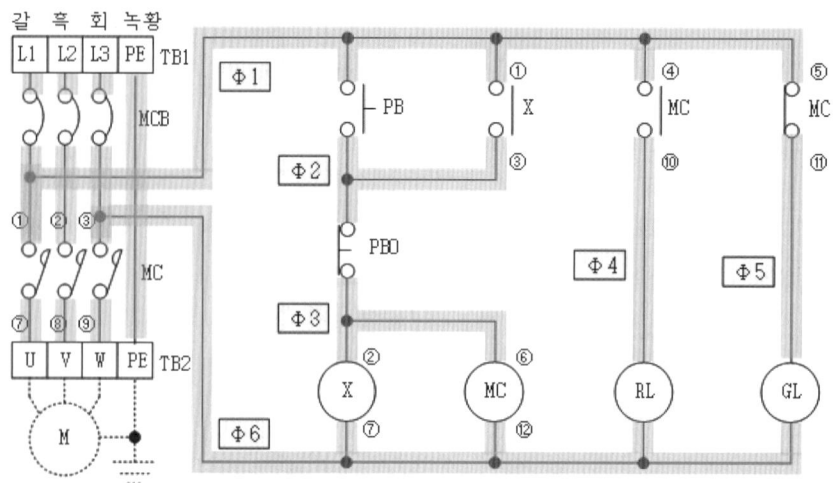

- 전원은 반드시 2선이 결선되어야 한다.
- 접점을 사용할 때 공통선을 반드시 사용하여야 하면 나머지 a접점이나 b접점을 사용하여야 한다.

MC(12) 전원	X(8) 전원	MC(12) 접점	X(8) 접점

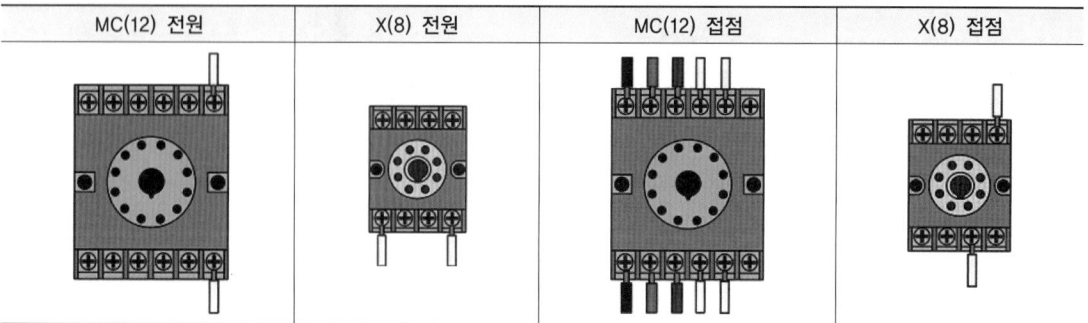

ⓒ 벨테스터 : 단자1을 기준에 놓고 단자2를 바꾸어 가며 점검한다.

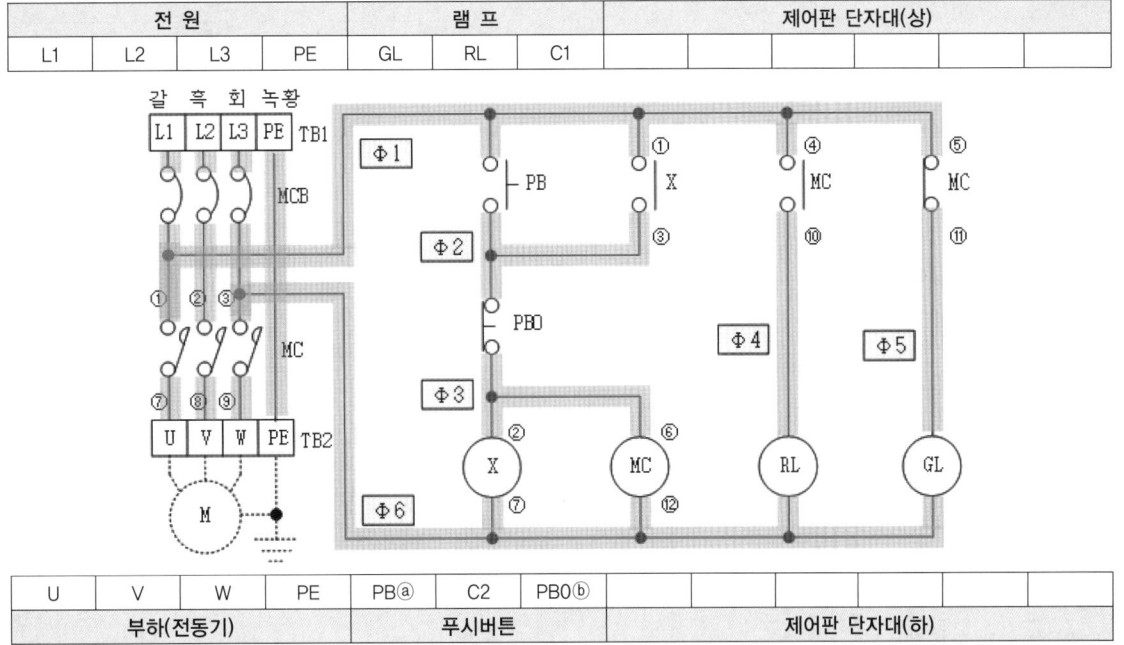

[주회로] MCB ON 상태

구 분	단자1(기준)	단자2	단자1(기준)	단자2
L1상	TB(상) Ⓛ1	MC(상) ①	MC(하) ⑦	TB(하) Ⓤ
L2상	TB(상) Ⓛ2	MC(상) ②	MC(하) ⑧	TB(하) Ⓥ
L3상	TB(상) Ⓛ3	MC(상) ③	MC(하) ⑨	TB(하) Ⓦ
PE	TB(상) ⒫Ⓔ	외부 ⒫Ⓔ − TB(하) ⒫Ⓔ		

[제어회로]

구간	단자1(기준)	단자2	구간	단자1(기준)	단자2
φ1	MC①	PBⓐ − X① − MC④ − MC⑤	φ2	C2	X③
φ3	PB0ⓑ	X② − MC⑥	φ4	MC⑩	RL
φ5	MC⑪	GL	φ6	MC③	X⑦ − MC⑫ − C1
C1	GL/RL		C2	PBⓐ/PB0ⓑ	

| JOB1 | 주차 표시 회로 | 1 / 4 |

㉠ 유의사항
  • PH1과 PH2는 푸시버튼으로 대체한다.
  • L1과 L2 사이에 배선차단기를 설치한다.
㉡ 기구 : 제어판(400×400), 배선차단기(2P : 1개), 단자대(4P : 3개), 릴레이(8P : 2개), 푸시버튼(녹 : 2개), 램프(적 : 1개, 녹 : 1개)
㉢ 동작회로도

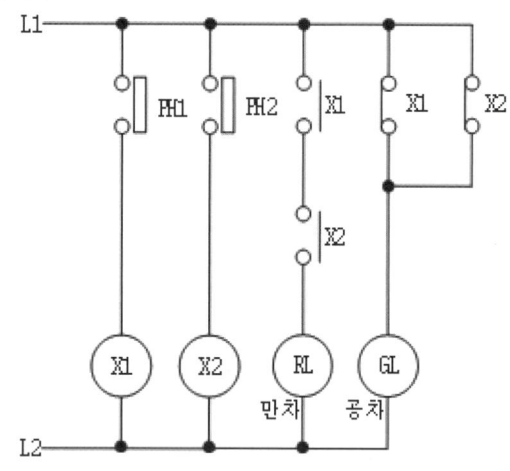

• 광전 센서
  투광기와 수신기로 구성되어 물체가 빛의 경로를 막으면 접점이 열고 닫히는 센서이다.
• 특 징
  – 제품의 재질에 상관없다.
  – 비교적 먼거리나 빠른 속도 검출이 가능하다.
  – 색채 및 형태 판단, 대소분별, 물체의 유무나 통과 여부 등 모든 산업 분야에 활용된다.
  – 진동이나 외부 빛, 렌즈가 더러워지면 불안정하다.

AND회로 + OR회로 + ON회로 + OFF회로

| 동 작 | 광전 센서 PH1과 PH2가 모두 동작하는 경우 "만차"가 표시되고, 1곳이라도 비어 있으면 "공차"가 표시된다. |

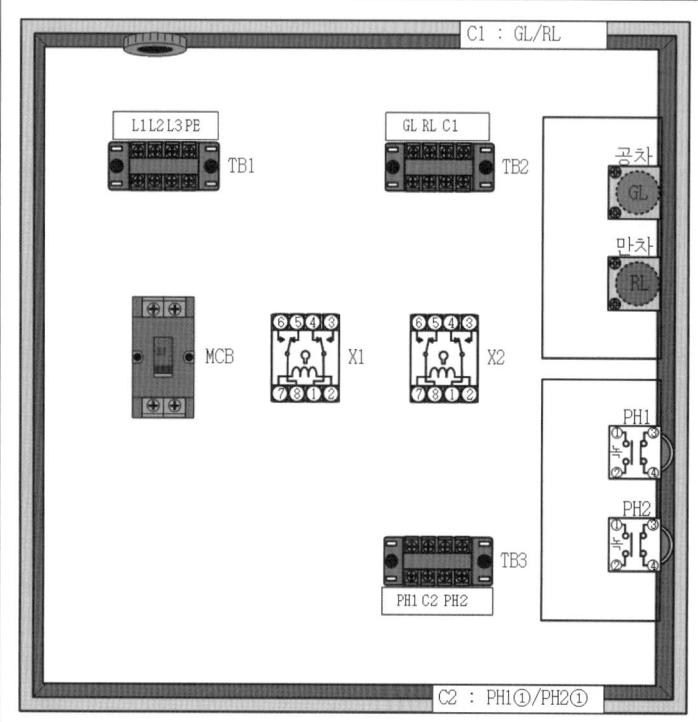

기구 내부 결선도

릴레이(8핀)

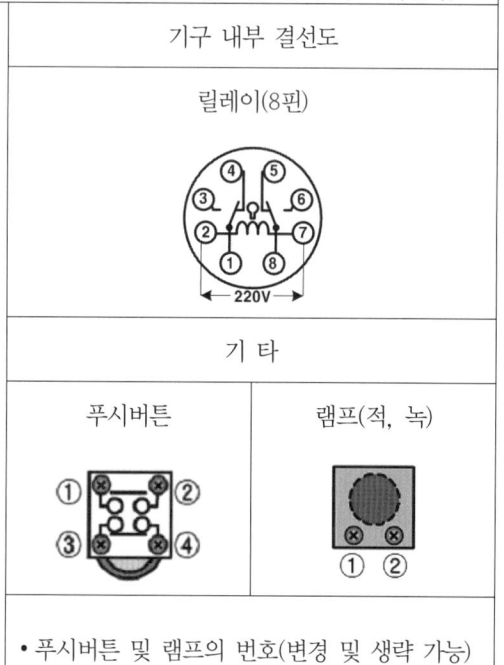

기 타

| 푸시버튼 | 램프(적, 녹) |

• 푸시버튼 및 램프의 번호(변경 및 생략 가능)
• 실제 회로에서 생략

| JOB1 | 주차 표시 회로 | 2 / 4 |

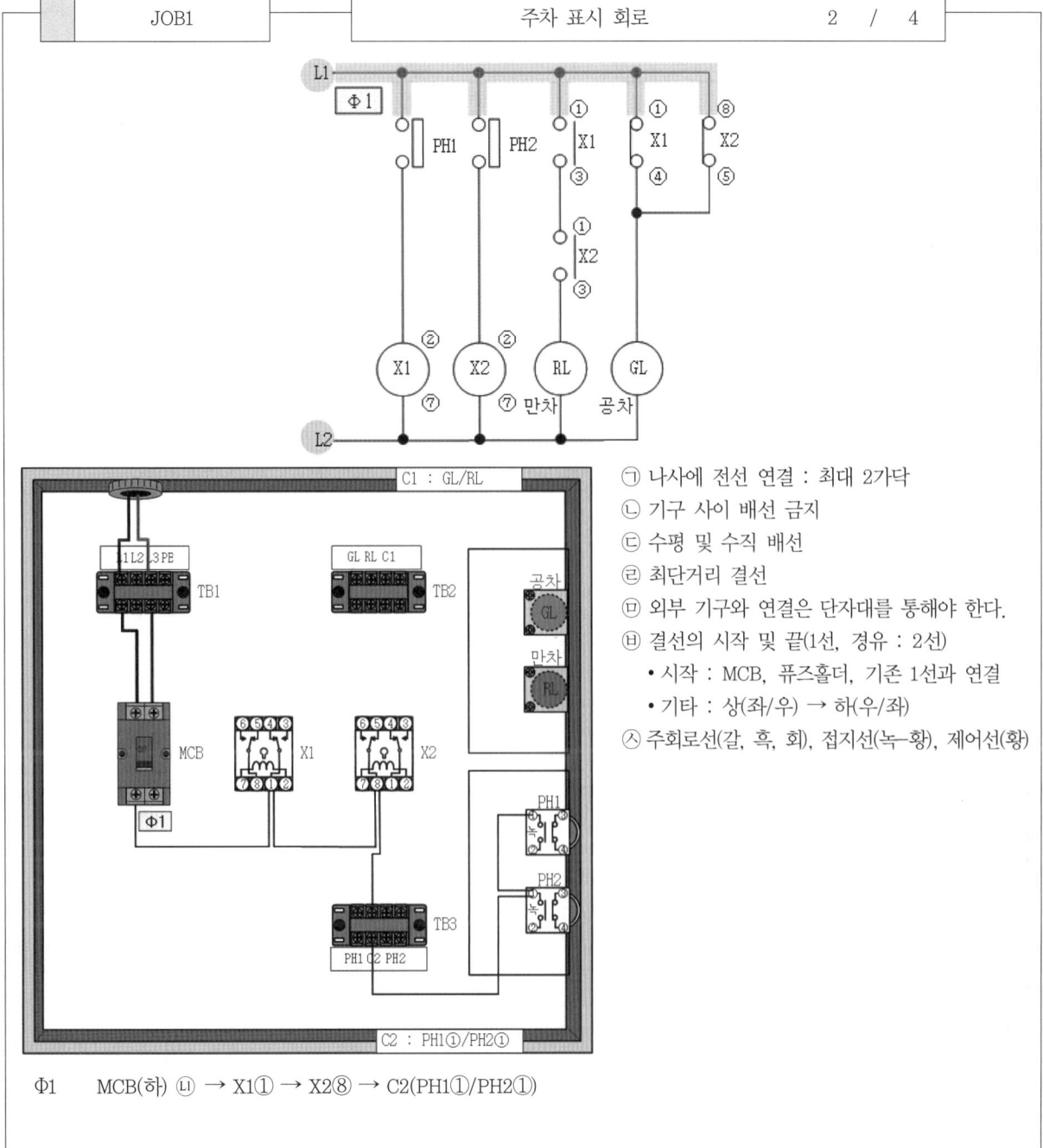

㉠ 나사에 전선 연결 : 최대 2가닥
㉡ 기구 사이 배선 금지
㉢ 수평 및 수직 배선
㉣ 최단거리 결선
㉤ 외부 기구와 연결은 단자대를 통해야 한다.
㉥ 결선의 시작 및 끝(1선, 경유 : 2선)
  • 시작 : MCB, 퓨즈홀더, 기존 1선과 연결
  • 기타 : 상(좌/우) → 하(우/좌)
㉦ 주회로선(갈, 흑, 회), 접지선(녹-황), 제어선(황)

Φ1   MCB(하) ㉡ → X1① → X2⑧ → C2(PH1①/PH2①)

| JOB1 | 주차 표시 회로 | 3 / 4 |

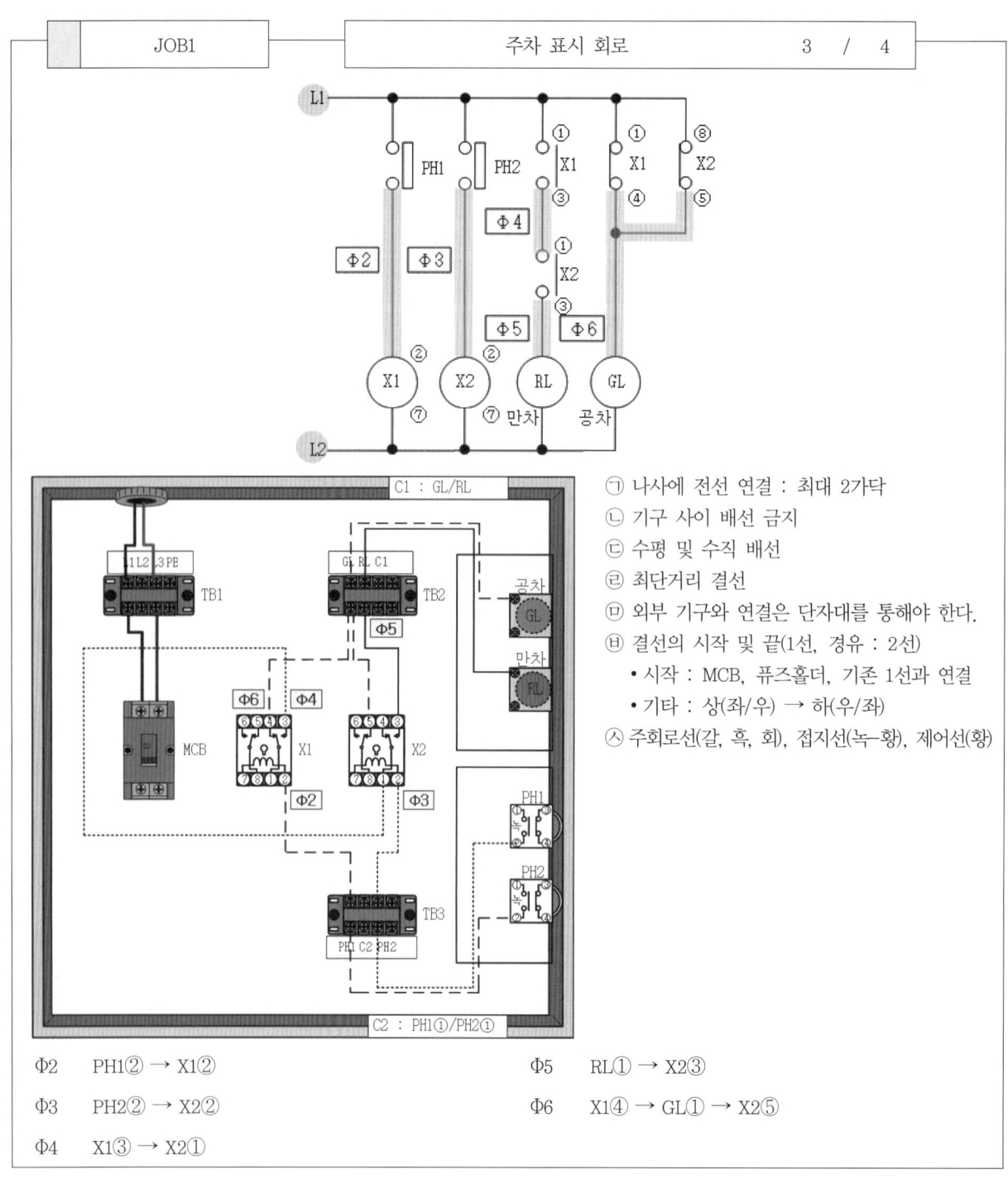

㉠ 나사에 전선 연결 : 최대 2가닥
㉡ 기구 사이 배선 금지
㉢ 수평 및 수직 배선
㉣ 최단거리 결선
㉤ 외부 기구와 연결은 단자대를 통해야 한다.
㉥ 결선의 시작 및 끝(1선, 경유 : 2선)
 • 시작 : MCB, 퓨즈홀더, 기존 1선과 연결
 • 기타 : 상(좌/우) → 하(우/좌)
㉦ 주회로선(갈, 흑, 회), 접지선(녹-황), 제어선(황)

Φ2　PH1② → X1②　　　　　Φ5　RL① → X2③
Φ3　PH2② → X2②　　　　　Φ6　X1④ → GL① → X2⑤
Φ4　X1③ → X2①

| JOB1 | 주차 표시 회로 | 4 / 4 |

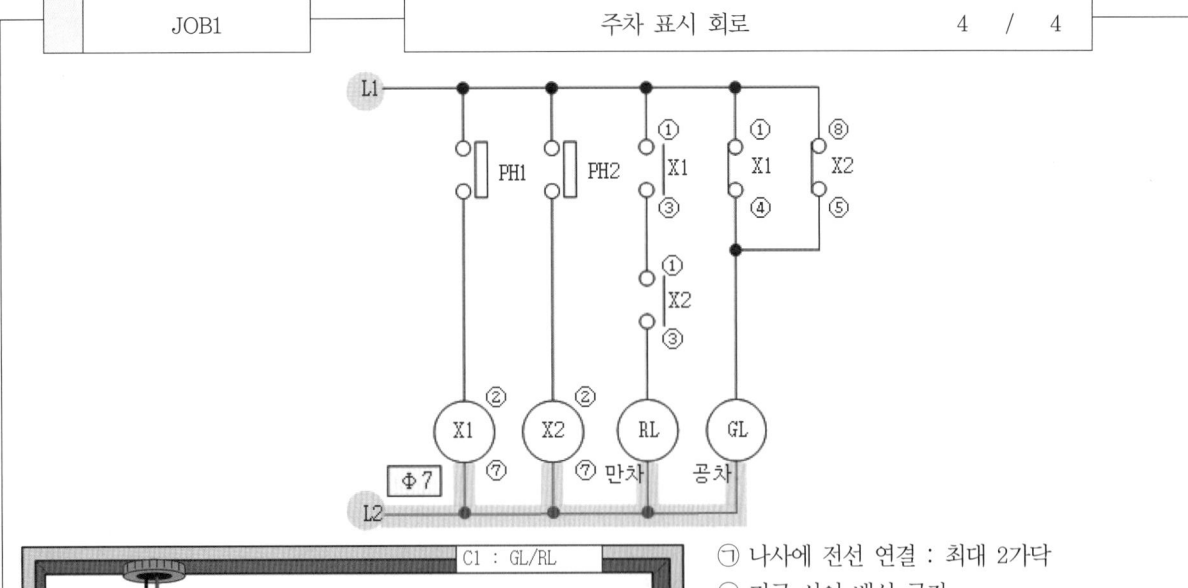

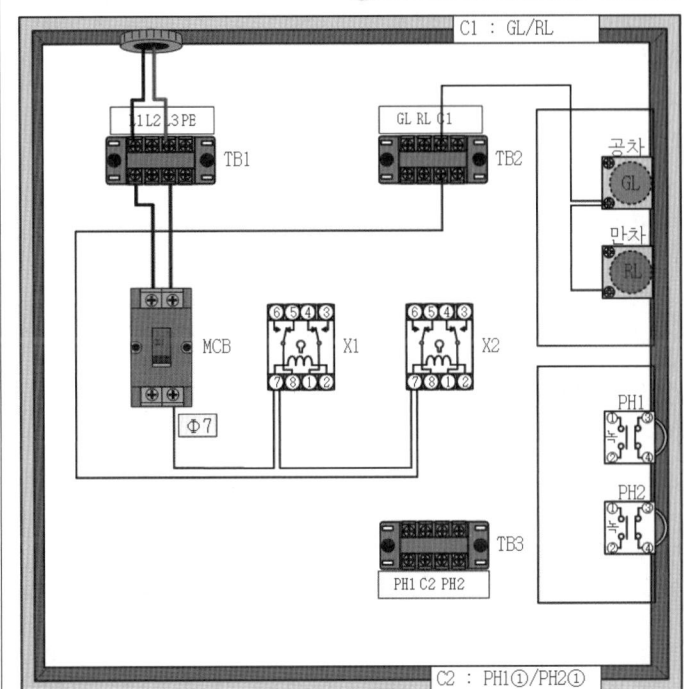

㉠ 나사에 전선 연결 : 최대 2가닥
㉡ 기구 사이 배선 금지
㉢ 수평 및 수직 배선
㉣ 최단거리 결선
㉤ 외부 기구와 연결은 단자대를 통해야 한다.
㉥ 결선의 시작 및 끝(1선, 경유 : 2선)
  • 시작 : MCB, 퓨즈홀더, 기존 1선과 연결
  • 기타 : 상(좌/우) → 하(우/좌)
㉦ 주회로선(갈, 흑, 회), 접지선(녹-황), 제어선(황)

Φ7   MCB(하) ⑫ → X1⑦ → X2⑦ → C1(GL②/RL②)

| JOB2 | 퀴즈 진행 회로 | 1 / 6 |

㉠ 유의사항 : L1과 L2 사이에 배선차단기를 설치한다.
㉡ 기구 : 제어판(400×400), 배선차단기(2P : 1개), 단자대(4P : 2개, 3P : 2개), 릴레이(11P : 3개), 푸시버튼(적 : 1개, 녹 : 3개), 파일럿 램프(녹 : 3개)
㉢ 동작회로도

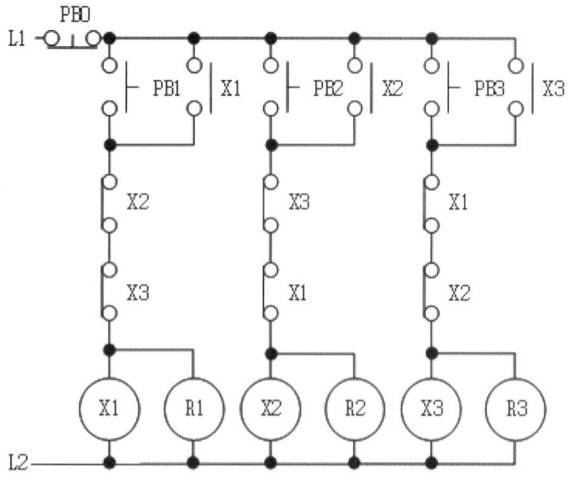

자기유지회로 + 인터록회로

- 자기유지회로 : 접점과 릴레이 a접점과 병렬
- 인터록회로(선입력 우선회로) : 동작을 제외한 회로의 릴레이 b접점과 직렬

| 동 작 | • PB1, PB2, PB3 중 가장 먼저 누르는 회로의 램프만 ON이고 나머지 회로는 차단된다.
• PB0 누르면 초기화가 된다. |

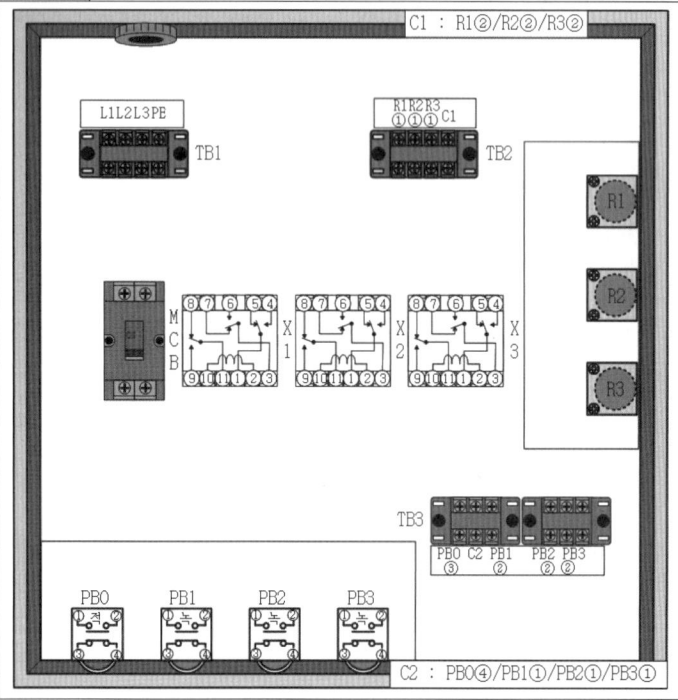

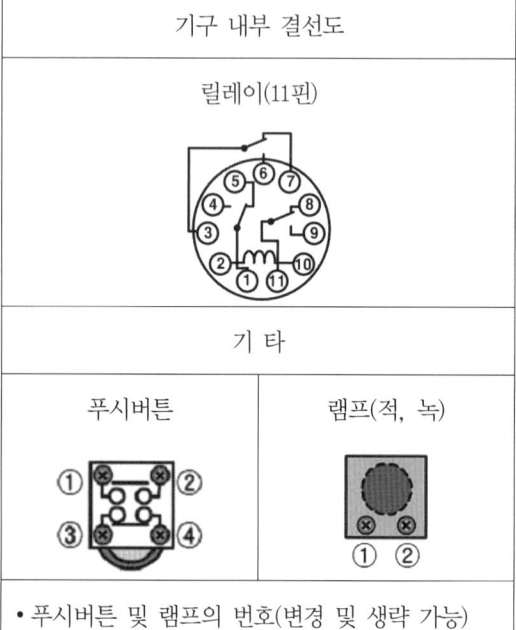

기구 내부 결선도

릴레이(11핀)

기 타

푸시버튼   램프(적, 녹)

- 푸시버튼 및 램프의 번호(변경 및 생략 가능)
- 실제 회로에서 생략

| JOB2 | 퀴즈 진행 회로 | 2 / 6 |

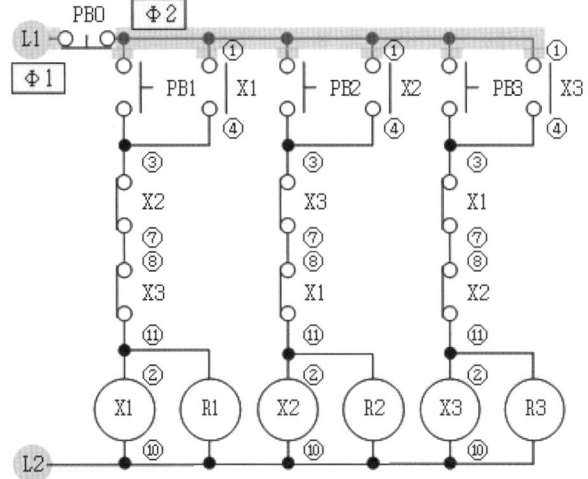

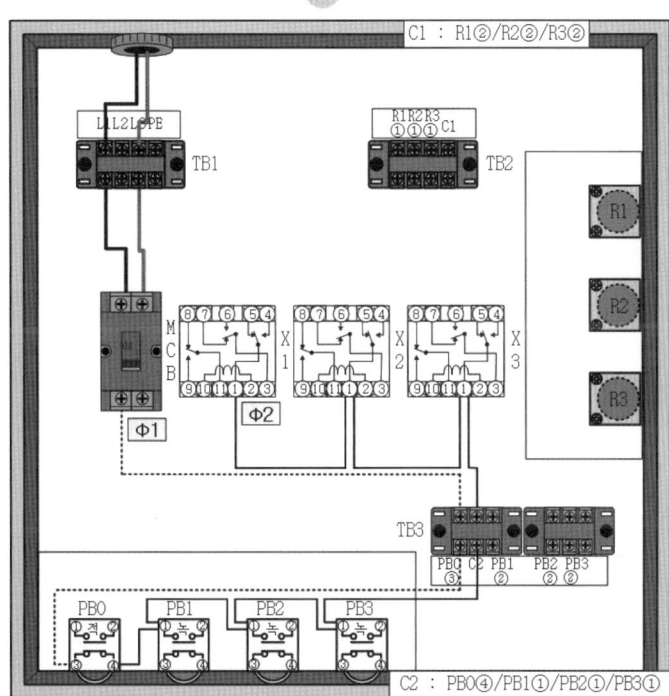

㉠ 나사에 전선 연결 : 최대 2가닥
㉡ 기구 사이 배선 금지
㉢ 수평 및 수직 배선
㉣ 최단거리 결선
㉤ 외부 기구와 연결은 단자대를 통해야 한다.
㉥ 결선의 시작 및 끝(1선, 경유 : 2선)
  • 시작 : MCB, 퓨즈홀더, 기존 1선과 연결
  • 기타 : 상(좌/우) → 하(우/좌)
㉦ 주회로선(갈, 흑, 회), 접지선(녹-황), 제어선(황)

Φ1   MCB(하) ㉡ → PB0③

Φ2   X1① → X2① → X3① → C2(PB0④/PB1①/PB2①/PB3①)

| JOB2 | 퀴즈 진행 회로 | 3 / 6 |

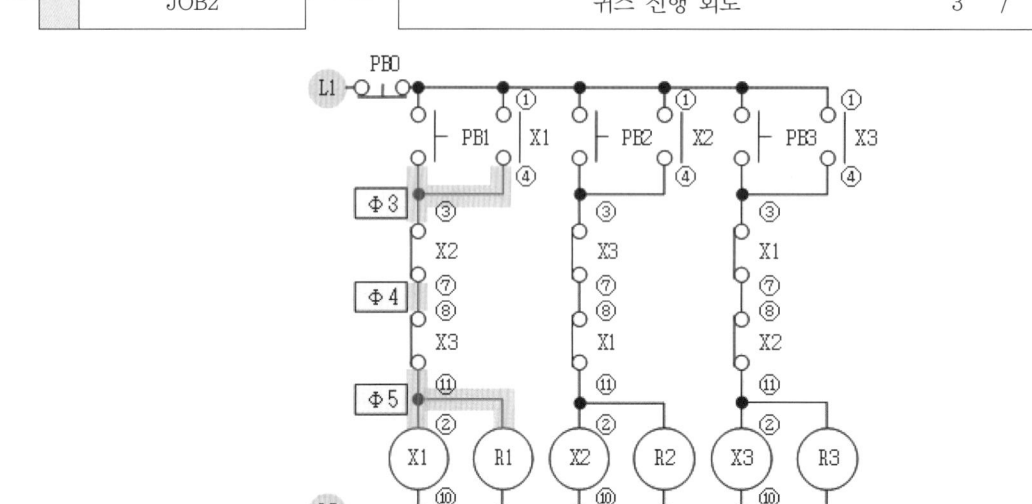

㉠ 나사에 전선 연결 : 최대 2가닥
㉡ 기구 사이 배선 금지
㉢ 수평 및 수직 배선
㉣ 최단거리 결선
㉤ 외부 기구와 연결은 단자대를 통해야 한다.
㉥ 결선의 시작 및 끝(1선, 경유 : 2선)
 • 시작 : MCB, 퓨즈홀더, 기존 1선과 연결
 • 기타 : 상(좌/우) → 하(우/좌)
㉦ 주회로선(갈, 흑, 회), 접지선(녹-황), 제어선(황)

Φ3 X1④ → X2③ → PB1②

Φ4 X2⑦ → X3⑧

Φ5 R1① → X1② → X3⑪

| JOB2 | 퀴즈 진행 회로 | 4 / 6 |

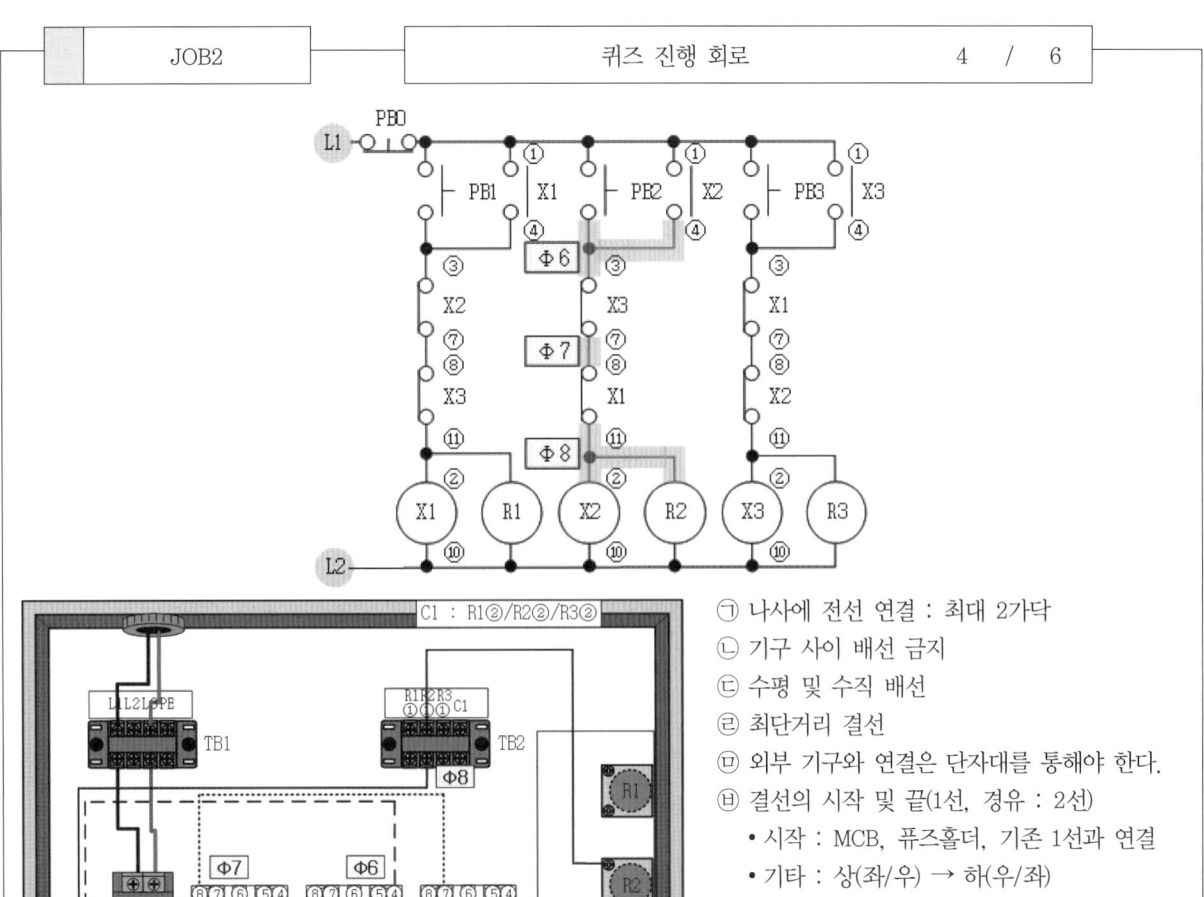

㉠ 나사에 전선 연결 : 최대 2가닥
㉡ 기구 사이 배선 금지
㉢ 수평 및 수직 배선
㉣ 최단거리 결선
㉤ 외부 기구와 연결은 단자대를 통해야 한다.
㉥ 결선의 시작 및 끝(1선, 경유 : 2선)
 • 시작 : MCB, 퓨즈홀더, 기존 1선과 연결
 • 기타 : 상(좌/우) → 하(우/좌)
㉦ 주회로선(갈, 흑, 회), 접지선(녹-황), 제어선(황)

Φ6　X2④ → X3③ → PB2②
Φ7　X1⑧ → X3⑦
Φ8　R2① → X1⑪ → X2②

| JOB2 | 퀴즈 진행 회로 | 5 / 6 |

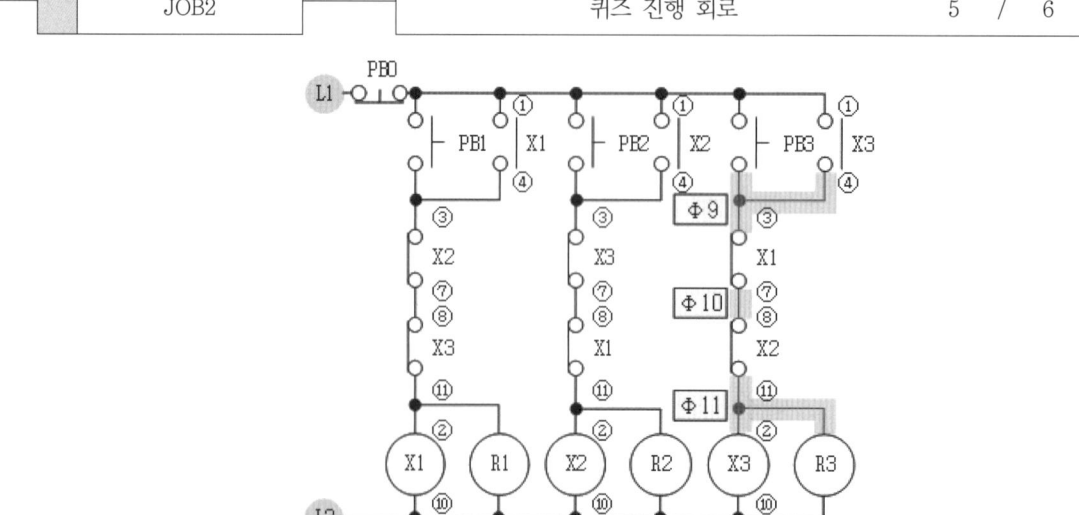

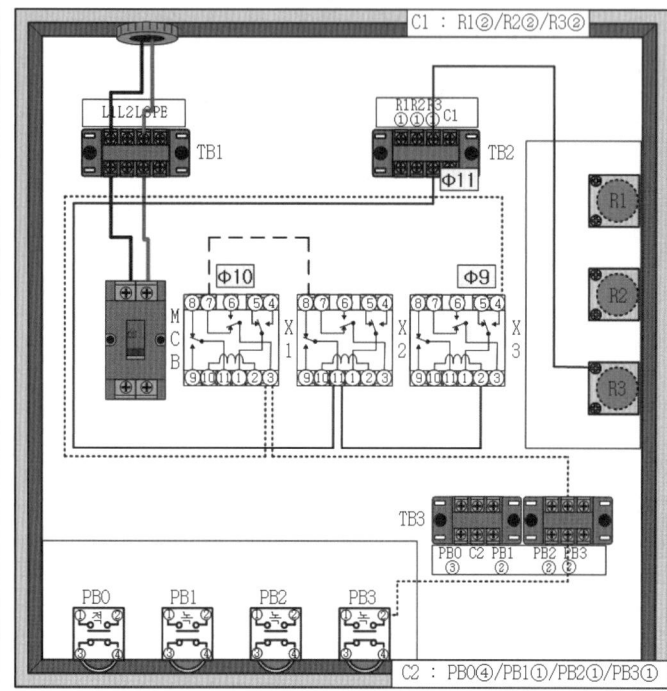

㉠ 나사에 전선 연결 : 최대 2가닥
㉡ 기구 사이 배선 금지
㉢ 수평 및 수직 배선
㉣ 최단거리 결선
㉤ 외부 기구와 연결은 단자대를 통해야 한다.
㉥ 결선의 시작 및 끝(1선, 경유 : 2선)
  • 시작 : MCB, 퓨즈홀더, 기존 1선과 연결
  • 기타 : 상(좌/우) → 하(우/좌)
㉦ 주회로선(갈, 흑, 회), 접지선(녹-황), 제어선(황)

Φ9   X3④ → X1③ → PB3②
Φ10 X1⑦ → X2⑧
Φ11 R3① → X2⑪ → X3②

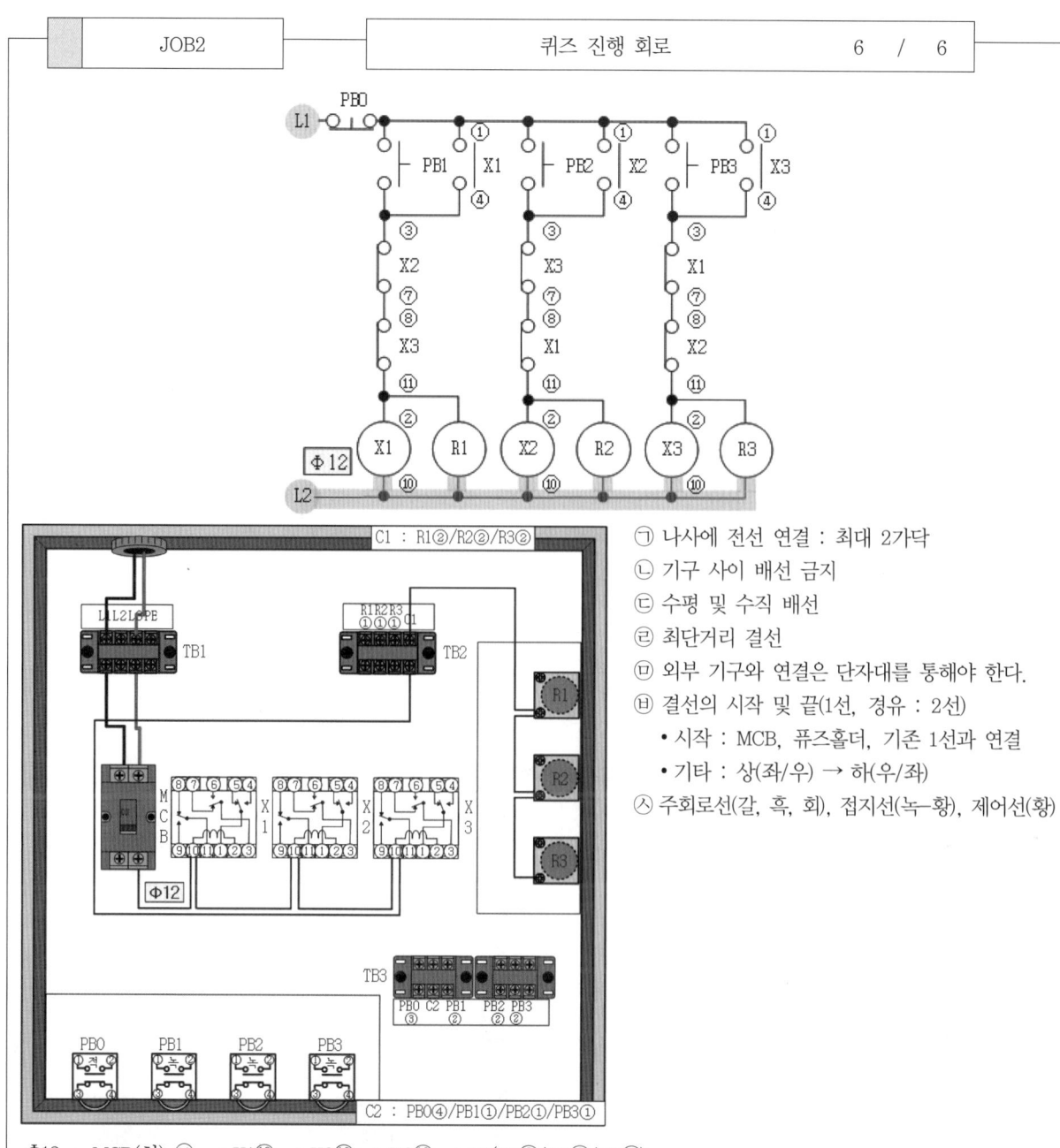

㉠ 나사에 전선 연결 : 최대 2가닥
㉡ 기구 사이 배선 금지
㉢ 수평 및 수직 배선
㉣ 최단거리 결선
㉤ 외부 기구와 연결은 단자대를 통해야 한다.
㉥ 결선의 시작 및 끝(1선, 경유 : 2선)
- 시작 : MCB, 퓨즈홀더, 기존 1선과 연결
- 기타 : 상(좌/우) → 하(우/좌)

㉦ 주회로선(갈, 흑, 회), 접지선(녹-황), 제어선(황)

| JOB3 | 1개 푸시버튼 ON/OFF 회로 | 1 / 7 |

㉠ 유의사항 : L1과 L2 사이에 배선차단기를 설치한다.
㉡ 기구 : 제어판(450×450), 배선차단기(2P : 1개), 단자대(4P : 3개), 릴레이(8P : 2개, 11P : 1개), 푸시버튼(녹 : 1개), 파일럿 램프(녹 : 1개)
㉢ 동작회로도

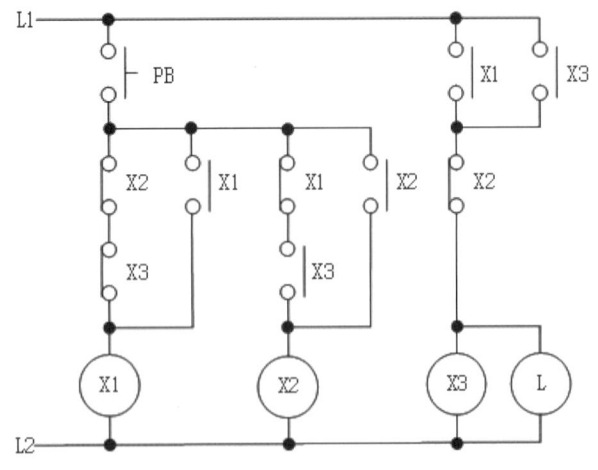

신입력 우선회로 + 자기유지회로

| 동 작 | • PB 누르면 X1 여자, X3 여자, L 점등한다.
• PB 한 번 더 누르면 X2 여자, X3 소자, L 소등한다. |

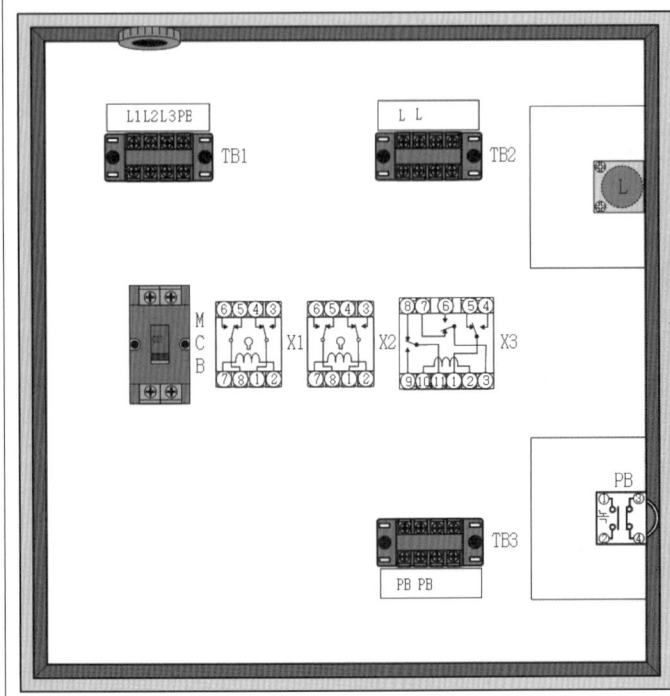

- 푸시버튼 및 램프의 번호(변경 및 생략 가능)
- 실제 회로에서 생략

| JOB3 | 1개 푸시버튼 ON/OFF 회로 | 2 / 7 |

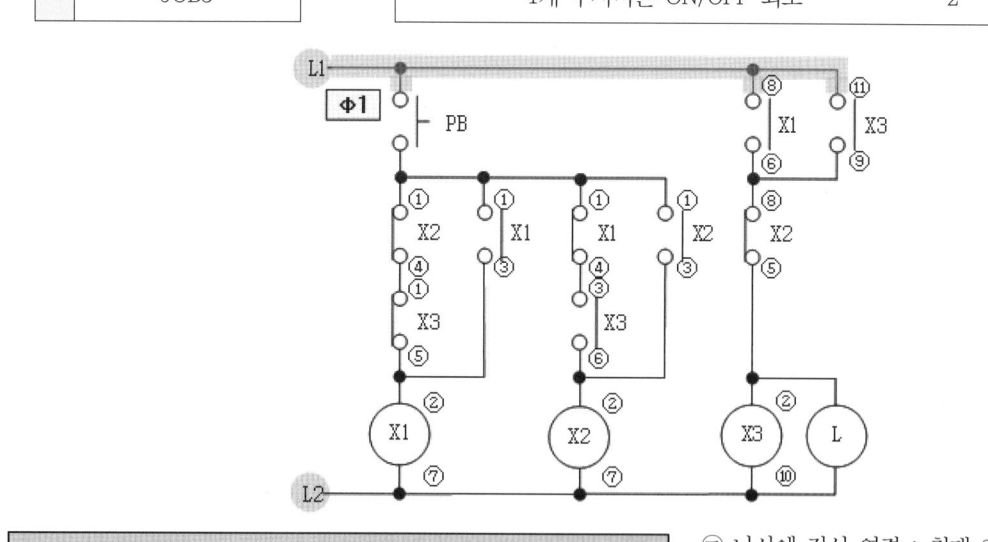

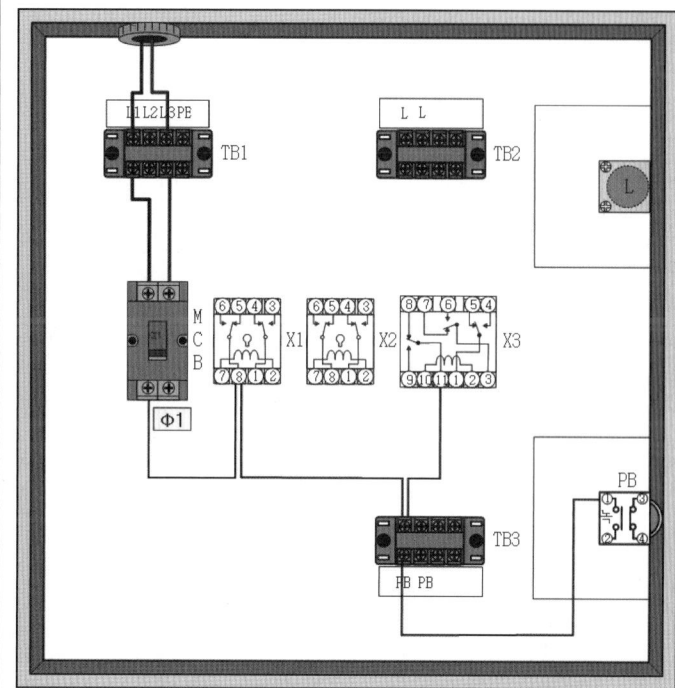

㉠ 나사에 전선 연결 : 최대 2가닥
㉡ 기구 사이 배선 금지
㉢ 수평 및 수직 배선
㉣ 최단거리 결선
㉤ 외부 기구와 연결은 단자대를 통해야 한다.
㉥ 결선의 시작 및 끝(1선, 경유 : 2선)
  • 시작 : MCB, 퓨즈홀더, 기존 1선과 연결
  • 기타 : 상(좌/우) → 하(우/좌)
㉦ 주회로선(갈, 흑, 회), 접지선(녹-황), 제어선(황)

Φ1   MCB(하) ㉡ → X1⑧ → PB① → X3⑪

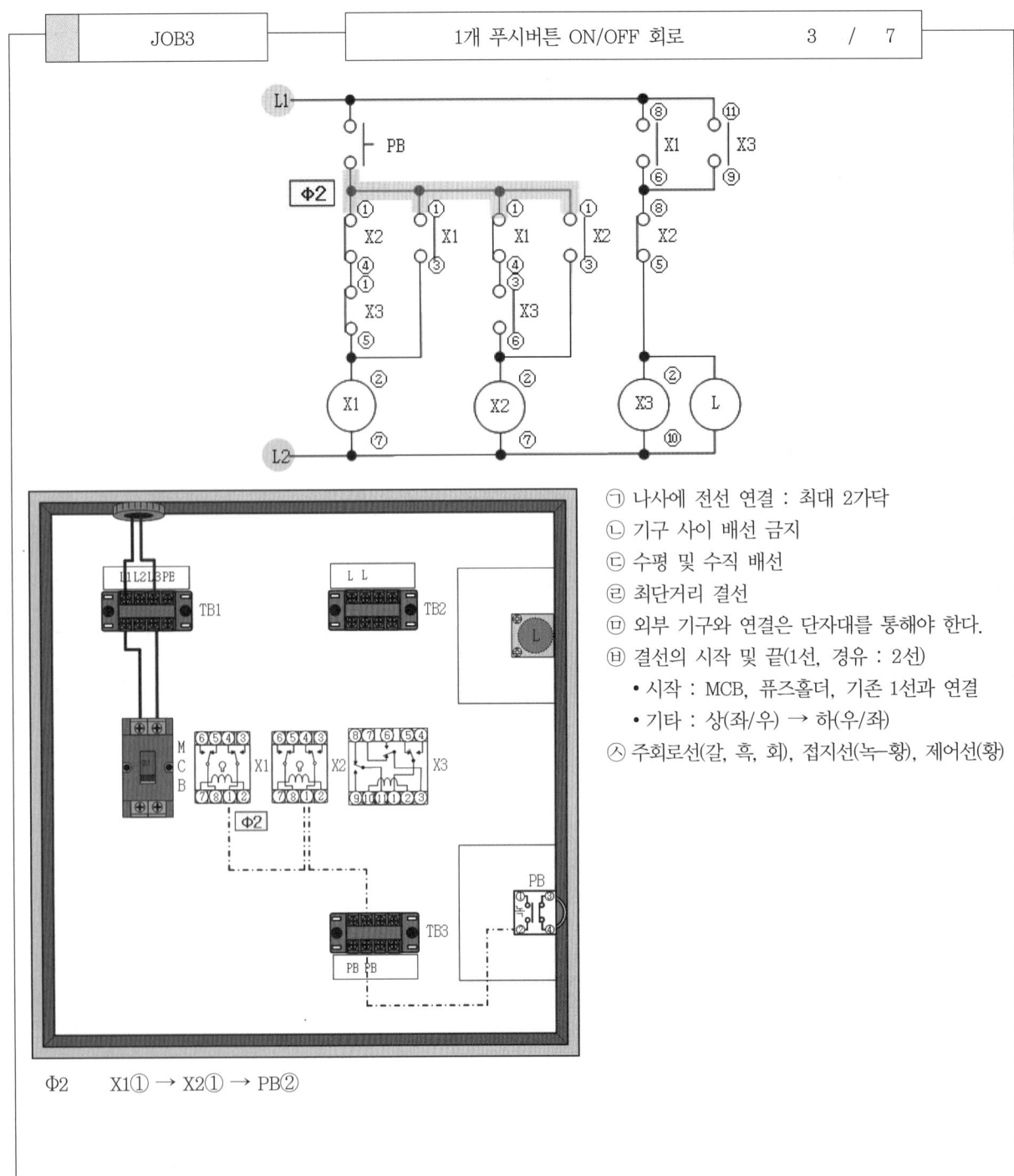

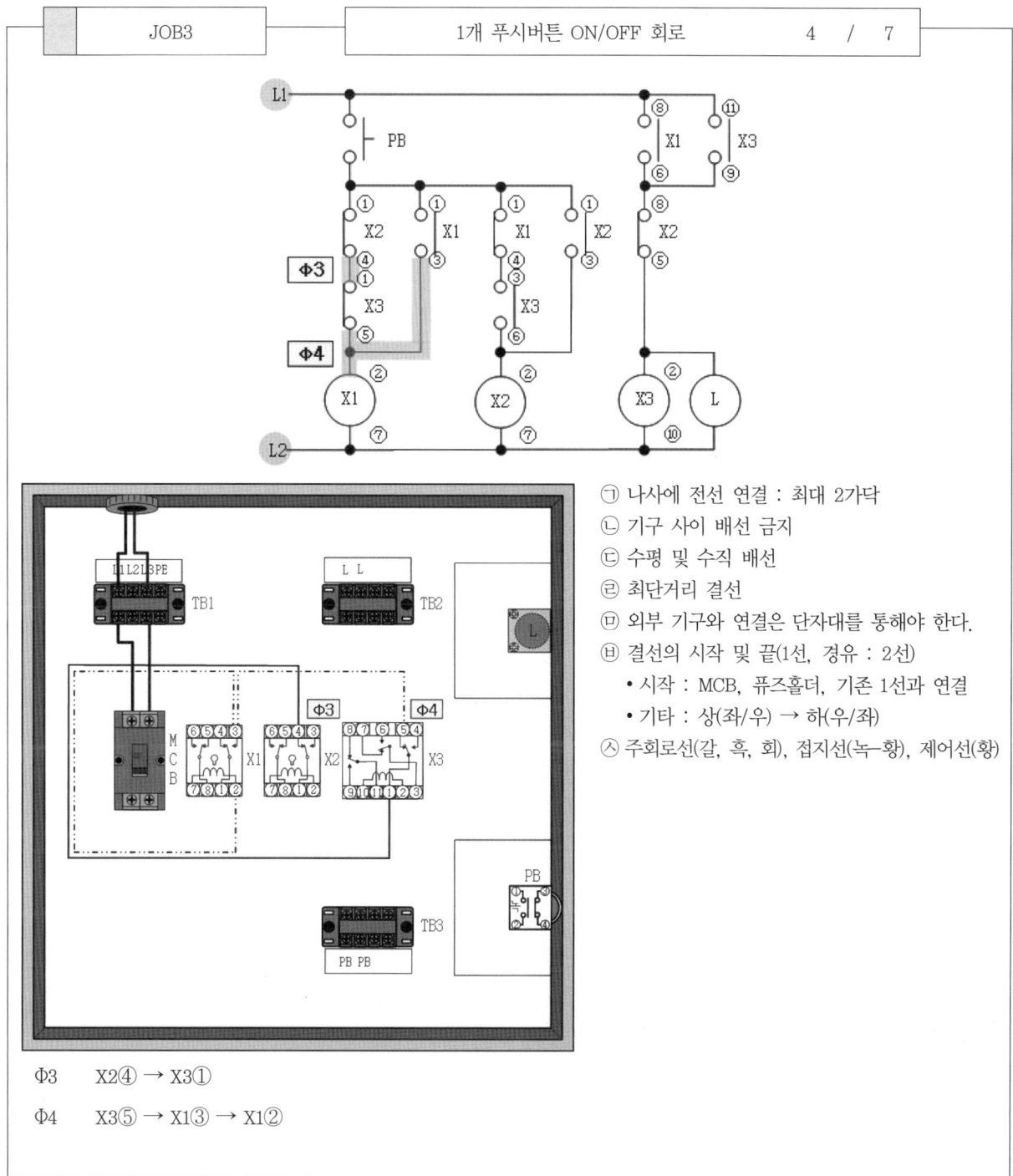

Φ3   X2④ → X3①

Φ4   X3⑤ → X1③ → X1②

| JOB3 | 1개 푸시버튼 ON/OFF 회로 | 5 / 7 |

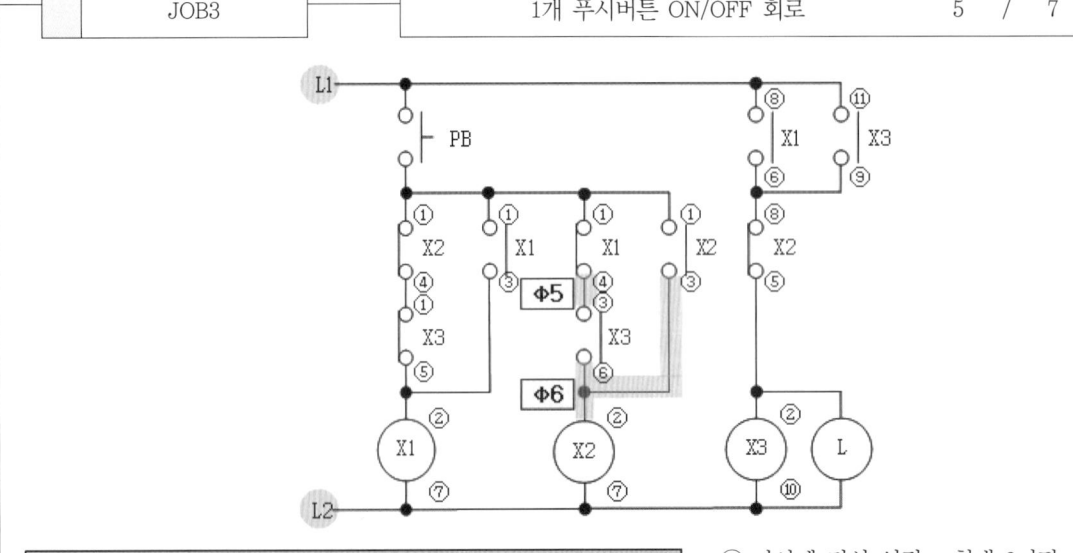

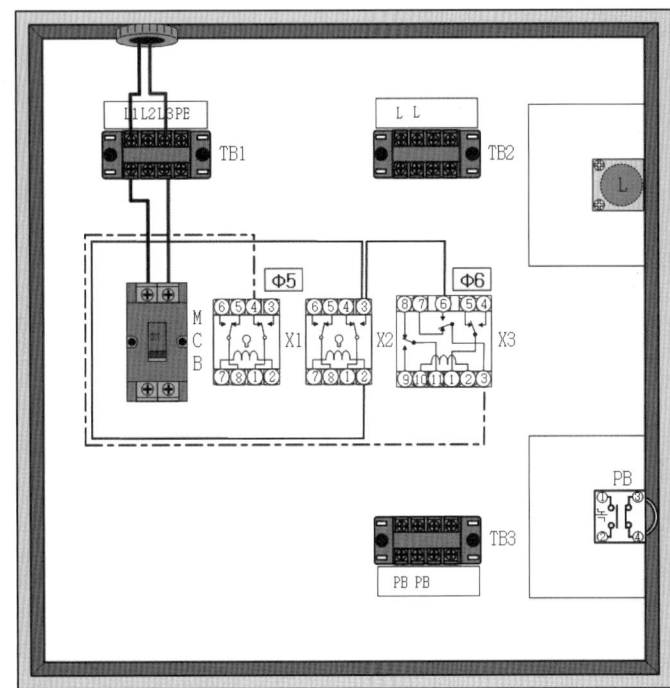

㉠ 나사에 전선 연결 : 최대 2가닥
㉡ 기구 사이 배선 금지
㉢ 수평 및 수직 배선
㉣ 최단거리 결선
㉤ 외부 기구와 연결은 단자대를 통해야 한다.
㉥ 결선의 시작 및 끝(1선, 경유 : 2선)
  • 시작 : MCB, 퓨즈홀더, 기존 1선과 연결
  • 기타 : 상(좌/우) → 하(우/좌)
㉦ 주회로선(갈, 흑, 회), 접지선(녹-황), 제어선(황)

Φ5   X1④ → X3③

Φ6   X3⑥ → X2③ → X2②

| JOB3 | 1개 푸시버튼 ON/OFF 회로 | 6 / 7 |

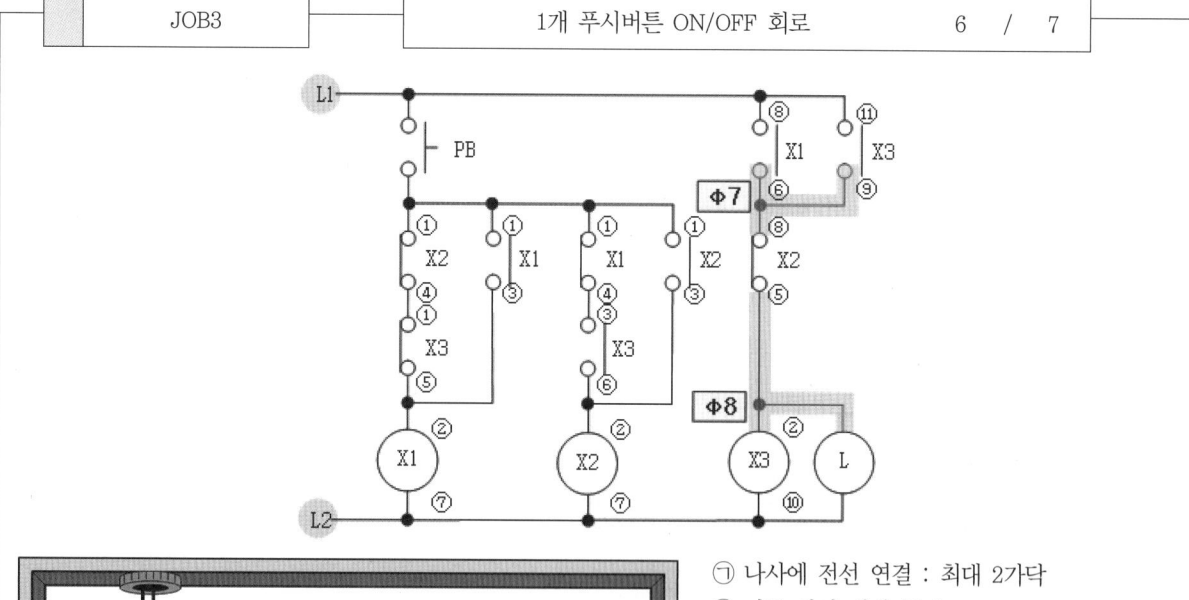

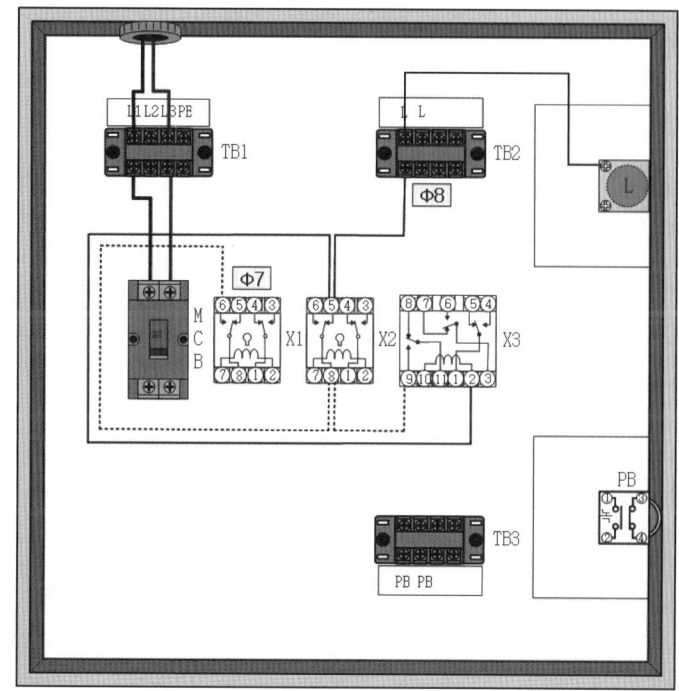

㉠ 나사에 전선 연결 : 최대 2가닥
㉡ 기구 사이 배선 금지
㉢ 수평 및 수직 배선
㉣ 최단거리 결선
㉤ 외부 기구와 연결은 단자대를 통해야 한다.
㉥ 결선의 시작 및 끝(1선, 경유 : 2선)
  • 시작 : MCB, 퓨즈홀더, 기존 1선과 연결
  • 기타 : 상(좌/우) → 하(우/좌)
㉦ 주회로선(갈, 흑, 회), 접지선(녹-황), 제어선(황)

Φ7   X1⑥ → X2⑧ → X3⑨
Φ8   L① → X2⑤ → X3②

| JOB3 | 1개 푸시버튼 ON/OFF 회로 | 7 / 7 |

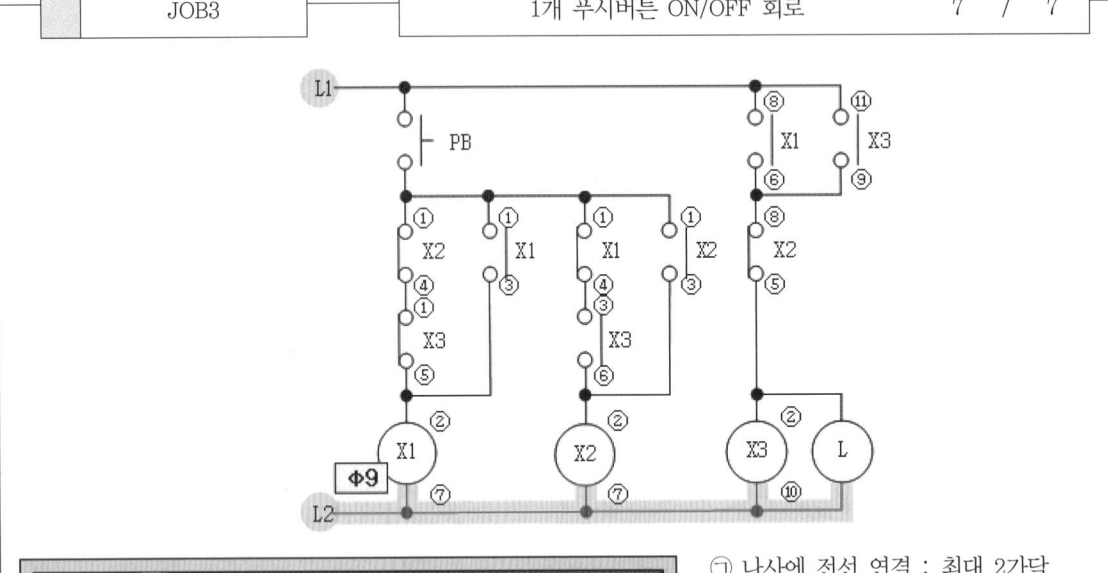

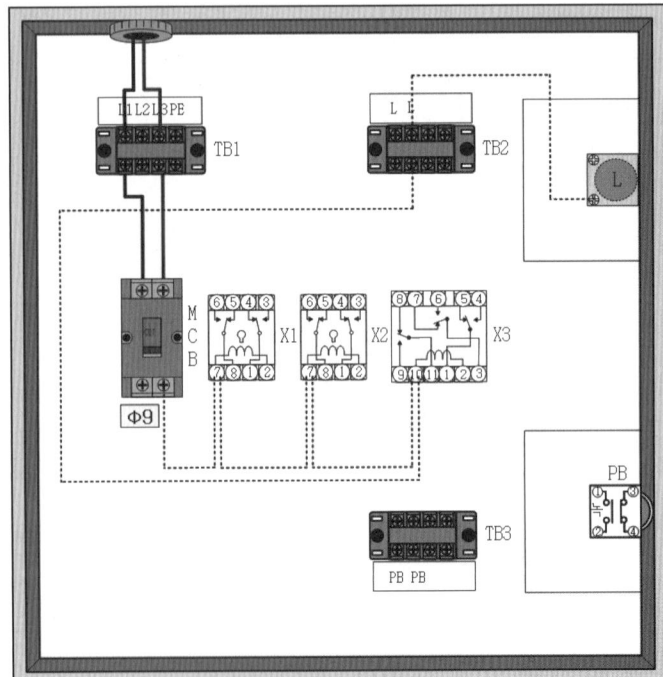

㉠ 나사에 전선 연결 : 최대 2가닥
㉡ 기구 사이 배선 금지
㉢ 수평 및 수직 배선
㉣ 최단거리 결선
㉤ 외부 기구와 연결은 단자대를 통해야 한다.
㉥ 결선의 시작 및 끝(1선, 경유 : 2선)
 • 시작 : MCB, 퓨즈홀더, 기존 1선과 연결
 • 기타 : 상(좌/우) → 하(우/좌)
㉦ 주회로선(갈, 흑, 회), 접지선(녹-황), 제어선(황)

Φ9　　MCB(하) ⑫ → X1⑦ → X2⑦ → X3⑩ → L②

| JOB4 | 소변기 물처리 회로 | 1 / 4 |

㉠ 유의사항
- L1과 L2 사이에 배선차단기를 설치한다.
- 밸브는 전구로 대체한다.

㉡ 기구 : 제어판(450×450), 배선차단기(2P : 1개), 단자대(4P : 4개), ON 타이머(8P : 1개), OFF 타이머(8P : 1개), 푸시버튼(녹 : 1개), 파일럿 램프(녹 : 2개)

㉢ 동작회로도

㉣ 밸브의 동작

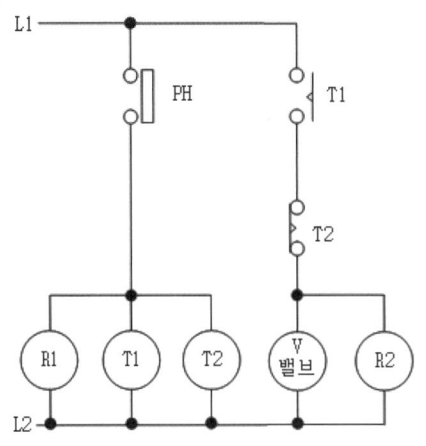

ON 타이머 회로 + OFF 타이머 회로

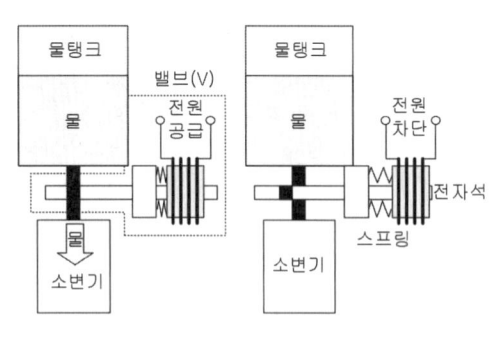

R1 : 사람 감지, R2 : 밸브 동작

동작
- 사람이 소변기 앞에 서면 램프 R1이 켜지고 5초 동안 램프 R2와 밸브가 동작되다가 정지한다.
- 사람이 소변기를 떠나면 램프 R1이 꺼지고 20초 동안 램프 R2와 밸브가 동작되다가 정지한다.

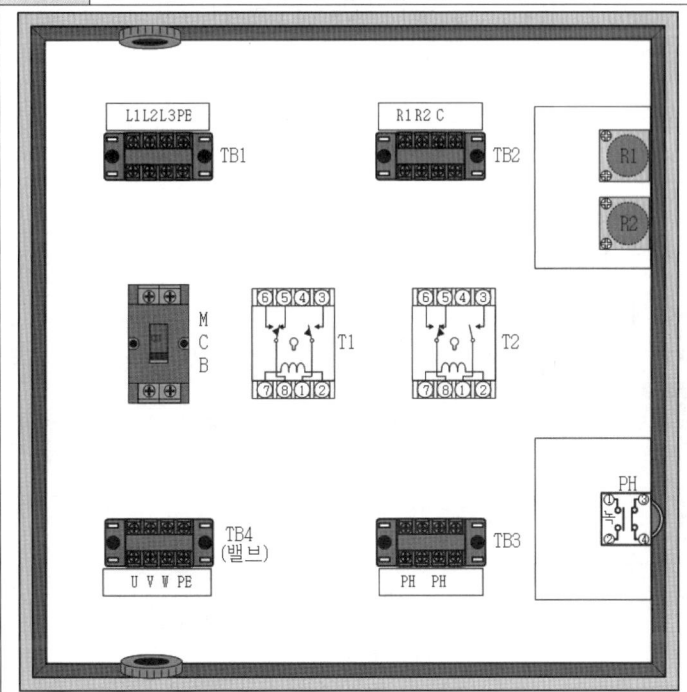

기구 내부 결선도

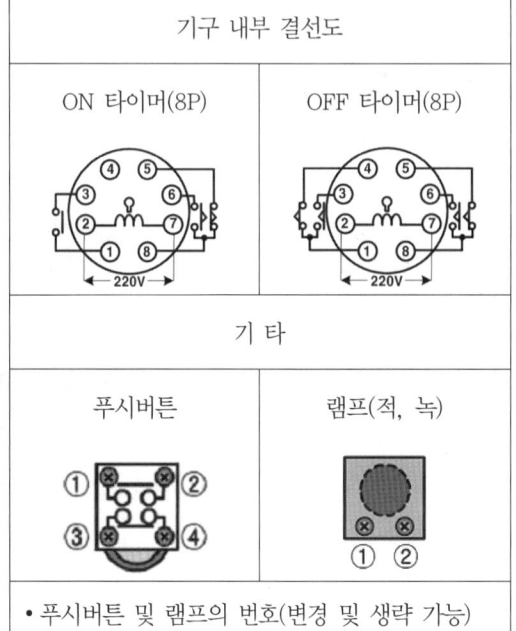

- 푸시버튼 및 램프의 번호(변경 및 생략 가능)
- 실제 회로에서 생략

| JOB4 | 소변기 물처리 회로 | 2 / 4 |

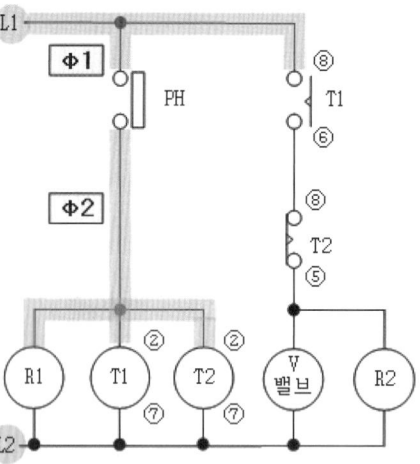

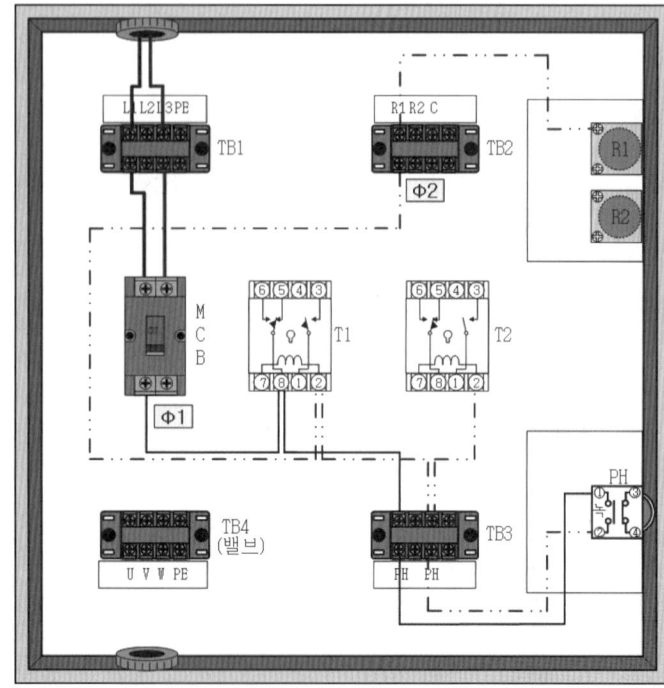

㉠ 나사에 전선 연결 : 최대 2가닥
㉡ 기구 사이 배선 금지
㉢ 수평 및 수직 배선
㉣ 최단거리 결선
㉤ 외부 기구와 연결은 단자대를 통해야 한다.
㉥ 결선의 시작 및 끝(1선, 경유 : 2선)
  • 시작 : MCB, 퓨즈홀더, 기존 1선과 연결
  • 기타 : 상(좌/우) → 하(우/좌)
㉦ 주회로선(갈, 흑, 회), 접지선(녹-황), 제어선(황)

Φ1   MCB(하) ㉡ → T1⑧ → PH①

Φ2   R1① → T1② → PH② → T2②

| JOB4 | 소변기 물처리 회로 | 3 / 4 |

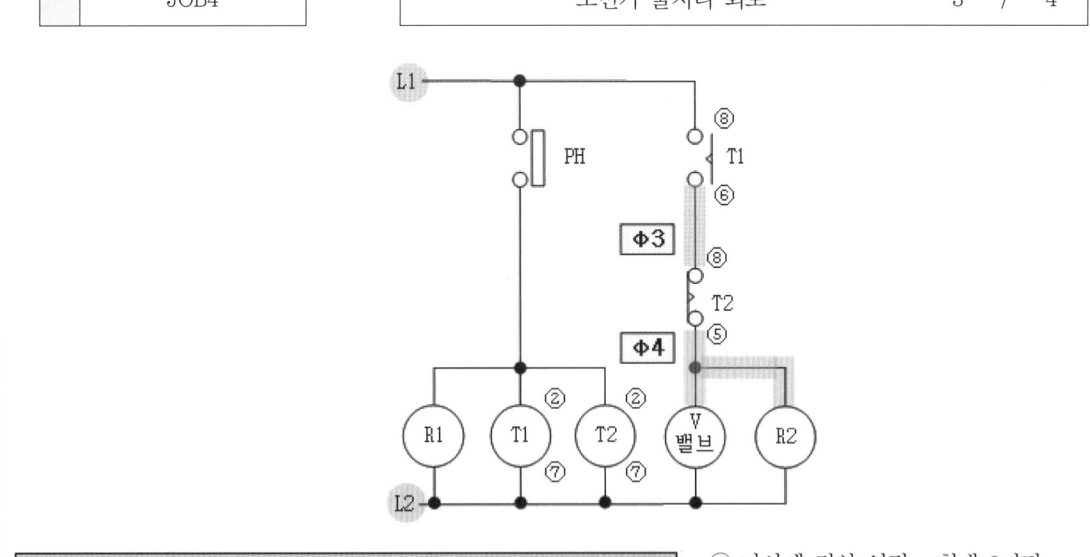

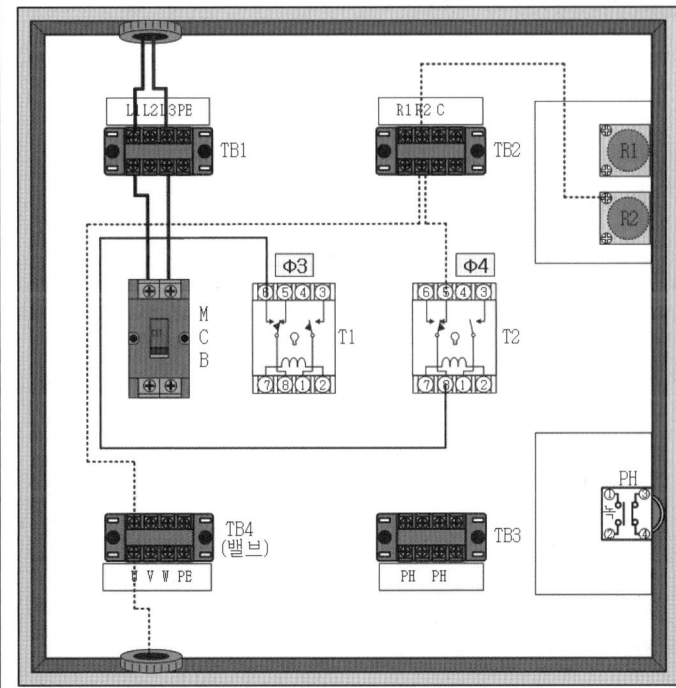

㉠ 나사에 전선 연결 : 최대 2가닥
㉡ 기구 사이 배선 금지
㉢ 수평 및 수직 배선
㉣ 최단거리 결선
㉤ 외부 기구와 연결은 단자대를 통해야 한다.
㉥ 결선의 시작 및 끝(1선, 경유 : 2선)
 • 시작 : MCB, 퓨즈홀더, 기존 1선과 연결
 • 기타 : 상(좌/우) → 하(우/좌)
㉦ 주회로선(갈, 흑, 회), 접지선(녹-황), 제어선(황)

Φ3   T1⑥ → T2⑧
Φ4   T2⑤ → R2① → V(밸브)①

| JOB4 | 소변기 물처리 회로 | 4 / 4 |

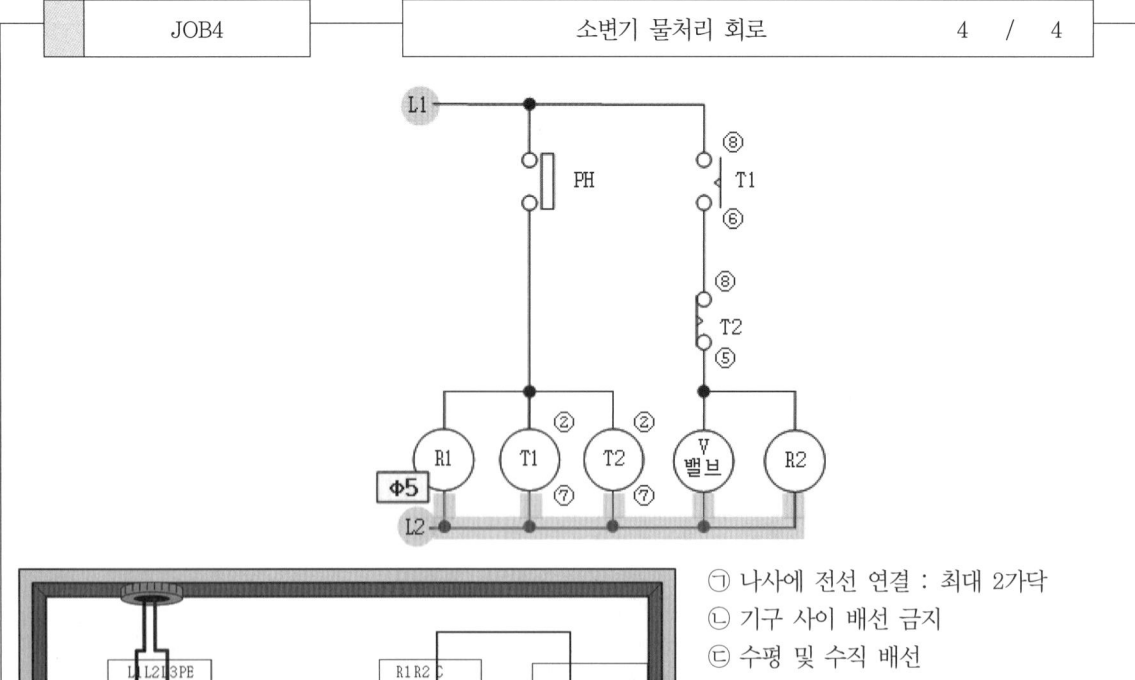

㉠ 나사에 전선 연결 : 최대 2가닥
㉡ 기구 사이 배선 금지
㉢ 수평 및 수직 배선
㉣ 최단거리 결선
㉤ 외부 기구와 연결은 단자대를 통해야 한다.
㉥ 결선의 시작 및 끝(1선, 경유 : 2선)
  • 시작 : MCB, 퓨즈홀더, 기존 1선과 연결
  • 기타 : 상(좌/우) → 하(우/좌)
㉦ 주회로선(갈, 흑, 회), 접지선(녹-황), 제어선(황)

Φ5   MCB(하) ㉢ → T1⑦ → T2⑦ → V(밸브)② → C(R1②/R2②)

| JOB5 | 보행자 신호등 회로 | 1 / 6 |

㉠ 유의사항 : L1과 L2 사이에 배선차단기를 설치한다.
㉡ 기구 : 제어판(450×450), 배선차단기(2P : 1개), 단자대(4P : 3개), 릴레이(8P : 1개, 11P : 1개), ON 타이머(8P : 3개), 플리커 릴레이(8P : 1개), 푸시버튼(적 : 1개, 녹 : 1개), 램프(적 : 1개, 녹 : 1개)
㉢ 동작회로도

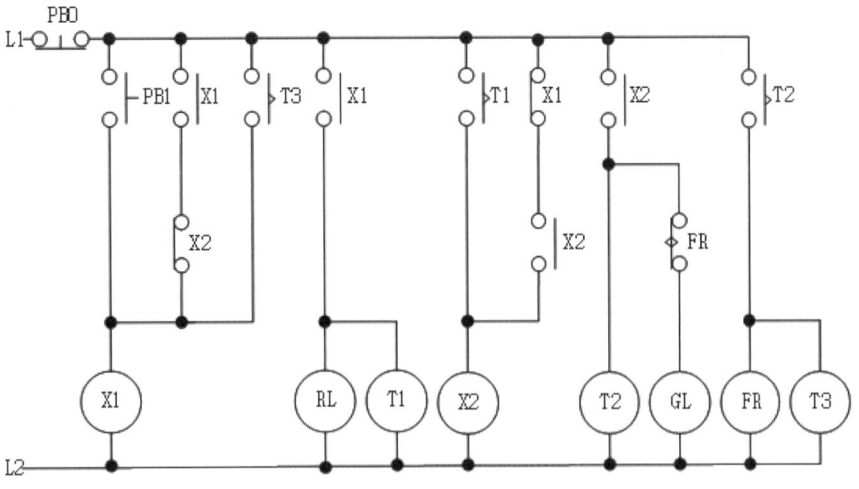

플리커 릴레이 회로 + ON 타이머 회로 + 신입력 우선회로

동 작
- PB1을 ON하면 적색 램프가 ON되고 30초 후 녹색 램프가 ON된다.
- 20초 후 녹색 램프가 1초 간격으로 10초 깜박거리다가 적색 램프가 ON된다. 신호등은 PB0을 누르기 전까지 계속 반복 동작을 한다.

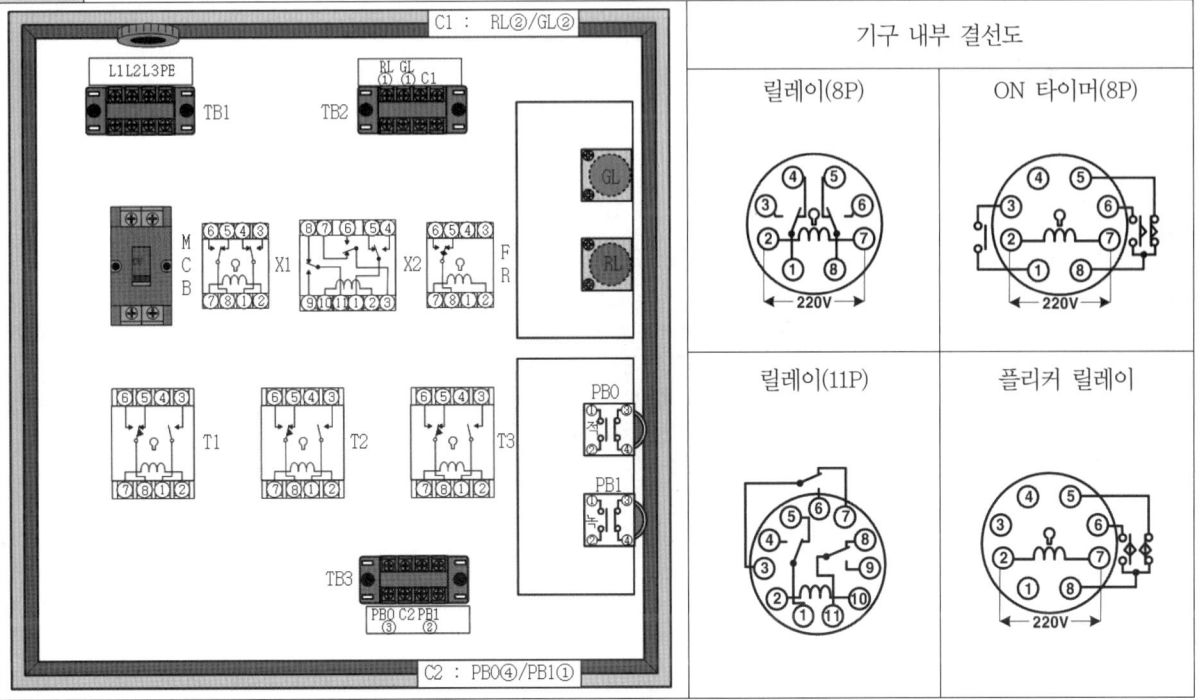

| JOB5 | 보행자 신호등 회로 | 2 / 6 |

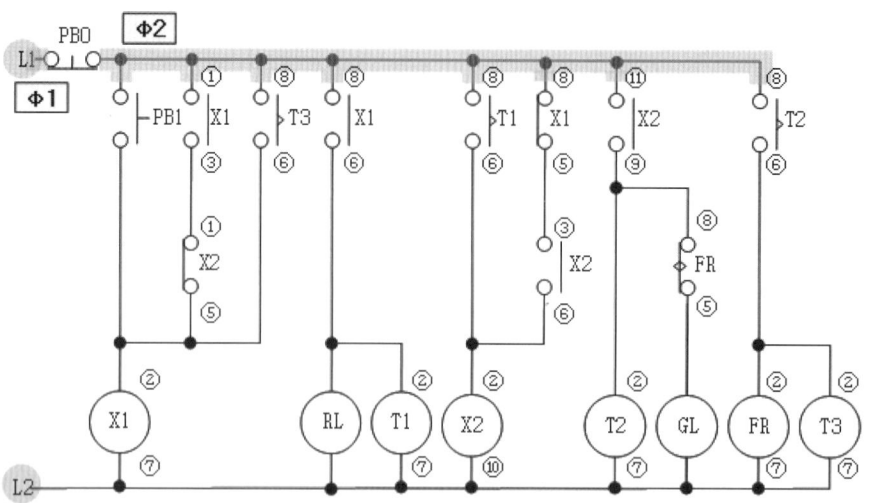

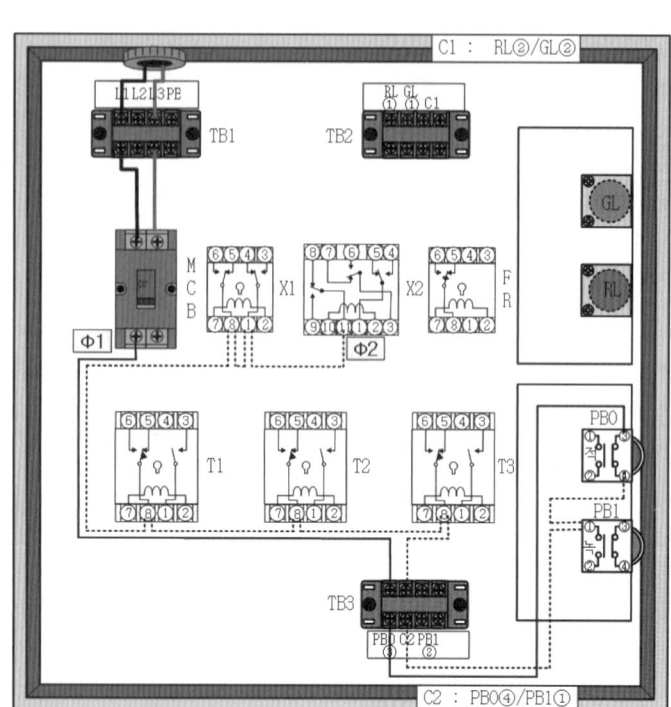

㉠ 나사에 전선 연결 : 최대 2가닥
㉡ 기구 사이 배선 금지
㉢ 수평 및 수직 배선
㉣ 최단거리 결선
㉤ 외부 기구와 연결은 단자대를 통해야 한다.
㉥ 결선의 시작 및 끝(1선, 경유 : 2선)
 • 시작 : MCB, 퓨즈홀더, 기존 1선과 연결
 • 기타 : 상(좌/우) → 하(우/좌)
㉦ 주회로선(갈, 흑, 회), 접지선(녹-황), 제어선(황)

Φ1　　MCB(하) ㉡ → PB0③

Φ2　　X2⑪ → X1① → X1⑧ → T1⑧ → T2⑧ → T3⑧ → C2(PB0④/PB1①)

| JOB5 | 보행자 신호등 회로 | 3 / 6 |

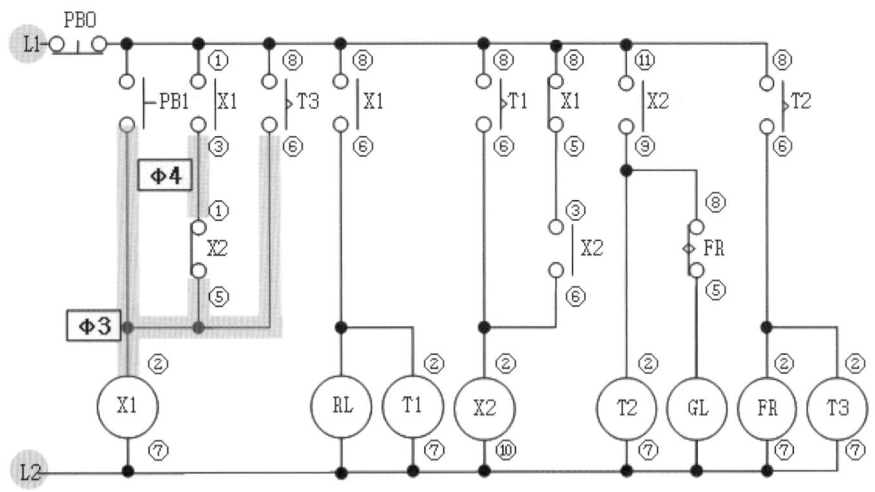

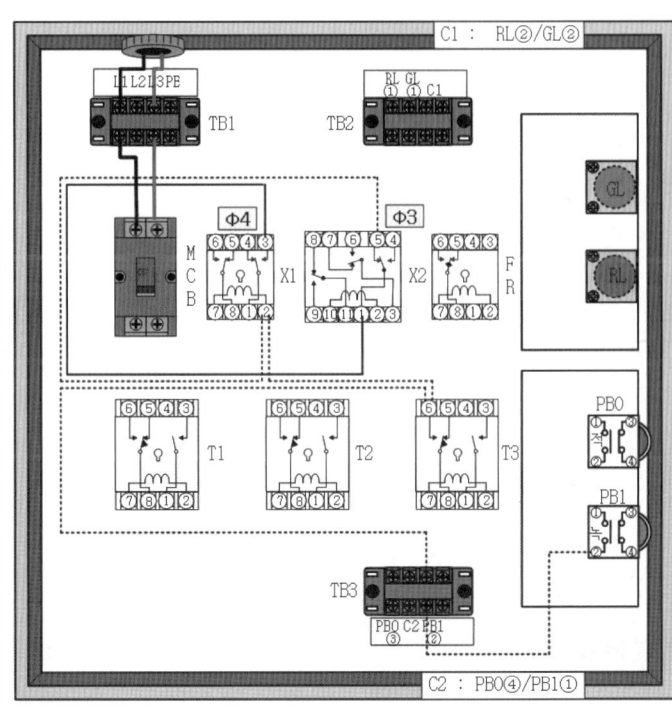

㉠ 나사에 전선 연결 : 최대 2가닥
㉡ 기구 사이 배선 금지
㉢ 수평 및 수직 배선
㉣ 최단거리 결선
㉤ 외부 기구와 연결은 단자대를 통해야 한다.
㉥ 결선의 시작 및 끝(1선, 경유 : 2선)
  • 시작 : MCB, 퓨즈홀더, 기존 1선과 연결
  • 기타 : 상(좌/우) → 하(우/좌)
㉦ 주회로선(갈, 흑, 회), 접지선(녹-황), 제어선(황)

Φ3   X2⑤ → X1② → T3⑥ → PB1②

Φ4   X1③ → X2①

| JOB5 | 보행자 신호등 회로 | 4 / 6 |

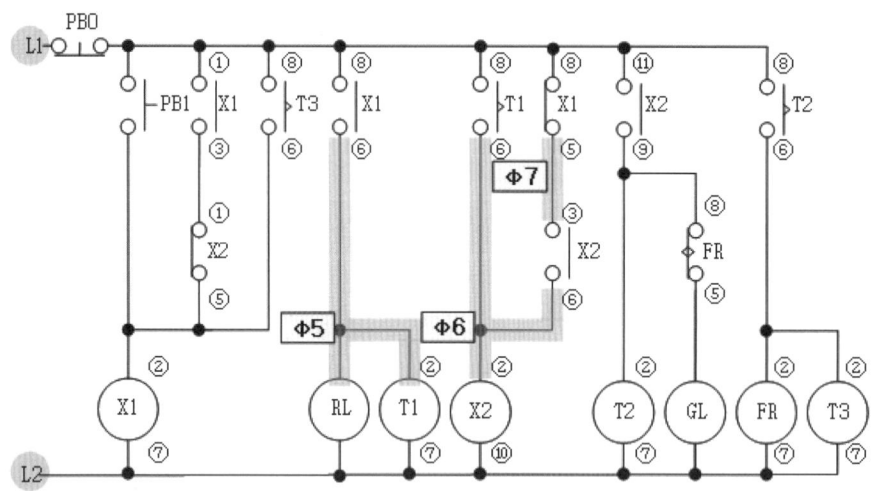

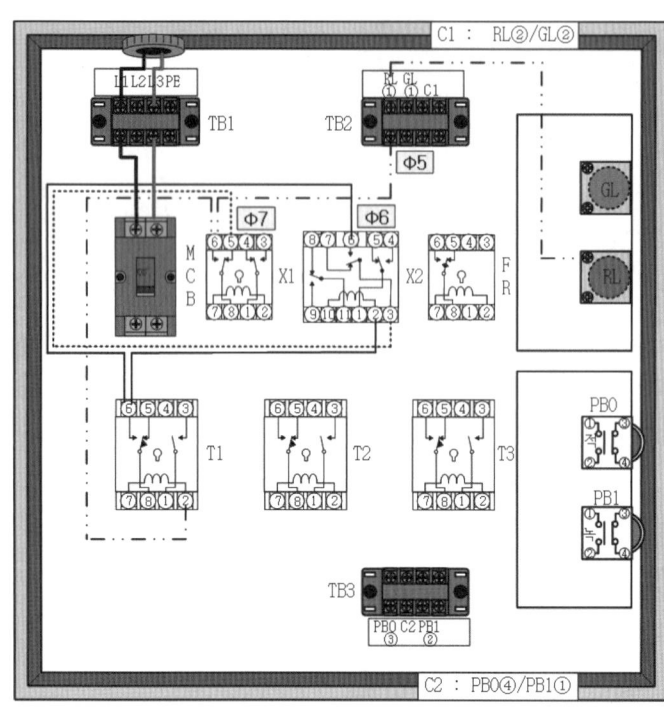

㉠ 나사에 전선 연결 : 최대 2가닥
㉡ 기구 사이 배선 금지
㉢ 수평 및 수직 배선
㉣ 최단거리 결선
㉤ 외부 기구와 연결은 단자대를 통해야 한다.
㉥ 결선의 시작 및 끝(1선, 경유 : 2선)
  • 시작 : MCB, 퓨즈홀더, 기존 1선과 연결
  • 기타 : 상(좌/우) → 하(우/좌)
㉦ 주회로선(갈, 흑, 회), 접지선(녹‧황), 제어선(황)

Φ5   RL① → X1⑥ → T1②
Φ6   X2⑥ → T1⑥ → X2②
Φ7   X1⑤ → X2③

| JOB5 | 보행자 신호등 회로 | 5 / 6 |

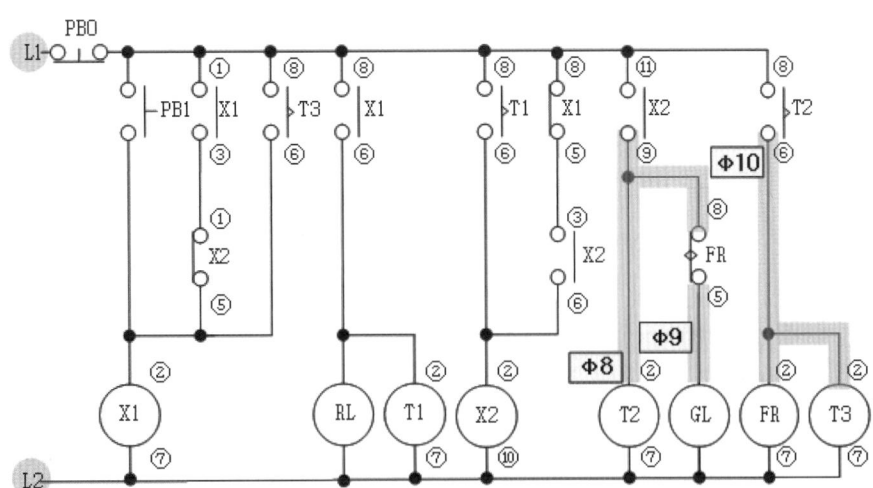

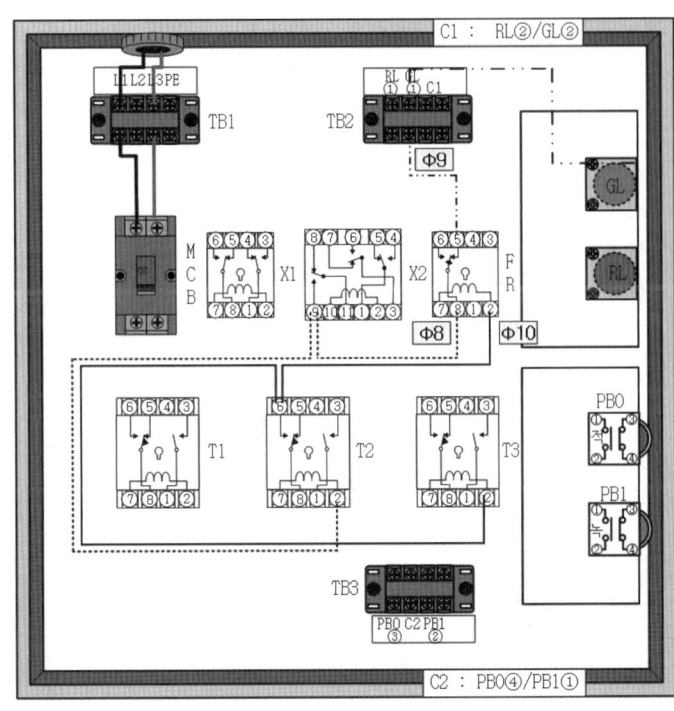

㉠ 나사에 전선 연결 : 최대 2가닥
㉡ 기구 사이 배선 금지
㉢ 수평 및 수직 배선
㉣ 최단거리 결선
㉤ 외부 기구와 연결은 단자대를 통해야 한다.
㉥ 결선의 시작 및 끝(1선, 경유 : 2선)
 • 시작 : MCB, 퓨즈홀더, 기존 1선과 연결
 • 기타 : 상(좌/우) → 하(우/좌)
㉦ 주회로선(갈, 흑, 회), 접지선(녹-황), 제어선(황)

Φ8   FR⑧ → X2⑨ → T2②
Φ9   GL① → FR⑤
Φ10 FR② → T2⑥ → T3②

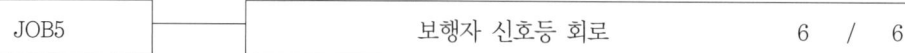

| JOB5 | 보행자 신호등 회로 | 6 / 6 |

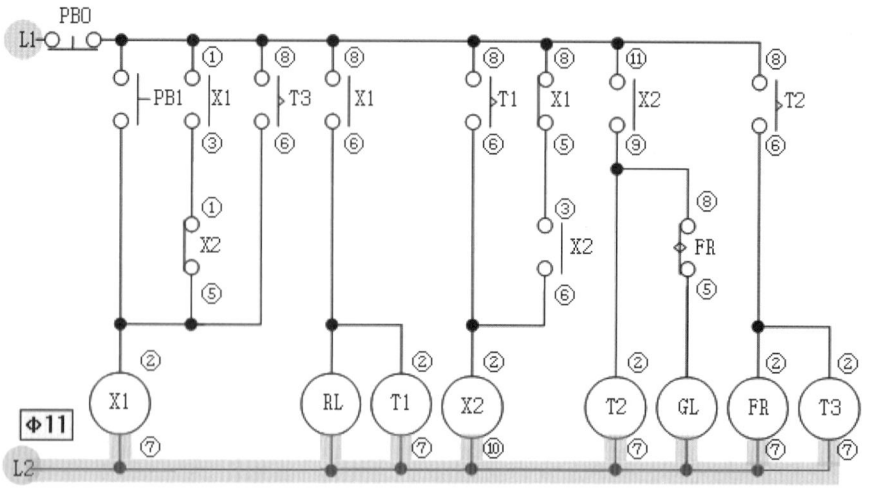

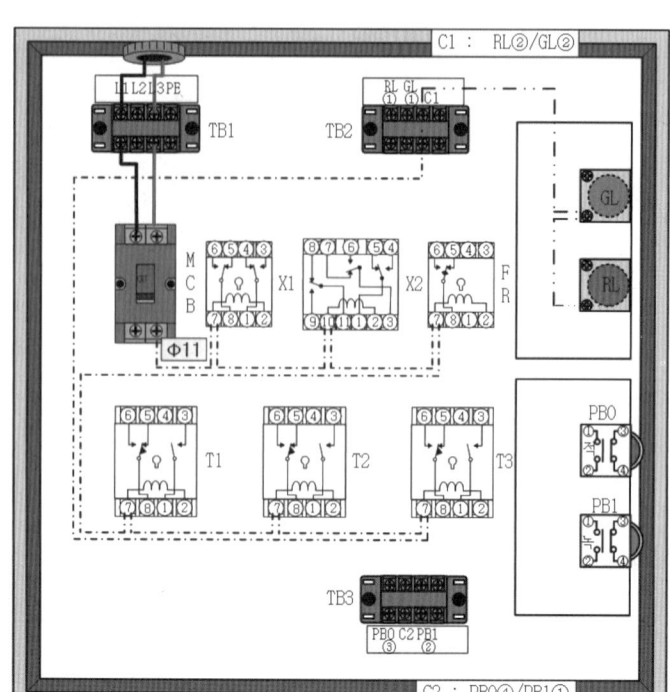

㉠ 나사에 전선 연결 : 최대 2가닥
㉡ 기구 사이 배선 금지
㉢ 수평 및 수직 배선
㉣ 최단거리 결선
㉤ 외부 기구와 연결은 단자대를 통해야 한다.
㉥ 결선의 시작 및 끝(1선, 경유 : 2선)
  • 시작 : MCB, 퓨즈홀더, 기존 1선과 연결
  • 기타 : 상(좌/우) → 하(우/좌)
㉦ 주회로선(갈, 흑, 회), 접지선(녹-황), 제어선(황)

Φ11   MCB(하) ⑫ → X1⑦ → X2⑩ → FR⑦ → T1⑦ → T2⑦ → T3⑦ → C1(RL②/GL②)

| JOB6 | 급수처리 인칭 회로 | 1 / 6 |

㉠ 유의사항 : L1과 L2 사이에 배선차단기를 설치한다.
㉡ 기구 : 제어판(450×450), 배선차단기(3P : 1개), 단자대(4P : 5개), 전자접촉기(12P : 1개), FLS릴레이(8P : 1개), 푸시버튼(적 : 1개, 녹 : 2개), 셀렉터 스위치(2단 : 1개), 파일럿 램프(녹 : 1개)
㉢ 동작 회로도

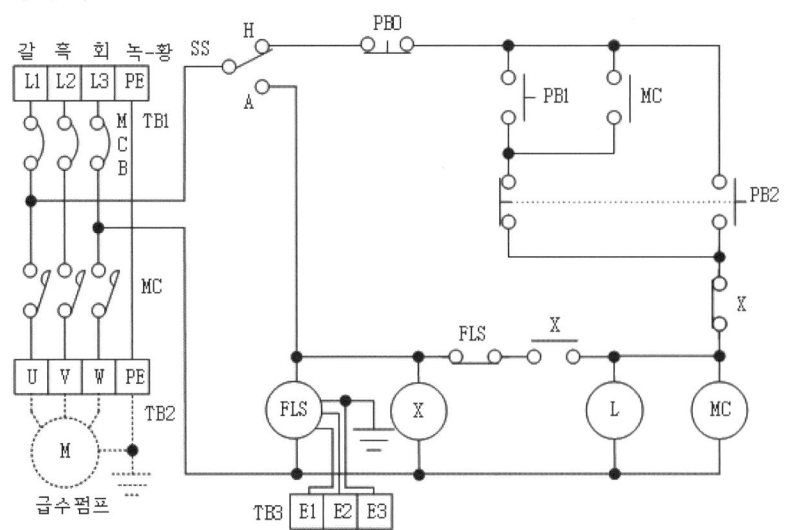
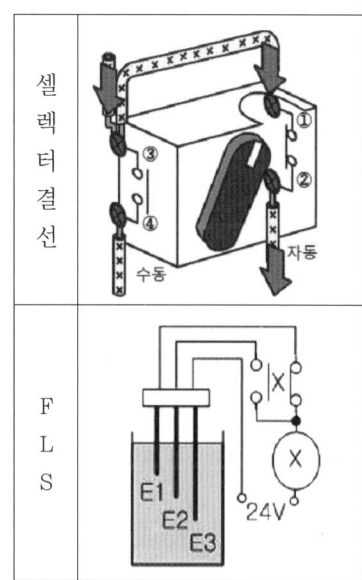

인칭 회로 + 자기유지회로 + 급수 회로 + 자동/수동 선택 회로

| 동작 | • 셀렉터 스위치를 H : PB1 ON하면 급수 펌프가 동작하고 L 점등, PB0을 누르면 정지한다. PB2는 누르고 있는 동안만 펌프가 동작한다(인칭 동작).
• 셀렉터 스위치를 A : 감지기 E2에서 급수를 시작하고 E1에서 정지를 자동 반복한다. |

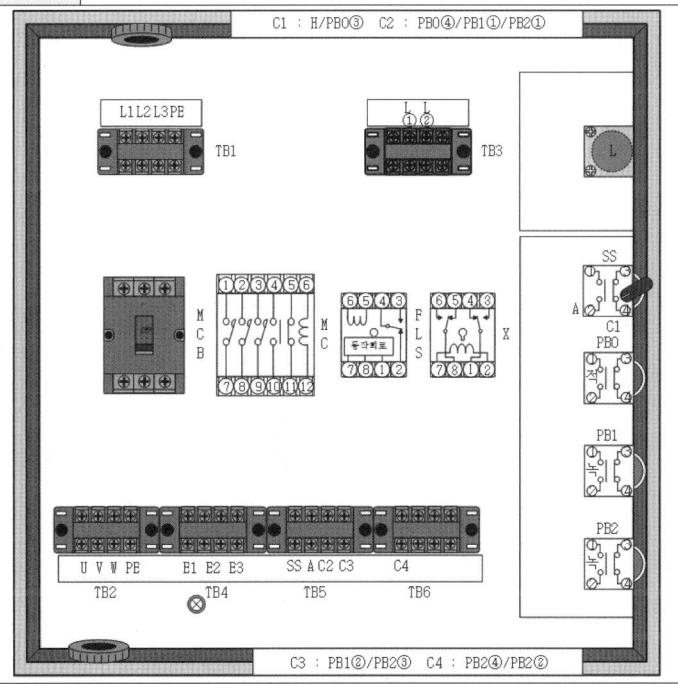
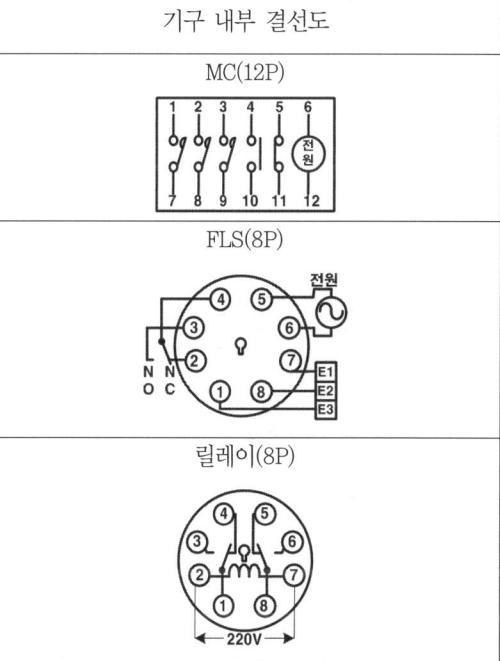

기구 내부 결선도

| JOB6 | 급수처리 인칭 회로 | 2 / 6 |

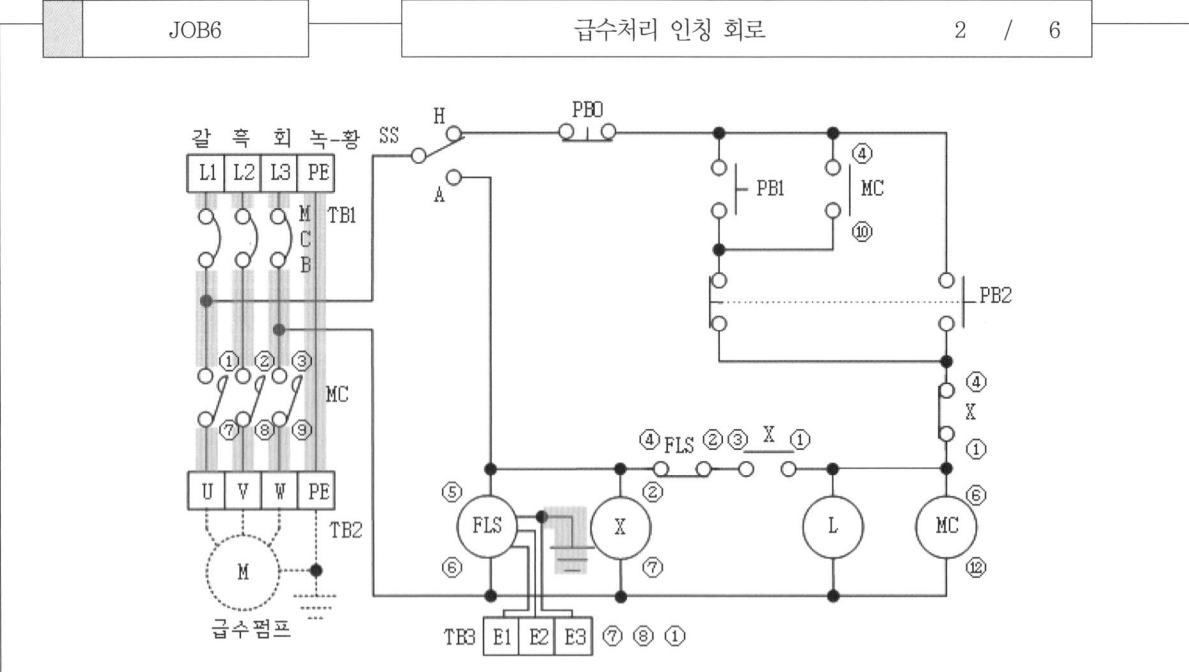

㉠ 나사에 전선 연결 : 최대 2가닥
㉡ 기구 사이 배선 금지
㉢ 수평 및 수직 배선
㉣ 최단거리 결선
㉤ 외부 기구와 연결은 단자대를 통해야 한다.
㉥ 결선의 시작 및 끝(1선, 경유 : 2선)
  • 시작 : MCB, 퓨즈홀더, 기존 1선과 연결
  • 기타 : 상(좌/우) → 하(우/좌)
㉦ 주회로선(갈, 흑, 회), 접지선(녹-황), 제어선(황)

- MCB(하) ⓛ → MC①, MCB(하) ⓛ2 → MC②, MCB(하) ⓛ3 → MC③
- MC⑦ → 단자대(하) Ⓤ, MC⑧ → 단자대(하) Ⓥ, MC⑨ → 단자대(하) Ⓦ
- 단자대(상) ㉺ → 단자대(하) ㉺ → 외부접지 → 단자대(하) ㉺

| JOB6 | 급수처리 인칭 회로 | 3 / 6 |

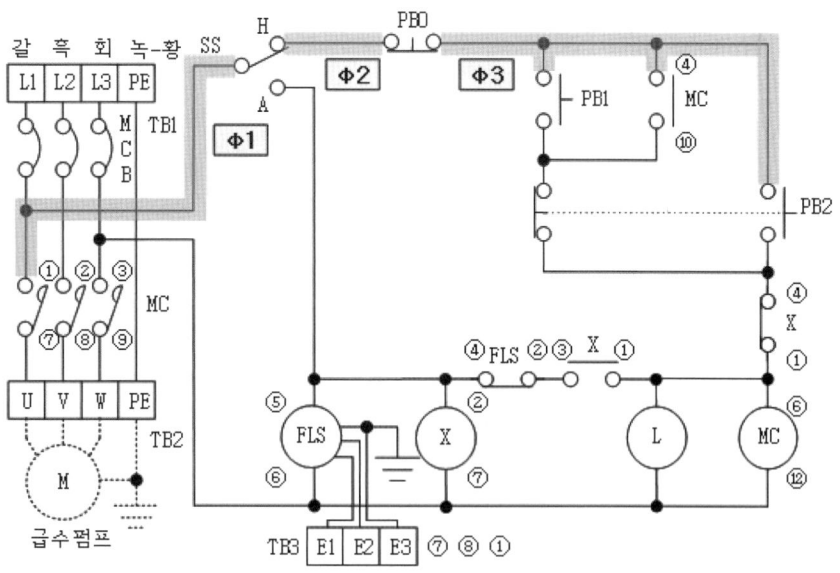

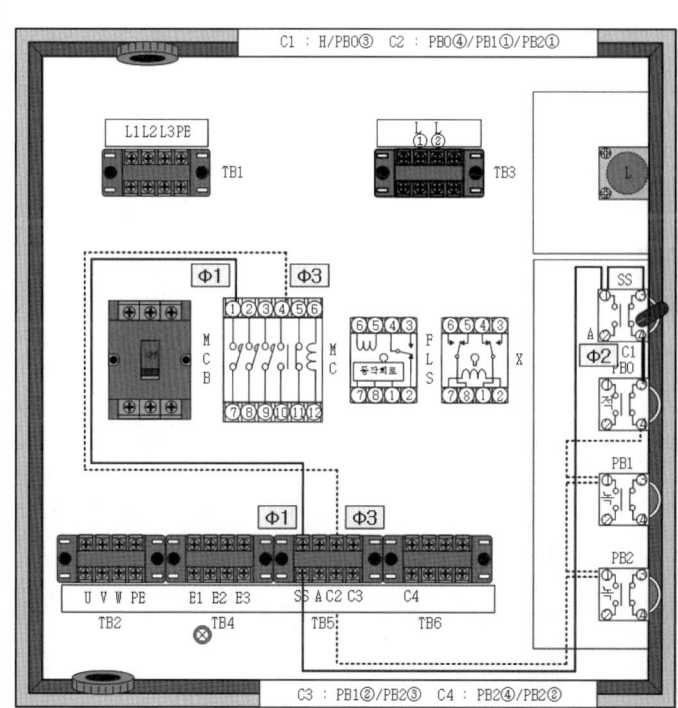

㉠ 나사에 전선 연결 : 최대 2가닥
㉡ 기구 사이 배선 금지
㉢ 수평 및 수직 배선
㉣ 최단거리 결선
㉤ 외부 기구와 연결은 단자대를 통해야 한다.
㉥ 결선의 시작 및 끝(1선, 경유 : 2선)
 • 시작 : MCB, 퓨즈홀더, 기존 1선과 연결
 • 기타 : 상(좌/우) → 하(우/좌)
㉦ 주회로선(갈, 흑, 회), 접지선(녹-황), 제어선(황)

Φ1   MC① → SS①/SS③
Φ2   H④ → PB0③ (외부 결선)
Φ3   MC④ → C2(PB0④/PB1①/PB2①)

| JOB6 | 급수처리 인칭 회로 | 4 / 6 |

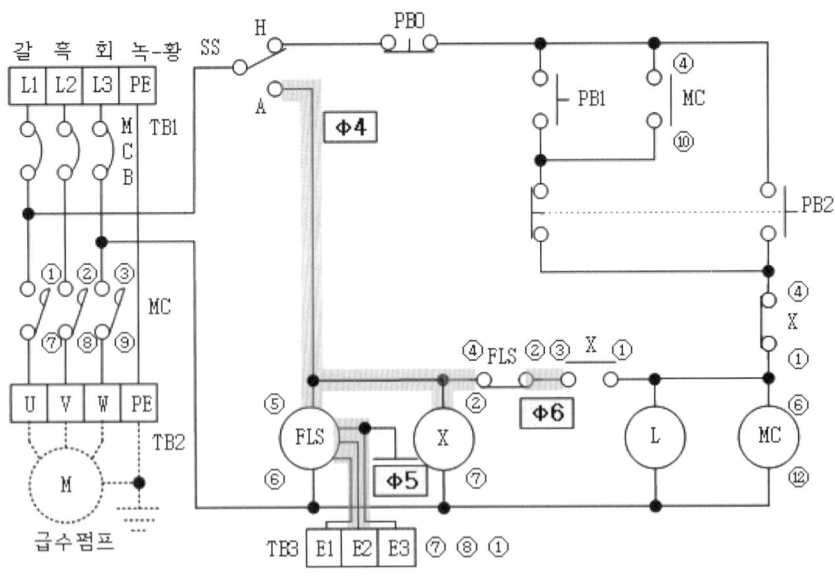

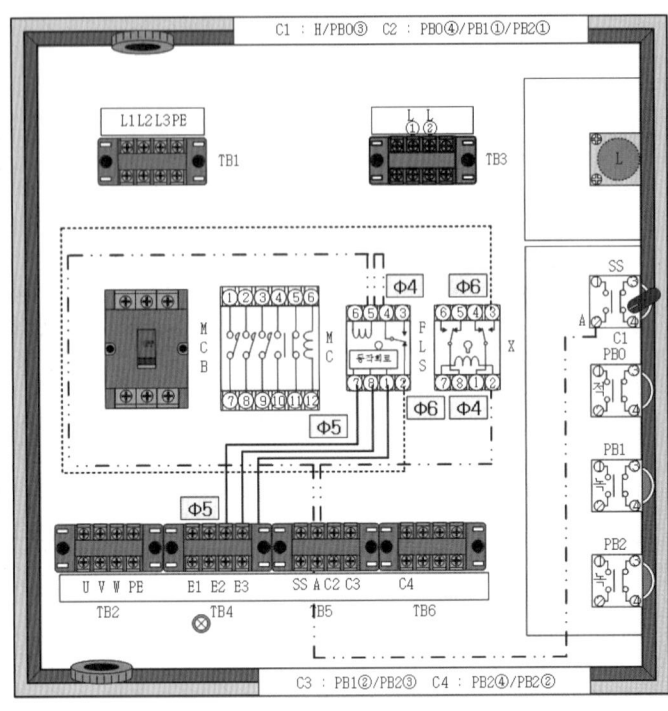

㉠ 나사에 전선 연결 : 최대 2가닥
㉡ 기구 사이 배선 금지
㉢ 수평 및 수직 배선
㉣ 최단거리 결선
㉤ 외부 기구와 연결은 단자대를 통해야 한다.
㉥ 결선의 시작 및 끝(1선, 경유 : 2선)
 • 시작 : MCB, 퓨즈홀더, 기존 1선과 연결
 • 기타 : 상(좌/우) → 하(우/좌)
㉦ 주회로선(갈, 흑, 회), 접지선(녹-황), 제어선(황)

Φ4   FLS④ → FLS⑤ → SSⒶ → X②
Φ5   FLS⑦ → E1, FLS⑧ → E2, FLS① → E3
Φ6   X③ → FLS②

| JOB6 | 급수처리 인칭 회로 | 5 / 6 |

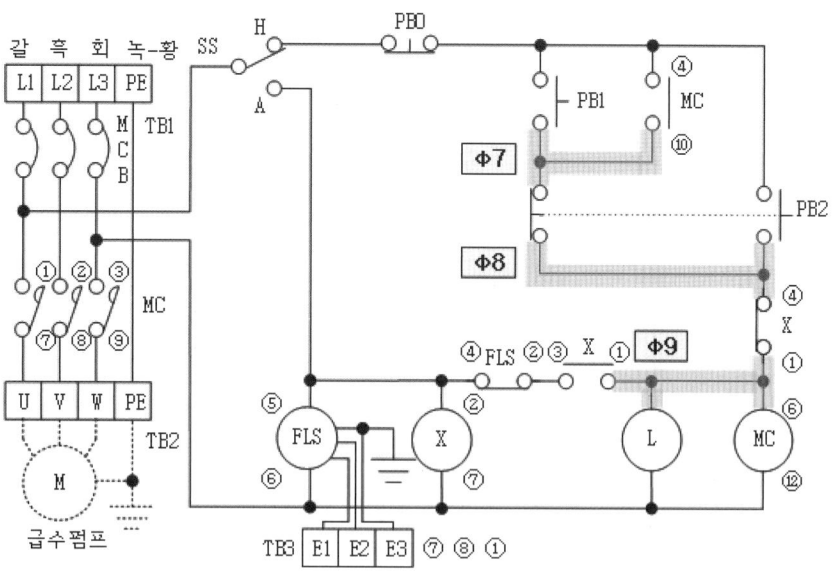

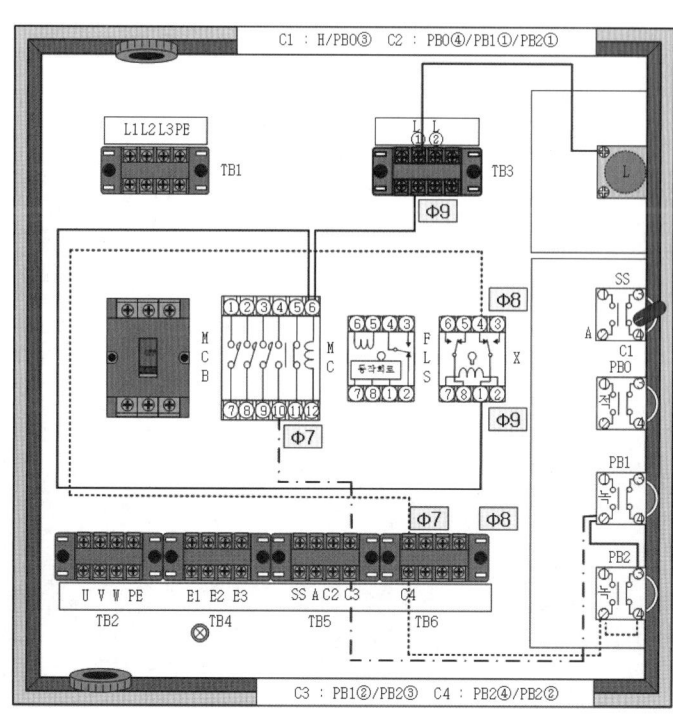

㉠ 나사에 전선 연결 : 최대 2가닥
㉡ 기구 사이 배선 금지
㉢ 수평 및 수직 배선
㉣ 최단거리 결선
㉤ 외부 기구와 연결은 단자대를 통해야 한다.
㉥ 결선의 시작 및 끝(1선, 경유 : 2선)
 • 시작 : MCB, 퓨즈홀더, 기존 1선과 연결
 • 기타 : 상(좌/우) → 하(우/좌)
㉦ 주회로선(갈, 흑, 회), 접지선(녹-황), 제어선(황)

Φ7   MC⑩ → C3(PB1②/PB2③)
Φ8   X④ → C4(PB2④/PB2②)
Φ9   L① → MC⑥ → X①

| JOB6 | 급수처리 인칭 회로 | 6 / 6 |

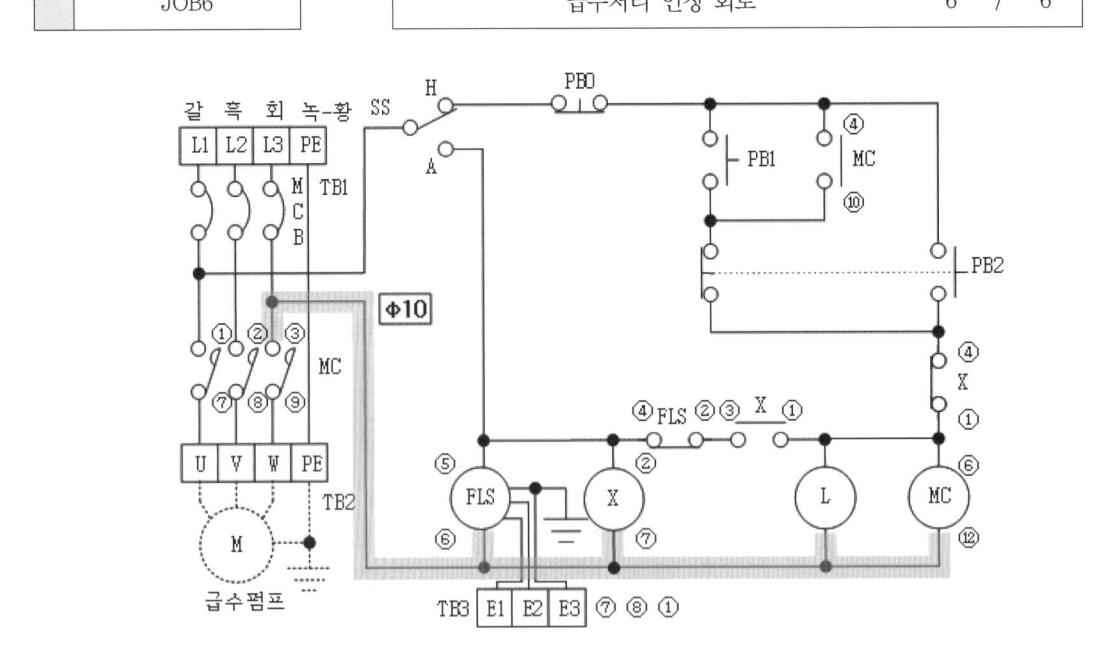

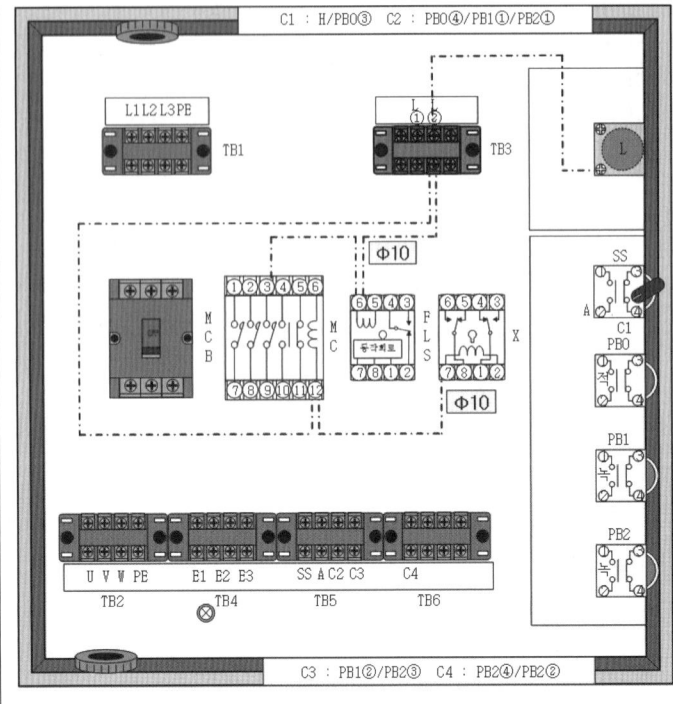

㉠ 나사에 전선 연결 : 최대 2가닥
㉡ 기구 사이 배선 금지
㉢ 수평 및 수직 배선
㉣ 최단거리 결선
㉤ 외부 기구와 연결은 단자대를 통해야 한다.
㉥ 결선의 시작 및 끝(1선, 경유 : 2선)
 • 시작 : MCB, 퓨즈홀더, 기존 1선과 연결
 • 기타 : 상(좌/우) → 하(우/좌)
㉦ 주회로선(갈, 흑, 회), 접지선(녹-황), 제어선(황)

Φ10   MC③ → FLS⑥ → L② → MC⑫ → X⑦

| JOB7 | 컨베이어 자동 운전 회로 | 1 / 6 |

㉠ 유의사항
- L1과 L2 사이에 배선차단기를 설치한다.
- 리밋 스위치는 푸시버튼으로 대체한다.

㉡ 기구 : 제어판(450×450), 배선차단기(3P : 1개), 단자대(4P : 4개), 전자접촉기(12P : 1개), ON 타이머(8핀 : 1개), 릴레이(8P : 1개), 푸시버튼(적 : 1개, 녹 : 3개), 램프(적 : 1개)

㉢ 동작회로도

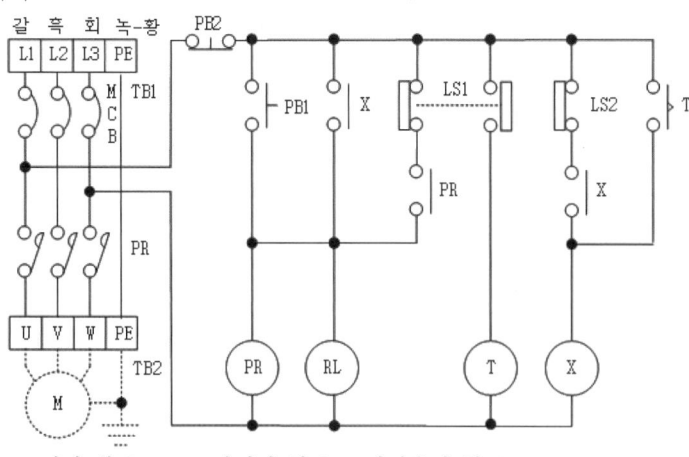

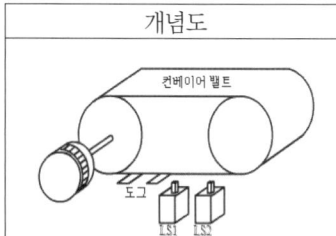

개념도

리밋 회로 + ON 타이머 회로 + 자기유지 회로

| 동 작 | • PB1을 ON하면 컨베이어가 움직인다.
• LS1을 누르면 t초 동안 정지한 후 다시 컨베이어를 움직인다.
• LS2를 누르면 원상태로 복귀되고 재기동과 정지를 반복한다. |

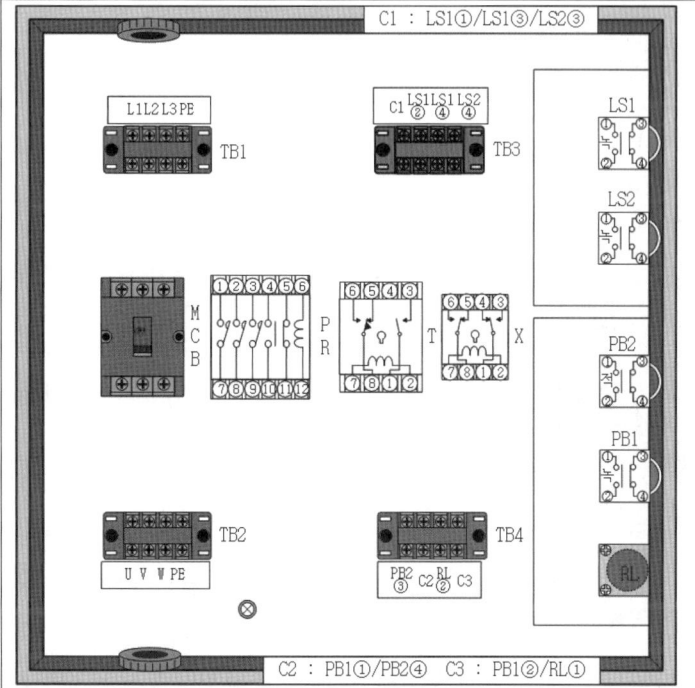

기구 내부 결선도

| JOB7 | 컨베이어 자동 운전 회로 | 2 / 6 |

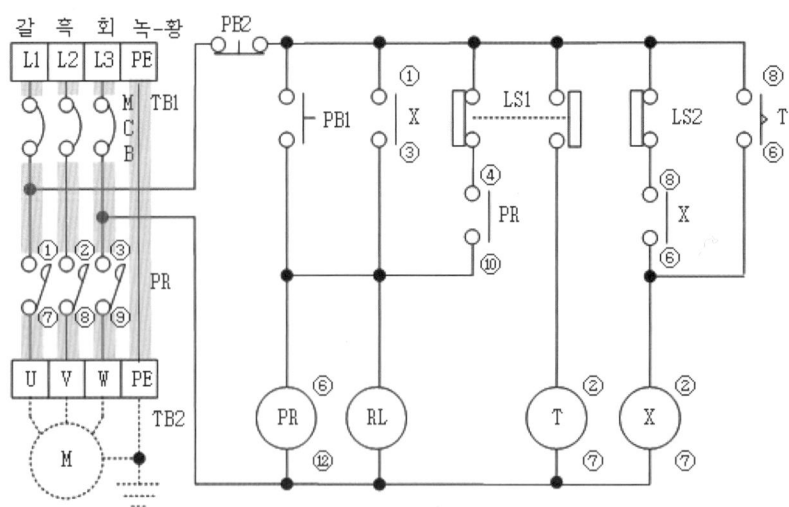

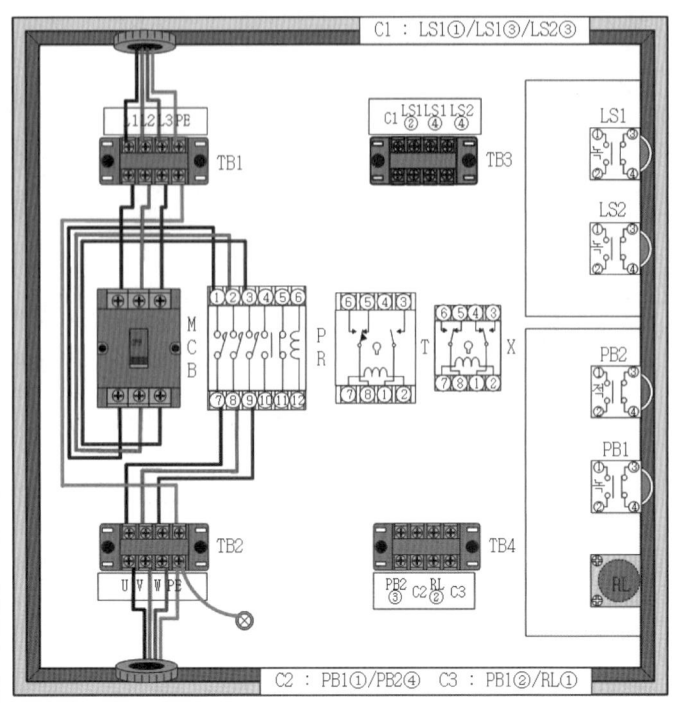

㉠ 나사에 전선 연결 : 최대 2가닥
㉡ 기구 사이 배선 금지
㉢ 수평 및 수직 배선
㉣ 최단거리 결선
㉤ 외부 기구와 연결은 단자대를 통해야 한다.
㉥ 결선의 시작 및 끝(1선, 경유 : 2선)
 • 시작 : MCB, 퓨즈홀더, 기존 1선과 연결
 • 기타 : 상(좌/우) → 하(우/좌)
㉦ 주회로선(갈, 흑, 회), 접지선(녹-황), 제어선(황)

• MCB(하) ⓛ₁ → PR①, MCB(하) ⓛ₂ → PR②, MCB(하) ⓛ₃ → PR③
• PR⑦ → 단자대(하) Ⓤ, PR⑧ → 단자대(하) Ⓥ, PR⑨ → 단자대(하) Ⓦ
• 단자대(상) ㎴ → 단자대(하) ㎴ → 외부 접지

| JOB7 | 컨베이어 자동 운전 회로 | 3 / 6 |

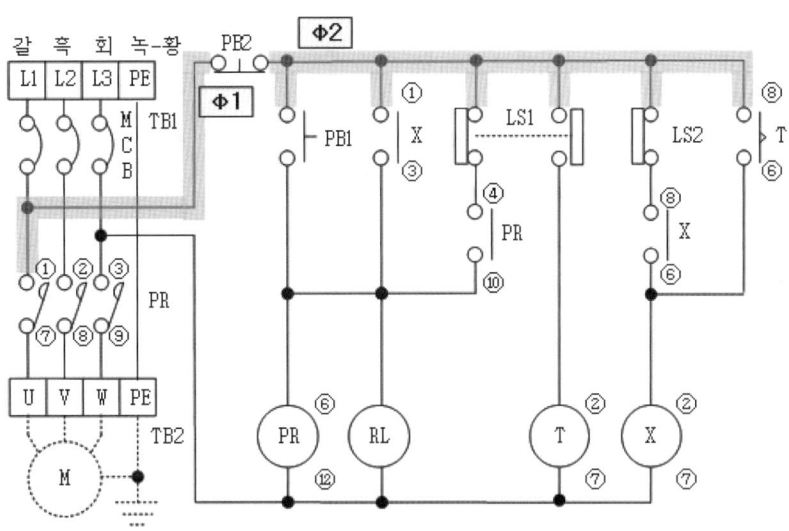

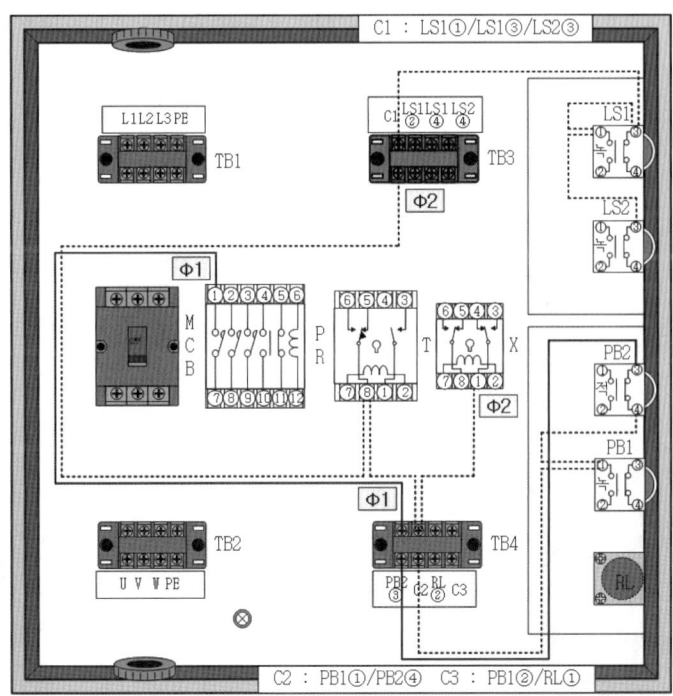

㉠ 나사에 전선 연결 : 최대 2가닥
㉡ 기구 사이 배선 금지
㉢ 수평 및 수직 배선
㉣ 최단거리 결선
㉤ 외부 기구와 연결은 단자대를 통해야 한다.
㉥ 결선의 시작 및 끝(1선, 경유 : 2선)
 • 시작 : MCB, 퓨즈홀더, 기존 1선과 연결
 • 기타 : 상(좌/우) → 하(우/좌)
㉦ 주회로선(갈, 흑, 회), 접지선(녹-황), 제어선(황)

Φ1   PR① → PB2③
Φ2   C1(LS1①/LS1③/LS2③) → T⑧ → C2(PB1④/PB2①) → X①

| JOB7 | 컨베이어 자동 운전 회로 | 4 / 6 |

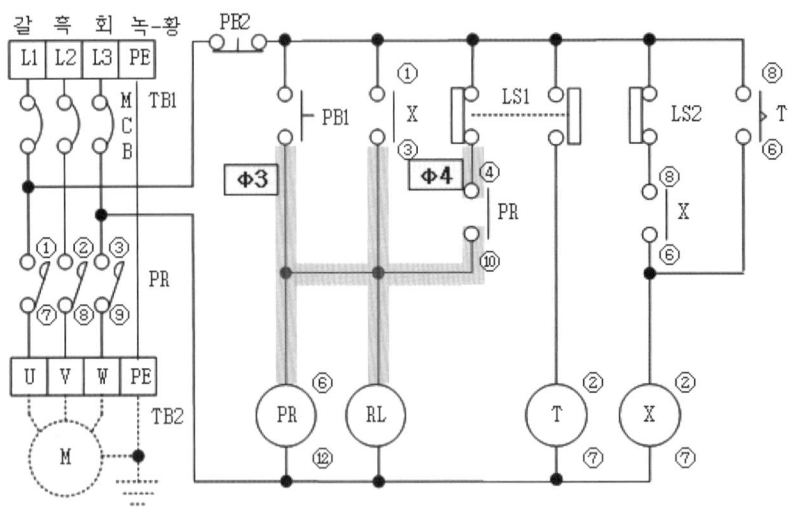

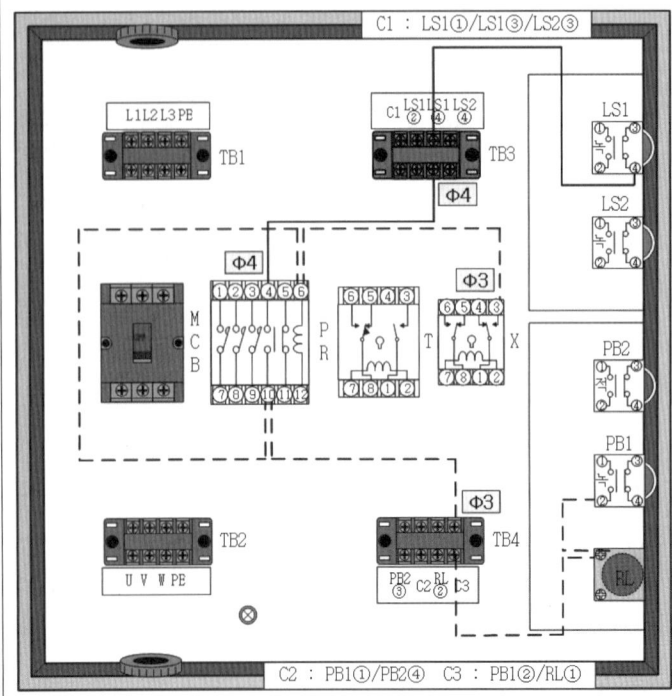

㉠ 나사에 전선 연결 : 최대 2가닥
㉡ 기구 사이 배선 금지
㉢ 수평 및 수직 배선
㉣ 최단거리 결선
㉤ 외부 기구와 연결은 단자대를 통해야 한다.
㉥ 결선의 시작 및 끝(1선, 경유 : 2선)
  • 시작 : MCB, 퓨즈홀더, 기존 1선과 연결
  • 기타 : 상(좌/우) → 하(우/좌)
㉦ 주회로선(갈, 흑, 회), 접지선(녹-황), 제어선(황)

Φ3   X③ → PR⑥ → PR⑩ → C3(RL①/PB1②)
Φ4   LS1④ → PR④

| JOB7 | 컨베이어 자동 운전 회로 | 5 / 6 |

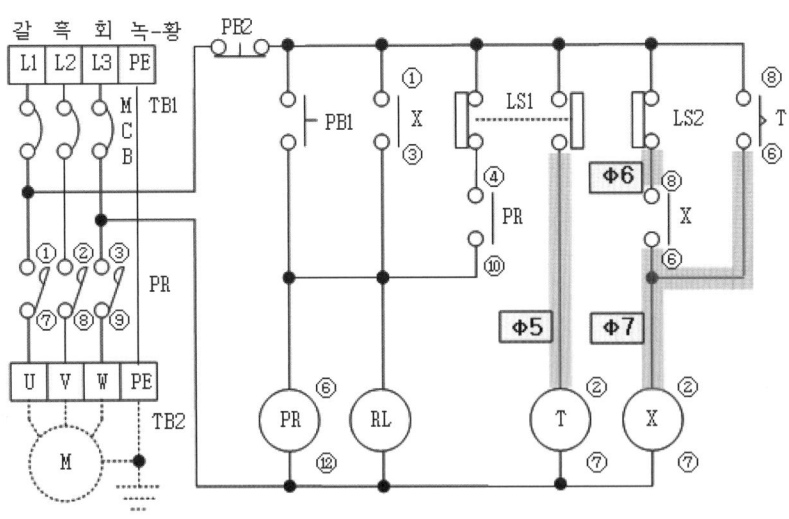

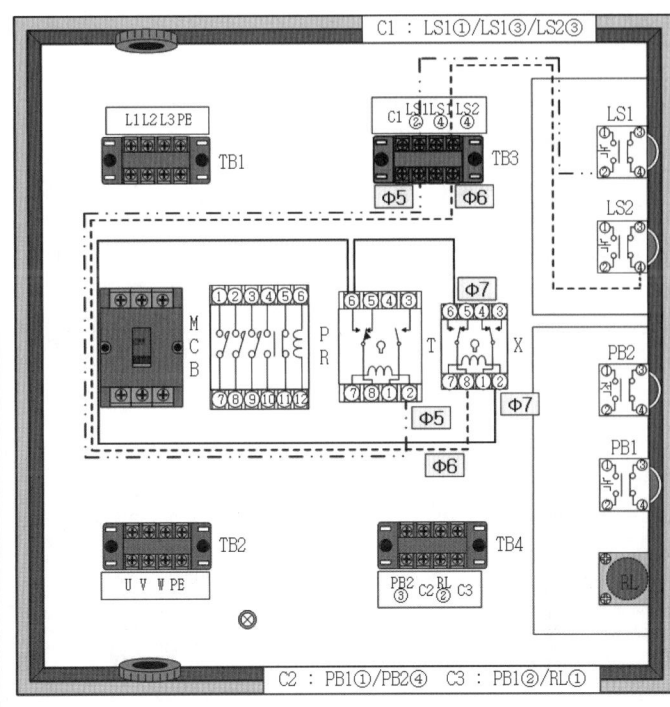

㉠ 나사에 전선 연결 : 최대 2가닥
㉡ 기구 사이 배선 금지
㉢ 수평 및 수직 배선
㉣ 최단거리 결선
㉤ 외부 기구와 연결은 단자대를 통해야 한다.
㉥ 결선의 시작 및 끝(1선, 경유 : 2선)
 • 시작 : MCB, 퓨즈홀더, 기존 1선과 연결
 • 기타 : 상(좌/우) → 하(우/좌)
㉦ 주회로선(갈, 흑, 회), 접지선(녹-황), 제어선(황)

Φ5   LS1② → T②
Φ6   LS2④ → X⑧
Φ7   X⑥ → T⑥ → X②

| JOB7 | 컨베이어 자동 운전 회로 | 6 / 6 |

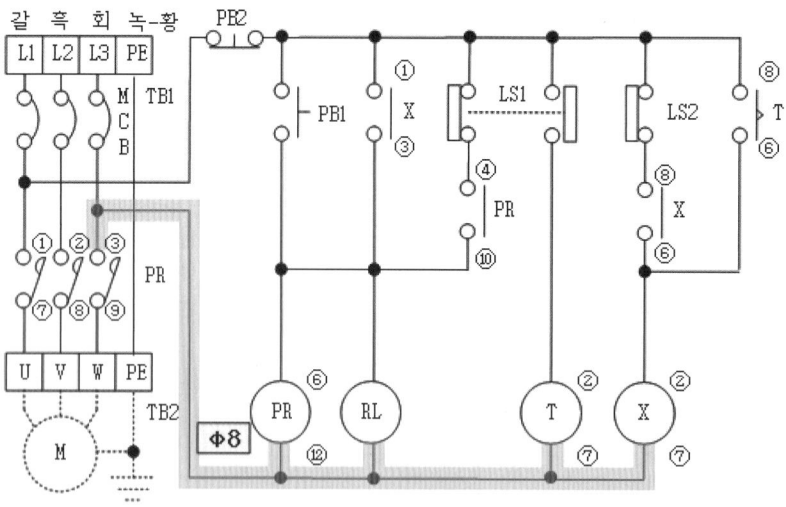

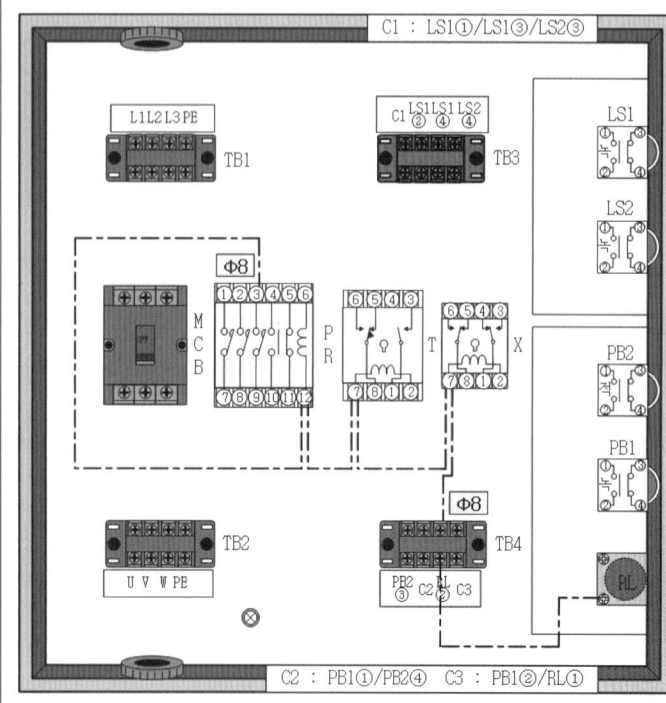

㉠ 나사에 전선 연결 : 최대 2가닥
㉡ 기구 사이 배선 금지
㉢ 수평 및 수직 배선
㉣ 최단거리 결선
㉤ 외부 기구와 연결은 단자대를 통해야 한다.
㉥ 결선의 시작 및 끝(1선, 경유 : 2선)
  • 시작 : MCB, 퓨즈홀더, 기존 1선과 연결
  • 기타 : 상(좌/우) → 하(우/좌)
㉦ 주회로선(갈, 흑, 회), 접지선(녹-황), 제어선(황)

Φ8   PR③ → PR⑫ → T⑦ → X⑦ → RL②

PART 02

전기기능사 실기 실제

CHAPTER 01　작업 순서와 방법
CHAPTER 02　전기기능사 실기 이해와 작업
CHAPTER 03　단자대 이름 및 동작회로도 내부 기구 번호 넣기 정답

> **일러두기**
>
> - 2023년 10월 12일 한국전기설비규정(KEC) 일부 개정에 따라 용어가 아래와 같이 변경되었으나 교재 내에서는 도면 표기 및 학습의 편의상 변경 전 용어를 그대로 사용하였으니 학습에 참고하시기 바랍니다.
>
> | 변경 전 | 결선 | 백색 | 청색 | 황색 | 흑색 |
> | --- | --- | --- | --- | --- | --- |
> | 변경 후 | 전선연결 | 흰색 | 파란색 | 노란색 | 검은색 |

CHAPTER 01 작업 순서와 방법

핵심키워드 전기 공사에서는 작업 순서 및 방법이 정해져 있지 않지만 작업자가 여러 번의 연습을 통해 자신만의 실습 순서와 방법을 찾는 것이 좋다. 하지만, 많은 시간이 필요하므로 다음과 같은 방법을 선택하는 것도 하나의 대안이 될 수 있다.

(1) 작업판의 구성

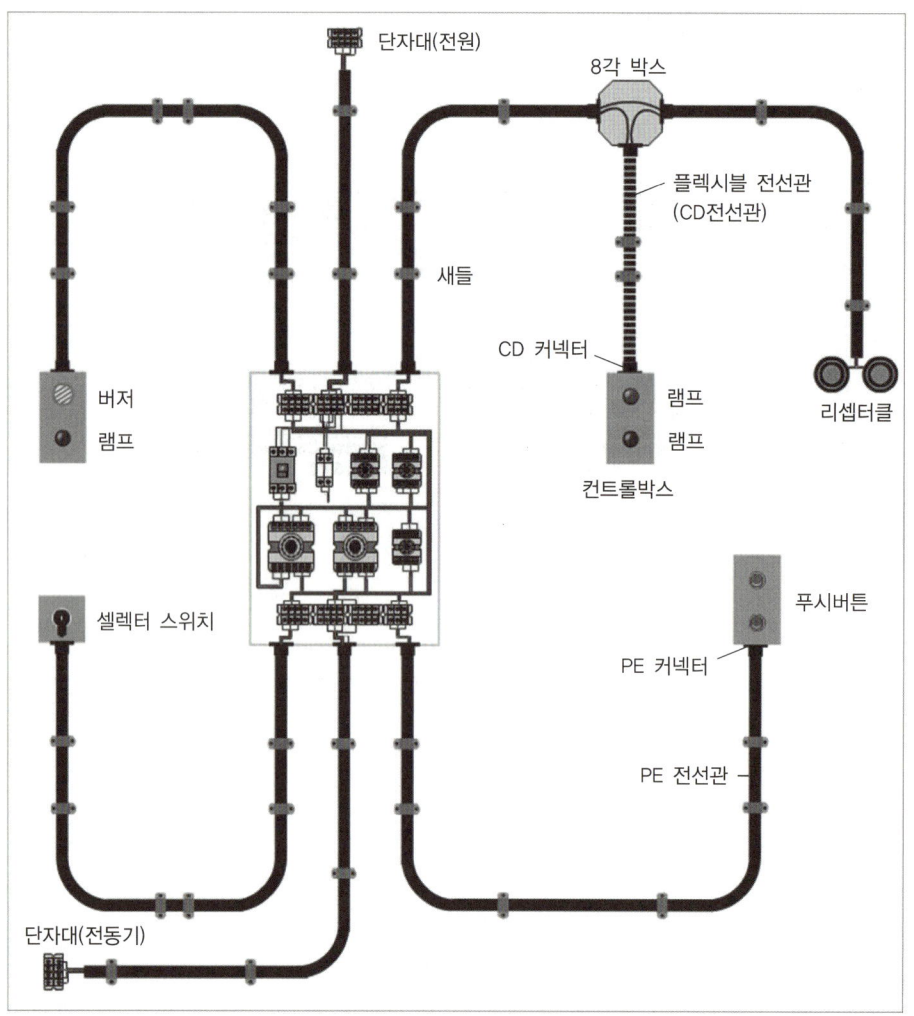

제어판 구성요소	• 단자대(4P : 6개, 3P : 2개) : 내부와 외부 기구를 연결 • 보호장치 : MCB, 퓨즈홀더 • 소켓 : PR(12, 20P), R(8, 11, 14P), T, FR, FLS, TC(8P), EOCR(12P)

※ 센서, 리밋 스위치, 플로트레스 전극봉, 전동기, 히터 등은 단자대로 대체 가능

(2) 작업 순서 및 방법(작업 시간 : 4시간 30분 기준)

작업순서	예상시간	사용 공구/ 사용 재료
㉮ 작업 준비하기 　㉠ 공구를 확인하고, 재료는 수량이 부족하면 보충하고 불량이면 교환한다. 　㉡ 감독관의 주의사항을 잘 듣고 도면의 주요 사항에 밑줄을 긋고 숙지한다. 　　• 주회로 전선 색깔, 접지 범위, 퓨즈홀더 퓨즈 삽입, 셀렉터 스위치 동작	시간 외	벨테스터, 각종 기구 및 소켓
㉯ 제어판 만들기 　㉠ 동작회로도에 제어판 내부 기구(각종 릴레이 등) 핀번호를 적어 넣는다. 　㉡ 제어판 제도하기 　　• 수평선은 도면의 치수를 기준으로 긋는다. 　　• 수직 교차선은 가운데 → 왼쪽 → 오른쪽 순서대로 긋는다. 　　　- 왼쪽/오른쪽 여백은 기구의 수에 따라 달라진다. 　㉢ 기구 배치 및 고정 　　• 상·하 단자대는 가운데 위치하도록 배치 후 고정한다. 　　• 소켓이나 기구의 위·아래가 바뀌지 않도록 주의한다. 　　• 왼쪽과 오른쪽 기구 배치는 수직선 안쪽으로 기구를 배치하고 나머지는 일정 간격으로 수평·수직이 되게 고정한다. 　㉣ 결선 및 배선 　　• 각종 소켓과 단자대 주위에 종이테이프를 붙여 접속할 기구 이름을 적는다. 　　　- 결선 시 실수 방지 　　• 나사 1개에 전선을 2가닥 이상 연결하지 않는다. 　　• 기구 사이의 수직 배선은 하지 않는다. 　　• 주회로, 접지회로, 제어회로 순서로 연결한다. 　　• 주회로는 도면 색깔과 같게 구간별로 연결한다. 　　• 1선 연결을 마칠 때마다 동작회로도에 형광펜으로 표시한다. 　㉤ 동작 검사 및 케이블 타이 묶기	80분	• 사용 공구 　자, 분필, 볼펜, 형광펜, 전동드라이버, 스트리퍼 • 사용 재료 　제어판, 단자대, 케이블 타이, 배선차단기, 각종 소켓, 퓨즈홀드, 나사못, 전선, 벨테스터
㉰ 작업판 작업 　㉠ 작업판 제도하기 　　• 작업판에 작업 공간을 확보한 다음 제어판을 붙인다. 　　• 제어판 위·아래 수직선을 긋는다. → 수평선을 그린다. → 바깥 수직선을 긋는다. 　　• 작업판에 컨트롤박스, 리셉터클, 단자대 등의 기준선과 기구 이름을 분필로 표시한다. 　㉡ 외부 기구 붙이기 　　• 기구 위치 표시 방법에 따라 외부 기구(단자대나 컨트롤박스 몸체)를 작업판 표시 부분에 나사로 붙인다. 　　• 컨트롤박스(2구) 뚜껑 길이 방향을 기준으로 새들 고정 위치를 표시한다. 　　• 컨터롤박스나 8각 박스에 전선관 커넥터를 미리 끼워 놓는다.	40분	전동드라이버, 분필, 자, 가요전선관, PE전선관, 스위치박스, 컨트롤박스, 단자판, 새들, 나사못, 전선관 커넥터

작업순서	예상시간	사용 공구/ 사용 재료
㉔ 배관 작업 : 커넥터가 있는 부분부터 작업한다. 　㉠ PE전선관 작업 　　• ㄷ자 전선관 　　　– 작도된 작업판에서 스프링(1m)을 이용하여 길이를 측정하여 전선관을 절단한다. 스프링 길이가 부족한 경우 2번 잰다. 스프링 끝에 황색선을 연결한 경우 한 번만 측정 가능하다. 　　　– 스프링을 넣고 무릎으로 구부린 후 스프링을 빼고 구부린 전선관을 작업대에 대고 커넥터에 20mm 끼울 수 있는 여유를 남기고 자른다. 　　　– 외부 기구에 고정된 커넥터가 있는 경우 커넥터에 전선관을 끼워 고정한 후 수직 수평을 맞추고 한 변에 새들 2개씩을 사용하여 고정한다. 　　　– 새들로 고정된 전선관 반대로 스프링을 넣고 왼손은 굽힐 부분의 전선관을 누르고 다른 손으로 당겨 전선관을 굽히고 길이에 맞게 절단하여 수직을 맞춘 후 새들 2개를 사용하여 고정한다. 　　• ㄱ자 전선관 : ㄷ자 3단계까지만 작업한다. 　　• 8각 박스와 컨트롤박스 1자 연결되어 있는 경우 컨트롤박스를 분리하여 길이만큼 절단하고 컨트롤박스를 원래 위치에 붙이고 새들로 전선관을 고정한다(PE전선관만 해당). 　㉡ CD전선관 작업 : 커넥터가 있는 부분을 시작으로 CD전선관을 손으로 구부려 가며 새들로 고정한다.	60분	전동드라이버, 분필, 자, CD전선관(플렉시블), PE 전선관, 스위치박스, 컨트롤박스, 단자판, 새들, 나사못, 전선관 커넥터
㉕ 입선 및 결선 　㉠ 입 선 　　• 스프링을 이용하여 기구와 단자대 사이 길이를 재고 입선 전선수만큼 접어 한꺼번에 절단한다. 　　　– 제어판 쪽에는 150mm 여유, 반대쪽은 기구에 따라 길이가 달라진다. 　　• 자른 전선 끝부분을 절연테이프로 묶거나 꼬아 입선한다. 　　• 여러 가닥으로 잘 들어가지 않을 경우 : 전선 끝부분을 테이프로 단단히 감거나 일회용 커피 봉지를 씌우거나 1가닥의 전선을 반대쪽에 연결하여 1선은 당기고 여러 가닥은 민다. 　㉡ 결 선 　　• 전선관에서 나온 전선 밑부분을 케이블 타이로 묶는다. 　　• 먼저 단자대에 전선을 연결하고 벨테스터로 같은 선을 찾아 외부 기구 단자에 연결한다. 　　• 배선을 할 때는 엄지손가락을 이용하여 직각 배선을 한다.	50분	• 사용 공구 자, 볼펜, 전동드라이버, 스트리퍼 • 사용 재료 케이블 타이, 나사못, 전선
㉖ 동작 검사 및 마무리 작업 　㉠ 벨테스터로 동작시험, 단자 조임 상태 확인, 퓨즈홀더에 퓨즈 끼우기 　㉡ 컨트롤박스의 뚜껑을 덮어 고정하고, 전원선을 약 100mm 인출하기	10분	통전시험기(벨테스터)
합 계	4시간(여분 30분)	

(3) 작업의 기초

㉮ 도면의 종류와 역할

동작회로도
• 동작 상태 확인
• 작업 : 배선 및 결선, 기구 번호 넣기, 제어판 단자대 기구 이름 및 공통선 정하기

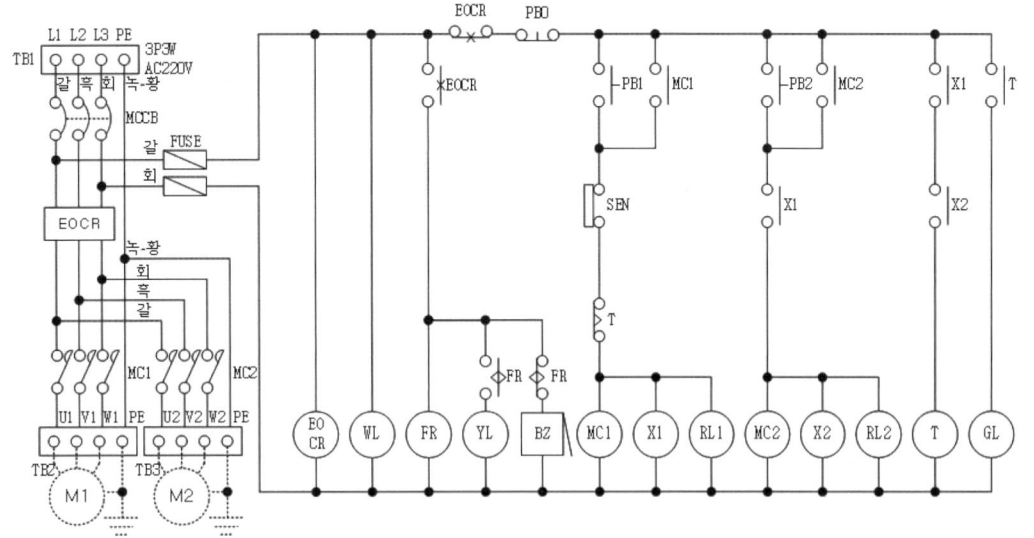

배관 및 기구 배치도
• 전선관 종류(PE관, CD관)　　　　　　• 전선관의 모양(一, ㄱ, ㄷ자) 및 길이
• 외부 기구 종류 및 위치　　　　　　　• 작업 : 배관, 외부 기구 배치 및 고정

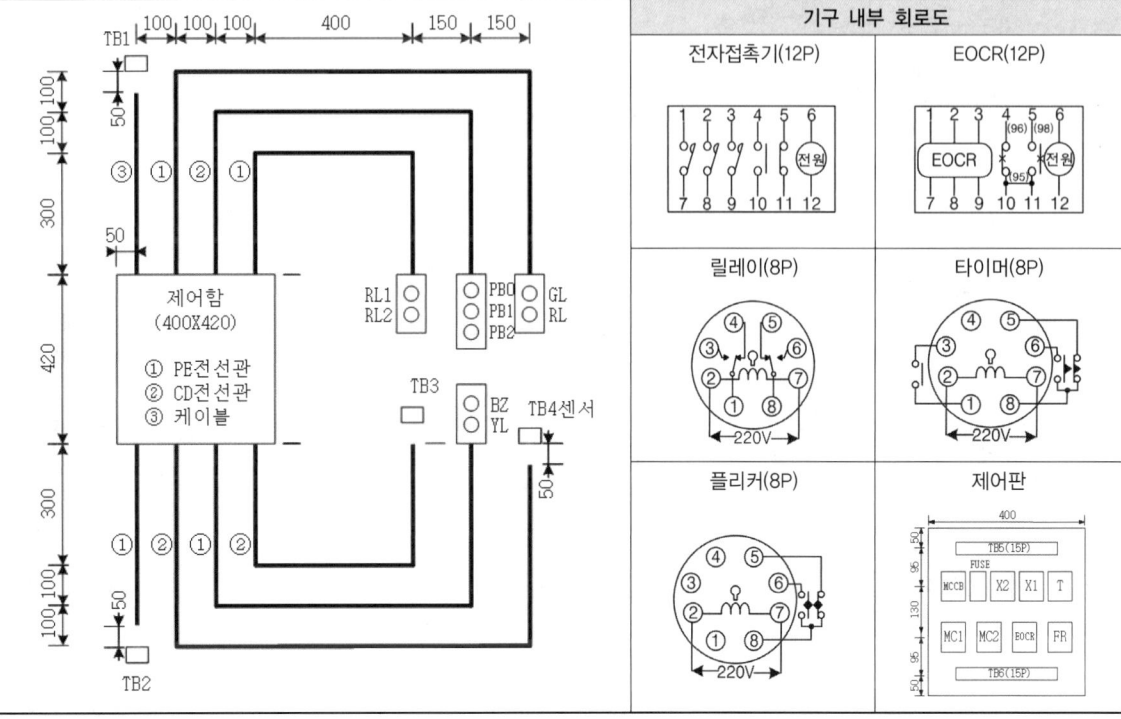

⑭ 동작회로도의 구성

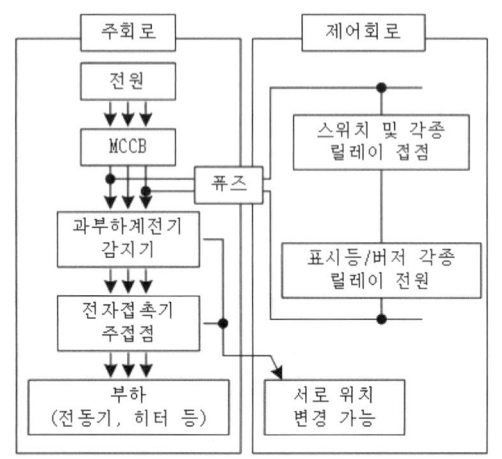

주회로		
전원(RSTE) → 단자대	3φ 220V	외
배선차단기	MCB, NFB	외
전자접촉기	MC, PR 등	내
EOCR	EOCR, EOL	내
부하(UVWE) → 단자대	전동기, 히터	외

제어회로		
접점 스위치	MC, EOCR, Ry, T	내
	PB1, PB2, LS, 센서	외
전원 부하	MC, EOCR, Ry	내
	GL, RL, BZ	외

• 내 : 제어판 내부 기구
• 외 : 제어판 외부 기구

※ 동작회로도의 기본 구조로 기구의 위치가 변경될 수 있어 도면을 우선한다.

⑮ 동작회로도 내부 기구 번호 결정

⑯ 동작회로도 번호 넣기 : 범례를 보면서 제어 기구 내부 결선도에 기호를 적어 준다.

릴레이(8핀) X1, X2	타이머(8핀) T	플리커(8핀) FR	전자접촉기(12핀) MC1, MC2	EOCR(12핀) EOCR

가변 : a, b, 고정 : c, 접점 : c-a, c-b, 비접점 : a-b

• 틀리기 쉬운 경우 및 번호 부여 규칙(숙달자는 결선을 간단, 초보자는 기준 부여)

예 8핀 릴레이

구 분	번호 표시	같은 기구 중복	중간 기구 공통접점	공통접점 교차
✕				
○				

전 원 (작은 숫자 : 위쪽)	단독접점 공통(위쪽)	공통접점(3단자)		
		(공통 : 위쪽)	(공통 : 아래쪽)	(공통 : 가운데)

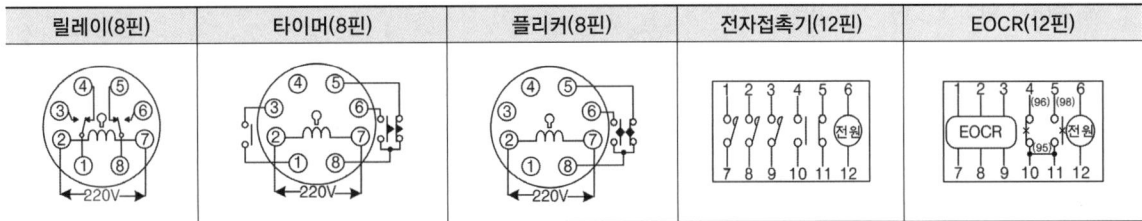

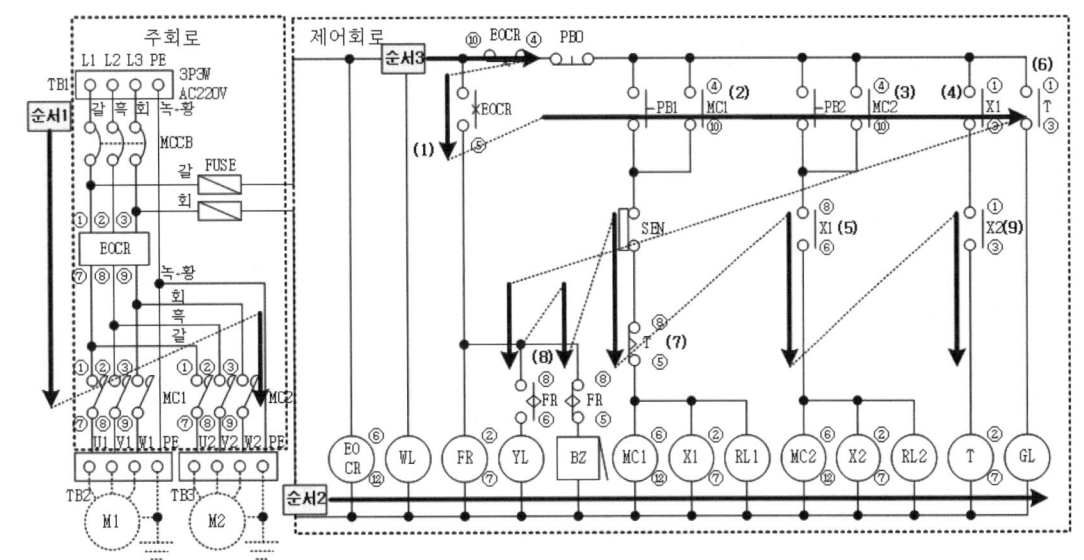

| 순서1 | • 주회로 : MC1과 MC2 주접점과 EOCR 감지기
• MC 주접점과 EOCR 감지기 개수에 상관없이 (상) ① ② ③, (하) ⑦ ⑧ ⑨를 넣는다. |

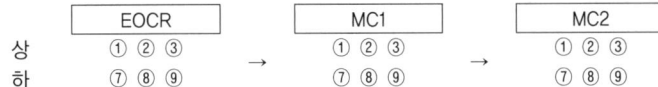

| 순서2 | • 각종 릴레이의 전원
• 각종 릴레이의 전원은 개수에 상관없이 작은 숫자는 위쪽, 큰 숫자는 아래쪽에 넣는다. |

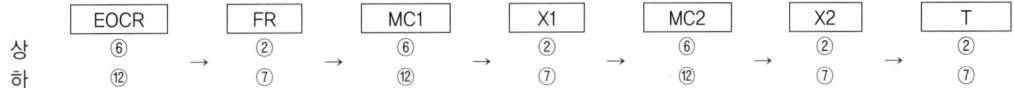

| 순서3 | • 각종 릴레이의 접점
• 화살표 방향으로 이동하며 릴레이 종류별로 ⓐ접점과 ⓑ접점을 구분하며 넣는다. 병렬로 연결된 것은 같은 열로 본다. |

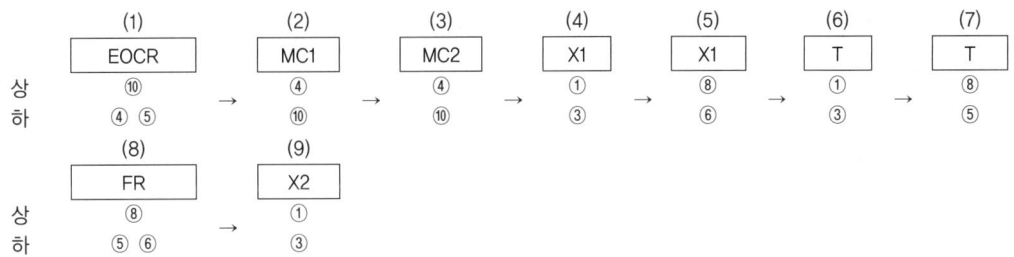

㉺ 제어판 단자대 외부 기구 이름 결정
  ㉠ 제어판 단자대
    • 역할 : 외부 기구와 내부 회로 연결
    • 공통선 반드시 사용 : 외부 기구끼리 연결된 공통 1선만 단자대에 표시
  ㉡ 필요한 도면 : 배관 및 기구 배치도(단자대 외부 기구 위치 표시), 동작회로도(공통)
  ㉢ 작업 방법
    • 외부 기구를 전선관에 따라 이동한 후 외부 기구 이름을 적는다.
    • 같은 컨트롤박스에 들어 있는 외부 기구는 동작회로도에서 공통을 결정한다.
      - 공통선을 사용하지 않을 경우 단자대가 부족할 수 있다.
    • 공통선 결선은 외부 기구에서 전선으로 연결한 다음 1선만 단자대로 가져온다.
    • 외부 기구끼리만 연결되는 경우 단자대가 필요하지 않는다.
    • 단자대에 외부 기구 이름을 적은 경우 이름을 보면서 결선을 할 수 있다.
    • 외부 기구의 단자대 위치 결정(배관 및 기구 배치도)

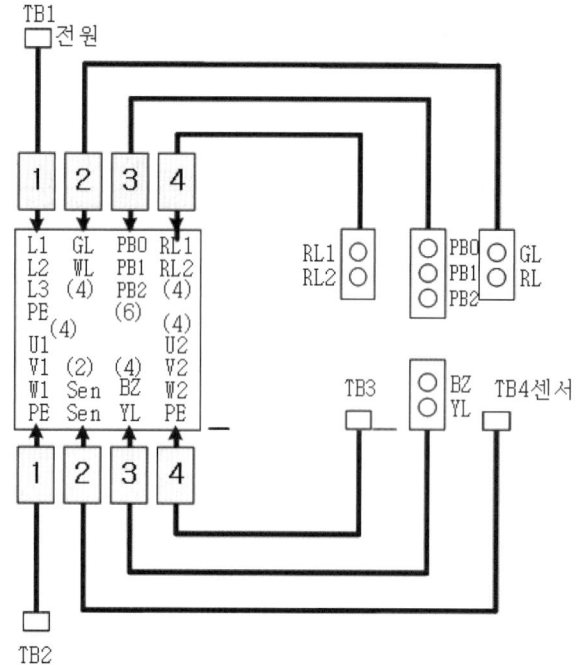

[제어판 상]
• 기구 파악
• 전선관 따라 이동
• 기구의 단자대 위치 결정
  - 전원, GL, RL, PB0, PB1, PB2, RL1, RL2

[제어판 하]
• 기구 파악
• 전선관 따라 이동
• 기구의 단자대 위치 결정
  - 전동기1, 센서, BZ, YL, 전동기2

- 공통선 결정 : 동작회로도
- 단자대에 기구 이름 결정
  - 배관 및 기구 배치도에 따라 외부 기구 이름을 빈칸 없이 차례대로 적어 넣는다.
  - 작업에서 접점 표시 방법 : 나사의 폭이 좁아 이름을 다 적는 것이 어려워 아래와 같이 간단하게 표시하는 것이 편리하다. 개인에 따라 다르게 표기할 수 있다.

기 구	a접점 표시			b접점 표시			비 고
푸시버튼	PB1ⓐ	→	1ⓐ	PB1ⓑ	→	1ⓑ	기호 생략
리 밋	LS1ⓐ	→	L1ⓐ	LS1ⓑ	→	L1ⓑ	첫 글자만 표시
센 서	Sen1ⓐ	→	S1ⓐ	Sen1ⓑ	→	S1ⓑ	

  - 단자대에 접점의 표시는 간단하게, 설명은 원래 이름을 사용한다.

전 원				GL, WL			PB0, PB1, PB2				RL1, RL2			
L1	L2	L3	PE	WL	GL	C1	0ⓑ	C2	1ⓐ	2ⓐ	RL1	RL2	C3	
1	2	3	4	5	6	7	8	9	10	11	12	13	14	15

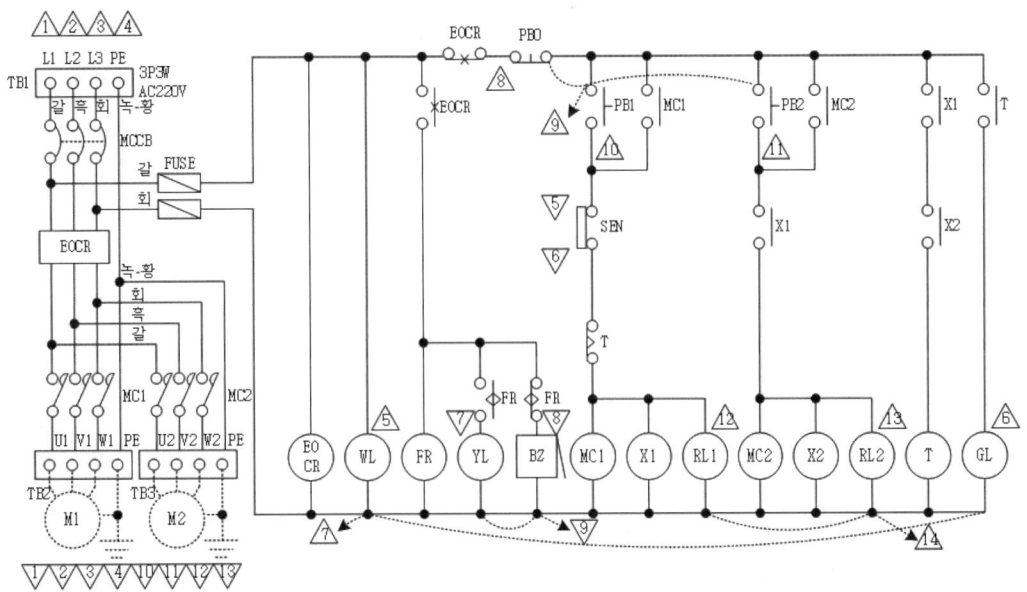

	TIP	동작회로도의 외부 기구에 단자대 번호를 주고 단자대에는 번호만 적는다. 제어판 결선이나 외부 기구 결선 시 동작회로도를 보면서 작업하면 편리하다. △(파란색), ▽(빨간색)

1	2	3	4	5	6	7	8	9	10	11	12	13	14	15
U1	V1	W1	PE	Sⓑ	Sⓑ	YL	BZ	C4	U2	V2	W2	PE		
전동기1				센 서		BZ, YL			전동기2					

• 복잡하고 어려운 회로의 공통선 작업

예) 전동기 정역 운전

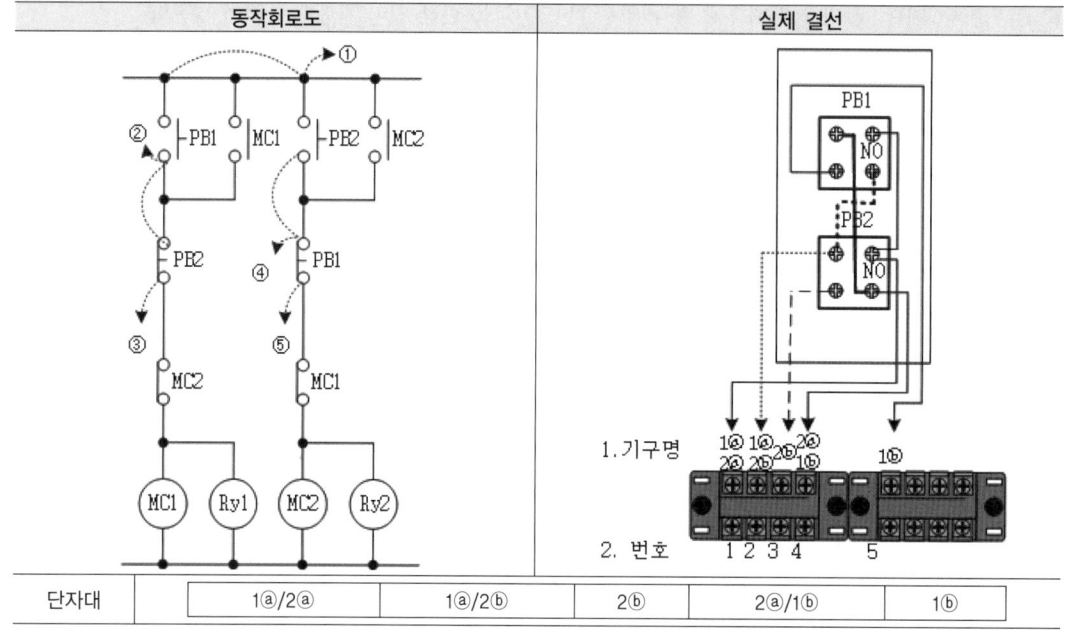

예) 온실하우스 난방 운전

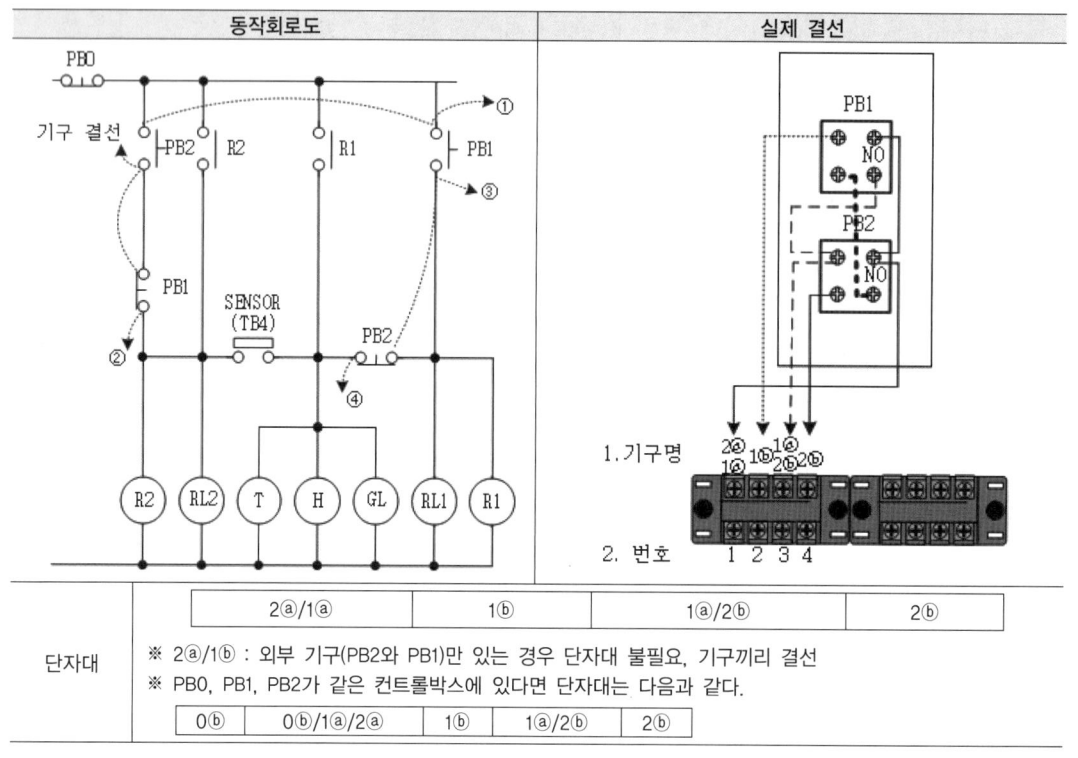

(4) 제어판 만들기

㉮ 제도하기

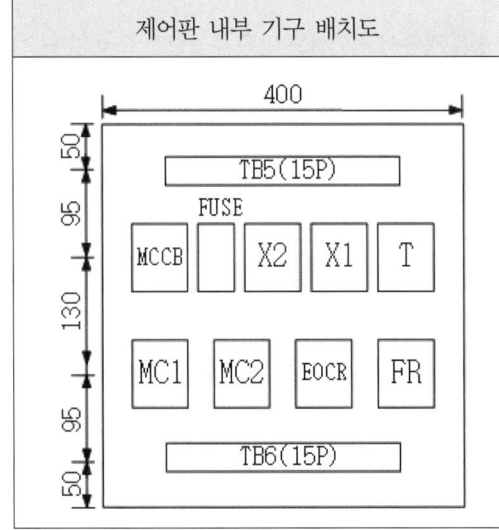

제어판 내부 기구 배치도

㉠ 수평선 긋기
- 오른쪽에 자를 대고 위에서부터 도면 치수로 표시
  - 계산이 필요 없게 항상 0에서 시작한다.
  - 제어판을 180° 회전하여 왼쪽도 같은 방법으로 한다.
- 같은 높이의 왼쪽 표시와 오른쪽 표시를 이어 수평선을 그린다.

㉡ 수직선 긋기
가장 왼쪽과 오른쪽 수직 교차선을 그린다.

기구 수	오른쪽/왼쪽 여백
2	50mm
3	40mm
4 이상	30mm

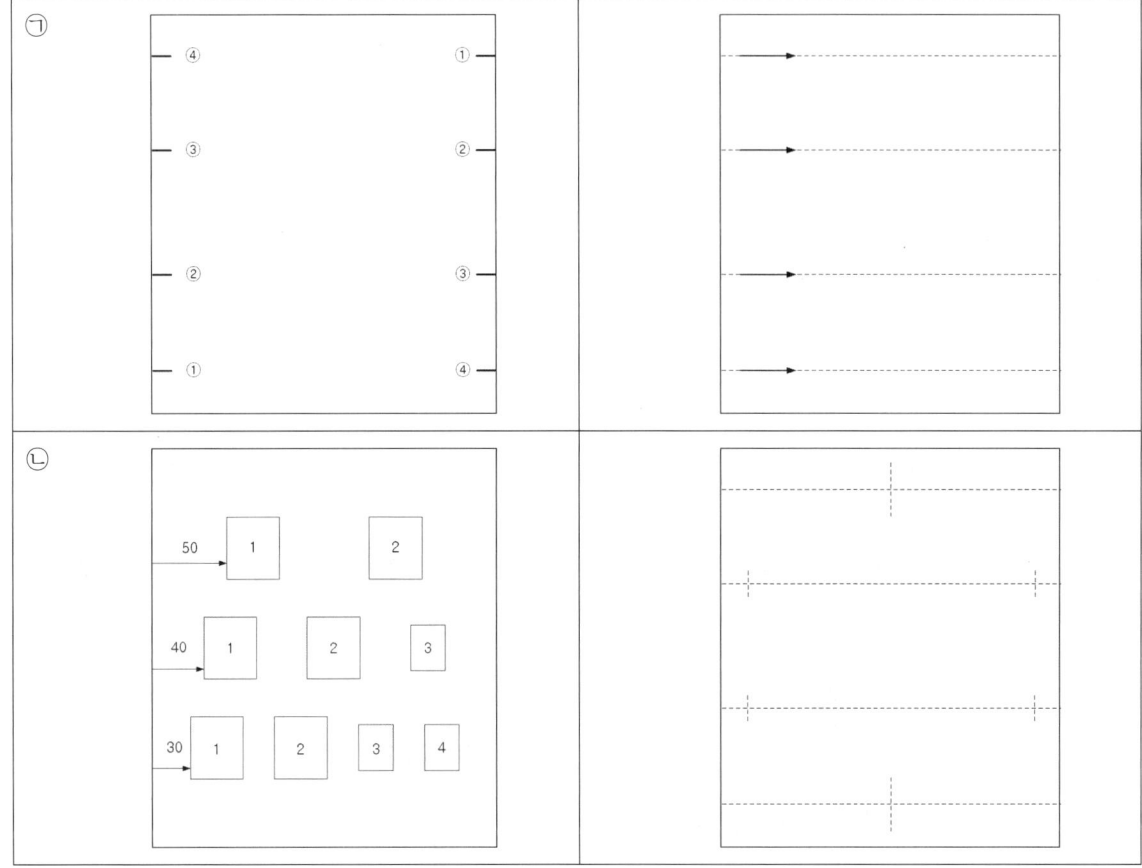

④ 기구 배치 및 고정

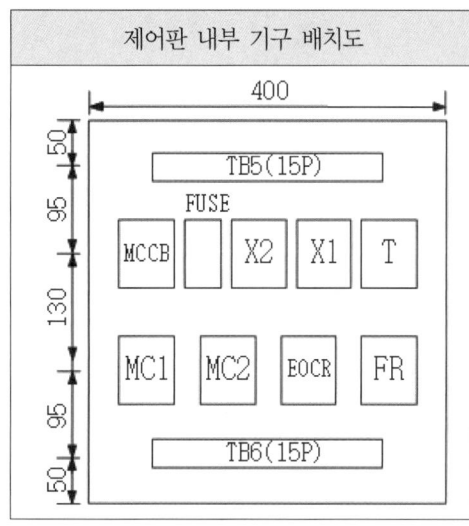

㉠ 1행과 4행의 단자대는 제어판 가운데 오도록 배치하고 나사로 고정한다.
㉡ 2행과 3행은 줄단위 작업하고 양쪽 수직선 안쪽에 기구를 맞추어 배열하고 사이의 기구는 일정한 간격이 되도록 배치 후 고정한다.
  • 배선차단기 손잡이의 문자를 읽도록 한다.
  • 소켓의 홈이 아래로 가도록 한다.
㉢ 양쪽 수평과 수직 빈 공간의 중간 지점에 배선 기준선을 그린다(생략 가능).
㉣ 단자대 바깥쪽과 소켓 위에 종이테이프를 붙이고 이름을 적어 준다.
  • 단자대는 나사 위치와 이름의 위치를 맞추어 준다.

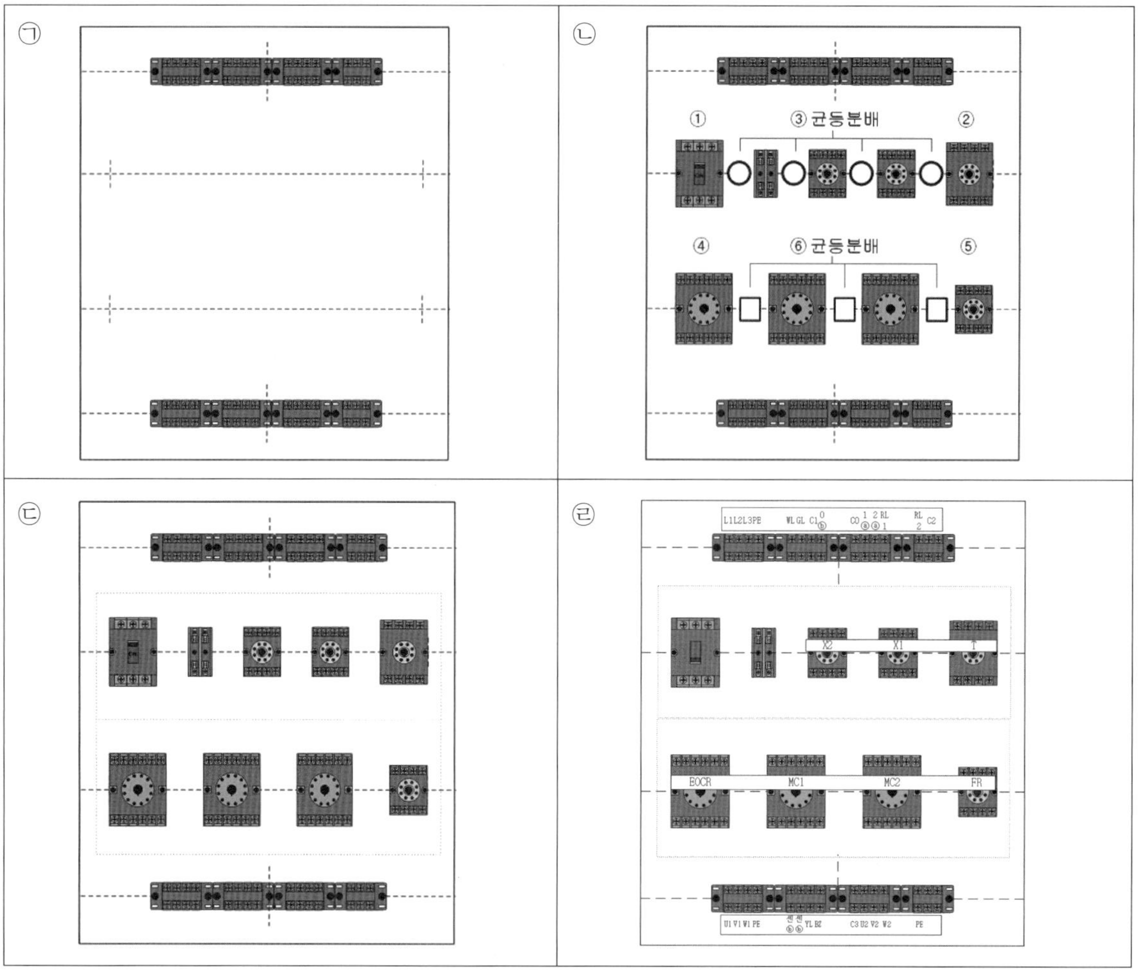

㉢ 배 선
　㉠ 배선할 때 주의사항
　　• 전선 배선은 항상 수평과 수직을 유지한다.
　　• 제어판에서 기기와 기구 사이 수직 배선은 하지 않는다.

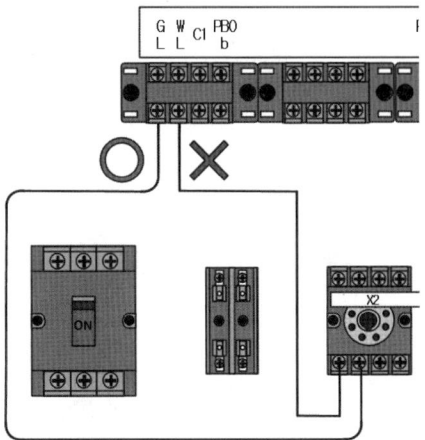

　　• 전선을 굽힐 때 곡률 반지름(6R : 반지름의 6배)을 고려한다.

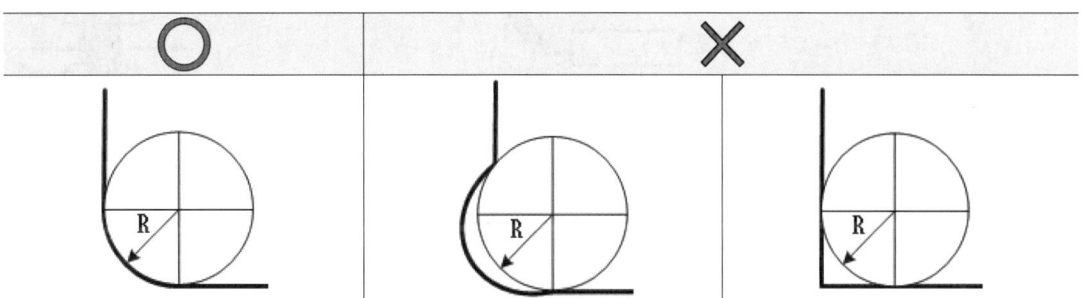

　　• 주회로선은 바닥에 배치하고 제어회로선은 그 위쪽에 위치하도록 한다.

정 상	권장 안 함
제어회로선 주회로선	주회로선 제어회로선

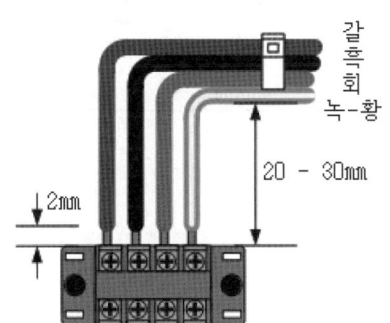

　　• 전선을 곧게 펴서 사용하고 서로 꼬이지 않게 배선한다.
　　• 전선관 내의 전선수를 줄이기 위해 박스 내 전선을 접속한다.
　　• 직각 배선을 할 때 단자대와 거리는 20~30mm 여유를 둔다.
　　• 배선이 끝나면 케이블 타이로 묶어 배선을 정리한다(접지선은 묶지 않는다).

㉔ 결 선
  ㉠ 기구의 결선

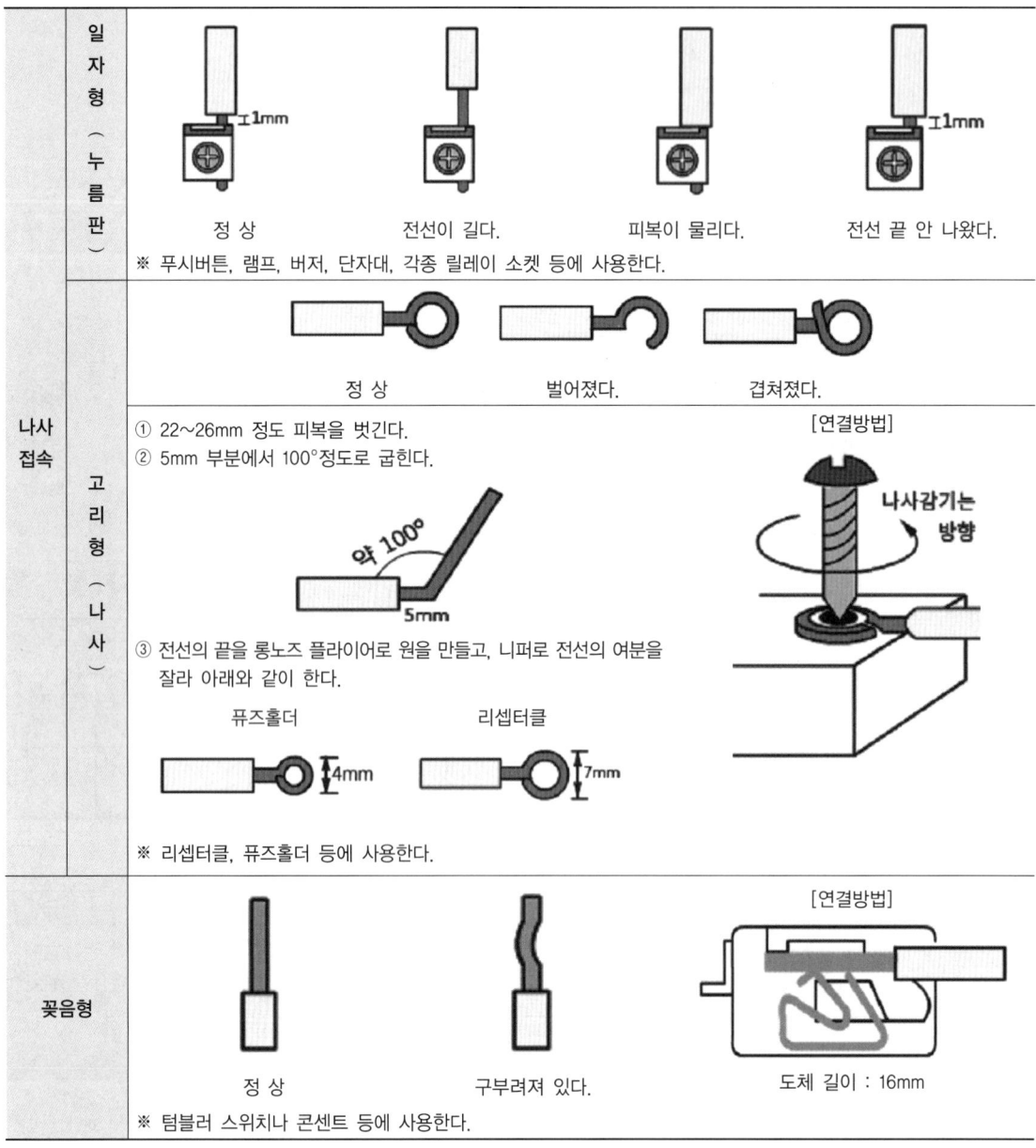

ⓛ 결선할 때 주의 사항
- 나사 1개에 최대 전선 2가닥까지만 연결한다.

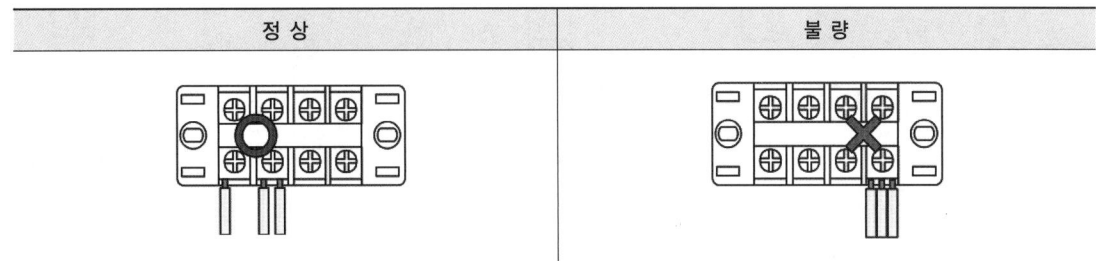

정 상	불 량

- 내부 기구와 외부 기구의 연결은 반드시 단자대를 통해야 한다.
- 주회로, 접지회로, 제어회로 순서로 결선한다.
- 1선씩 결선을 할 때마다 동작회로도에 형광펜으로 표시하여 실수를 막는다.
- 주회로 결선은 반드시 도면 색깔로 하고 L1, L2, L3을 구간별로 동시에 결선해 나간다.
- 제어회로의 결선 순서는 L1상이 있는 맨 위쪽, 중간 부분 결선, L3상이 있는 맨 아래쪽 순서로 한다.

ⓒ 결선하기
- 피복 벗기기 : 전선을 치수에 맞는 스트리퍼 구멍에 넣고 누른다. → 약간 벌린 후 수평으로 당겨서 피복을 벗긴다.

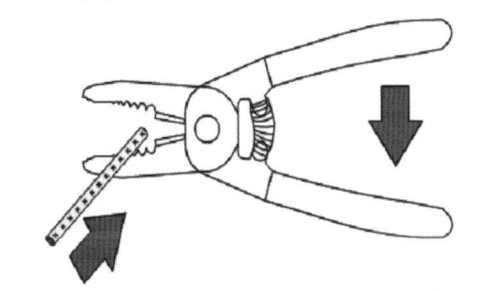

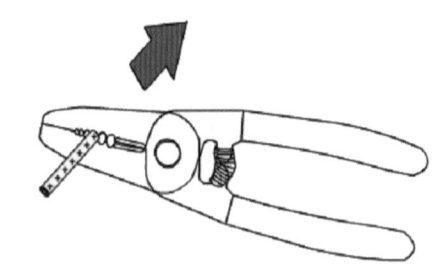

전선에 맞는 구멍을 선택(제조사에 따라 다름)하여 전선을 밀어 넣고 손잡이를 누른다.	손잡이를 수평방향으로 밀어 피복을 벗긴다.

- 나사에 접속하기

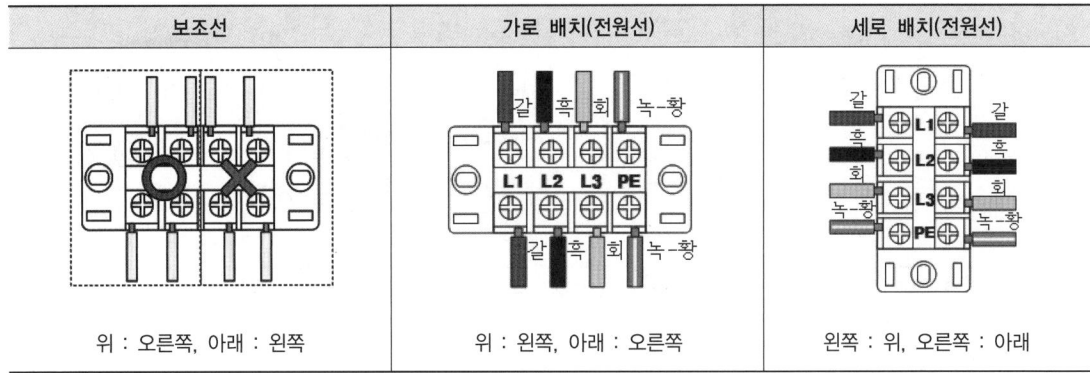

보조선	가로 배치(전원선)	세로 배치(전원선)
위 : 오른쪽, 아래 : 왼쪽	위 : 왼쪽, 아래 : 오른쪽	왼쪽 : 위, 오른쪽 : 아래

• 전원선 결선

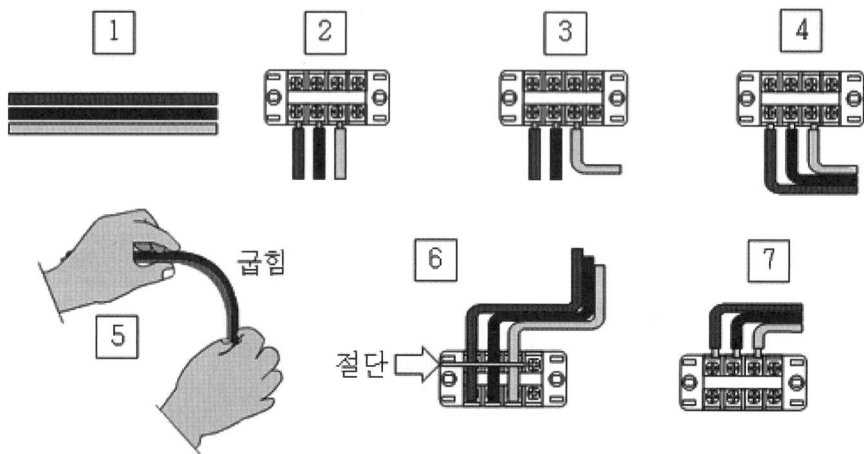

순서	① 3선의 대략 길이를 측정하여 3선을 한꺼번에 절단한다. ② 1선씩 결선한다. ③, ④ 오른쪽 전선부터 1선씩 구부린다. ⑤ 2번째 굽힘 구간부터는 3선을 동시, 마지막 굽힘은 처음과 같이 1선씩 굽힌다. ⑥ 나사의 1/2지점에서 절단한다. ⑦ 피복을 벗긴 후 넣고 나사를 조여 고정시킨다.

• 보조전선 결선 : 전원선과 동일하나 처음부터 끝까지 한 가닥으로 작업을 한다.

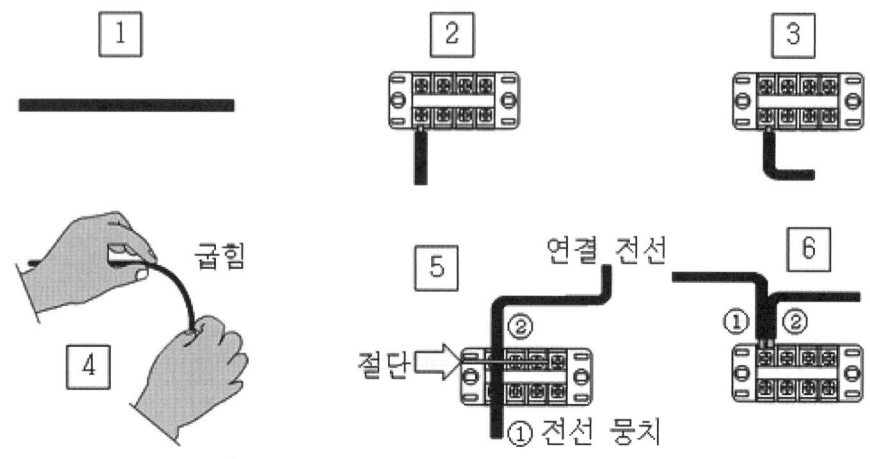

순서	① 황색선은 다발로 주어지기 때문에 1선씩 작업한다. ② 출발할 때는 1선만 결선한다. ③ 전선을 원하는 방향으로 구부린다. ④ 2번째 굽힘도 처음과 같게 한다. ⑤ 나사의 1/2지점에서 절단하고 ①전선의 피복을 먼저 벗기고 ②전선의 피복도 벗긴다. ⑥ 피복을 벗긴 2전선을 동시에 넣고 나사를 조여 고정시킨다.

㉣ 주회로와 제어회로의 결선과 색깔

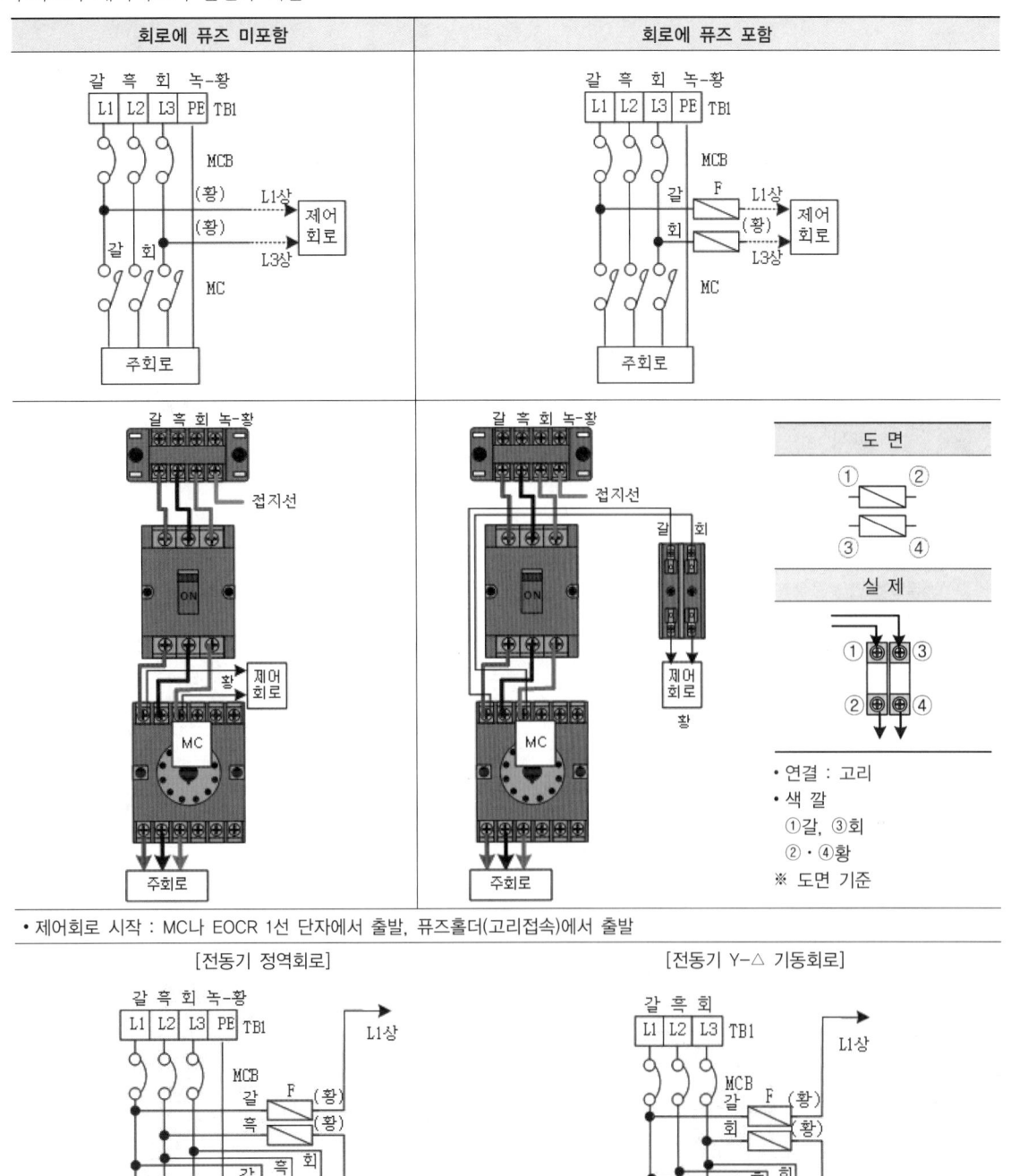

• 제어회로 시작 : MC나 EOCR 1선 단자에서 출발, 퓨즈홀더(고리접속)에서 출발

㊁ 결선의 간략화(초보자는 회로도 순서대로 결선해도 된다)

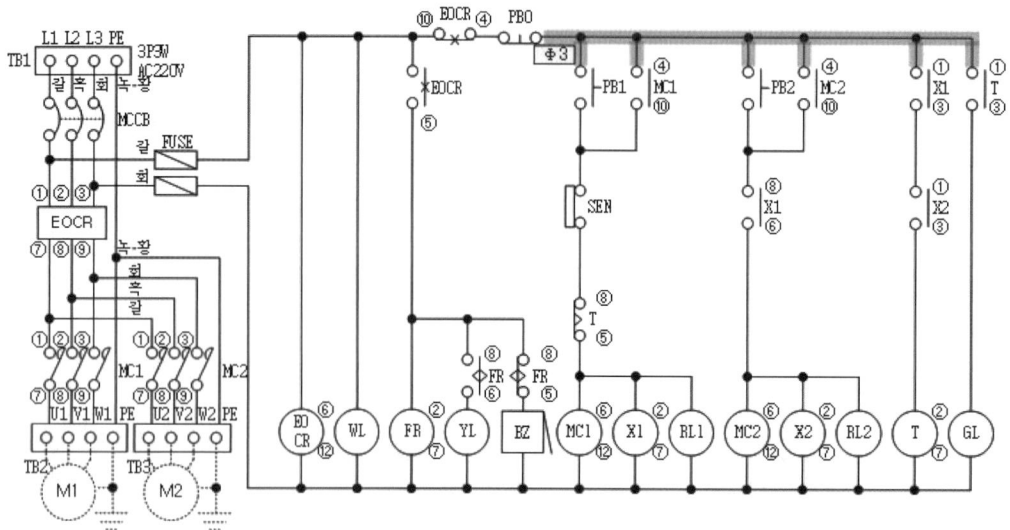

복선도	종이테이프 표시
• 필요 도면 : 동작회로도, 기구 배치도 • 기구가 배치된 행에 맞추어 기구명/단자번호/화살표로 표시한다. • 출발 : 퓨즈홀더, 1선 연결된 단자, 왼쪽 위	• 결선할 단자 쪽 종이테이프에 ●, ×, ▲, ■, ★ 순서로 표시한다. • 동작회로도 배열 순서에 따라 표시한다. • 출발 : 퓨즈홀더, 1선 연결된 단자, 왼쪽 위

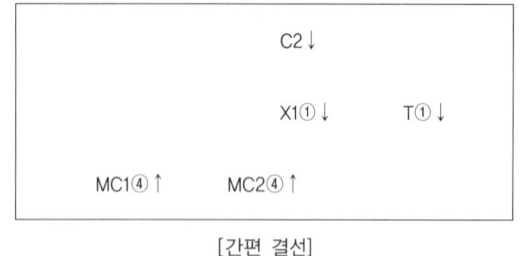

[간편 결선]
C2↓ → T①↓ → X1①↓ → MC2④↑ → MC1④↑

[회로도 결선]
C2↓ → MC1④↑ → MC2④↑ → X1①↓ → T①↓

복잡한 회로에서 확실히 효과가 있다.

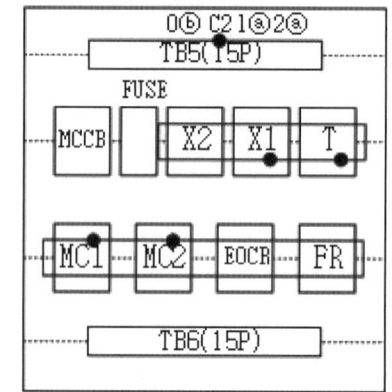

• 전원선과 보조선 순서대로 결선한다.
• L1상 전원선 결선 : 퓨즈홀더(L1상), 1선 연결된 단자, 왼쪽 위에서 출발하여 2행과 3행 사이의 각종 계전기의 전원(큰 번호) → 1행과 2행 사이의 외부 기구 단자 → 3행과 4행 사이의 각종 릴레이의 전원(큰 번호)과 외부 기구 단자를 전선으로 차례로 결선한다.

㉑ 제어판 실제 결선

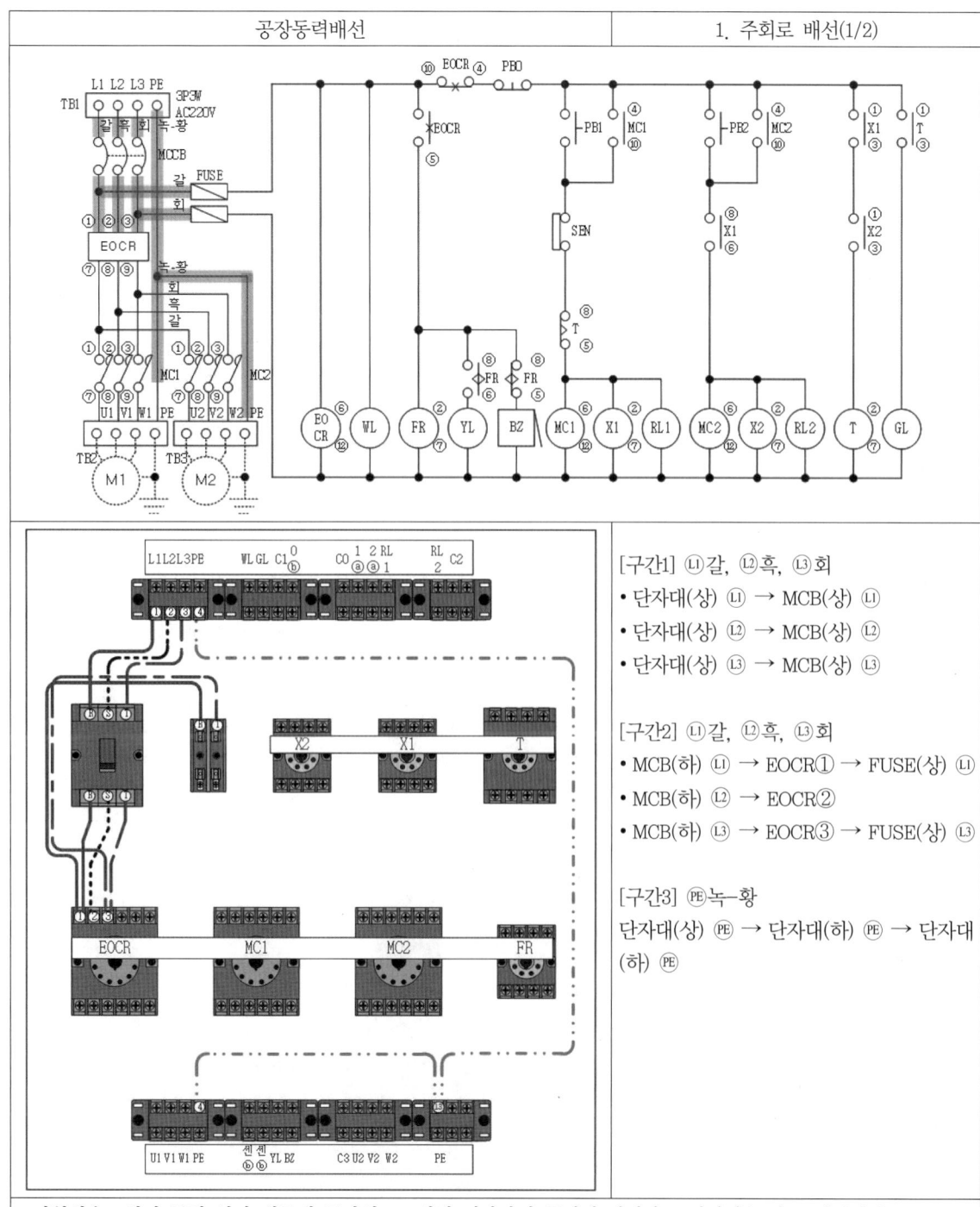

[구간1] ⒧갈, ⒭흑, ⒧회
- 단자대(상) ⒧ → MCB(상) ⒧
- 단자대(상) ⒭ → MCB(상) ⒭
- 단자대(상) ⒧ → MCB(상) ⒧

[구간2] ⒧갈, ⒭흑, ⒧회
- MCB(하) ⒧ → EOCR① → FUSE(상) ⒧
- MCB(하) ⒭ → EOCR②
- MCB(하) ⒧ → EOCR③ → FUSE(상) ⒧

[구간3] ㉯녹-황

단자대(상) ㉯ → 단자대(하) ㉯ → 단자대(하) ㉯

- 전원선은 4선이 뭉쳐 있기 때문에 구간별로 3선씩 절단하여 동시에 결선하고 접지선은 따로 결선한다.
- 퓨즈홀더 결선은 고리를 만들고 전원선과 함께 EOCR에 연결한다.

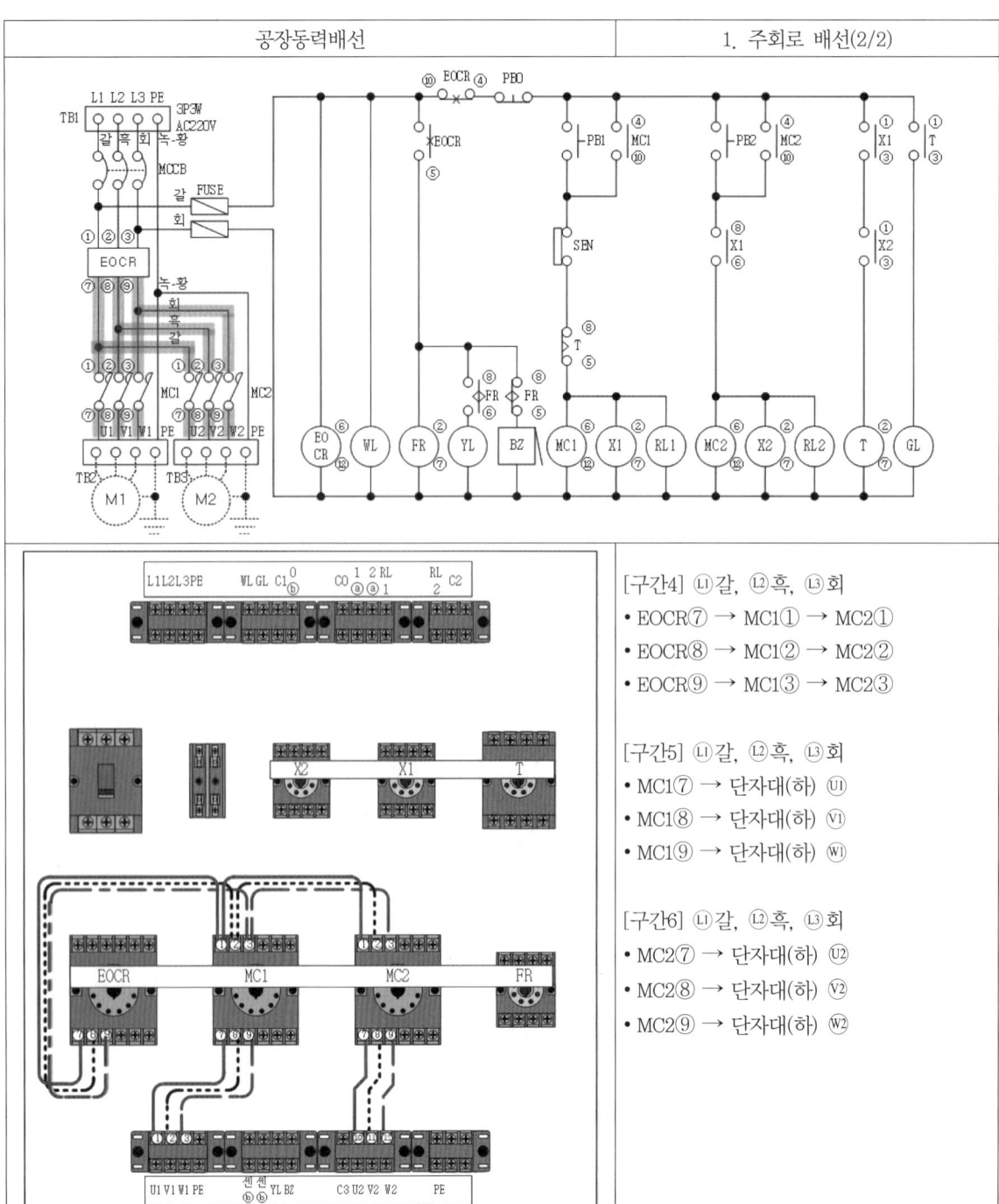

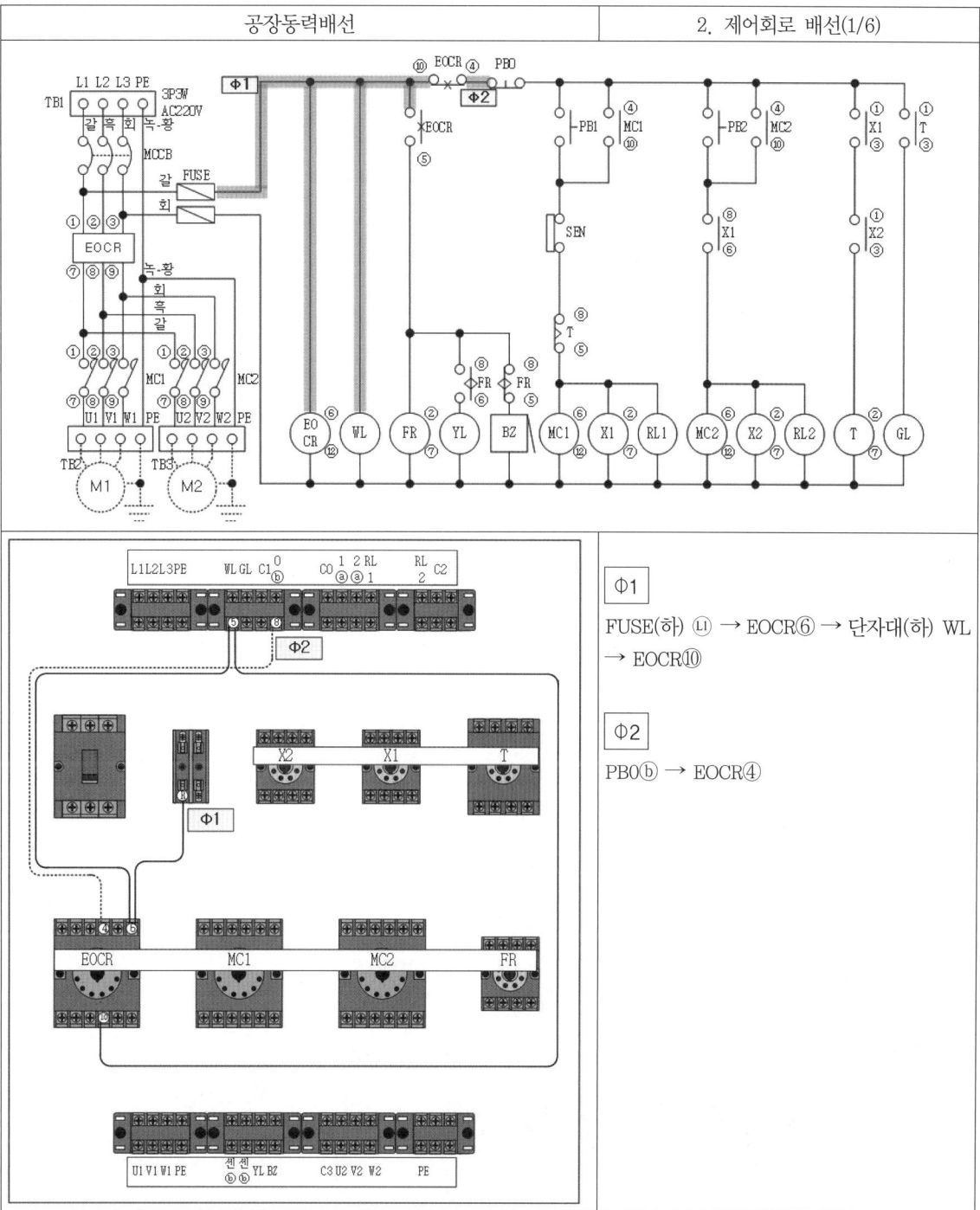

Φ1

FUSE(하) ⓛ → EOCR⑥ → 단자대(하) WL → EOCR⑩

Φ2

PB0ⓑ → EOCR④

- 퓨즈홀더가 있는 경우 고리를 만들어 연결하고 출발점으로 잡고 위에서 아래로 진행한다.
- 제어선은 처음 연결 – 배선(굽히기 – 수평 – 수직) – 절단 – 전선 뭉치 끝에 달린 전선 피복 벗기기 – 연결된 전선 반대쪽 피복 벗기기 – 2선 결선 – [작업 반복] – 마지막 1선 결선

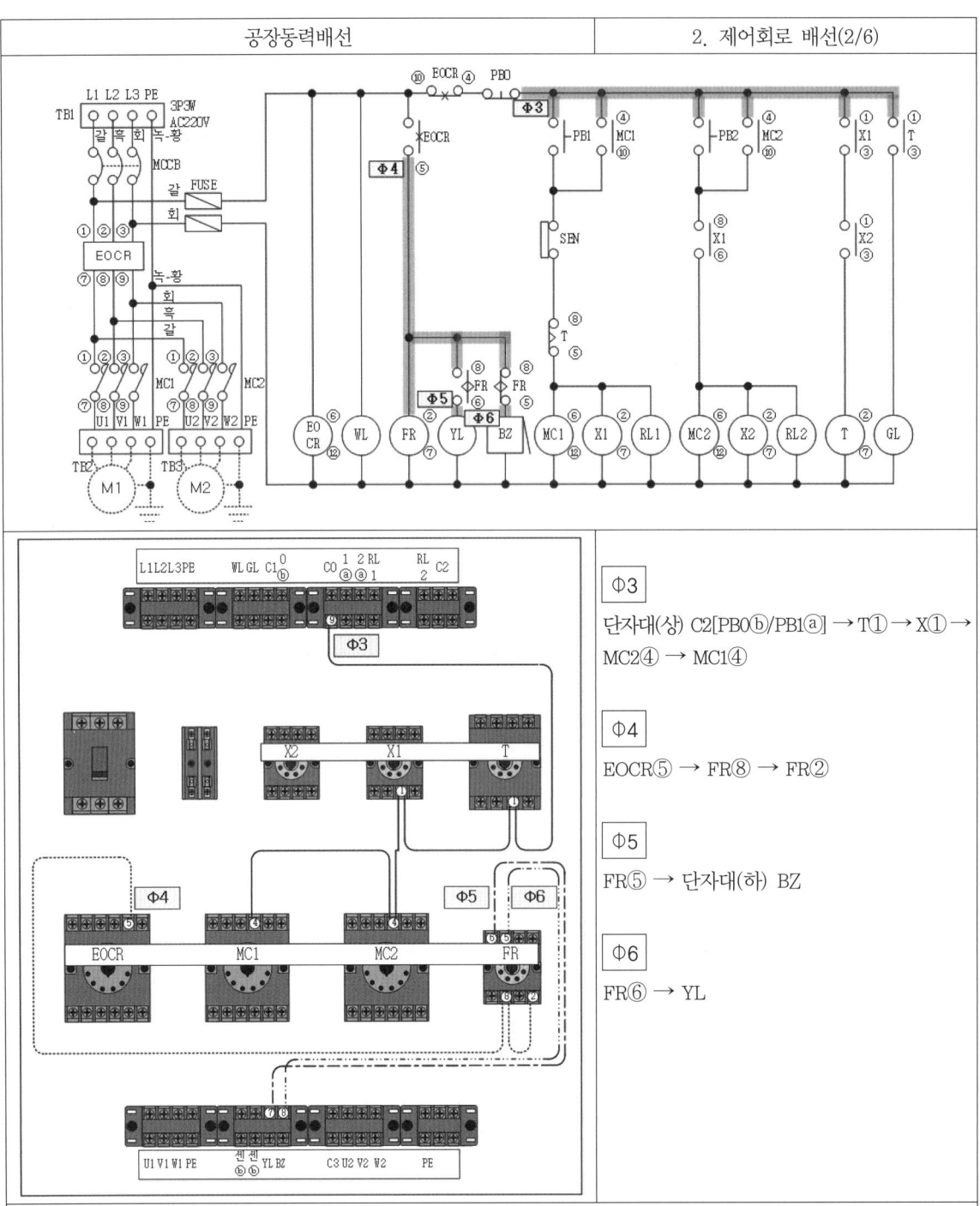

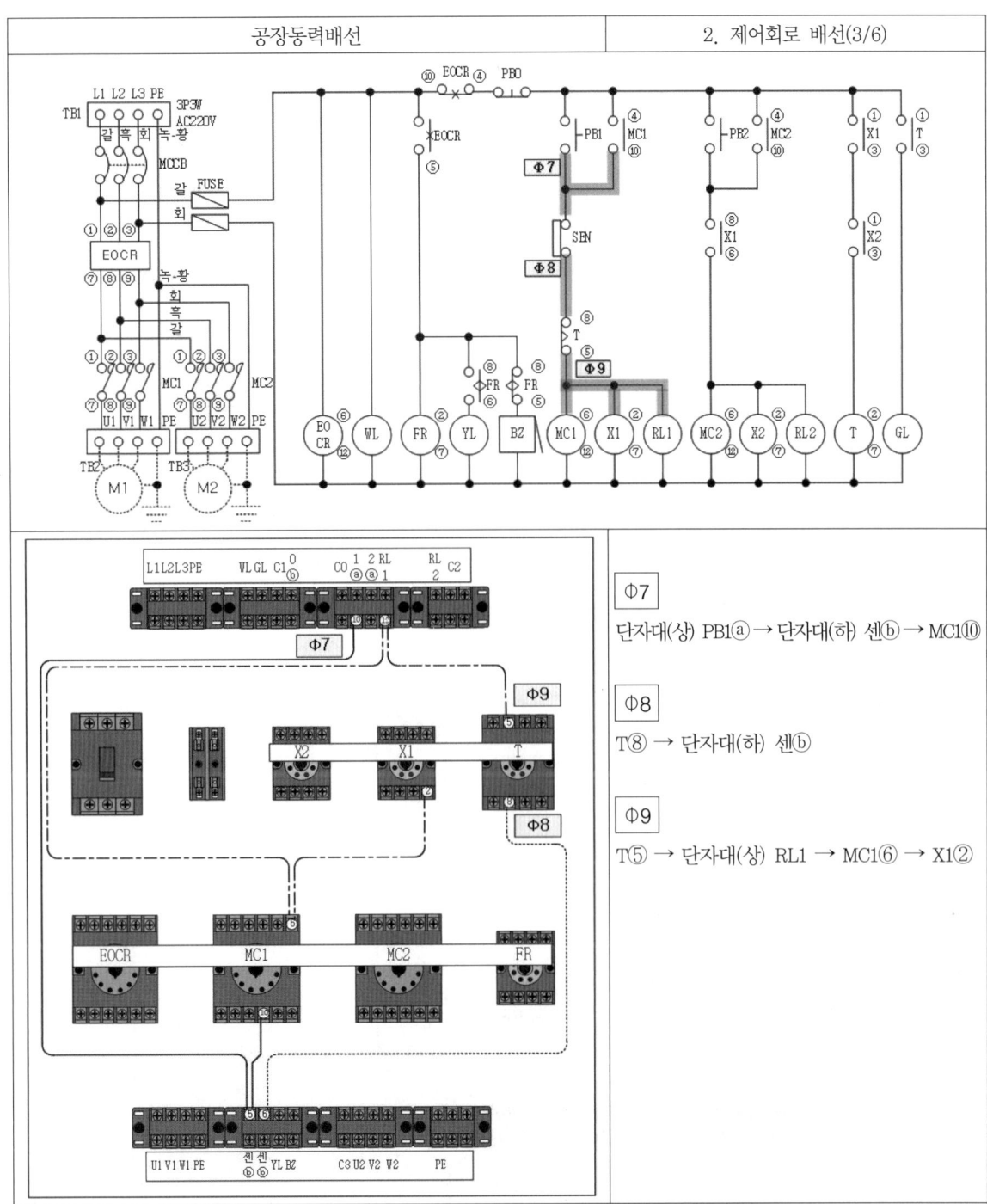

Φ7

단자대(상) PB1ⓐ → 단자대(하) 센ⓑ → MC1⑩

Φ8

T⑧ → 단자대(하) 센ⓑ

Φ9

T⑤ → 단자대(상) RL1 → MC1⑥ → X1②

- 결선 순서는 위에서 아래로 진행한다.
- 제어선은 처음 연결 – 배선(굽히기 – 수평 – 수직) – 절단 – 전선 뭉치 끝에 달린 전선 피복 벗기기 – 연결된 전선 반대쪽 피복 벗기기 – 2선 결선 – [작업 반복] – 마지막 1선 결선

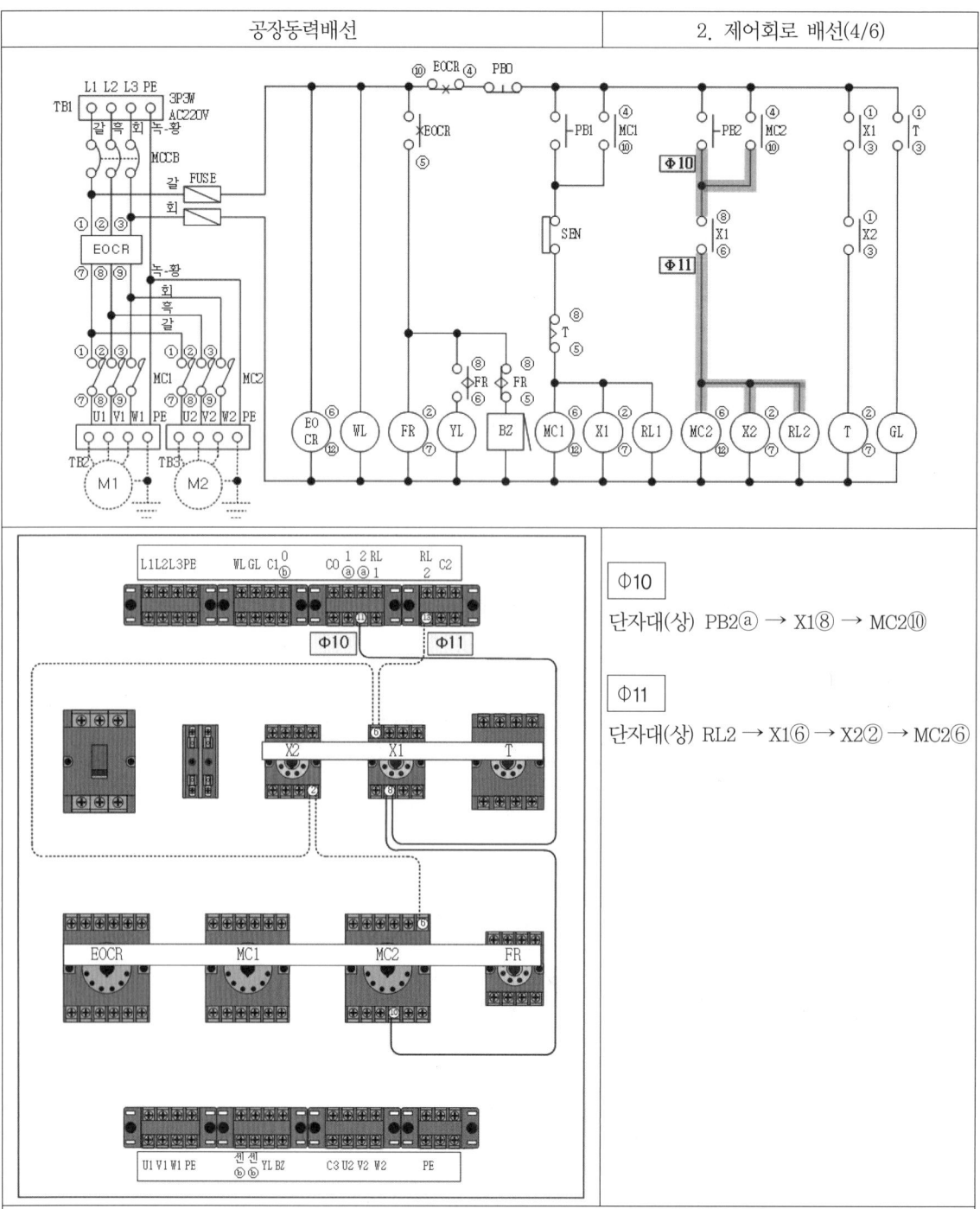

Φ10

단자대(상) PB2ⓐ → X1⑧ → MC2⑩

Φ11

단자대(상) RL2 → X1⑥ → X2② → MC2⑥

- 결선 순서는 위에서 아래로 진행한다.
- 제어선은 처음 연결 – 배선(굽히기 – 수평 – 수직) – 절단 – 전선 뭉치 끝에 달린 전선 피복 벗기기 – 연결된 전선 반대쪽 피복 벗기기 – 2선 결선 – [작업 반복] – 마지막 1선 결선

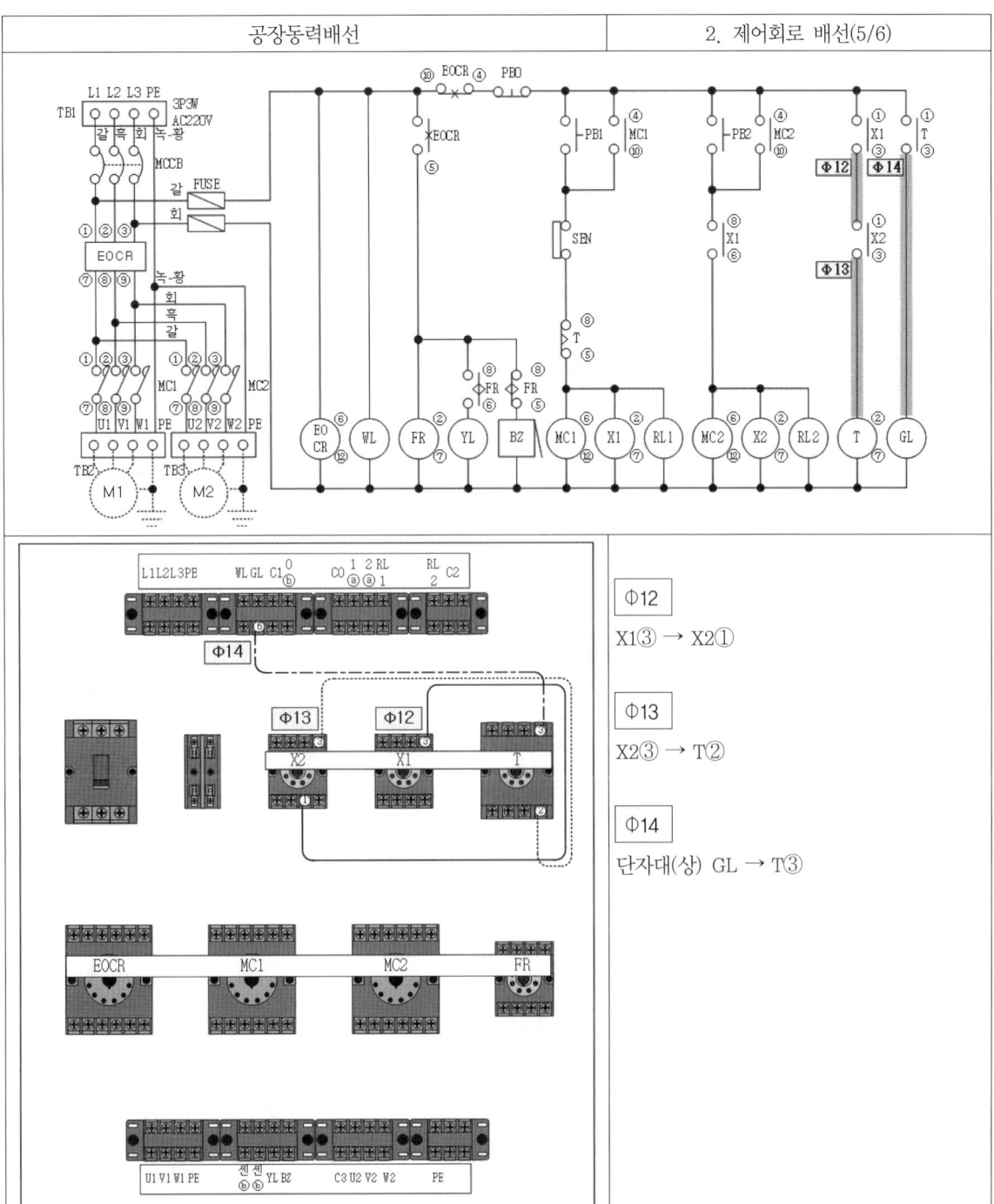

Φ12

X1③ → X2①

Φ13

X2③ → T②

Φ14

단자대(상) GL → T③

- 결선 순서는 위에서 아래로 진행한다.
- 제어선은 처음 연결 – 배선(굽히기 – 수평 – 수직) – 절단 – 전선 뭉치 끝에 달린 전선 피복 벗기기 – 연결된 전선 반대쪽 피복 벗기기 – 2선 결선 – [작업 반복] – 마지막 1선 결선

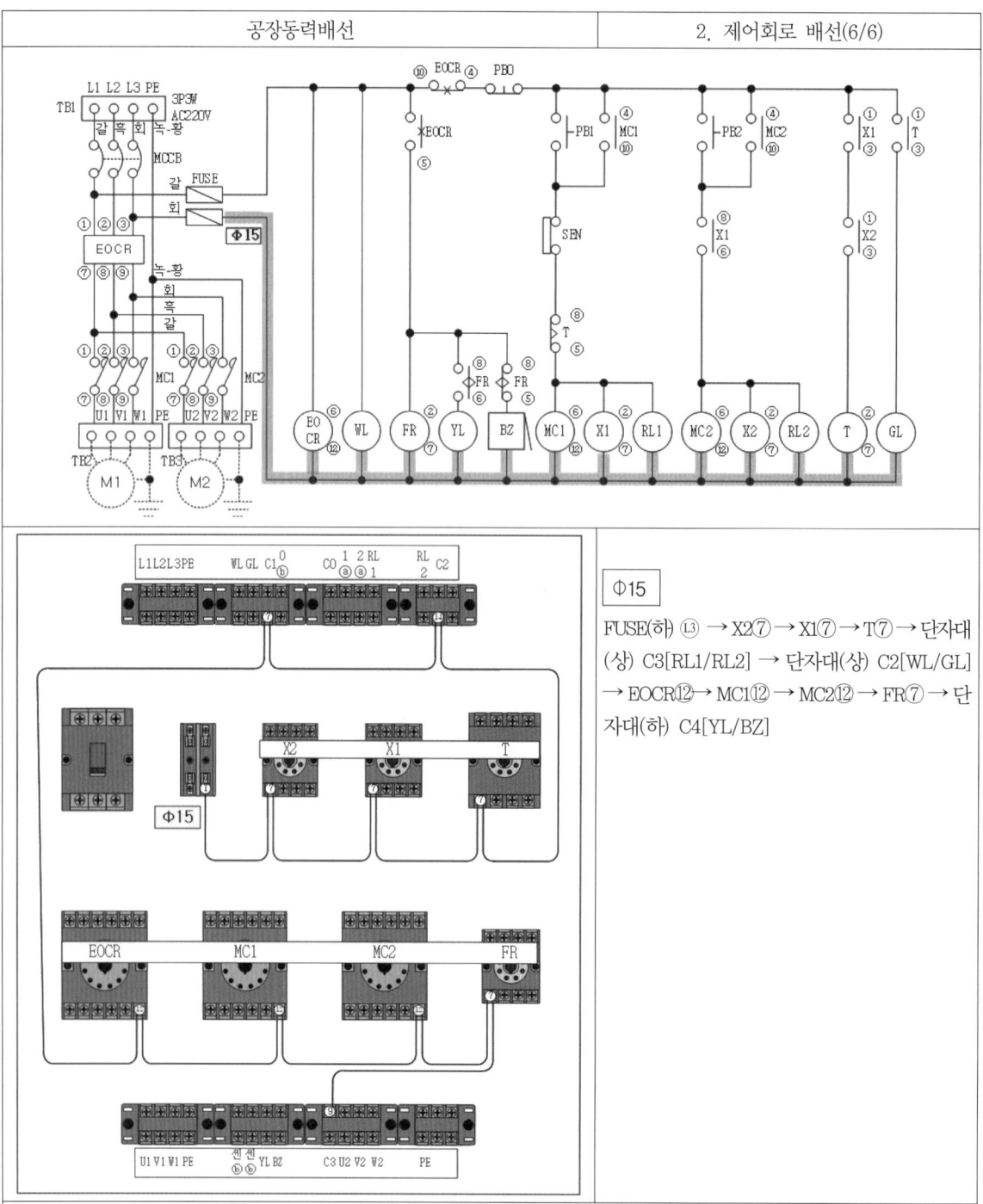

Φ15

FUSE(하) ⑬ → X2⑦ → X1⑦ → T⑦ → 단자대(상) C3[RL1/RL2] → 단자대(상) C2[WL/GL] → EOCR⑫ → MC1⑫ → MC2⑫ → FR⑦ → 단자대(하) C4[YL/BZ]

L3상에서 퓨즈홀더가 있는 경우 고리를 만들어 연결하고 출발점으로 잡고 가장 가까운 각종 릴레이 전원(큰 번호)을 연결하며 위 단자대로 이동 후 부하나 부하 공통을 연결하고 아래로 진행한다(도면 없이 결선 가능).

㈔ 동작 검사
　㉠ 눈으로 확인

구 분	EOCR(12)	MC(12)	FR(8)
결 선	(감지기/전원 결선도)	(주접점/전원 결선도)	(ⓐⓑ/전원ⓒ 결선도)
정 상	⑪ 제외, 나머지 결선	• 주접점과 전원 필수 • 보조접점(ⓐ, ⓑ) 미사용 무관 • 위와 아래가 같을 것	• 전원 필수 • 보조접점 　– ①, ③, ④ 미사용 : 불변 　– 단독접점/혼합접점
불 량	⑪ 제외하고 빠진 경우	• 보조접점 위 혹은 아래만 2선 • 위와 아래가 다른 것 • 대각선 존재	• ①, ③, ④ 사용 • ⑧, ⑤, ⑥에서 1개만 사용 • ⑤, ⑥만 사용

구 분	X(8)	T(8)
결 선	(ⓐⓑⓐ/전원ⓒⓒ전원 결선도)	(한시ⓐⓑⓑⓐ순시/전원ⓒⓒ전원 결선도)
정 상	• 전원 필수 • 보조접점 　– 단독접점/혼합접점	• 전원 필수 • 보조접점 　– 단독접점/혼합접점
불 량	• 보조접점 미사용 • 위(ⓐ, ⓑ)만 2선 사용 • 공통ⓒ가 없는 경우/공통ⓒ만 있는 경우	• 보조접점 미사용 • 위(ⓐ, ⓑ)만 2개만 사용 • 공통ⓒ가 없는 경우/공통ⓒ만 있는 경우

ⓛ 벨테스터 : 단자1을 기준에 놓고 단자2를 바꾸어 가며 점검한다.

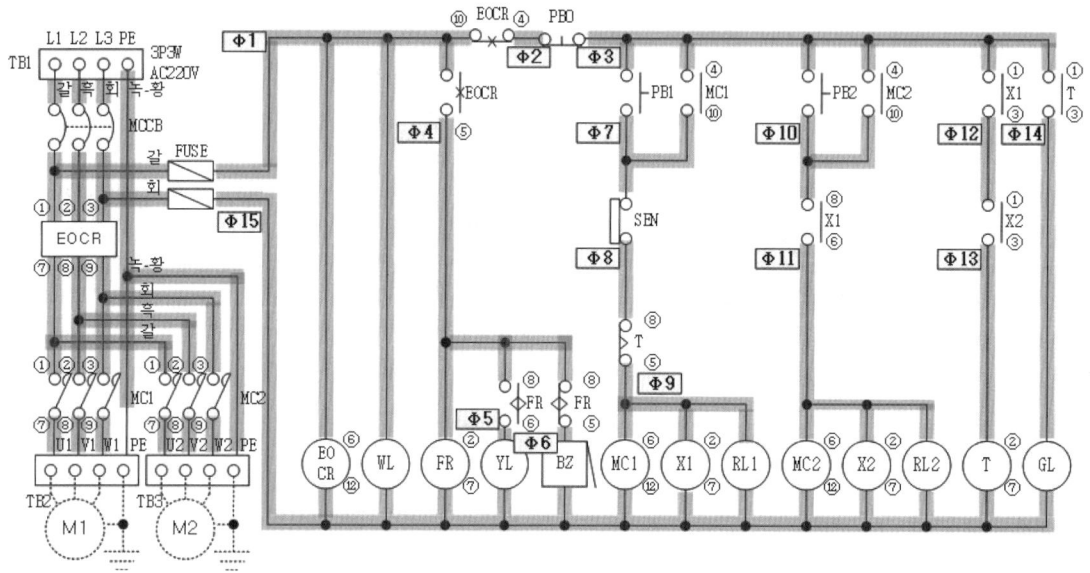

[주회로] MCCB ON 상태

| 작 업 | 동작회로도 맨 앞에 단자1을 대고 단자2를 차례로 바꾸어 가며 순서대로 벨테스터기를 댄다. | | | | | |

구 간	단자1	단자2	단자1	단자2	단자1	단자2
L1상	TB1Ⓛ①	EOCR①-FUSE(상) Ⓛ①	EOCR⑦	MC1①-MC2①	MC1⑦ MC2⑦	TB2Ⓤ① TB3Ⓤ②
L2상	TB1Ⓛ②	EOCR②	EOCR⑧	MC1②-MC2②	MC1⑧ MC2⑧	TB2Ⓥ① TB3Ⓥ②
L3상	TB1Ⓛ③	EOCR③-FUSE(상) Ⓛ③	EOCR⑨	MC1③-MC2③	MC1⑨ MC2⑨	TB2Ⓦ① TB3Ⓦ②
PE	TB1ⓅⒺ	TB2ⓅⒺ-TB3ⓅⒺ				

[제어회로]

구 간	단자1(기준)	단자2	구 간	단자1(기준)	단자2
φ1	FUSE(하) Ⓛ①	EOCR⑥-EOCR⑩-WL	φ2	EOCR④	PB0
φ3	PB0/PB1/PB2	MC1④-MC2④-X1①-T①	φ4	EOCR⑤	FR②-FR⑧
φ5	FR⑥	YL	φ6	FR⑤	BZ
φ7	PB1	MC1⑩-SENSOR	φ8	SENSOR	T⑧
φ9	T⑤	MC1⑥-X1②-RL1	φ10	PB2	MC2⑩-X1⑧
φ11	X1⑥	MC2⑥-X2②-RL2	φ12	X1③	X2①
φ13	X2③	T②	φ14	T③	GL
φ15	FUSE(하) Ⓛ③	EOCR⑫-WL/GL-FR⑦-YL/BZ-MC1⑫-X1⑦-RL1/RL2-MC2⑫-X2⑦-T⑦, 결선 순서대로 점검하면 더 간단하다.			

㉙ 케이블 타이 묶어 전선 정리

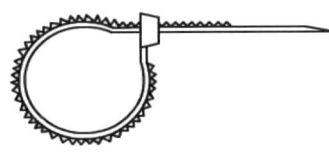
- 전선을 정리한 후 묶어 전선의 흐트러짐이나 늘어짐을 방지한다.
- 주로 100mm를 사용하고 검은색과 흰색을 많이 사용한다.
- 주름이 있는 부분이 바깥쪽으로 위치하게 하고 구멍에 넣은 후 당기면 소리를 내고 조이게 된다.

- 묶음 매듭 머리는 한 면에 일렬로 배열하고 일정한 간격(약 100mm)으로 묶어 준다.

정 상	불 량
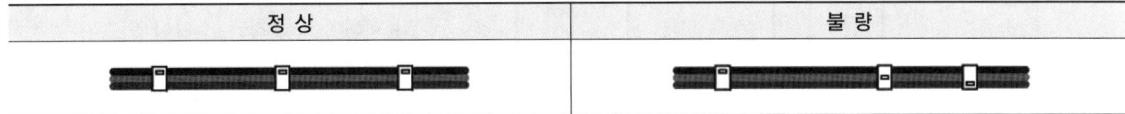	

- 직각으로 구부러진 경우 양쪽의 길이가 같도록 하고 가지 배선과 모둠 배선은 늘어지지 않게 적절한 곳에 묶어 준다.

정 상	불 량	가지 배선	모둠 배선
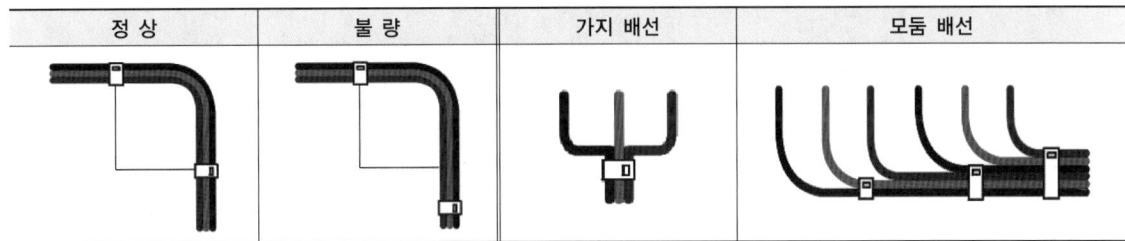			

(5) 배관 작업

㉮ 제어판 붙이기

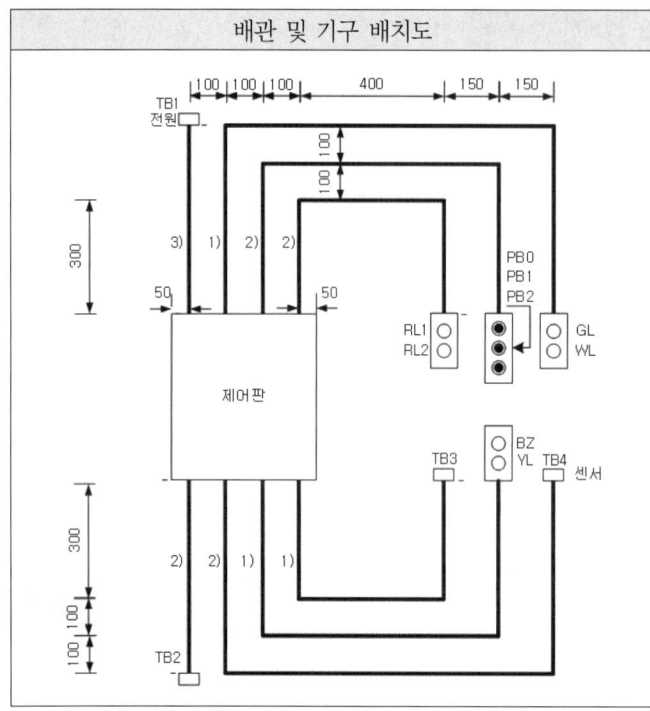

- 배관 작업이 작업판을 벗어나지 않도록 편한 위치에 고정시킨다.

- 제어판 고정 나사가 너무 길어 고정이 쉽지 않으므로 미리 바닥에서 짧은 나사로 먼저 구멍을 만든 후 고정한다.

- 제어판이 수직과 수평이 되도록 고정한다.

㉯ 제어판 수평·수직선 그리기

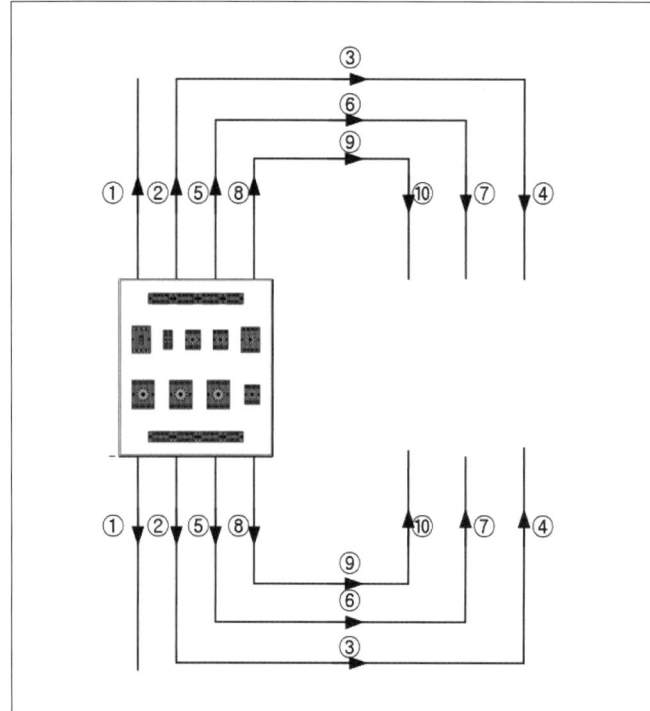

[선긋기 순서]
- 제어판 위쪽

① (아래 → 위)
② (아래 → 위) - ③ (왼쪽 → 오른쪽) -
④ (위 → 아래)
⑤ (아래 → 위) - ⑥ (왼쪽 → 오른쪽) -
⑦ (위 → 아래)
⑧ (아래 → 위) - ⑨ (왼쪽 → 오른쪽) -
⑩ (위 → 아래)

- 제어판 아래쪽

① (위 → 아래)
② (위 → 아래) - ③ (왼쪽 → 오른쪽) -
④ (아래 → 위)
⑤ (위 → 아래) - ⑥ (왼쪽 → 오른쪽) -
⑦ (아래 → 위)
⑧ (위 → 아래) - ⑨ (왼쪽 → 오른쪽) -
⑩ (아래 → 위)

㉰ 외부 기구 위치 및 이름 표시, 새들점 표시

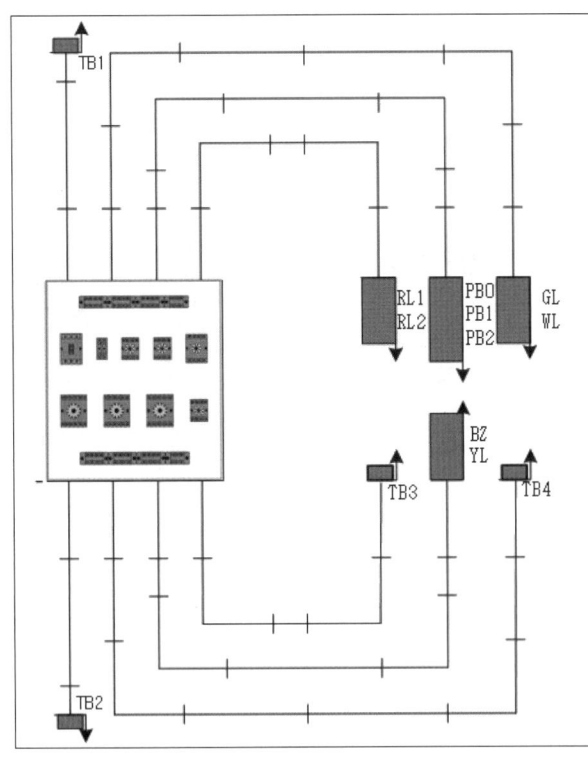

- 외부 기구 배치 위치와 방향은 다음과 같이 한다.

화살표	전선관과 수직선
기구 부착 방향	기구 배치 기준

- 분리된 컨트롤박스 몸체, 단자대를 수직 및 수평에 맞추어 작업판에 고정한다.
- 새들 위치 표시 : 컨트롤박스 커버(2구)를 활용한다.

맞추기	표 시

㉱ 전선관 단말처리

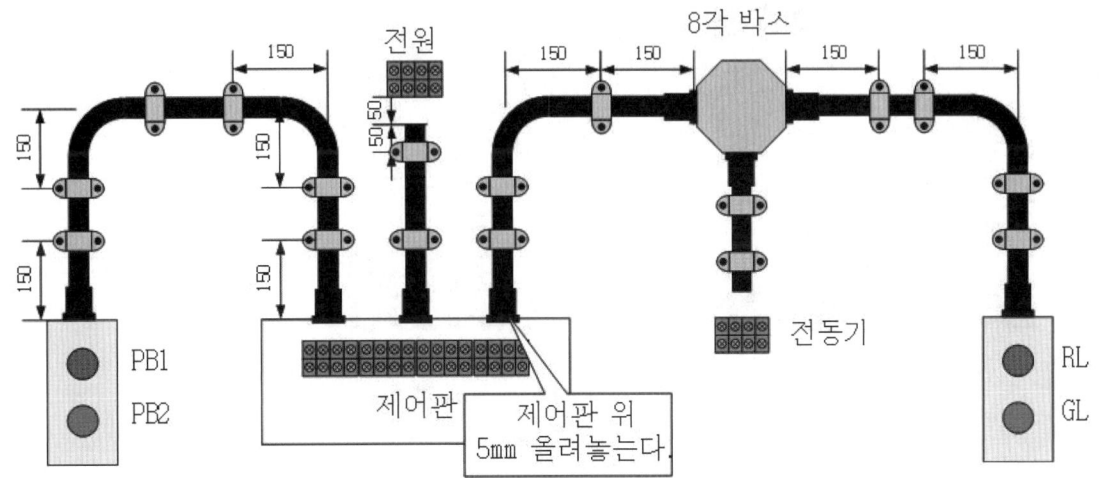

기 구	• 전선관 끝 – 리셉터클, 단자대, 버저 • 리셉터클 – 리셉터클	간 격	30mm 20mm
새 들	• 단자대나 리셉터클이 있는 전선관 끝 • 제어판, 컨트롤박스, 4각 및 8각 박스, 스위치 박스 • 직각 배관 : 중앙에서 양측으로 같은 거리	위 치	50mm 150mm 150mm
	새들 간격과 개수 : 300mm 이하 – 1개, 450~600mm – 2개		

㉮ 전선관 커넥터 컨트롤박스 몸체에 고정하기

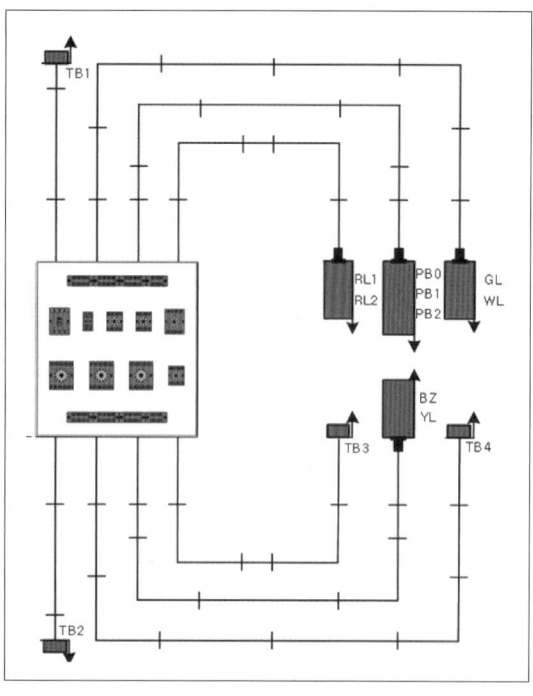

- 분리된 컨트롤박스 몸체, 단자대를 수평 및 수직을 맞추어 고정한다.
- 컨트롤박스 구멍에 전선관 커넥터를 조립 후 끼워 놓는다.

손가락 받침	손가락 끝 돌림	손가락 전체로 고정

- CD 커넥터는 3단으로 구성, 전선관을 꽂는 부분은 분리하지 않는다.
- 리셉터클은 공통선 작업과 결선 후 전선관에 전선을 먼저 넣고 고정한다.

㉯ 전선관 길이 측정 및 절단

  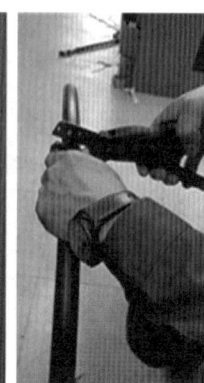

㉠ 작업판 제도된 전선관 길이를 스프링을 이용해 측정한다(1m + 나머지).
㉡ 스프링을 전선관 옆에 대고 측정한 길이만큼 잰다.
㉢ 전선관 커터의 날이 위로 오도록 하고 손잡이를 돌리며 절단한다.

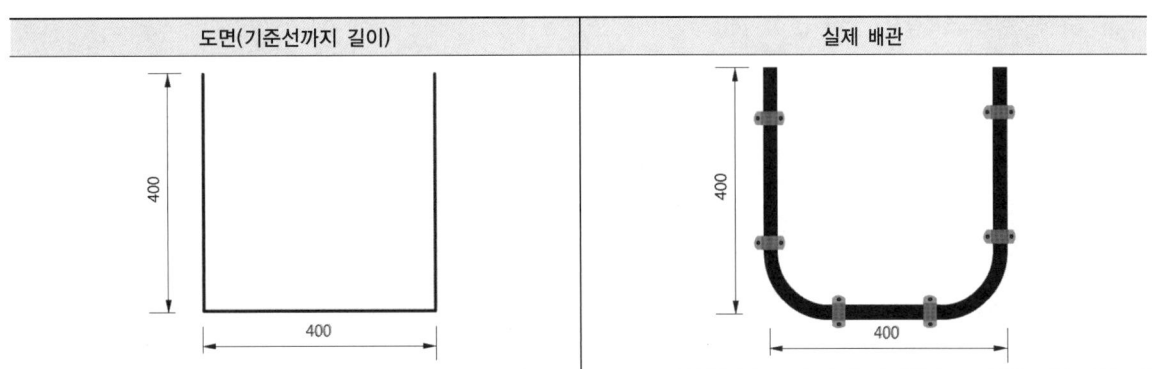

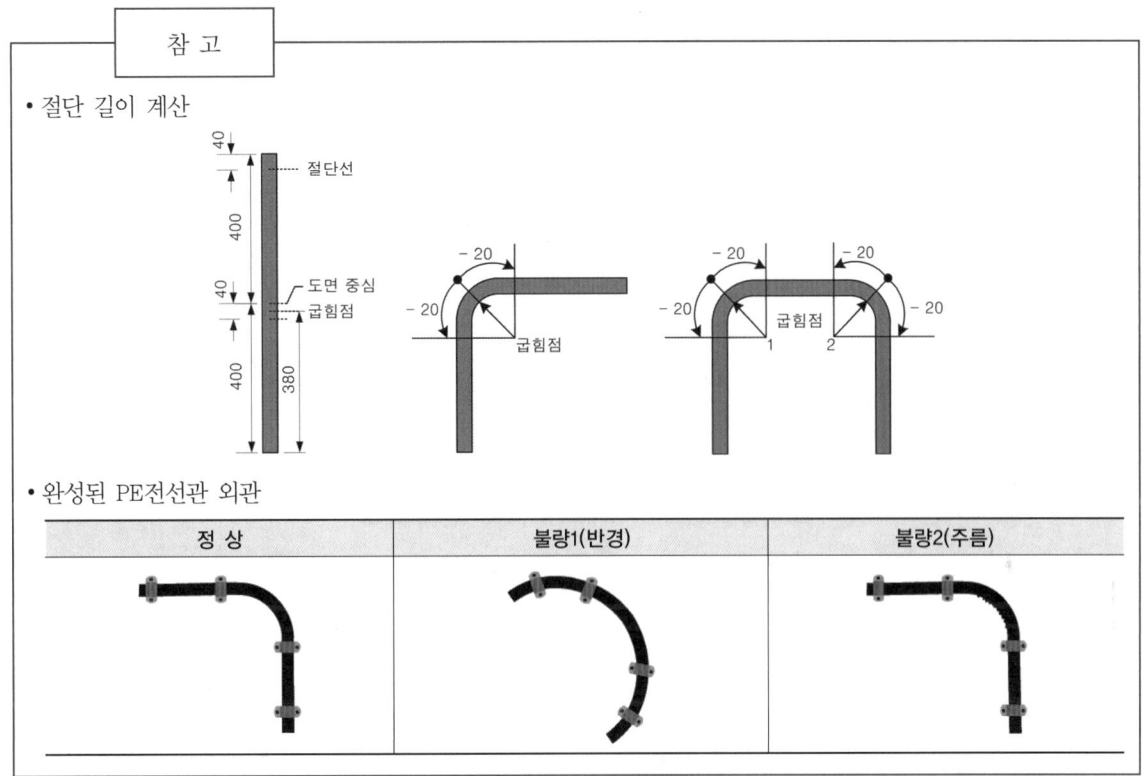

㉼ 전선관 굽히기
  ㉠ 전선관 굽히는 요령

처음 상태	일직선 만든 상태	ㄱ자 상태
전선을 펴지 않고 지급 받은 상태로 잘라 붙이지 않는다.	정확한 치수대로 자르기 위해 스프링을 넣어 일직선을 먼저 만든다.	일직선 상태에서 전선관에 스프링을 넣고 처음 구부려진 반대에 힘을 가해 ㄱ자 모양을 만든다.

ⓒ 전선관 작업(측정, 굽히기, 붙이기)

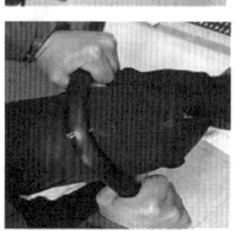

- 커넥터와 굽힘점에서 각각 20mm씩 줄여 표시한다.
- 굴곡 부분의 주름을 방지하기 위해 스프링을 넣는다.
- 표시선을 무릎 중앙에 대고 전선관을 양손으로 힘껏 밀어준다.
- 굽힌 전선관을 커넥터에 꽂아 고정시킨다.

- 전선관을 수평에 맞추고 수직이 되도록 한 변에 새들 2개로 고정한다.
- 전선관 반대로 스프링을 넣고 왼손(오른손)은 전선관을 지지하고 오른손(왼손)으로 당겨 전선관을 굽히고 왼손의 위치를 바꾸어 가며 완전히 젖힌다.

ⓒ 전선관 작업(붙이기)

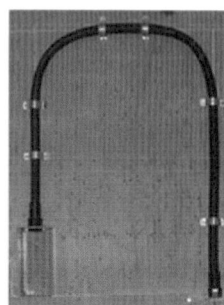

- 단자대일 때 절단만 하고 컨트롤박스일 때 커넥터를 끼워 놓는다.
- 2개의 새들로 전선관을 튼튼하게 고정한다.

㉮ 전선관 배치 변형 : 전기기능사에서 바꾸어 출제가 되는 경우가 있다.

배관 등가	
8각 박스	일 반
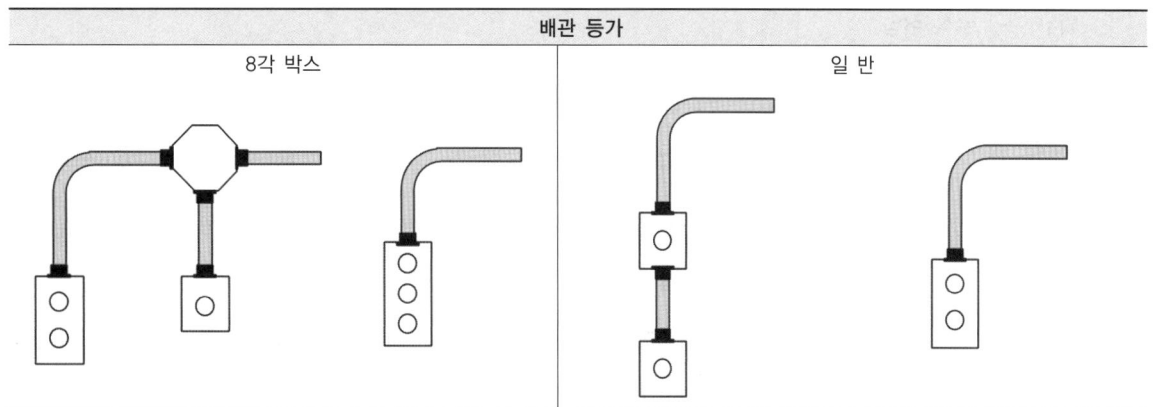	

㉠ 전선관 작업 순서 및 요령
- 컨트롤박스 몸체 및 단자대 등 외부 기구를 표시된 지점에 고정한다.
- 전선관 길이를 측정하고, 구부린 전선관은 길이에 맞게 절단하고 전선관 커넥터에 끼운다.
  - 커넥터가 없는 경우 순서 무관
- 수평 및 수평에 맞게 전선관 1변에 새들 2개 이상으로 고정한다.
- 전선관 반대편에 커넥터가 필요한 경우 끼운 다음 새들로 고정한다.

커넥터 필요	커넥터 불필요
커넥터 컨트롤박스 제어판 단자대	외부 단자대

㉡ (−)PE전선관 : 커넥터 사이에 연결

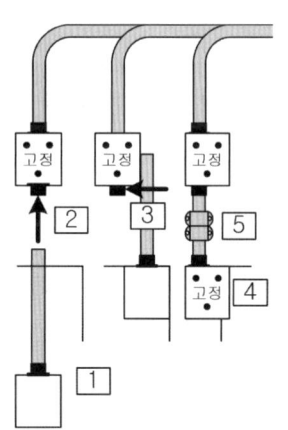

① 커넥터에 전선관을 끼운다.
② 연결할 지점까지 이동한다.
③ 치수에 맞게 전선관을 절단한 후 끼워 위치를 맞춘다.
④ 컨트롤박스를 고정한다.
⑤ 전선관을 새들로 고정한다.

※ CD전선관은 박스를 미리 고정한 후 작업해도 된다.

㉯ 케이블 작업(최근에 계속 출제)
- 케이블은 2중 절연이 되어 있어 파이프 커터로 심선이 손상되지 않도록 표면에만 자국을 낸다.
- 양손으로 케이블을 잡은 후 180°로 접으면 절단이 되는데, 돌려가며 완전히 분리시킨 후 절연지를 비비 꼬아 스트리퍼로 끝부분을 잘라 준다.
- 케이블은 연선이므로 스트리퍼의 정확한 구멍에 넣고 심선이 벌려지지 않도록 피복을 벗긴다.
- 단자대의 누름판에 맞게 구부려 배열하고 전선을 전부 넣은 후 고정 작업을 한다.

(6) 입 선

㉮ 외부 기구 부착 작업

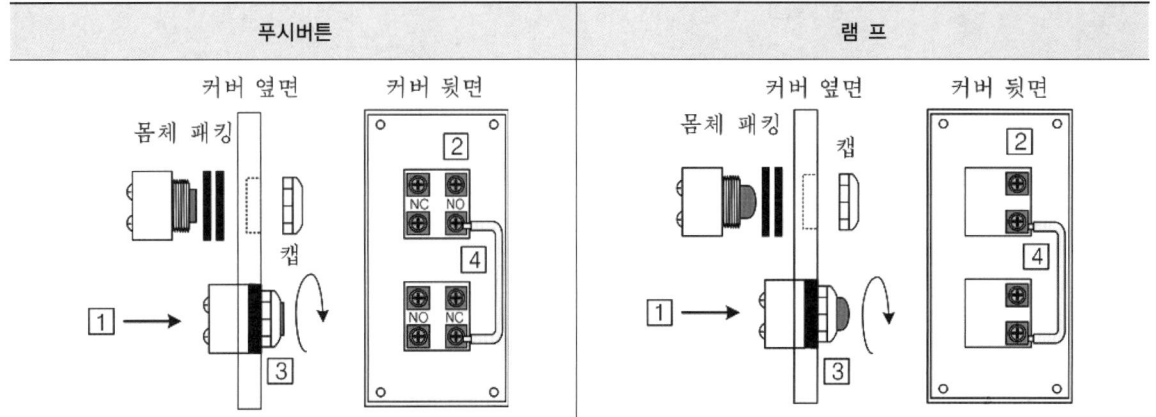

① 결선할 단자를 오른쪽으로 배치하고 패킹(1 ~ 2개)을 넣은 후 컨트롤박스 커버의 구멍에 부품의 몸체를 밀어 넣는다.
② 오른쪽에 결선한 나사를 배치한다.
③ 컨트롤박스 커버에 부품의 몸체에 캡을 시계방향으로 돌려 고정한다.
④ 공통선을 연결한다.
※ 컨트롤박스 커버에 푸시버튼, 셀렉터 스위치, 파일럿 램프, 버저 등을 붙인다.

㉯ 컨트롤박스 셀렉터 스위치 배치

가 로	세 로	주의사항
		가로나 세로를 배치할 때 레버는 항상 11시에서 1시 방향에서 움직일 수 있도록 배치한다.

㉰ 입선 작업

㉠ 스프링(1회 후 나머지 치수부터 사용)으로 전선관을 따라 길이를 잰 후 제어함 단자대의 사용 개수만큼 접은 후 제어판 쪽에는 150mm 여유, 반대쪽은 아래표와 같이 절단한다.

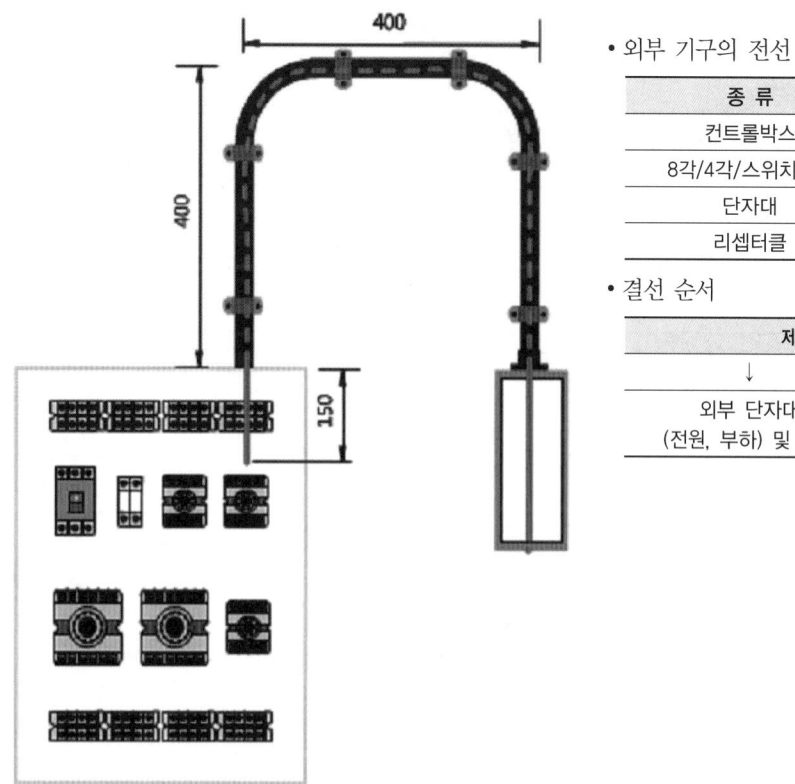

- 외부 기구의 전선 길이

종 류	전선 길이
컨트롤박스	200~300mm
8각/4각/스위치박스	150mm
단자대	100mm
리셉터클	120mm

- 결선 순서

제어판 단자대	
↓	↑
외부 단자대 (전원, 부하) 및 기구	리셉터클

※ 전기기능사 실기 시험에서는 위에서 제시한 길이를 정확하게 할 필요는 없고 여유가 있게끔 작업을 진행하면 된다.

방법 1	• 전선 끝을 일치시킨 다음 절연테이프나 종이테이프로 앞부분을 단단하게 감는다. • CD전선관은 굴곡 부분이나 커넥터 부분에 걸리기 쉽기 때문에 주의한다. - 걸리게 되면 뒤로 조금 뺀 다음 빠른 속도로 밀어 넣는다. • 입선이 끝나면 테이프가 붙은 부분은 스트리퍼를 사용하여 절단한다.
방법 2	• 전선 끝을 일치시키고 인출선과 100mm 정도 겹치게 한 다음 절연테이프나 종이테이프로 앞부분을 5회 정도 단단하게 감는다. • 전선 끝에서 70mm 정도에 테이프를 5회 정도 감는다. • 인출선을 180° 꺾은 다음 접힌 부분을 테이프로 5회 정도 감는다. • 삽입할 전선의 끝부분을 180° 접은 다음 전선관과 평행하게 한손은 당기고 다른 손은 밀면 된다. • 입선이 끝나면 테이프를 붙인 부분은 스트리퍼를 사용하여 절단한다.

㉡ 1개 전선관에 넣을 수 있는 최대 전선수는 10개이며, 접속한 전선을 전선관 안에 넣지 않는다.

㉣ 아웃렛 박스 내 작업
　㉠ 전선 통과 : 전선에 적당한 여유를 준다.

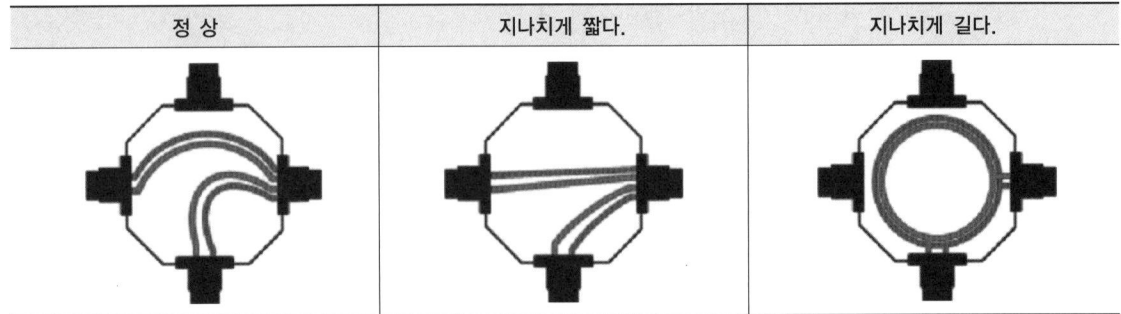

　㉡ 전선 접속 : 빗물이 들어가는 것 방지하기 위해서 머리가 위로 가게 한다.

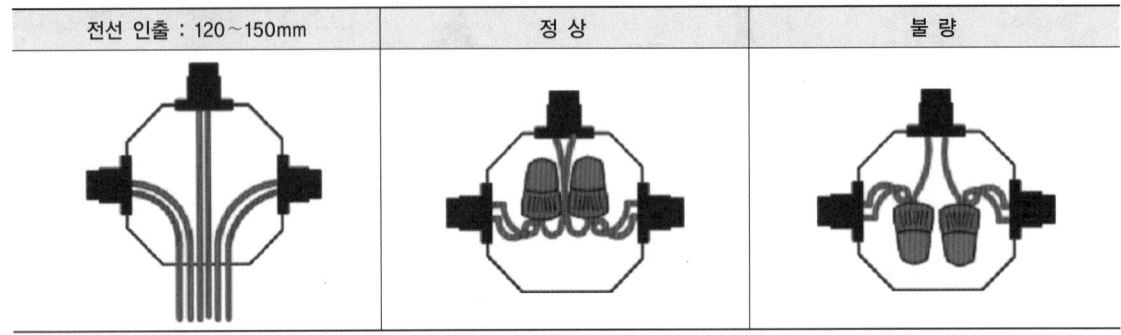

　㉢ 박스 내 전선의 연결(세 줄인 경우의 단선의 종단접속)
　　• 박스에서 접속하려는 전선 세 가닥을 끌어내어 약 50mm의 길이로 피복을 벗긴다.
　　• 3선을 모아 쥐고 심선을 비틀어 쥐꼬리접속한다.
　　• 커넥터(R형 적색 커넥터)를 돌려 끼워 움직이지 않을 때까지 단단히 조여 주고 피복은 커넥터 가운데까지 넣도록 한다.

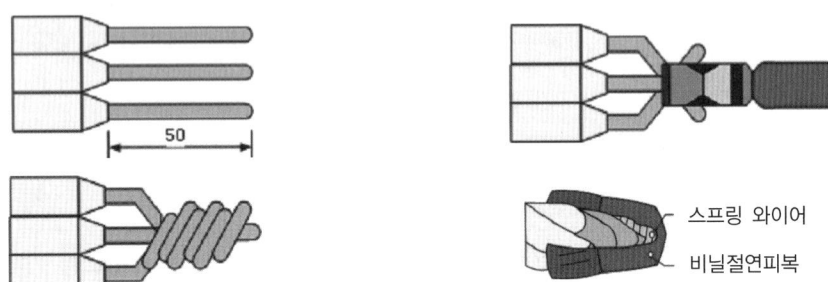

(7) 결 선

㉮ 제어판 단자대

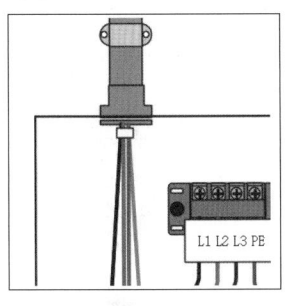

- 전선을 150mm 정도 여유를 남기고 전선관 쪽 전선을 타이로 묶는다.

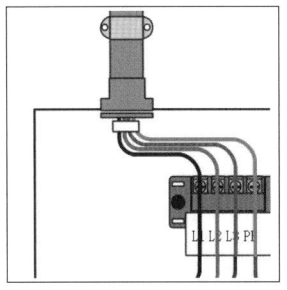

- 전선을 손가락을 이용해 굽혀 결합 나사로 전선을 배치한다.

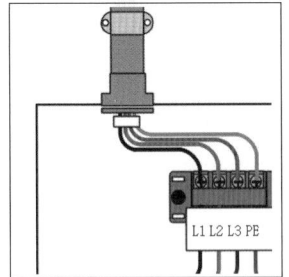

- 결합 나사의 1/2 높이에서 절단한다.

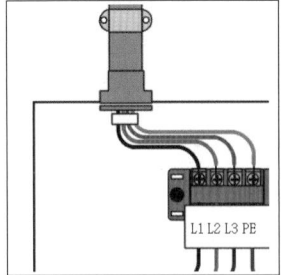

- 전선 피복은 벗기기 쉽게 전선을 비틀어 벗긴 후 결선한다.

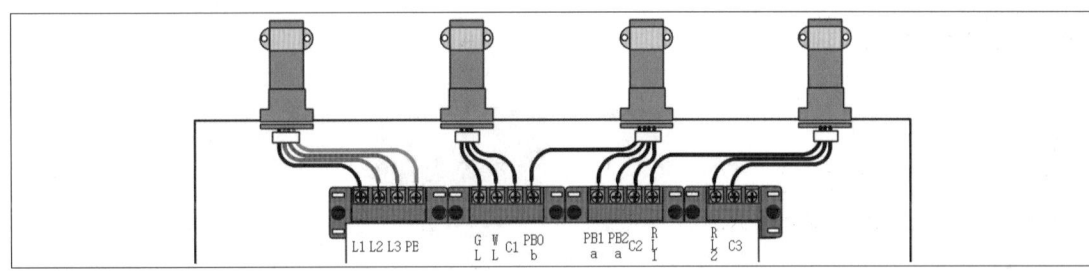

※ 주의 : 제어회로(임의), 전원선(도면 색깔)

㉯ 외부 기구 결선 : 미리 컨트롤박스에 기구가 부착되어 있어야 한다.

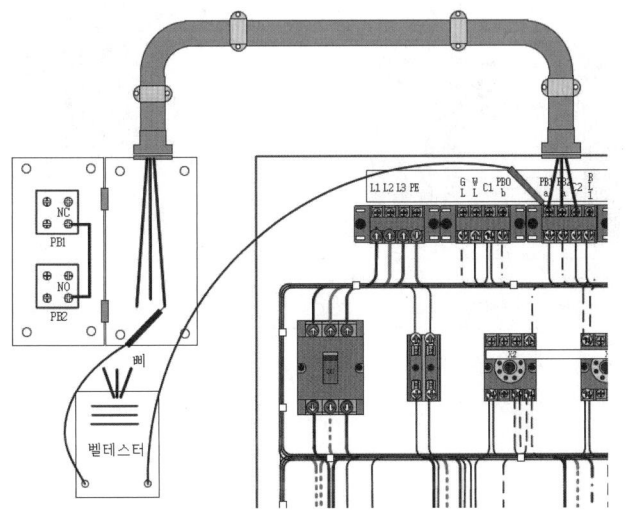

- 외부 기구 결선을 전선의 피복을 벗긴다.
- 전원선은 제어판 단자대 연결된 색깔을 찾아 결선한다.
- 제어판 단자대에 벨테스터기의 한쪽을 대면 반대편 전선에 대어 "삐~"소리가 나는 전선을 찾아 해당되는 기구의 위치에 결선한다.

㉰ 컨트롤박스 내 결선

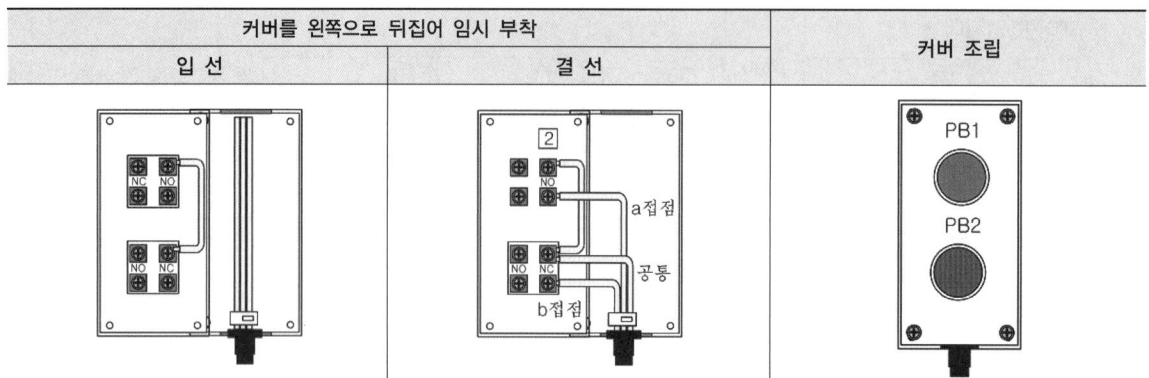

- 케이블 타이로 전선관에서 나온 200mm 정도의 전선을 묶어 준다.
- 컨트롤박스 커버를 뒤집어 고정 나사 2개나 스프링 클립으로 고정한다.
- 왼손으로 컨트롤박스 커버를 받쳐 잡고 결선 작업을 하면 편리하다.
- 결선 후 조립할 때 전선이 빠지지 않게 하고 커버의 위·아래가 바뀌지 않도록 주의한다.

㉱ 리셉터클 및 단자대의 결선

전기기능사 실기에서는 리셉터클은 출제되지 않고 있다.

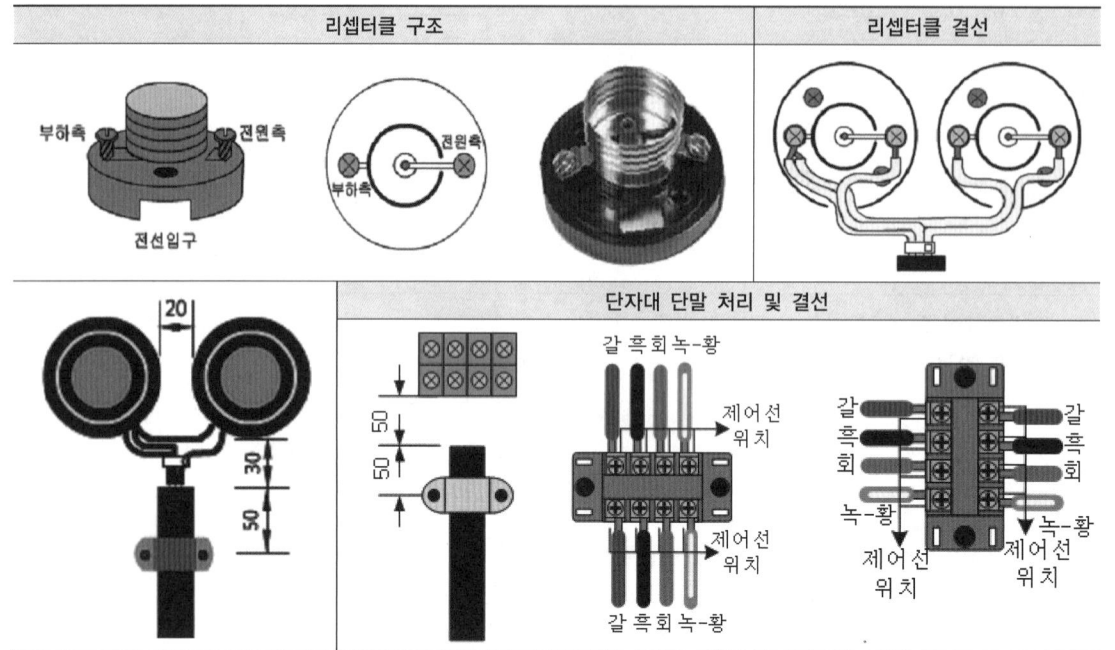

- 리셉터클은 고리 단자를 만들어 결선하고 전선을 전선관에 넣고 리셉터클을 고정한다.
- 외부 단자대에 버저, 센서, 전동기, 히터, 감지기와 전원을 연결한다.

(8) 공장배선회로 결선 실제

㉠ 제어판에서 연결된 단자대에 황색선은 임의, 주회로선은 갈, 흑, 회, 녹-황색으로 연결한다.

㉡ 외부 기구 결선 : 주회로선은 색깔로, 제어회로선은 벨테스터로 찾아 연결한다.

황색선	1. 단자대(상) 5, 6, 7, 8, 9, 10, 11, 12, 13, 14에 황색 전선을 연결한다. 2. 벨테스터 한쪽을 연결된 단자대 5번에 대고 반대편 전선에 대어 소리 나는 전선을 찾는다. 3. 찾은 전선을 기구 GL에 연결, 같은 작업을 반복한다. 4. 공통선은 전선으로 외부에서 직접 연결한 후 단자대 전선과 함께 결선해야 한다.

㉢ 배관 작업을 하지 않고 단자대에 직접 기구를 연결하여 동작시킬 수 있다.

CHAPTER 02 전기기능사 실기 이해와 작업

핵심키워드 전기기능사에 출제된 문제 위주로 작업 방법과 순서를 반복하여 숙달시켜 정확하고 신속한 작업이 될 수 있게 한다. 작업 방법과 도면을 이해하면 어떤 과제가 주어져도 작업을 수행하고 동작시킬 수 있게 된다.

(1) 작업 개요도

작업 준비 →
- ㉠ 재료 확인(수량, 불량) : 부족 시 보충, 불량 시 교환
- ㉡ 동작회로도 각종 릴레이 핀번호 붙이기 : a, b접점 구분, 중복 사용 금지
- ㉢ 도면 확인 : 유의사항 읽고 중요 부분 밑줄 긋기
  - 주회로전선 색깔, 접지 범위, 퓨즈홀더 퓨즈 삽입, 3단 스위치 동작

⇩

제어판 만들기
- 제도하기
- 기구배치
- 배선 및 결선
- 동작검사 및 마무리
→
- ㉠ 수직·수평선 그리기 : 수직간격 − 도면치수, 수평간격 − 임의, 좌우여백은 같다.
- ㉡ 소켓이나 기구의 위·아래가 바뀌지 않도록 주의한다.
- ㉢ 기구 배치 후 고정 : 전동드라이버 힘 조절(기구 파손 원인)
- ㉣ 도면 전선색과 동일하게 작업해야 한다.

주회로	접지회로	제어회로
L1 : 갈, L2 : 흑, L3 : 회	녹−황	황

- ㉤ 기구 사이 수직 공간 전선 통과 금지
- ㉥ 나사 1개에 전선 최대 2가닥, MCB, EF는 1가닥만 연결
- ㉦ 제어판 단자대 이름 넣기 : 결선 시 오류 방지
- ㉧ 동작 검사 및 케이블 타이 묶기

⇩

작업판 기구 배치 및 고정 →
- ㉠ 제어판 고정 : 전선관 길이를 생각해서 위치를 잡고 고정한다.
- ㉡ 전선관은 1개마다 수직 및 수평선을 그어 완성한 후 위쪽, 왼쪽에서 오른쪽 순서로 이동하며 작업한다.
- ㉢ 기구 고정 위치 및 이름 표시
- ㉣ 컨트롤박스와 외부 단자대를 표시된 곳에 고정한다.
- ㉤ 새들 위치 표시 : 2구 컨트롤박스 뚜껑의 길이 방향으로 위치를 표시한다.
- ㉥ 컨트롤박스나 8각 박스에 커넥터(PE용, CD용)를 구분하여 끼워 놓는다.

⇩

배관 작업 →
- ㉠ 배관 작업 방법(PE전선관, CD전선관, 케이블) 확인
- ㉡ PE전선관, CD전선관 배관 작업(펴기, 길이 정하기, 자르기, 굽히기, 붙이기)
- ㉢ 전선관 1변에 새들을 2개씩 단단하게 고정한다.

⇩

입선 및 결선 작업 →
- ㉠ 전선관에 전선 넣기 − 최소 전선수(반드시 공통선 사용)
- ㉡ 분리된 컨트롤박스 뚜껑에 기구를 고정하고 클립 2개로 고정된 몸체에 왼쪽으로 붙인 다음 결선한다.
- ㉢ 제어판 단자대와 외부 기구 회로를 결선 : 주회로−접지회로−제어회로
  - 일반 기구는 먼저 단자대 연결한 후 벨테스터로 외부 기구 찾아 연결
  - 리셉터클을 먼저 연결한 후 벨테스터로 단자대를 찾아 연결

⇩

동작 시험 및 마무리 →
- ㉠ 동작 검사
- ㉡ 단자 조임 상태 확인
- ㉢ 접지공사 확인
- ㉣ 퓨즈 끼우기 및 케이블 타이 묶기
- ㉤ 외부 전원선 만들기(100mm 정도)
- ㉥ 각종 기구 뚜껑 닫기

※ 전기기능사 합격을 위해 반드시 이해가 필요하고 반복 숙달이 되어야 하는 작업
- 동작회로도 각종 릴레이 핀번호 넣기
- 단자대에 기구 이름 붙이기
- 제어판 내부 결선하기
- 제어판과 외부 기구 결선하기
- 동작 시험

(2) 자동온도조절 제어회로 작업

㉮ 도 면

동작
- ㉠ MCCB 전원 투입, WL 점등
- ㉡ PB1을 누르면 X와 MC1 여자, RL 점등, M1 동작
- ㉢ TC 설정 온도 MC1 소자, T 여자, RL 소등, M1 정지
- ㉣ T 설정 시간 후 MC2 여자 GL 점등, M2 동작
- ㉤ EOCR 동작할 때(과부하 시) FR에 의해 YL 점멸
- ㉥ PB2 누르면 모든 동작 정지(단, 과부하 시에는 자동 초기화)

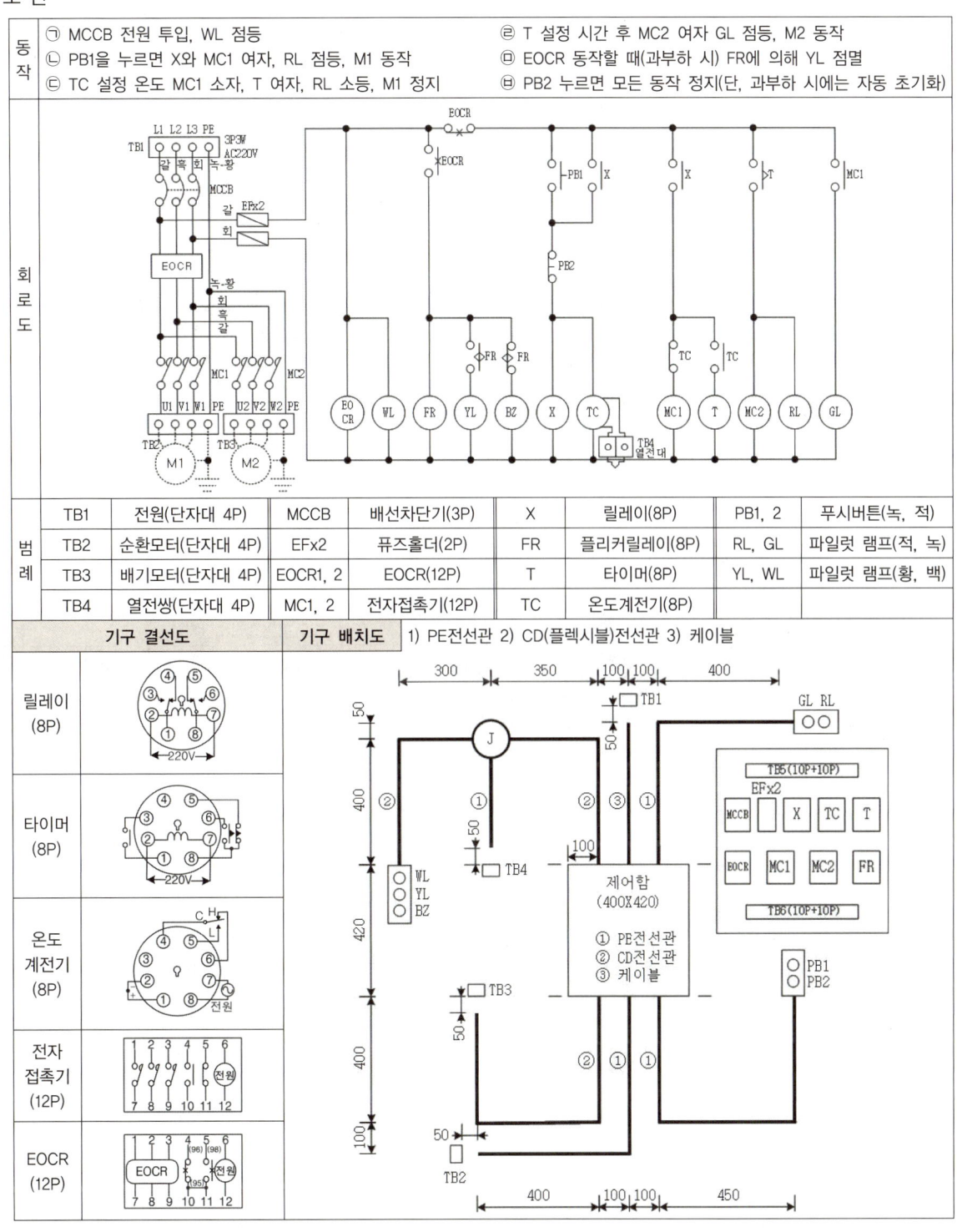

㈏ 제어판 만들기
　㉠ 동작회로도 번호 넣기 : 범례를 보면서 제어 기구 내부 결선도에 기호를 적어 준다.

릴레이(8핀)	플리커(8핀)	타이머(8핀)	온도계전기(8핀)	전자접촉기(12핀)	EOCR(12핀)
X	FR	T	TC	MC1, MC2	EOCR

- 틀리기 쉬운 경우 및 번호 부여 규칙(숙달자는 결선을 간단, 초보자는 기준 부여)
　例 8핀 릴레이

구 분	번호 표시	같은 기구 중복	중간 기구 공통접점	공통접점 교차
×				
○				

전 원 (작은 숫자 : 위쪽)	단독접점 공통(위쪽)	공통접점(3단자)		
		(공통 : 위쪽)	(공통 : 아래쪽)	(공통 : 가운데)

• 번호 넣는 순서

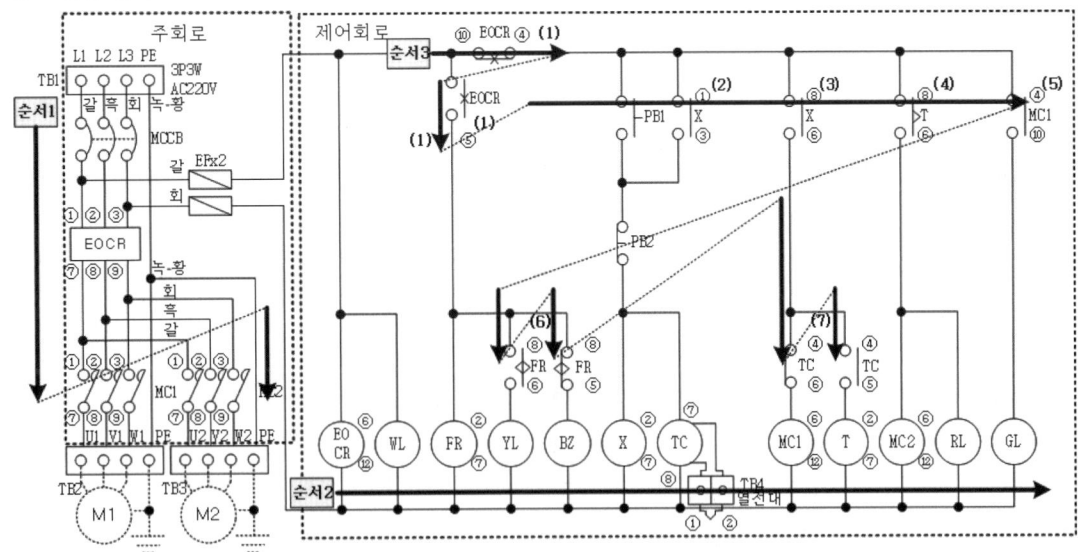

순서1	• 주회로 : MC1과 MC2 주접점과 EOCR 감지기 • MC 주접점과 EOCR 감지기 개수에 상관없이 (상) ① ② ③, (하) ⑦ ⑧ ⑨를 넣는다.

순서2	• 각종 릴레이의 전원 • 각종 릴레이의 전원은 개수에 상관없이 작은 숫자는 위쪽, 큰 숫자는 아래쪽에 넣는다.

순서3	• 각종 릴레이의 접점 • 화살표 방향으로 이동하며, 릴레이 종류별로 ⓐ접점과 ⓑ접점을 구분하며 넣는다. 병렬로 연결된 것은 같은 열로 본다.

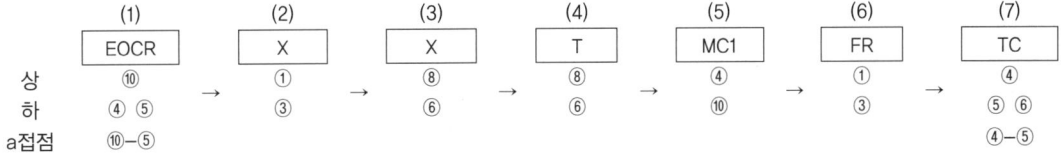

㉰ 단자대 기구 이름 정하기
- 외부 기구를 전선관에 따라 이동한 후 외부 기구 이름을 적는다.
- 같은 컨트롤박스에 들어 있는 외부 기구는 동작회로도에서 공통을 결정한다.
  - 공통선을 사용하지 않을 경우 단자대가 부족할 수 있다.
- 공통선 결선은 도면에 따라 외부 기구에서 전선으로 연결한 다음 1선만 단자대로 가져온다.
- 외부 기구끼리만 연결되는 경우 단자대에 전선이 나오지 않는다.
- 단자대의 외부 기구 이름을 보면서 결선을 할 수 있다.

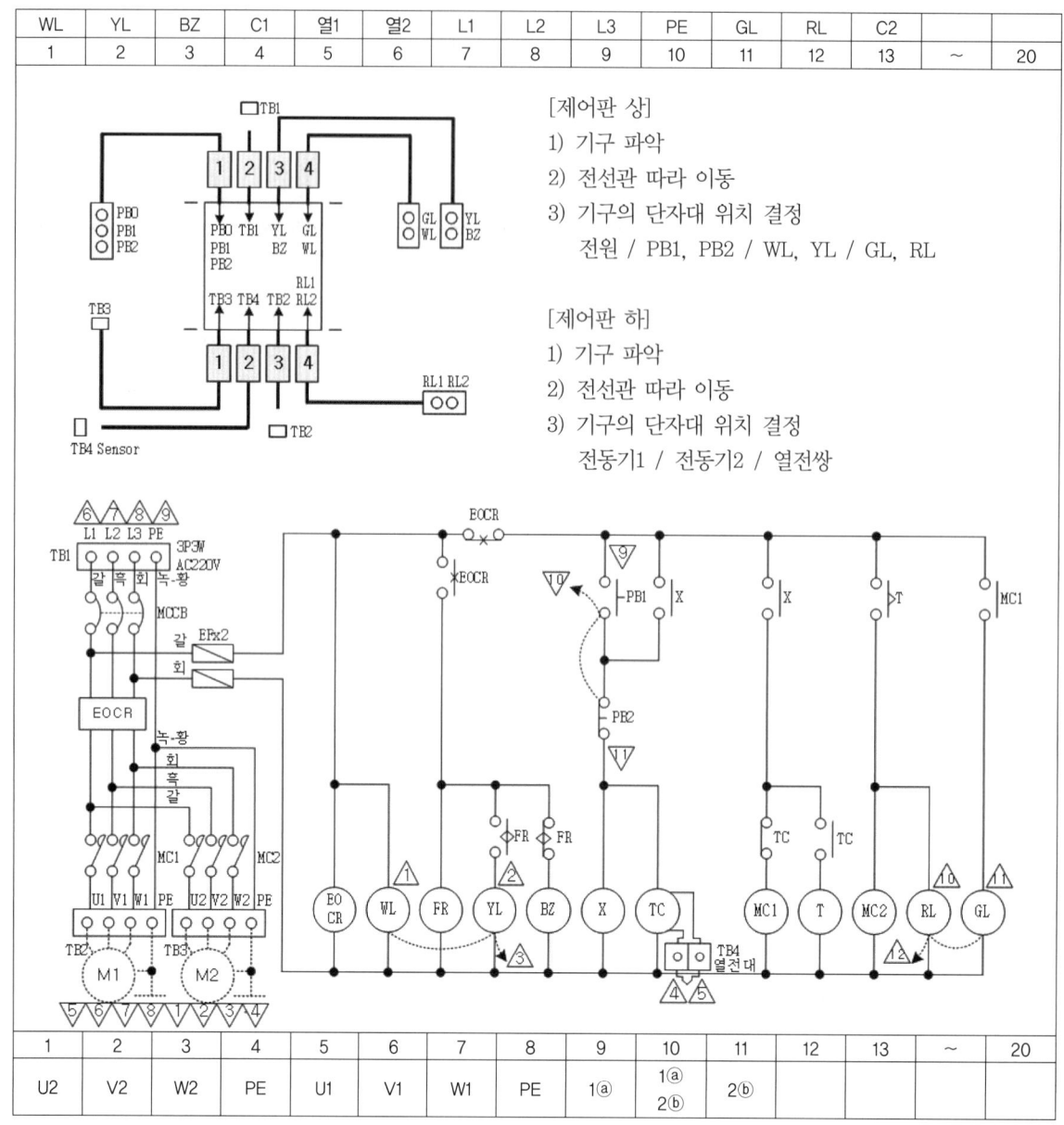

④ 제어판 실제 결선

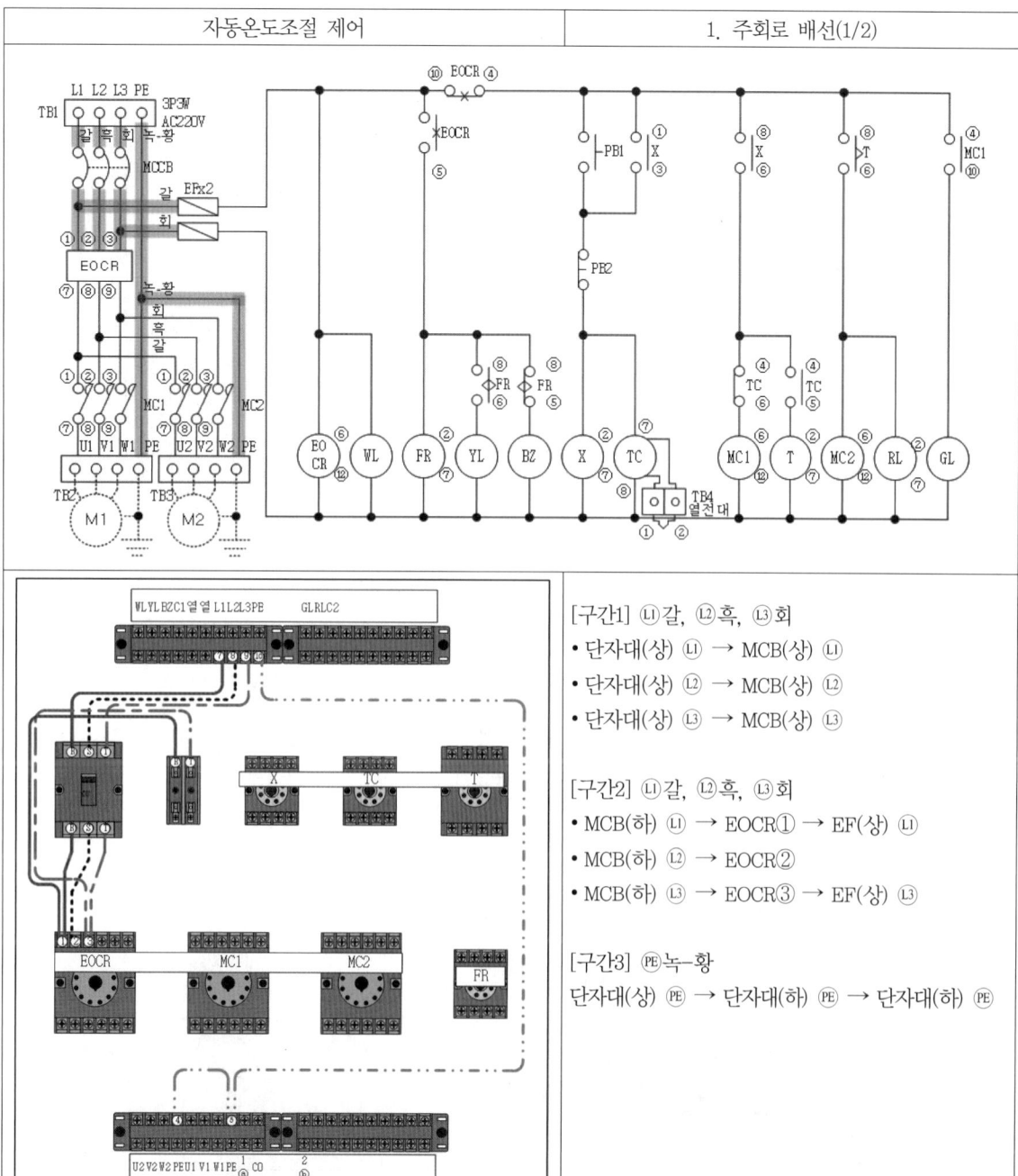

[구간1] ⓛ갈, ⓛ흑, ⓛ회
- 단자대(상) ⓛ → MCB(상) ⓛ
- 단자대(상) ⓛ → MCB(상) ⓛ
- 단자대(상) ⓛ → MCB(상) ⓛ

[구간2] ⓛ갈, ⓛ흑, ⓛ회
- MCB(하) ⓛ → EOCR① → EF(상) ⓛ
- MCB(하) ⓛ → EOCR②
- MCB(하) ⓛ → EOCR③ → EF(상) ⓛ

[구간3] ㉮녹-황
단자대(상) ㉮ → 단자대(하) ㉮ → 단자대(하) ㉮

- 전원선은 4선이 뭉쳐 있기 때문에 구간별로 3선씩 절단하여 동시에 결선한다.
- 접지선은 따로 결선한다.
- 퓨즈홀더 결선은 고리를 만들고 전원선과 함께 EOCR에 연결하며 색깔선을 사용한다.

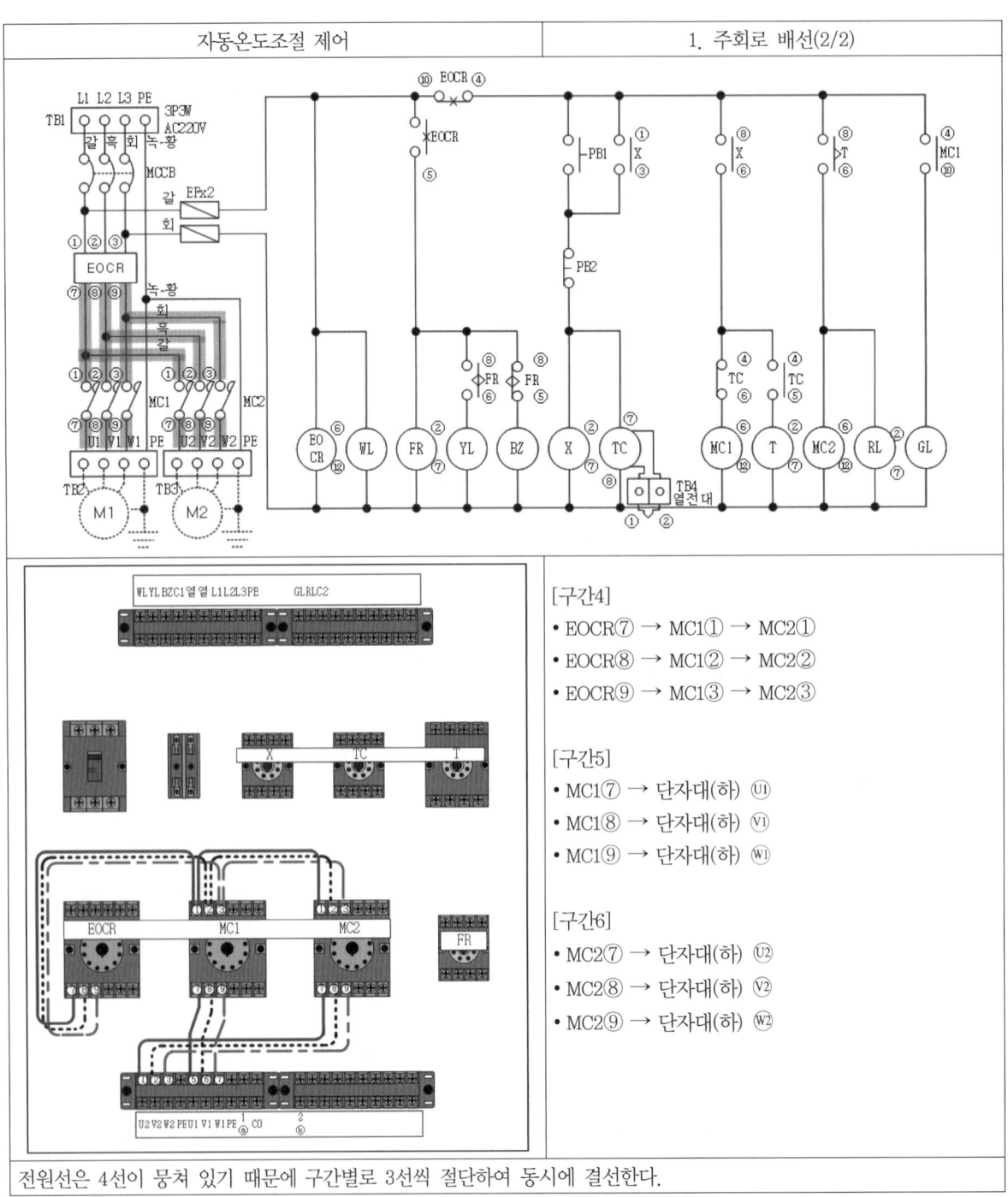

[구간4]
- EOCR⑦ → MC1① → MC2①
- EOCR⑧ → MC1② → MC2②
- EOCR⑨ → MC1③ → MC2③

[구간5]
- MC1⑦ → 단자대(하) Ⓤ1
- MC1⑧ → 단자대(하) Ⓥ1
- MC1⑨ → 단자대(하) Ⓦ1

[구간6]
- MC2⑦ → 단자대(하) Ⓤ2
- MC2⑧ → 단자대(하) Ⓥ2
- MC2⑨ → 단자대(하) Ⓦ2

전원선은 4선이 뭉쳐 있기 때문에 구간별로 3선씩 절단하여 동시에 결선한다.

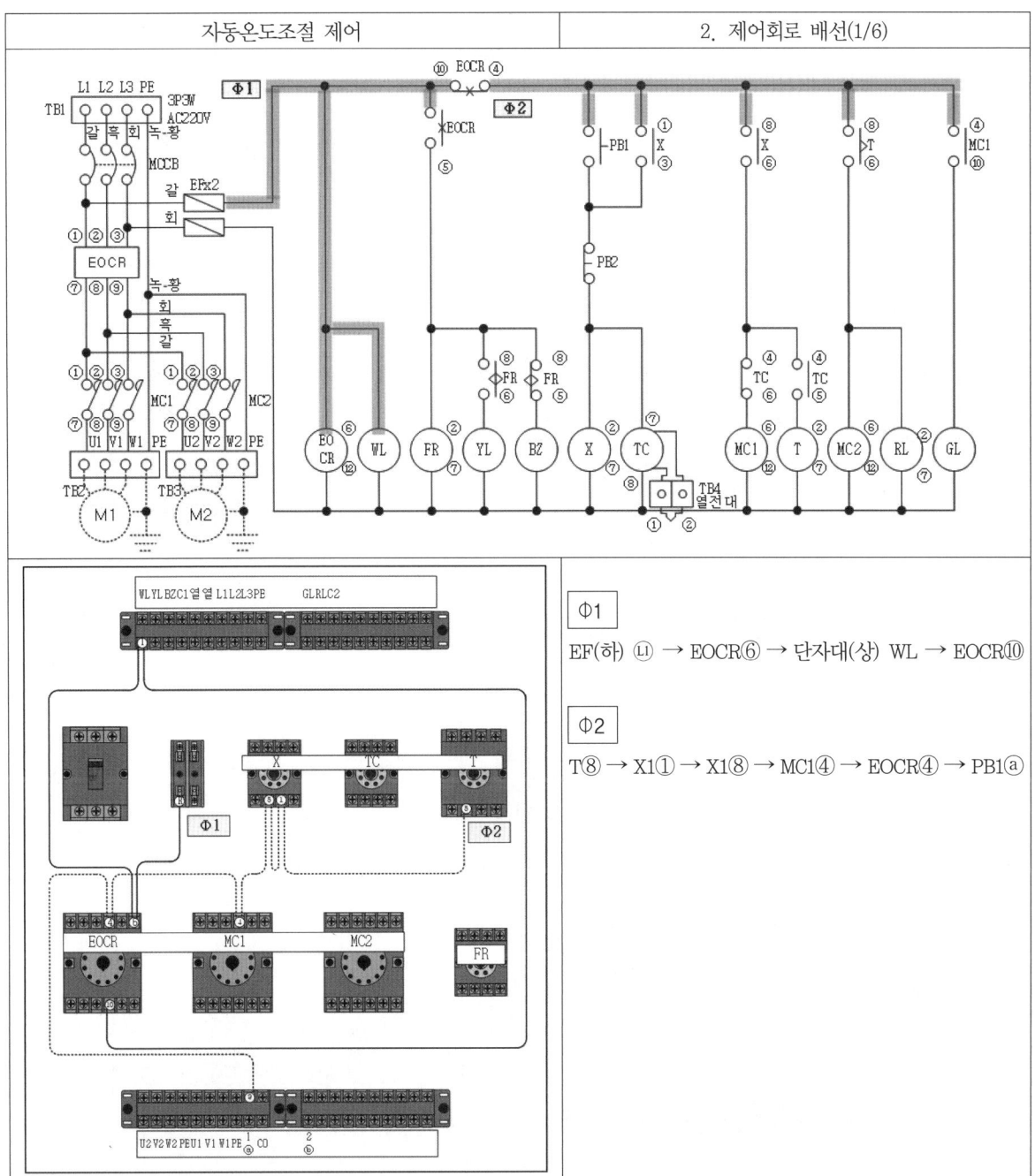

| 자동온도조절 제어 | 2. 제어회로 배선(1/6) |

Φ1

EF(하) ㉗ → EOCR⑥ → 단자대(상) WL → EOCR⑩

Φ2

T⑧ → X1① → X1⑧ → MC1④ → EOCR④ → PB1ⓐ

- 퓨즈홀더가 있는 경우 고리를 만들어 연결하고 출발점으로 잡고 위에서 아래로 진행한다.
- 제어선은 처음 연결 – 배선(굽히기 – 수평 – 수직) – 절단 – 전선 뭉치 끝에 달린 전선 피복 벗기기 – 연결된 전선 반대쪽 피복 벗기기 – 2선 결선 – [작업 반복] – 마지막 1선 결선

| 자동온도조절 제어 | 2. 제어회로 배선(2/6) |

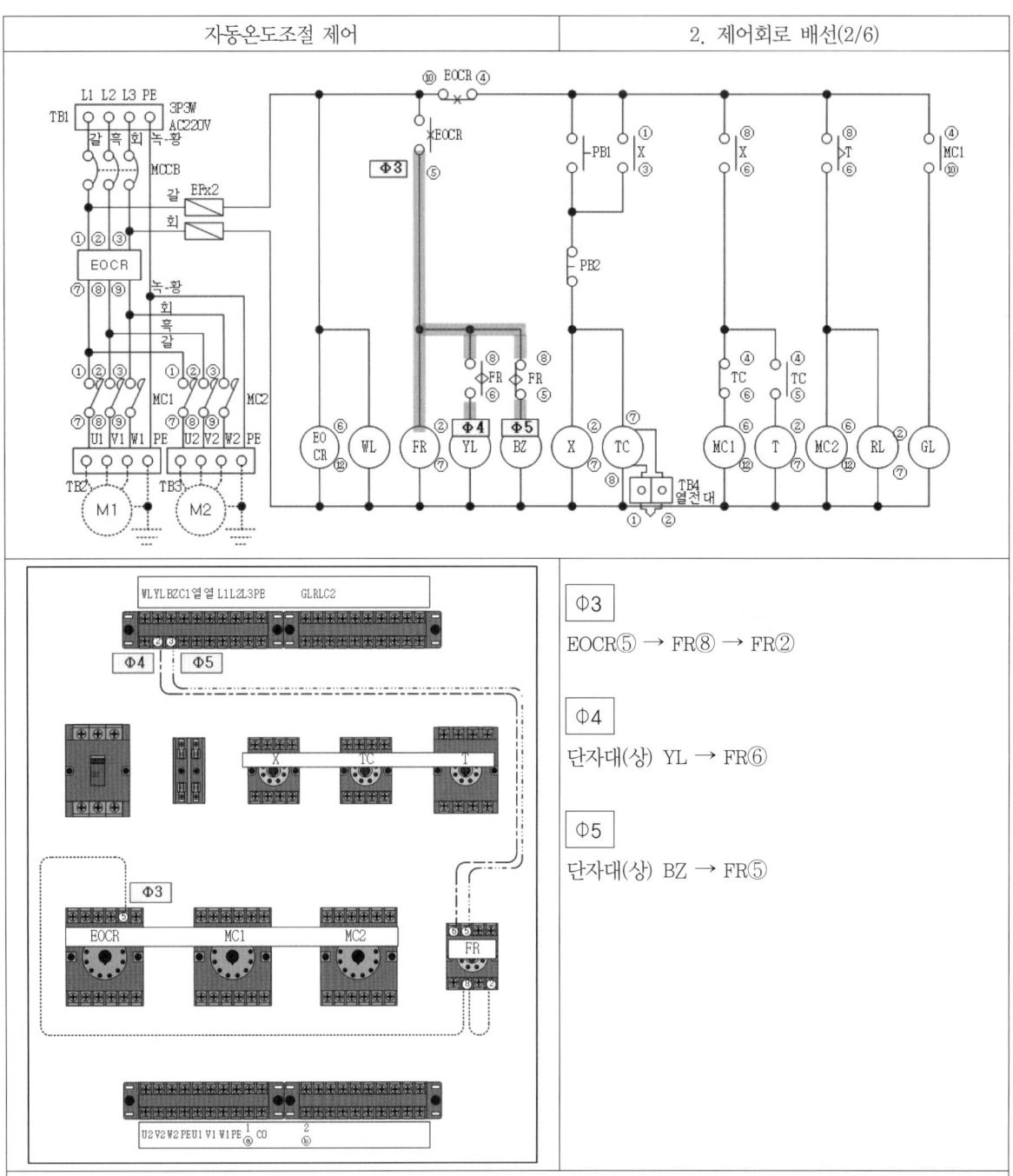

Φ3

EOCR⑤ → FR⑧ → FR②

Φ4

단자대(상) YL → FR⑥

Φ5

단자대(상) BZ → FR⑤

- 결선 순서는 위에서 아래로 진행한다.
- 제어선은 처음 연결 – 배선(굽히기 – 수평 – 수직) – 절단 – 전선 뭉치 끝에 달린 전선 피복 벗기기 – 연결된 전선 반대쪽 피복 벗기기 – 2선 결선 – [작업 반복] – 마지막 1선 결선

| 자동온도조절 제어 | 2. 제어회로 배선(3/6) |

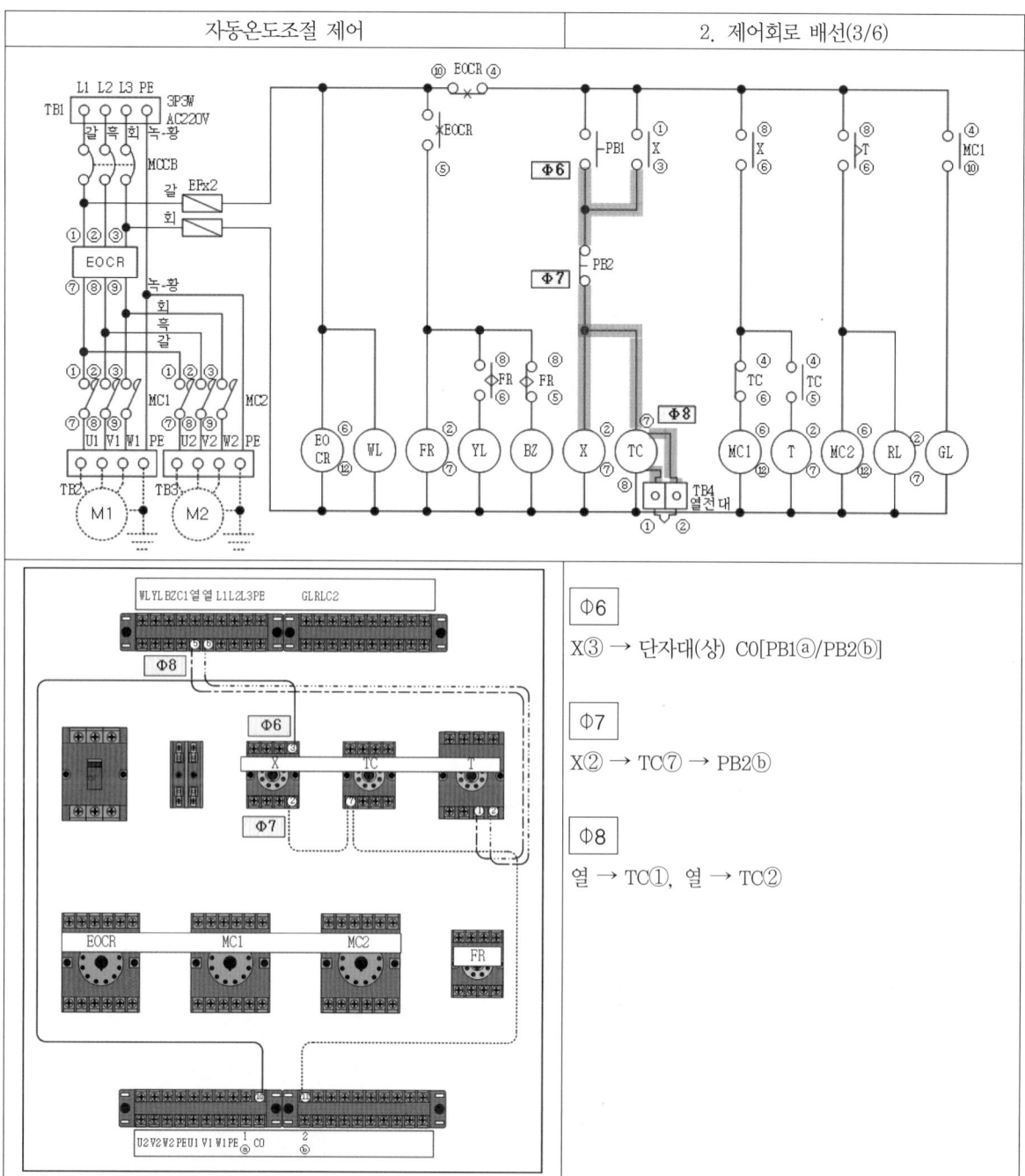

Φ6

X③ → 단자대(상) C0[PB1ⓐ/PB2ⓑ]

Φ7

X② → TC⑦ → PB2ⓑ

Φ8

열 → TC①, 열 → TC②

- 결선 순서는 위에서 아래로 진행한다.
- 제어선은 처음 연결 – 배선(굽히기 – 수평 – 수직) – 절단 – 전선 뭉치 끝에 달린 전선 피복 벗기기 – 연결된 전선 반대쪽 피복 벗기기 – 2선 결선 – [작업 반복] – 마지막 1선 결선

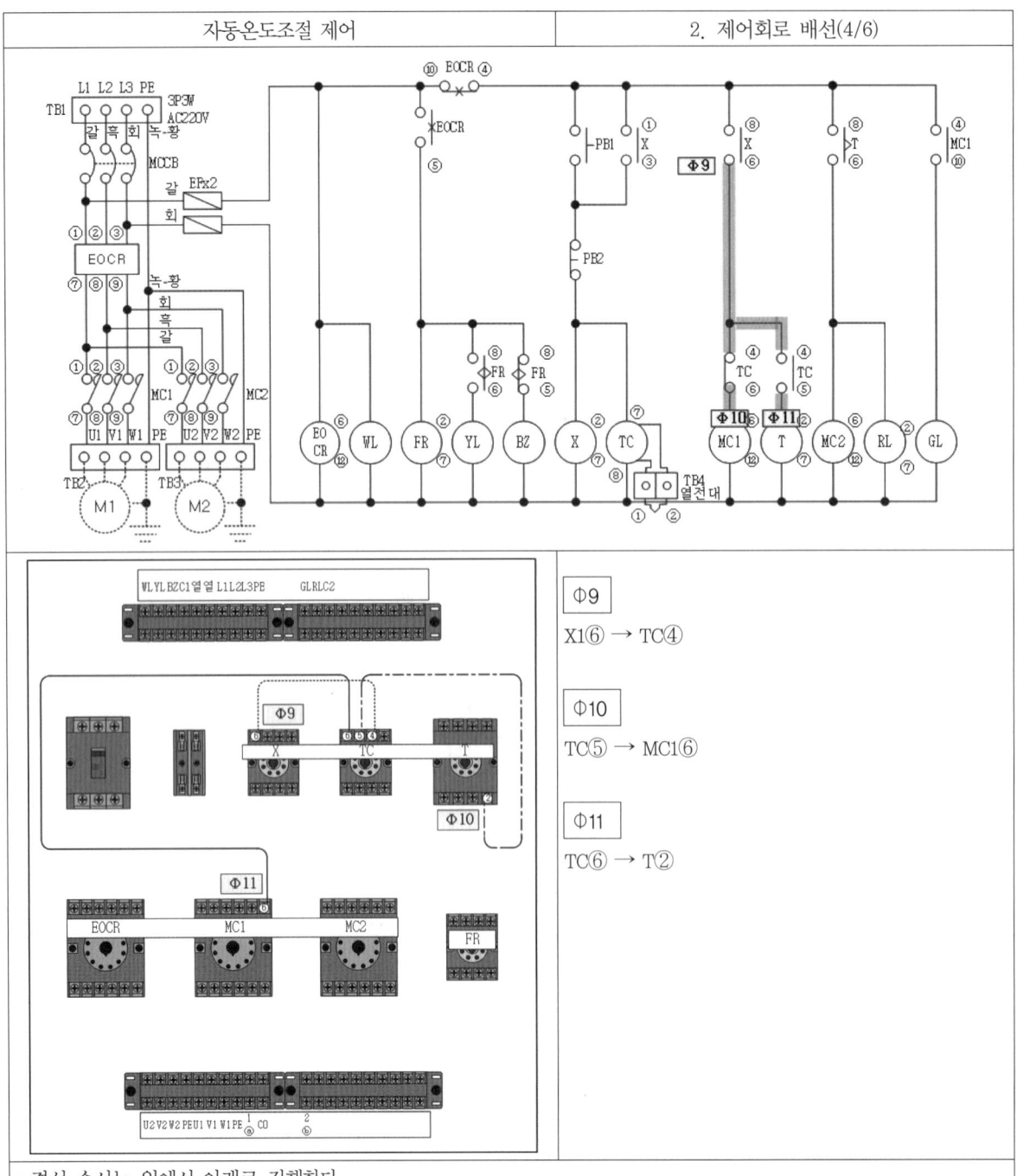

| 자동온도조절 제어 | 2. 제어회로 배선(4/6) |

Φ9
X①⑥ → TC④

Φ10
TC⑤ → MC1⑥

Φ11
TC⑥ → T②

- 결선 순서는 위에서 아래로 진행한다.
- 제어선은 처음 연결 – 배선(굽히기 – 수평 – 수직) – 절단 – 전선 뭉치 끝에 달린 전선 피복 벗기기 – 연결된 전선 반대쪽 피복 벗기기 – 2선 결선 – [작업 반복] – 마지막 1선 결선

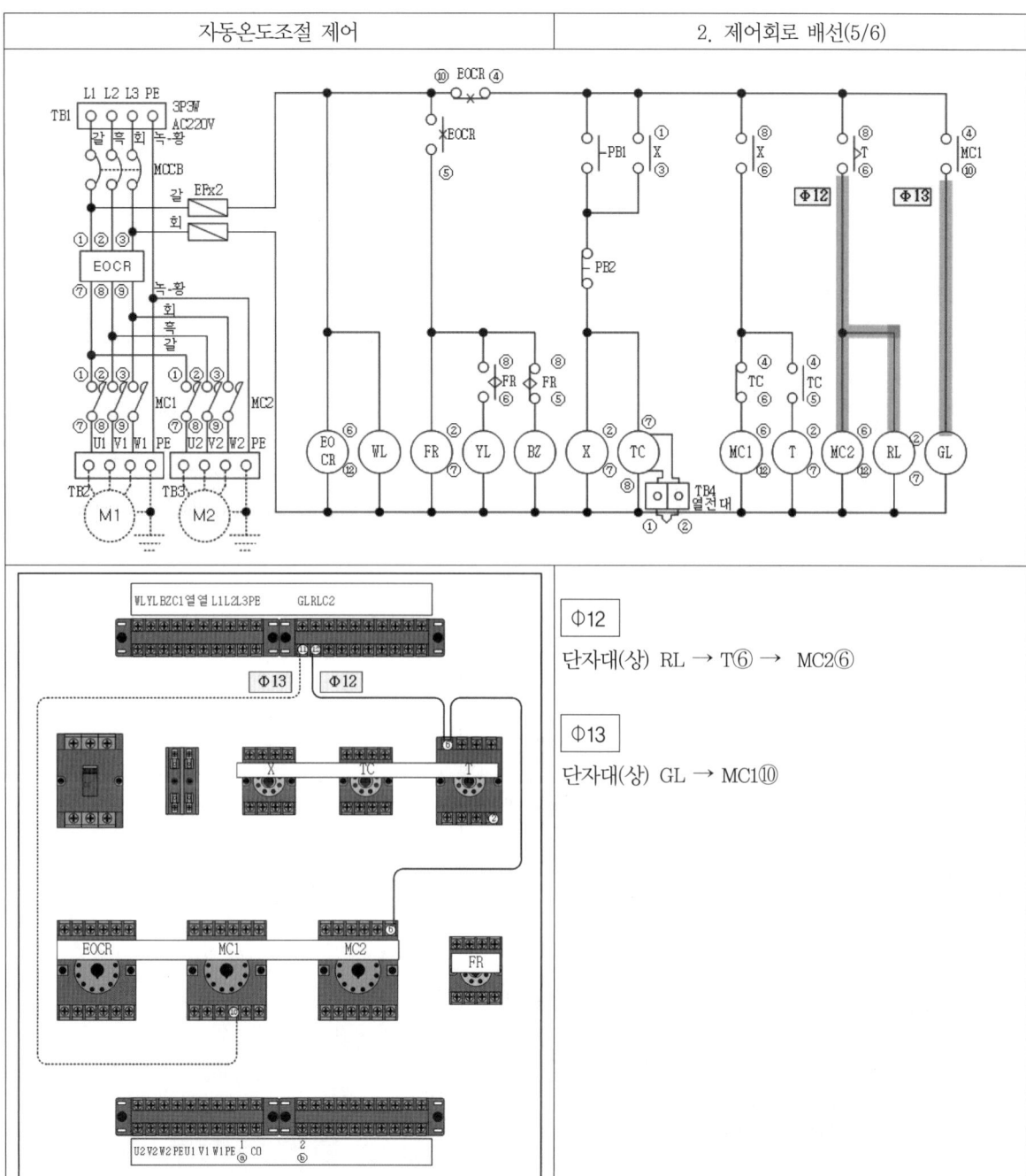

| 자동온도조절 제어 | 2. 제어회로 배선(5/6) |

Φ12

단자대(상) RL → T⑥ → MC2⑥

Φ13

단자대(상) GL → MC1⑩

- 결선 순서는 위에서 아래로 진행한다.
- 제어선은 처음 연결 – 배선(굽히기 – 수평 – 수직) – 절단 – 전선 뭉치 끝에 달린 전선 피복 벗기기 – 연결된 전선 반대쪽 피복 벗기기 – 2선 결선 – [작업 반복] – 마지막 1선 결선

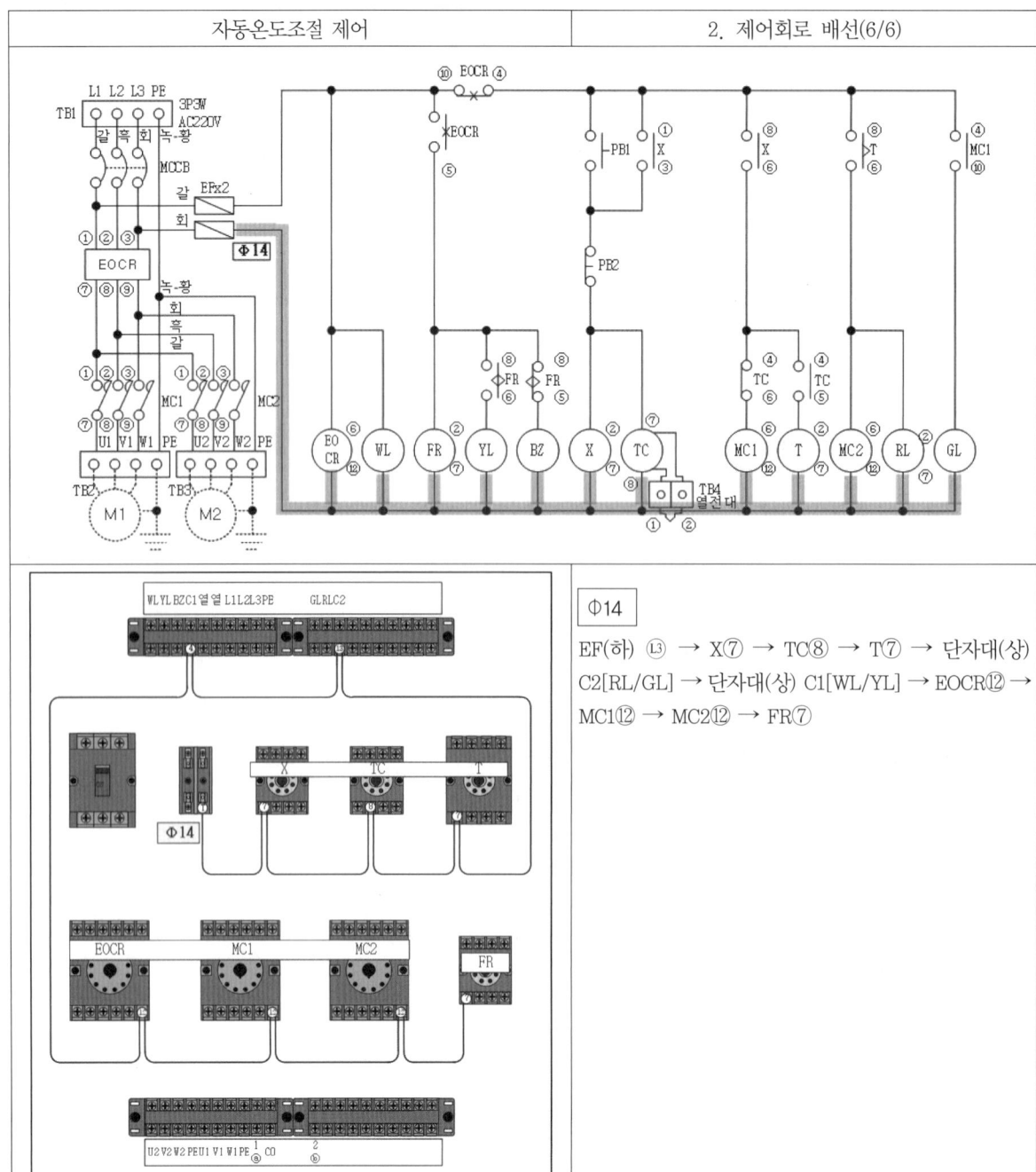

Φ14

EF(하) ⓛ₃ → X⑦ → TC⑧ → T⑦ → 단자대(상) C2[RL/GL] → 단자대(상) C1[WL/YL] → EOCR⑫ → MC1⑫ → MC2⑫ → FR⑦

L3상에서 퓨즈홀더가 있는 경우 고리를 만들어 연결하고 출발점으로 잡고 가장 가까운 각종 릴레이 전원(큰 번호)을 연결하며 위 단자대로 이동 후 부하나 부하 공통을 연결하고 아래로 진행한다(도면 없이 결선 가능).

㉺ 제어판 동작 검사
  ㉠ 눈으로 확인

구 분	EOCR(12)	MC(12)	TC(8)
결 선	(감지기 ⓑⓐ 전원 / ⓒ 감지기 전원)	(주접점 ⓐⓑ 전원 / ⓐⓑ 전원 주접점)	(ⓑⓐⓒ / 전원 열전쌍)
정 상	⑪ 제외, 나머지 결선	• 주접점과 전원 필수 • 보조접점(ⓐ, ⓑ) 미사용 무관 • 위와 아래가 같을 것	③ 제외, 나머지 결선
불 량	⑪ 제외하고 빠진 경우	• 보조접점 위 혹은 아래만 2선 • 위와 아래가 다른 것 • 대각선 존재	③ 제외하고 빠진 경우

구 분	X(8)	T(8)	FR(8)
결 선	(ⓐⓑⓑⓐ / 전원 ⓒⓒ 전원)	(한시 ⓐⓑⓑⓐ 순시 / 전원 ⓒⓒ 전원)	(ⓐⓑ / 전원 ⓒ 전원)
정 상	• 전원 필수 • 보조접점 – 단독접점/혼합접점	• 전원 필수 • 보조접점 – 단독접점/혼합접점	• 전원 필수 • 보조접점 – ①, ③, ④ 미사용 : 불변 – 단독접점/혼합접점
불 량	• 보조접점 미사용 • 위(ⓐ, ⓑ)만 2선 사용 • 공통ⓒ가 없는 경우 /공통ⓒ만 있는 경우	• 보조접점 미사용 • 위(ⓐ, ⓑ)만 2개만 사용 • 공통ⓒ가 없는 경우 /공통ⓒ만 있는 경우	• ①, ③, ④ 사용 • ⑧, ⑤, ⑥에서 1개만 사용 • ⑤, ⑥만 사용

ⓛ 벨테스터 : 단자1을 기준에 놓고 단자2를 바꾸어 가며 점검한다.

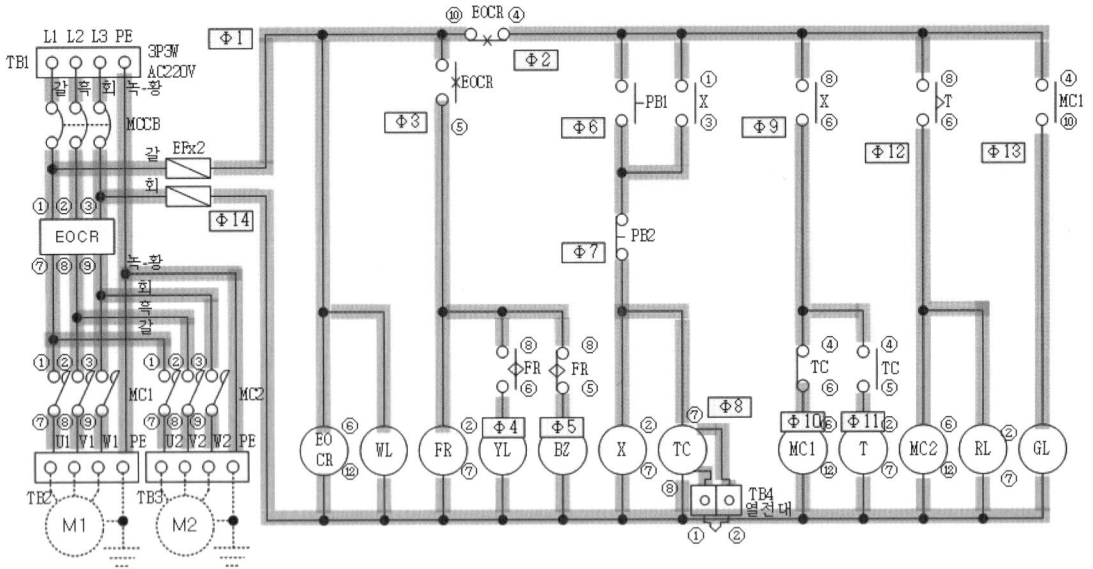

[주회로] MCCB ON 상태

작 업	동작회로도 맨 앞에 단자1을 대고 단자2를 차례로 바꾸어 가며 순서대로 벨테스터기를 댄다.					
구 간	단자1	단자2	단자1	단자2	단자1	단자2
L1상	TB1⒧	EOCR①-EF(상) ⒧	EOCR⑦	MC1① MC2①	MC1⑦ MC2⑦	TB2Ⓤ① TB3Ⓤ②
L2상	TB1⒧②	EOCR②	EOCR⑧	MC1② MC2②	MC1⑧ MC2⑧	TB2Ⓥ① TB3Ⓥ②
L3상	TB1⒧③	EOCR③-EF(상) ⒧③	EOCR⑨	MC1③ MC2③	MC1⑨ MC2⑨	TB2Ⓦ① TB3Ⓦ②
PE	TB1ⓅⒺ	TB2ⓅⒺ-TB3ⓅⒺ				

[제어회로]

구 간	단자1(기준)	단자2	구 간	단자1(기준)	단자2
φ1	EF(하) ⒧	EOCR⑥-WL-EOCR⑩	φ2	EOCR④	PB1ⓐ-X①-X⑧-T⑧-MC1④
φ3	EOCR⑤	FR②-FR⑧	φ4	FR⑥	YL
φ5	FR⑤	BZ	φ6	PB1ⓐ/PB2ⓑ	X③
φ7	PB2ⓑ	X②-TC⑦	φ8	TC①	열전쌍①
φ9	X⑥	TC④		TC②	열전쌍②
φ11	TC⑤	T②	φ12	T⑥	MC2⑥-RL
φ12	T⑥	MC2⑥-RL	φ13	MC1⑩	GL
φ14	EF(하) ⒧③	EOCR⑫-WL/YL-FR⑦-X⑦-TC⑧-MC1⑫-T⑦-MC2⑫-GL/RL, 결선 순서대로 점검하면 더 간단하다.			

⑭ 자동온도조절 제어 결선 실제
  ㉠ 제어판에서 연결된 단자대에 황색선은 임의, 주회로선은 갈, 흑, 회, 녹-황색으로 연결한다.
  ㉡ 외부 기구 결선 : 주회로선은 색깔로, 제어회로선은 벨테스터로 찾아 연결한다.

황색선	1. 단자대(상) 1, 2, 3, 4, 5, 6, 11, 12, 13에 황색 전선을 연결한다. 2. 벨테스터 한쪽을 연결된 단자대 1번에 대고 반대편 전선에 대어 소리 나는 전선을 찾는다. 3. 찾은 전선을 기구 WL에 연결하고, 공통선(C1)은 외부 기구에서 전선을 직접 연결한 후 단자대 4번에 결선해야 한다. 4. 나머지 단자와 단자대(하)도 같은 작업을 반복해서 결선한다.

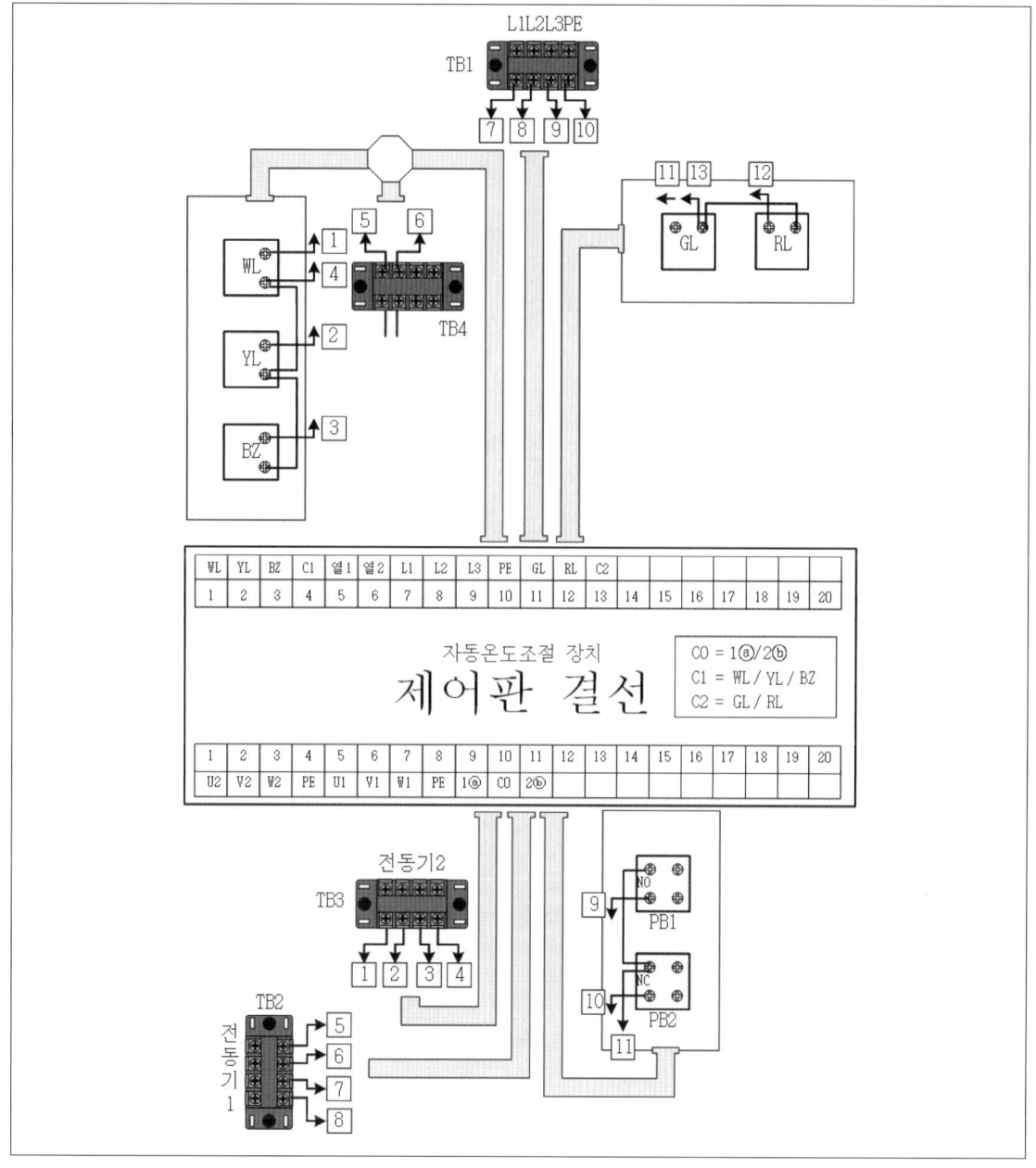

  ㉢ 배관 작업을 하지 않고 단자대에 직접 기구를 연결하여 동작시킬 수 있다.

(3) 전동기(배수회로) 제어 작업

㉮ 도 면

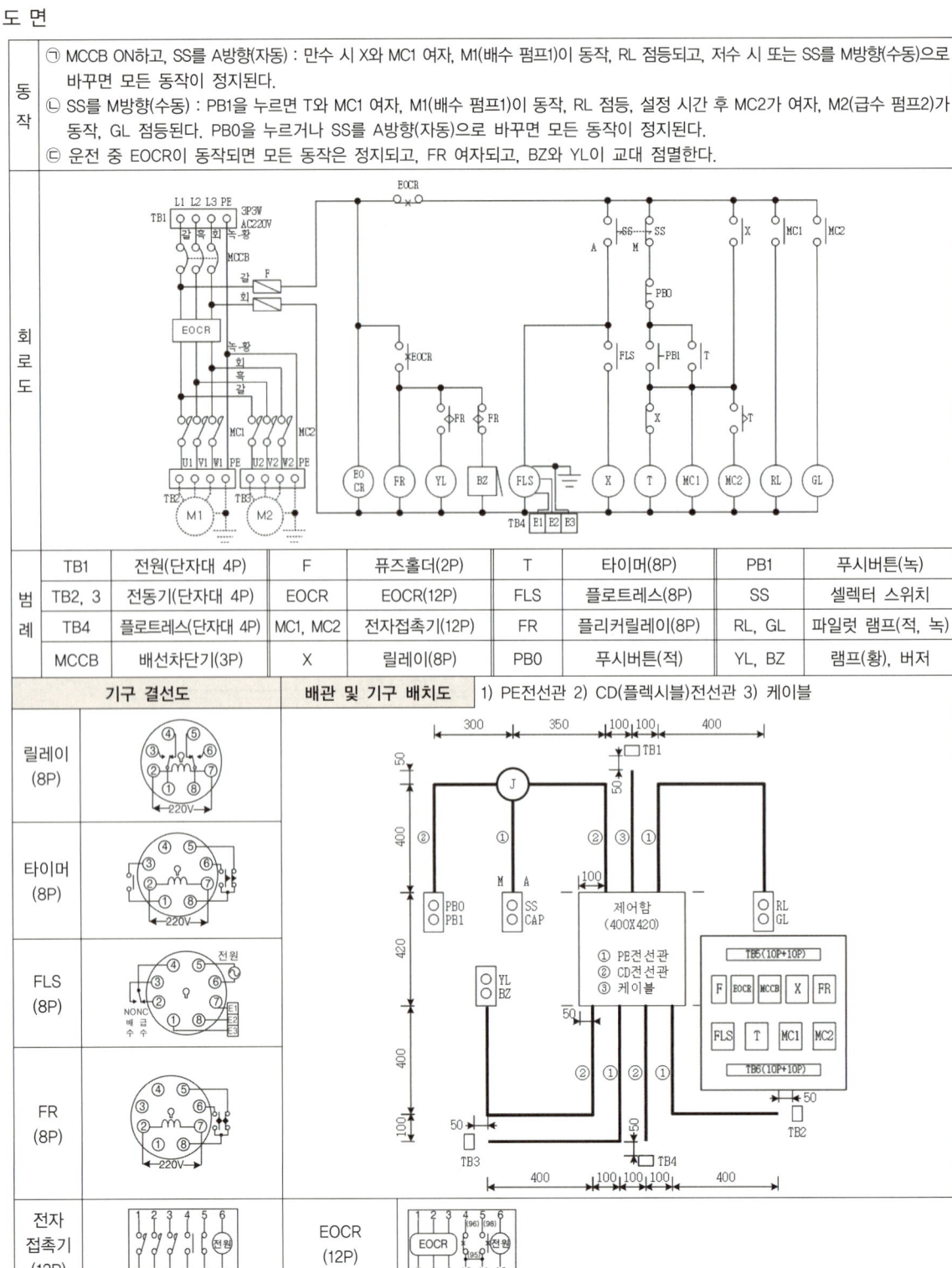

㈔ 제어판 만들기
  ㉠ 동작회로도 번호 넣기 : 범례를 보면서 제어 기구 내부 결선도에 기호를 적어 준다.

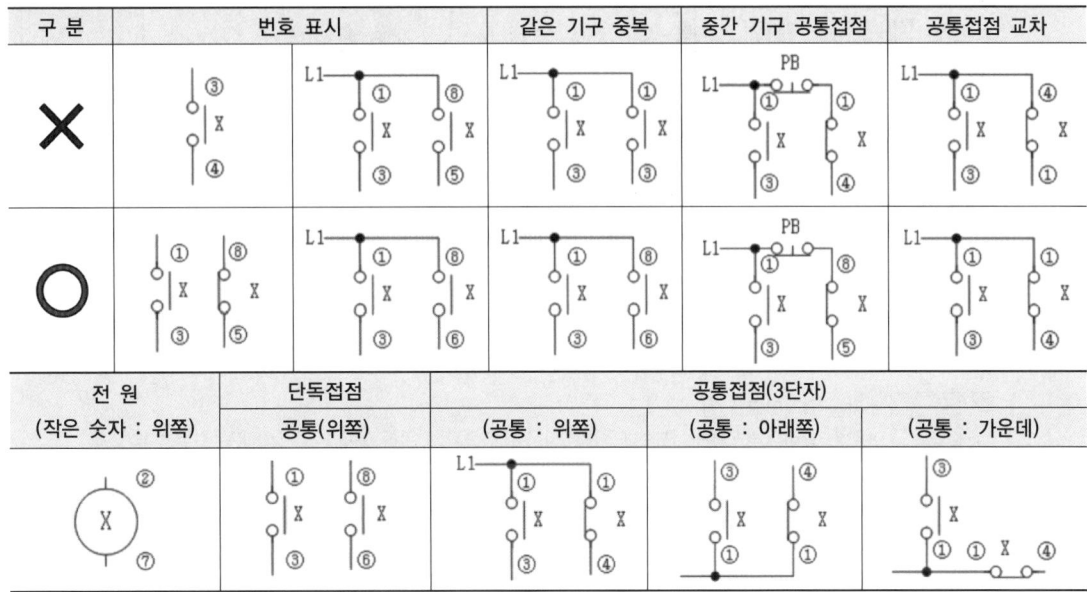

- 번호 넣는 순서

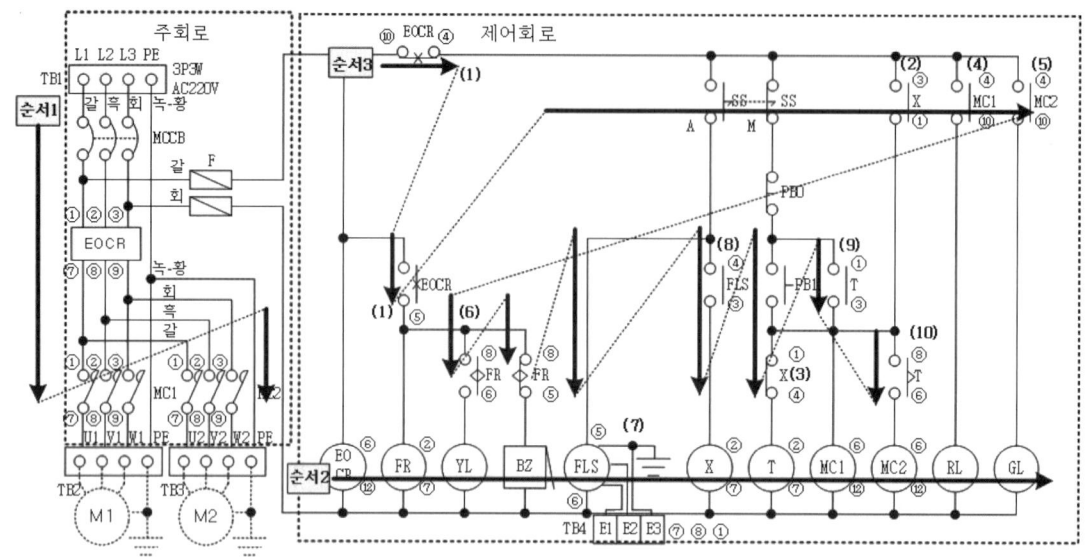

순서1
- 주회로 : MC1과 MC2 주접점과 EOCR 감지기
- MC 주접점과 EOCR 감지기 개수에 상관없이 (상) ① ② ③, (하) ⑦ ⑧ ⑨를 넣는다.

순서2
- 각종 릴레이의 전원
- 각종 릴레이의 전원은 개수에 상관없이 작은 숫자는 위쪽, 큰 숫자는 아래쪽에 넣는다.

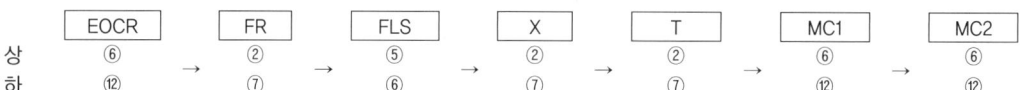

순서3
- 각종 릴레이의 접점
- 화살표 방향으로 이동하며, 릴레이 종류별로 ⓐ접점과 ⓑ접점을 구분하며 넣는다. 병렬로 연결된 것은 같은 열로 본다.

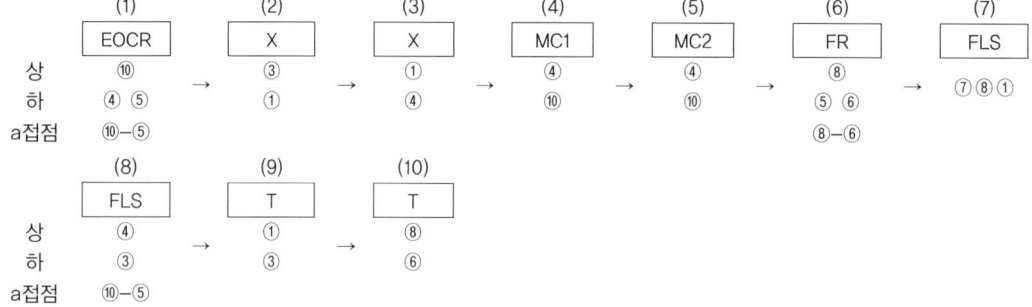

㉢ 단자대 기구 이름 정하기
- 외부 기구를 전선관에 따라 이동한 후 외부 기구 이름을 적는다.
- 같은 컨트롤박스에 들어 있는 외부 기구는 동작회로도에서 공통을 결정한다.
  – 공통선을 사용하지 않을 경우 단자대가 부족할 수 있다.
- 공통선 결선은 도면에 따라 외부 기구에서 전선으로 연결한 다음 1선만 단자대로 가져온다.
- 외부 기구끼리만 연결되는 경우 단자대에 전선이 나오지 않는다.
- 단자대의 외부 기구 이름을 보면서 결선을 할 수 있다.

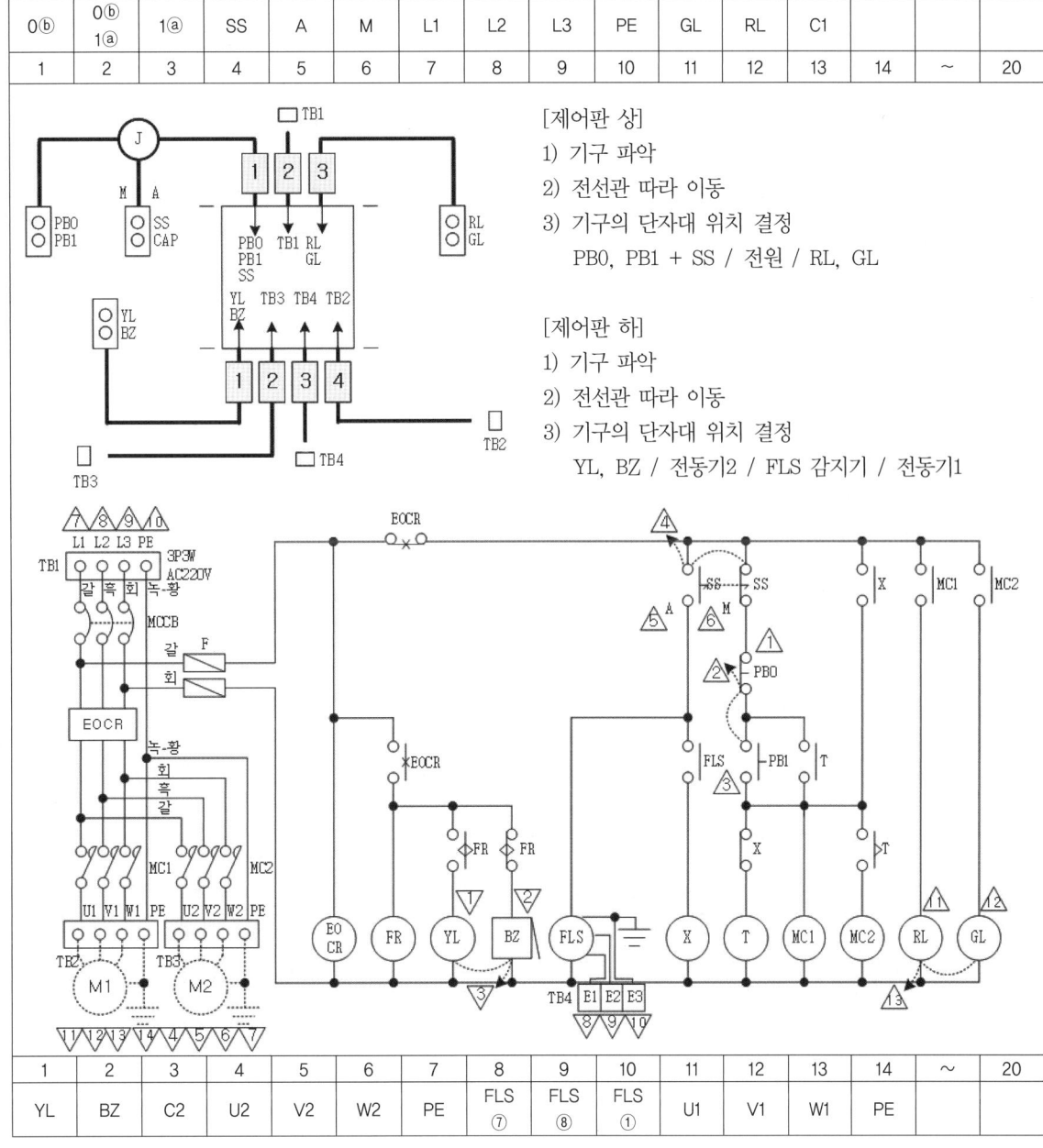

⑭ 제어판 실제 결선

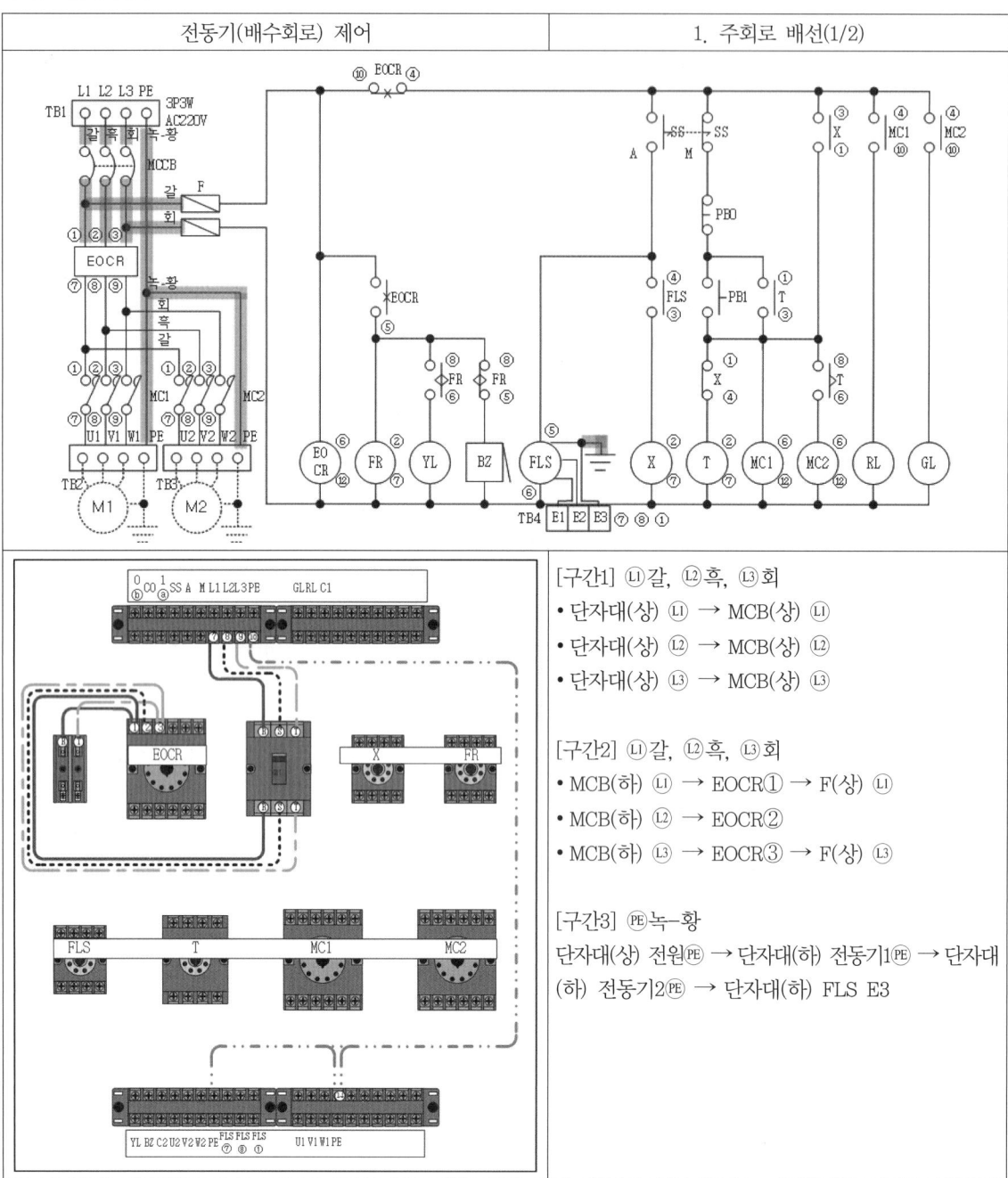

[구간1] ⒧갈, ⒨흑, ⒫회
- 단자대(상) ⒧ → MCB(상) ⒧
- 단자대(상) ⒨ → MCB(상) ⒨
- 단자대(상) ⒫ → MCB(상) ⒫

[구간2] ⒧갈, ⒨흑, ⒫회
- MCB(하) ⒧ → EOCR① → F(상) ⒧
- MCB(하) ⒨ → EOCR②
- MCB(하) ⒫ → EOCR③ → F(상) ⒫

[구간3] ㉾녹-황
단자대(상) 전원㉾ → 단자대(하) 전동기1㉾ → 단자대(하) 전동기2㉾ → 단자대(하) FLS E3

- 전원선은 4선이 뭉쳐 있기 때문에 구간별로 3선씩 절단하여 동시에 결선한다.
- 접지선은 따로 결선한다.
- 퓨즈홀더 결선은 고리를 만들고 전원선과 함께 EOCR에 연결하며 색깔선을 사용한다.

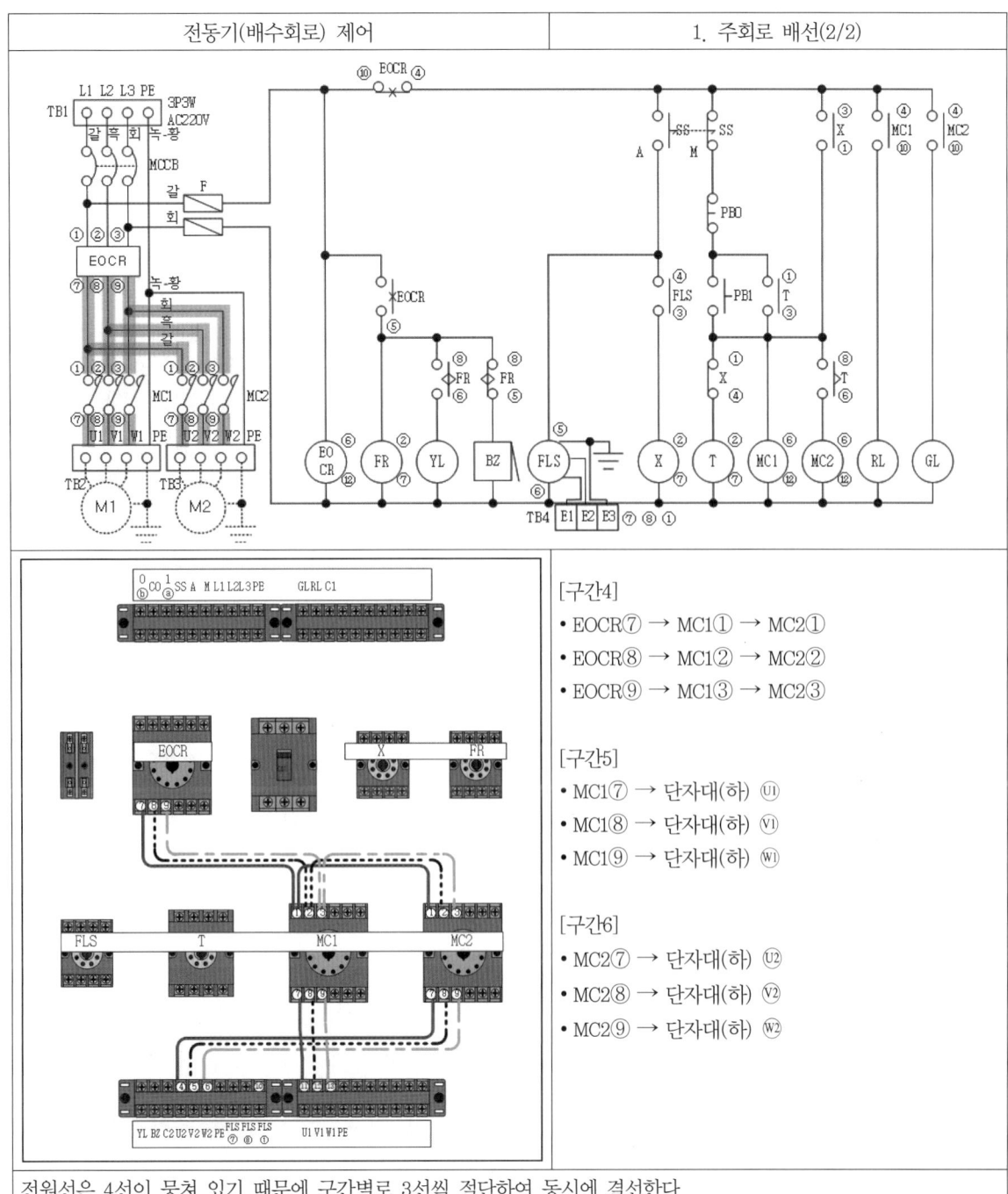

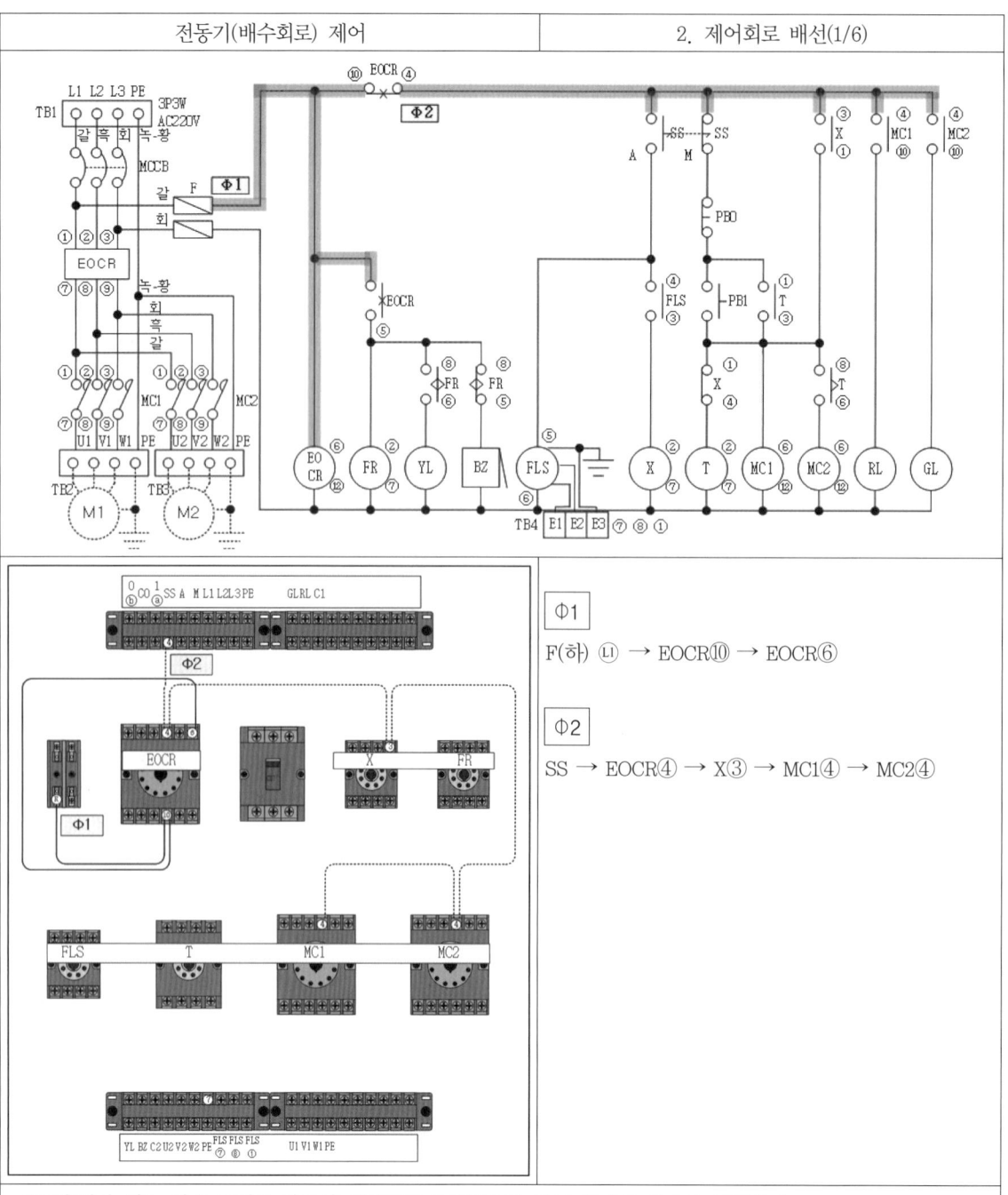

| 전동기(배수회로) 제어 | 2. 제어회로 배선(1/6) |

Φ1

F(하) ⓛ → EOCR⑩ → EOCR⑥

Φ2

SS → EOCR④ → X③ → MC1④ → MC2④

- 퓨즈홀더가 있는 경우 고리를 만들어 연결하고 출발점으로 잡고 위에서 아래로 진행한다.
- 제어선은 처음 연결 – 배선(굽히기 – 수평 – 수직) – 절단 – 전선 뭉치 끝에 달린 전선 피복 벗기기 – 연결된 전선 반대쪽 피복 벗기기 – 2선 결선 – [작업 반복] – 마지막 1선 결선

| 전동기(배수회로) 제어 | 2. 제어회로 배선(2/6) |

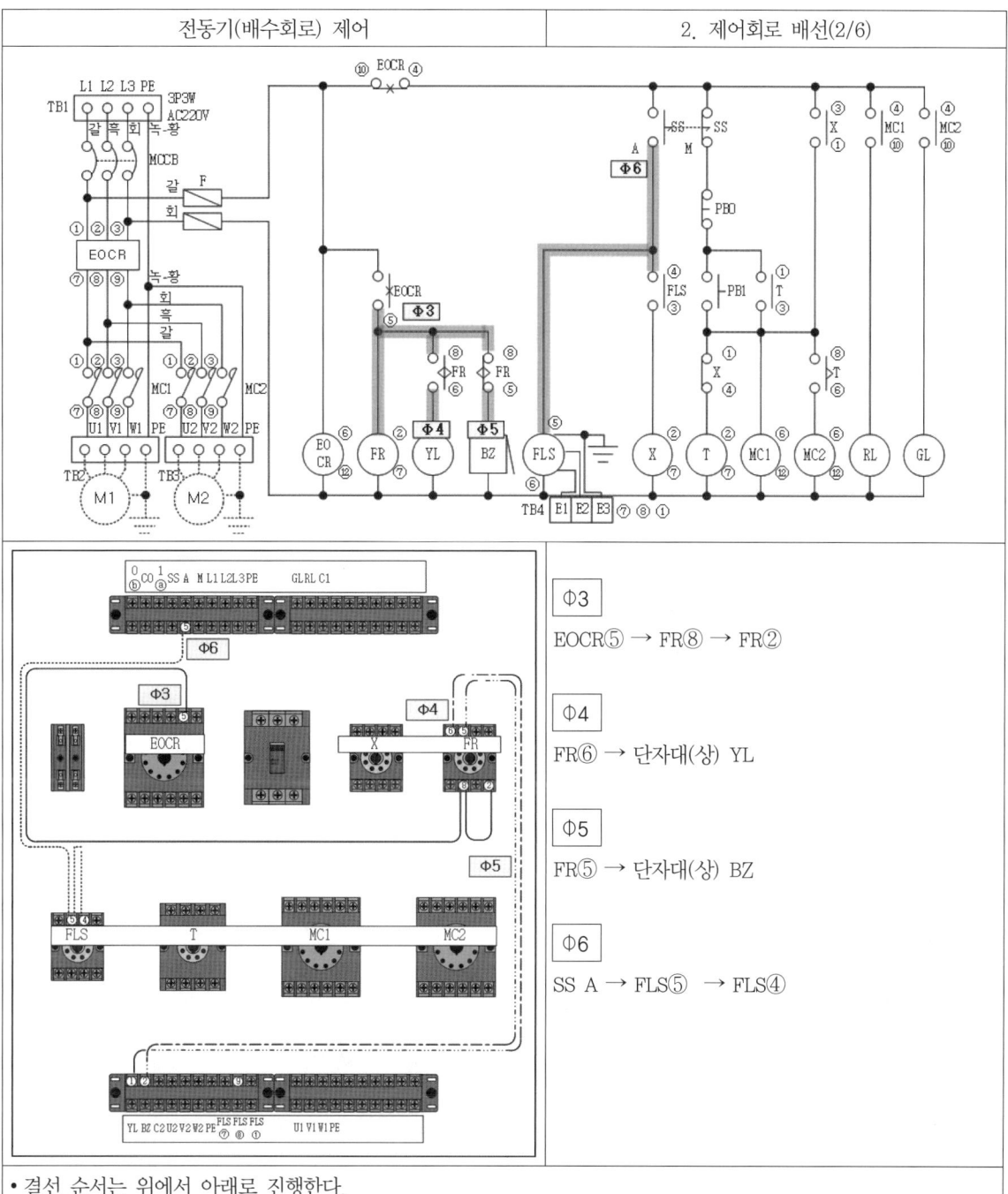

Φ3

EOCR⑤ → FR⑧ → FR②

Φ4

FR⑥ → 단자대(상) YL

Φ5

FR⑤ → 단자대(상) BZ

Φ6

SS A → FLS⑤ → FLS④

- 결선 순서는 위에서 아래로 진행한다.
- 제어선은 처음 연결 – 배선(굽히기 – 수평 – 수직) – 절단 – 전선 뭉치 끝에 달린 전선 피복 벗기기 – 연결된 전선 반대쪽 피복 벗기기 – 2선 결선 – [작업 반복] – 마지막 1선 결선

| 전동기(배수회로) 제어 | 2. 제어회로 배선(3/6) |

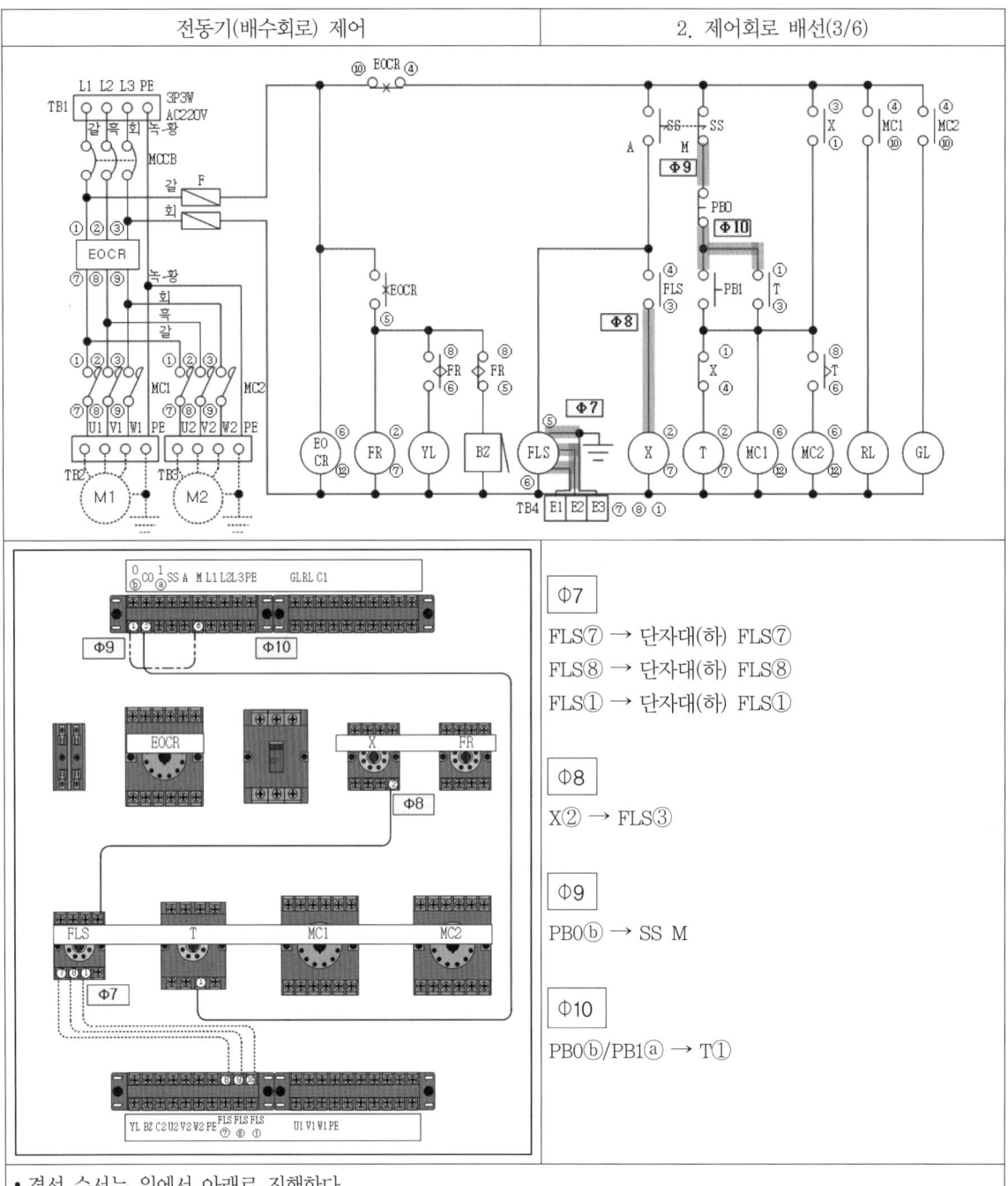

Φ7

FLS⑦ → 단자대(하) FLS⑦
FLS⑧ → 단자대(하) FLS⑧
FLS① → 단자대(하) FLS①

Φ8

X② → FLS③

Φ9

PB0ⓑ → SS M

Φ10

PB0ⓑ/PB1ⓐ → T①

- 결선 순서는 위에서 아래로 진행한다.
- 제어선은 처음 연결 – 배선(굽히기 – 수평 – 수직) – 절단 – 전선 뭉치 끝에 달린 전선 피복 벗기기 – 연결된 전선 반대쪽 피복 벗기기 – 2선 결선 – [작업 반복] – 마지막 1선 결선

| 전동기(배수회로) 제어 | 2. 제어회로 배선(4/6) |

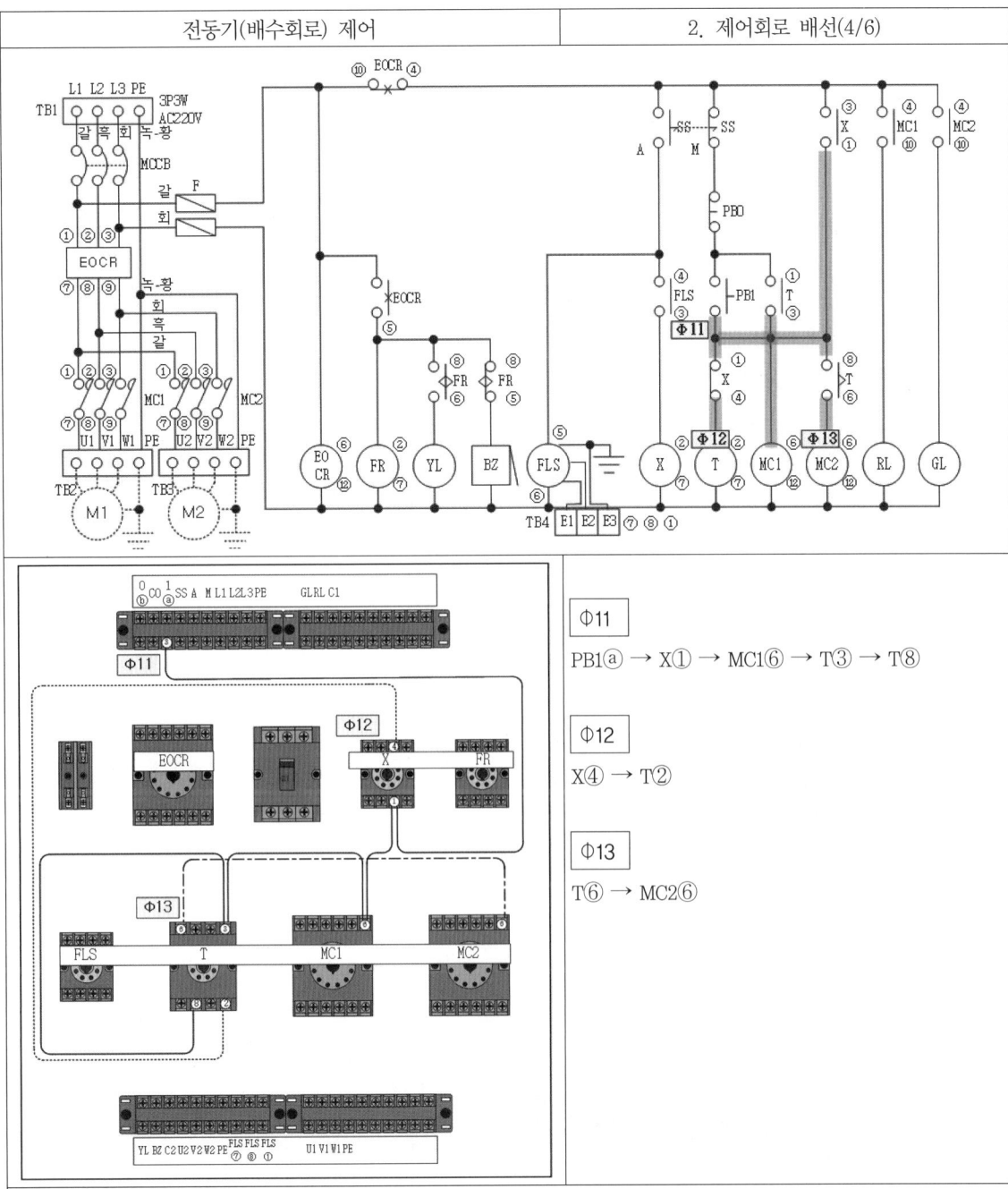

Φ11

PB1ⓐ → X① → MC1⑥ → T③ → T⑧

Φ12

X④ → T②

Φ13

T⑥ → MC2⑥

- 결선 순서는 위에서 아래로 진행한다.
- 제어선은 처음 연결 - 배선(굽히기 - 수평 - 수직) - 절단 - 전선 뭉치 끝에 달린 전선 피복 벗기기 - 연결된 전선 반대쪽 피복 벗기기 - 2선 결선 - [작업 반복] - 마지막 1선 결선

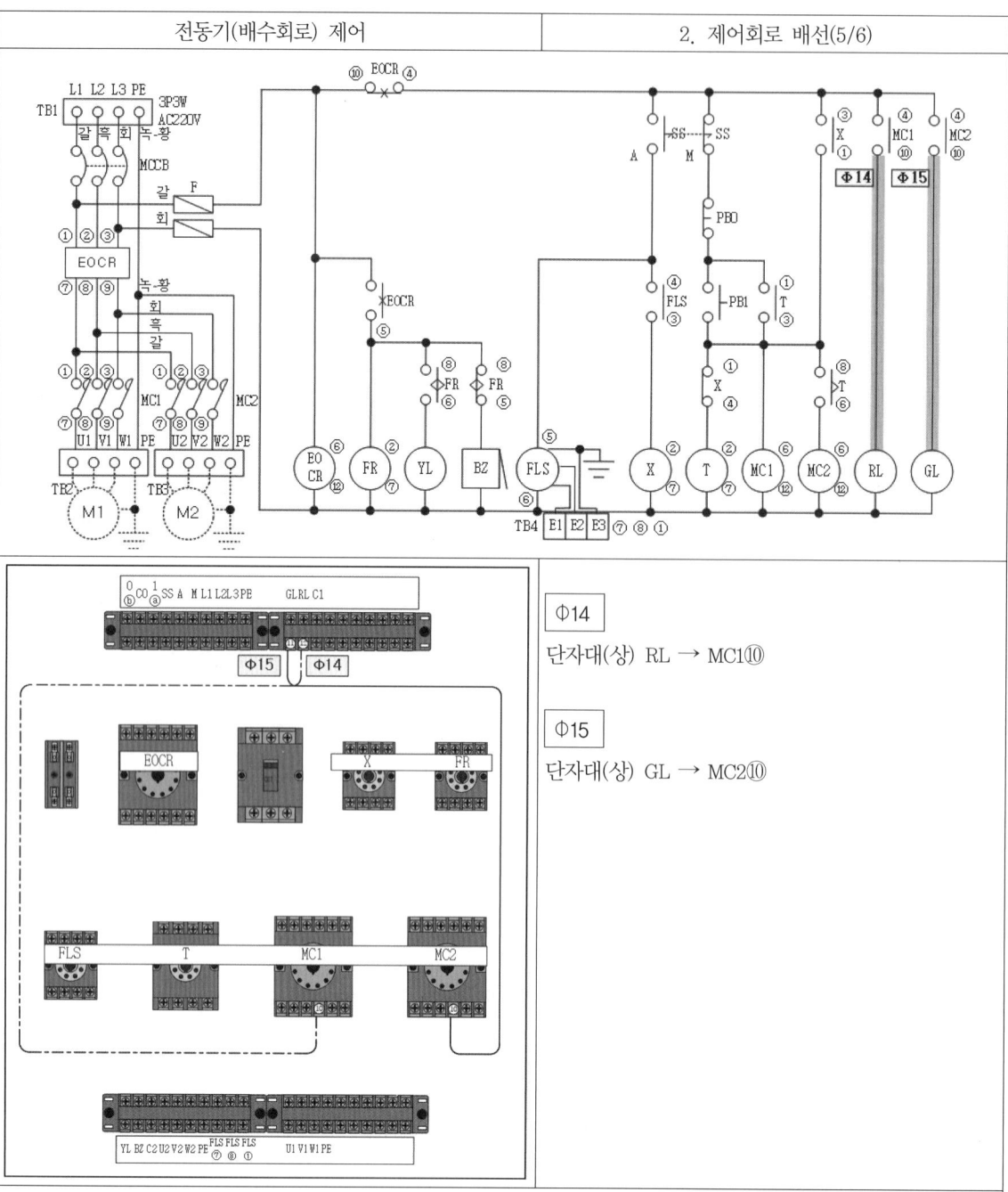

| 전동기(배수회로) 제어 | 2. 제어회로 배선(6/6) |

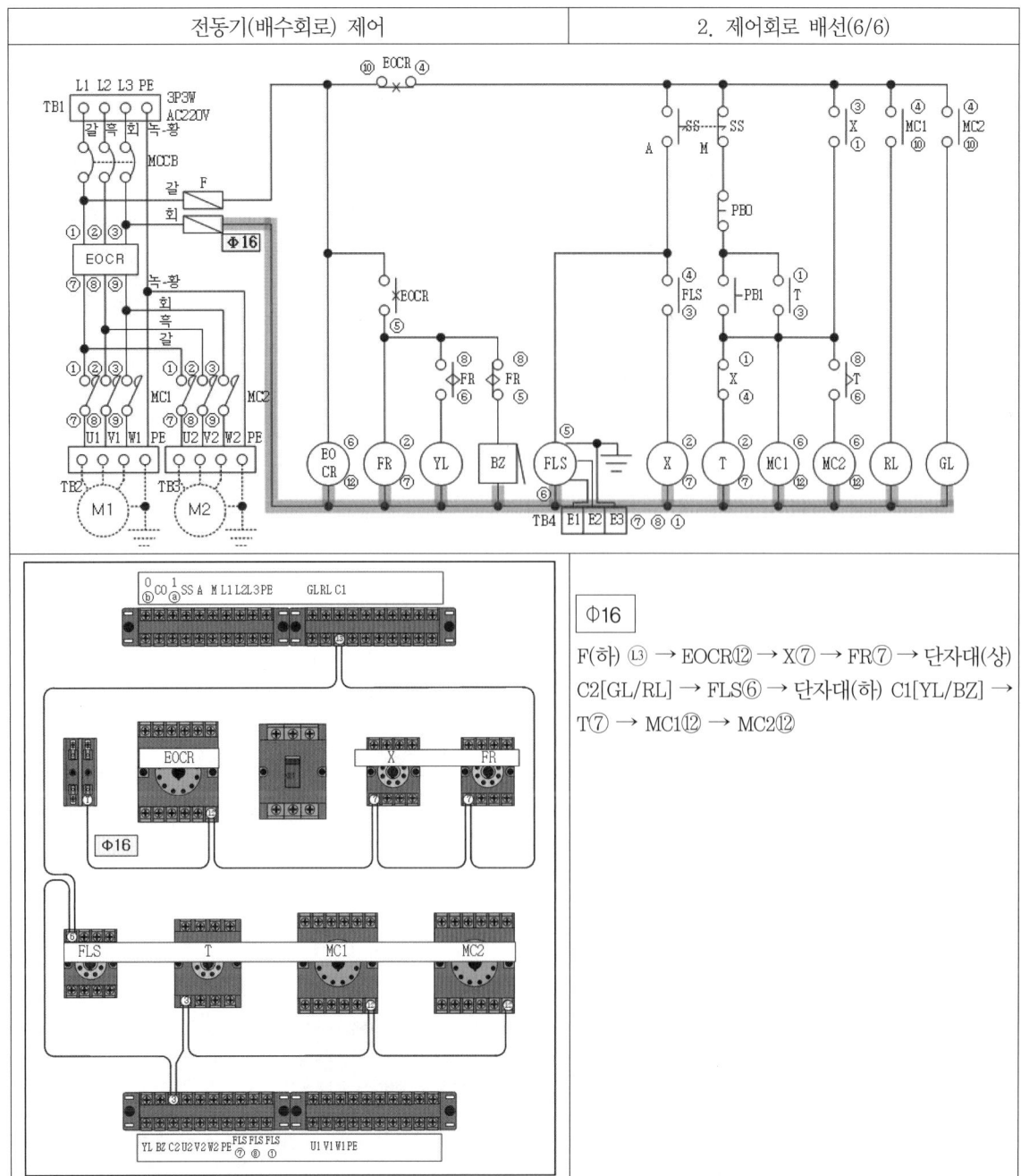

Φ16

F(하) ⑬ → EOCR⑫ → X⑦ → FR⑦ → 단자대(상) C2[GL/RL] → FLS⑥ → 단자대(하) C1[YL/BZ] → T⑦ → MC1⑫ → MC2⑫

L3상에서 퓨즈홀더가 있는 경우 고리를 만들어 연결하고 출발점으로 잡고 가장 가까운 각종 릴레이 전원(큰 번호)을 연결하며 위 단자대로 이동 후 부하나 부하 공통을 연결하고 아래로 진행한다(도면 없이 결선 가능).

㉻ 제어판 동작 검사
  ㉠ 눈으로 확인

구 분	EOCR(12)	MC(12)	FLS(8)
결 선	(감지기/전원 ⓑⓐ 상단, ⓒ/감지기 전원 하단)	(주접점/전원 ⓐⓑ 상단, ⓐⓑ전원/주접점 하단)	(전원/배수 ⓒⓐ 상단, 감지기 하단)
정 상	⑪ 제외, 나머지 결선	• 주접점과 전원 필수 • 보조접점(ⓐ, ⓑ) 미사용 무관 • 위와 아래가 같을 것	② 제외, 나머지 결선
불 량	⑪ 제외하고 빠진 경우	• 보조접점 위 혹은 아래만 2선 • 위와 아래가 다른 것 • 대각선 존재	② 제외하고 빠진 경우

구 분	X(8)	T(8)	FR(8)
결 선	(ⓐⓑⓑⓐ 상단, 전원ⓒⓒ전원 하단)	(한시ⓐⓑⓑⓐ순시 상단, 전원ⓒⓒ전원 하단)	(ⓐⓑ 상단, 전원ⓒⓒ전원 하단)
정 상	• 전원 필수 • 보조접점 – 단독접점/혼합접점	• 전원 필수 • 보조접점 – 단독접점/혼합접점	• 전원 필수 • 보조접점 – ①, ③, ④ 미사용 : 불변 – 단독접점/혼합접점
불 량	• 보조접점 미사용 • 위(ⓐ, ⓑ)만 2선 사용 • 공통ⓒ가 없는 경우 /공통ⓒ만 있는 경우	• 보조접점 미사용 • 위(ⓐ, ⓑ)만 2개만 사용 • 공통ⓒ가 없는 경우 /공통ⓒ만 있는 경우	• ①, ③, ④ 사용 • ⑧, ⑤, ⑥에서 1개만 사용 • ⑤, ⑥만 사용

ⓛ 벨테스터 : 단자1을 기준에 놓고 단자2를 바꾸어 가며 점검한다.

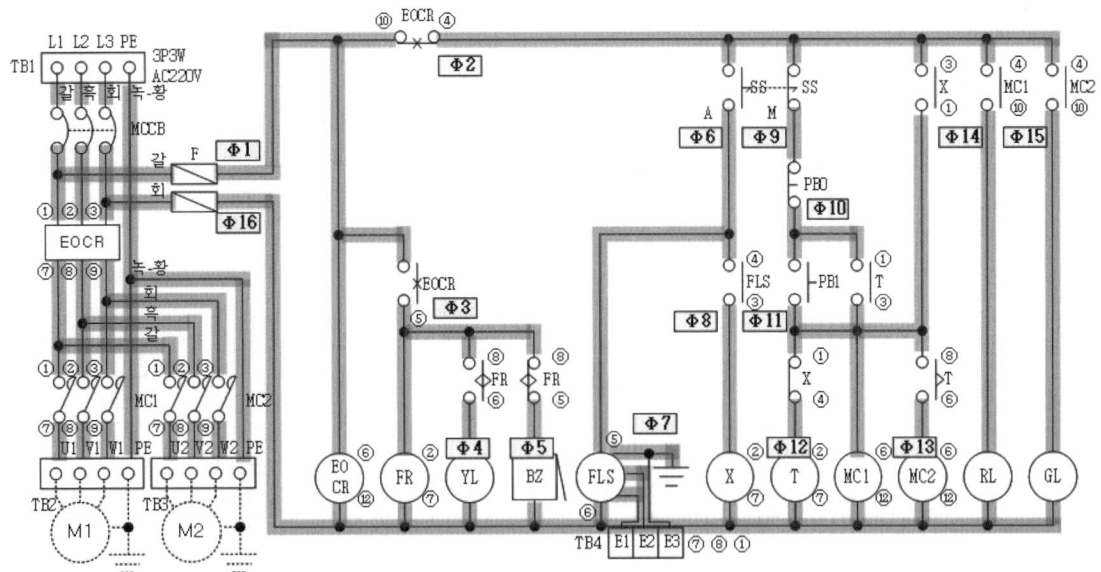

[주회로] MCCB ON 상태

작업	동작회로도 맨 앞에 단자1을 대고 단자2를 차례로 바꾸어 가며 순서대로 벨테스터기를 댄다.					
구 간	단자1	단자2	단자1	단자2	단자1	단자2
L1상	TB1ⓛ	EOCR①-F(상) ⓛ	EOCR⑦	MC1① MC2①	MC1⑦ MC2⑦	TB2⓾ TB3⓾
L2상	TB1⓶	EOCR②	EOCR⑧	MC1② MC2②	MC1⑧ MC2⑧	TB2ⓥ TB3ⓥ
L3상	TB1⓷	EOCR-F(상) ⓛ3	EOCR⑨	MC1③ MC2③	MC1⑨ MC2⑨	TB2ⓦ TB3ⓦ
PE	TB1㉴	TB2㉴-TB3㉴				

[제어회로]

구 간	단자1(기준)	단자2	구 간	단자1(기준)	단자2
φ1	F(하) ⓛ	EOCR⑥-EOCR⑩	φ2	EOCR④	SS-X③-MC1④-MC2④
φ3	EOCR⑤	FR②-FR⑧	φ4	FR⑥	YL
φ5	FR⑤	BZ	φ6	SS A	FLS⑤-FLS④
φ7	FLS⑦-E1, FLS⑧-E2, FLS①-E3		φ8	FLS③	X②
φ9	SS M	PB0ⓑ	φ10	PB0ⓑ/PB1ⓐ	T①
φ11	PB1ⓐ	X①-T③-MC1⑥-T⑧	φ12	X④	T②
φ13	T⑥	MC2⑥	φ14	MC1⑩	RL
φ15	MC2⑩	GL			
φ16	F(하) ⓛ3	EOCR⑫-FR⑦-YL/BZ-FLS⑥-X⑦-T⑦-MC1⑫-MC1⑫-RL/GL, 결선 순서대로 점검하면 더 간단하다.			

⑭ 전동기(배수회로) 제어 결선 실제

㉠ 제어판에서 연결된 단자대에 황색선은 임의, 주회로선은 갈, 흑, 회, 녹-황색으로 연결한다.

㉡ 외부 기구 결선 : 주회로선은 색깔로, 제어회로선은 벨테스터로 찾아 연결한다.

| 황색선 | 1. 단자대(상) 1, 2, 3, 4, 5, 6, 11, 12, 13에 황색 전선을 연결한다.
2. 벨테스터 한쪽을 연결된 단자대 1번에 대고 반대편 전선에 대어 소리 나는 전선을 찾는다.
3. 찾은 전선을 기구 PB0ⓑ에 연결하고, 공통선(C0)은 외부 기구에서 전선을 직접 연결한 후 단자대 2번에 결선해야 한다.
4. 나머지 단자와 단자대(하)도 같은 작업을 반복해서 결선한다. |

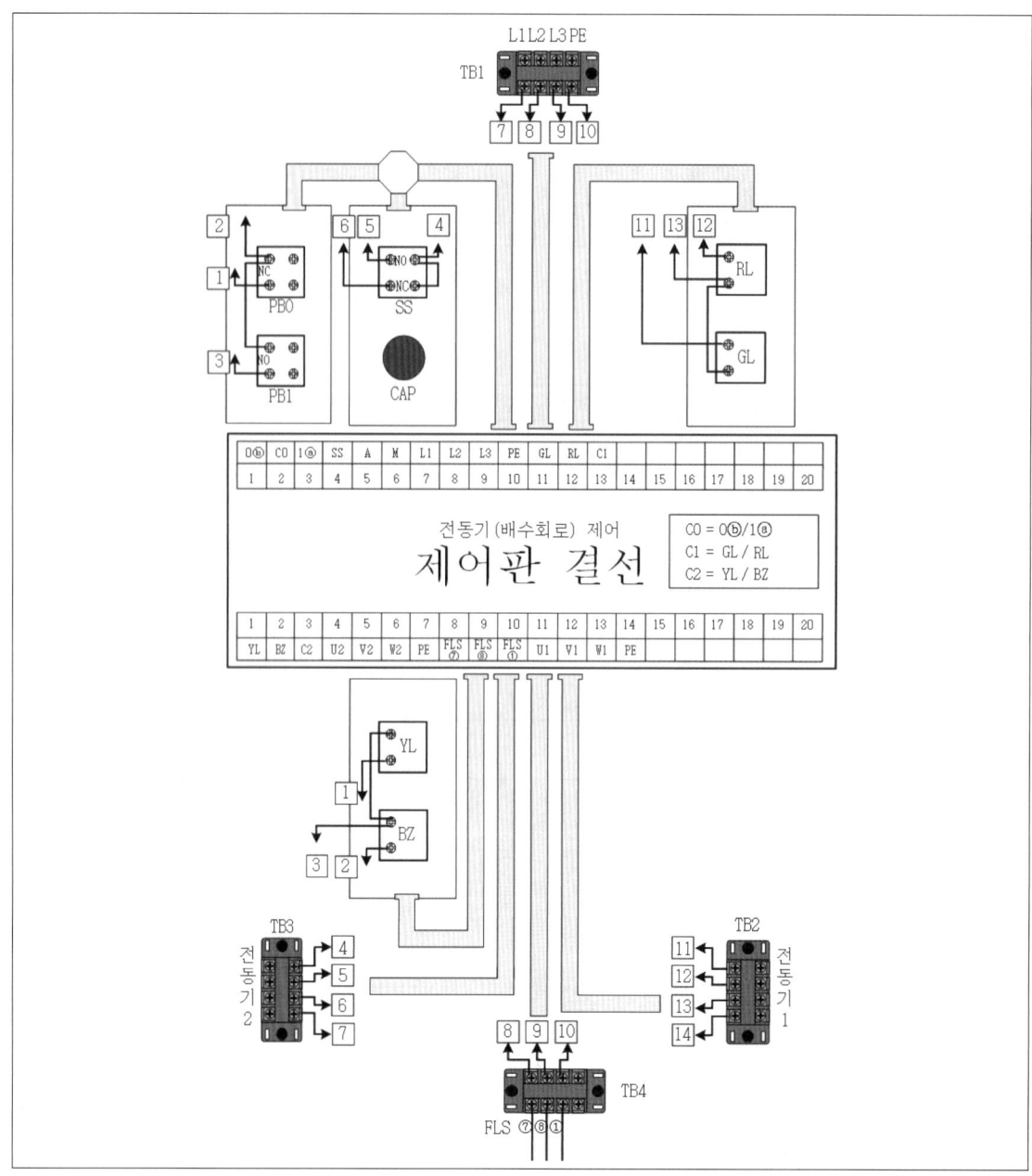

㉢ 배관 작업을 하지 않고 단자대에 직접 기구를 연결하여 동작시킬 수 있다.

(4) 전동기(리밋-순차) 제어회로 작업

㉮ 도 면

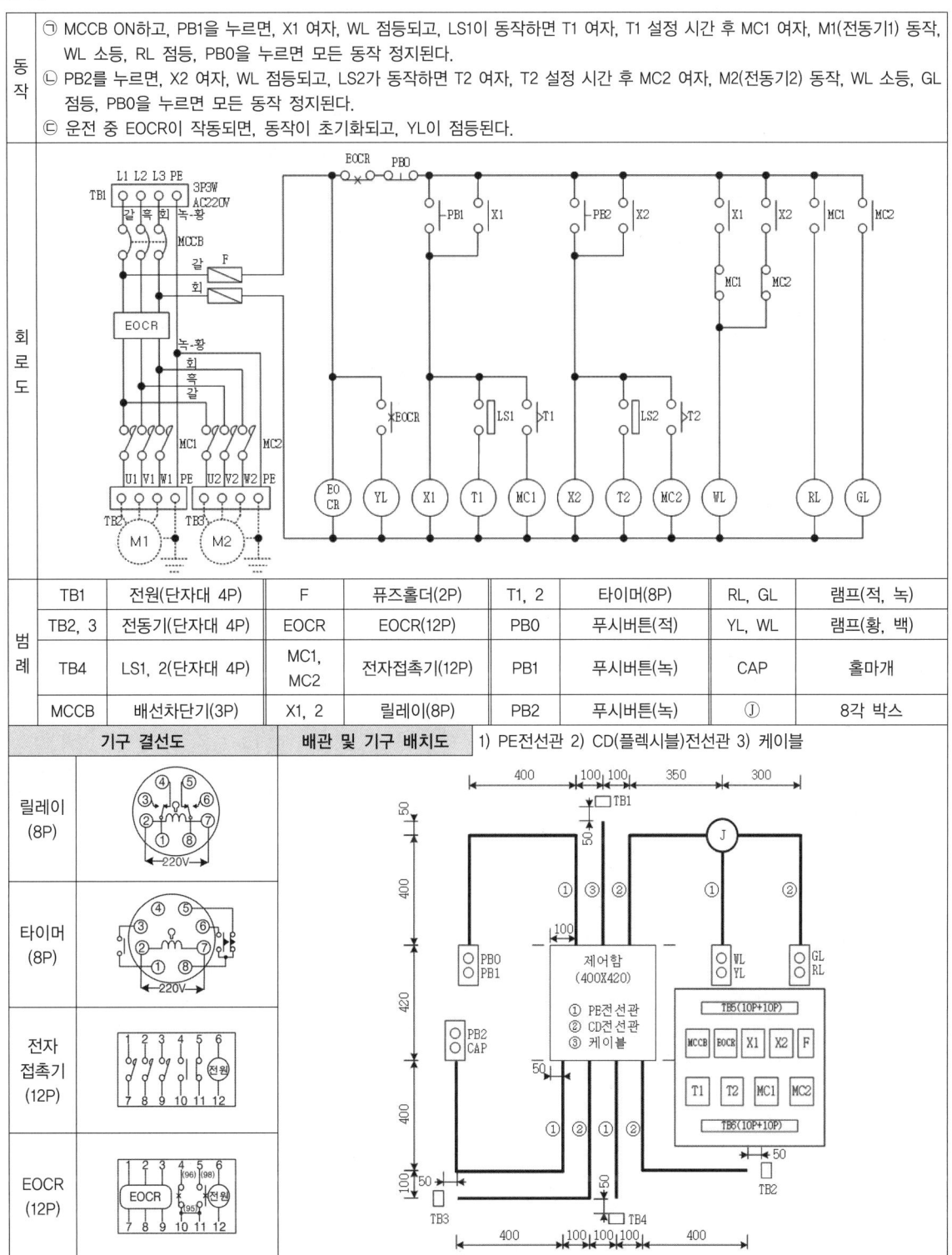

㉯ 제어판 만들기
　㉠ 동작회로도 번호 넣기 : 범례를 보면서 제어 기구 내부 결선도에 기호를 적어 준다.

| 릴레이(8핀) | 타이머(8핀) | 전자접촉기(12핀) | EOCR(12핀) |
| X1, X2 | T1, T2 | MC1, MC2 | EOCR |

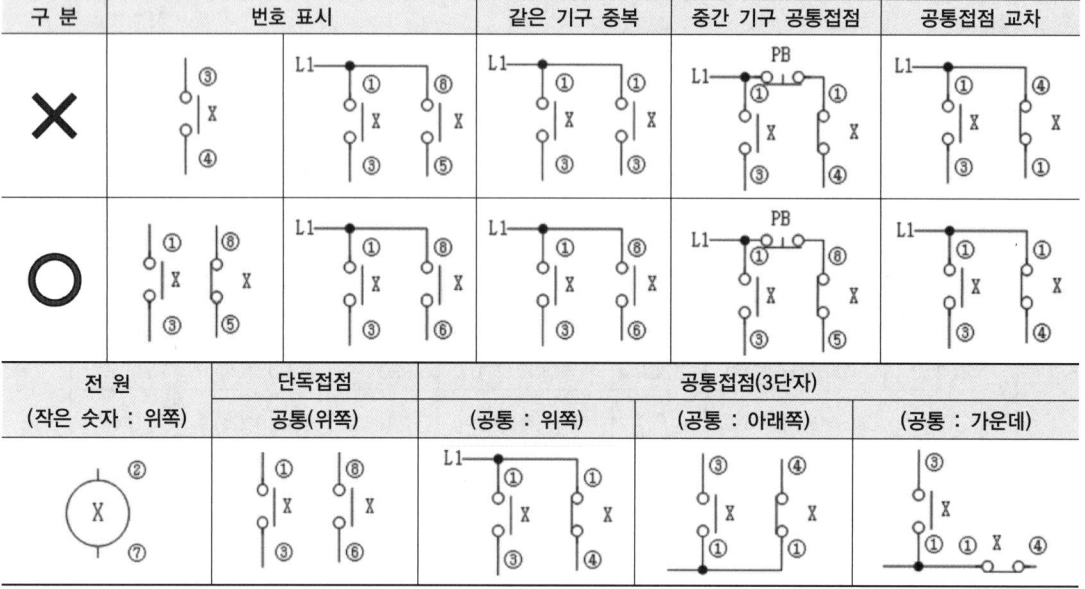

• 틀리기 쉬운 경우 및 번호 부여 규칙(숙달자는 결선을 간단, 초보자는 기준 부여)
　예 8핀 릴레이

• 번호 넣는 순서

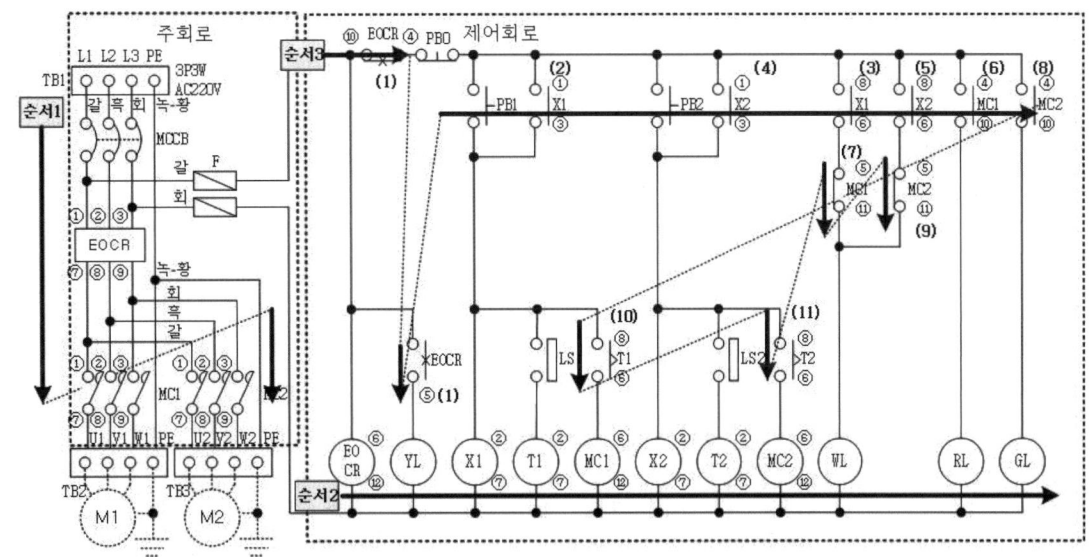

순서1	• 주회로 : MC1과 MC2 주접점과 EOCR 감지기 • MC 주접점과 EOCR 감지기 개수에 상관없이 (상) ① ② ③, (하) ⑦ ⑧ ⑨를 넣는다.

순서2	• 각종 릴레이의 전원 • 각종 릴레이의 전원은 개수에 상관없이 작은 숫자는 위쪽, 큰 숫자는 아래쪽에 넣는다.

순서3	• 각종 릴레이의 접점 • 화살표 방향으로 이동하며, 릴레이 종류별로 ⓐ접점과 ⓑ접점을 구분하며 넣는다. 병렬로 연결된 것은 같은 열로 본다.

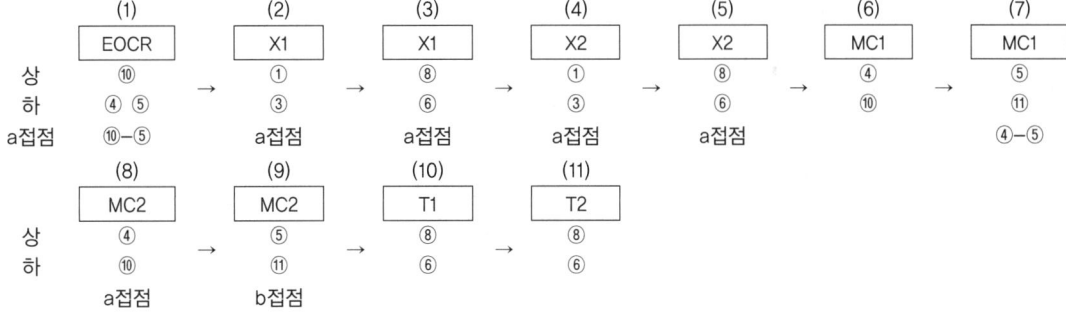

㉓ 단자대 기구 이름 정하기
- 외부 기구를 전선관에 따라 이동한 후 외부 기구 이름을 적는다.
- 같은 컨트롤박스에 들어 있는 외부 기구는 동작회로도에서 공통을 결정한다.
  - 공통선을 사용하지 않을 경우 단자대가 부족할 수 있다.
- 공통선 결선은 도면에 따라 외부 기구에서 전선으로 연결한 다음 1선만 단자대로 가져온다.
- 외부 기구끼리만 연결되는 경우 단자대에 전선이 나오지 않는다.
- 단자대의 외부 기구 이름을 보면서 결선을 할 수 있다.

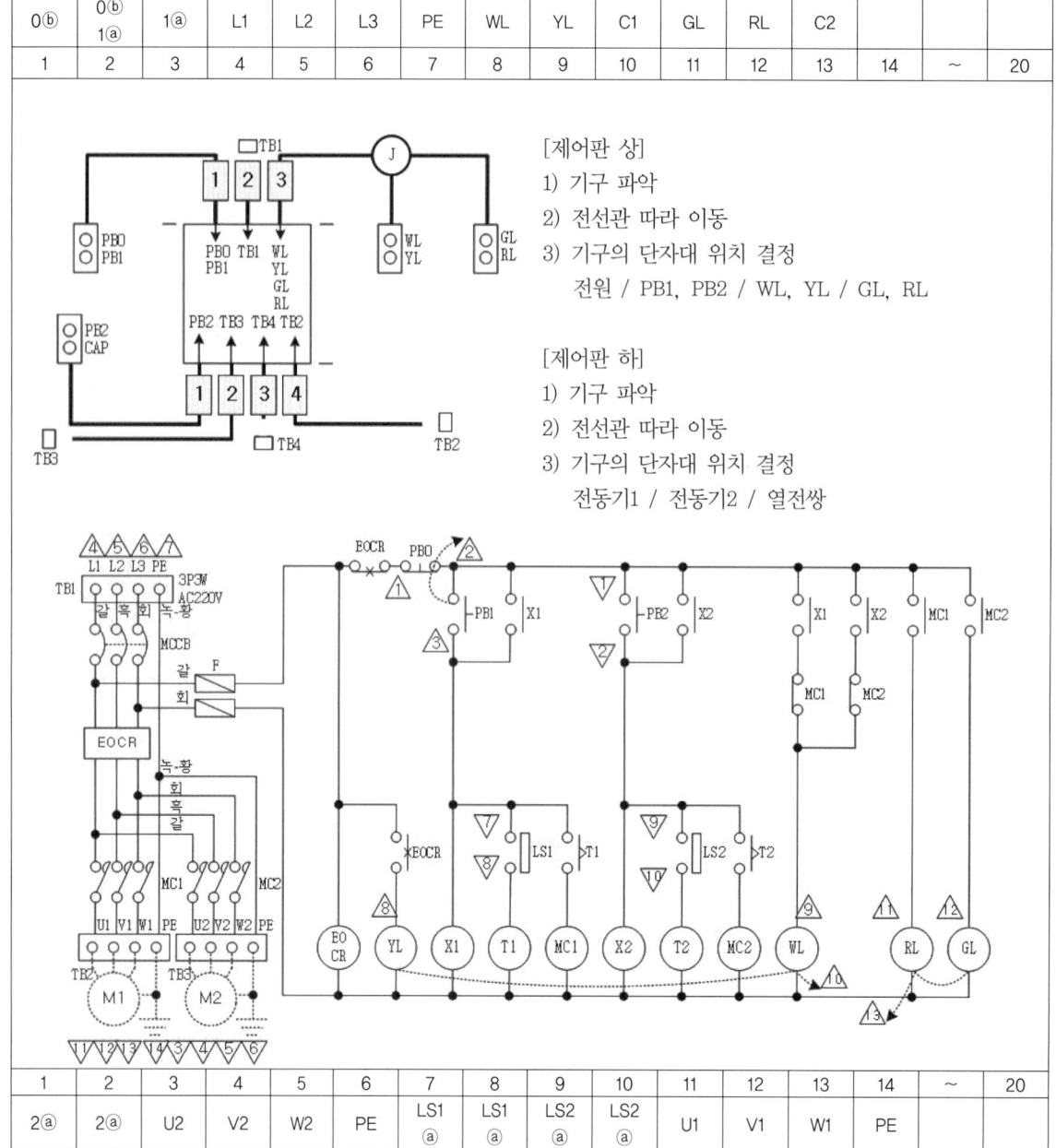

㈜ 제어판 실제 결선

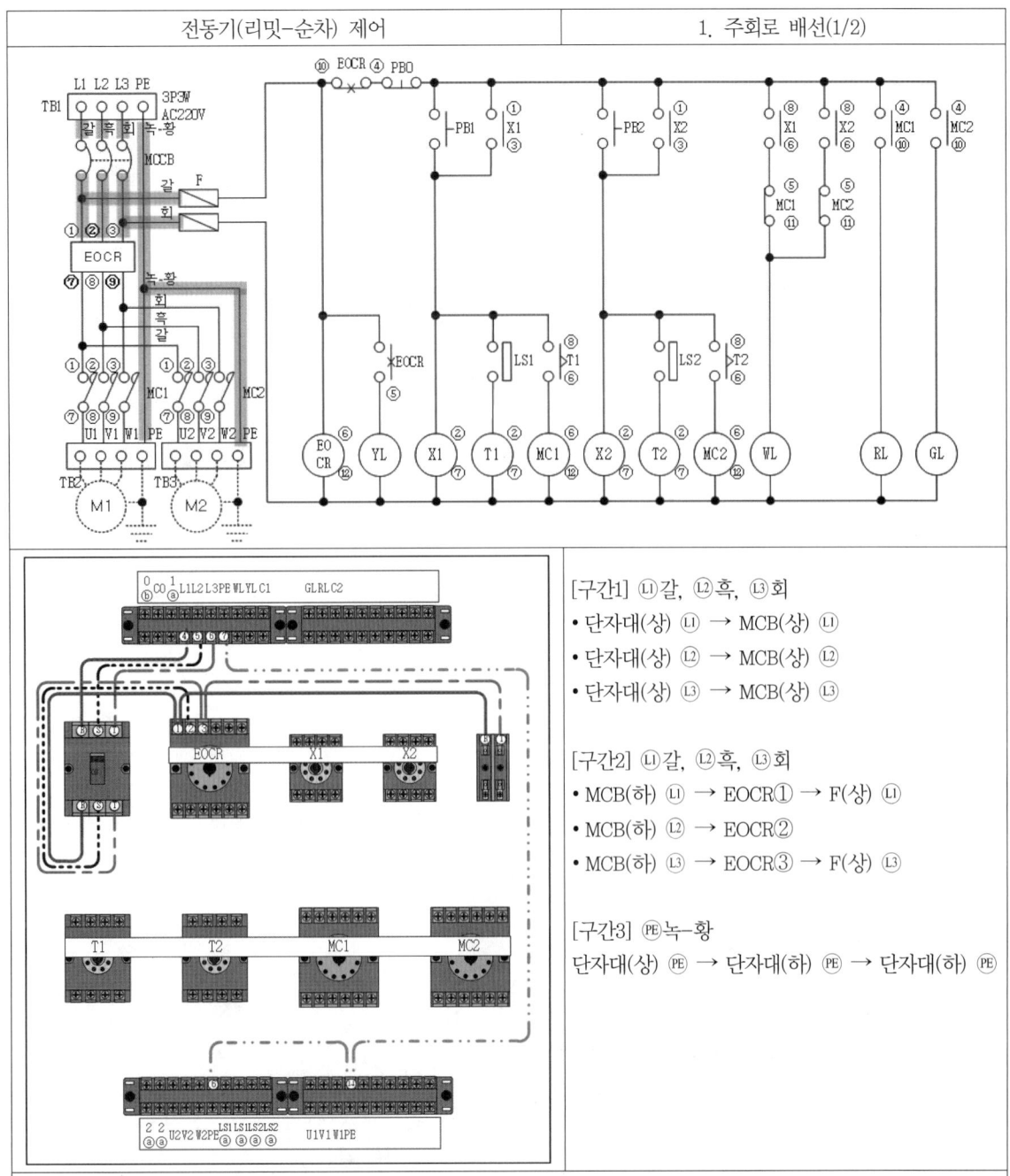

[구간1] ⓛ갈, ⓛ흑, ⓛ회
- 단자대(상) ⓛ → MCB(상) ⓛ
- 단자대(상) ⓛ → MCB(상) ⓛ
- 단자대(상) ⓛ → MCB(상) ⓛ

[구간2] ⓛ갈, ⓛ흑, ⓛ회
- MCB(하) ⓛ → EOCR① → F(상) ⓛ
- MCB(하) ⓛ → EOCR②
- MCB(하) ⓛ → EOCR③ → F(상) ⓛ

[구간3] ㉾녹-황
단자대(상) ㉾ → 단자대(하) ㉾ → 단자대(하) ㉾

- 전원선은 4선이 뭉쳐 있기 때문에 구간별로 3선씩 절단하여 동시에 결선한다.
- 접지선은 따로 결선한다.
- 퓨즈홀더 결선은 고리를 만들고 전원선과 함께 EOCR에 연결하며 색깔선을 사용한다.

| 전동기(리밋-순차) 제어 | 1. 주회로 배선(2/2) |

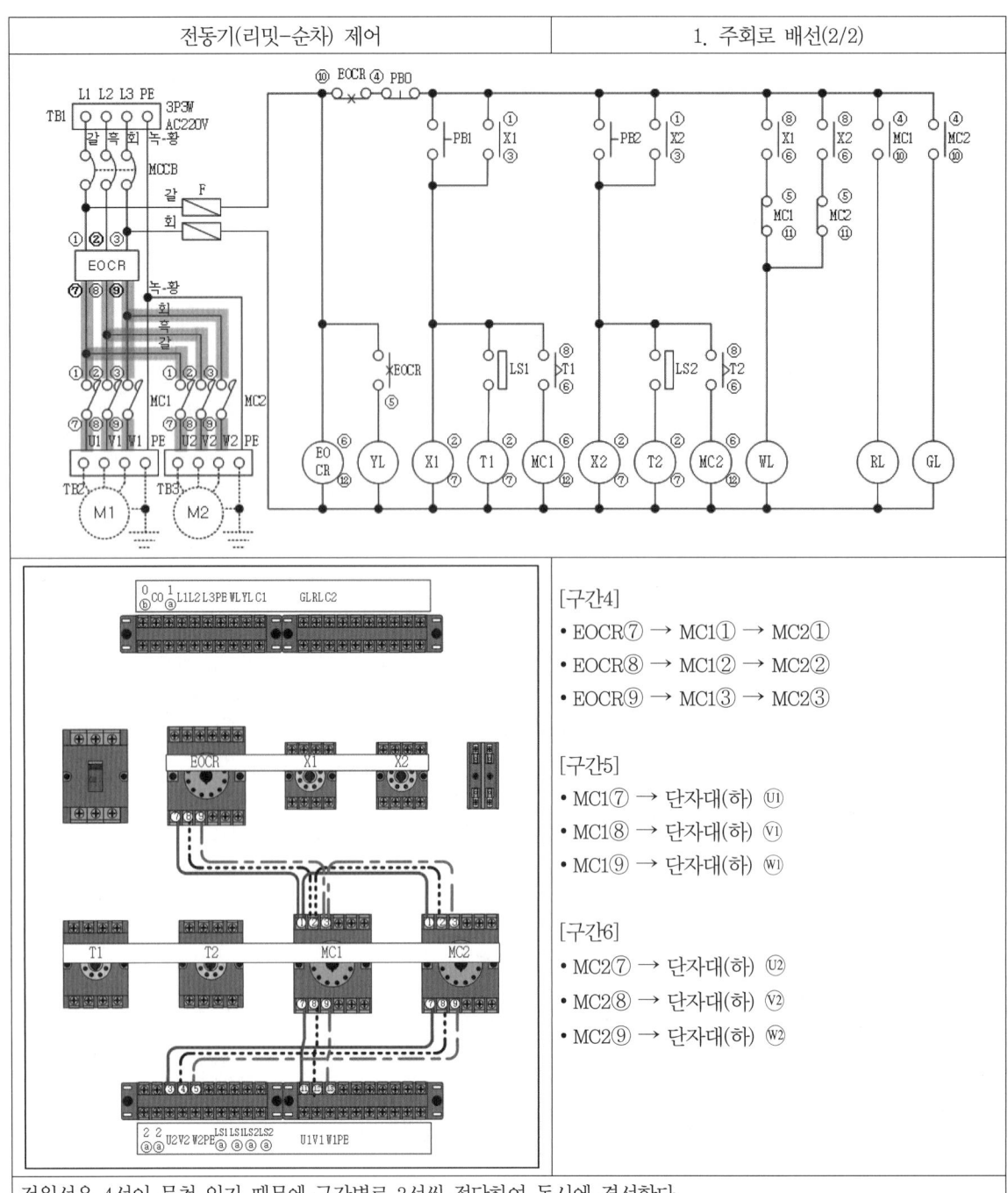

[구간4]
- EOCR⑦ → MC1① → MC2①
- EOCR⑧ → MC1② → MC2②
- EOCR⑨ → MC1③ → MC2③

[구간5]
- MC1⑦ → 단자대(하) Ⓤ1
- MC1⑧ → 단자대(하) Ⓥ1
- MC1⑨ → 단자대(하) Ⓦ1

[구간6]
- MC2⑦ → 단자대(하) Ⓤ2
- MC2⑧ → 단자대(하) Ⓥ2
- MC2⑨ → 단자대(하) Ⓦ2

전원선은 4선이 뭉쳐 있기 때문에 구간별로 3선씩 절단하여 동시에 결선한다.

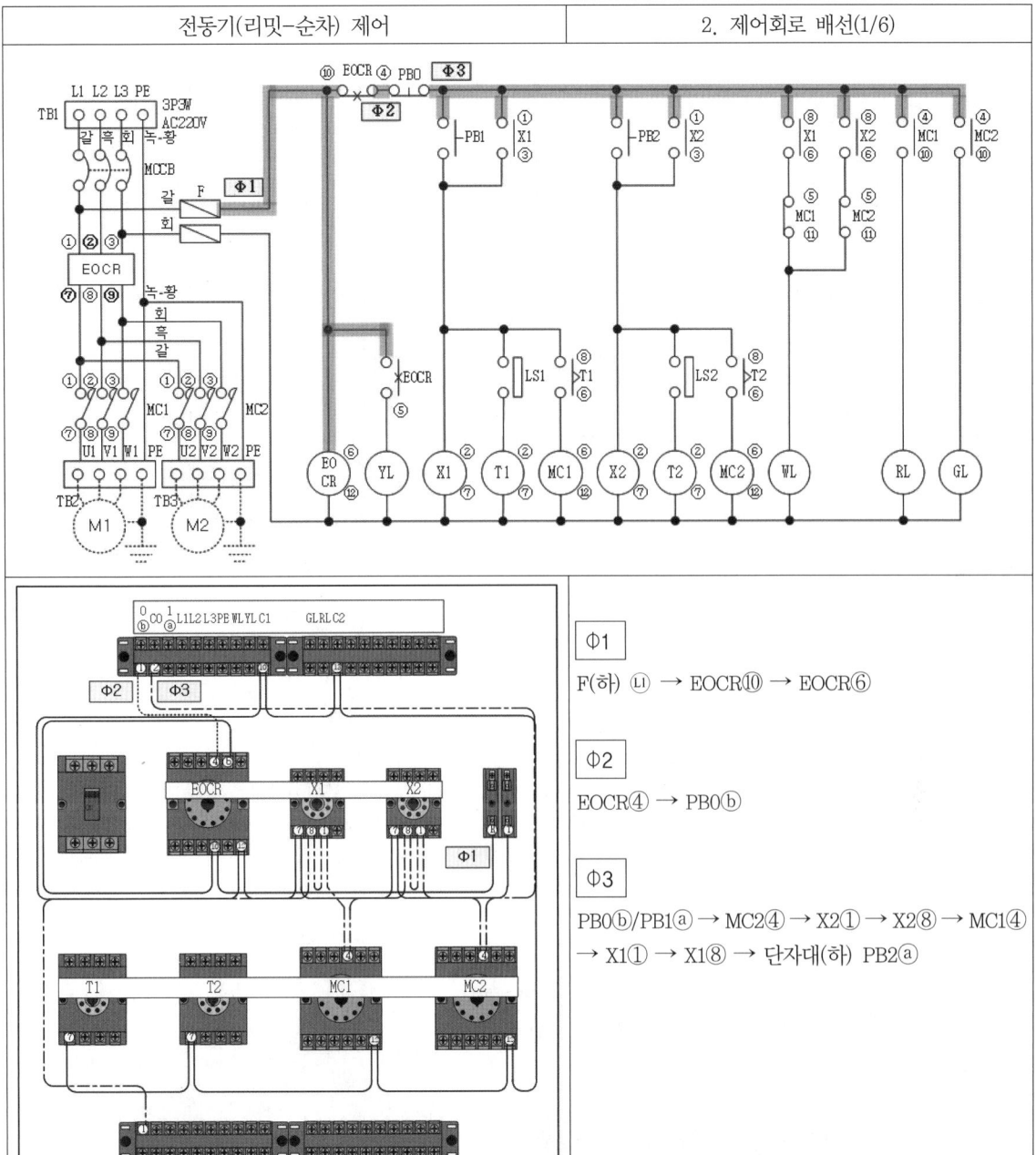

Φ1

F(하) ① → EOCR⑩ → EOCR⑥

Φ2

EOCR④ → PB0ⓑ

Φ3

PB0ⓑ/PB1ⓐ → MC2④ → X2① → X2⑧ → MC1④ → X1① → X1⑧ → 단자대(하) PB2ⓐ

- 퓨즈홀더가 있는 경우 고리를 만들어 연결하고 출발점으로 잡고 위에서 아래로 진행한다.
- 제어선은 처음 연결 - 배선(굽히기 - 수평 - 수직) - 절단 - 전선 뭉치 끝에 달린 전선 피복 벗기기 - 연결된 전선 반대쪽 피복 벗기기 - 2선 결선 - [작업 반복] - 마지막 1선 결선

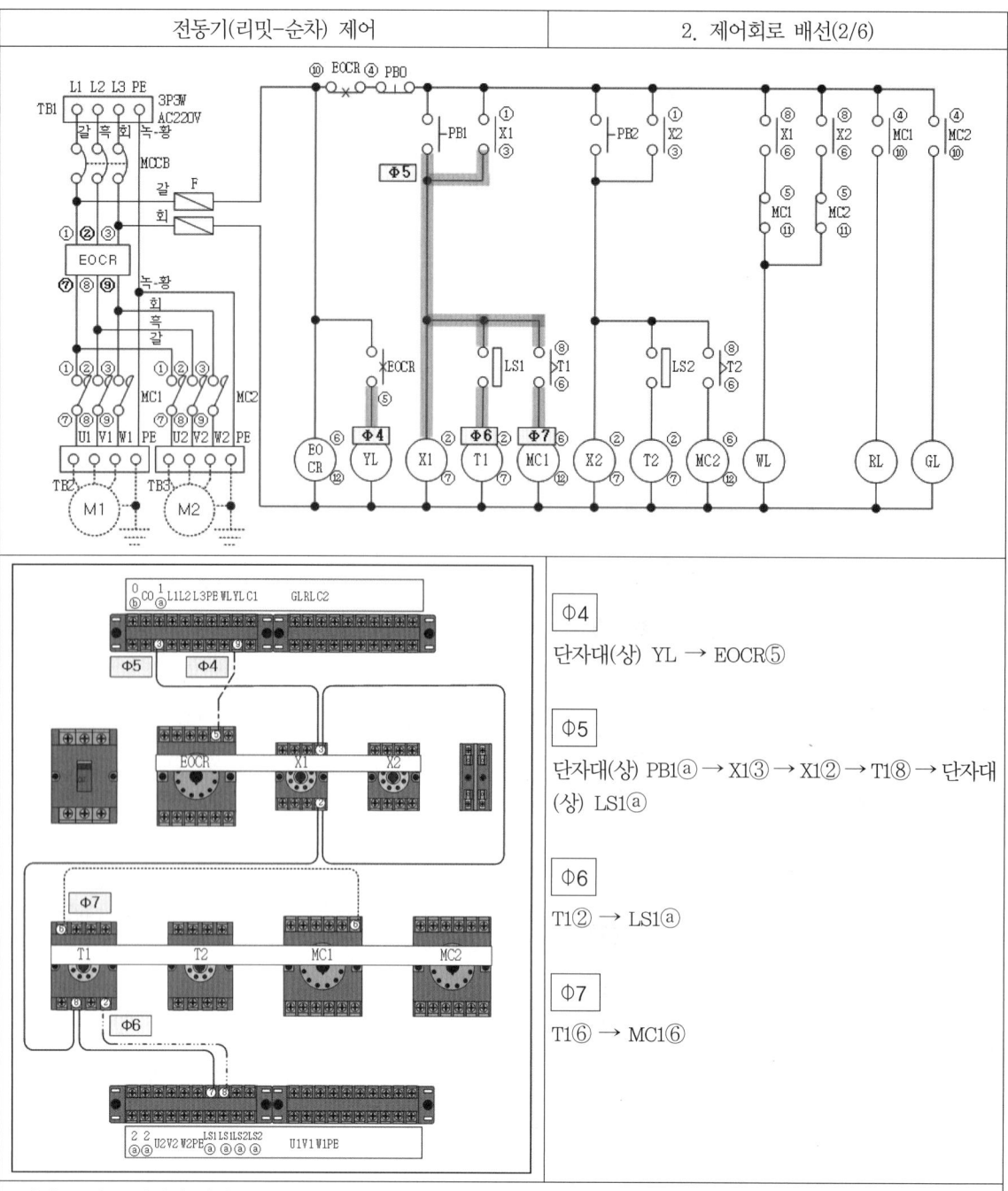

Φ4

단자대(상) YL → EOCR⑤

Φ5

단자대(상) PB1ⓐ → X1③ → X1② → T1⑧ → 단자대(상) LS1ⓐ

Φ6

T1② → LS1ⓐ

Φ7

T1⑥ → MC1⑥

- 결선 순서는 위에서 아래로 진행한다.
- 제어선은 처음 연결 – 배선(굽히기 – 수평 – 수직) – 절단 – 전선 뭉치 끝에 달린 전선 피복 벗기기 – 연결된 전선 반대쪽 피복 벗기기 – 2선 결선 – [작업 반복] – 마지막 1선 결선

| 전동기(리밋-순차) 제어 | 2. 제어회로 배선(3/6) |

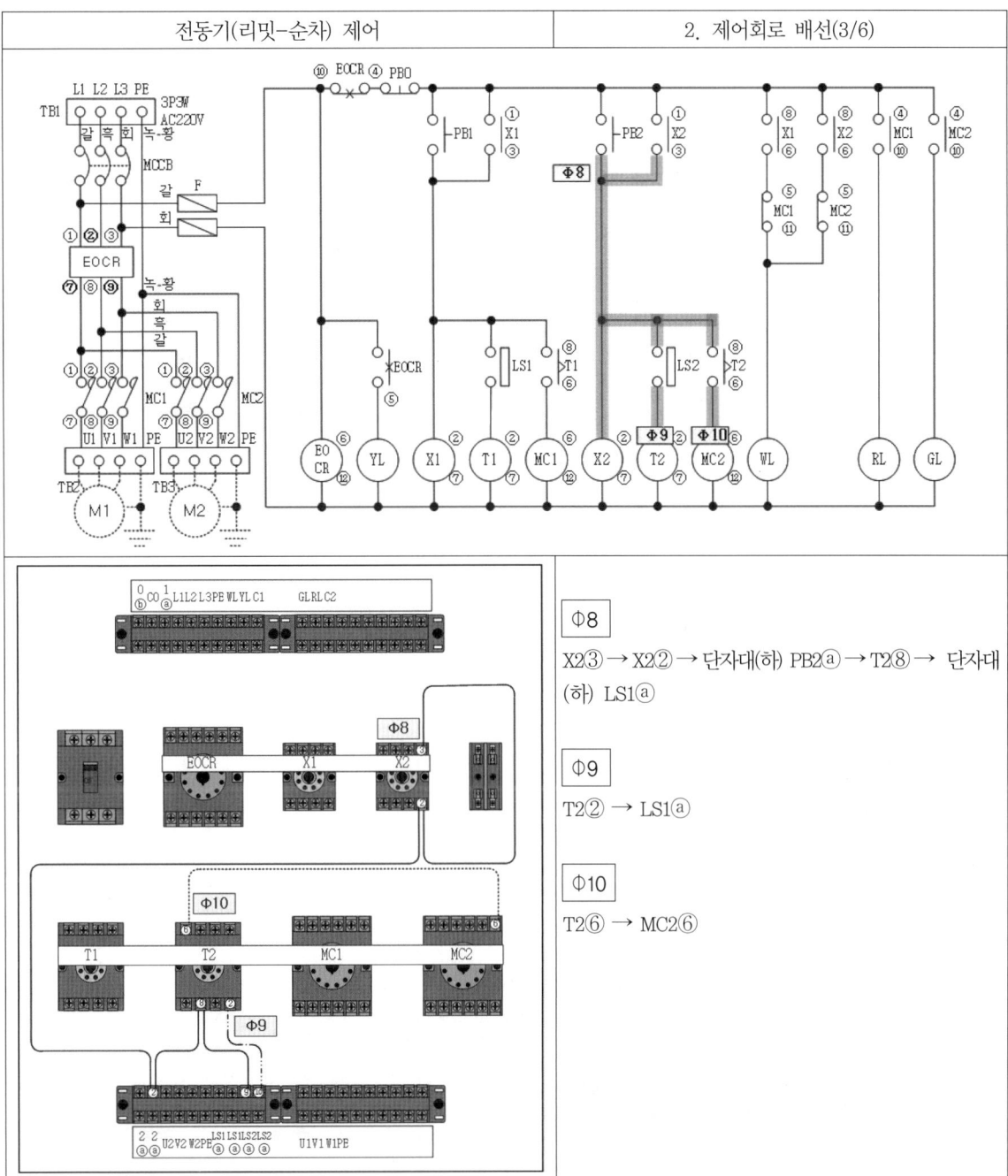

Φ8

X2③ → X2② → 단자대(하) PB2ⓐ → T2⑧ → 단자대(하) LS1ⓐ

Φ9

T2② → LS1ⓐ

Φ10

T2⑥ → MC2⑥

- 결선 순서는 위에서 아래로 진행한다.
- 제어선은 처음 연결 - 배선(굽히기 - 수평 - 수직) - 절단 - 전선 뭉치 끝에 달린 전선 피복 벗기기 - 연결된 전선 반대쪽 피복 벗기기 - 2선 결선 - [작업 반복] - 마지막 1선 결선

| 전동기(리밋-순차) 제어 | 2. 제어회로 배선(4/6) |

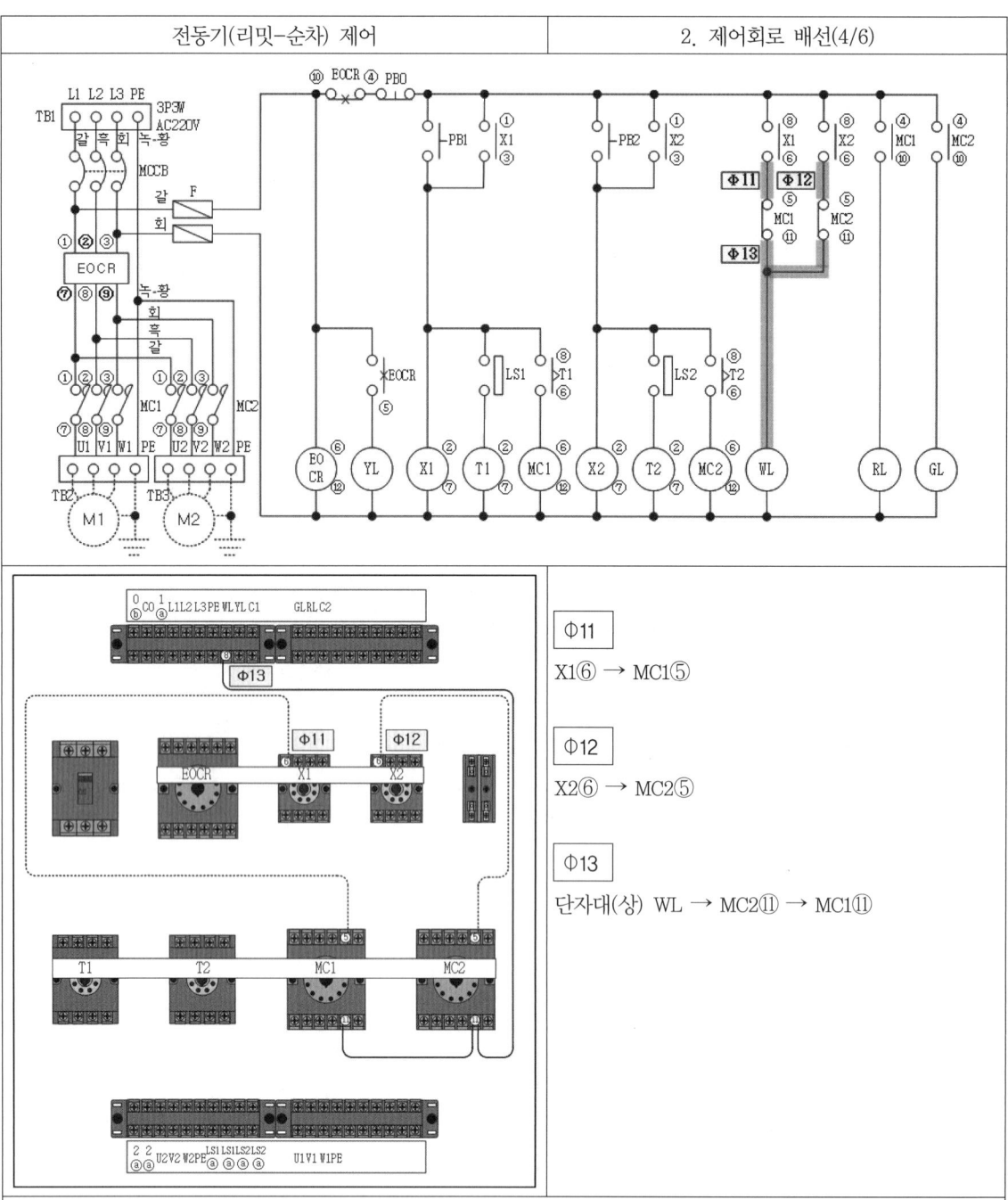

Φ11

X1⑥ → MC1⑤

Φ12

X2⑥ → MC2⑤

Φ13

단자대(상) WL → MC2⑪ → MC1⑪

- 결선 순서는 위에서 아래로 진행한다.
- 제어선은 처음 연결 – 배선(굽히기 – 수평 – 수직) – 절단 – 전선 뭉치 끝에 달린 전선 피복 벗기기 – 연결된 전선 반대쪽 피복 벗기기 – 2선 결선 – [작업 반복] – 마지막 1선 결선

| 전동기(리밋-순차) 제어 | 2. 제어회로 배선(5/6) |

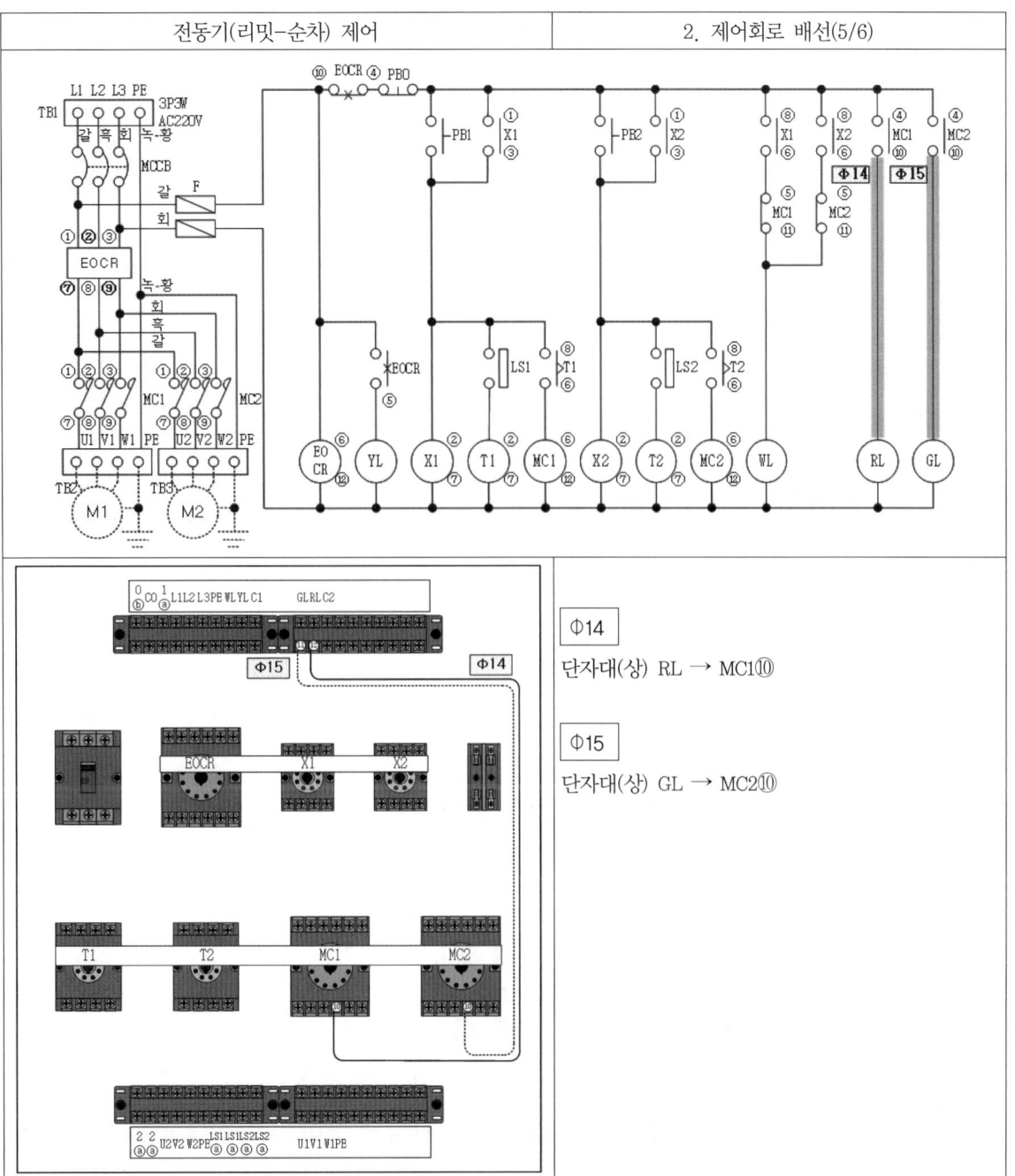

Φ14

단자대(상) RL → MC1⑩

Φ15

단자대(상) GL → MC2⑩

- 결선 순서는 위에서 아래로 진행한다.
- 제어선은 처음 연결 – 배선(굽히기 – 수평 – 수직) – 절단 – 전선 뭉치 끝에 달린 전선 피복 벗기기 – 연결된 전선 반대쪽 피복 벗기기 – 2선 결선 – [작업 반복] – 마지막 1선 결선

전동기(리밋-순차) 제어	2. 제어회로 배선(6/6)

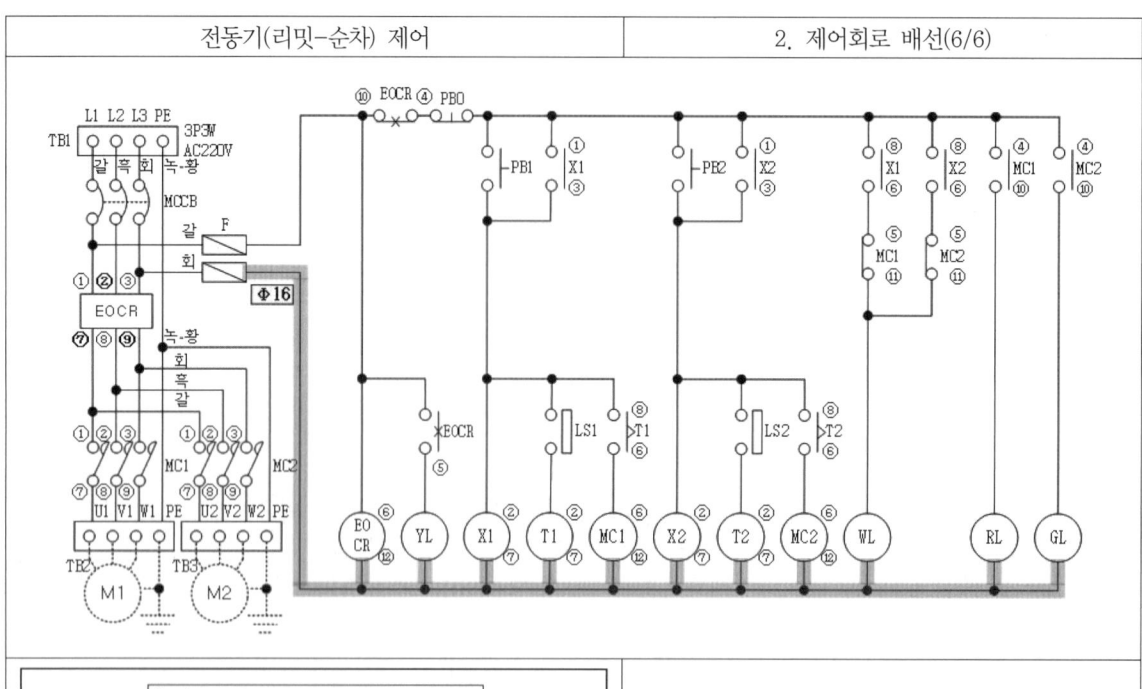

Φ16

F(하) ⑬ → X2⑦ → X1⑦ → EOCR⑫ → 단자대(상) C1[WL/YL] → 단자대(상) C2[RL/GL] → MC2⑫ → MC1⑫ → T2⑦ → T1⑦

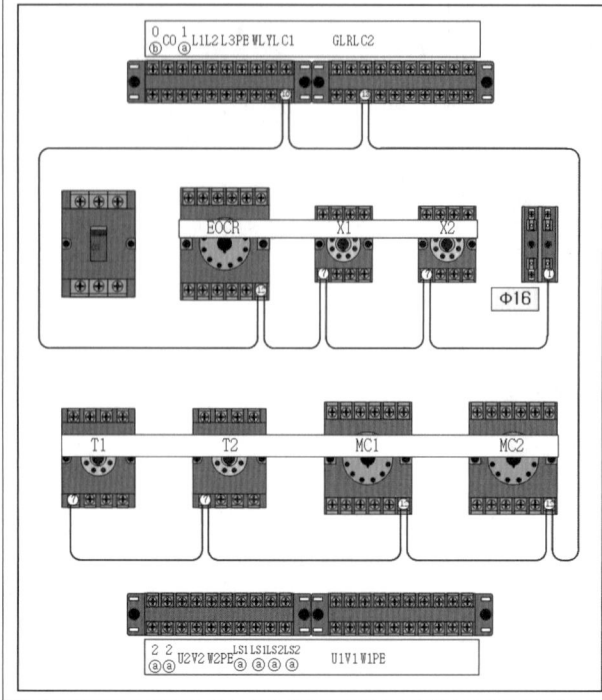

L3상에서 퓨즈홀더가 있는 경우 고리를 만들어 연결하고 출발점으로 잡고 가장 가까운 각종 릴레이 전원(큰 번호)을 연결하며 위 단자대로 이동 후 부하나 부하 공통을 연결하고 아래로 진행한다(도면 없이 결선 가능).

㉤ 제어판 동작 검사
　㉠ 눈으로 확인

구 분	EOCR(12)	MC(12)
결 선	(감지기-ⓑⓐ-전원 / ⓒ-감지기-전원 결선도)	(주접점-ⓐⓑ-전원 / ⓐⓑ-주접점-전원 결선도)
정 상	⑪ 제외, 나머지 결선	• 주접점과 전원 필수 • 보조접점(ⓐ, ⓑ) 미사용 무관 • 위와 아래가 같을 것
불 량	⑪ 제외하고 빠진 경우	• 보조접점 위 혹은 아래만 2선 • 위와 아래가 다른 것 • 대각선 존재

구 분	X(8)	T(8)
결 선	(ⓐⓑⓑⓐ / 전원ⓒⓒ전원 결선도)	(한시ⓐⓑⓑⓐ순시 / 전원ⓒⓒ전원 결선도)
정 상	• 전원 필수 • 보조접점 　- 단독접점/혼합접점	• 전원 필수 • 보조접점 　- 단독접점/혼합접점
불 량	• 보조접점 미사용 • 위(ⓐ, ⓑ)만 2선 사용 • 공통ⓒ가 없는 경우/공통ⓒ만 있는 경우	• 보조접점 미사용 • 위(ⓐ, ⓑ)만 2개만 사용 • 공통ⓒ가 없는 경우/공통ⓒ만 있는 경우

ⓒ 벨테스터 : 단자1을 기준에 놓고 단자2를 바꾸어 가며 점검한다.

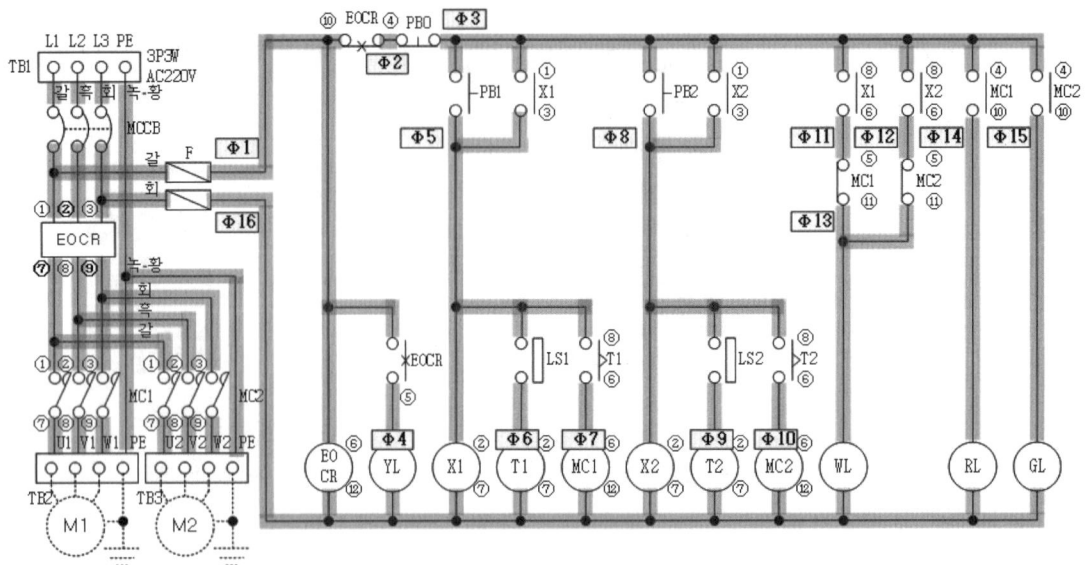

[주회로] MCCB ON 상태

구 간	단자1	단자2	단자1	단자2	단자1	단자2
작 업	동작회로도 맨 앞에 단자1을 대고 단자2를 차례로 바꾸어 가며 순서대로 벨테스터기를 댄다.					
L1상	TB1Ⓛ①	EOCR①-F(상) Ⓛ①	EOCR⑦	MC1① / MC2①	MC1⑦ / MC2⑦	TB2Ⓤ① / TB3Ⓥ②
L2상	TB1Ⓛ②	EOCR②	EOCR⑧	MC1② / MC2②	MC1⑧ / MC2⑧	TB2Ⓥ① / TB3Ⓥ②
L3상	TB1Ⓛ③	EOCR③-F(상) Ⓛ③	EOCR⑨	MC1③ / MC2③	MC1⑨ / MC2⑨	TB2Ⓦ① / TB3Ⓦ②
PE	TB1㉟	TB2㉟-TB3㉟				

[제어회로]

구 간	단자1(기준)	단자2	구 간	단자1(기준)	단자2
φ1	F(하) Ⓛ①	EOCR⑥-EOCR⑩	φ2	EOCR④	PB0ⓑ
φ3	PB0ⓑ/PB1ⓐ	X1①-PB2ⓐ-X2①-X1⑧-X2⑧-MC1④-MC2④			
φ4	EOCR⑤	YL	φ5	PB1ⓐ	X1②-LS1ⓐ-T1⑧-X1③
φ6	LS1ⓐ	T1②	φ7	T1⑥	MC1⑥
φ8	PB2ⓐ	X2②-LS2ⓐ-T2⑧-X2③	φ9	LS2ⓐ	T2②
φ10	T2⑥	MC2⑥	φ11	X1⑥	MC1⑤
φ12	X2⑥	MC2⑤	φ13	MC1⑪	WL-MC2⑪
φ14	MC1⑩	RL	φ15	MC2⑩	GL
φ16	F(하) Ⓛ③	EOCR⑫-YL/WL-X1⑦-T1⑦-MC1⑫-X2⑦-T2⑦-MC2⑫-GL/RL, 결선 순서대로 점검하면 더 간단하다.			

㉥ 전동기(리밋-순차) 제어 결선 실제
  ㉠ 제어판에서 연결된 단자대에 황색선은 임의, 주회로선은 갈, 흑, 회, 녹-황색으로 연결한다.
  ㉡ 외부 기구 결선 : 주회로선은 색깔로, 제어회로선은 벨테스터로 찾아 연결한다.

| 황색선 | 1. 단자대(상) 1, 2, 3, 8, 9, 10, 11, 12, 13에 황색 전선을 연결한다.
2. 벨테스터 한쪽을 연결된 단자대 1번에 대고 반대편 전선에 대어 소리 나는 전선을 찾는다.
3. 찾은 전선을 기구 PB0ⓑ에 연결하고, 공통선(C1)은 외부 기구에서 전선을 직접 연결한 후 단자대 2번에 결선해야 한다.
4. 나머지 단자와 단자대(하)도 같은 작업을 반복해서 결선한다. |

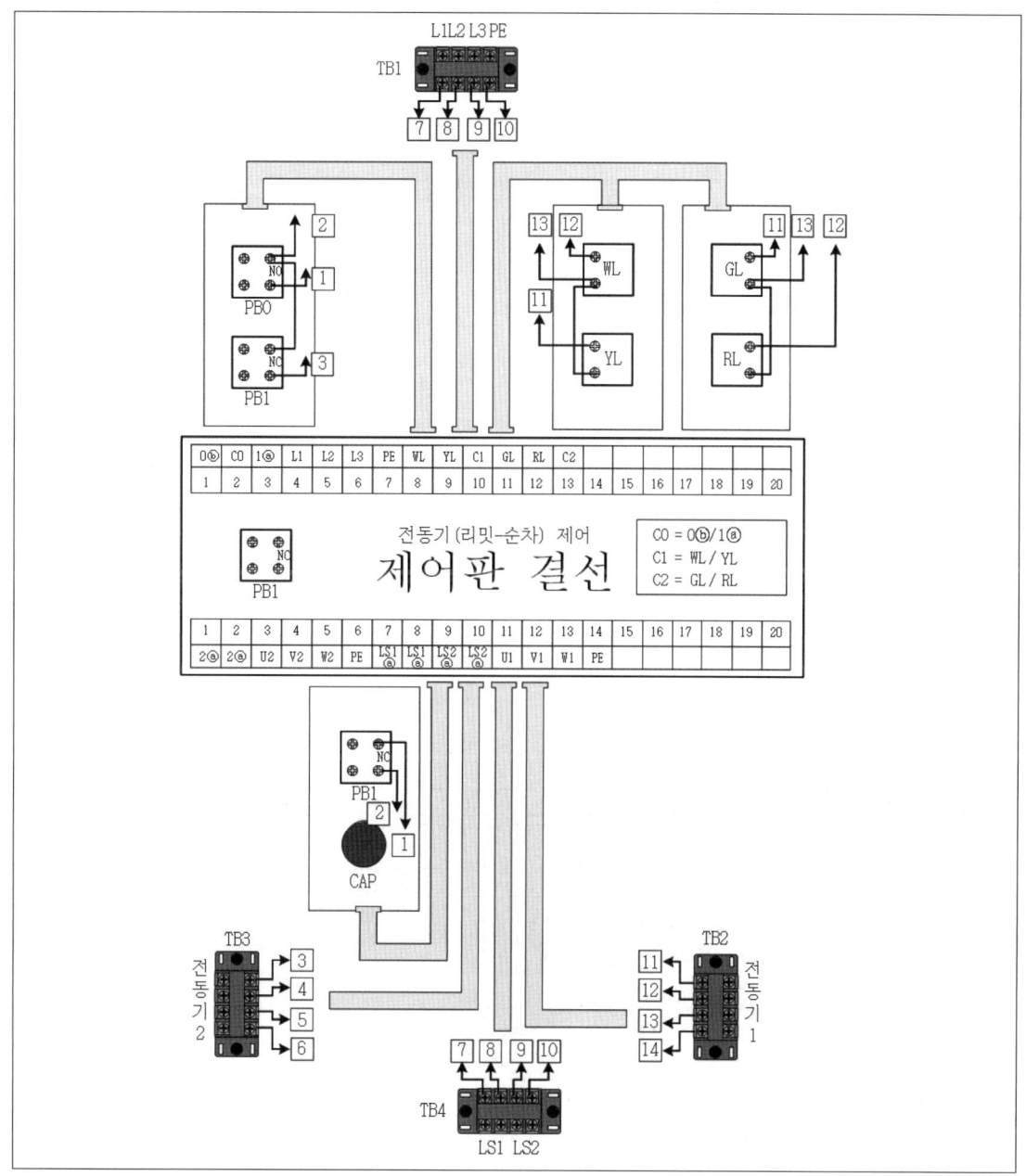

㉢ 배관 작업을 하지 않고 단자대에 직접 기구를 연결하여 동작시킬 수 있다.

| JOB1 - 1 | 제목 | 전동기(정역) 제어 ① | 4시간 30분 | 제작 박성운 |

1. 동 작

1) 배선차단기 MCCB에 전원을 투입하면 GL이 점등된다.
2) PB1을 누르면 MC1과 Ry1이 여자되어, 모터가 정회전되고, RL1이 점등되고, GL이 소등된다.
3) PB2를 누르면 MC2와 Ry2가 여자되어, 모터가 역회전되고, RL2가 점등되고, GL이 소등된다.
4) PB1과 PB2를 누를 때마다 전동기 정역 운전이 반복된다.
5) 동작 중 PB0을 누르면 동작이 정지된다.
6) EOCR이 동작하면 모든 동작이 정지되고, T가 여자되어, BZ가 동작되고, T의 설정 시간 후 BZ가 정지되고 YL이 점등된다.

2. 도 면

(1) 동작회로도

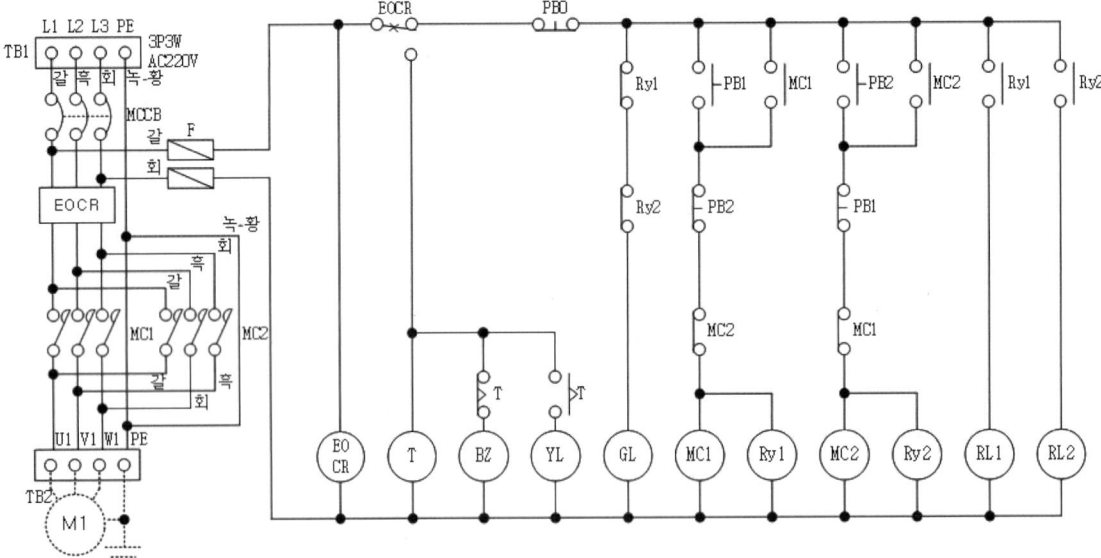

(2) 기구 내부 결선도

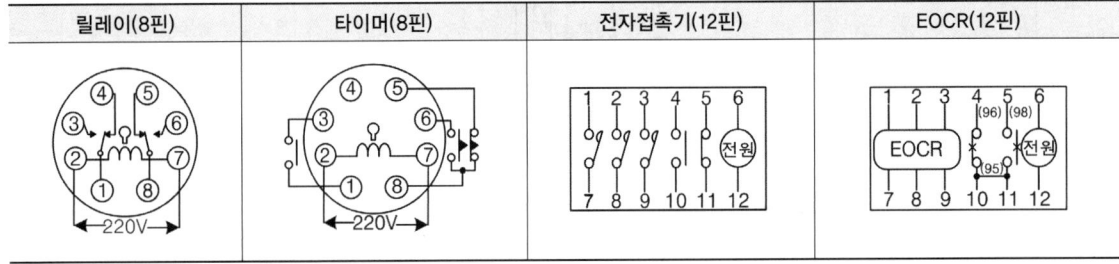

(3) 배관 및 기구 배치도 / 제어판 내부 기구 배치도

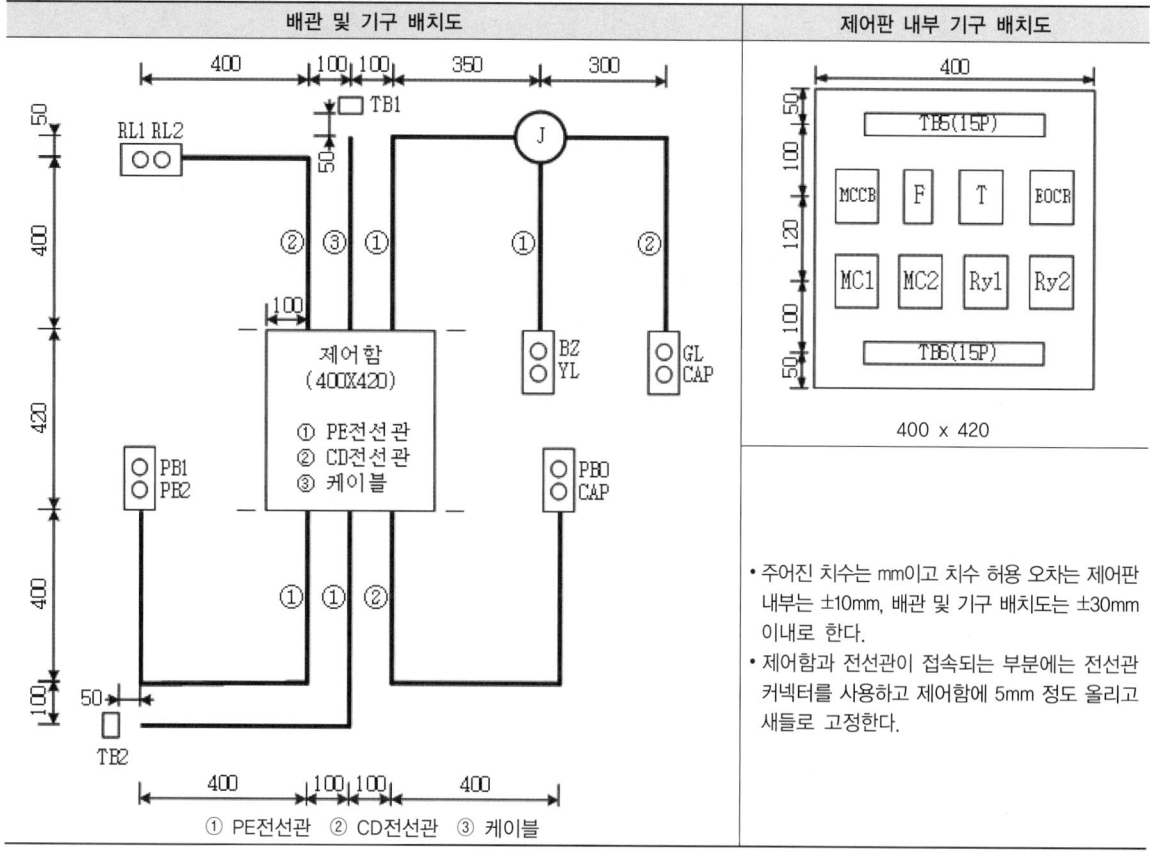

- 주어진 치수는 mm이고 치수 허용 오차는 제어판 내부는 ±10mm, 배관 및 기구 배치도는 ±30mm 이내로 한다.
- 제어함과 전선관이 접속되는 부분에는 전선관 커넥터를 사용하고 제어함에 5mm 정도 올리고 새들로 고정한다.

(4) 범례

기호	명칭	기호	명칭	기호	명칭
TB1	전원(단자대 4P)	MC1, MC2	전자접촉기(12P)	RL1	램프(적)
TB2	전동기(단자대 4P)	Ry1, Ry2	릴레이(8P)	RL2	램프(적)
TB5, 6	제어판단자대(15P)	T	타이머(8P)	GL	램프(녹)
MCCB	배선차단기(3P)	PB0	푸시버튼(녹)	YL, BZ	램프(황), 버저
F	퓨즈홀더(2P)	PB1	푸시버튼(적)	CAP	홀마개
EOCR	EOCR(12P)	PB2	푸시버튼(적)	J	8각 박스

※ 같은 문제라도 기구의 종류와 수가 증감하거나 문자가 변경될 수 있다.

| JOB1 - 2 | 제목 | 전동기(정역) 제어 ② | 4시간 30분 | 제작 박성운 |

1. 동 작

1) 배선차단기 MCCB에 전원을 투입하면 GL이 점등된다.
2) PB1을 누르면 MC1과 Ry1이 여자되어, 모터가 정회전되고, RL1이 점등되고, GL이 소등된다.
3) PB2를 누르면 MC2와 Ry2가 여자되어, 모터가 역회전되고, RL2가 점등되고, GL이 소등된다.
4) PB1과 PB2를 누를 때마다 전동기 정역 운전이 반복된다.
5) 동작 중 PB0을 누르면 동작이 정지된다.
6) EOCR이 동작하면 모든 동작이 정지되고, T가 여자되어, BZ가 동작되고, T의 설정 시간 후 BZ가 정지되고 YL이 점등된다.

2. 도 면

(1) 동작회로도

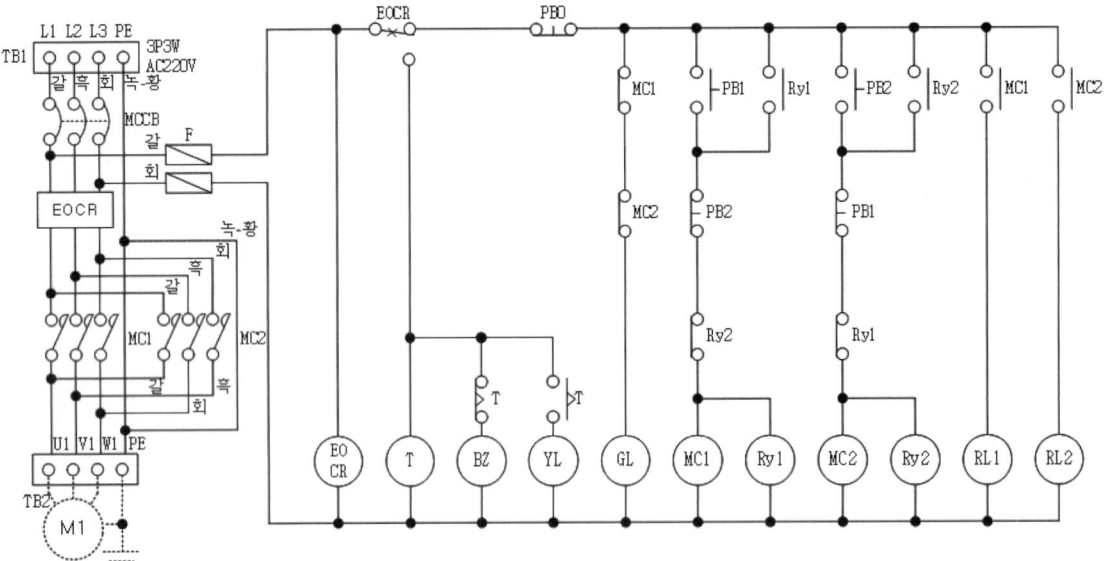

(2) 기구 내부 결선도

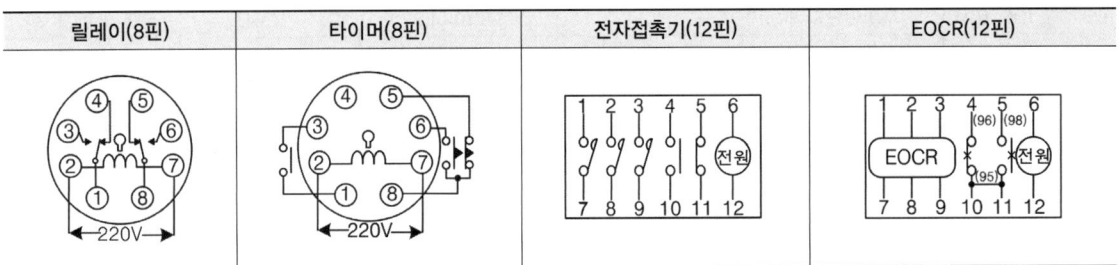

(3) 배관 및 기구 배치도 / 제어판 내부 기구 배치도

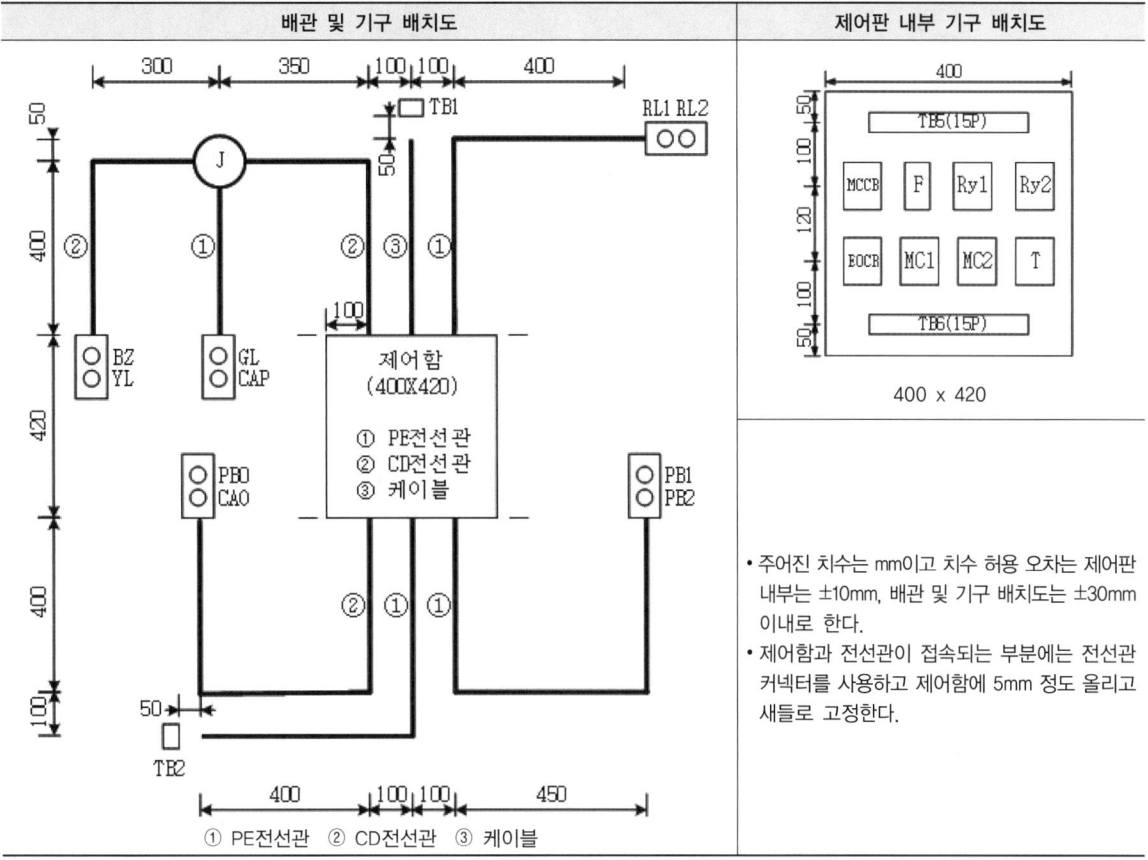

(4) 범례

기호	명칭	기호	명칭	기호	명칭
TB1	전원(단자대 4P)	MC1, MC2	전자접촉기(12P)	RL1	램프(적)
TB2	전동기(단자대 4P)	Ry1, Ry2	릴레이(8P)	RL2	램프(적)
TB5, 6	제어판단자대(15P)	T	타이머(8P)	GL	램프(녹)
MCCB	배선차단기(3P)	PB0	푸시버튼(녹)	YL, BZ	램프(황), 버저
F	퓨즈홀더(2P)	PB1	푸시버튼(적)	CAP	홀마개
EOCR	EOCR(12P)	PB2	푸시버튼(적)	J	8각 박스

※ 같은 문제라도 기구의 종류와 수가 증감하거나 문자가 변경될 수 있다.

| JOB1 - 3 | 제목 | 전동기(정역) 제어 ③ | 4시간 30분 | 제작 박성운 |

1. 동 작

1) 배선차단기 MCCB에 전원을 투입하면 GL이 점등된다.
2) PB1을 누르면 MC1과 Ry1이 여자되어, 모터가 정회전되고, RL1이 점등되고, GL이 소등된다.
3) PB2를 누르면 MC2와 Ry2가 여자되어, 모터가 역회전되고, RL2가 점등되고, GL이 소등된다.
4) PB1과 PB2를 누를 때마다 전동기 정역 운전이 반복된다.
5) 동작 중 PB0을 누르면 동작이 정지된다.
6) EOCR이 동작하면 모든 동작이 정지되고, T가 여자되어, BZ가 동작되고, T의 설정 시간 후 BZ가 정지되고 YL이 점등된다.

2. 도 면

(1) 동작회로도

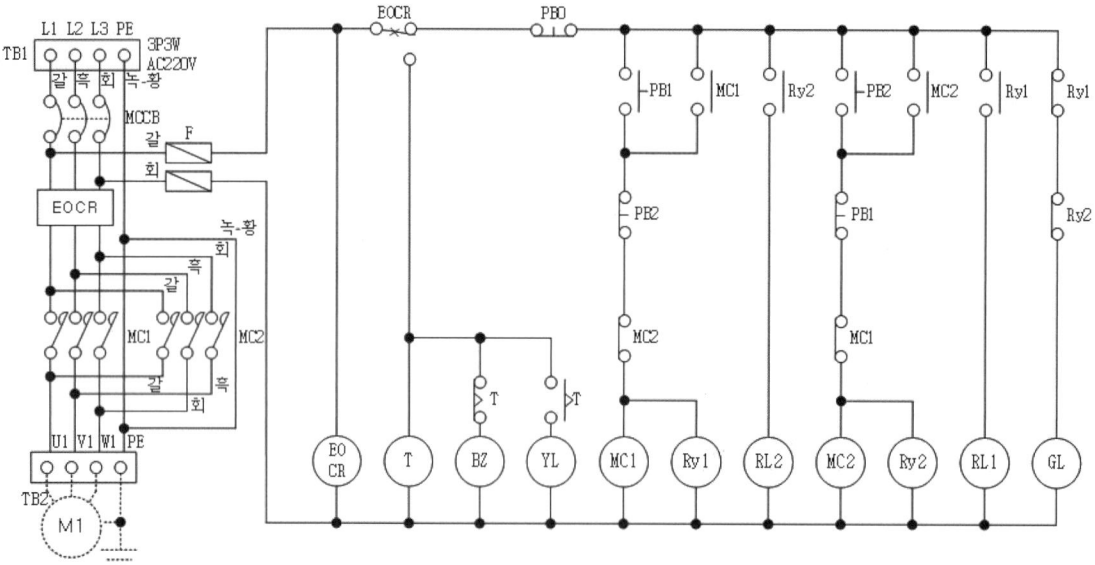

(2) 기구 내부 결선도

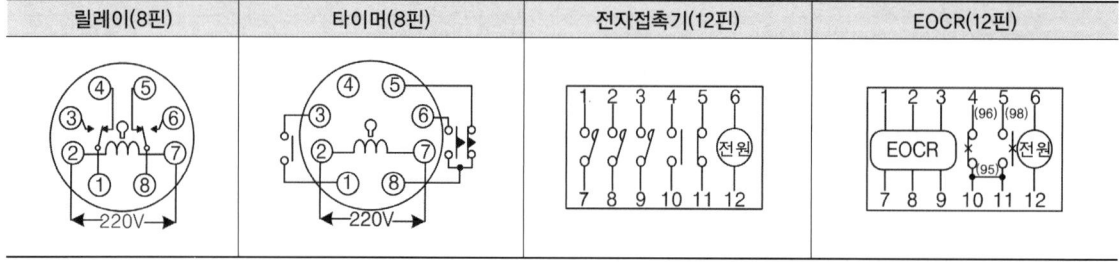

(3) 배관 및 기구 배치도 / 제어판 내부 기구 배치도

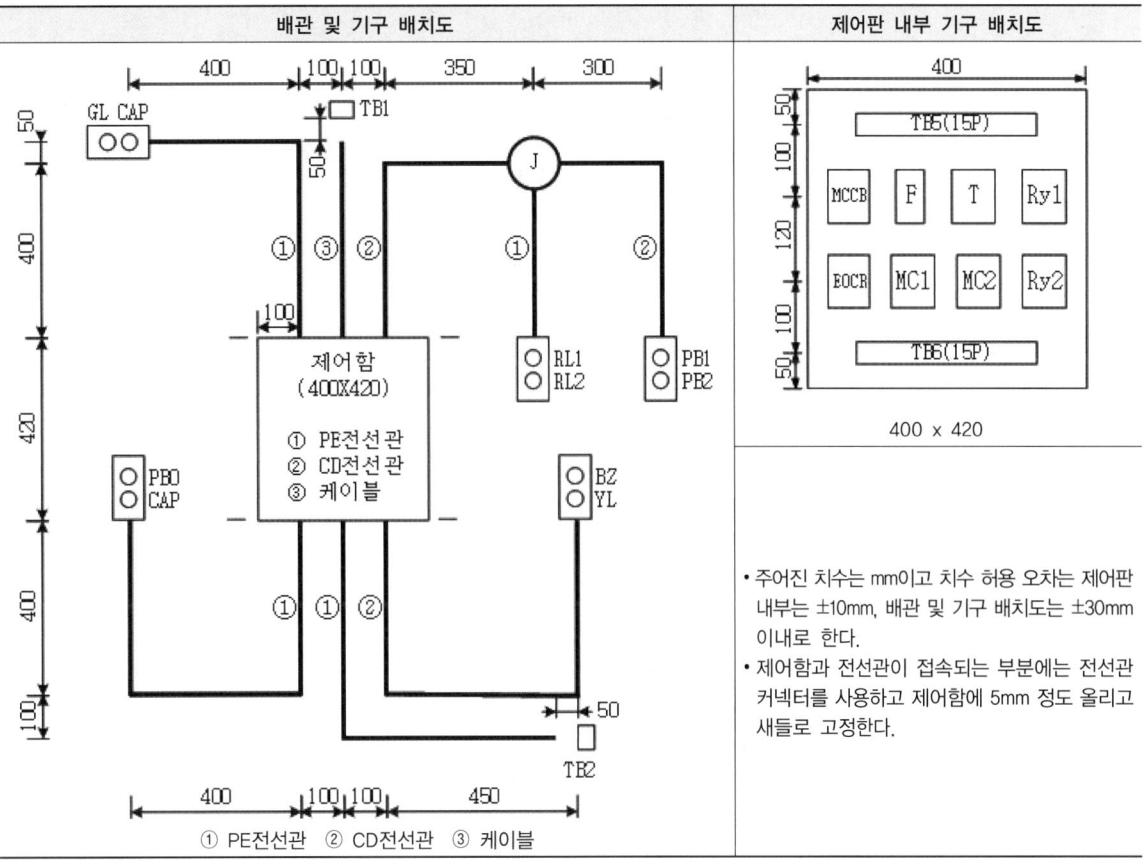

- 주어진 치수는 mm이고 치수 허용 오차는 제어판 내부는 ±10mm, 배관 및 기구 배치도는 ±30mm 이내로 한다.
- 제어함과 전선관이 접속되는 부분에는 전선관 커넥터를 사용하고 제어함에 5mm 정도 올리고 새들로 고정한다.

(4) 범 례

기 호	명 칭	기 호	명 칭	기 호	명 칭
TB1	전원(단자대 4P)	MC1, MC2	전자접촉기(12P)	RL1	램프(적)
TB2	전동기(단자대 4P)	Ry1, Ry2	릴레이(8P)	RL2	램프(적)
TB5, 6	제어판단자대(15P)	T	타이머(8P)	GL	램프(녹)
MCCB	배선차단기(3P)	PB0	푸시버튼(녹)	YL, BZ	램프(황), 버저
F	퓨즈홀더(2P)	PB1	푸시버튼(적)	CAP	홀마개
EOCR	EOCR(12P)	PB2	푸시버튼(적)	J	8각 박스

※ 같은 문제라도 기구의 종류와 수가 증감하거나 문자가 변경될 수 있다.

| JOB1 - 4 | 제목 | 전동기(정역) 제어 ④ | 4시간 30분 | 제작 박성운 |

1. 동 작

1) 배선차단기 MCCB에 전원을 투입하면 GL이 점등된다.
2) PB1을 누르면 MC1과 Ry1이 여자되어, 모터가 정회전되고, RL1이 점등되고, GL이 소등된다.
3) PB2를 누르면 MC2와 Ry2가 여자되어, 모터가 역회전되고, RL2가 점등되고, GL이 소등된다.
4) PB1과 PB2를 누를 때마다 전동기 정역 운전이 반복된다.
5) 동작 중 PB0을 누르면 동작이 정지된다.
6) EOCR이 동작하면 모든 동작이 정지되고, T가 여자되어, BZ가 동작하고, T의 설정 시간 후 BZ가 정지되고 YL이 점등된다.

2. 도 면

(1) 동작회로도

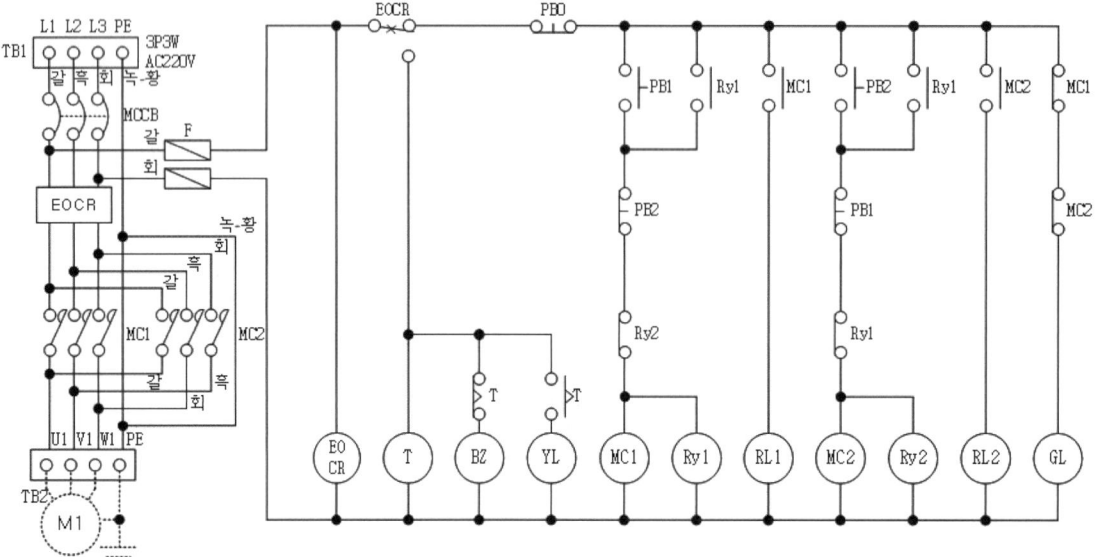

(2) 기구 내부 결선도

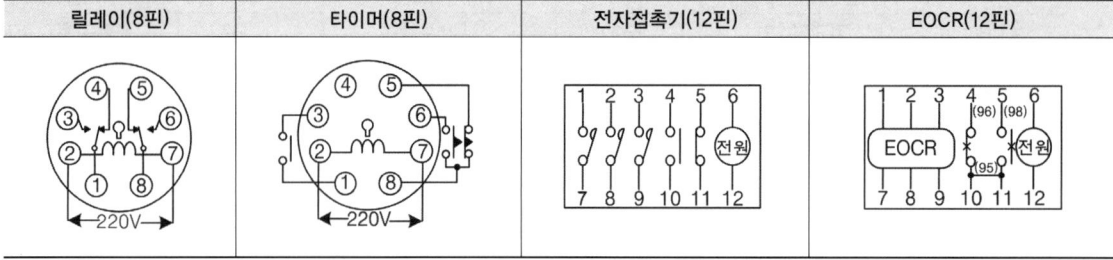

(3) 배관 및 기구 배치도 / 제어판 내부 기구 배치도

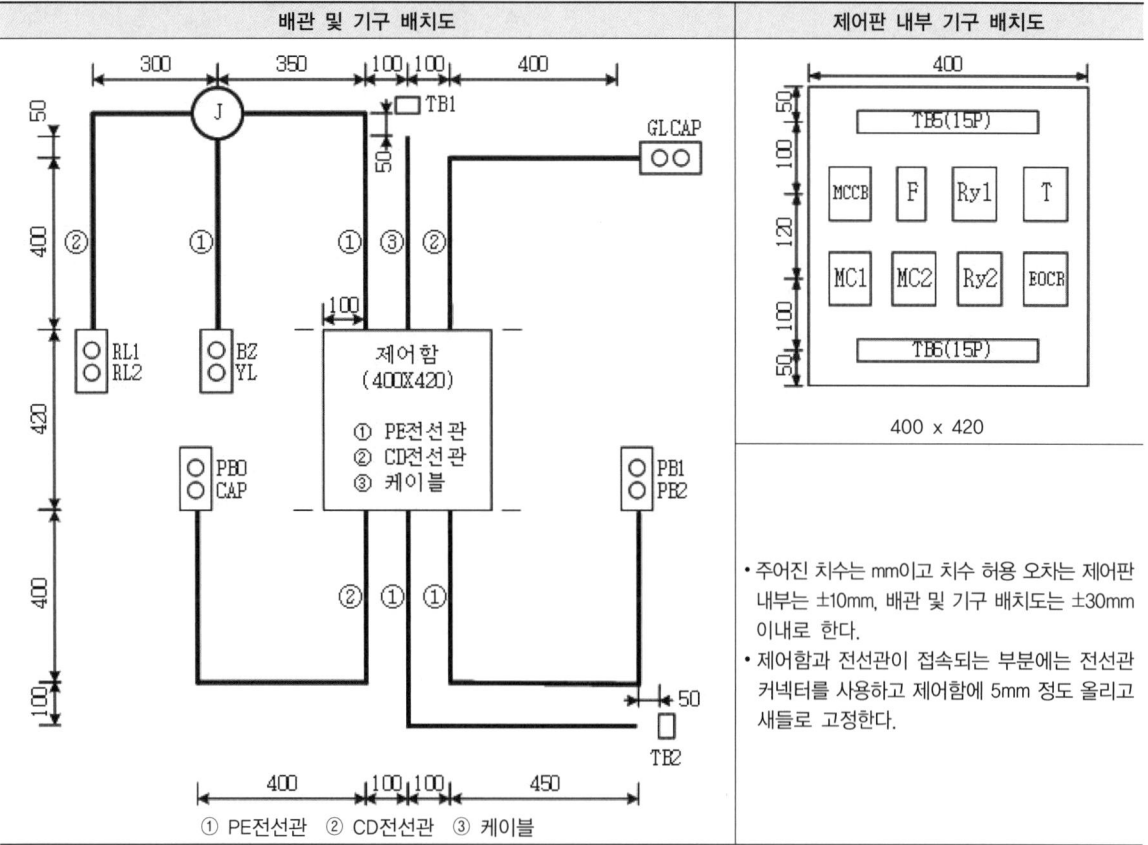

(4) 범례

기 호	명 칭	기 호	명 칭	기 호	명 칭
TB1	전원(단자대 4P)	MC1, MC2	전자접촉기(12P)	RL1	램프(적)
TB2	전동기(단자대 4P)	Ry1, Ry2	릴레이(8P)	RL2	램프(적)
TB5, 6	제어판단자대(15P)	T	타이머(8P)	GL	램프(녹)
MCCB	배선차단기(3P)	PB0	푸시버튼(녹)	YL, BZ	램프(황), 버저
F	퓨즈홀더(2P)	PB1	푸시버튼(적)	CAP	홀마개
EOCR	EOCR(12P)	PB2	푸시버튼(적)	J	8각 박스

※ 같은 문제라도 기구의 종류와 수가 증감하거나 문자가 변경될 수 있다.

| JOB1 - 5 | 제목 | 전동기(정역) 제어 ⑤ | 4시간 30분 | 제작 박성운 |

1. 동 작

1) 배선차단기 MCCB에 전원을 투입하면 GL이 점등된다.
2) PB1을 누르면 MC1과 Ry1이 여자되어, 모터가 정회전되고, RL1이 점등되고, GL이 소등된다.
3) PB2를 누르면 MC2와 Ry2가 여자되어, 모터가 역회전되고, RL2가 점등되고, GL이 소등된다.
4) PB1과 PB2를 누를 때마다 전동기 정역 운전이 반복된다.
5) 동작 중 PB0을 누르면 동작이 정지된다.
6) EOCR이 동작하면 모든 동작이 정지되고, T가 여자되어, BZ가 동작되고, T의 설정 시간 후 BZ가 정지되고 YL이 점등된다.

2. 도 면

(1) 동작회로도

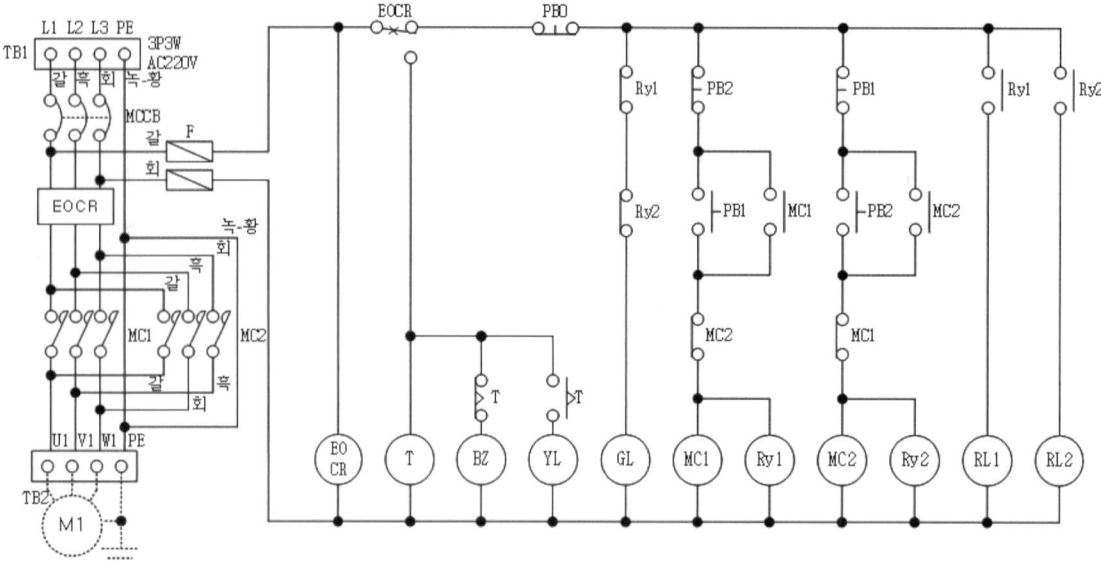

(2) 기구 내부 결선도

(3) 배관 및 기구 배치도 / 제어판 내부 기구 배치도

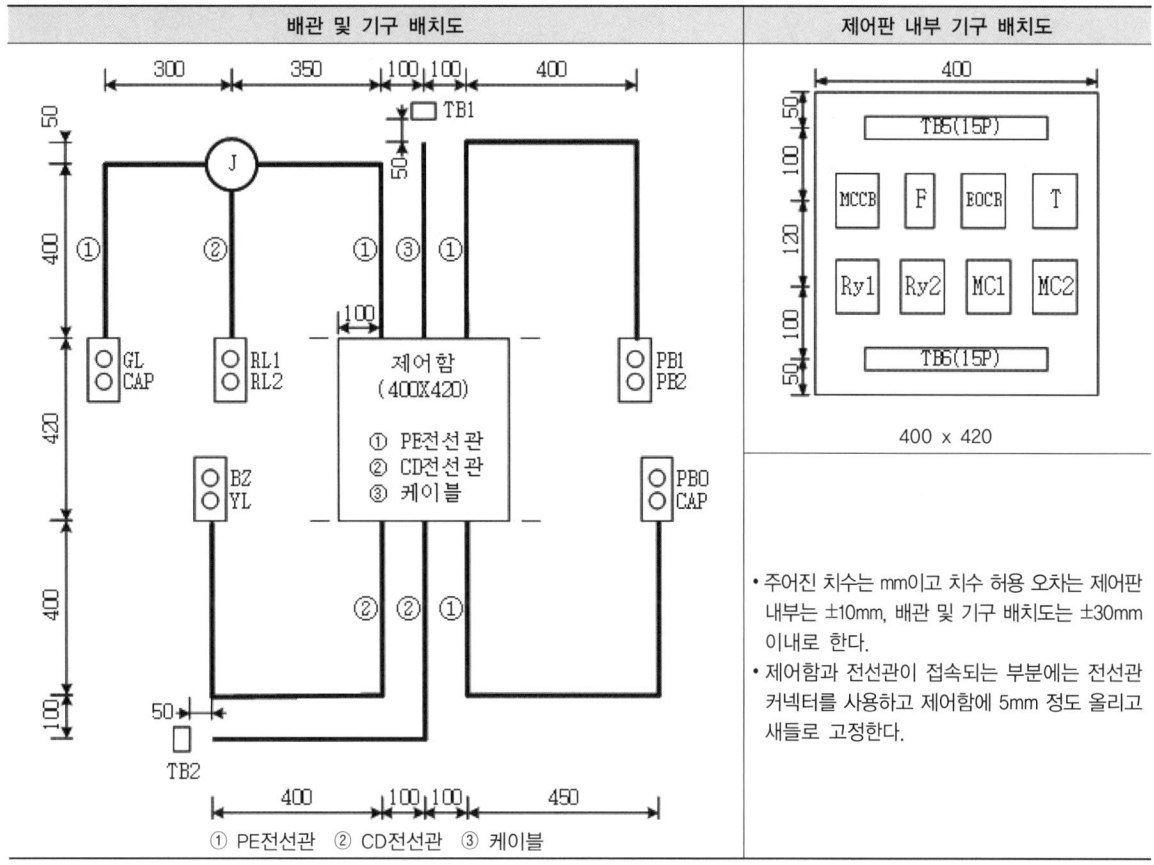

① PE전선관 ② CD전선관 ③ 케이블

- 주어진 치수는 mm이고 치수 허용 오차는 제어판 내부는 ±10mm, 배관 및 기구 배치도는 ±30mm 이내로 한다.
- 제어함과 전선관이 접속되는 부분에는 전선관 커넥터를 사용하고 제어함에 5mm 정도 올리고 새들로 고정한다.

(4) 범례

기호	명칭	기호	명칭	기호	명칭
TB1	전원(단자대 4P)	MC1, MC2	전자접촉기(12P)	RL1	램프(적)
TB2	전동기(단자대 4P)	Ry1, Ry2	릴레이(8P)	RL2	램프(적)
TB5, 6	제어판단자대(15P)	T	타이머(8P)	GL	램프(녹)
MCCB	배선차단기(3P)	PB0	푸시버튼(녹)	YL, BZ	램프(황), 버저
F	퓨즈홀더(2P)	PB1	푸시버튼(적)	CAP	홀마개
EOCR	EOCR(12P)	PB2	푸시버튼(적)	J	8각 박스

※ 같은 문제라도 기구의 종류와 수가 증감하거나 문자가 변경될 수 있다.

| JOB2 - 1 | 제목 | 컨베이어(정역) 제어 ① | 4시간 30분 | 제작 박성운 |

1. 동 작

1) 배선차단기 MCCB에 전원을 투입하고 PB1을 누르면 MC1과 X1이 여자되어, 전동기 M1이 정회전, GL이 점등된다.
2) LS1을 누르면 T1이 여자되어 T1의 설정 시간 후 MC2와 X2가 여자되어, 전동기 M1이 역회전, RL이 점등된다. LS2를 누르면 T2가 여자되어, T2의 설정 시간 후 동작을 반복한다.
3) PB2를 누르면 MC2와 X2가 여자되어, 전동기 M1이 역회전, RL이 점등된다.
4) LS2를 누르면 T2가 여자되어 T2의 설정 시간 후 MC1과 X1이 여자되어, 전동기 M1이 정회전, GL이 점등된다. LS1을 누르면 T1이 여자되어 설정 시간 후 동작을 반복한다.
5) PB0을 누르면 초기화된다. 동작 중 EOCR이 작동하면 초기화되고, YL이 점등된다.

2. 도 면

(1) 동작회로도

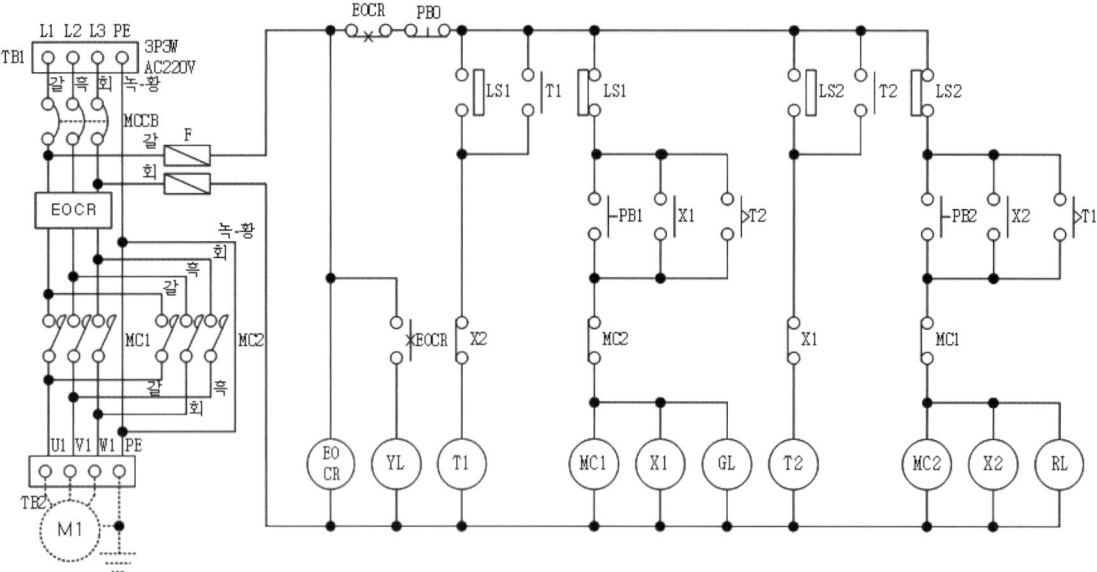

(2) 기구 내부 결선도

(3) 배관 및 기구 배치도 / 제어판 내부 기구 배치도

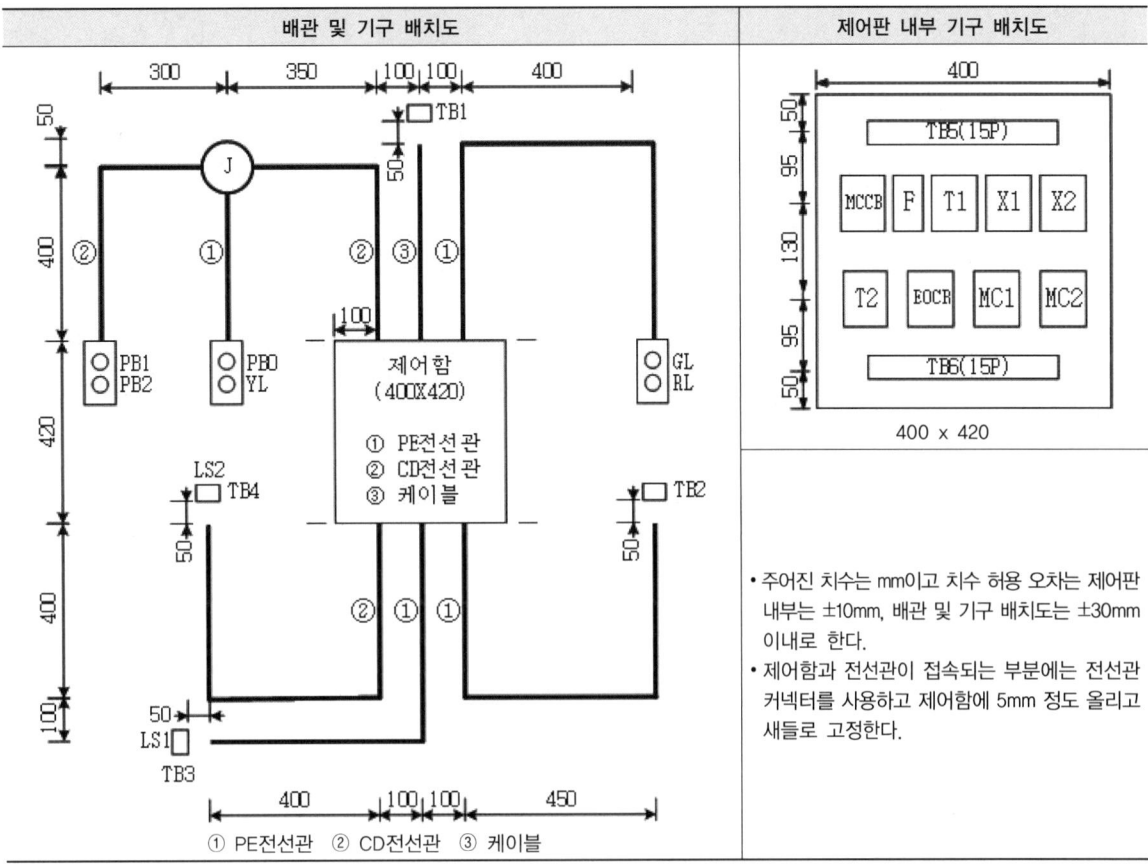

(4) 범례

기호	명칭	기호	명칭	기호	명칭
TB1	전원(단자대 4P)	MCCB	배선차단기(3P)	PB1, 2	푸시버튼(녹)
TB2	전동기(단자대 4P)	EOCR	EOCR(12P)	RL	파일럿 램프(적)
TB3, 4	리밋 스위치(단자대 4P)	MC1, MC2	전자접촉기(12P)	GL	파일럿 램프(녹)
LS1, LS2	리밋 스위치(단자대 4P)	X1, X2	릴레이(8P)	YL	파일럿 램프(황)
TB5, 6	제어판단자대(15P)	T1, T2	타이머(8P)	J	8각 박스
F	퓨즈홀더(2P)	PB0	푸시버튼(적)		

※ 같은 문제라도 기구의 종류와 수가 증감하거나 문자가 변경될 수 있다.

| JOB2 - 2 | 제목 | 컨베이어(정역) 제어 ② | 4시간 30분 | 제작 박성운 |

1. 동 작

1) 배선차단기 MCCB에 전원을 투입하고 PB1을 누르면 MC1과 X1이 여자되어, 전동기 M1이 정회전, GL이 점등된다.
2) LS1을 누르면 T1이 여자되어 T1의 설정 시간 후 MC2와 X2가 여자되어, 전동기 M1이 역회전, RL이 점등된다. LS2를 누르면 T2가 여자되어, T2의 설정 시간 후 동작을 반복한다.
3) PB2를 누르면 MC2와 X2가 여자되어, 전동기 M1이 역회전, RL이 점등된다.
4) LS2를 누르면 T2가 여자되어 T2의 설정 시간 후 MC1과 X1이 여자되어, 전동기 M1이 정회전, GL이 점등된다. LS1을 누르면 T1이 여자되어 설정 시간 후 동작을 반복한다.
5) PB0을 누르면 초기화된다. 동작 중 EOCR이 작동하면 초기화되고, YL이 점등된다.

2. 도 면

(1) 동작회로도

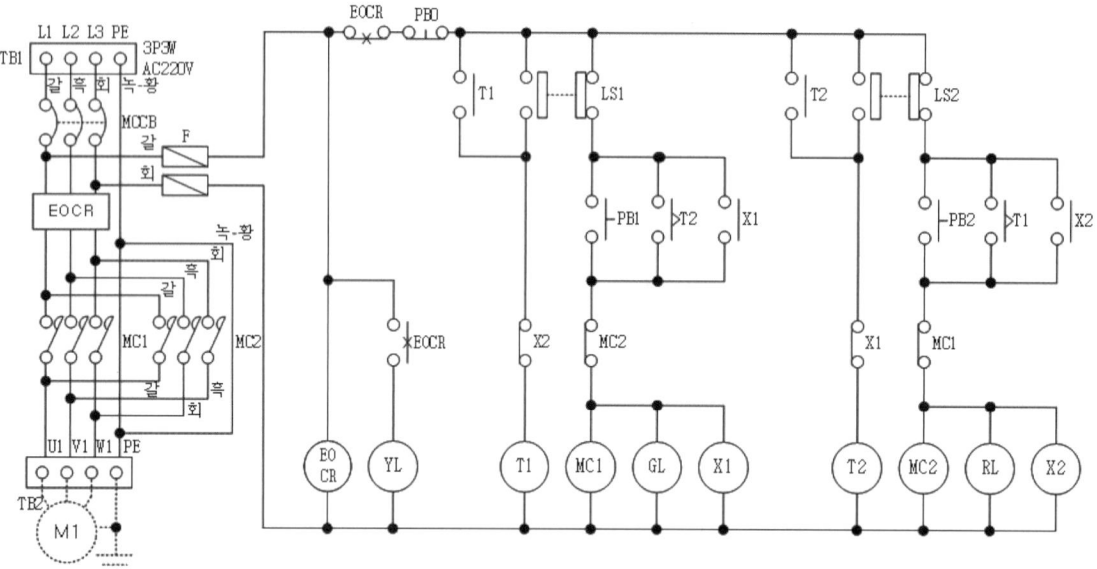

(2) 기구 내부 결선도

| 릴레이(8핀) | 타이머(8핀) | 전자접촉기(12핀) | EOCR(12핀) |

(3) 배관 및 기구 배치도 / 제어판 내부 기구 배치도

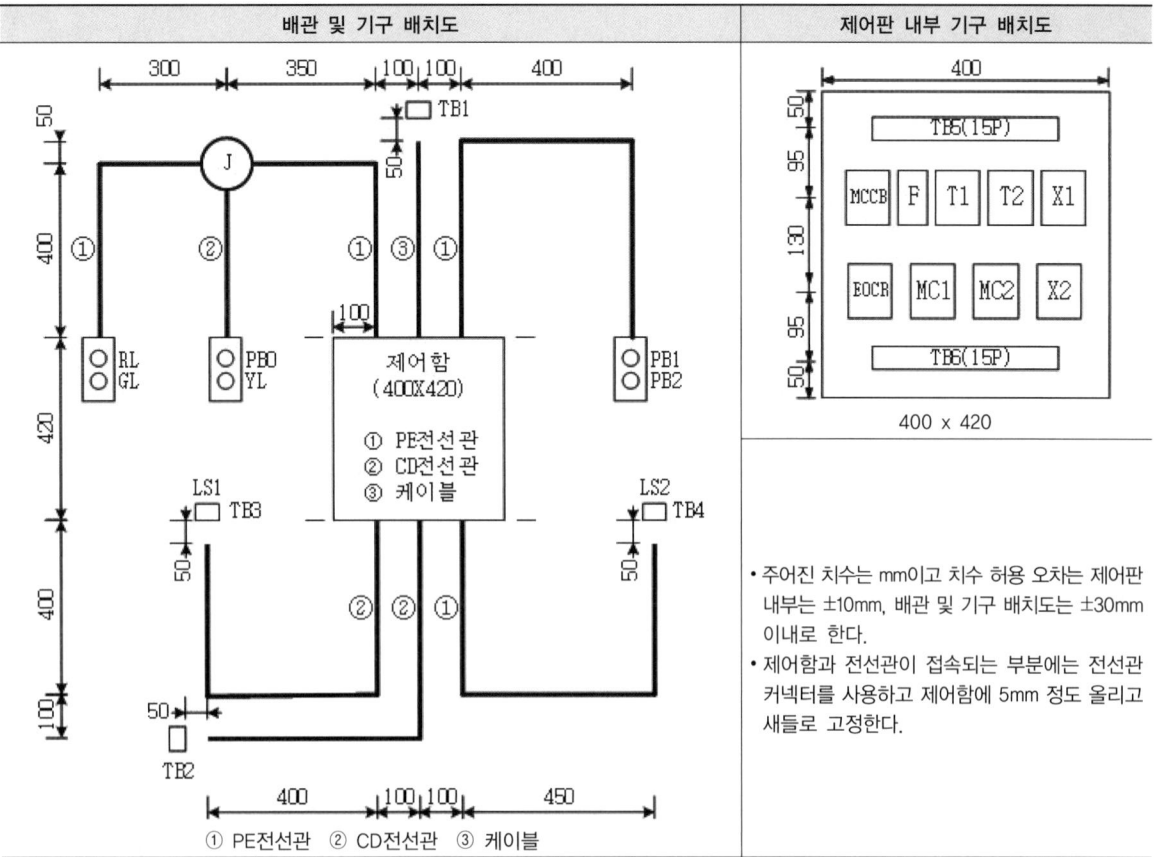

(4) 범례

기 호	명 칭	기 호	명 칭	기 호	명 칭
TB1	전원(단자대 4P)	MCCB	배선차단기(3P)	PB1, 2	푸시버튼(녹)
TB2	전동기(단자대 4P)	EOCR	EOCR(12P)	RL	파일럿 램프(적)
TB3, 4	리밋 스위치(단자대 4P)	MC1, MC2	전자접촉기(12P)	GL	파일럿 램프(녹)
LS1, LS2	리밋 스위치(단자대 4P)	X1, X2	릴레이(8P)	YL	파일럿 램프(황)
TB5, 6	제어판단자대(15P)	T1, T2	타이머(8P)	J	8각 박스
F	퓨즈홀더(2P)	PB0	푸시버튼(적)		

※ 같은 문제라도 기구의 종류와 수가 증감하거나 문자가 변경될 수 있다.

| JOB2 - 3 | 제목 | 컨베이어(정역) 제어 ③ | 4시간 30분 | 제작 박성운 |

1. 동 작

1) 배선차단기 MCCB에 전원을 투입하고 PB1을 누르면 MC1과 X1이 여자되어, 전동기 M1이 정회전, GL이 점등된다.
2) LS1을 누르면 T1이 여자되어 T1의 설정 시간 후 MC2와 X2가 여자되어, 전동기 M1이 역회전, RL이 점등된다. LS2를 누르면 T2가 여자되어, T2의 설정 시간 후 동작을 반복한다.
3) PB2를 누르면 MC2와 X2가 여자되어, 전동기 M1이 역회전, RL이 점등된다.
4) LS2를 누르면 T2가 여자되어 T2의 설정 시간 후 MC1과 X1이 여자되어, 전동기 M1이 정회전, GL이 점등된다. LS1을 누르면 T1이 여자되어 설정 시간 후 동작을 반복한다.
5) PB0을 누르면 초기화된다. 동작 중 EOCR이 작동하면 초기화되고, YL이 점등된다.

2. 도 면

(1) 동작회로도

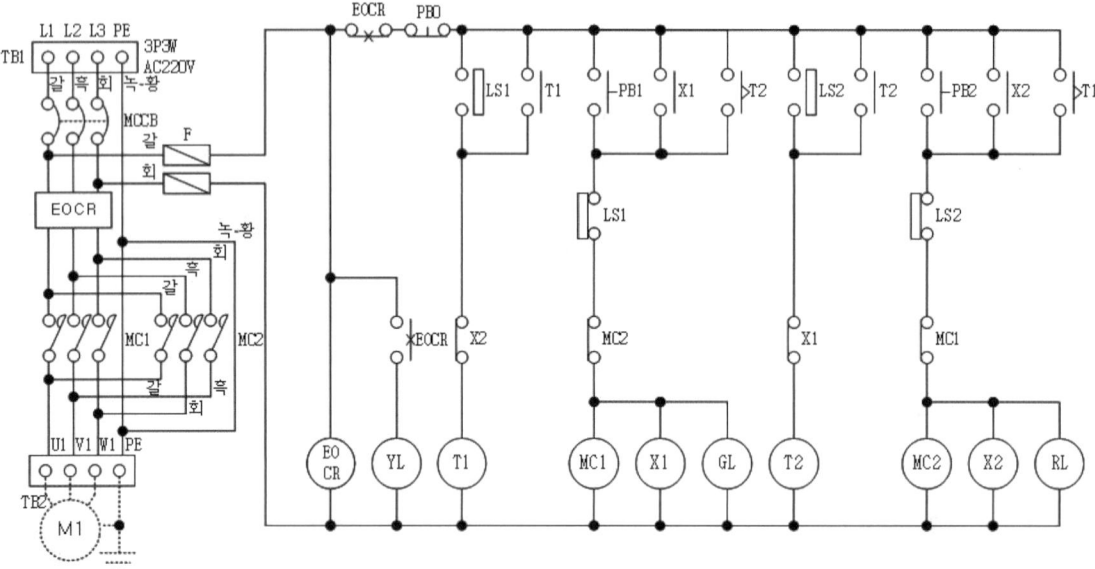

(2) 기구 내부 결선도

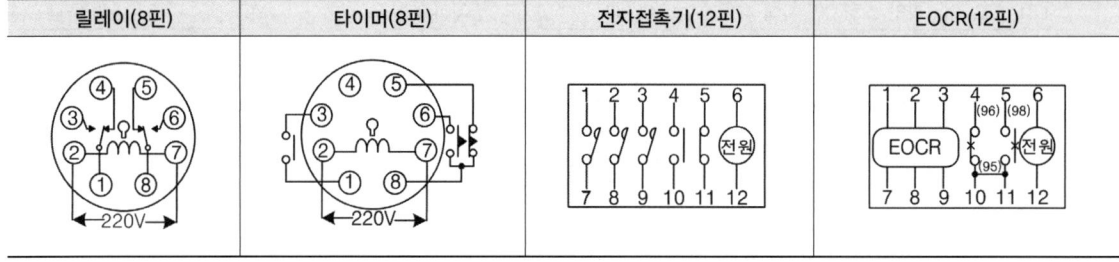

(3) 배관 및 기구 배치도 / 제어판 내부 기구 배치도

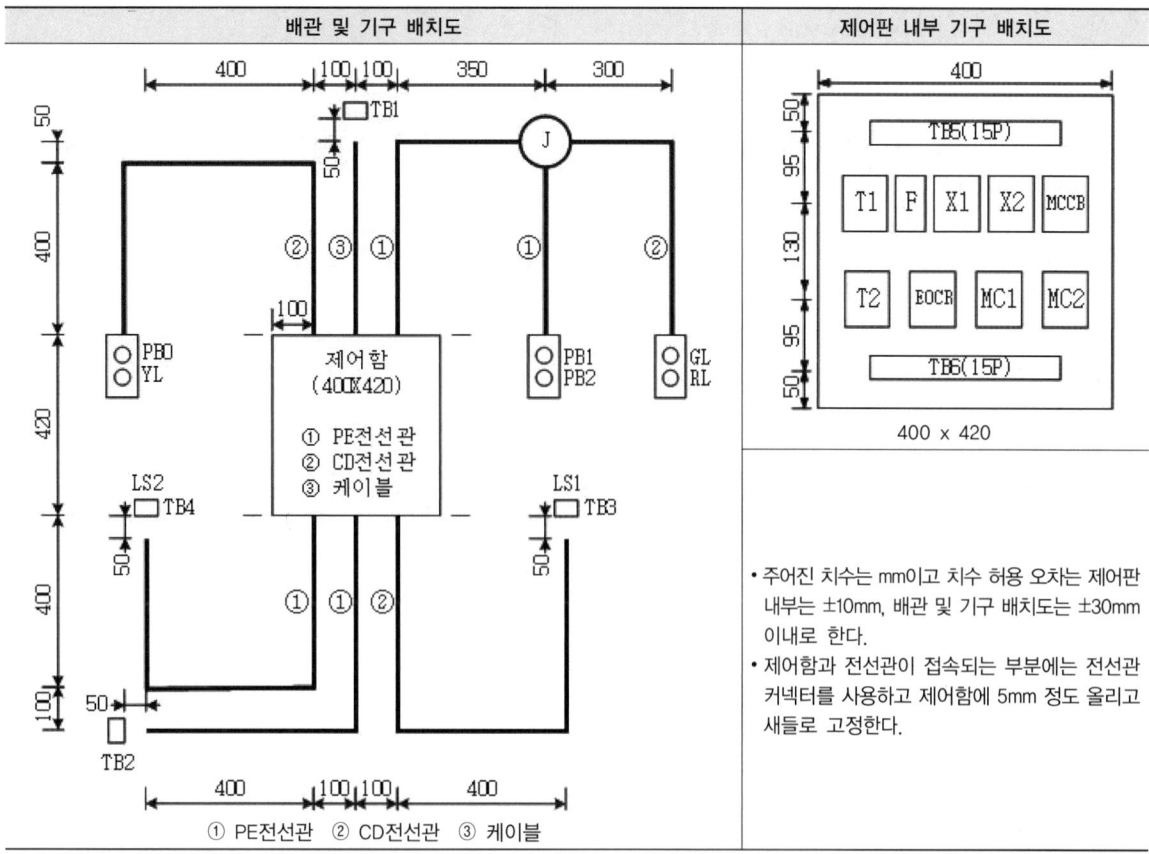

(4) 범례

기 호	명 칭	기 호	명 칭	기 호	명 칭
TB1	전원(단자대 4P)	MCCB	배선차단기(3P)	PB1, 2	푸시버튼(녹)
TB2	전동기(단자대 4P)	EOCR	EOCR(12P)	RL	파일럿 램프(적)
TB3, 4	리밋 스위치(단자대 4P)	MC1, MC2	전자접촉기(12P)	GL	파일럿 램프(녹)
LS1, LS2	리밋 스위치(단자대 4P)	X1, X2	릴레이(8P)	YL	파일럿 램프(황)
TB5, 6	제어판단자대(15P)	T1, T2	타이머(8P)	J	8각 박스
F	퓨즈홀더(2P)	PB0	푸시버튼(적)		

※ 같은 문제라도 기구의 종류와 수가 증감하거나 문자가 변경될 수 있다.

| JOB2 - 4 | 제목 | 컨베이어(정역) 제어 ④ | 4시간 30분 | 제작 박성운 |

1. 동 작

1) 배선차단기 MCCB에 전원을 투입하고 PB1을 누르면 MC1과 X1이 여자되어, 전동기 M1이 정회전, GL이 점등된다.
2) LS1을 누르면 T1이 여자되어 T1의 설정 시간 후 MC2와 X2가 여자되어, 전동기 M1이 역회전, RL이 점등된다. LS2를 누르면 T2가 여자되어, T2의 설정 시간 후 동작을 반복한다.
3) PB2를 누르면 MC2와 X2가 여자되어, 전동기 M1이 역회전, RL이 점등된다.
4) LS2를 누르면 T2가 여자되어 T2의 설정 시간 후 MC1과 X1이 여자되어, 전동기 M1이 정회전, GL이 점등된다. LS1을 누르면 T1이 여자되어, 설정 시간 후 동작을 반복한다.
5) PB0을 누르면 초기화된다. 동작 중 EOCR이 작동하면 초기화되고, YL이 점등된다.

2. 도 면

(1) 동작회로도

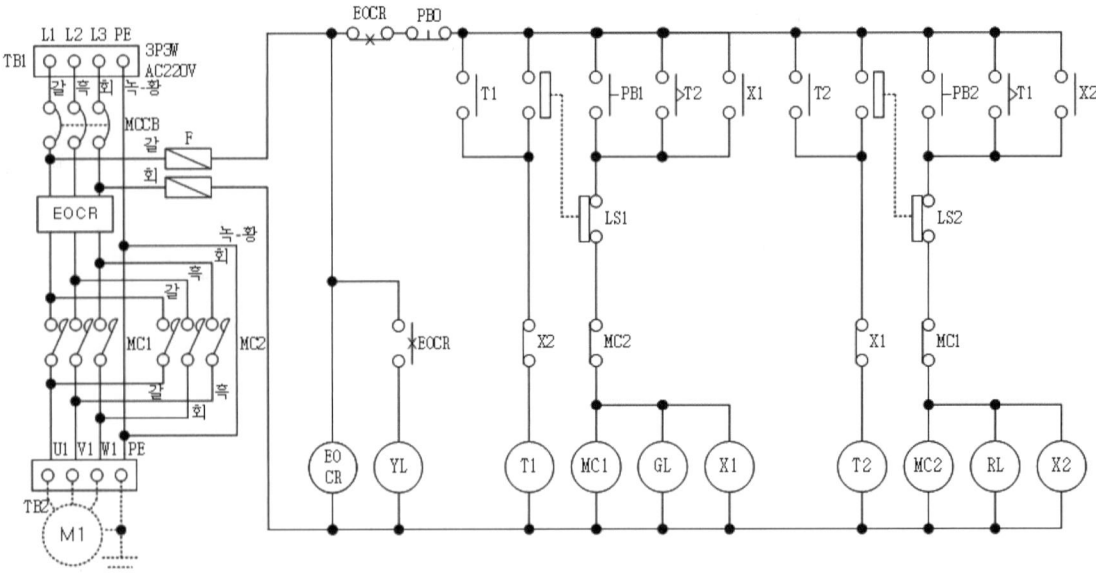

(2) 기구 내부 결선도

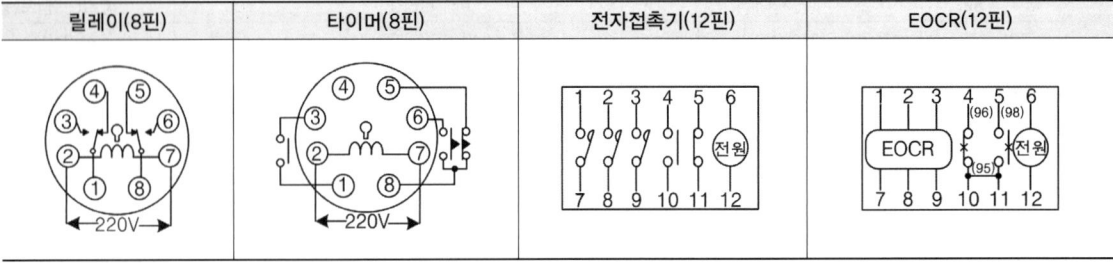

(3) 배관 및 기구 배치도 / 제어판 내부 기구 배치도

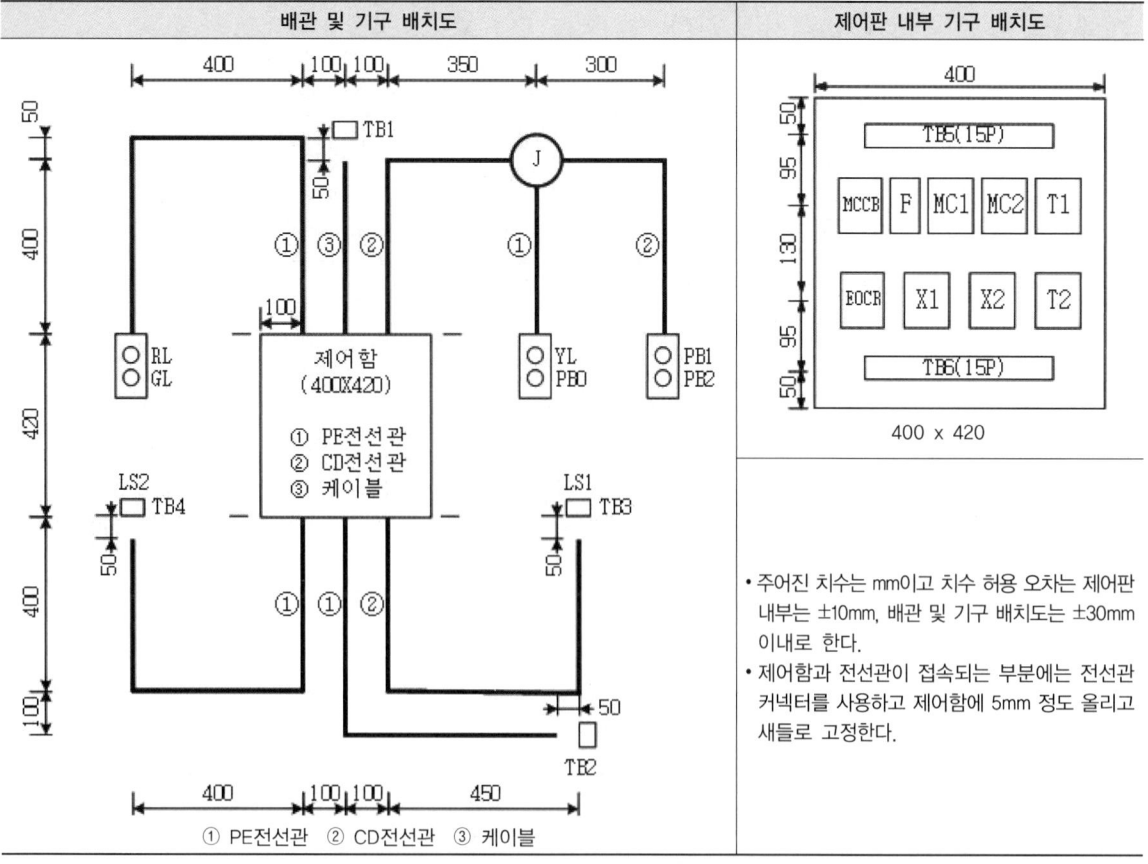

- 주어진 치수는 mm이고 치수 허용 오차는 제어판 내부는 ±10mm, 배관 및 기구 배치도는 ±30mm 이내로 한다.
- 제어함과 전선관이 접속되는 부분에는 전선관 커넥터를 사용하고 제어함에 5mm 정도 올리고 새들로 고정한다.

(4) 범 례

기 호	명 칭	기 호	명 칭	기 호	명 칭
TB1	전원(단자대 4P)	MCCB	배선차단기(3P)	PB1, 2	푸시버튼(녹)
TB2	전동기(단자대 4P)	EOCR	EOCR(12P)	RL	파일럿 램프(적)
TB3, 4	리밋 스위치(단자대 4P)	MC1, MC2	전자접촉기(12P)	GL	파일럿 램프(녹)
LS1, LS2	리밋 스위치(단자대 4P)	X1, X2	릴레이(8P)	YL	파일럿 램프(황)
TB5, 6	제어판단자대(15P)	T1, T2	타이머(8P)	J	8각 박스
F	퓨즈홀더(2P)	PB0	푸시버튼(적)		

※ 같은 문제라도 기구의 종류와 수가 증감하거나 문자가 변경될 수 있다.

| JOB2 - 5 | 제목 | 컨베이어(정역) 제어 ⑤ | 4시간 30분 | 제작 박성운 |

1. 동 작

1) 배선차단기 MCCB에 전원을 투입하고 PB1을 누르면 MC1과 X1이 여자되어, 전동기 M1이 정회전, GL이 점등된다.
2) LS1을 누르면 T1이 여자되어 T1의 설정 시간 후 MC2와 X2가 여자되어, 전동기 M1이 역회전, RL이 점등된다. LS2를 누르면 T2가 여자되어, T2의 설정 시간 후 동작을 반복한다.
3) PB2를 누르면 MC2와 X2가 여자되어, 전동기 M1이 역회전, RL이 점등된다.
4) LS2를 누르면 T2가 여자되어 T2의 설정 시간 후 MC1과 X1이 여자되어, 전동기 M1이 정회전, GL이 점등된다. LS1을 누르면 T1이 여자되어, 설정 시간 후 동작을 반복한다.
5) PB0을 누르면 초기화된다. 동작 중 EOCR이 작동하면 초기화되고, YL이 점등된다.

2. 도 면

(1) 동작회로도

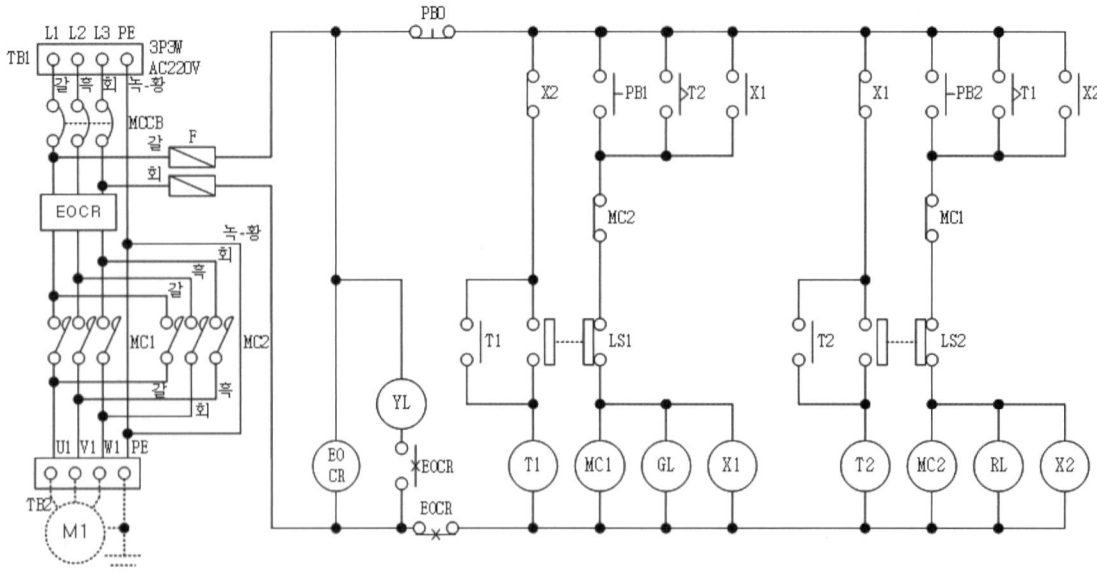

(2) 기구 내부 결선도

| 릴레이(8핀) | 타이머(8핀) | 전자접촉기(12핀) | EOCR(12핀) |

(3) 배관 및 기구 배치도 / 제어판 내부 기구 배치도

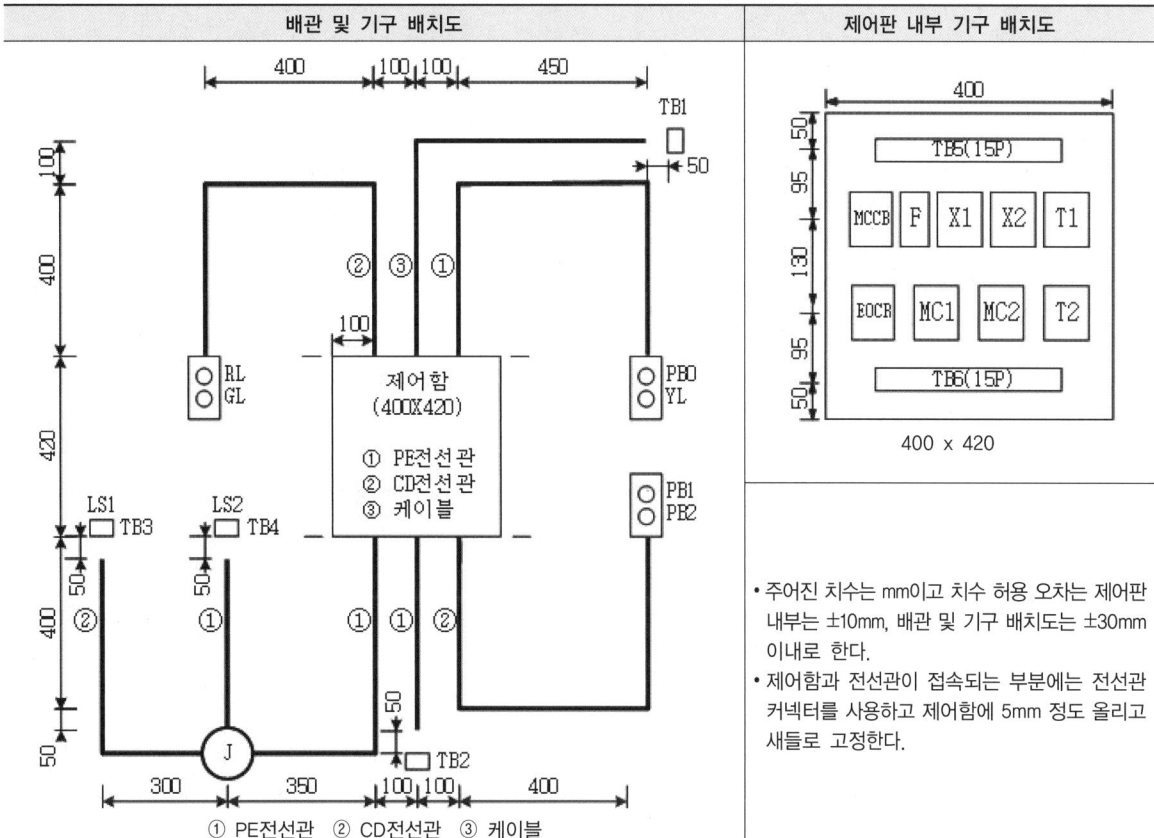

- 주어진 치수는 mm이고 치수 허용 오차는 제어판 내부는 ±10mm, 배관 및 기구 배치도는 ±30mm 이내로 한다.
- 제어함과 전선관이 접속되는 부분에는 전선관 커넥터를 사용하고 제어함에 5mm 정도 올리고 새들로 고정한다.

(4) 범례

기호	명칭	기호	명칭	기호	명칭
TB1	전원(단자대 4P)	MCCB	배선차단기(3P)	PB1, 2	푸시버튼(녹)
TB2	전동기(단자대 4P)	EOCR	EOCR(12P)	RL	파일럿 램프(적)
TB3, 4	리밋 스위치(단자대 4P)	MC1, MC2	전자접촉기(12P)	GL	파일럿 램프(녹)
LS1, LS2	리밋 스위치(단자대 4P)	X1, X2	릴레이(8P)	YL	파일럿 램프(황)
TB5, 6	제어판단자대(15P)	T1, T2	타이머(8P)	J	8각 박스
F	퓨즈홀더(2P)	PB0	푸시버튼(적)		

※ 같은 문제라도 기구의 종류와 수가 증감하거나 문자가 변경될 수 있다.

| JOB3 - 1 | 제목 | 전동기(정역순차) 제어 ① | 4시간 30분 | 제작 박성운 |

1. 동 작

1) 배선차단기 MCCB에 전원을 투입하면 WL이 점등된다.
2) SS가 M(수동)일 때 PB1을 누르면 "동작"한다.

| 동 작 | • X1과 T1이 여자되어 T1의 설정 시간 후 MC1이 여자되어, 전동기 정회전, RL이 점등된다.
• T2가 여자되어 T2의 설정 시간 후 X2와 MC2가 여자되어, 전동기 역회전, GL이 점등된다. |

3) SS가 A(자동)일 때 SEN이 감지되면 "동작"을 반복한다.
4) PB0을 누를 때 모든 동작이 정지된다.
5) 동작 중 EOCR이 작동하면 YL과 BZ가 교대 점멸된다.

2. 도 면

(1) 동작회로도

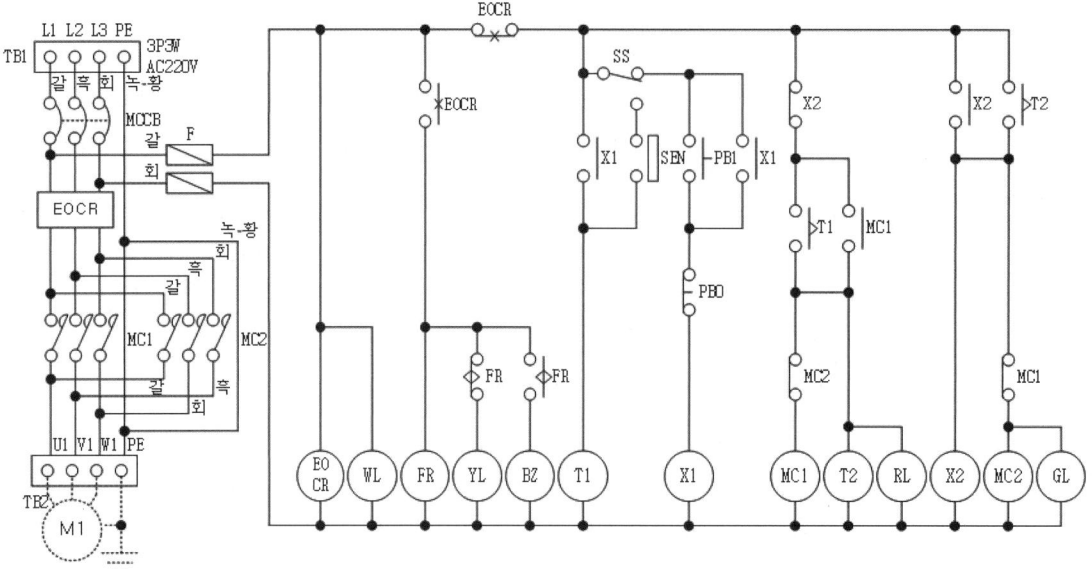

(2) 기구 내부 결선도

| 릴레이(8핀) | 타이머(8핀) | 플리커(8핀) | 전자접촉기(12핀) | EOCR(12핀) |

(3) 배관 및 기구 배치도 / 제어판 내부 기구 배치도

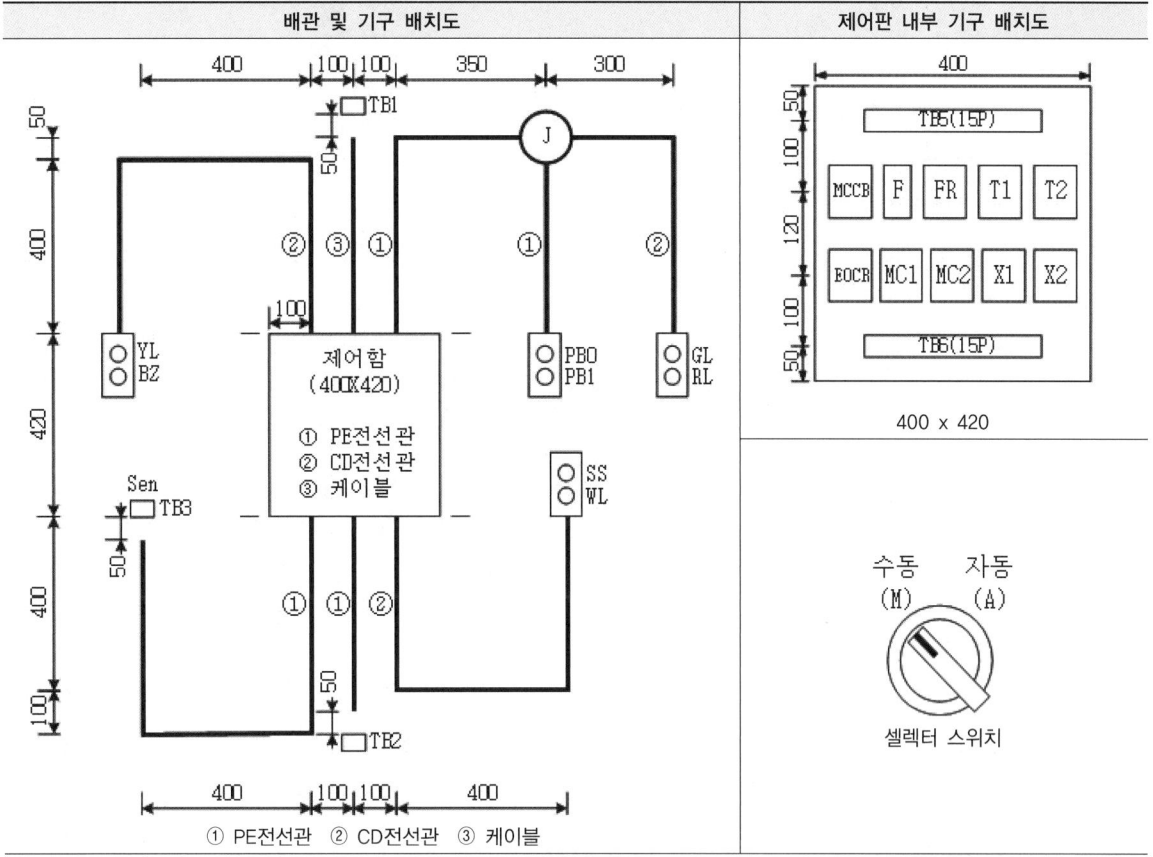

- 주어진 치수는 mm이고 치수 허용 오차는 제어판 내부는 ±10mm, 배관 및 기구 배치도는 ±30mm 이내로 한다.
- 제어함과 전선관이 접속되는 부분에는 전선관 커넥터를 사용하고 제어함에 5mm 정도 올리고 새들로 고정한다.

(4) 범 례

기 호	명 칭	기 호	명 칭	기 호	명 칭
TB1	전원(단자대 4P)	EOCR	EOCR(12P)	SS	셀렉터 스위치
TB2	전동기(단자대 4P)	MC1, MC2	전자접촉기(12P)	BZ	버저
TB3	센서(단자대 4P)	X1, X2	릴레이(8P)	YL, WL	파일럿 램프(황, 백)
TB5, 6	제어판단자대(15P)	T1, T2	타이머(8P)	RL	파일럿 램프(적)
MCCB	배선차단기(3P)	FR	플리커릴레이(8P)	GL	파일럿 램프(녹)
F	퓨즈홀더(2P)	PB0, 1	푸시버튼(적, 녹)	J	8각 박스

※ 같은 문제라도 기구의 종류와 수가 증감하거나 문자가 변경될 수 있다.

| JOB3 - 2 | 제목 | 전동기(정역순차) 제어 ② | 4시간 30분 | 제작 박성운 |

1. 동 작

1) 배선차단기 MCCB에 전원을 투입하면 WL이 점등된다.
2) SS가 M(수동)일 때 PB1을 누르면 "동작"한다.

| 동 작 | • X1과 T1이 여자되어 T1의 설정 시간 후 MC1이 여자되어, 전동기 정회전, RL이 점등된다.
• T2가 여자되어 T2의 설정 시간 후 X2와 MC2가 여자되어, 전동기 역회전, GL이 점등된다. |

3) SS가 A(자동)일 때 SEN이 감지되면 "동작"을 반복한다.
4) PB0을 누를 때 모든 동작이 정지된다.
5) 동작 중 EOCR이 작동하면 YL과 BZ가 교대 점멸된다.

2. 도 면

(1) 동작회로도

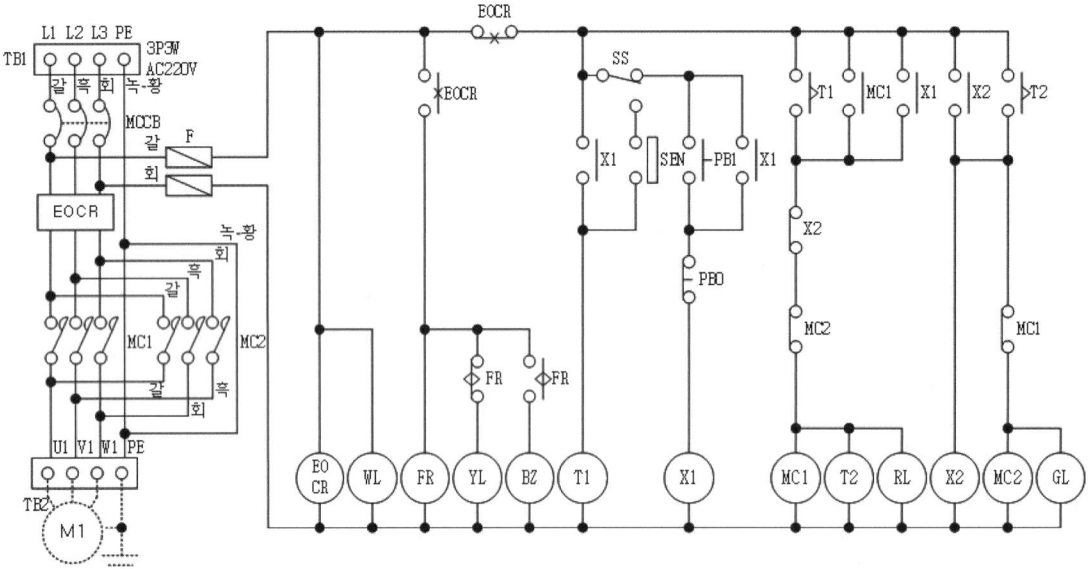

(2) 기구 내부 결선도

(3) 배관 및 기구 배치도 / 제어판 내부 기구 배치도

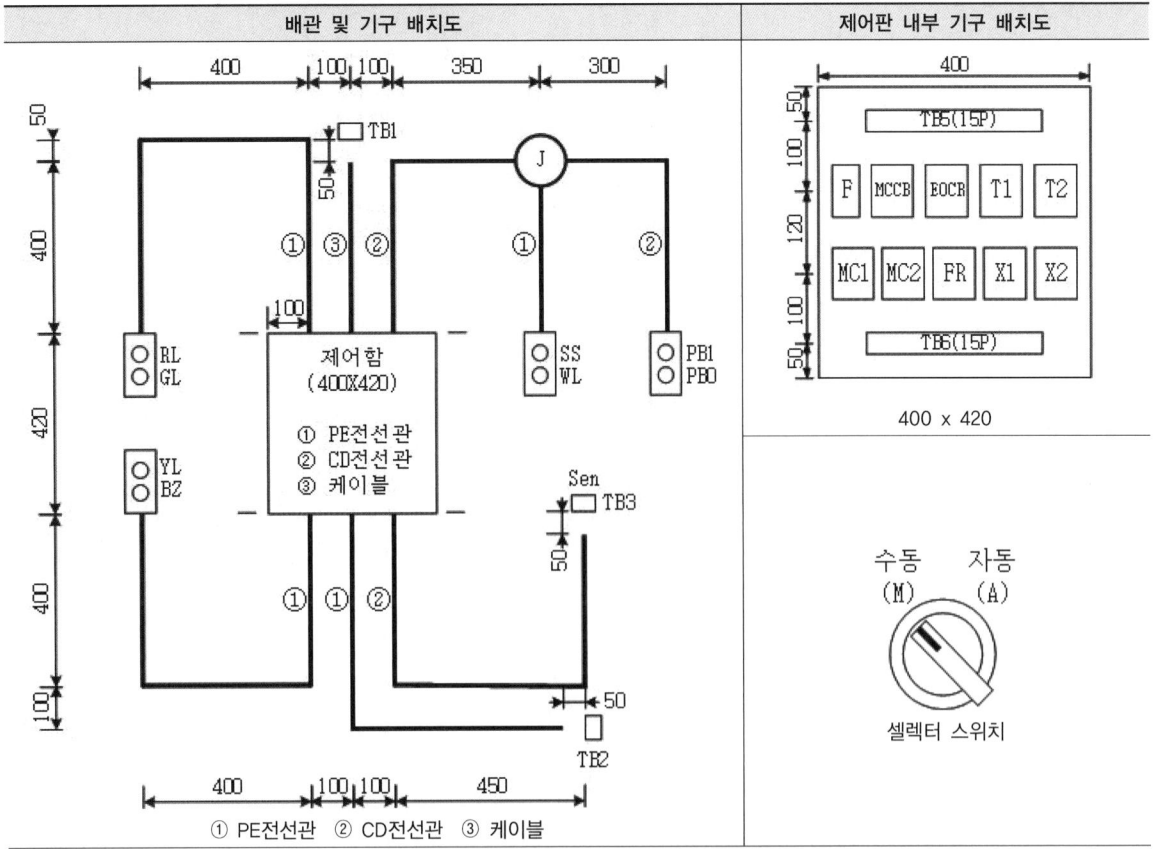

- 주어진 치수는 mm이고 치수 허용 오차는 제어판 내부는 ±10mm, 배관 및 기구 배치도는 ±30mm 이내로 한다.
- 제어함과 전선관이 접속되는 부분에는 전선관 커넥터를 사용하고 제어함에 5mm 정도 올리고 새들로 고정한다.

(4) 범례

기호	명칭	기호	명칭	기호	명칭
TB1	전원(단자대 4P)	EOCR	EOCR(12P)	SS	셀렉터 스위치
TB2	전동기(단자대 4P)	MC1, MC2	전자접촉기(12P)	BZ	버저
TB3	센서(단자대 4P)	X1, X2	릴레이(8P)	YL, WL	파일럿 램프(황, 백)
TB5, 6	제어판단자대(15P)	T1, T2	타이머(8P)	RL	파일럿 램프(적)
MCCB	배선차단기(3P)	FR	플리커릴레이(8P)	GL	파일럿 램프(녹)
F	퓨즈홀더(2P)	PB0, 1	푸시버튼(적, 녹)	J	8각 박스

※ 같은 문제라도 기구의 종류와 수가 증감하거나 문자가 변경될 수 있다.

| JOB3 - 3 | 제목 | 전동기(정역순차) 제어 ③ | 4시간 30분 | 제작 박성운 |

1. 동 작

1) 배선차단기 MCCB에 전원을 투입하면 WL이 점등된다.
2) SS가 M(수동)일 때 PB1을 누르면 "동작"한다.

| 동작 | • X1과 T1이 여자되어 T1의 설정 시간 후 MC1이 여자되어, 전동기 정회전, RL이 점등된다.
• T2가 여자되어 T2의 설정 시간 후 X2와 MC2가 여자되어, 전동기 역회전, GL이 점등된다. |

3) SS가 A(자동)일 때 SEN이 감지되면 "동작"을 반복한다.
4) PB0을 누를 때 모든 동작이 정지된다.
5) 동작 중 EOCR이 작동하면 YL과 BZ가 교대 점멸된다.

2. 도 면

(1) 동작회로도

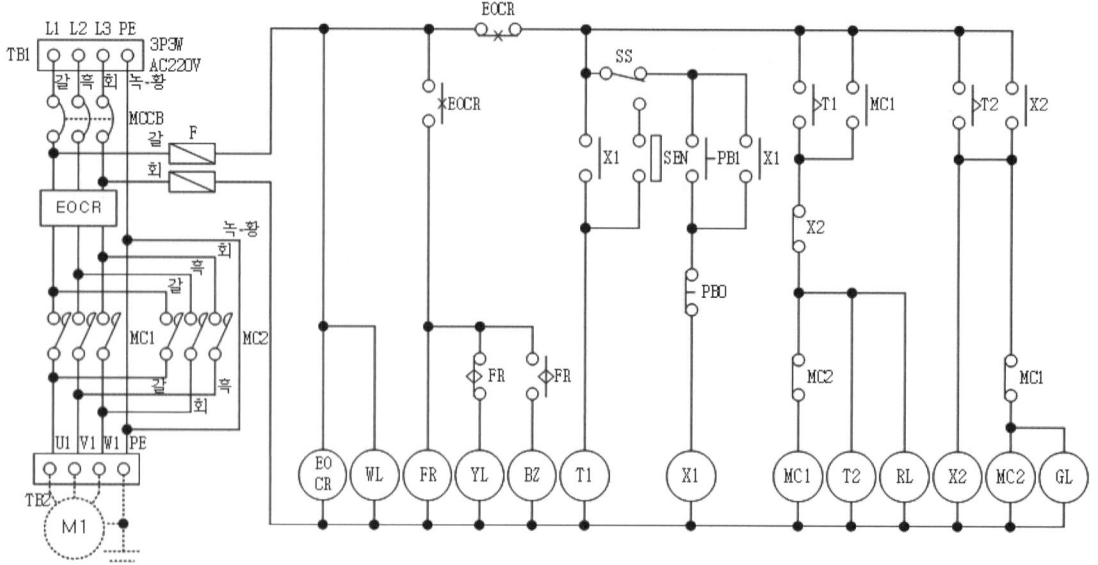

(2) 기구 내부 결선도

(3) 배관 및 기구 배치도 / 제어판 내부 기구 배치도

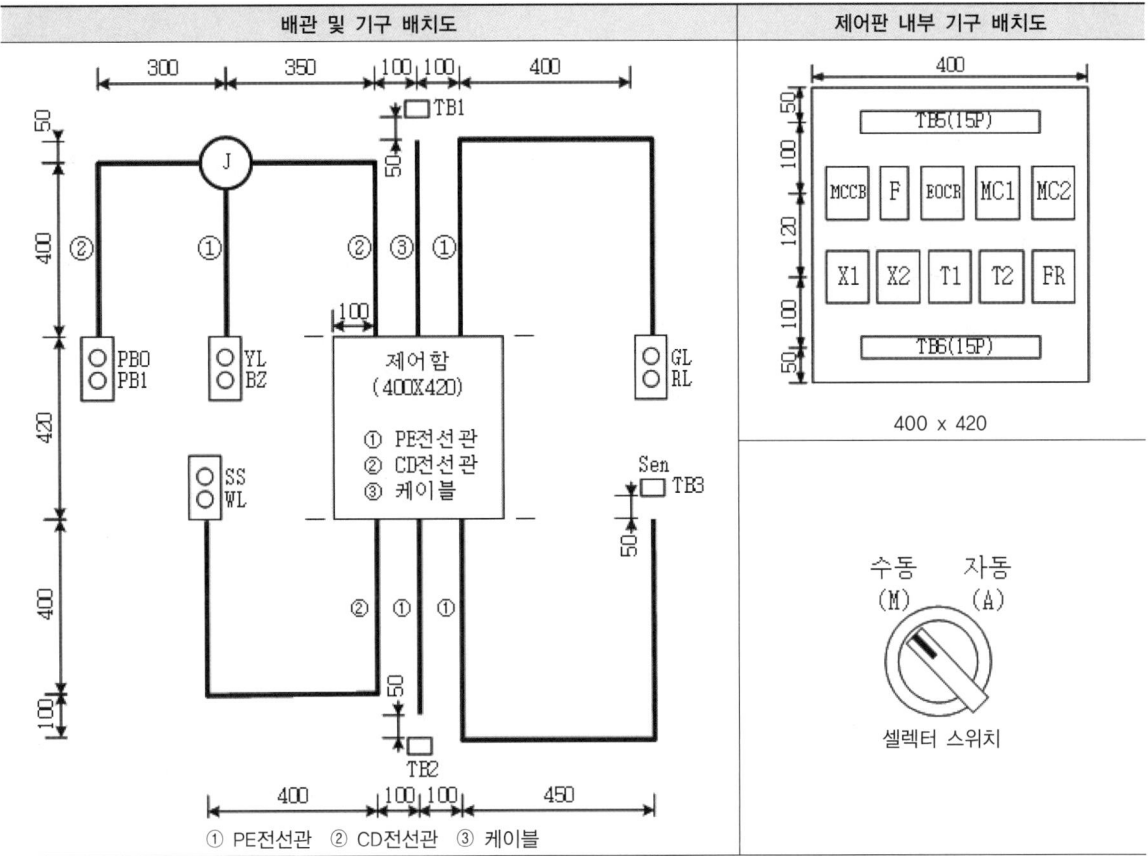

- 주어진 치수는 mm이고 치수 허용 오차는 제어판 내부는 ±10mm, 배관 및 기구 배치도는 ±30mm 이내로 한다.
- 제어함과 전선관이 접속되는 부분에는 전선관 커넥터를 사용하고 제어함에 5mm 정도 올리고 새들로 고정한다.

(4) 범례

기호	명칭	기호	명칭	기호	명칭
TB1	전원(단자대 4P)	EOCR	EOCR(12P)	SS	셀렉터 스위치
TB2	전동기(단자대 4P)	MC1, MC2	전자접촉기(12P)	BZ	버저
TB3	센서(단자대 4P)	X1, X2	릴레이(8P)	YL, WL	파일럿 램프(황, 백)
TB5, 6	제어판단자대(15P)	T1, T2	타이머(8P)	RL	파일럿 램프(적)
MCCB	배선차단기(3P)	FR	플리커릴레이(8P)	GL	파일럿 램프(녹)
F	퓨즈홀더(2P)	PB0, 1	푸시버튼(적, 녹)	J	8각 박스

※ 같은 문제라도 기구의 종류와 수가 증감하거나 문자가 변경될 수 있다.

JOB3 - 4	제목	전동기(정역순차) 제어 ④	4시간 30분	제작 박성운

1. 동 작

1) 배선차단기 MCCB에 전원을 투입하면 WL이 점등된다.
2) SS가 M(수동)일 때 PB1을 누르면 "동작"한다.

동 작	• X1과 T1이 여자되어 T1의 설정 시간 후 MC1이 여자되어, 전동기 정회전, RL이 점등된다. • T2가 여자되어 T2의 설정 시간 후 X2와 MC2가 여자되어, 전동기 역회전, GL이 점등된다.

3) SS가 A(자동)일 때 SEN이 감지되면 "동작"을 반복한다.
4) PB0을 누를 때 모든 동작이 정지된다.
5) 동작 중 EOCR이 작동하면 YL과 BZ가 교대 점멸된다.

2. 도 면

(1) 동작회로도

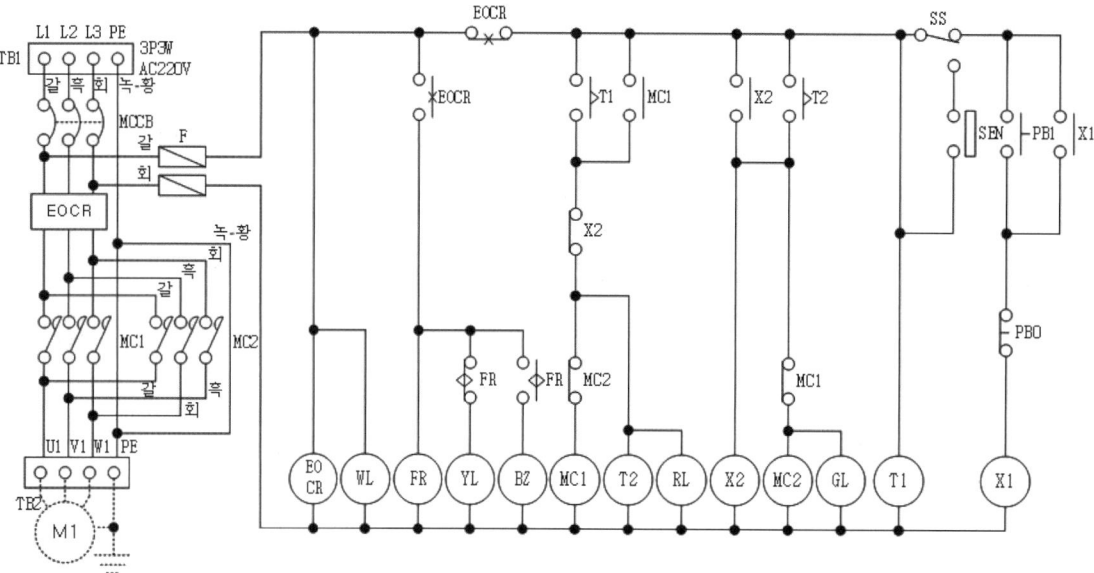

(2) 기구 내부 결선도

릴레이(8핀)	타이머(8핀)	플리커(8핀)	전자접촉기(12핀)	EOCR(12핀)

(3) 배관 및 기구 배치도 / 제어판 내부 기구 배치도

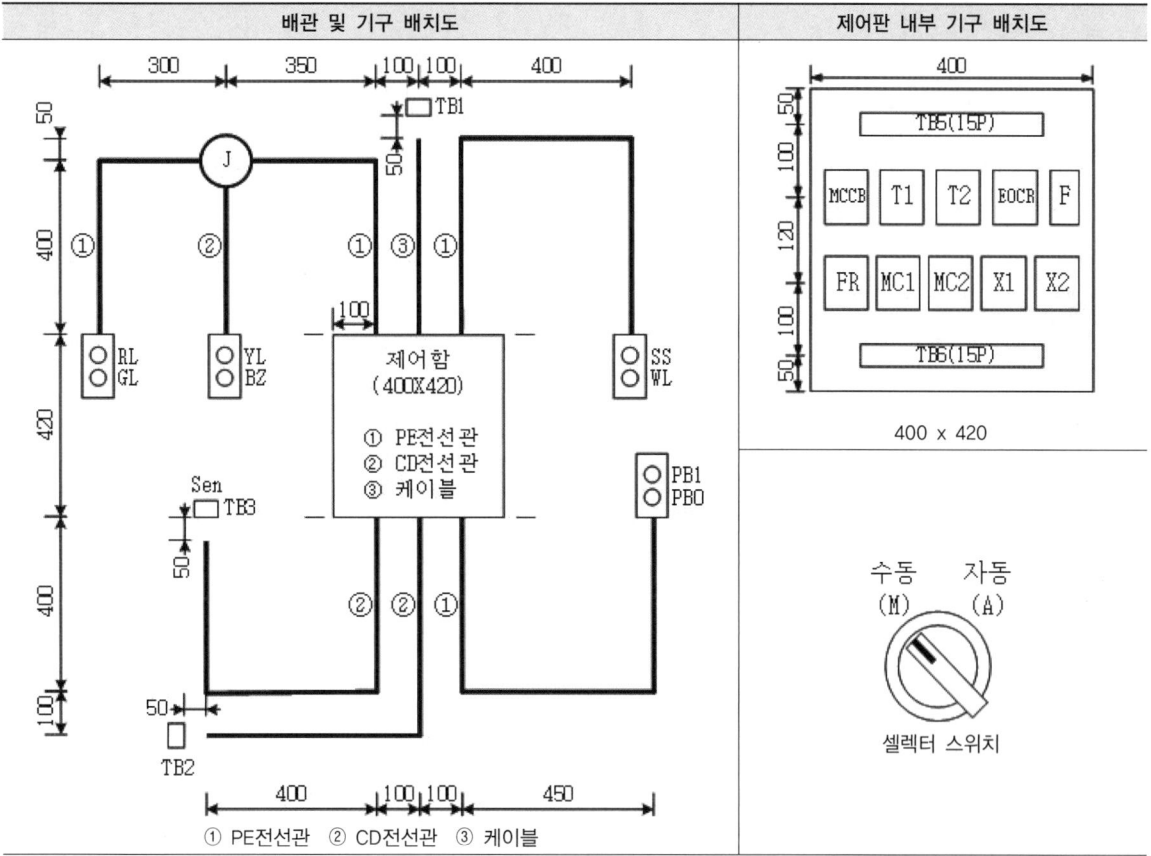

- 주어진 치수는 mm이고 치수 허용 오차는 제어판 내부는 ±10mm, 배관 및 기구 배치도는 ±30mm 이내로 한다.
- 제어함과 전선관이 접속되는 부분에는 전선관 커넥터를 사용하고 제어함에 5mm 정도 올리고 새들로 고정한다.

(4) 범례

기호	명칭	기호	명칭	기호	명칭
TB1	전원(단자대 4P)	EOCR	EOCR(12P)	SS	셀렉터 스위치
TB2	전동기(단자대 4P)	MC1, MC2	전자접촉기(12P)	BZ	버저
TB3	센서(단자대 4P)	X1, X2	릴레이(8P)	YL, WL	파일럿 램프(황, 백)
TB5, 6	제어판단자대(15P)	T1, T2	타이머(8P)	RL	파일럿 램프(적)
MCCB	배선차단기(3P)	FR	플리커릴레이(8P)	GL	파일럿 램프(녹)
F	퓨즈홀더(2P)	PB0, 1	푸시버튼(적, 녹)	J	8각 박스

※ 같은 문제라도 기구의 종류와 수가 증감하거나 문자가 변경될 수 있다.

| JOB3 - 5 | 제목 | 전동기(정역순차) 제어 ⑤ | 4시간 30분 | 제작 박성운 |

1. 동 작

1) 배선차단기 MCCB에 전원을 투입하면 WL이 점등된다.
2) SS가 M(수동)일 때 PB1을 누르면 "동작"한다.

| 동 작 | • X1과 T1이 여자되어 T1의 설정 시간 후 MC1이 여자되어, 전동기 정회전, RL이 점등된다.
• T2가 여자되어 T2의 설정 시간 후 X2와 MC2가 여자되어, 전동기 역회전, GL이 점등된다. |

3) SS가 A(자동)일 때 SEN이 감지되면 "동작"을 반복한다.
4) PB0을 누를 때 모든 동작이 정지된다.
5) 동작 중 EOCR이 작동하면 YL과 BZ가 교대 점멸된다.

2. 도 면

(1) 동작회로도

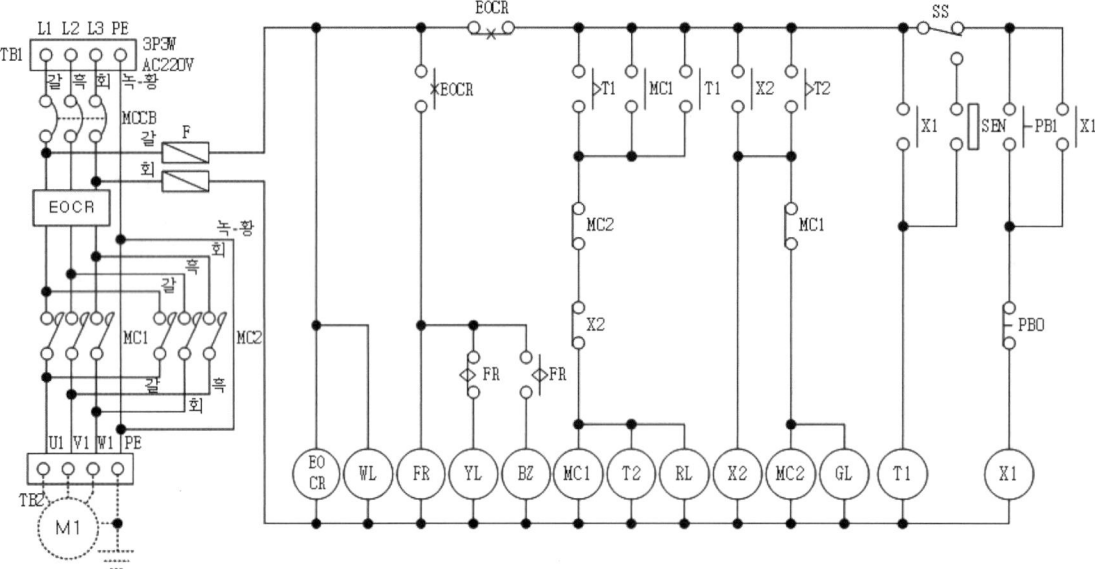

(2) 기구 내부 결선도

(3) 배관 및 기구 배치도 / 제어판 내부 기구 배치도

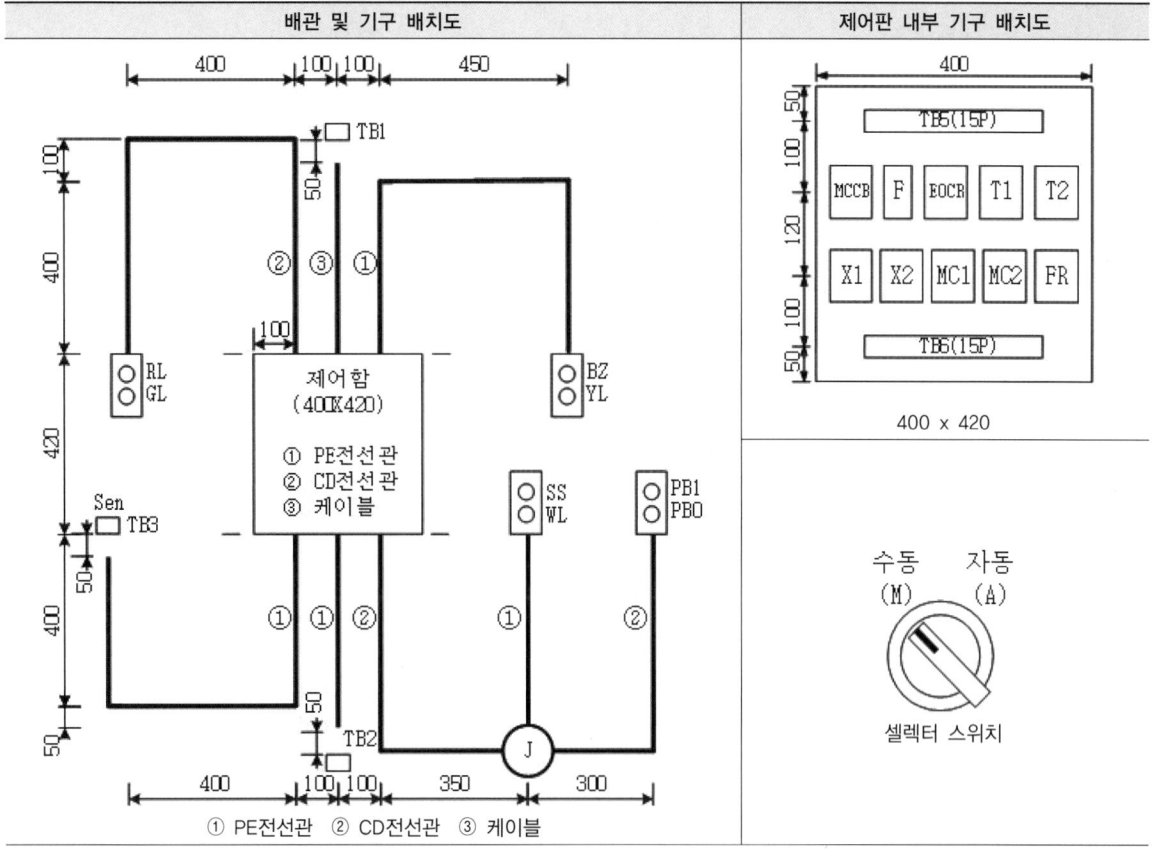

- 주어진 치수는 mm이고 치수 허용 오차는 제어판 내부는 ±10mm, 배관 및 기구 배치도는 ±30mm 이내로 한다.
- 제어함과 전선관이 접속되는 부분에는 전선관 커넥터를 사용하고 제어함에 5mm 정도 올리고 새들로 고정한다.

(4) 범 례

기 호	명 칭	기 호	명 칭	기 호	명 칭
TB1	전원(단자대 4P)	EOCR	EOCR(12P)	SS	셀렉터 스위치
TB2	전동기(단자대 4P)	MC1, MC2	전자접촉기(12P)	BZ	버저
TB3	센서(단자대 4P)	X1, X2	릴레이(8P)	YL, WL	파일럿 램프(황, 백)
TB5, 6	제어판단자대(15P)	T1, T2	타이머(8P)	RL	파일럿 램프(적)
MCCB	배선차단기(3P)	FR	플리커릴레이(8P)	GL	파일럿 램프(녹)
F	퓨즈홀더(2P)	PB0, 1	푸시버튼(적, 녹)	J	8각 박스

※ 같은 문제라도 기구의 종류와 수가 증감하거나 문자가 변경될 수 있다.

| JOB4 - 1 | 제목 | 공장동력 제어 ① | 4시간 30분 | 제작 박성운 |

1. 동 작

1) MCCB로 전원을 투입하면 WL이 점등된다.
2) PB1을 누르면 X1이 여자되어, RL1이 점등되고, 전동기 M1이 동작된다.
3) X1 여자, PB2를 누르면 X2와 MC2가 여자되어, RL2가 점등되고, 전동기 M2가 동작된다.
4) X1과 X2가 여자되면, T가 여자되고, GL이 점등되고, T의 설정 시간 후 초기화된다.
5) 운전 중에 EOCR이 작동되면 FR의 설정 시간에 BZ와 YL이 교대 점멸된다.
6) PB0을 누르거나 센서(SEN)가 감지될 때 초기화된다.

2. 도 면

(1) 동작회로도

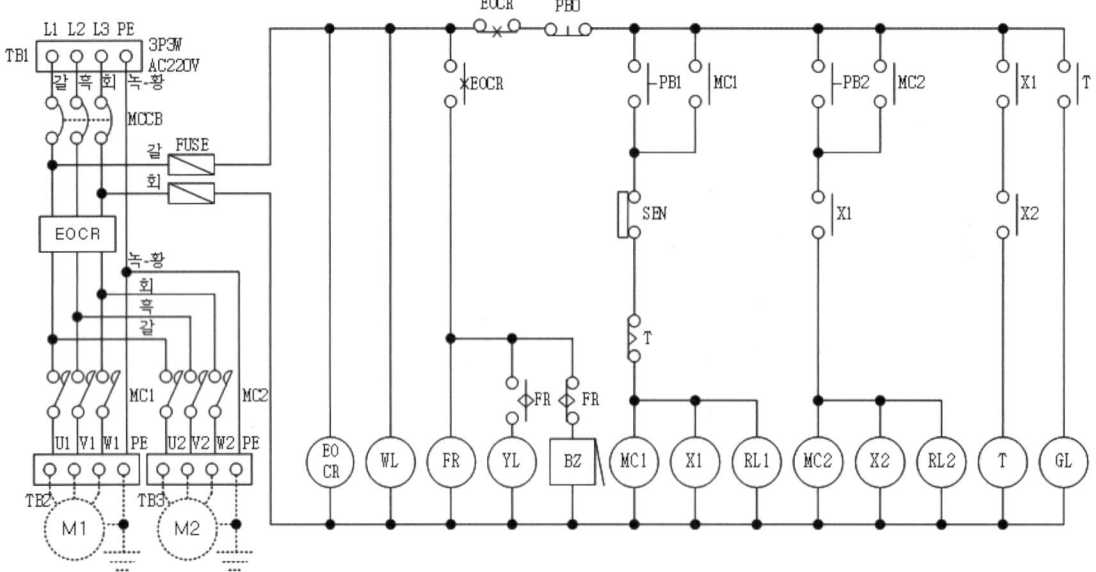

(2) 기구 내부 결선도

(3) 배관 및 기구 배치도 / 제어판 내부 기구 배치도

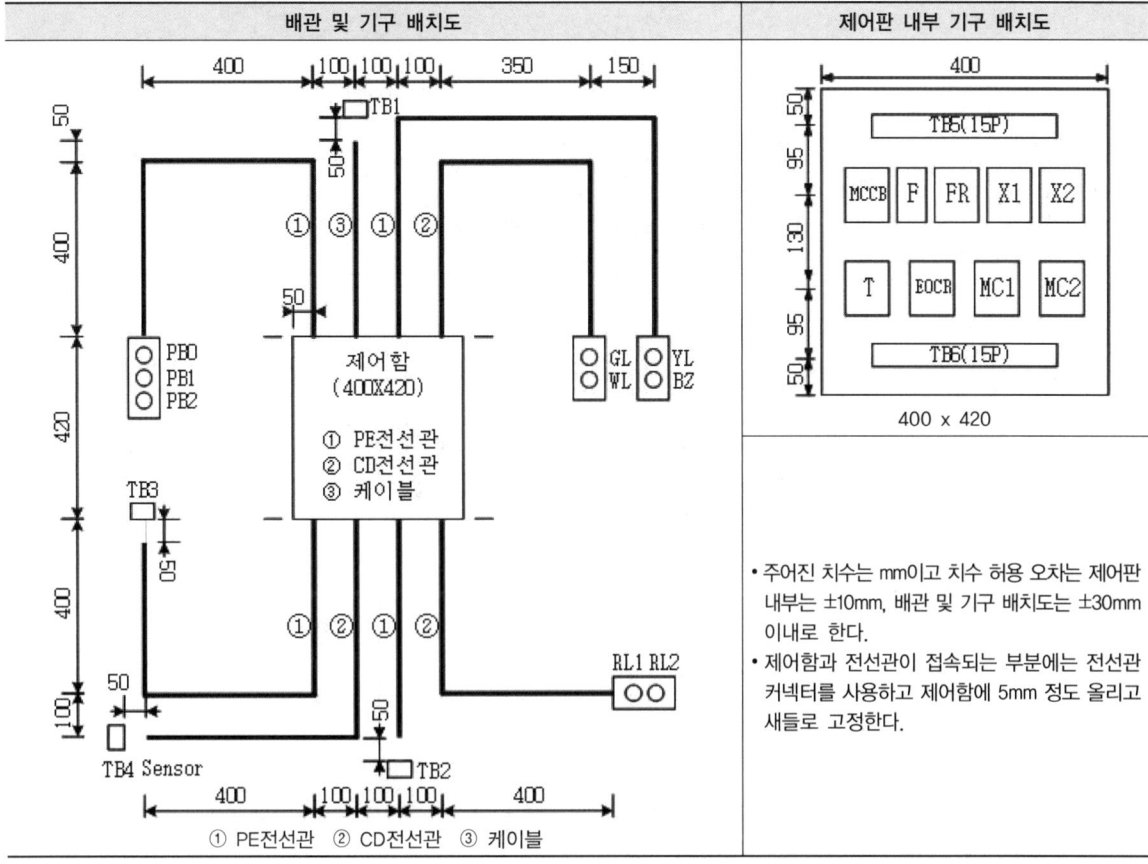

(4) 범례

기 호	명 칭	기 호	명 칭	기 호	명 칭
TB1	전원(단자대 4P)	EOCR	EOCR(12P)	PB1, PB2	푸시버튼(적)
TB2, 3	전동기(단자대 4P)	MC1, MC2	전자접촉기(12P)	RL1, RL2	파일럿 램프(적)
TB4	센서(단자대 4P)	X1, X2	릴레이(8P)	GL	파일럿 램프(녹)
TB5, 6	제어판단자대(15P)	T	타이머(8P)	WL	파일럿 램프(백)
MCCB	배선차단기(3P)	FR	플리커릴레이(8P)	YL	파일럿 램프(황)
FUSE	퓨즈홀더(2P)	PB0	푸시버튼(녹)	BZ	버저

※ 같은 문제라도 기구의 종류와 수가 증감하거나 문자가 변경될 수 있다.

| JOB4 - 2 | 제목 | 공장동력 제어 ② | 4시간 30분 | 제작 박성운 |

1. 동 작

1) MCCB로 전원을 투입하면 WL이 점등된다.
2) PB1을 누르면 X1이 여자되어, RL1이 점등되고, 전동기 M1이 동작된다.
3) X1 여자, PB2를 누르면 X2와 MC2가 여자되어, RL2가 점등되고, 전동기 M2가 동작된다.
4) X1과 X2가 여자되면, T가 여자되고, GL이 점등되고, T의 설정 시간 후 초기화된다.
5) 운전 중에 EOCR이 작동되면 FR의 설정 시간에 BZ와 YL이 교대 점멸된다.
6) PB0을 누르거나 센서(SEN)가 감지될 때 초기화된다.

2. 도 면

(1) 동작회로도

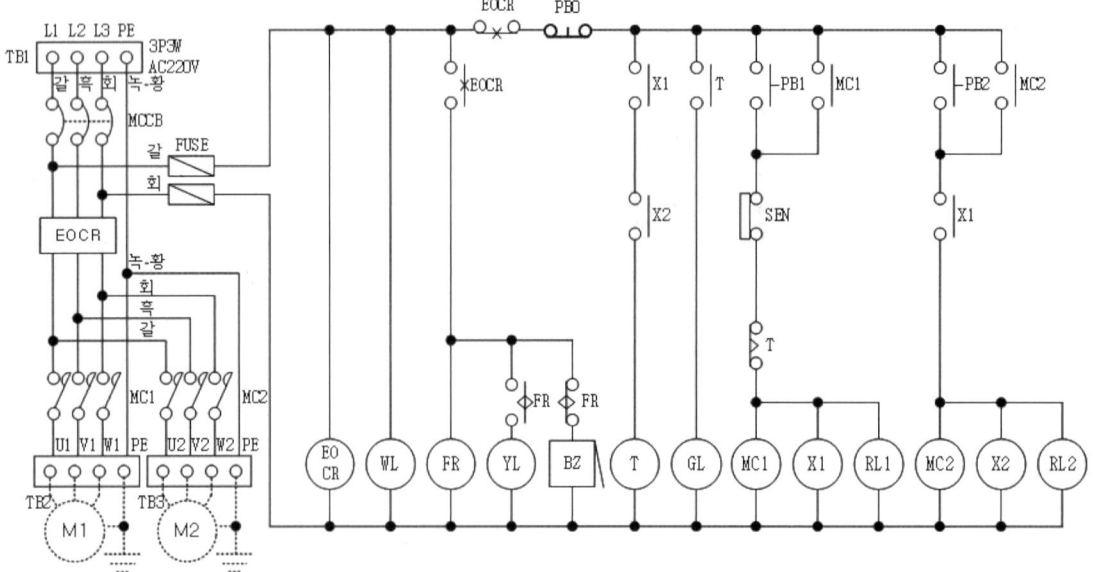

(2) 기구 내부 결선도

(3) 배관 및 기구 배치도 / 제어판 내부 기구 배치도

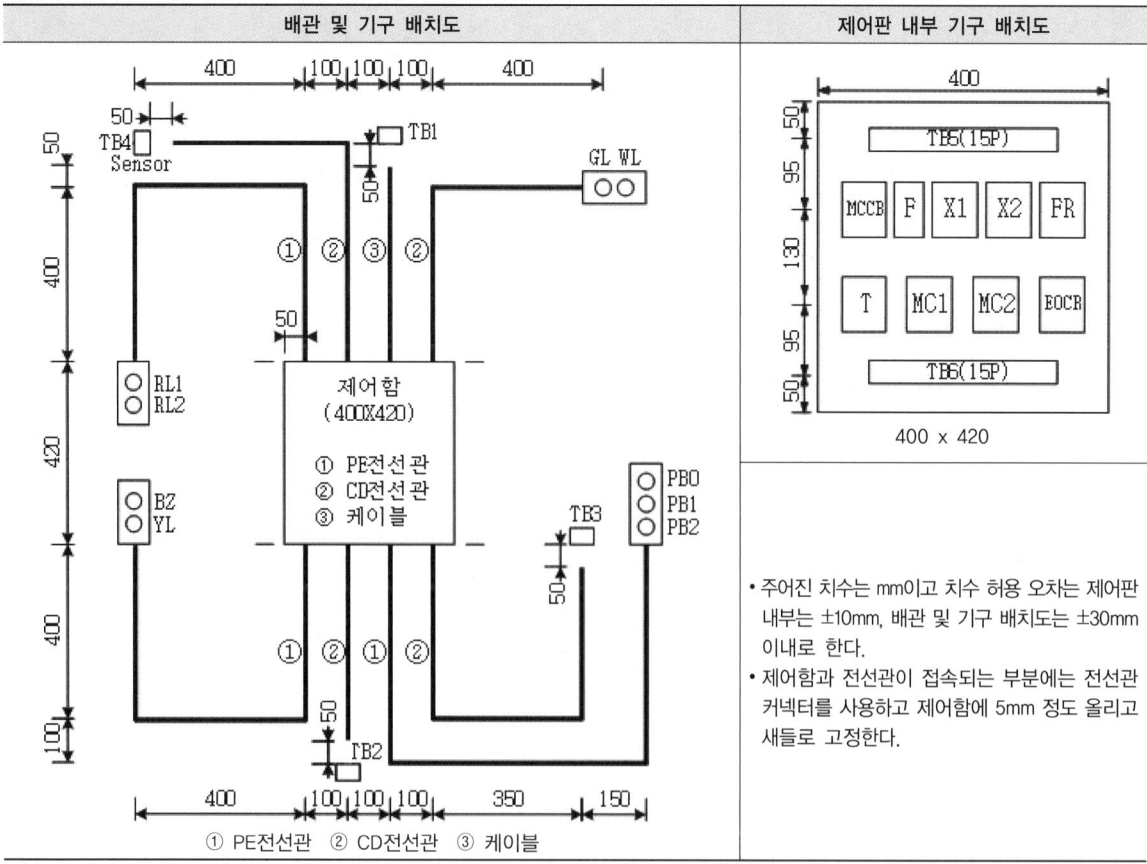

(4) 범례

기 호	명 칭	기 호	명 칭	기 호	명 칭
TB1	전원(단자대 4P)	EOCR	EOCR(12P)	PB1, PB2	푸시버튼(적)
TB2, 3	전동기(단자대 4P)	MC1, MC2	전자접촉기(12P)	RL1, RL2	파일럿 램프(적)
TB4	센서(단자대 4P)	X1, X2	릴레이(8P)	GL	파일럿 램프(녹)
TB5, 6	제어판단자대(15P)	T	타이머(8P)	WL	파일럿 램프(백)
MCCB	배선차단기(3P)	FR	플리커릴레이(8P)	YL	파일럿 램프(황)
FUSE	퓨즈홀더(2P)	PB0	푸시버튼(녹)	BZ	버저

※ 같은 문제라도 기구의 종류와 수가 증감하거나 문자가 변경될 수 있다.

| JOB4 - 3 | 제목 | 공장동력 제어 ③ | 4시간 30분 | 제작 박성운 |

1. 동 작

1) MCCB로 전원을 투입하면 WL이 점등된다.
2) PB1을 누르면 X1이 여자되어, RL1이 점등되고, 전동기 M1이 동작된다.
3) X1 여자, PB2를 누르면 X2와 MC2가 여자되어, RL2가 점등되고, 전동기 M2가 동작된다.
4) X1과 X2가 여자되면, T가 여자되고, GL이 점등되고, T의 설정 시간 후 초기화된다.
5) 운전 중에 EOCR이 작동되면 FR의 설정 시간에 BZ와 YL이 교대 점멸된다.
6) PB0을 누르거나 센서(SEN)가 감지될 때 초기화된다.

2. 도 면

(1) 동작회로도

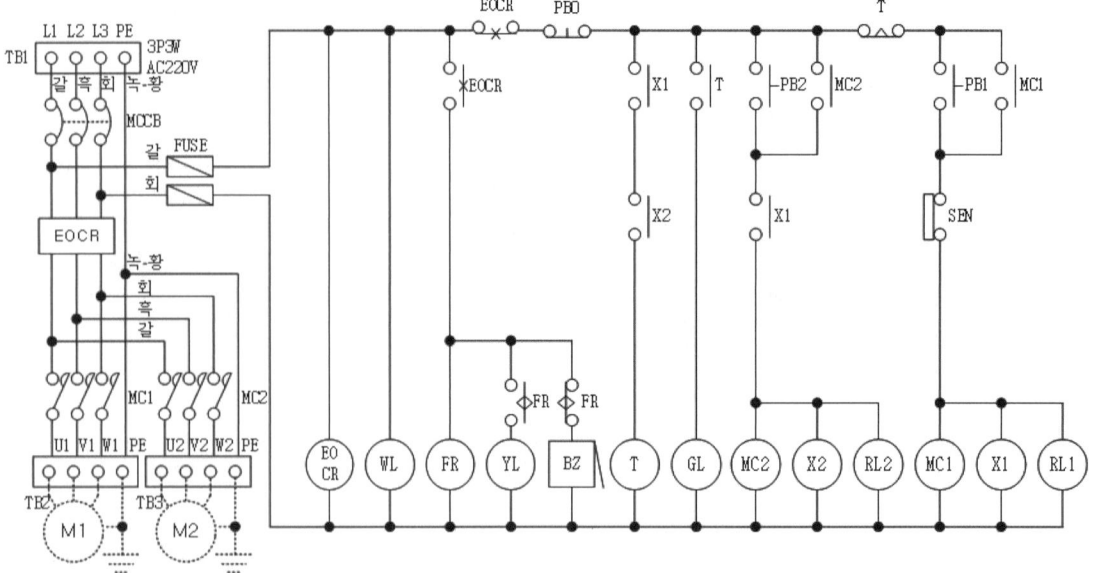

(2) 기구 내부 결선도

| 릴레이(8핀) | 타이머(8핀) | 플리커(8핀) | 전자접촉기(12핀) | EOCR(12핀) |

(3) 배관 및 기구 배치도 / 제어판 내부 기구 배치도

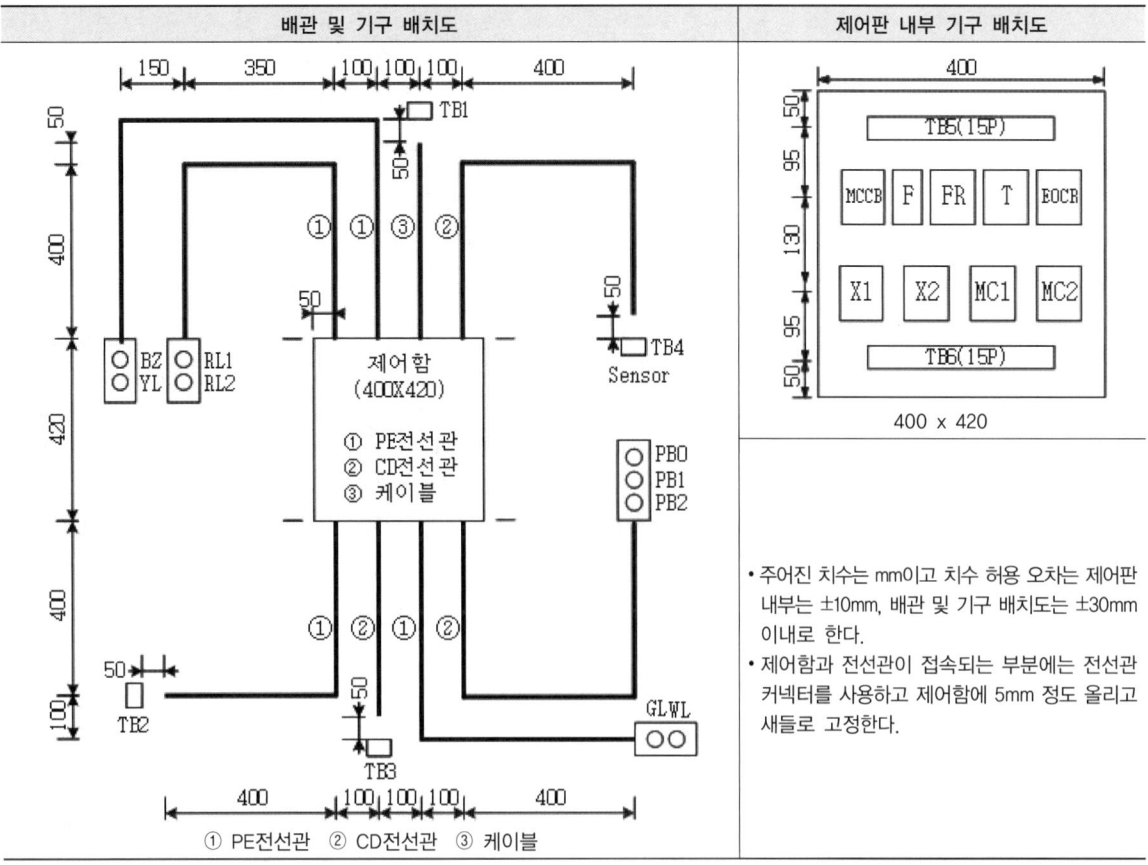

- 주어진 치수는 mm이고 치수 허용 오차는 제어판 내부는 ±10mm, 배관 및 기구 배치도는 ±30mm 이내로 한다.
- 제어함과 전선관이 접속되는 부분에는 전선관 커넥터를 사용하고 제어함에 5mm 정도 올리고 새들로 고정한다.

(4) 범 례

기 호	명 칭	기 호	명 칭	기 호	명 칭
TB1	전원(단자대 4P)	EOCR	EOCR(12P)	PB1, PB2	푸시버튼(적)
TB2, 3	전동기(단자대 4P)	MC1, MC2	전자접촉기(12P)	RL1, RL2	파일럿 램프(적)
TB4	센서(단자대 4P)	X1, X2	릴레이(8P)	GL	파일럿 램프(녹)
TB5, 6	제어판단자대(15P)	T	타이머(8P)	WL	파일럿 램프(백)
MCCB	배선차단기(3P)	FR	플리커릴레이(8P)	YL	파일럿 램프(황)
FUSE	퓨즈홀더(2P)	PB0	푸시버튼(녹)	BZ	버저

※ 같은 문제라도 기구의 종류와 수가 증감하거나 문자가 변경될 수 있다.

| JOB4 - 4 | 제목 | 공장동력 제어 ④ | 4시간 30분 | 제작 박성운 |

1. 동 작

1) MCCB로 전원을 투입하면 WL이 점등된다.
2) PB1을 누르면 X1이 여자되어, RL1이 점등되고, 전동기 M1이 동작된다.
3) X1 여자, PB2를 누르면 X2와 MC2가 여자되어, RL2가 점등되고, 전동기 M2가 동작된다.
4) X1과 X2가 여자되면, T가 여자되고, GL이 점등되고, T의 설정 시간 후 초기화된다.
5) 운전 중에 EOCR이 작동되면 FR의 설정 시간에 BZ와 YL이 교대 점멸된다.
6) PB0을 누르거나 센서(SEN)가 감지될 때 초기화된다.

2. 도 면

(1) 동작회로도

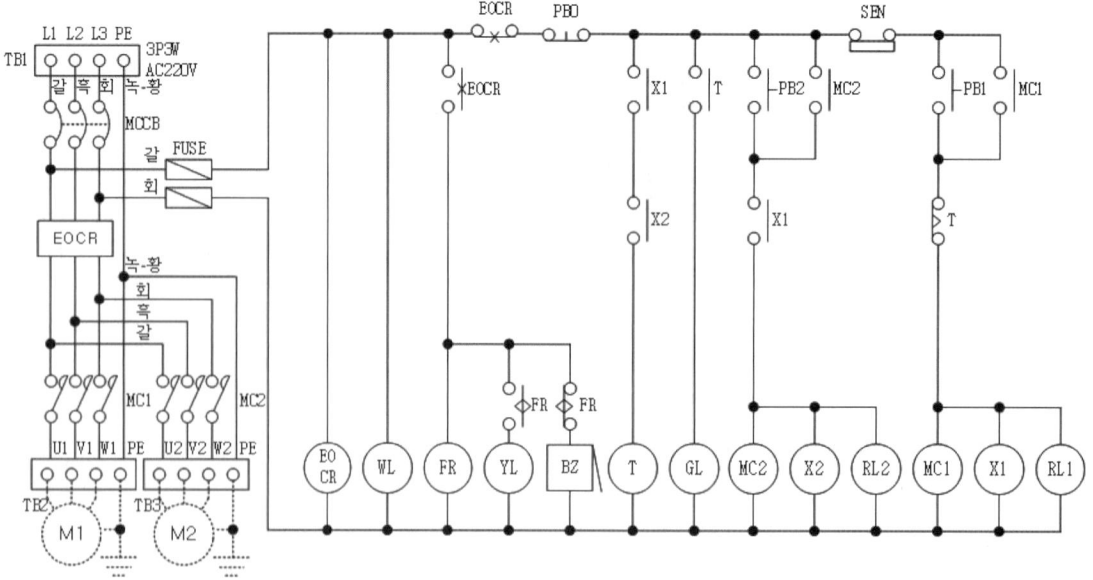

(2) 기구 내부 결선도

(3) 배관 및 기구 배치도 / 제어판 내부 기구 배치도

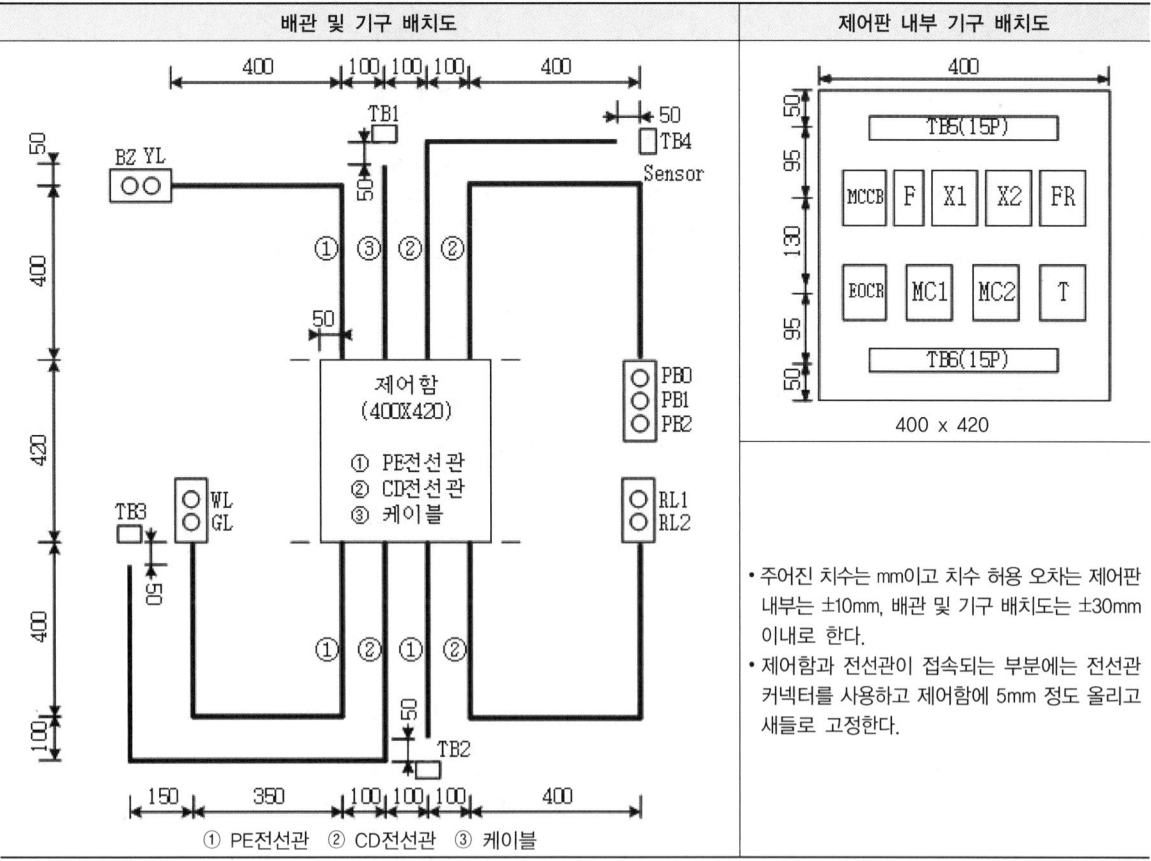

(4) 범례

기 호	명 칭	기 호	명 칭	기 호	명 칭
TB1	전원(단자대 4P)	EOCR	EOCR(12P)	PB1, PB2	푸시버튼(적)
TB2, 3	전동기(단자대 4P)	MC1, MC2	전자접촉기(12P)	RL1, RL2	파일럿 램프(적)
TB4	센서(단자대 4P)	X1, X2	릴레이(8P)	GL	파일럿 램프(녹)
TB5, 6	제어판단자대(15P)	T	타이머(8P)	WL	파일럿 램프(백)
MCCB	배선차단기(3P)	FR	플리커릴레이(8P)	YL	파일럿 램프(황)
FUSE	퓨즈홀더(2P)	PB0	푸시버튼(녹)	BZ	버저

※ 같은 문제라도 기구의 종류와 수가 증감하거나 문자가 변경될 수 있다.

| JOB4 – 5 | 제목 | 공장동력 제어 ⑤ | 4시간 30분 | 제작 박성운 |

1. 동 작

1) MCCB로 전원을 투입하면 WL이 점등된다.
2) PB1을 누르면 X1이 여자되어, RL1이 점등되고, 전동기 M1이 동작된다.
3) X1 여자, PB2를 누르면 X2와 MC2가 여자되어, RL2가 점등되고, 전동기 M2가 동작된다.
4) X1과 X2가 여자되면, T가 여자되고, GL이 점등되고, T의 설정 시간 후 초기화된다.
5) 운전 중에 EOCR이 작동되면 FR의 설정 시간에 BZ와 YL이 교대 점멸된다.
6) PB0을 누르거나 센서(SEN)가 감지될 때 초기화된다.

2. 도 면

(1) 동작회로도

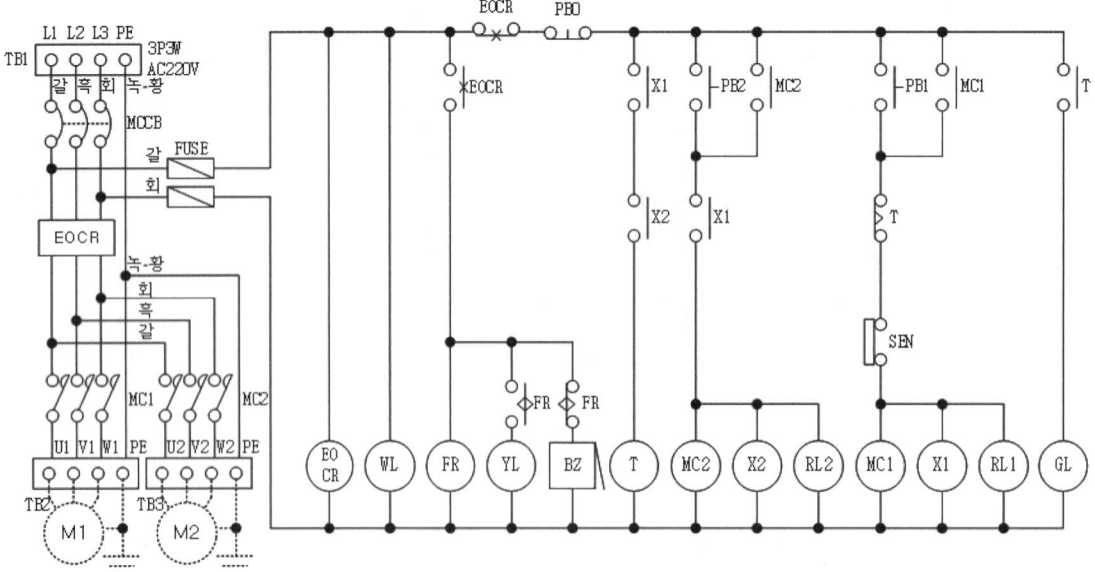

(2) 기구 내부 결선도

(3) 배관 및 기구 배치도 / 제어판 내부 기구 배치도

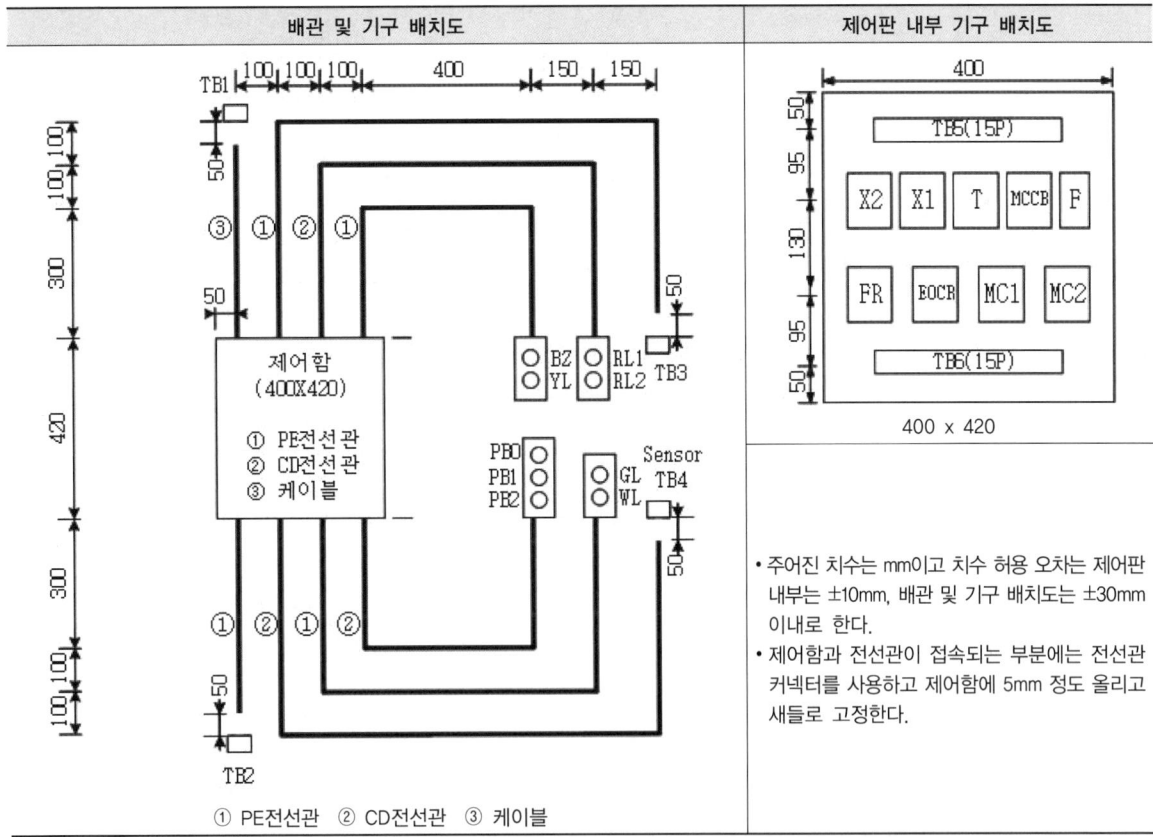

- 주어진 치수는 mm이고 치수 허용 오차는 제어판 내부는 ±10mm, 배관 및 기구 배치도는 ±30mm 이내로 한다.
- 제어함과 전선관이 접속되는 부분에는 전선관 커넥터를 사용하고 제어함에 5mm 정도 올리고 새들로 고정한다.

(4) 범례

기 호	명 칭	기 호	명 칭	기 호	명 칭
TB1	전원(단자대 4P)	EOCR	EOCR(12P)	PB1, PB2	푸시버튼(적)
TB2, 3	전동기(단자대 4P)	MC1, MC2	전자접촉기(12P)	RL1, RL2	파일럿 램프(적)
TB4	센서(단자대 4P)	X1, X2	릴레이(8P)	GL	파일럿 램프(녹)
TB5, 6	제어판단자대(15P)	T	타이머(8P)	WL	파일럿 램프(백)
MCCB	배선차단기(3P)	FR	플리커릴레이(8P)	YL	파일럿 램프(황)
FUSE	퓨즈홀더(2P)	PB0	푸시버튼(녹)	BZ	버저

※ 같은 문제라도 기구의 종류와 수가 증감하거나 문자가 변경될 수 있다.

| JOB5 - 1 | 제목 | 자동온도조절 장치 ① | 4시간 30분 | 제작 박성운 |

1. 동 작

1) 배선차단기 MCCB에 전원을 투입하면 WL이 점등된다.
2) PB1을 누를 때 X와 MC1이 여자되어, 순환모터가 동작, RL이 점등된다.
3) TC의 설정 온도에서 MC1이 소자, T가 여자되어, RL이 소등되고, 순환모터가 정지된다.
4) T의 설정 시간 후 MC2가 여자되어, 배기모터가 동작, GL이 점등된다.
5) PB2를 누를 때 모든 동작이 정지하며 초기화된다(단, 과부하 시에도 자동 초기화된다).
6) 동작 중 EOCR이 작동되면(과부하 시) FR에 의해 YL이 점멸된다.

2. 도 면

(1) 동작회로도

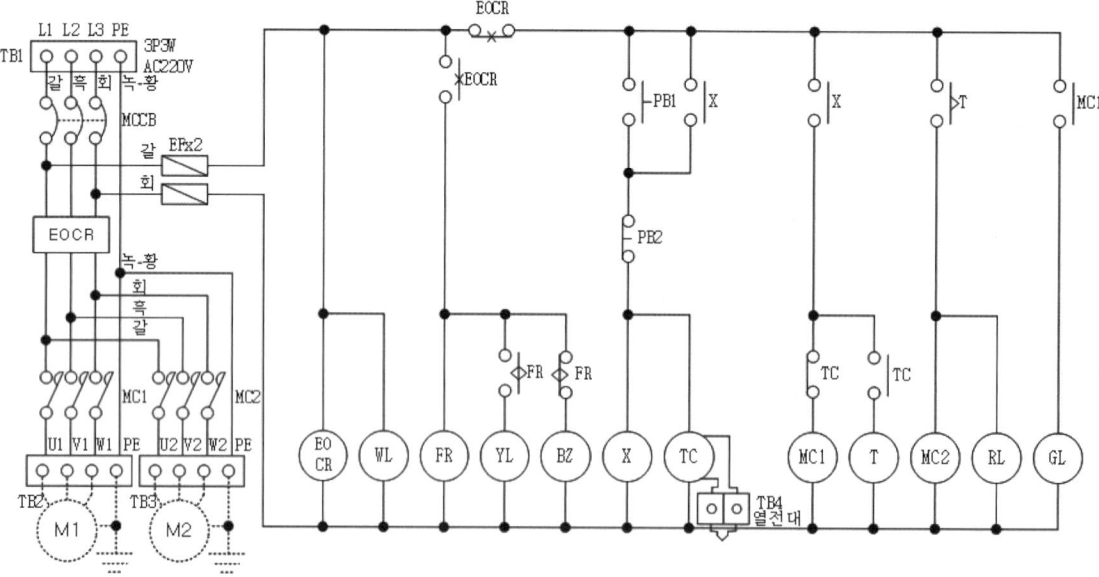

(2) 기구 내부 결선도

(3) 배관 및 기구 배치도 / 제어판 내부 기구 배치도

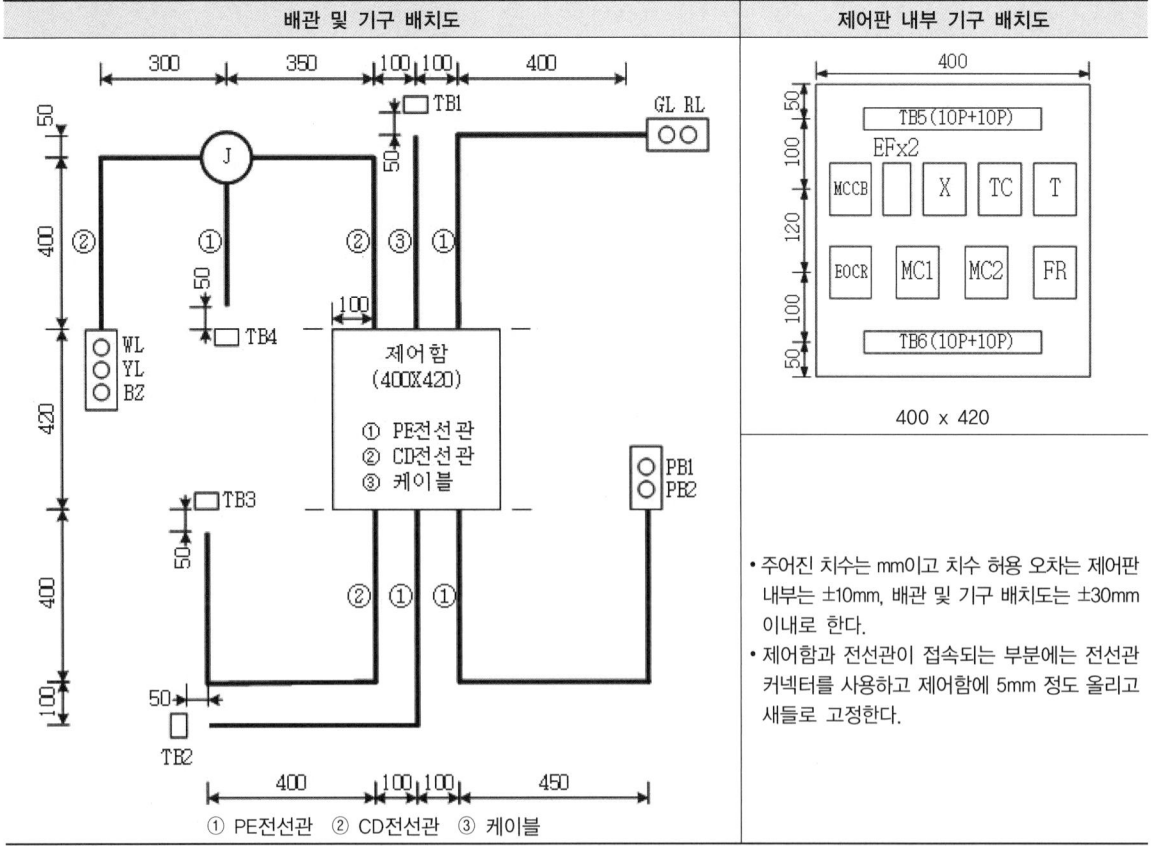

(4) 범례

기호	명칭	기호	명칭	기호	명칭
TB1	전원(단자대 4P)	EFx2	퓨즈홀더(2P)	TC	온도계전기(8P)
TB2	순환모터(단자대 4P)	EOCR	EOCR(12P)	PB1, 2	푸시버튼(녹, 적)
TB3	배기모터(단자대 4P)	MC1, MC2	전자접촉기(12P)	RL, GL	파일럿 램프(적, 녹)
TB4	열전쌍(단자대 4P)	X	릴레이(8P)	YL, WL	파일럿 램프(황, 백)
TB5, 6	제어판단자대(20P)	FR	플리커릴레이(8P)	BZ	버저
MCCB	배선차단기(3P)	T	타이머(8P)	J	8각 박스

※ 같은 문제라도 기구의 종류와 수가 증감하거나 문자가 변경될 수 있다.

| JOB5 - 2 | 제목 | 자동온도조절 장치 ② | 4시간 30분 | 제작 박성운 |

1. 동 작

1) 배선차단기 MCCB에 전원을 투입하면 WL이 점등된다.
2) PB1을 누를 때 X와 MC1이 여자되어, 순환모터가 동작, RL이 점등된다.
3) TC의 설정 온도에서 MC1이 소자, T가 여자되어, RL이 소등되고, 순환모터가 정지된다.
4) T의 설정 시간 후 MC2가 여자되어, 배기모터가 동작, GL이 점등된다.
5) PB2를 누를 때 모든 동작이 정지하며 초기화된다(단, 과부하 시에도 자동 초기화된다).
6) 동작 중 EOCR이 작동되면(과부하 시) FR에 의해 YL이 점멸된다.

2. 도 면

(1) 동작회로도

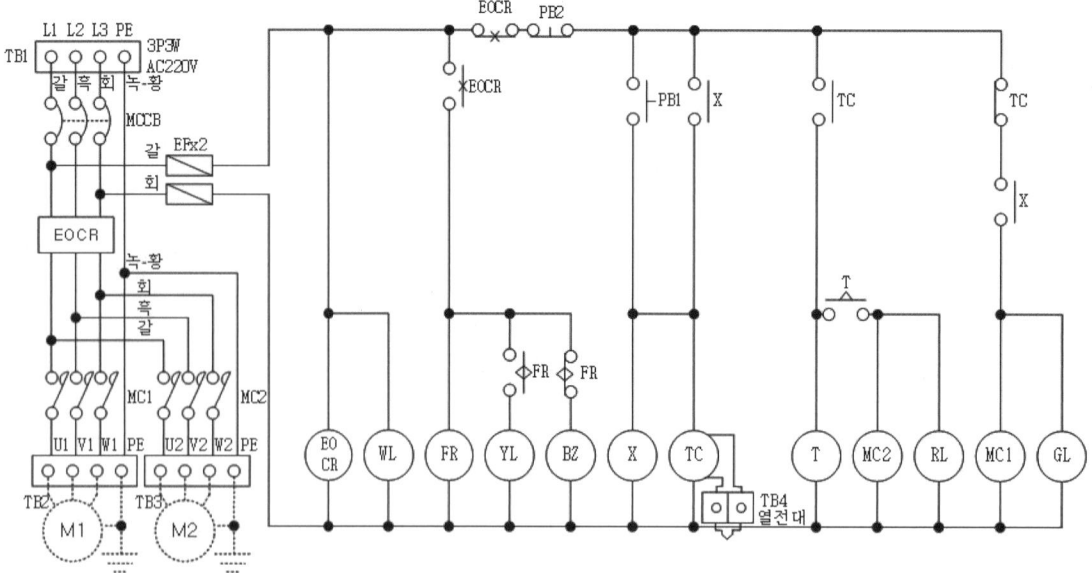

(2) 기구 내부 결선도

(3) 배관 및 기구 배치도 / 제어판 내부 기구 배치도

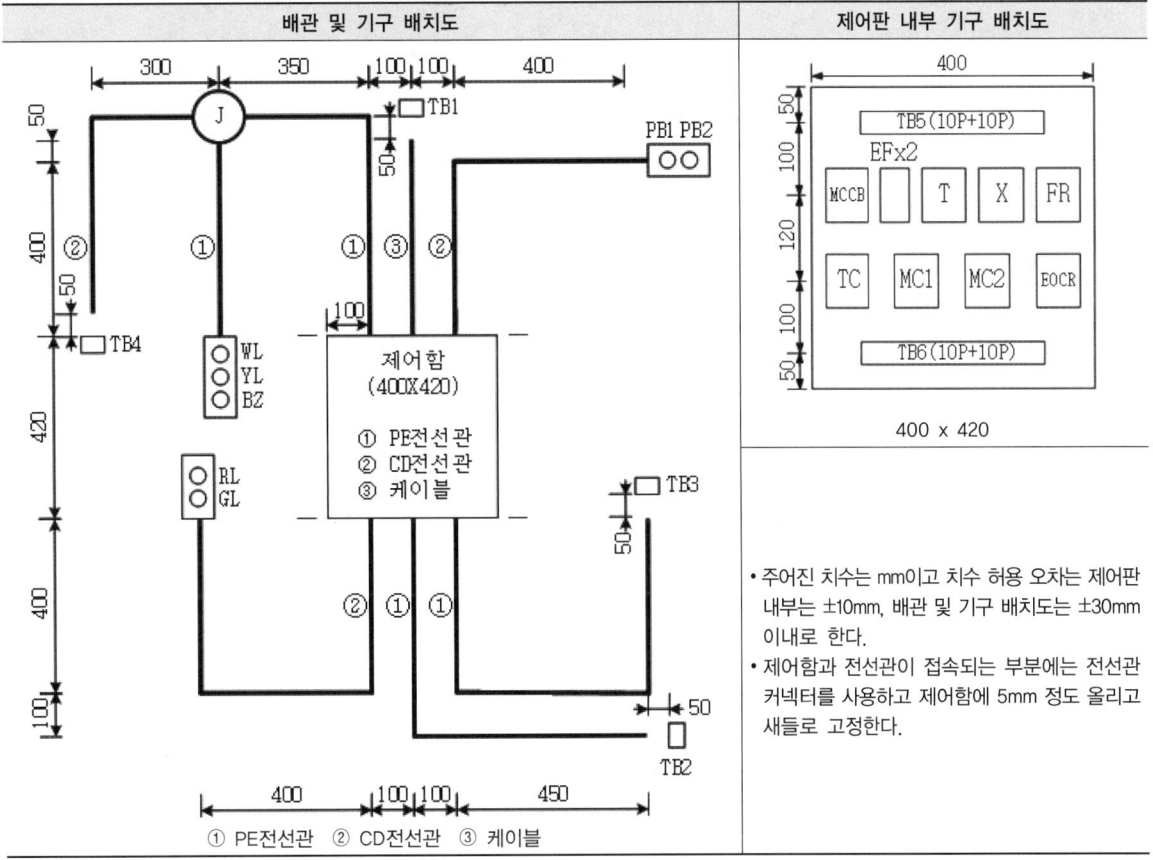

(4) 범례

기호	명칭	기호	명칭	기호	명칭
TB1	전원(단자대 4P)	EFx2	퓨즈홀더(2P)	TC	온도계전기(8P)
TB2	순환모터(단자대 4P)	EOCR	EOCR(12P)	PB1, 2	푸시버튼(녹, 적)
TB3	배기모터(단자대 4P)	MC1, MC2	전자접촉기(12P)	RL, GL	파일럿 램프(적, 녹)
TB4	열전쌍(단자대 4P)	X	릴레이(8P)	YL, WL	파일럿 램프(황, 백)
TB5, 6	제어판단자대(20P)	FR	플리커릴레이(8P)	BZ	버저
MCCB	배선차단기(3P)	T	타이머(8P)	J	8각 박스

※ 같은 문제라도 기구의 종류와 수가 증감하거나 문자가 변경될 수 있다.

| JOB5 - 3 | 제목 | 자동온도조절 장치 ③ | 4시간 30분 | 제작 박성운 |

1. 동 작

1) 배선차단기 MCCB에 전원을 투입하면 WL이 점등된다.
2) PB1을 누를 때 X와 MC1이 여자되어, 순환모터가 동작, RL이 점등된다.
3) TC의 설정 온도에서 MC1이 소자, T가 여자되어, RL이 소등되고, 순환모터가 정지된다.
4) T의 설정 시간 후 MC2가 여자되어, 배기모터가 동작, GL이 점등된다.
5) PB2를 누를 때 모든 동작이 정지하며 초기화된다(단, 과부하 시에도 자동 초기화된다).
6) 동작 중 EOCR이 작동되면(과부하 시) FR에 의해 YL이 점멸된다.

2. 도 면

(1) 동작회로도

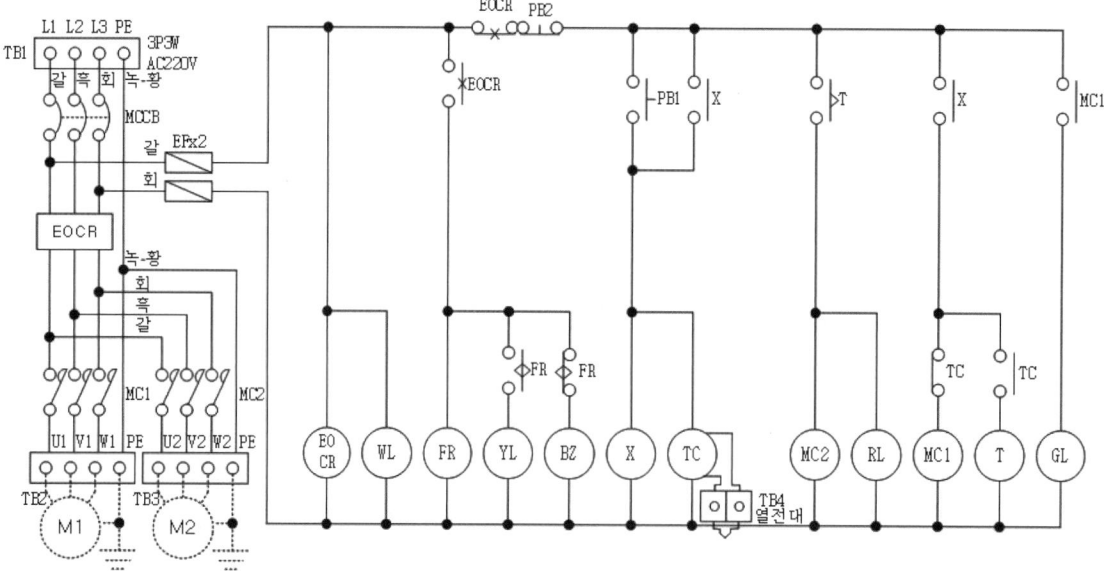

(2) 기구 내부 결선도

(3) 배관 및 기구 배치도 / 제어판 내부 기구 배치도

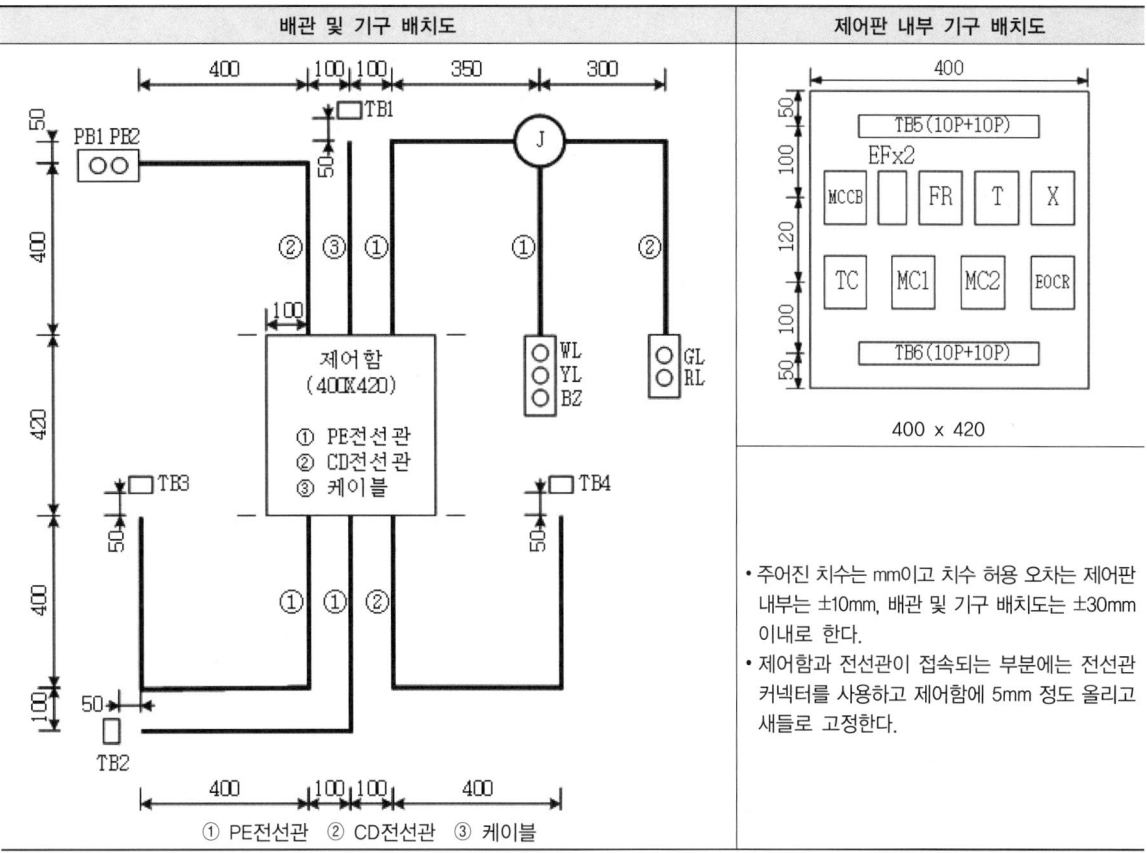

(4) 범례

기호	명칭	기호	명칭	기호	명칭
TB1	전원(단자대 4P)	EFx2	퓨즈홀더(2P)	TC	온도계전기(8P)
TB2	순환모터(단자대 4P)	EOCR	EOCR(12P)	PB1, 2	푸시버튼(녹, 적)
TB3	배기모터(단자대 4P)	MC1, MC2	전자접촉기(12P)	RL, GL	파일럿 램프(적, 녹)
TB4	열전쌍(단자대 4P)	X	릴레이(8P)	YL, WL	파일럿 램프(황, 백)
TB5, 6	제어판단자대(20P)	FR	플리커릴레이(8P)	BZ	버저
MCCB	배선차단기(3P)	T	타이머(8P)	J	8각 박스

※ 같은 문제라도 기구의 종류와 수가 증감하거나 문자가 변경될 수 있다.

| JOB5 - 4 | 제목 | 자동온도조절 장치 ④ | 4시간 30분 | 제작 박성운 |

1. 동 작

1) 배선차단기 MCCB에 전원을 투입하면 WL이 점등된다.
2) PB1을 누를 때 X와 MC1이 여자되어, 순환모터가 동작, RL이 점등된다.
3) TC의 설정 온도에서 MC1이 소자, T가 여자되어, RL이 소등되고, 순환모터가 정지된다.
4) T의 설정 시간 후 MC2가 여자되어, 배기모터가 동작, GL이 점등된다.
5) PB2를 누를 때 모든 동작이 정지하며 초기화된다(단, 과부하 시에도 자동 초기화된다).
6) 동작 중 EOCR이 작동되면(과부하 시) FR에 의해 YL이 점멸된다.

2. 도 면

(1) 동작회로도

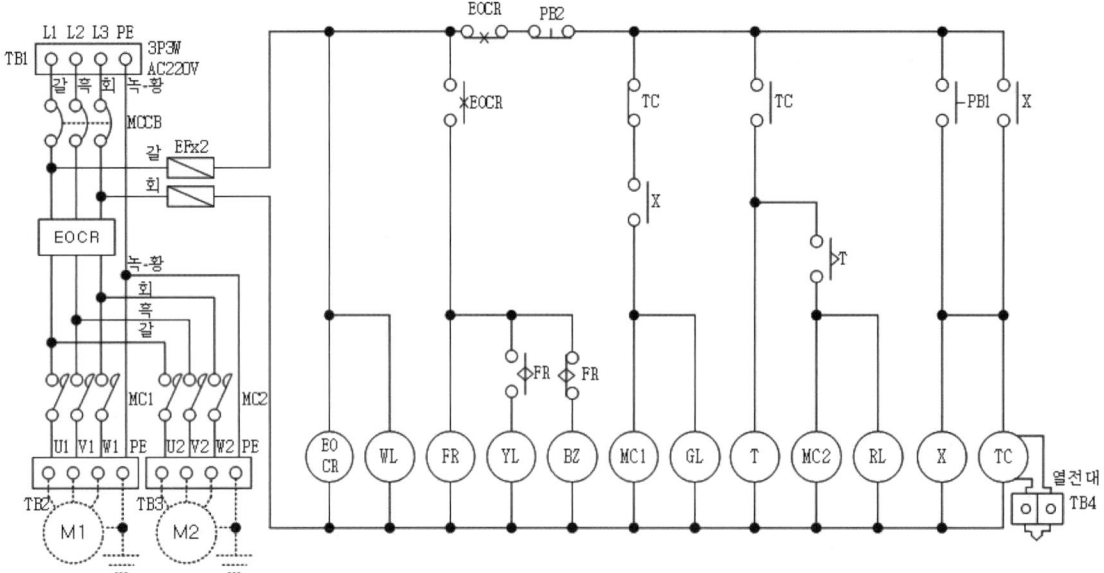

(2) 기구 내부 결선도

(3) 배관 및 기구 배치도 / 제어판 내부 기구 배치도

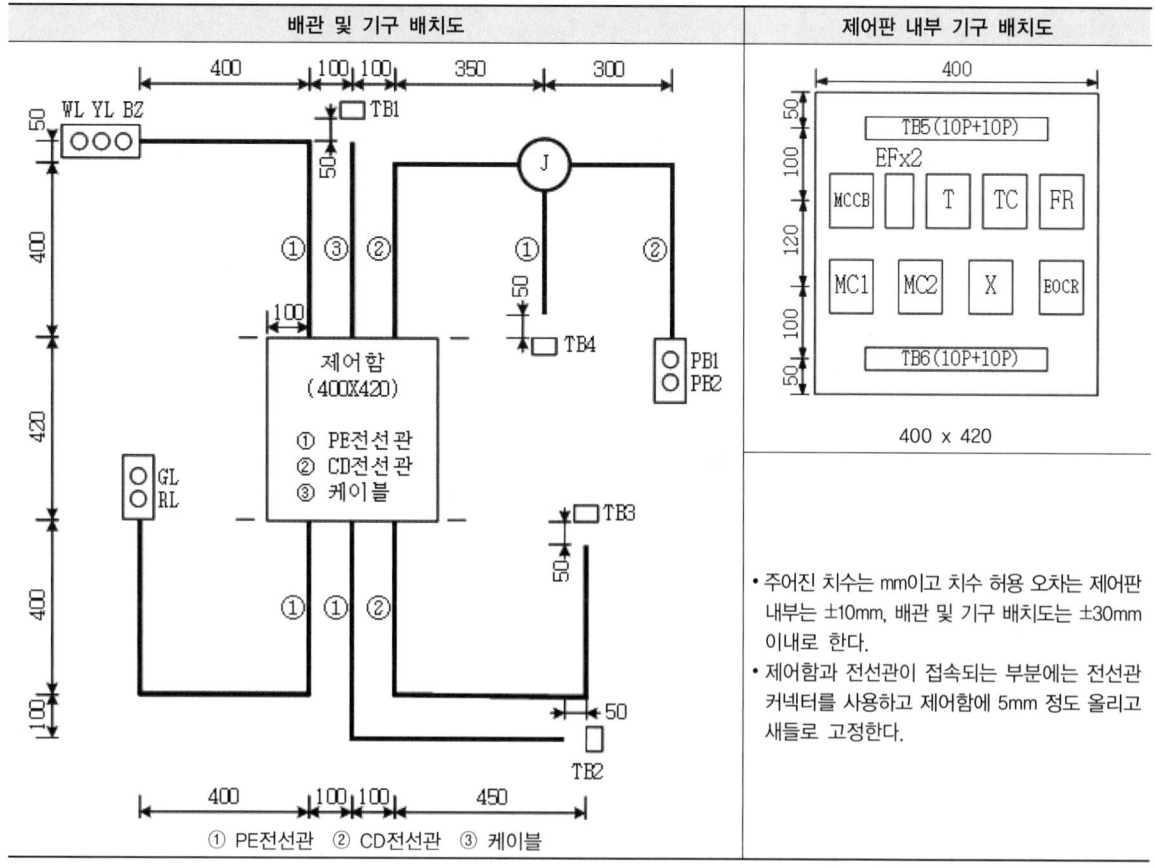

- 주어진 치수는 mm이고 치수 허용 오차는 제어판 내부는 ±10mm, 배관 및 기구 배치도는 ±30mm 이내로 한다.
- 제어함과 전선관이 접속되는 부분에는 전선관 커넥터를 사용하고 제어함에 5mm 정도 올리고 새들로 고정한다.

(4) 범례

기호	명칭	기호	명칭	기호	명칭
TB1	전원(단자대 4P)	EFx2	퓨즈홀더(2P)	TC	온도계전기(8P)
TB2	순환모터(단자대 4P)	EOCR	EOCR(12P)	PB1, 2	푸시버튼(녹, 적)
TB3	배기모터(단자대 4P)	MC1, MC2	전자접촉기(12P)	RL, GL	파일럿 램프(적, 녹)
TB4	열전쌍(단자대 4P)	X	릴레이(8P)	YL, WL	파일럿 램프(황, 백)
TB5, 6	제어판단자대(20P)	FR	플리커릴레이(8P)	BZ	버저
MCCB	배선차단기(3P)	T	타이머(8P)	J	8각 박스

※ 같은 문제라도 기구의 종류와 수가 증감하거나 문자가 변경될 수 있다.

| JOB5 - 5 | 제목 | 자동온도조절 장치 ⑤ | 4시간 30분 | 제작 박성운 |

1. 동 작

1) 배선차단기 MCCB에 전원을 투입하면 WL이 점등된다.
2) PB1을 누를 때 X와 MC1이 여자되어, 순환모터가 동작, RL이 점등된다.
3) TC의 설정 온도에서 MC1이 소자, T가 여자되어, RL이 소등되고, 순환모터가 정지된다.
4) T의 설정 시간 후 MC2가 여자되어, 배기모터가 동작, GL이 점등된다.
5) PB2를 누를 때 모든 동작이 정지하며 초기화된다(단, 과부하 시에도 자동 초기화된다).
6) 동작 중 EOCR이 작동되면(과부하 시) FR에 의해 YL이 점멸된다.

2. 도 면

(1) 동작회로도

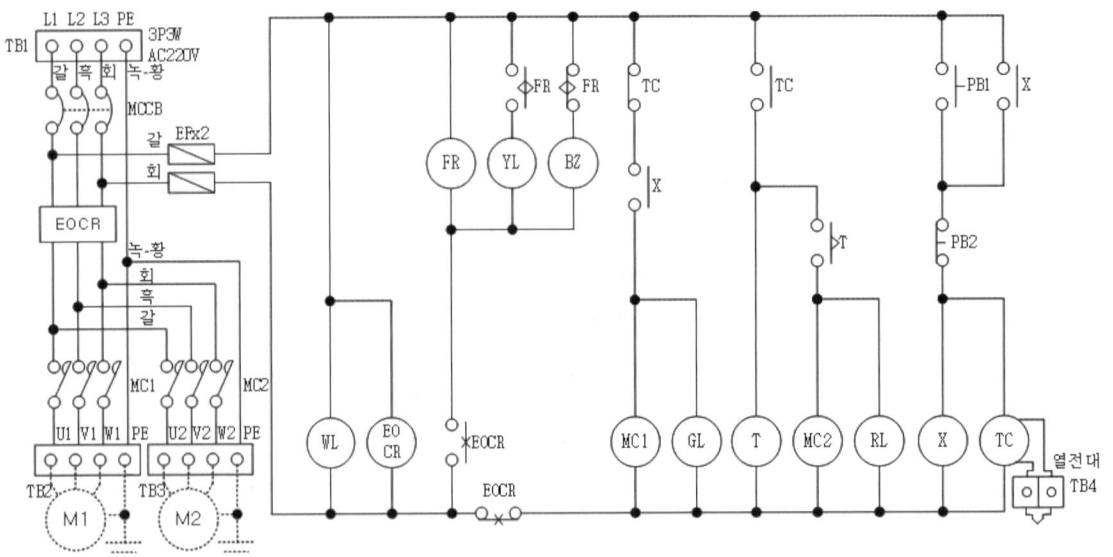

(2) 기구 내부 결선도

(3) 배관 및 기구 배치도 / 제어판 내부 기구 배치도

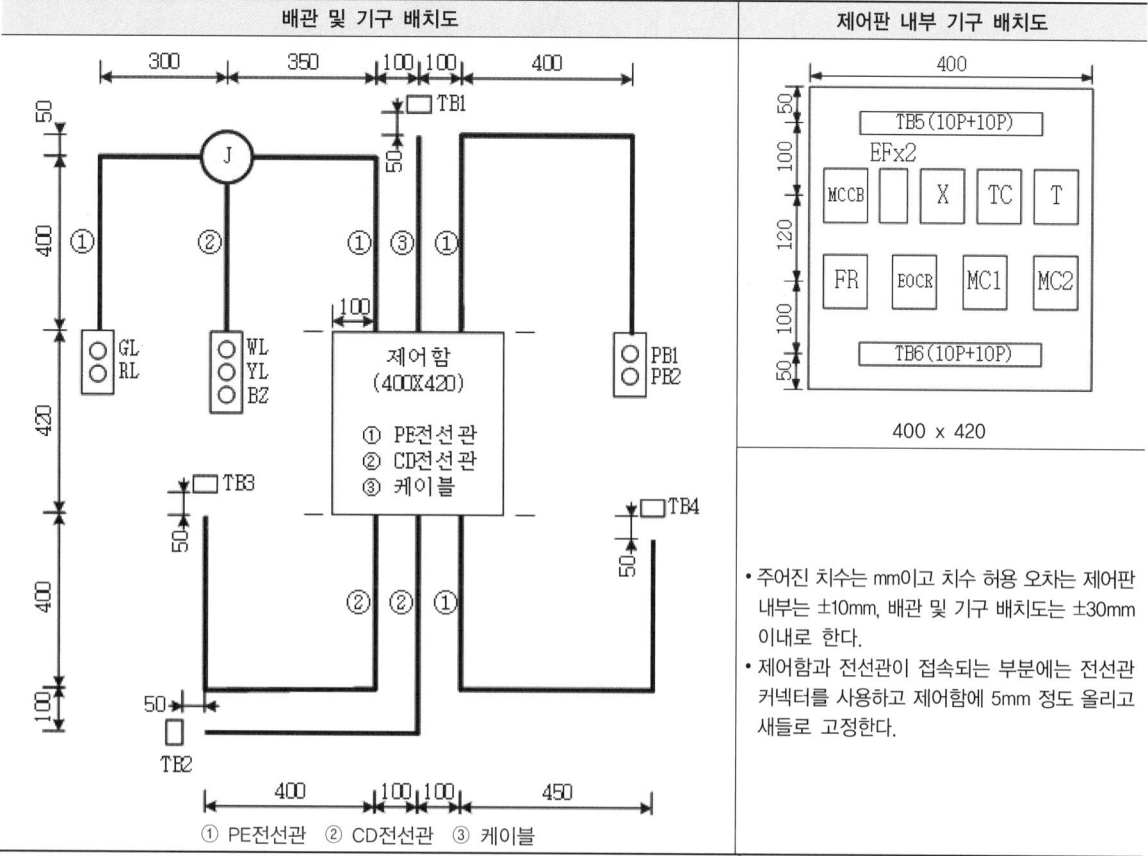

- 주어진 치수는 mm이고 치수 허용 오차는 제어판 내부는 ±10mm, 배관 및 기구 배치도는 ±30mm 이내로 한다.
- 제어함과 전선관이 접속되는 부분에는 전선관 커넥터를 사용하고 제어함에 5mm 정도 올리고 새들로 고정한다.

(4) 범 례

기 호	명 칭	기 호	명 칭	기 호	명 칭
TB1	전원(단자대 4P)	EFx2	퓨즈홀더(2P)	TC	온도계전기(8P)
TB2	순환모터(단자대 4P)	EOCR	EOCR(12P)	PB1, 2	푸시버튼(녹, 적)
TB3	배기모터(단자대 4P)	MC1, MC2	전자접촉기(12P)	RL, GL	파일럿 램프(적, 녹)
TB4	열전쌍(단자대 4P)	X	릴레이(8P)	YL, WL	파일럿 램프(황, 백)
TB5, 6	제어판단자대(20P)	FR	플리커릴레이(8P)	BZ	버저
MCCB	배선차단기(3P)	T	타이머(8P)	J	8각 박스

※ 같은 문제라도 기구의 종류와 수가 증감하거나 문자가 변경될 수 있다.

| JOB6 – 1 | 제목 | 급배수처리 장치 ① | 4시간 30분 | 제작 박성운 |

1. 동 작

1) SS(왼쪽 : M(수동))
   - PB2를 누르면 MC1이 여자되어, M1(급수)이 동작, GL이 점등되고, PB1을 누르면 초기화된다.
   - PB4를 누르면 MC2가 여자되어, M2(배수)가 동작, RL이 점등되고, PB3을 누르면 초기화된다.
2) SS(오른쪽 : A(자동))일 때
   - 급수일 때 저수 시 X가 여자, FLS1이 소자, MC1이 여자, M1이 동작, GL이 점등된다.
   - 배수일 때 만수 시 X가 여자, FLS2가 여자, MC2가 여자, M2가 동작, RL이 점등된다.
     (전동기 정지 : 급수 FLS1 여자, 배수 FLS2 소자)
3) 동작 중에 EOCR이 동작할 때 YL이 점등, BZ 동작, T 설정 시간 후 BZ는 정지된다.

2. 도 면

(1) 동작회로도

플로트레스 스위치의 접지(PE)는 제어판 내에서만 실시한다.

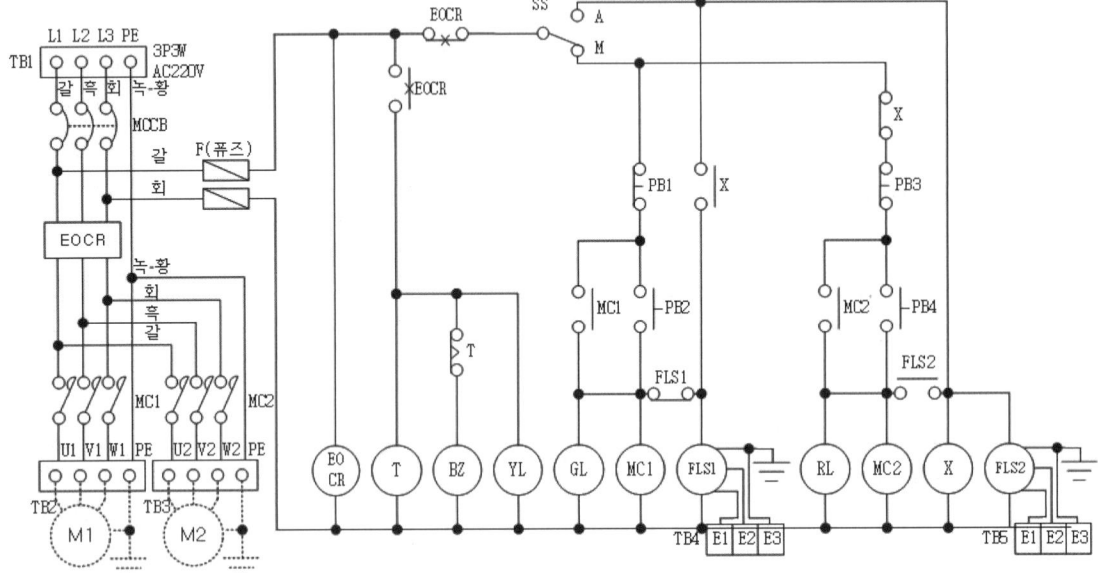

(2) 기구 내부 결선도

(3) 배관 및 기구 배치도 / 제어판 내부 기구 배치도

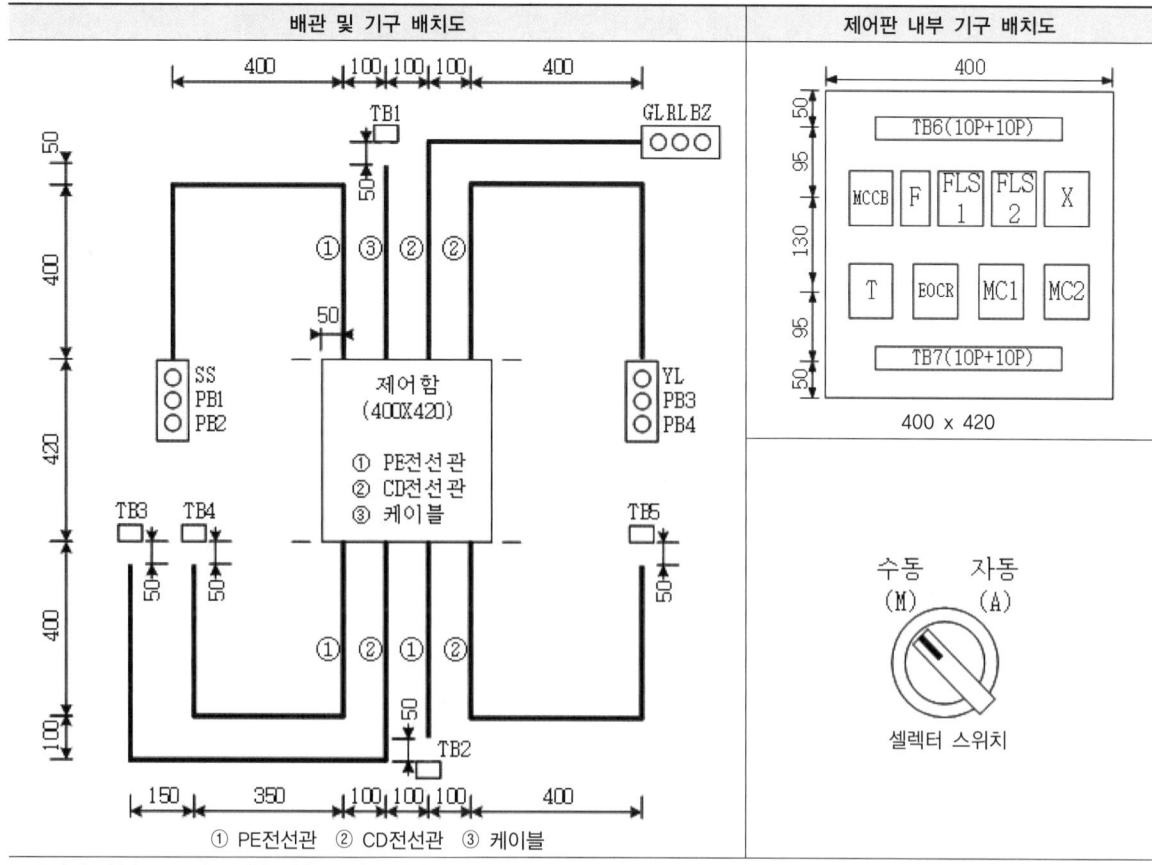

- 주어진 치수는 mm이고 치수 허용 오차는 제어판 내부는 ±10mm, 배관 및 기구 배치도는 ±30mm 이내로 한다.
- 제어함과 전선관이 접속되는 부분에는 전선관 커넥터를 사용하고 제어함에 5mm 정도 올리고 새들로 고정한다.

(4) 범 례

기 호	명 칭	기 호	명 칭	기 호	명 칭
TB1	전원(단자대 4P)	F	퓨즈홀더(2P)	PB1, PB3	푸시버튼(녹)
TB2	배수전동기(단자대 4P)	EOCR	EOCR(12P)	PB2, PB4	푸시버튼(적)
TB3	급수전동기(단자대 4P)	MC1, MC2	전자접촉기(12P)	RL	파일럿 램프(적)
TB4, 5	플로트레스(단자대 4P)	X	릴레이(8P)	GL	파일럿 램프(녹)
TB6, 7	제어판단자대(20P)	FLS1, FLS2	플로트레스(8P)	YL	파일럿 램프(황)
MCCB	배선차단기(3P)	SS	셀렉터 스위치	BZ	버저

※ 같은 문제라도 기구의 종류와 수가 증감하거나 문자가 변경될 수 있다.

| JOB6 - 2 | 제목 | 급배수처리 장치 ② | 4시간 30분 | 제작 박성운 |

1. 동 작

1) SS(왼쪽 : M(수동))
   - PB2를 누르면 MC1이 여자되어, M1(급수)이 동작, GL이 점등되고, PB1을 누르면 초기화된다.
   - PB4를 누르면 MC2가 여자되어, M2(배수)가 동작, RL이 점등되고, PB3을 누르면 초기화된다.
2) SS(오른쪽 : A(자동))일 때
   - 급수일 때 저수 시 X가 여자, FLS1이 소자, MC1이 여자, M1이 동작, GL이 점등된다.
   - 배수일 때 만수 시 X가 여자, FLS2가 여자, MC2가 여자, M2가 동작, RL이 점등된다.
     (전동기 정지 : 급수 FLS1 여자, 배수 FLS2 소자)
3) 동작 중에 EOCR이 동작할 때 YL이 점등, BZ 동작, T 설정 시간 후 BZ는 정지된다.

2. 도 면

(1) 동작회로도

플로트레스 스위치의 접지(PE)는 제어판 내에서만 실시한다.

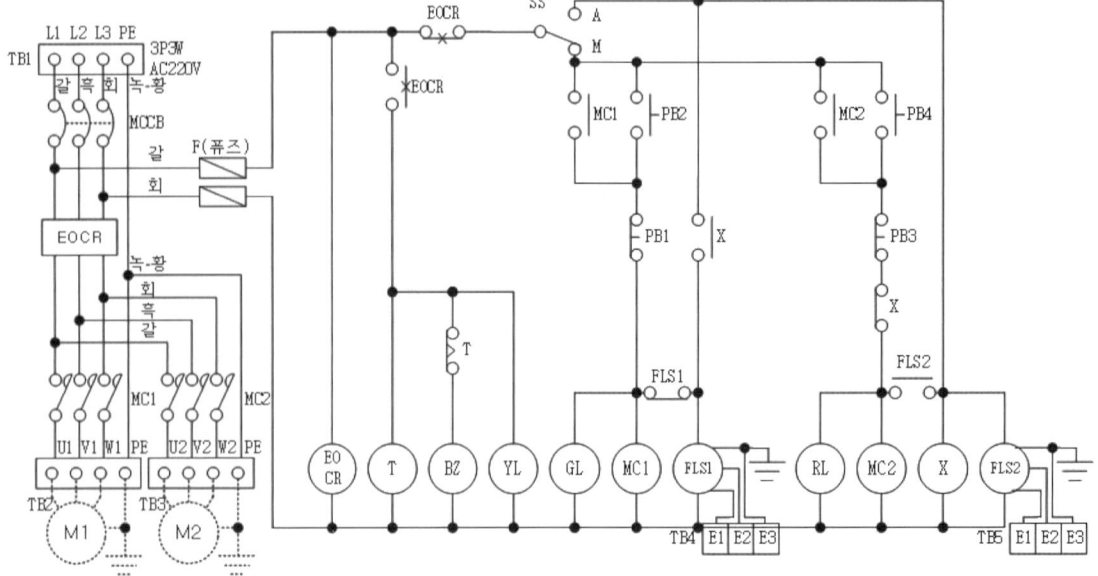

(2) 기구 내부 결선도

(3) 배관 및 기구 배치도 / 제어판 내부 기구 배치도

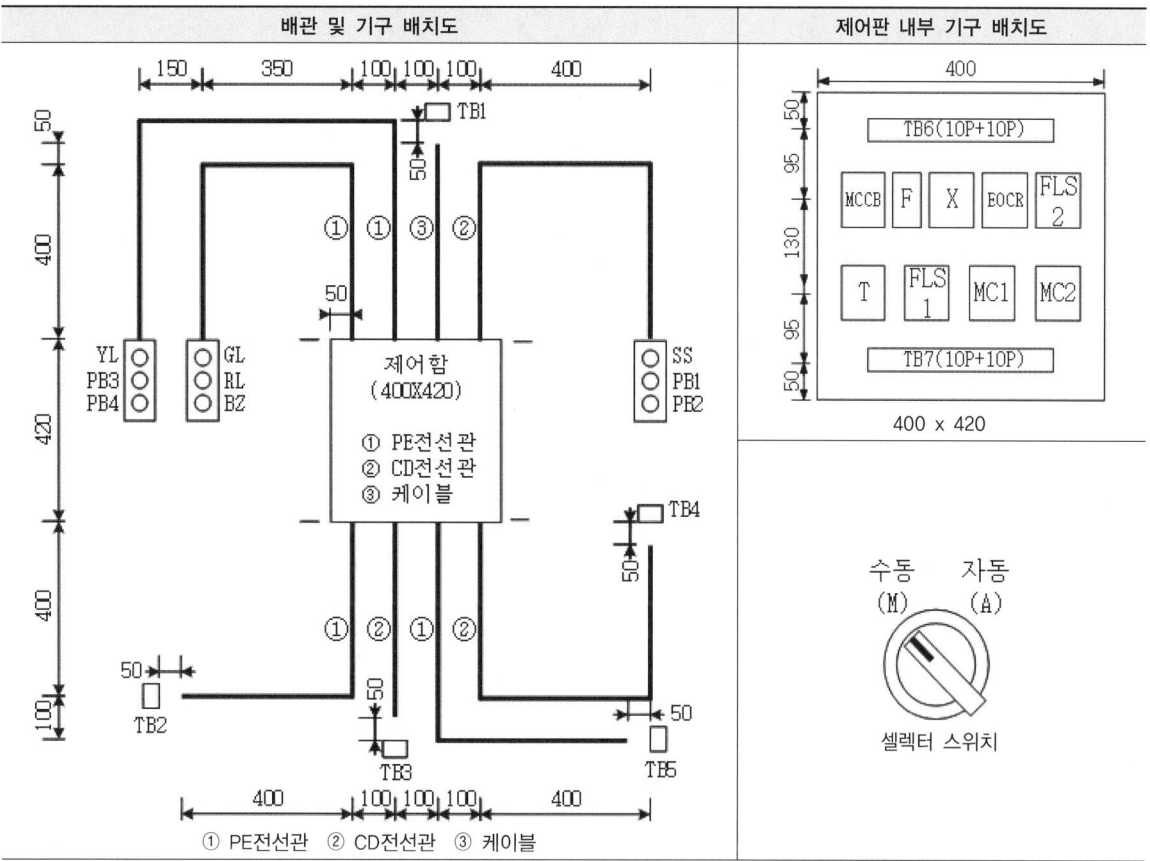

- 주어진 치수는 mm이고 치수 허용 오차는 제어판 내부는 ±10mm, 배관 및 기구 배치도는 ±30mm 이내로 한다.
- 제어함과 전선관이 접속되는 부분에는 전선관 커넥터를 사용하고 제어함에 5mm 정도 올리고 새들로 고정한다.

(4) 범 례

기 호	명 칭	기 호	명 칭	기 호	명 칭
TB1	전원(단자대 4P)	F	퓨즈홀더(2P)	PB1, PB3	푸시버튼(녹)
TB2	배수전동기(단자대 4P)	EOCR	EOCR(12P)	PB2, PB4	푸시버튼(적)
TB3	급수전동기(단자대 4P)	MC1, MC2	전자접촉기(12P)	RL	파일럿 램프(적)
TB4, 5	플로트레스(단자대 4P)	X	릴레이(8P)	GL	파일럿 램프(녹)
TB6, 7	제어판단자대(20P)	FLS1, FLS2	플로트레스(8P)	YL	파일럿 램프(황)
MCCB	배선차단기(3P)	SS	셀렉터 스위치	BZ	버저

※ 같은 문제라도 기구의 종류와 수가 증감하거나 문자가 변경될 수 있다.

| JOB6 – 3 | 제목 | 급배수처리 장치 ③ | 4시간 30분 | 제작 박성운 |

1. 동 작

1) SS(왼쪽 : M(수동))
   - PB2를 누르면 MC1이 여자되어, M1(급수)이 동작, GL이 점등되고, PB1을 누르면 초기화된다.
   - PB4를 누르면 MC2가 여자되어, M2(배수)가 동작, RL이 점등되고, PB3을 누르면 초기화된다.
2) SS(오른쪽 : A(자동))일 때
   - 급수일 때 저수 시 X가 여자, FLS1이 소자, MC1이 여자, M1이 동작, GL이 점등된다.
   - 배수일 때 만수 시 X가 여자, FLS2가 여자, MC2가 여자, M2가 동작, RL이 점등된다.
     (전동기 정지 : 급수 FLS1 여자, 배수 FLS2 소자)
3) 동작 중에 EOCR이 동작할 때 YL이 점등, BZ 동작, T 설정 시간 후 BZ는 정지된다.

2. 도 면

(1) 동작회로도

플로트레스 스위치의 접지(PE)는 제어판 내에서만 실시한다.

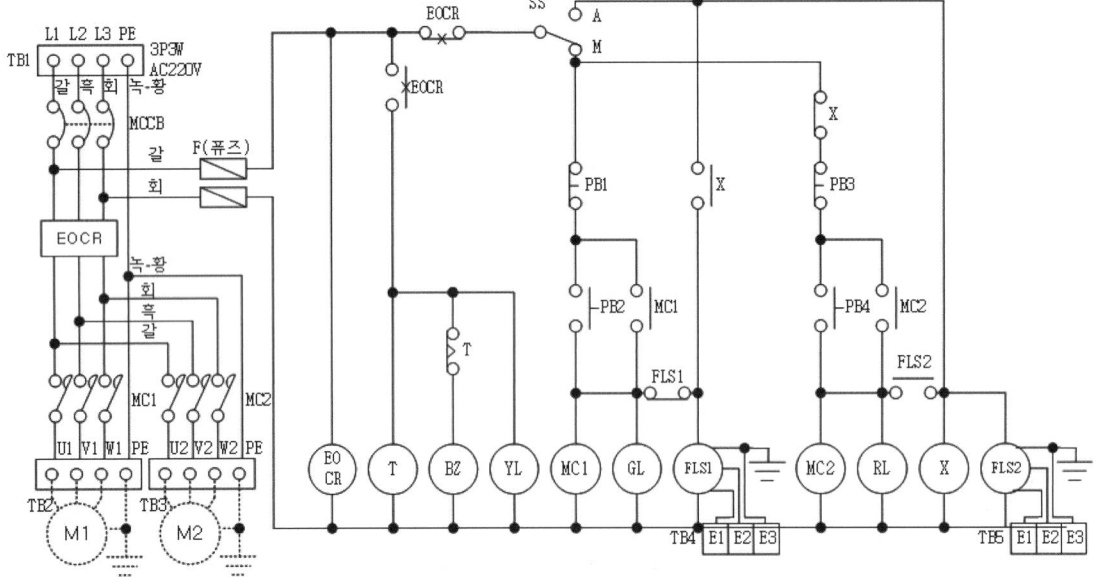

(2) 기구 내부 결선도

(3) 배관 및 기구 배치도 / 제어판 내부 기구 배치도

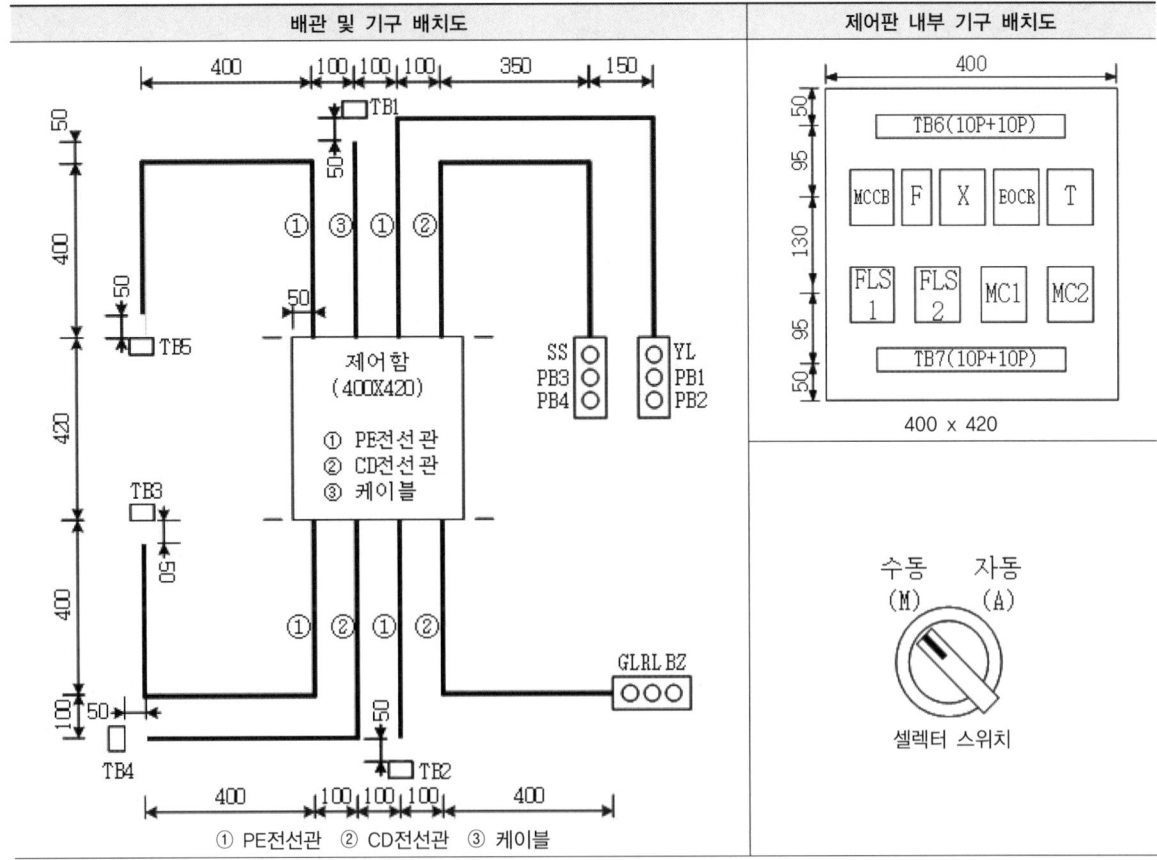

- 주어진 치수는 mm이고 치수 허용 오차는 제어판 내부는 ±10mm, 배관 및 기구 배치도는 ±30mm 이내로 한다.
- 제어함과 전선관이 접속되는 부분에는 전선관 커넥터를 사용하고 제어함에 5mm 정도 올리고 새들로 고정한다.

(4) 범례

기 호	명 칭	기 호	명 칭	기 호	명 칭
TB1	전원(단자대 4P)	F	퓨즈홀더(2P)	PB1, PB3	푸시버튼(녹)
TB2	배수전동기(단자대 4P)	EOCR	EOCR(12P)	PB2, PB4	푸시버튼(적)
TB3	급수전동기(단자대 4P)	MC1, MC2	전자접촉기(12P)	RL	파일럿 램프(적)
TB4, 5	플로트레스(단자대 4P)	X	릴레이(8P)	GL	파일럿 램프(녹)
TB6, 7	제어판단자대(20P)	FLS1, FLS2	플로트레스(8P)	YL	파일럿 램프(황)
MCCB	배선차단기(3P)	SS	셀렉터 스위치	BZ	버저

※ 같은 문제라도 기구의 종류와 수가 증감하거나 문자가 변경될 수 있다.

| JOB6 - 4 | 제목 | 급배수처리 장치 ④ | 4시간 30분 | 제작 박성운 |

1. 동 작

1) SS(왼쪽 : M(수동))
   - PB2를 누르면 MC1이 여자되어, M1(급수)이 동작, GL이 점등되고, PB1을 누르면 초기화된다.
   - PB4를 누르면 MC2가 여자되어, M2(배수)가 동작, RL이 점등되고, PB3을 누르면 초기화된다.
2) SS(오른쪽 : A(자동))일 때
   - 급수일 때 저수 시 X가 여자, FLS1이 소자, MC1이 여자, M1이 동작, GL이 점등된다.
   - 배수일 때 만수 시 X가 여자, FLS2가 여자, MC2가 여자, M2가 동작, RL이 점등된다.
     (전동기 정지 : 급수 FLS1 여자, 배수 FLS2 소자)
3) 동작 중에 EOCR이 동작할 때 YL이 점등, BZ 동작, T 설정 시간 후 BZ는 정지된다.

2. 도 면

(1) 동작회로도

플로트레스 스위치의 접지(PE)는 제어판 내에서만 실시한다.

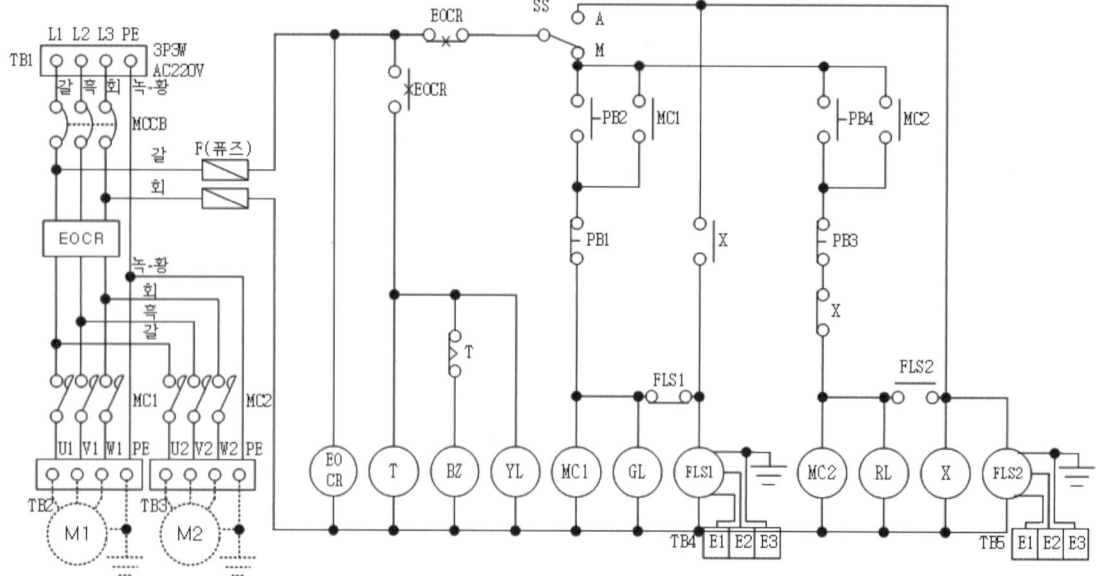

(2) 기구 내부 결선도

(3) 배관 및 기구 배치도 / 제어판 내부 기구 배치도

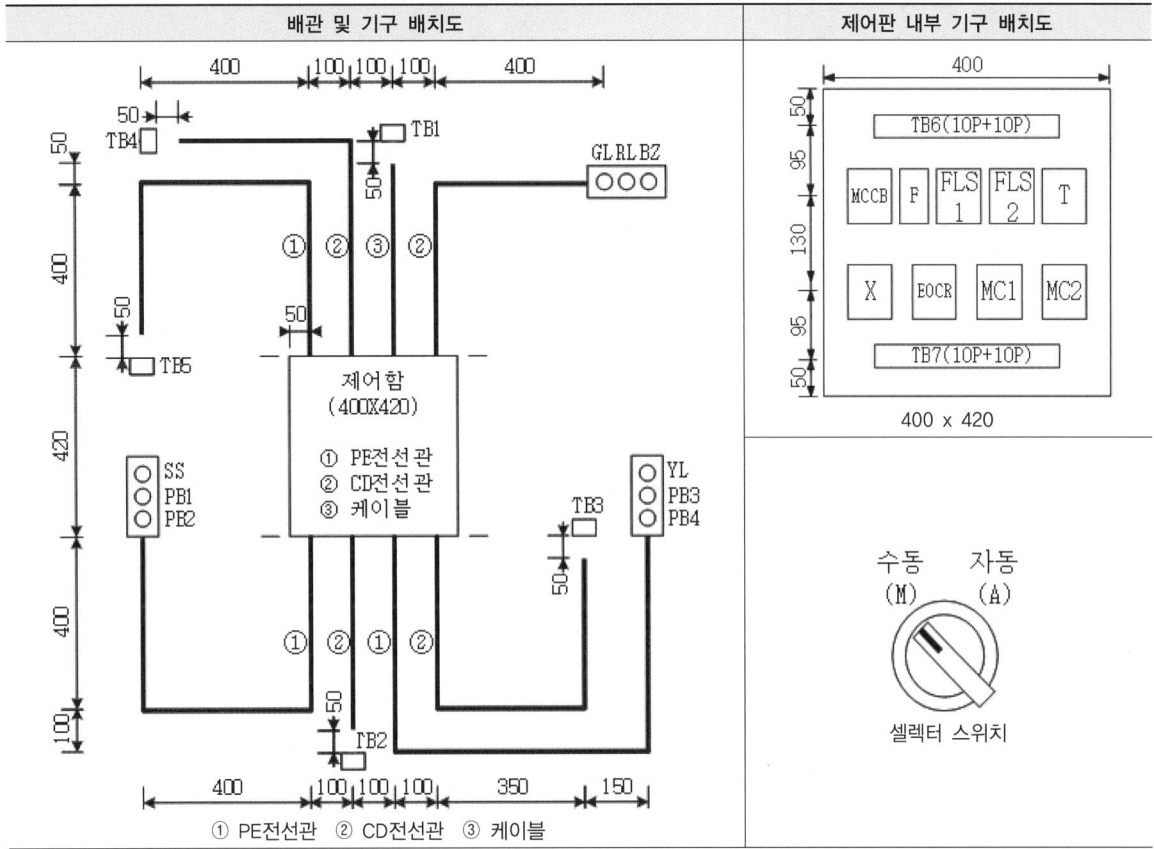

- 주어진 치수는 mm이고 치수 허용 오차는 제어판 내부는 ±10mm, 배관 및 기구 배치도는 ±30mm 이내로 한다.
- 제어함과 전선관이 접속되는 부분에는 전선관 커넥터를 사용하고 제어함에 5mm 정도 올리고 새들로 고정한다.

(4) 범례

기호	명칭	기호	명칭	기호	명칭
TB1	전원(단자대 4P)	F	퓨즈홀더(2P)	PB1, PB3	푸시버튼(녹)
TB2	배수전동기(단자대 4P)	EOCR	EOCR(12P)	PB2, PB4	푸시버튼(적)
TB3	급수전동기(단자대 4P)	MC1, MC2	전자접촉기(12P)	RL	파일럿 램프(적)
TB4, 5	플로트레스(단자대 4P)	X	릴레이(8P)	GL	파일럿 램프(녹)
TB6, 7	제어판단자대(20P)	FLS1, FLS2	플로트레스(8P)	YL	파일럿 램프(황)
MCCB	배선차단기(3P)	SS	셀렉터 스위치	BZ	버저

※ 같은 문제라도 기구의 종류와 수가 증감하거나 문자가 변경될 수 있다.

| JOB6 - 5 | 제목 | 급배수처리 장치 ⑤ | 4시간 30분 | 제작 박성운 |

1. 동 작

1) SS(왼쪽 : M(수동))
   - PB2를 누르면 MC1이 여자되어, M1(급수)이 동작, GL이 점등되고, PB1을 누르면 초기화된다.
   - PB4를 누르면 MC2가 여자되어, M2(배수)가 동작, RL이 점등되고, PB3을 누르면 초기화된다.
2) SS(오른쪽 : A(자동))일 때
   - 급수일 때 저수 시 X가 여자, FLS1이 소자, MC1이 여자, M1이 동작, GL이 점등된다.
   - 배수일 때 만수 시 X가 여자, FLS2가 여자, MC2가 여자, M2가 동작, RL이 점등된다.
     (전동기 정지 : 급수 FLS1 여자, 배수 FLS2 소자)
3) 동작 중에 EOCR이 동작할 때 YL이 점등, BZ 동작, T 설정 시간 후 BZ는 정지된다.

2. 도 면

(1) 동작회로도

플로트레스 스위치의 접지(PE)는 제어판 내에서만 실시한다.

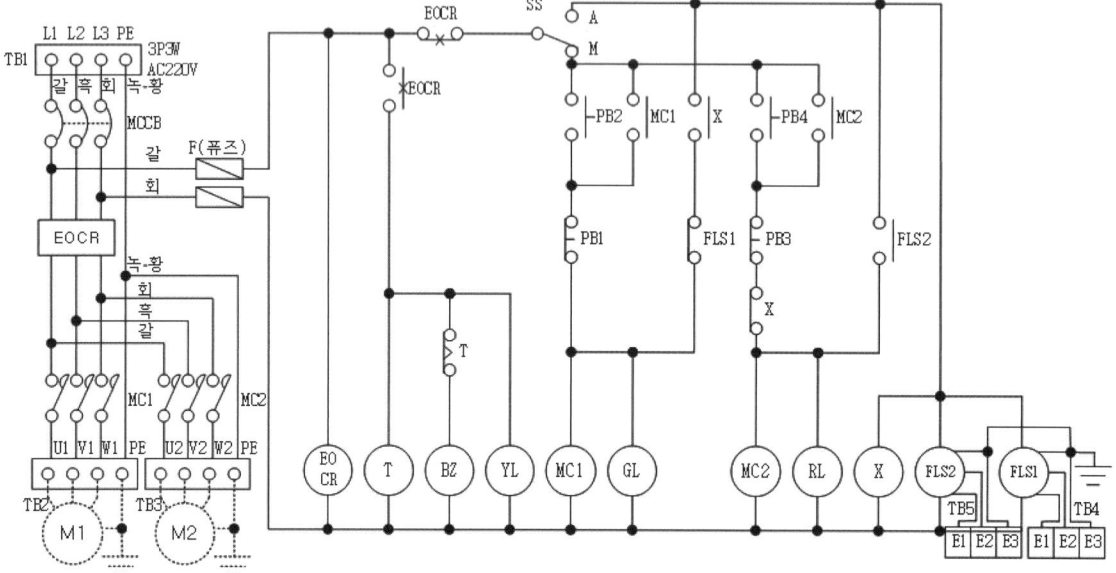

(2) 기구 내부 결선도

(3) 배관 및 기구 배치도 / 제어판 내부 기구 배치도

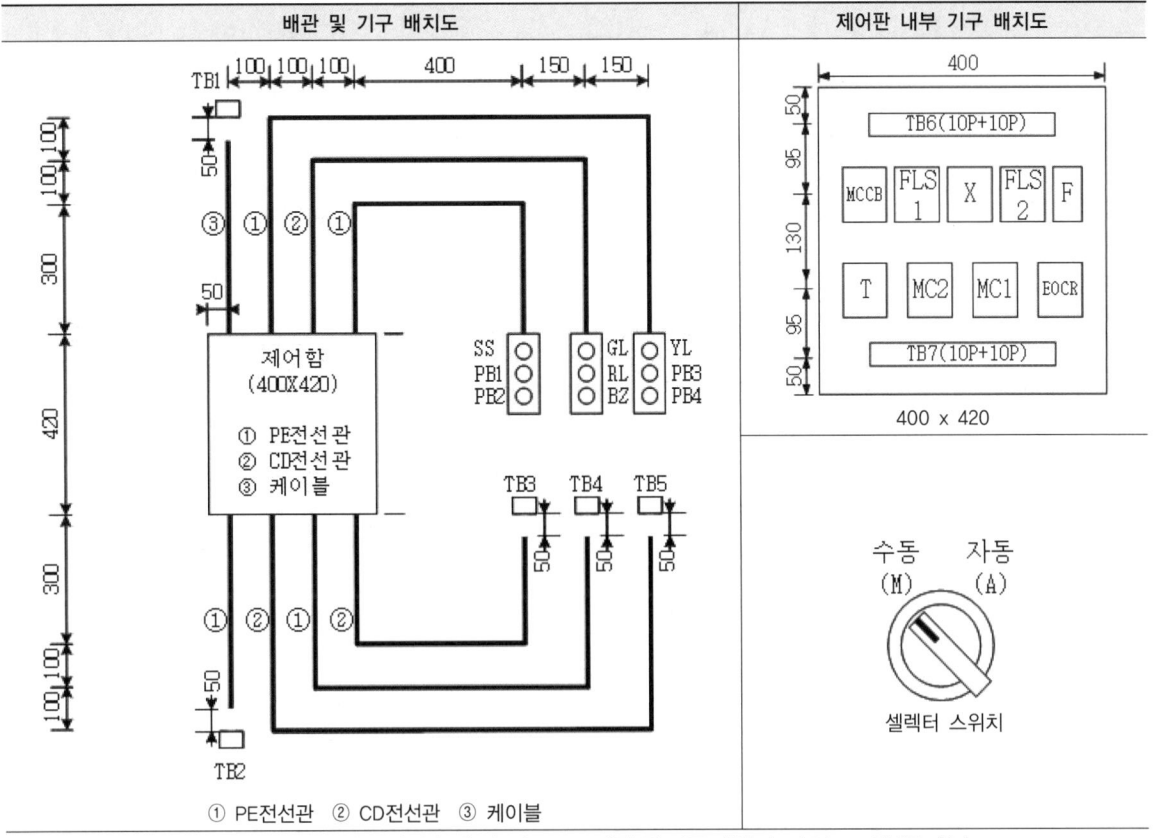

- 주어진 치수는 mm이고 치수 허용 오차는 제어판 내부는 ±10mm, 배관 및 기구 배치도는 ±30mm 이내로 한다.
- 제어함과 전선관이 접속되는 부분에는 전선관 커넥터를 사용하고 제어함에 5mm 정도 올리고 새들로 고정한다.

(4) 범례

기호	명칭	기호	명칭	기호	명칭
TB1	전원(단자대 4P)	F	퓨즈홀더(2P)	PB1, PB3	푸시버튼(녹)
TB2	배수전동기(단자대 4P)	EOCR	EOCR(12P)	PB2, PB4	푸시버튼(적)
TB3	급수전동기(단자대 4P)	MC1, MC2	전자접촉기(12P)	RL	파일럿 램프(적)
TB4, 5	플로트레스(단자대 4P)	X	릴레이(8P)	GL	파일럿 램프(녹)
TB6, 7	제어판단자대(20P)	FLS1, FLS2	플로트레스(8P)	YL	파일럿 램프(황)
MCCB	배선차단기(3P)	SS	셀렉터 스위치	BZ	버저

※ 같은 문제라도 기구의 종류와 수가 증감하거나 문자가 변경될 수 있다.

| JOB7 - 1 | 제목 | 승강기 제어 ① | 4시간 30분 | 제작 박성운 |

1. 동 작

1) PB1을 누르면 R1과 T1이 여자되고 GL1이 점등되고, LS1을 누르면, MC1이 여자되어, 전동기 M1이 동작, RL1이 점등된다.
2) T1의 설정 시간 후 R2와 T2가 여자되어 GL2이 점등되고, LS2를 누르면 MC2가 여자되어, 전동기 M2가 동작, RL2가 점등된다.
3) T2의 설정 시간 후 1) 동작과 2) 동작이 반복되고 PB2를 누르면 초기화된다.
4) 동작 중에 EOCR이 동작하면 초기화된다.

2. 도 면

(1) 동작회로도

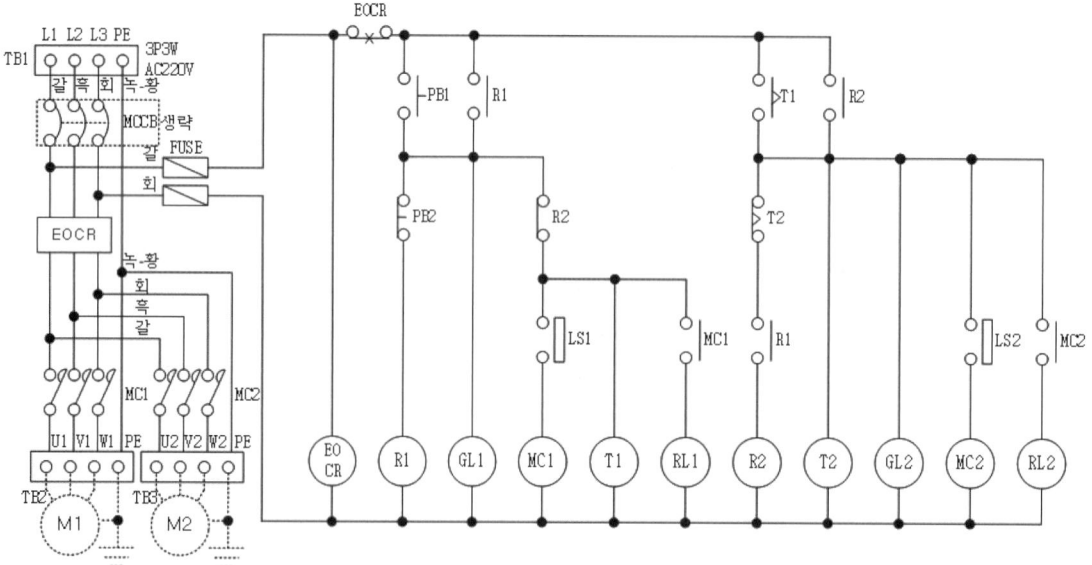

(2) 기구 내부 결선도

릴레이(8핀)	타이머(8핀)	전자접촉기(12핀)	EOCR(12핀)

(3) 배관 및 기구 배치도 / 제어판 내부 기구 배치도

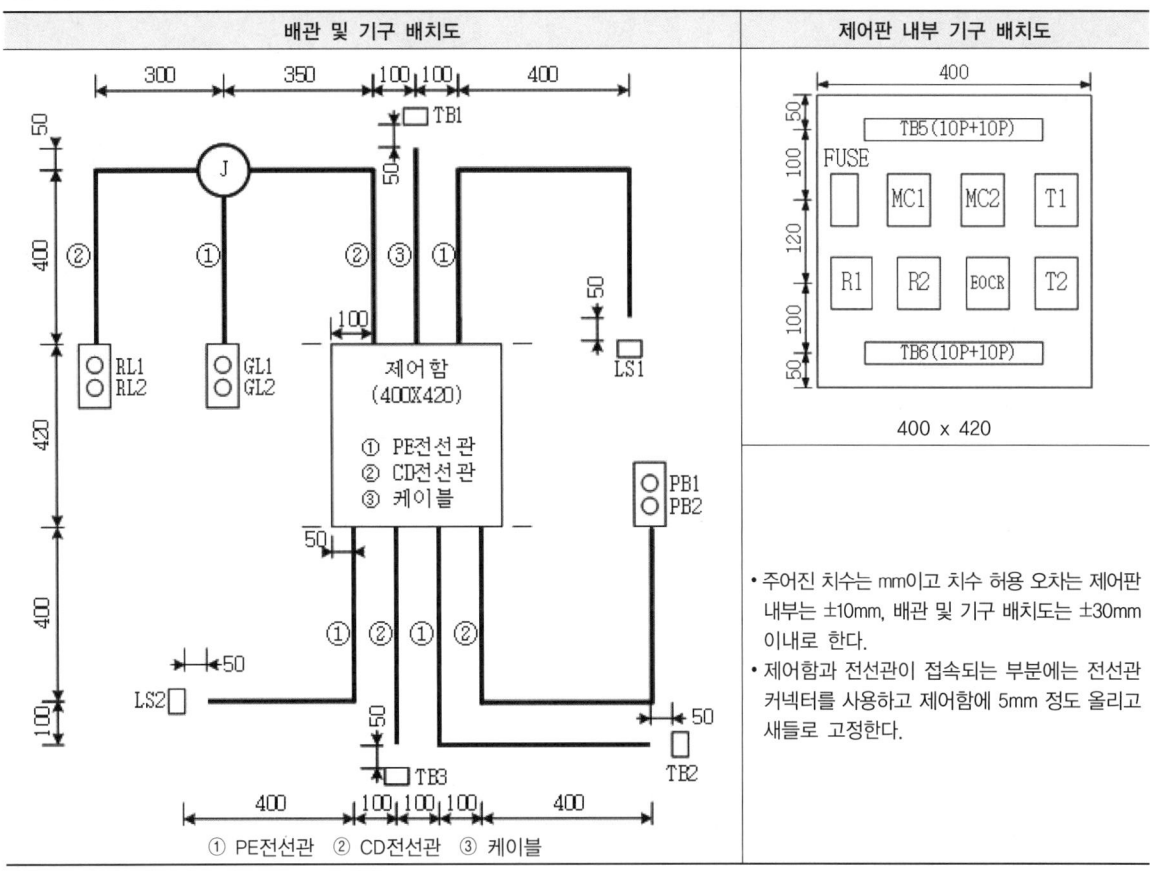

- 주어진 치수는 mm이고 치수 허용 오차는 제어판 내부는 ±10mm, 배관 및 기구 배치도는 ±30mm 이내로 한다.
- 제어함과 전선관이 접속되는 부분에는 전선관 커넥터를 사용하고 제어함에 5mm 정도 올리고 새들로 고정한다.

(4) 범례

기 호	명 칭	기 호	명 칭	기 호	명 칭
TB1	전원(단자대 4P)	EOCR	EOCR(12P)	PB2	푸시버튼(적)
TB2, 3	전동기(단자대 4P)	MC1, MC2	전자접촉기(12P)	RL1, RL2	파일럿 램프(적)
TB5, 6	제어판단자대(20P)	R1, R2	릴레이(11P)	GL1, GL2	파일럿 램프(녹)
LS1, LS2	리밋 스위치(단자대 4P)	T1, T2	타이머(8P)	J	8각 박스
FUSE	퓨즈홀더(2P)	PB1	푸시버튼(녹)		

※ 같은 문제라도 기구의 종류와 수가 증감하거나 문자가 변경될 수 있다.

| JOB7 - 2 | 제목 | 승강기 제어 ② | 4시간 30분 | 제작 박성운 |

1. 동 작

1) PB1을 누르면 R1과 T1이 여자되고 GL1이 점등되고, LS1을 누르면, MC1이 여자되어, 전동기 M1이 동작, RL1이 점등된다.
2) T1의 설정 시간 후 R2와 T2가 여자되어 GL2가 점등되고, LS2를 누르면 MC2가 여자되어, 전동기 M2가 동작, RL2가 점등된다.
3) T2의 설정 시간 후 1) 동작과 2) 동작이 반복되고 PB2를 누르면 초기화된다.
4) 동작 중에 EOCR이 동작하면 초기화된다.

2. 도 면

(1) 동작회로도

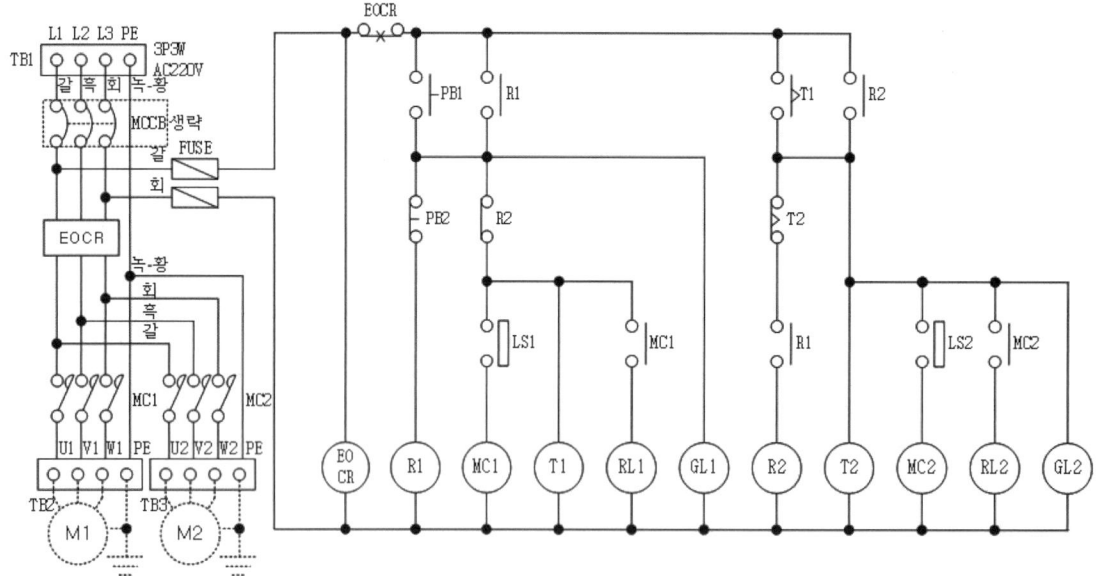

(2) 기구 내부 결선도

(3) 배관 및 기구 배치도 / 제어판 내부 기구 배치도

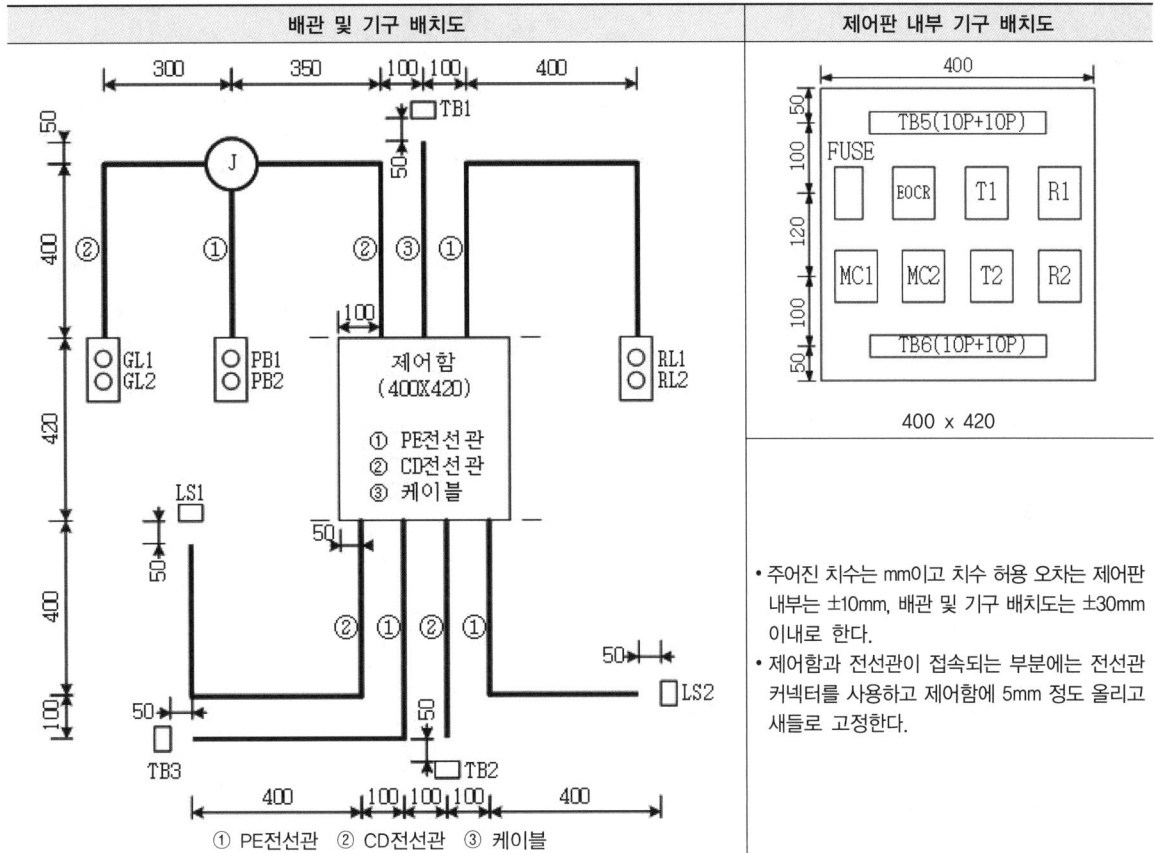

(4) 범례

기 호	명 칭	기 호	명 칭	기 호	명 칭
TB1	전원(단자대 4P)	EOCR	EOCR(12P)	PB2	푸시버튼(적)
TB2, 3	전동기(단자대 4P)	MC1, MC2	전자접촉기(12P)	RL1, RL2	파일럿 램프(적)
TB5, 6	제어판단자대(20P)	R1, R2	릴레이(11P)	GL1, GL2	파일럿 램프(녹)
LS1, LS2	리밋 스위치(단자대 4P)	T1, T2	타이머(8P)	J	8각 박스
FUSE	퓨즈홀더(2P)	PB1	푸시버튼(녹)		

※ 같은 문제라도 기구의 종류와 수가 증감하거나 문자가 변경될 수 있다.

| JOB7 - 3 | 제목 | 승강기 제어 ③ | 4시간 30분 | 제작 박성운 |

1. 동 작

1) PB1을 누르면 R1과 T1이 여자되고 GL1이 점등되고, LS1을 누르면, MC1이 여자되어, 전동기 M1이 동작, RL1이 점등된다.
2) T1의 설정 시간 후 R2와 T2가 여자되어 GL2가 점등되고, LS2를 누르면 MC2가 여자되어, 전동기 M2가 동작, RL2가 점등된다.
3) T2의 설정 시간 후 1) 동작과 2) 동작이 반복되고 PB2를 누르면 초기화된다.
4) 동작 중에 EOCR이 동작하면 초기화된다.

2. 도 면

(1) 동작회로도

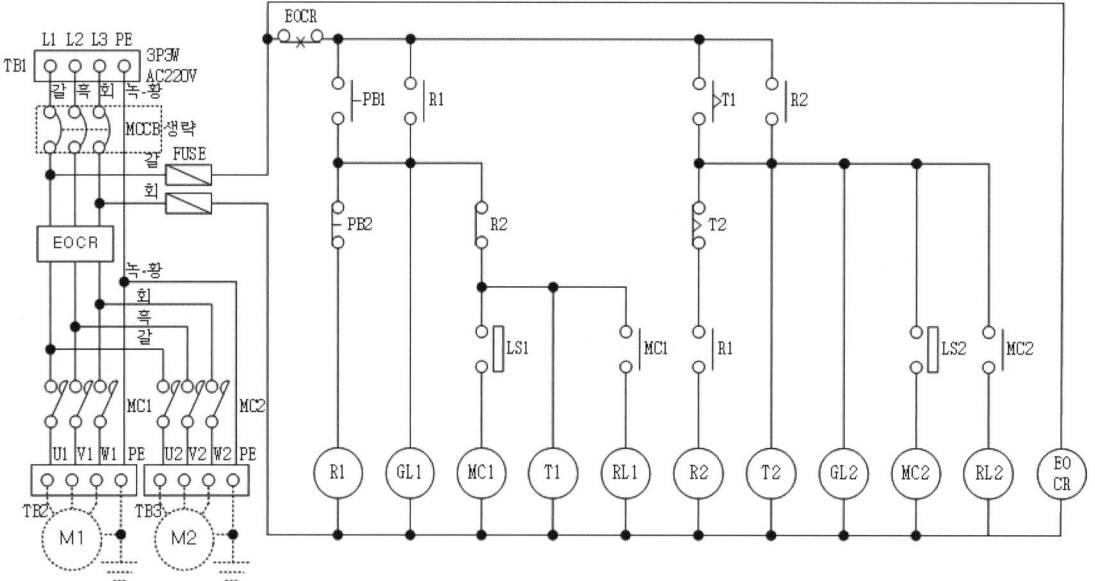

(2) 기구 내부 결선도

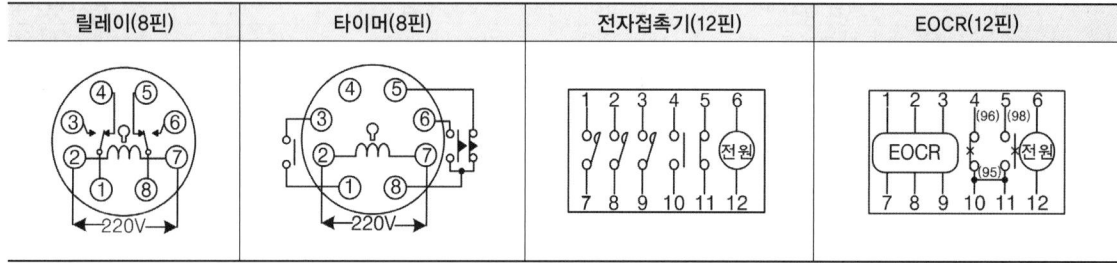

(3) 배관 및 기구 배치도 / 제어판 내부 기구 배치도

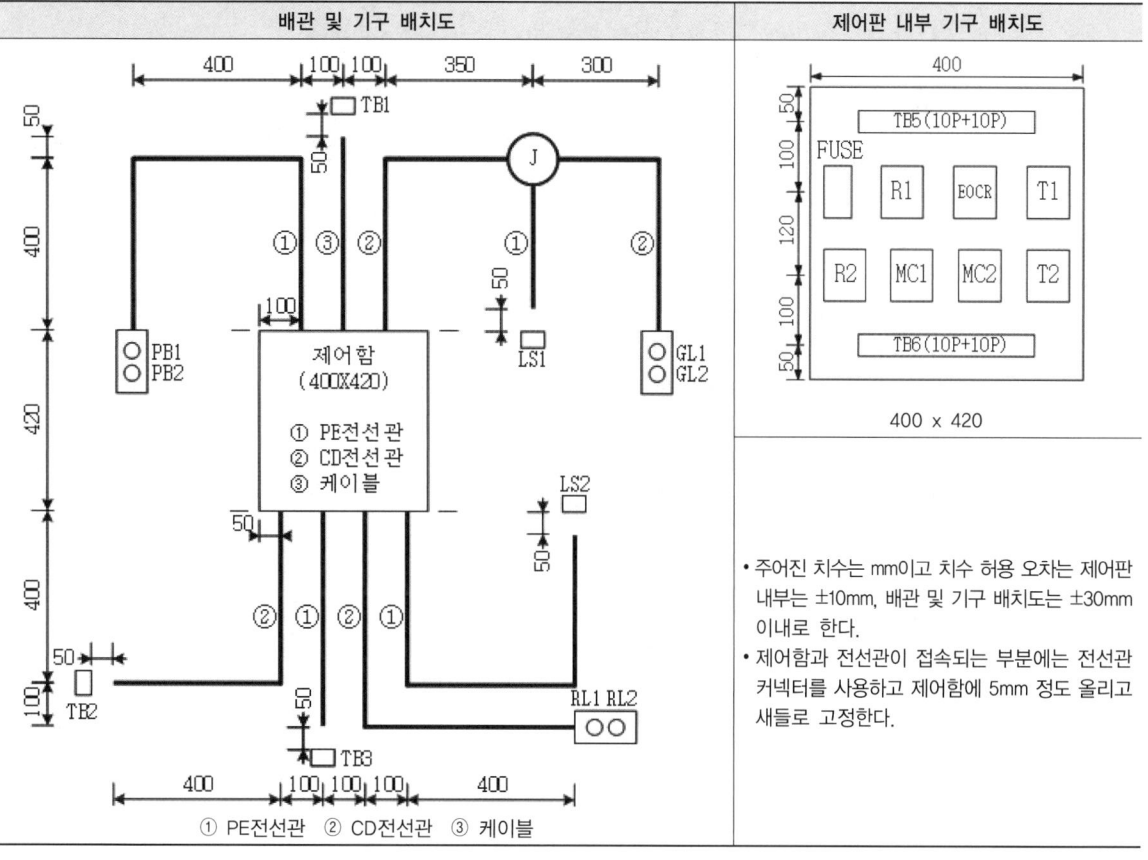

(4) 범례

기 호	명 칭	기 호	명 칭	기 호	명 칭
TB1	전원(단자대 4P)	EOCR	EOCR(12P)	PB2	푸시버튼(적)
TB2, 3	전동기(단자대 4P)	MC1, MC2	전자접촉기(12P)	RL1, RL2	파일럿 램프(적)
TB5, 6	제어판단자대(20P)	R1, R2	릴레이(11P)	GL1, GL2	파일럿 램프(녹)
LS1, LS2	리밋 스위치(단자대 4P)	T1, T2	타이머(8P)	J	8각 박스
FUSE	퓨즈홀더(2P)	PB1	푸시버튼(녹)		

※ 같은 문제라도 기구의 종류와 수가 증감하거나 문자가 변경될 수 있다.

| JOB7 - 4 | 제목 | 승강기 제어 ④ | 4시간 30분 | 제작 박성운 |

1. 동 작

1) PB1을 누르면 R1과 T1이 여자되고 GL1이 점등되고, LS1을 누르면, MC1이 여자되어, 전동기 M1이 동작, RL1이 점등된다.
2) T1의 설정 시간 후 R2와 T2가 여자되어 GL2가 점등되고, LS2를 누르면 MC2가 여자되어, 전동기 M2가 동작, RL2가 점등된다.
3) T2의 설정 시간 후 1) 동작과 2) 동작이 반복되고 PB2를 누르면 초기화된다.
4) 동작 중에 EOCR이 동작하면 초기화된다.

2. 도 면

(1) 동작회로도

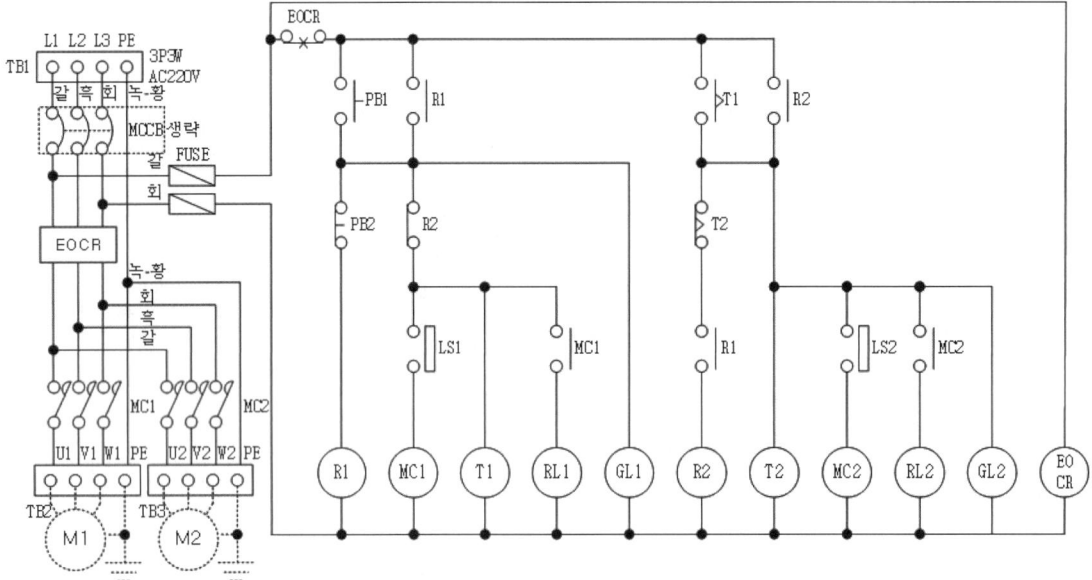

(2) 기구 내부 결선도

(3) 배관 및 기구 배치도 / 제어판 내부 기구 배치도

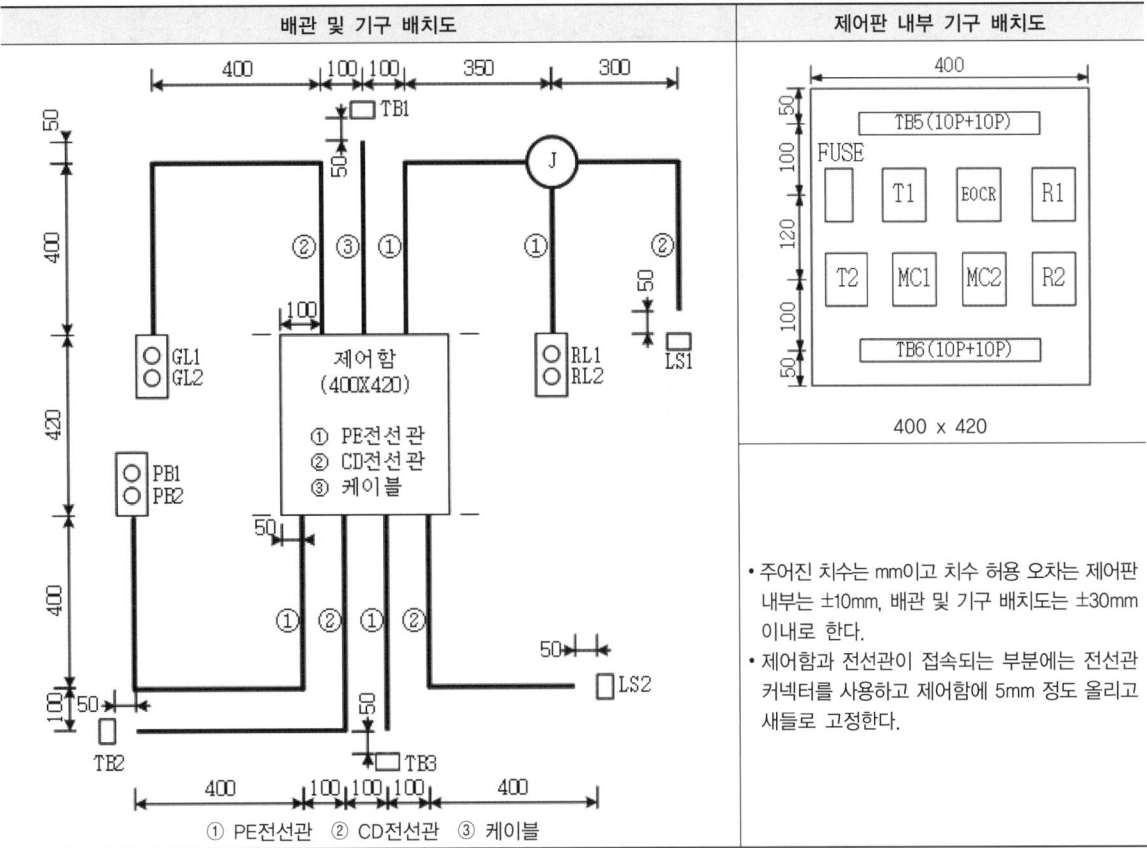

- 주어진 치수는 mm이고 치수 허용 오차는 제어판 내부는 ±10mm, 배관 및 기구 배치도는 ±30mm 이내로 한다.
- 제어함과 전선관이 접속되는 부분에는 전선관 커넥터를 사용하고 제어함에 5mm 정도 올리고 새들로 고정한다.

(4) 범례

기 호	명 칭	기 호	명 칭	기 호	명 칭
TB1	전원(단자대 4P)	EOCR	EOCR(12P)	PB2	푸시버튼(적)
TB2, 3	전동기(단자대 4P)	MC1, MC2	전자접촉기(12P)	RL1, RL2	파일럿 램프(적)
TB5, 6	제어판단자대(20P)	R1, R2	릴레이(11P)	GL1, GL2	파일럿 램프(녹)
LS1, LS2	리밋 스위치(단자대 4P)	T1, T2	타이머(8P)	J	8각 박스
FUSE	퓨즈홀더(2P)	PB1	푸시버튼(녹)		

※ 같은 문제라도 기구의 종류와 수가 증감하거나 문자가 변경될 수 있다.

| JOB7 – 5 | 제목 | 승강기 제어 ⑤ | 4시간 30분 | 제작 박성운 |

1. 동 작

1) PB1을 누르면 R1과 T1이 여자되고 GL1이 점등되고, LS1을 누르면, MC1이 여자되어, 전동기 M1이 동작, RL1이 점등된다.
2) T1의 설정 시간 후 R2와 T2가 여자되어 GL2가 점등되고, LS2를 누르면 MC2가 여자되어, 전동기 M2가 동작, RL2가 점등된다.
3) T2의 설정 시간 후 1) 동작과 2) 동작이 반복되고 PB2를 누르면 초기화된다.
4) 동작 중에 EOCR이 동작하면 초기화된다.

2. 도 면

(1) 동작회로도

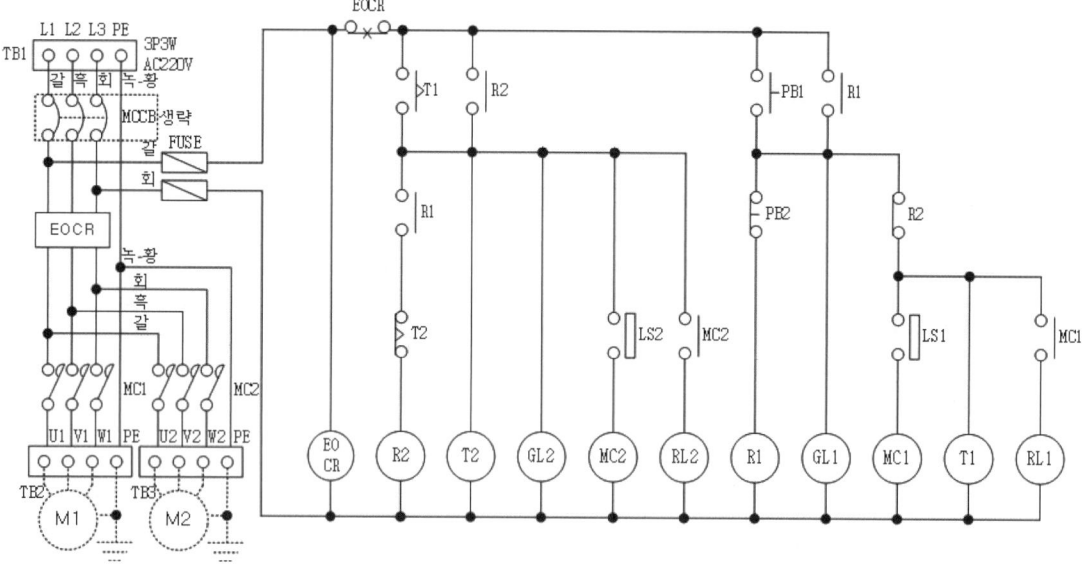

(2) 기구 내부 결선도

(3) 배관 및 기구 배치도 / 제어판 내부 기구 배치도

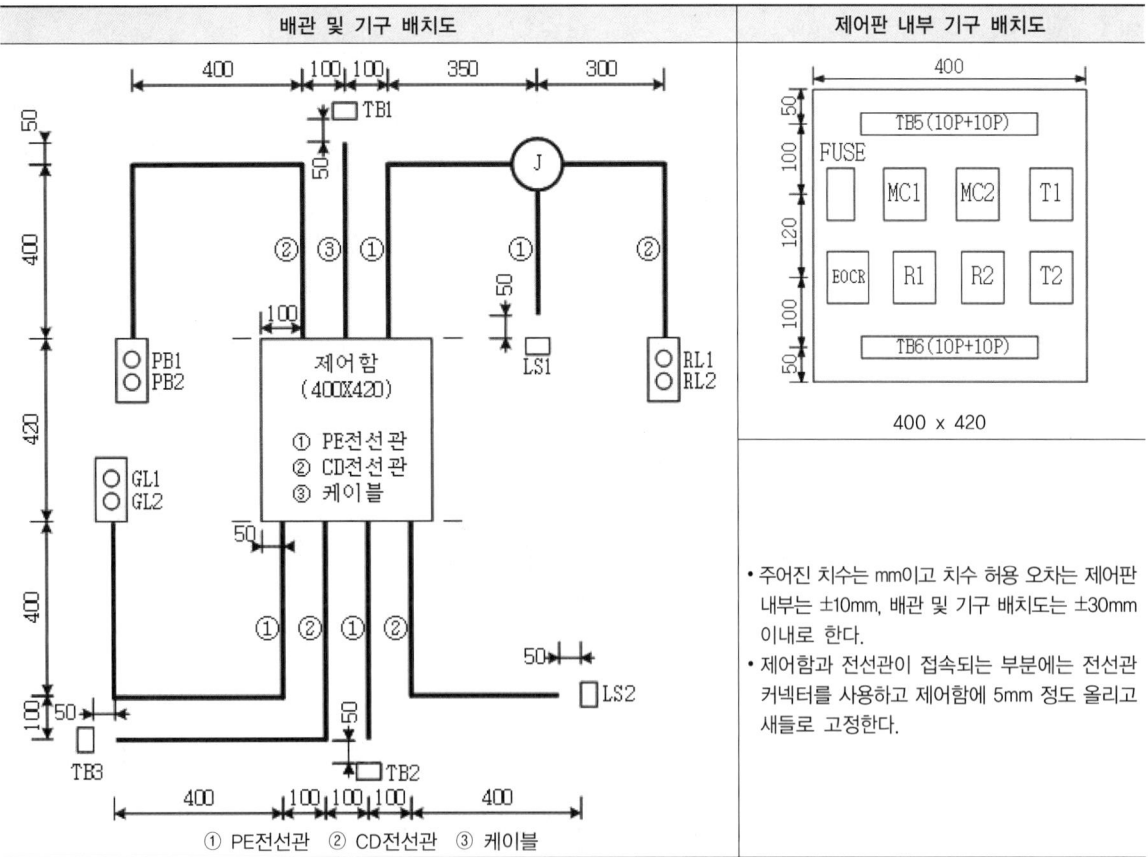

(4) 범 례

기 호	명 칭	기 호	명 칭	기 호	명 칭
TB1	전원(단자대 4P)	EOCR	EOCR(12P)	PB2	푸시버튼(적)
TB2, 3	전동기(단자대 4P)	MC1, MC2	전자접촉기(12P)	RL1, RL2	파일럿 램프(적)
TB5, 6	제어판단자대(20P)	R1, R2	릴레이(11P)	GL1, GL2	파일럿 램프(녹)
LS1, LS2	리밋 스위치(단자대 4P)	T1, T2	타이머(8P)	J	8각 박스
FUSE	퓨즈홀더(2P)	PB1	푸시버튼(녹)		

※ 같은 문제라도 기구의 종류와 수가 증감하거나 문자가 변경될 수 있다.

| JOB8 – 1 | 제목 | 전동기(리밋-타이머) 제어 ① | 4시간 30분 | 제작 박성운 |

1. 동 작

1) SS(왼쪽 : M(수동)), PB2를 누르면 MC1이 여자되어, M1이 동작, GL이 점등되고, PB3을 누르면 MC2가 여자되어, M2가 동작, RL이 점등된다. PB1을 누르면 초기화된다.
2) SS(오른쪽 : A(자동)), Ry3이 여자되고, LS1을 누르면 Ry1이 여자되어, M1이 동작, GL이 점등된다. LS2를 누르면 Ry2가 여자되어, M2가 동작, RL이 점등된다.
   ※ LS1과 LS2가 동작할 때 T가 여자되어, T의 설정 시간 후 WL이 점등되고, 초기화된다.
3) EOCR이 작동할 때 YL과 BZ가 동시에 동작한다.

2. 도 면

(1) 동작회로도

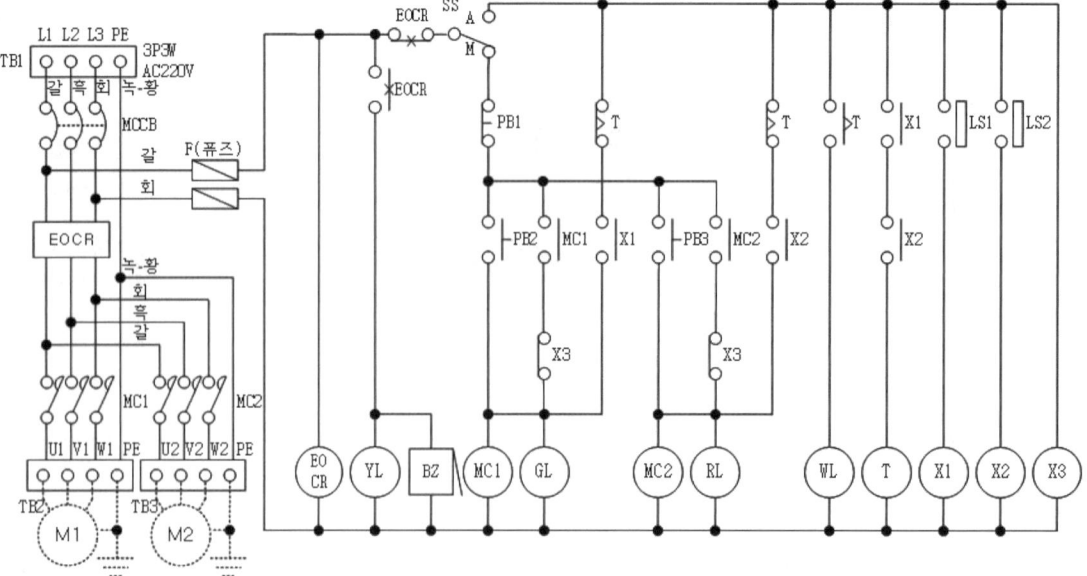

(2) 기구 내부 결선도

(3) 배관 및 기구 배치도 / 제어판 내부 기구 배치도

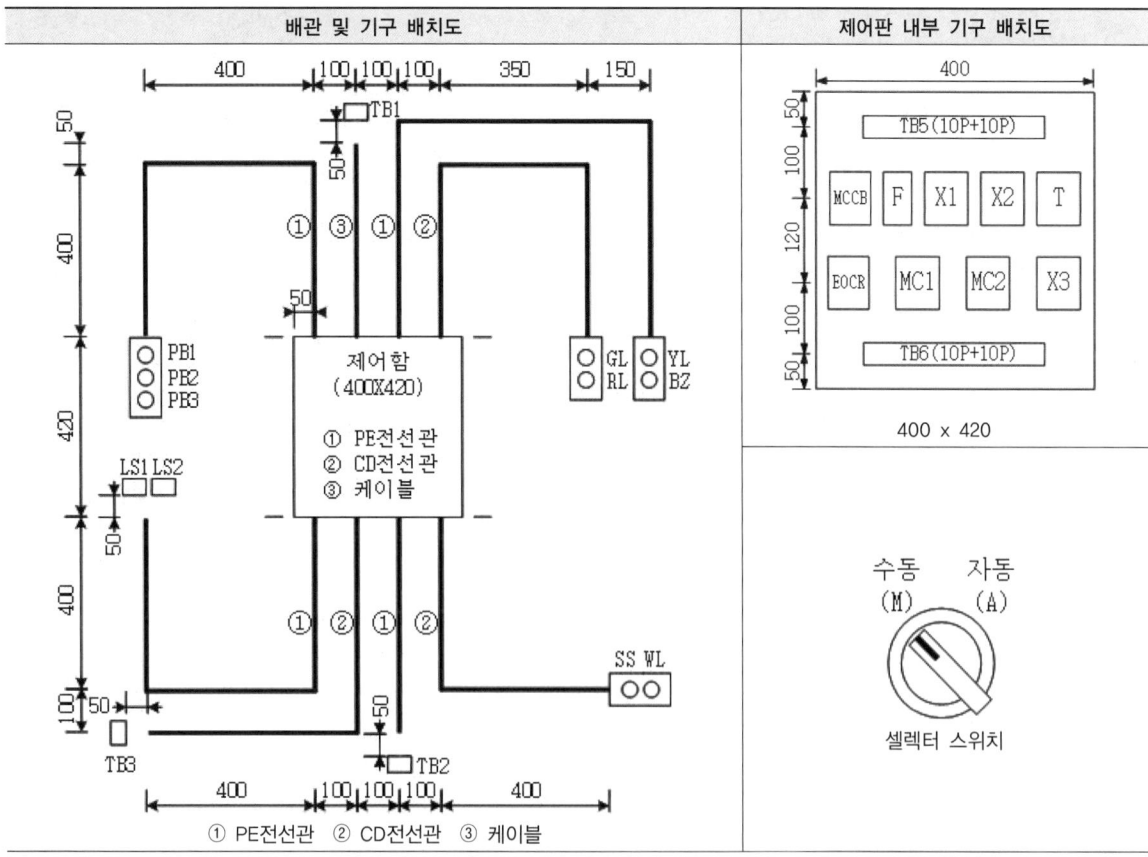

- 주어진 치수는 mm이고 치수 허용 오차는 제어판 내부는 ±10mm, 배관 및 기구 배치도는 ±30mm 이내로 한다.
- 제어함과 전선관이 접속되는 부분에는 전선관 커넥터를 사용하고 제어함에 5mm 정도 올리고 새들로 고정한다.

(4) 범례

기 호	명 칭	기 호	명 칭	기 호	명 칭
TB1	전원(단자대 4P)	EOCR	EOCR(12P)	PB2, PB3	푸시버튼(녹)
TB2, 3	전동기(단자대 4P)	MC1, MC2	전자접촉기(12P)	RL	파일럿 램프(적)
TB5, 6	제어판단자대(20P)	X1, 2, 3	릴레이(8P)	GL	파일럿 램프(녹)
LS1, LS2	리밋 스위치(단자대 4P)	T	타이머(8P)	YL	파일럿 램프(황)
MCCB	배선차단기(3P)	SS	셀렉터 스위치	WL	파일럿 램프(백)
F	퓨즈홀더(2P)	PB1	푸시버튼(적)	BZ	버저

※ 같은 문제라도 기구의 종류와 수가 증감하거나 문자가 변경될 수 있다.

| JOB8 - 2 | 제목 | 전동기(리밋-타이머) 제어 ② | 4시간 30분 | 제작 박성운 |

1. 동 작

1) SS(왼쪽 : M(수동)), PB2를 누르면 MC1이 여자되어, M1이 동작, GL이 점등되고, PB3을 누르면 MC2가 여자되어, M2가 동작, RL이 점등된다. PB1을 누르면 초기화된다.
2) SS(오른쪽 : A(자동)), Ry3이 여자되고, LS1을 누르면 Ry1이 여자되어, M1이 동작, GL이 점등된다. LS2를 누르면 Ry2가 여자되어, M2가 동작, RL이 점등된다.
   ※ LS1과 LS2가 동작할 때 T가 여자되어, T의 설정 시간 후 WL이 점등되고, 초기화된다.
3) EOCR이 작동할 때 YL과 BZ가 동시에 동작한다.

2. 도 면

(1) 동작회로도

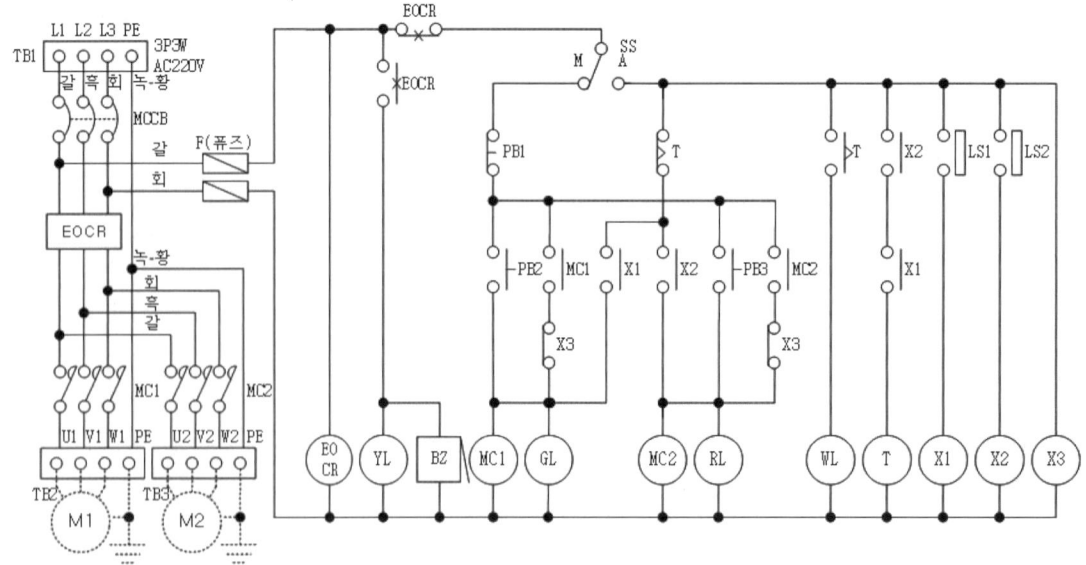

(2) 기구 내부 결선도

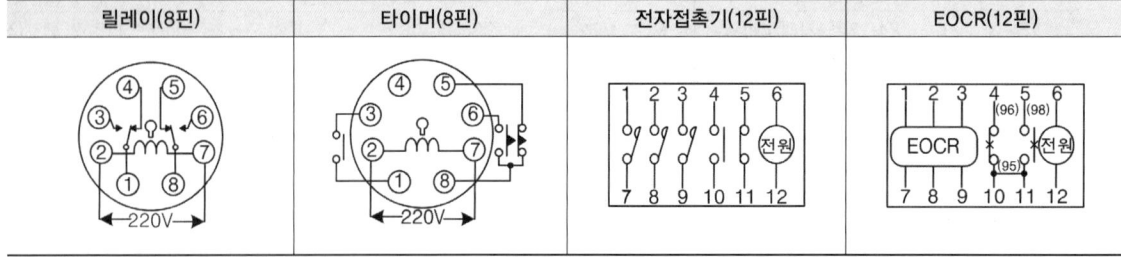

(3) 배관 및 기구 배치도 / 제어판 내부 기구 배치도

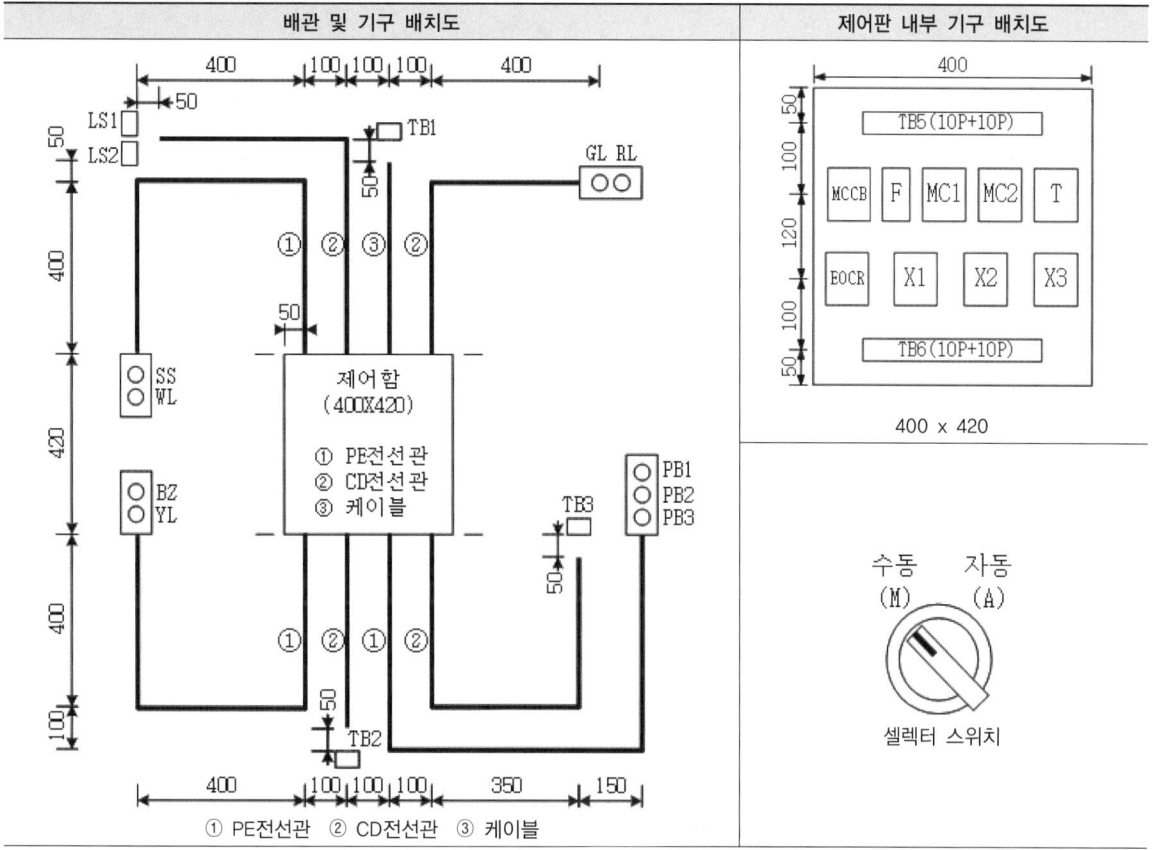

- 주어진 치수는 mm이고 치수 허용 오차는 제어판 내부는 ±10mm, 배관 및 기구 배치도는 ±30mm 이내로 한다.
- 제어함과 전선관이 접속되는 부분에는 전선관 커넥터를 사용하고 제어함에 5mm 정도 올리고 새들로 고정한다.

(4) 범 례

기 호	명 칭	기 호	명 칭	기 호	명 칭
TB1	전원(단자대 4P)	EOCR	EOCR(12P)	PB2, PB3	푸시버튼(녹)
TB2, 3	전동기(단자대 4P)	MC1, MC2	전자접촉기(12P)	RL	파일럿 램프(적)
TB5, 6	제어판단자대(20P)	X1, 2, 3	릴레이(8P)	GL	파일럿 램프(녹)
LS1, LS2	리밋 스위치(단자대 4P)	T	타이머(8P)	YL	파일럿 램프(황)
MCCB	배선차단기(3P)	SS	셀렉터 스위치	WL	파일럿 램프(백)
F	퓨즈홀더(2P)	PB1	푸시버튼(적)	BZ	버저

※ 같은 문제라도 기구의 종류와 수가 증감하거나 문자가 변경될 수 있다.

| JOB8 - 3 | 제목 | 전동기(리밋-타이머) 제어 ③ | 4시간 30분 | 제작 박성운 |

1. 동 작

1) SS(왼쪽 : M(수동)), PB2를 누르면 MC1이 여자되어, M1이 동작, GL이 점등되고, PB3을 누르면 MC2가 여자되어, M2가 동작, RL이 점등된다. PB1을 누르면 초기화된다.
2) SS(오른쪽 : A(자동)), Ry3이 여자되고, LS1을 누르면 Ry1이 여자되어, M1이 동작, GL이 점등된다. LS2를 누르면 Ry2가 여자되어, M2가 동작, RL이 점등된다.
   ※ LS1과 LS2가 동작할 때 T가 여자되어, T의 설정 시간 후 WL이 점등되고, 초기화된다.
3) EOCR이 작동할 때 YL과 BZ가 동시에 동작한다.

2. 도 면

(1) 동작회로도

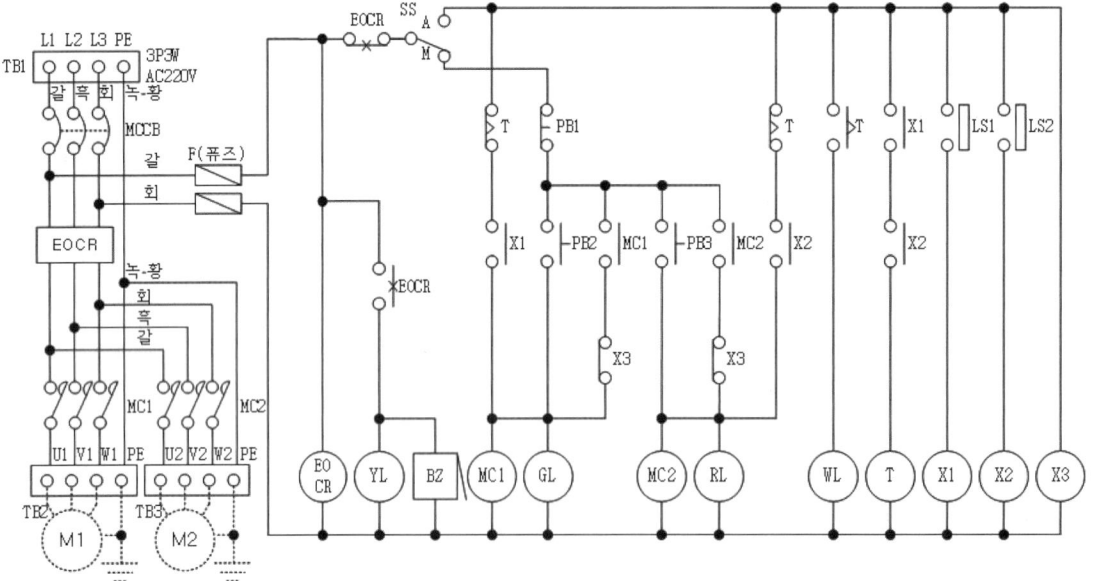

(2) 기구 내부 결선도

(3) 배관 및 기구 배치도 / 제어판 내부 기구 배치도

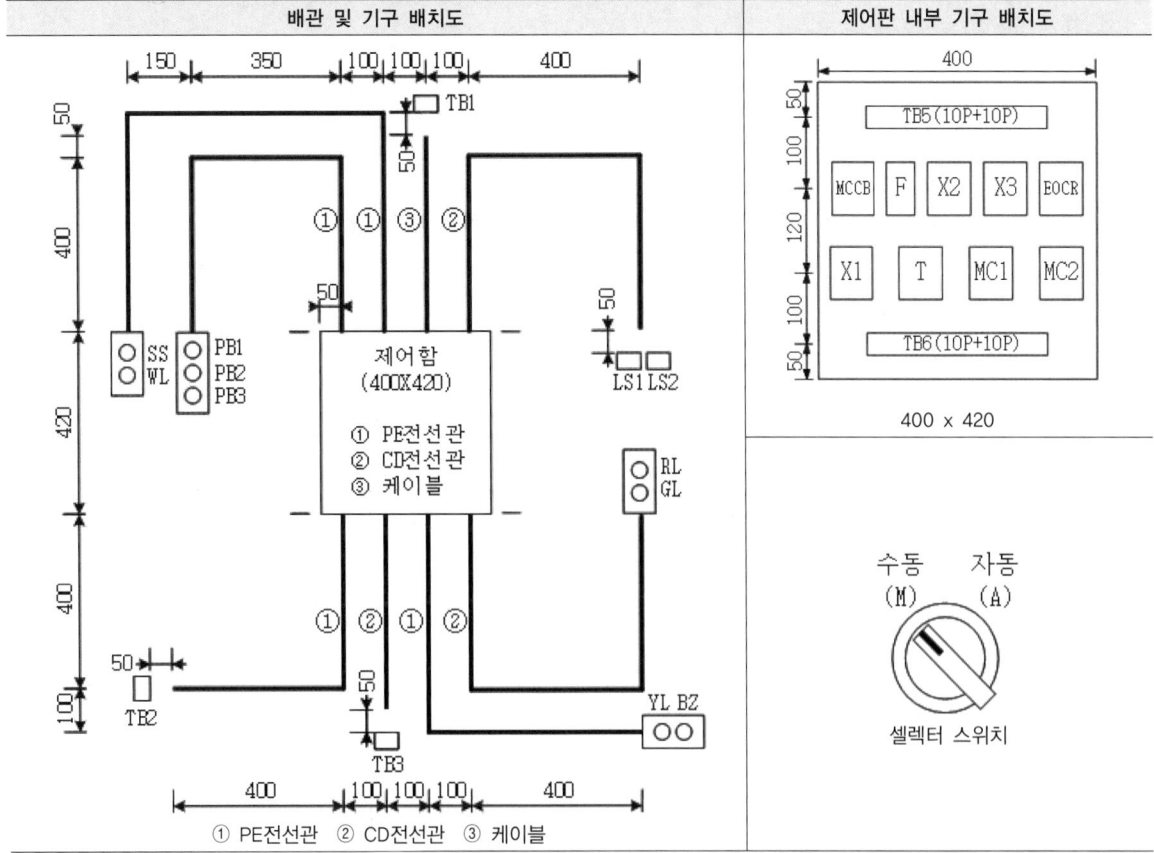

- 주어진 치수는 mm이고 치수 허용 오차는 제어판 내부는 ±10mm, 배관 및 기구 배치도는 ±30mm 이내로 한다.
- 제어함과 전선관이 접속되는 부분에는 전선관 커넥터를 사용하고 제어함에 5mm 정도 올리고 새들로 고정한다.

(4) 범례

기 호	명 칭	기 호	명 칭	기 호	명 칭
TB1	전원(단자대 4P)	EOCR	EOCR(12P)	PB2, PB3	푸시버튼(녹)
TB2, 3	전동기(단자대 4P)	MC1, MC2	전자접촉기(12P)	RL	파일럿 램프(적)
TB5, 6	제어판단자대(20P)	X1, 2, 3	릴레이(8P)	GL	파일럿 램프(녹)
LS1, LS2	리밋 스위치(단자대 4P)	T	타이머(8P)	YL	파일럿 램프(황)
MCCB	배선차단기(3P)	SS	셀렉터 스위치	WL	파일럿 램프(백)
F	퓨즈홀더(2P)	PB1	푸시버튼(적)	BZ	버저

※ 같은 문제라도 기구의 종류와 수가 증감하거나 문자가 변경될 수 있다.

| JOB8 - 4 | 제목 | 전동기(리밋-타이머) 제어 ④ | 4시간 30분 | 제작 박성운 |

1. 동 작

1) SS(왼쪽 : M(수동)), PB2를 누르면 MC1이 여자되어, M1이 동작, GL이 점등되고, PB3를 누르면 MC2가 여자되어, M2가 동작, RL이 점등된다. PB1을 누르면 초기화된다.
2) SS(오른쪽 : A(자동)), Ry3이 여자되고, LS1을 누르면 Ry1이 여자되어, M1이 동작, GL이 점등된다. LS2를 누르면 Ry2가 여자되어, M2가 동작, RL이 점등된다.
   ※ LS1과 LS2가 동작할 때 T가 여자되어, T의 설정 시간 후 WL이 점등되고, 초기화된다.
3) EOCR이 작동할 때 YL과 BZ가 동시에 동작한다.

2. 도 면

(1) 동작회로도

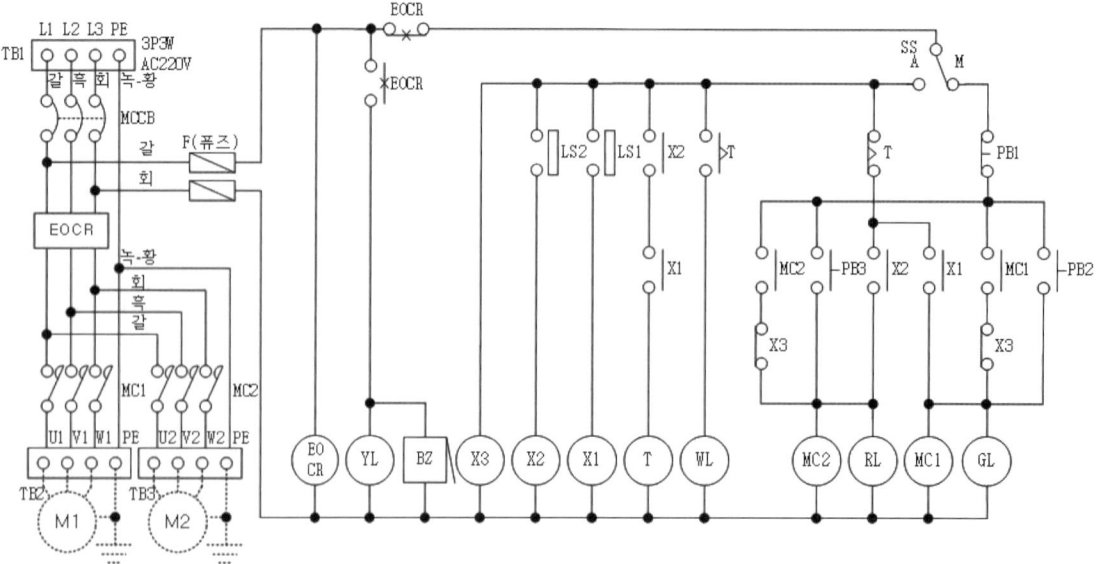

(2) 기구 내부 결선도

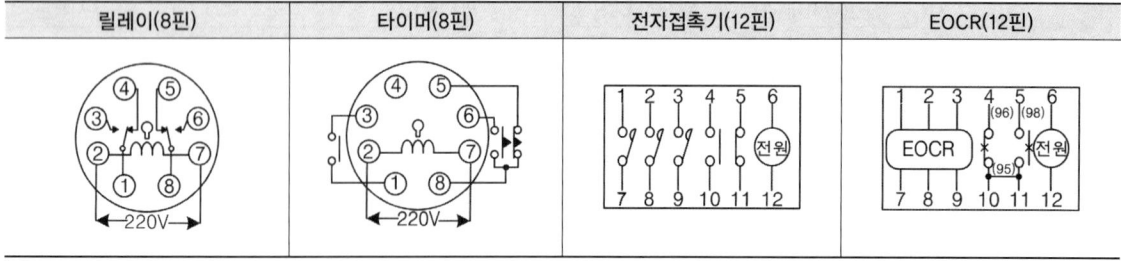

(3) 배관 및 기구 배치도 / 제어판 내부 기구 배치도

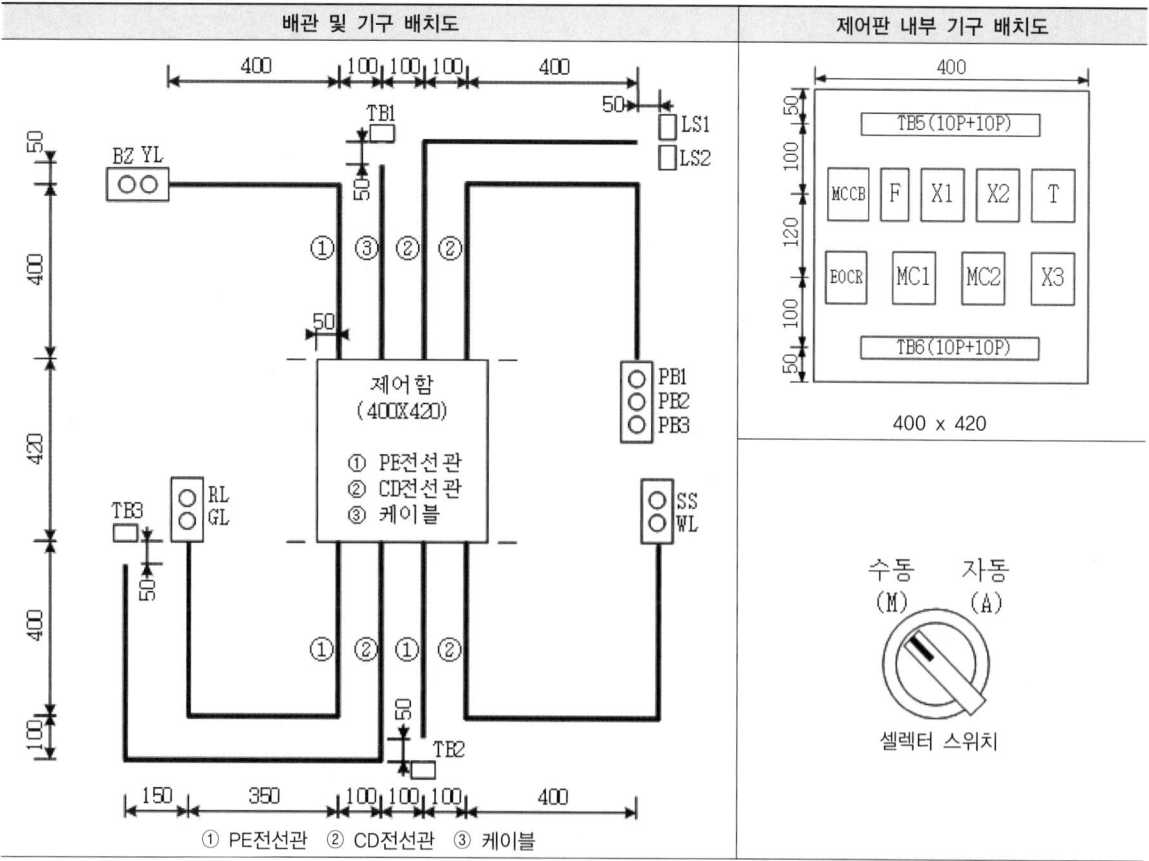

- 주어진 치수는 mm이고 치수 허용 오차는 제어판 내부는 ±10mm, 배관 및 기구 배치도는 ±30mm 이내로 한다.
- 제어함과 전선관이 접속되는 부분에는 전선관 커넥터를 사용하고 제어함에 5mm 정도 올리고 새들로 고정한다.

(4) 범례

기호	명칭	기호	명칭	기호	명칭
TB1	전원(단자대 4P)	EOCR	EOCR(12P)	PB2, PB3	푸시버튼(녹)
TB2, 3	전동기(단자대 4P)	MC1, MC2	전자접촉기(12P)	RL	파일럿 램프(적)
TB5, 6	제어판단자대(20P)	X1, 2, 3	릴레이(8P)	GL	파일럿 램프(녹)
LS1, LS2	리밋 스위치(단자대 4P)	T	타이머(8P)	YL	파일럿 램프(황)
MCCB	배선차단기(3P)	SS	셀렉터 스위치	WL	파일럿 램프(백)
F	퓨즈홀더(2P)	PB1	푸시버튼(적)	BZ	버저

※ 같은 문제라도 기구의 종류와 수가 증감하거나 문자가 변경될 수 있다.

| JOB8 - 5 | 제목 | 전동기(리밋-타이머) 제어 ⑤ | 4시간 30분 | 제작 박성운 |

1. 동 작

1) SS(왼쪽 : M(수동)), PB2를 누르면 MC1이 여자되어, M1이 동작, GL이 점등되고, PB3을 누르면 MC2가 여자되어, M2가 동작, RL이 점등된다. PB1을 누르면 초기화된다.
2) SS(오른쪽 : A(자동)), Ry3이 여자되고, LS1을 누르면 Ry1이 여자되어, M1이 동작, GL이 점등된다. LS2를 누르면 Ry2가 여자되어, M2가 동작, RL이 점등된다.
   ※ LS1과 LS2가 동작할 때 T가 여자되어, T의 설정 시간 후 WL이 점등되고, 초기화된다.
3) EOCR이 작동할 때 YL과 BZ가 동시에 동작한다.

2. 도 면

(1) 동작회로도

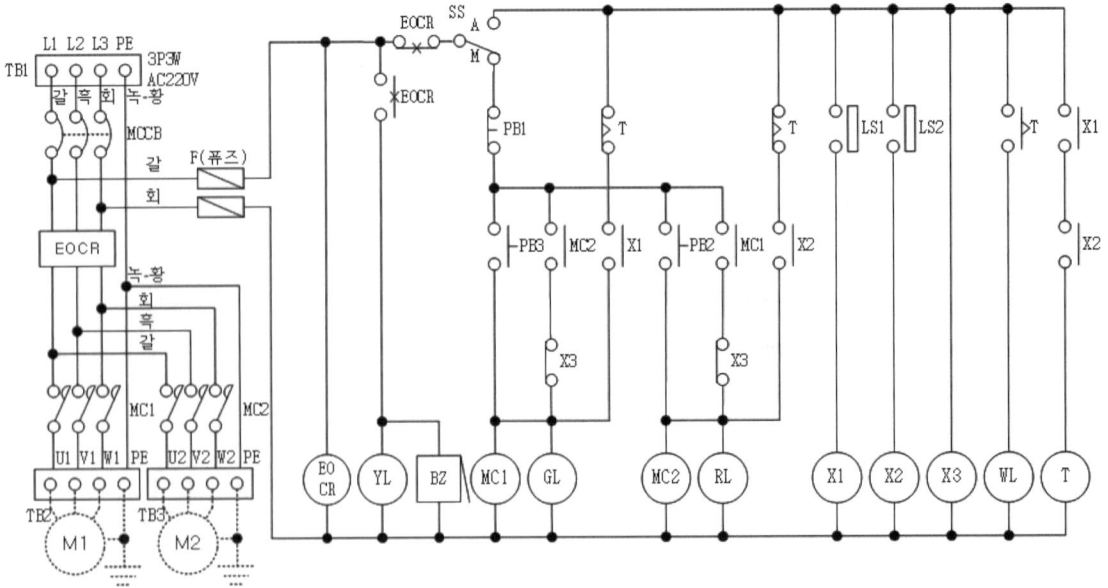

(2) 기구 내부 결선도

| 릴레이(8핀) | 타이머(8핀) | 전자접촉기(12핀) | EOCR(12핀) |

(3) 배관 및 기구 배치도 / 제어판 내부 기구 배치도

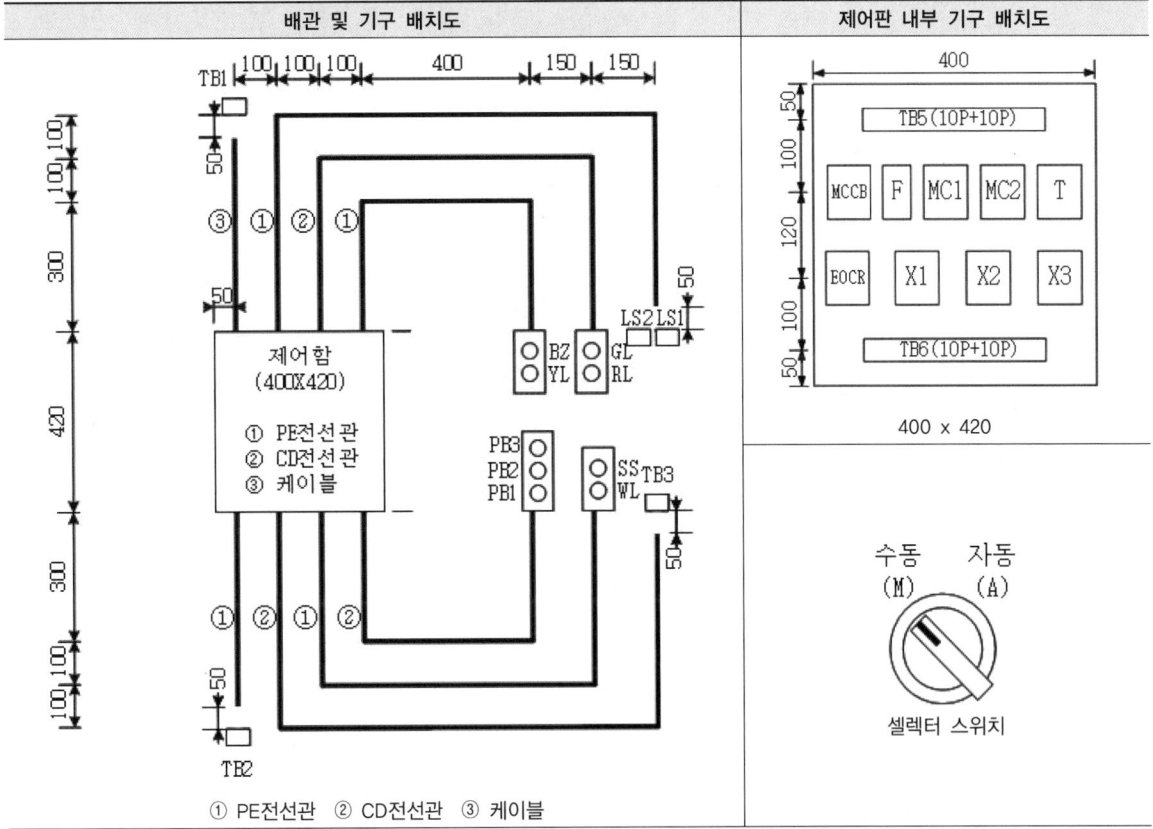

- 주어진 치수는 mm이고 치수 허용 오차는 제어판 내부는 ±10mm, 배관 및 기구 배치도는 ±30mm 이내로 한다.
- 제어함과 전선관이 접속되는 부분에는 전선관 커넥터를 사용하고 제어함에 5mm 정도 올리고 새들로 고정한다.

(4) 범례

기호	명칭	기호	명칭	기호	명칭
TB1	전원(단자대 4P)	EOCR	EOCR(12P)	PB2, PB3	푸시버튼(녹)
TB2, 3	전동기(단자대 4P)	MC1, MC2	전자접촉기(12P)	RL	파일럿 램프(적)
TB5, 6	제어판단자대(20P)	X1, 2, 3	릴레이(8P)	GL	파일럿 램프(녹)
LS1, LS2	리밋 스위치(단자대 4P)	T	타이머(8P)	YL	파일럿 램프(황)
MCCB	배선차단기(3P)	SS	셀렉터 스위치	WL	파일럿 램프(백)
F	퓨즈홀더(2P)	PB1	푸시버튼(적)	BZ	버저

※ 같은 문제라도 기구의 종류와 수가 증감하거나 문자가 변경될 수 있다.

| JOB9 – 1 | 제목 | 전동기(배수회로) 제어 ① (공개 ①) | 4시간 30분 | 제작 박성운 |

1. 동 작

1) MCCB ON하고, SS를 A방향(자동) : 만수 시 X와 MC1 여자, M1(배수 펌프1)이 동작, RL 점등되고, 저수 시 또는 SS를 M방향(수동)으로 바꾸면 모든 동작이 정지된다.
2) SS를 M방향(수동) : PB1을 누르면 T와 MC1 여자, M1(배수 펌프1)이 동작, RL 점등, 설정 시간 후 MC2가 여자, M2(급수 펌프2)가 동작, GL 점등된다. PB0을 누르거나 SS를 A방향(자동)으로 바꾸면 모든 동작이 정지된다.
3) 운전 중 EOCR이 동작되면 모든 동작은 정지되고, FR이 여자되고, BZ와 YL이 교대 점멸한다.

2. 도 면

(1) 동작회로도

플로트레스 스위치의 접지(PE)는 제어판 내에서만 실시한다.

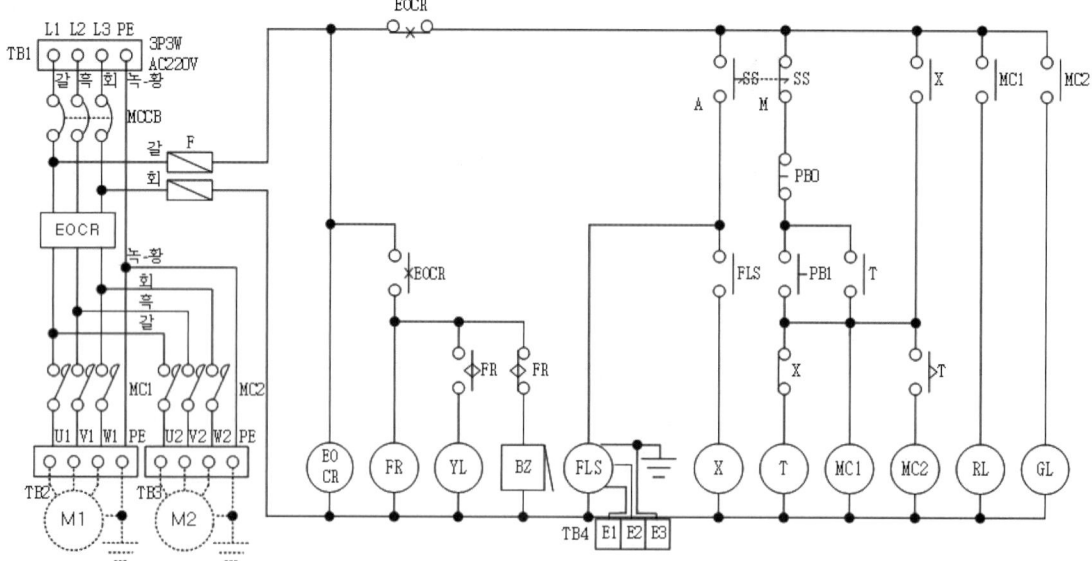

(2) 기구 내부 결선도

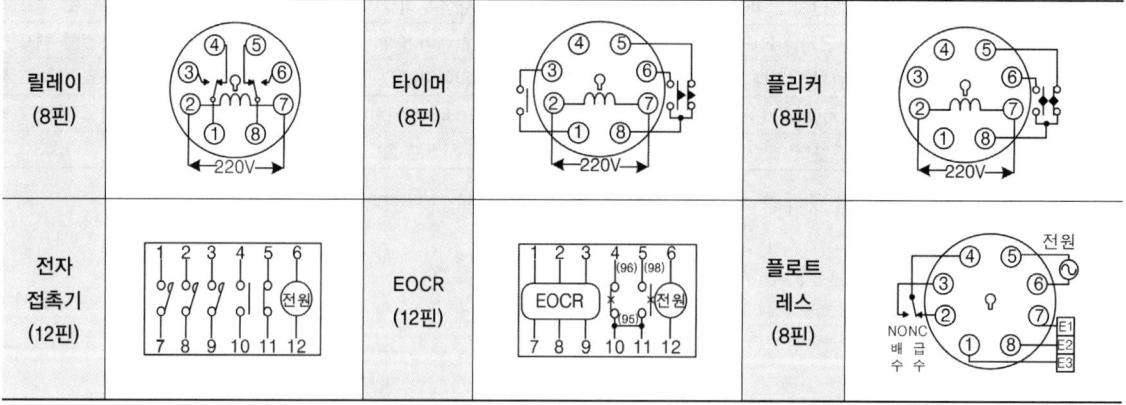

(3) 배관 및 기구 배치도 / 제어판 내부 기구 배치도

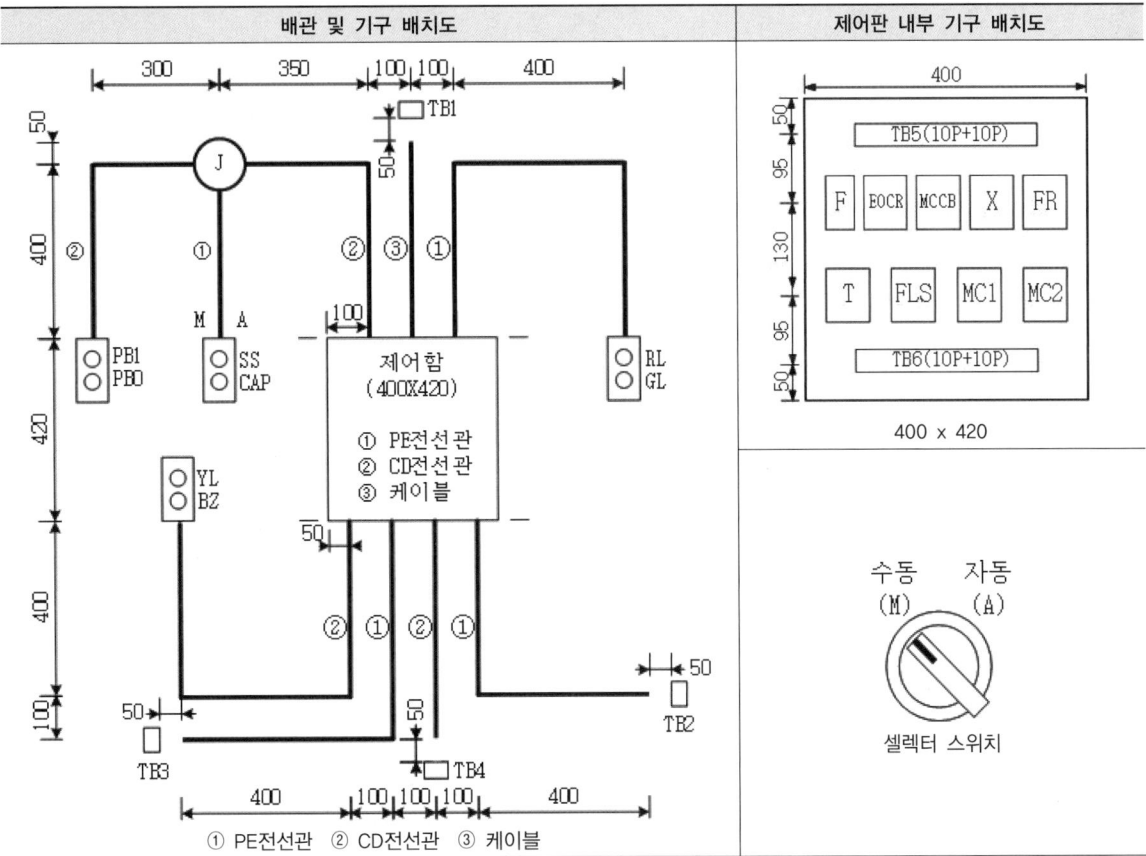

- 주어진 치수는 mm이고 치수 허용 오차는 제어판 내부는 ±10mm, 배관 및 기구 배치도는 ±30mm 이내로 한다.
- 제어함과 전선관이 접속되는 부분에는 전선관 커넥터를 사용하고 제어함에 5mm 정도 올리고 새들로 고정한다.

(4) 범례

기호	명칭	기호	명칭	기호	명칭
TB1	전원(단자대 4P)	MC1, MC2	전자접촉기(12P)	SS	셀렉터 스위치
TB2, 3	전동기(단자대 4P)	X	릴레이(8P)	RL	램프(적)
TB4	플로트레스(단자대 4P)	T	타이머(8P)	GL	램프(녹)
TB5, 6	단자대(10P+10P)	FLS	플로트레스(8P)	YL	램프(황)
MCCB	배선차단기(3P)	FR	플리커릴레이(8P)	BZ	버저
F	퓨즈홀더(2P)	PB0	푸시버튼(적)	CAP	홀마개
EOCR	EOCR(12P)	PB1	푸시버튼(녹)	J	8각 박스

※ 같은 문제라도 기구의 종류와 수가 증감하거나 문자가 변경될 수 있다.

| JOB9 – 2 | 제목 | 전동기(배수회로) 제어 ② (공개 ②) | 4시간 30분 | 제작 박성운 |

1. 동 작

1) MCCB ON하고, SS를 A방향(자동) : 만수 시 X와 T 여자, T 설정 시간 후 FR 여자되어 ① → ②를 반복 교대 운전한다.

| 공 통 | ① MC1 여자, RL 점등, M1(배수 펌프1)이 동작
② MC2 여자, GL 점등, M2(배수 펌프2)가 동작 |

   ③ 저수가 되거나 SS를 M방향(수동)으로 바꾸면 정지된다.
2) SS를 M방향(수동) : PB1을 누르면 X와 T 여자, T 설정 시간 후 FR 여자되어 ① → ②를 반복 교대 운전한다.
   ③ PB0을 누르거나 SS를 A방향(자동)으로 바꾸면 정지된다.
3) 운전 중 EOCR이 동작되면 모든 동작은 정지되고, YL이 점등한다.

2. 도 면

(1) 동작회로도

플로트레스 스위치의 접지(PE)는 제어판 내에서만 실시한다.

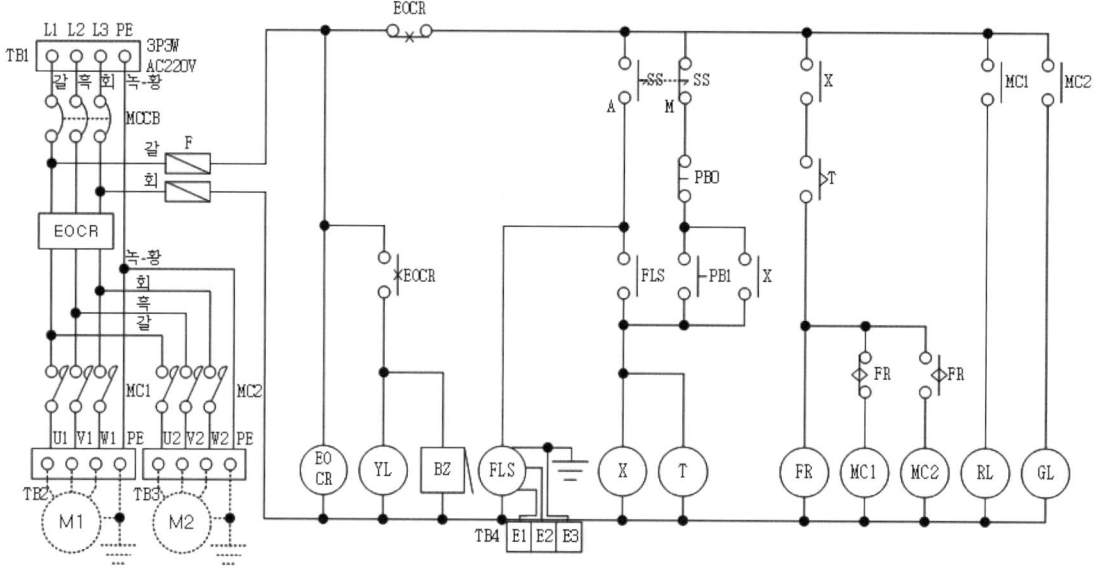

(2) 기구 내부 결선도

(3) 배관 및 기구 배치도 / 제어판 내부 기구 배치도

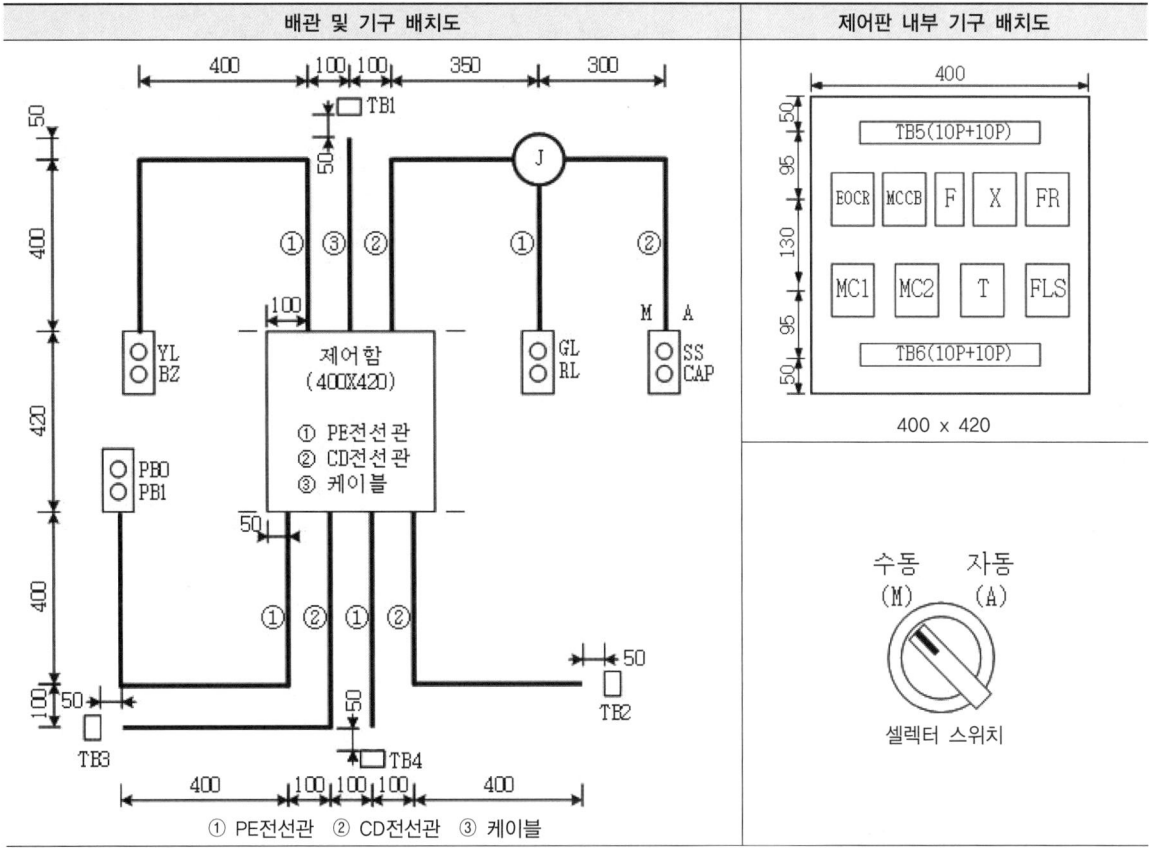

- 주어진 치수는 mm이고 치수 허용 오차는 제어판 내부는 ±10mm, 배관 및 기구 배치도는 ±30mm 이내로 한다.
- 제어함과 전선관이 접속되는 부분에는 전선관 커넥터를 사용하고 제어함에 5mm 정도 올리고 새들로 고정한다.

(4) 범례

기호	명칭	기호	명칭	기호	명칭
TB1	전원(단자대 4P)	MC1, MC2	전자접촉기(12P)	SS	셀렉터 스위치
TB2, 3	전동기(단자대 4P)	X	릴레이(8P)	RL	램프(적)
TB4	플로트레스(단자대 4P)	T	타이머(8P)	GL	램프(녹)
TB5, 6	단자대(10P+10P)	FLS	플로트레스(8P)	YL	램프(황)
MCCB	배선차단기(3P)	FR	플리커릴레이(8P)	BZ	버저
F	퓨즈홀더(2P)	PB0	푸시버튼(적)	CAP	홀마개
EOCR	EOCR(12P)	PB1	푸시버튼(녹)	J	8각 박스

※ 같은 문제라도 기구의 종류와 수가 증감하거나 문자가 변경될 수 있다.

| JOB9 - 3 | 제목 | 전동기(배수회로) 제어 ③ (공개 ③) | 4시간 30분 | 제작 박성운 |

1. 동 작

1) MCCB ON하고, SS를 A방향(자동) : 만수 시 FR 여자되고, MC1 여자, RL 점등, M1(배수 펌프1)이 동작, FR 설정 시간 간격으로 MC2 여자, GL 점등, M2(배수 펌프2)의 동작이 교대로 반복되고 저수가 되거나 SS를 M방향(수동)으로 바꾸면 정지된다.
2) SS를 M방향(수동) : PB1을 누르면 T 여자, T 설정 시간 후 X와 FR 여자되어, MC1 여자, RL 점등, M1(배수 펌프1)이 동작, FR 설정 시간 간격으로 MC2 여자, GL 점등, M2(배수 펌프2)의 동작이 교대로 반복되고 PB0을 누르거나 SS를 A방향(자동)으로 바꾸면 정지된다.
3) 운전 중 EOCR이 동작되면 모든 동작은 정지되고, YL 점등, BZ는 동작된다.

2. 도 면

(1) 동작회로도

플로트레스 스위치의 접지(PE)는 제어판 내에서만 실시한다.

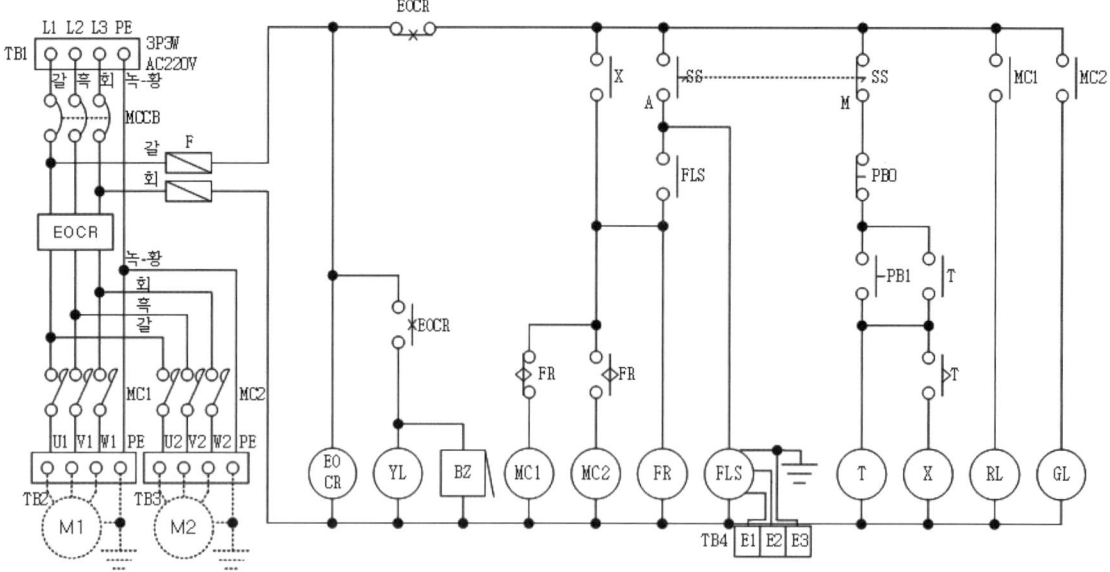

(2) 기구 내부 결선도

(3) 배관 및 기구 배치도 / 제어판 내부 기구 배치도

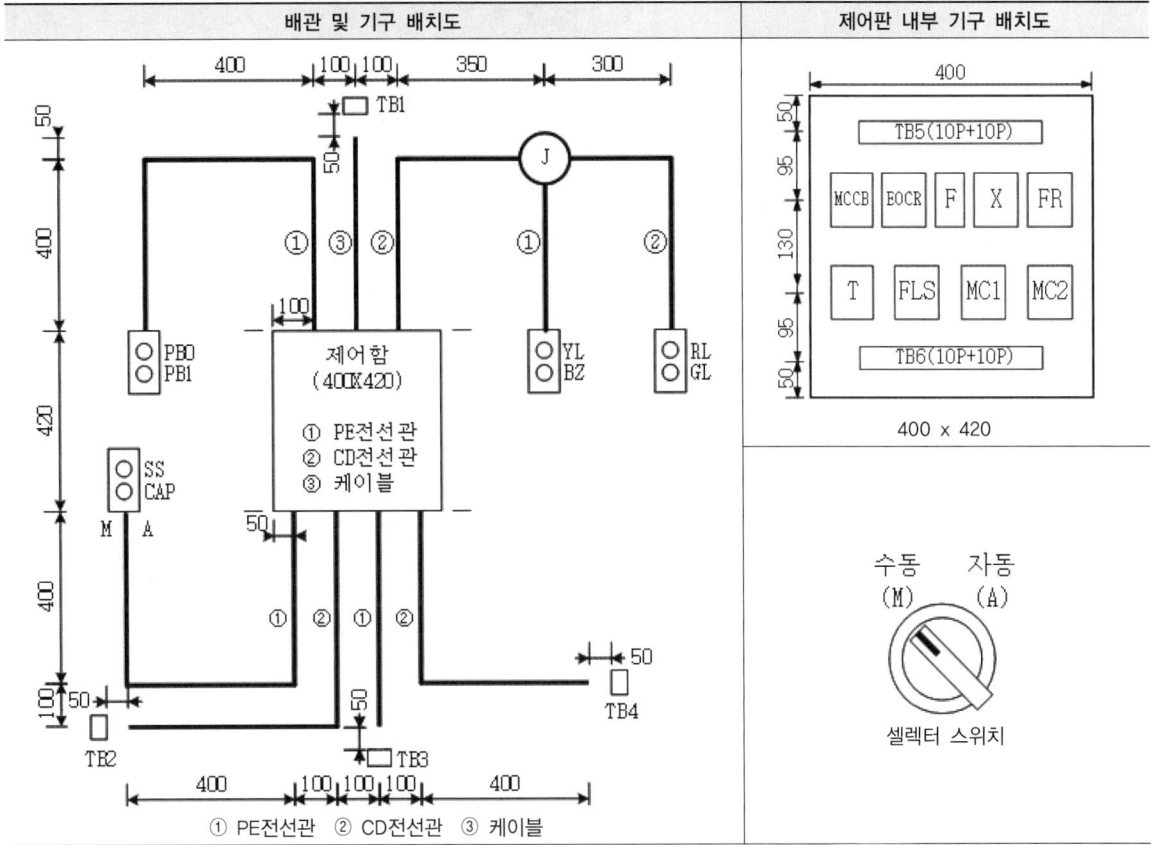

- 주어진 치수는 mm이고 치수 허용 오차는 제어판 내부는 ±10mm, 배관 및 기구 배치도는 ±30mm 이내로 한다.
- 제어함과 전선관이 접속되는 부분에는 전선관 커넥터를 사용하고 제어함에 5mm 정도 올리고 새들로 고정한다.

(4) 범 례

기 호	명 칭	기 호	명 칭	기 호	명 칭
TB1	전원(단자대 4P)	MC1, MC2	전자접촉기(12P)	SS	셀렉터 스위치
TB2, 3	전동기(단자대 4P)	X	릴레이(8P)	RL	램프(적)
TB4	플로트레스(단자대 4P)	T	타이머(8P)	GL	램프(녹)
TB5, 6	단자대(10P+10P)	FLS	플로트레스(8P)	YL	램프(황)
MCCB	배선차단기(3P)	FR	플리커릴레이(8P)	BZ	버저
F	퓨즈홀더(2P)	PB0	푸시버튼(적)	CAP	홀마개
EOCR	EOCR(12P)	PB1	푸시버튼(녹)	J	8각 박스

※ 같은 문제라도 기구의 종류와 수가 증감하거나 문자가 변경될 수 있다.

| JOB9 - 4 | 제목 | 전동기(배수회로) 제어 ④ (공개 ④) | 4시간 30분 | 제작 박성운 |

1. 동 작

1) MCCB ON하고, SS를 A방향(자동) : 만수 시 X와 T 여자, T 설정 시간 후 FR 여자되어 ① → ②를 반복 교대 운전한다.

| 공 통 | ① MC1 여자, RL 점등, M1(배수 펌프1)이 동작
② MC2 여자, GL 점등, M2(배수 펌프2)가 동작 |

  ③ 저수가 되거나 SS를 M방향(수동)으로 바꾸면 정지된다.
2) SS를 M방향(수동) : PB1을 누르면 X와 T 여자, T 설정 시간 후 FR 여자되어 ① → ②를 반복 교대 운전한다.
  ③ PB0을 누르거나 SS를 A방향(자동)으로 바꾸면 정지된다.
3) 운전 중 EOCR이 동작되면 모든 동작은 정지되고, YL이 점등한다.

2. 도 면

(1) 동작회로도

플로트레스 스위치의 접지(PE)는 제어판 내에서만 실시한다.

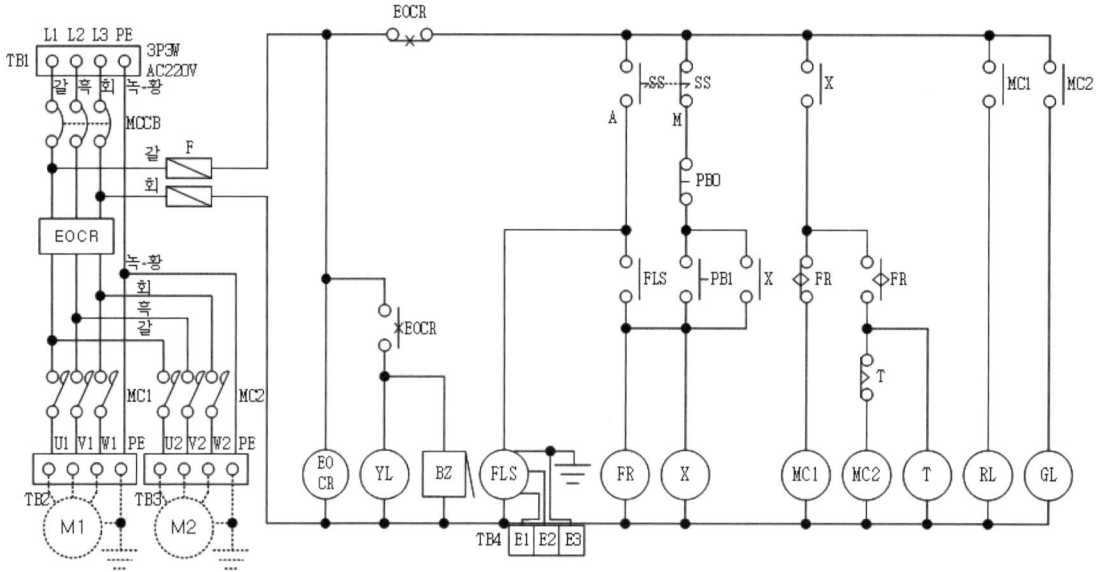

(2) 기구 내부 결선도

(3) 배관 및 기구 배치도 / 제어판 내부 기구 배치도

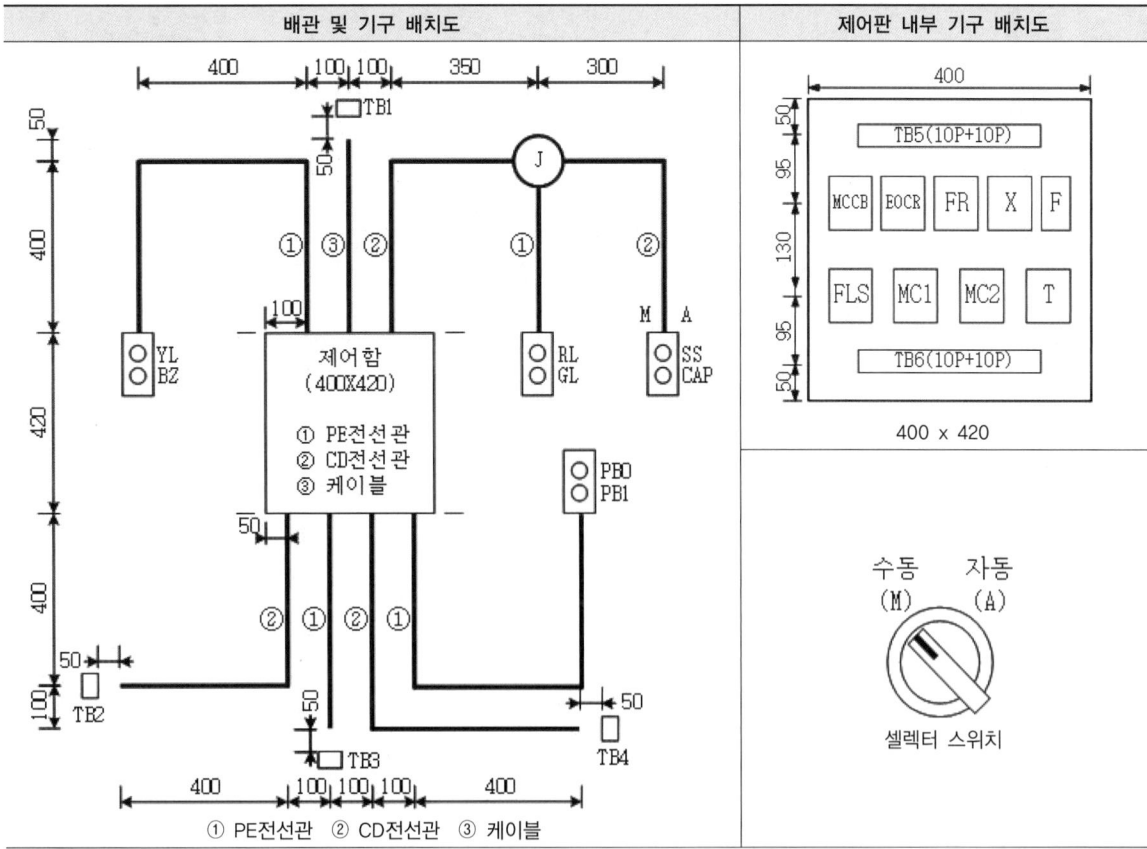

- 주어진 치수는 mm이고 치수 허용 오차는 제어판 내부는 ±10mm, 배관 및 기구 배치도는 ±30mm 이내로 한다.
- 제어함과 전선관이 접속되는 부분에는 전선관 커넥터를 사용하고 제어함에 5mm 정도 올리고 새들로 고정한다.

(4) 범례

기호	명칭	기호	명칭	기호	명칭
TB1	전원(단자대 4P)	MC1, MC2	전자접촉기(12P)	SS	셀렉터 스위치
TB2, 3	전동기(단자대 4P)	X	릴레이(8P)	RL	램프(적)
TB4	플로트레스(단자대 4P)	T	타이머(8P)	GL	램프(녹)
TB5, 6	단자대(10P+10P)	FLS	플로트레스(8P)	YL	램프(황)
MCCB	배선차단기(3P)	FR	플리커릴레이(8P)	BZ	버저
F	퓨즈홀더(2P)	PB0	푸시버튼(적)	CAP	홀마개
EOCR	EOCR(12P)	PB1	푸시버튼(녹)	J	8각 박스

※ 같은 문제라도 기구의 종류와 수가 증감하거나 문자가 변경될 수 있다.

| JOB9 - 5 | 제목 | 전동기(배수회로) 제어 ⑤ (공개 ⑤) | 4시간 30분 | 제작 박성운 |

1. 동 작

1) MCCB ON하고, SS를 A방향(자동) : 만수 시 X와 T, FR 여자되어 ① → ②를 반복 교대 운전한다.

| 공 통 | ① MC1 여자, RL 점등, M1(배수 펌프1)이 동작
② MC2 여자, GL 점등, M2(배수 펌프2)가 동작
③ T 설정 시간 후 FR 소자, MC1 여자, RL 점등, M1(배수 펌프1)이 정지, MC2 여자, GL 점등, M2(배수 펌프2)가 동작 |

④ 저수가 되거나 SS를 M방향(수동)으로 바꾸면 정지된다.
2) SS를 M방향(수동) : PB1을 누르면 X와 T, FR 여자되어 ① → ②를 반복 교대 운전한다.
　 ④ PB0을 누르거나 SS를 A방향(자동)으로 바꾸면 정지된다.
3) 운전 중 EOCR이 동작되면 모든 동작은 정지되고, YL 점등, BZ 동작한다.

2. 도 면

(1) 동작회로도

플로트레스 스위치의 접지(PE)는 제어판 내에서만 실시한다.

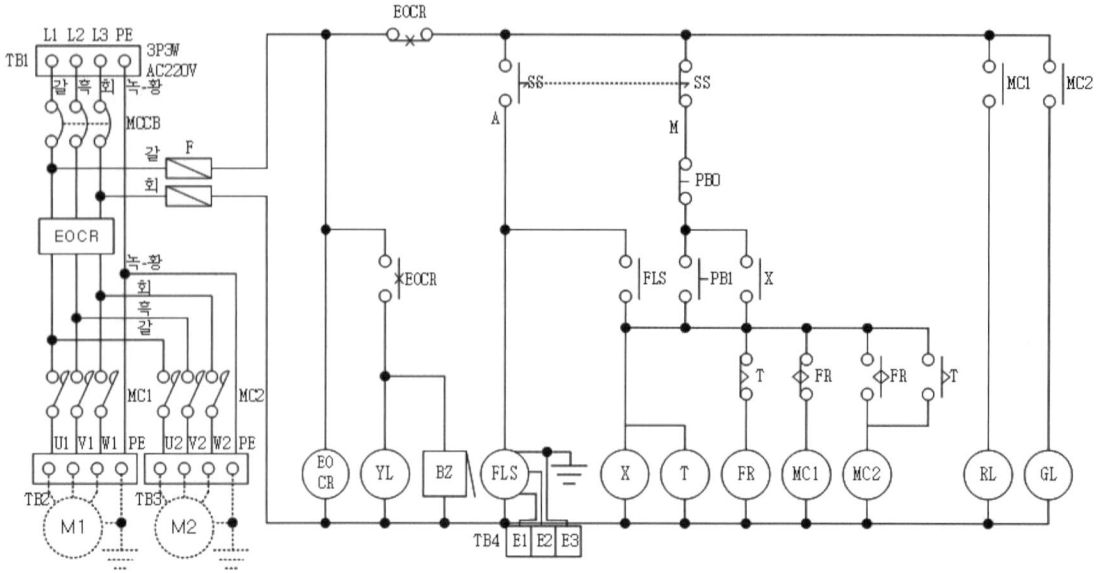

(2) 기구 내부 결선도

(3) 배관 및 기구 배치도 / 제어판 내부 기구 배치도

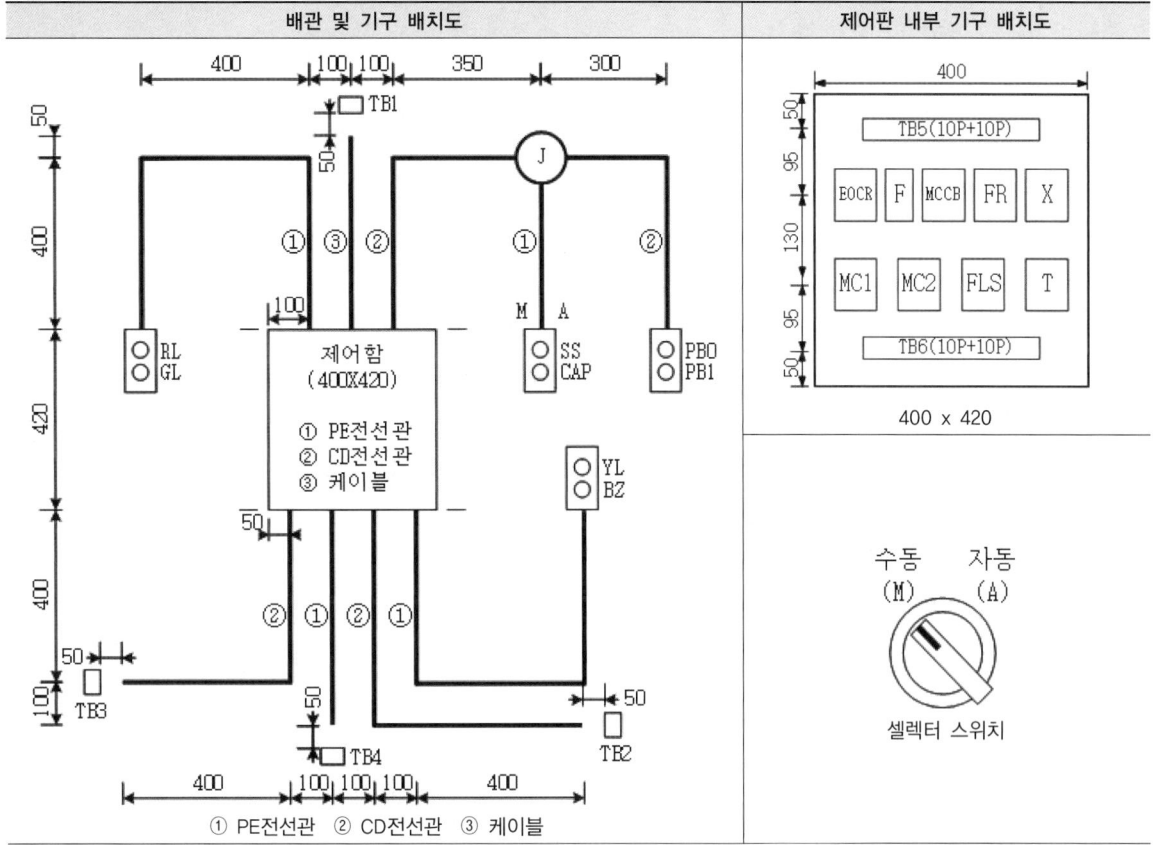

- 주어진 치수는 mm이고 치수 허용 오차는 제어판 내부는 ±10mm, 배관 및 기구 배치도는 ±30mm 이내로 한다.
- 제어함과 전선관이 접속되는 부분에는 전선관 커넥터를 사용하고 제어함에 5mm 정도 올리고 새들로 고정한다.

(4) 범례

기 호	명 칭	기 호	명 칭	기 호	명 칭
TB1	전원(단자대 4P)	MC1, MC2	전자접촉기(12P)	SS	셀렉터 스위치
TB2, 3	전동기(단자대 4P)	X	릴레이(8P)	RL	램프(적)
TB4	플로트레스(단자대 4P)	T	타이머(8P)	GL	램프(녹)
TB5, 6	단자대(10P+10P)	FLS	플로트레스(8P)	YL	램프(황)
MCCB	배선차단기(3P)	FR	플리커릴레이(8P)	BZ	버저
F	퓨즈홀더(2P)	PB0	푸시버튼(적)	CAP	홀마개
EOCR	EOCR(12P)	PB1	푸시버튼(녹)	J	8각 박스

※ 같은 문제라도 기구의 종류와 수가 증감하거나 문자가 변경될 수 있다.

| JOB9 – 6 | 제목 | 전동기(배수회로) 제어 ⑥ (공개 ⑥) | 4시간 30분 | 제작 박성운 |

1. 동 작

1) MCCB ON하고, SS를 M방향(수동) : PB1을 누르면 T 여자, [MC1이 여자되고, M1(급수 펌프1)이 운전, MC2와 T 여자, M2(급수 펌프2)가 운전, RL과 GL이 점등], T 설정 시간 후 FR이 여자되어, [MC1이 여자되고, M1(급수 펌프1)이 운전, FR 설정 시간 후 MC2와 T 여자, M2(급수 펌프2)가 운전, RL과 GL이 점등]이 교대로 동작이 된다. PB0를 누르면 모든 동작이 정지된다.
2) SS를 A방향(자동) : 저수 시 X 여자, M1(급수 펌프1)이 동작, RL 점등, MC2가 여자, M2(급수 펌프2)가 동작, GL이 점등된다. 만수 시 모든 동작이 정지된다.
3) 운전 중 EOCR이 작동되면, BZ와 YL이 동작한다.

2. 도 면

(1) 동작회로도

플로트레스 스위치의 접지(PE)는 제어판 내에서만 실시한다.

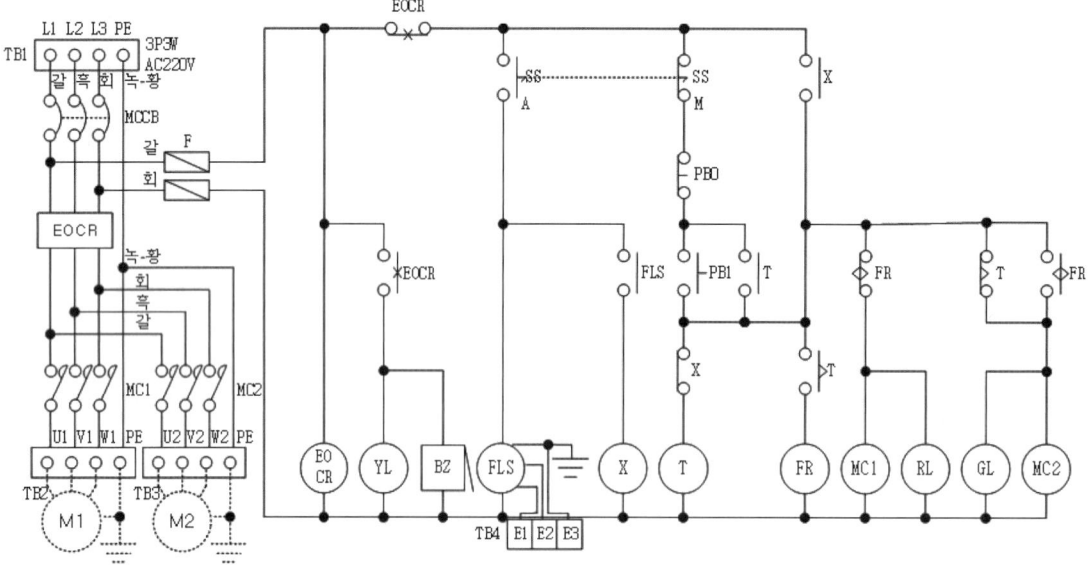

(2) 기구 내부 결선도

(3) 배관 및 기구 배치도 / 제어판 내부 기구 배치도

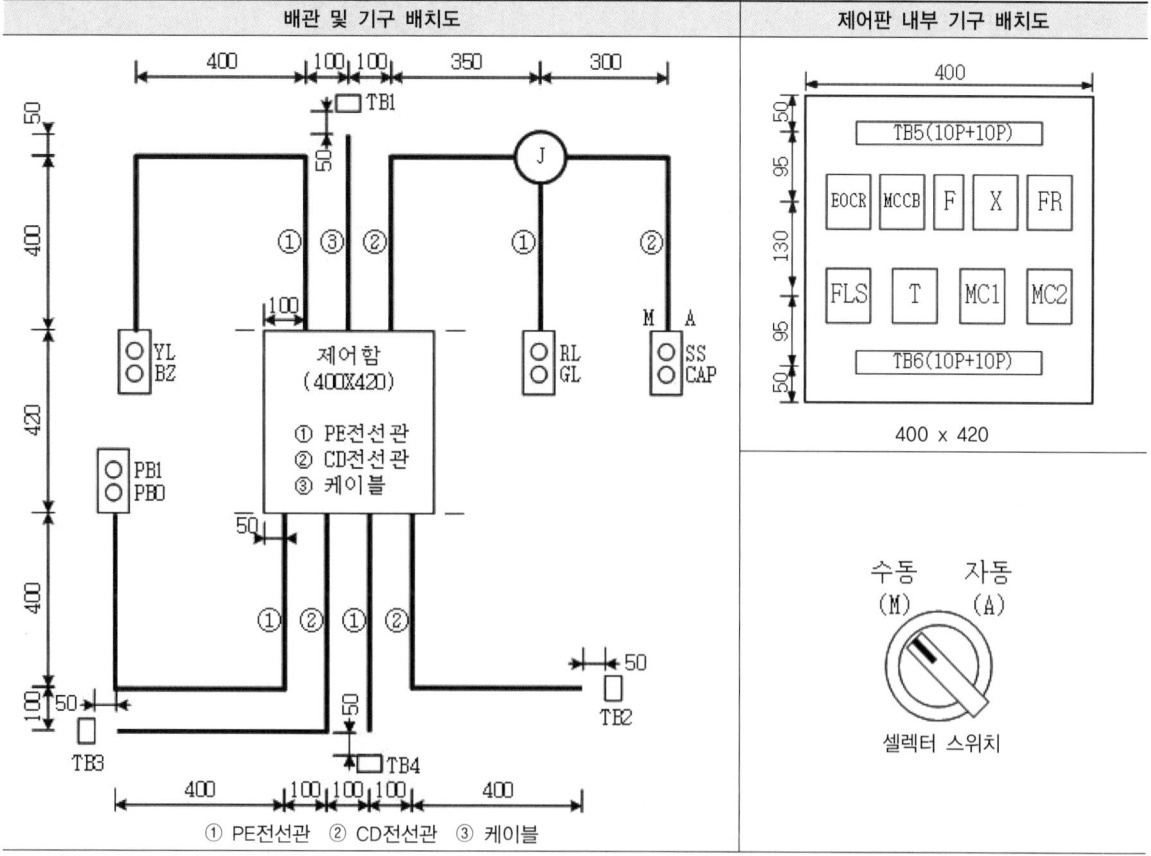

- 주어진 치수는 mm이고 치수 허용 오차는 제어판 내부는 ±10mm, 배관 및 기구 배치도는 ±30mm 이내로 한다.
- 제어함과 전선관이 접속되는 부분에는 전선관 커넥터를 사용하고 제어함에 5mm 정도 올리고 새들로 고정한다.

(4) 범례

기호	명칭	기호	명칭	기호	명칭
TB1	전원(단자대 4P)	MC1, MC2	전자접촉기(12P)	SS	셀렉터 스위치
TB2, 3	전동기(단자대 4P)	X	릴레이(8P)	RL	램프(적)
TB4	플로트레스(단자대 4P)	T	타이머(8P)	GL	램프(녹)
TB5, 6	단자대(10P+10P)	FLS	플로트레스(8P)	YL	램프(황)
MCCB	배선차단기(3P)	FR	플리커릴레이(8P)	BZ	버저
F	퓨즈홀더(2P)	PB0	푸시버튼(적)	CAP	홀마개
EOCR	EOCR(12P)	PB1	푸시버튼(녹)	J	8각 박스

※ 같은 문제라도 기구의 종류와 수가 증감하거나 문자가 변경될 수 있다.

| JOB9 - 7 | 제목 | 전동기(배수회로) 제어 ⑦ (공개 ⑦) | 4시간 30분 | 제작 박성운 |

1. 동 작

1) MCCB ON하고, SS를 M방향(수동) : PB1을 누르면 ①~③을 반복한다. PB0을 누르면 모든 동작이 정지된다.

| 공 통 | ① FR과 X, T 여자, M1(급수 펌프1)이 운전, RL 점등, T 설정 시간 후 M1(급수 펌프1)이 정지, RL 소등
② MC2가 여자되고, M2(급수 펌프2)가 운전, GL 점등
③ FR 설정 시간 후 동작이 초기화 |

2) SS를 A방향(자동) : 저수 시 ①과 ③을 반복한다. 만수 시 모든 동작이 정지된다.
3) 운전 중 EOCR이 작동되면, BZ와 YL이 동작된다.

2. 도 면

(1) 동작회로도

플로트레스 스위치의 접지(PE)는 제어판 내에서만 실시한다.

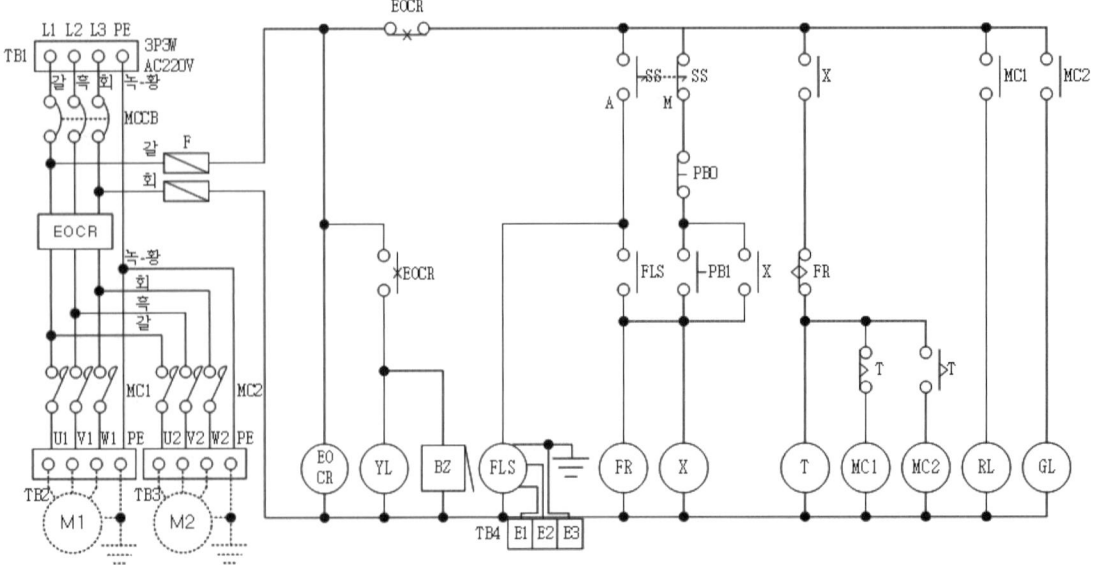

(2) 기구 내부 결선도

(3) 배관 및 기구 배치도 / 제어판 내부 기구 배치도

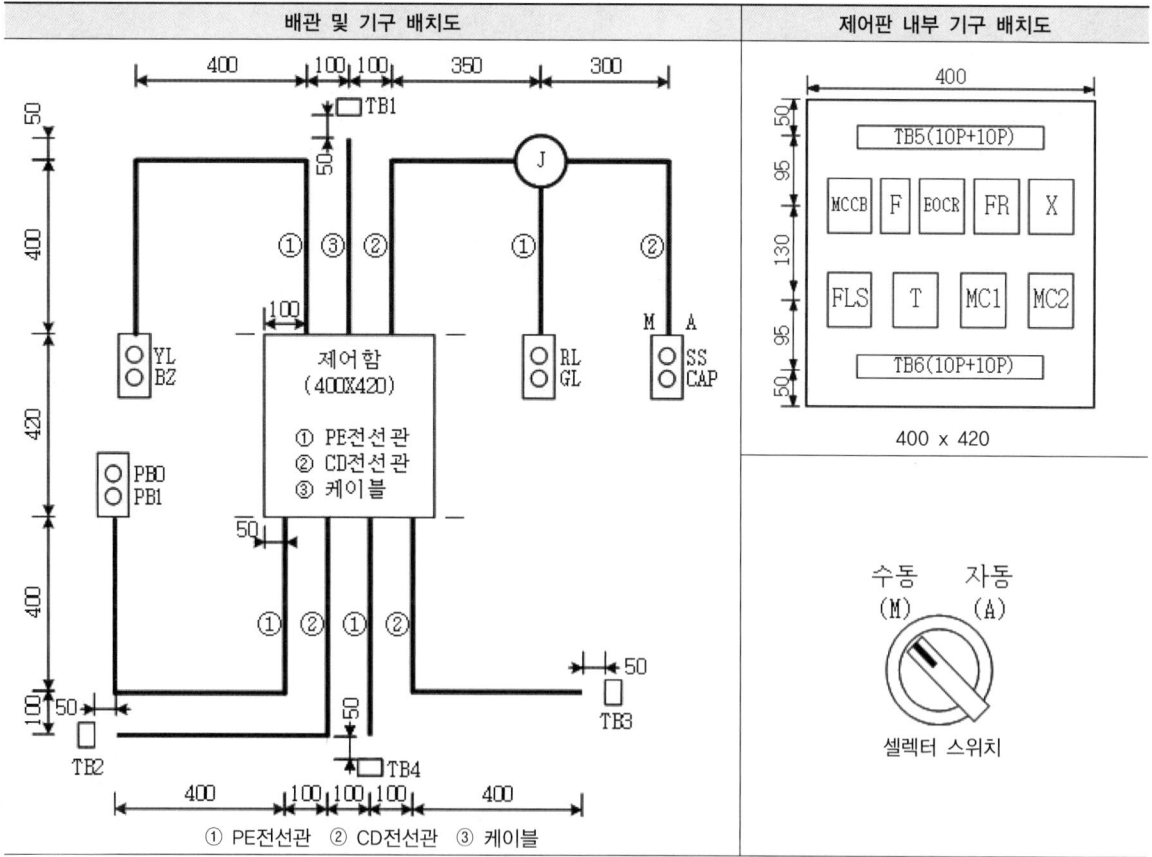

- 주어진 치수는 mm이고 치수 허용 오차는 제어판 내부는 ±10mm, 배관 및 기구 배치도는 ±30mm 이내로 한다.
- 제어함과 전선관이 접속되는 부분에는 전선관 커넥터를 사용하고 제어함에 5mm 정도 올리고 새들로 고정한다.

(4) 범례

기 호	명 칭	기 호	명 칭	기 호	명 칭
TB1	전원(단자대 4P)	MC1, MC2	전자접촉기(12P)	SS	셀렉터 스위치
TB2, 3	전동기(단자대 4P)	X	릴레이(8P)	RL	램프(적)
TB4	플로트레스(단자대 4P)	T	타이머(8P)	GL	램프(녹)
TB5, 6	단자대(10P+10P)	FLS	플로트레스(8P)	YL	램프(황)
MCCB	배선차단기(3P)	FR	플리커릴레이(8P)	BZ	버저
F	퓨즈홀더(2P)	PB0	푸시버튼(적)	CAP	홀마개
EOCR	EOCR(12P)	PB1	푸시버튼(녹)	J	8각 박스

※ 같은 문제라도 기구의 종류와 수가 증감하거나 문자가 변경될 수 있다.

| JOB9 - 8 | 제목 | 전동기(배수회로) 제어 ⑧ (공개 ⑧) | 4시간 30분 | 제작 박성운 |

1. 동 작

1) MCCB ON하고, SS를 M방향(수동) : PB1을 누르면, ① 동작을 하고, T 설정 시간 후 정지. PB0을 누르면 모든 동작이 정지된다.

| 공 통 | ① M1이 여자, M1(급수 펌프1)이 운전, RL 점등, MC2가 여자되고, M2(급수 펌프2)가 운전, GL 점등 |

2) SS를 A방향(자동) : 저수 시 X와 FR 여자, ① 동작을 하고, YL이 점멸된다. 만수 시 모든 동작이 정지된다.
3) 운전 중 EOCR이 작동되면, BZ가 동작한다.

2. 도 면

(1) 동작회로도

플로트레스 스위치의 접지(PE)는 제어판 내에서만 실시한다.

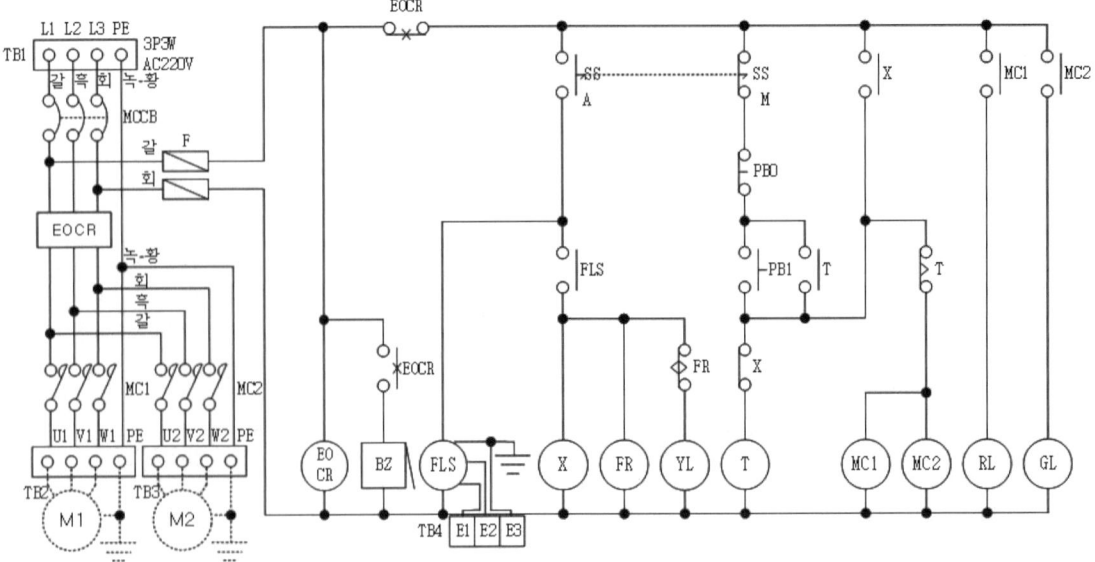

(2) 기구 내부 결선도

(3) 배관 및 기구 배치도 / 제어판 내부 기구 배치도

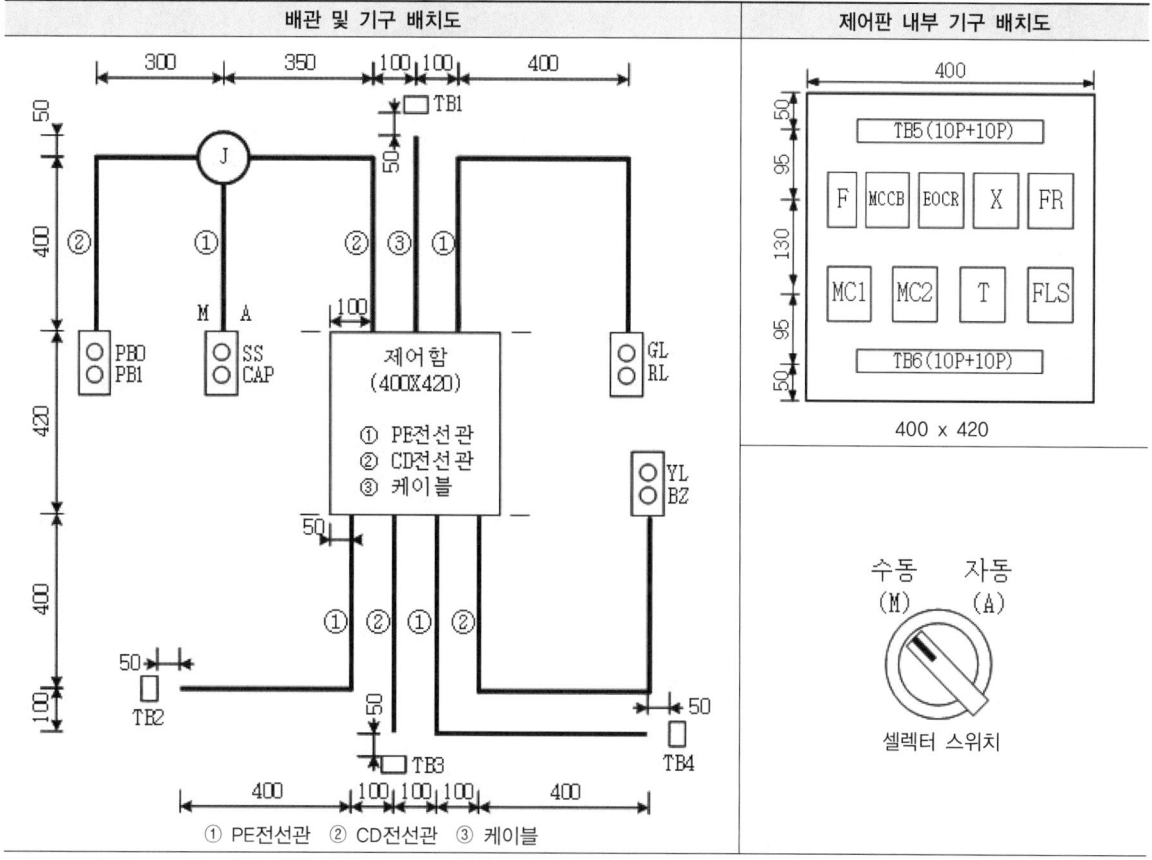

- 주어진 치수는 mm이고 치수 허용 오차는 제어판 내부는 ±10mm, 배관 및 기구 배치도는 ±30mm 이내로 한다.
- 제어함과 전선관이 접속되는 부분에는 전선관 커넥터를 사용하고 제어함에 5mm 정도 올리고 새들로 고정한다.

(4) 범 례

기 호	명 칭	기 호	명 칭	기 호	명 칭
TB1	전원(단자대 4P)	MC1, MC2	전자접촉기(12P)	SS	셀렉터 스위치
TB2, 3	전동기(단자대 4P)	X	릴레이(8P)	RL	램프(적)
TB4	플로트레스(단자대 4P)	T	타이머(8P)	GL	램프(녹)
TB5, 6	단자대(10P+10P)	FLS	플로트레스(8P)	YL	램프(황)
MCCB	배선차단기(3P)	FR	플리커릴레이(8P)	BZ	버저
F	퓨즈홀더(2P)	PB0	푸시버튼(적)	CAP	홀마개
EOCR	EOCR(12P)	PB1	푸시버튼(녹)	J	8각 박스

※ 같은 문제라도 기구의 종류와 수가 증감하거나 문자가 변경될 수 있다.

| JOB9 - 9 | 제목 | 전동기(배수회로) 제어 ⑨ (공개 ⑨) | 4시간 30분 | 제작 박성운 |

1. 동 작

1) MCCB ON하고, SS를 M방향(수동) : PB1을 누르면 X와 T 여자, M1(급수 펌프1)이 운전, RL 점등, T 설정 시간 후 MC2가 여자되고, M2(급수 펌프2)가 운전, GL이 점등된다. PB0을 누르면 모든 동작이 정지된다.
2) SS를 A방향(자동) : 저수 시 MC1 여자, M1(급수 펌프1)이 동작, RL이 점등된다. 만수 시 모든 동작이 정지된다.
3) 운전 중 EOCR이 작동되면 FR이 여자되어, BZ와 YL이 교대 점멸한다.

2. 도 면

(1) 동작회로도

플로트레스 스위치의 접지(PE)는 제어판 내에서만 실시한다.

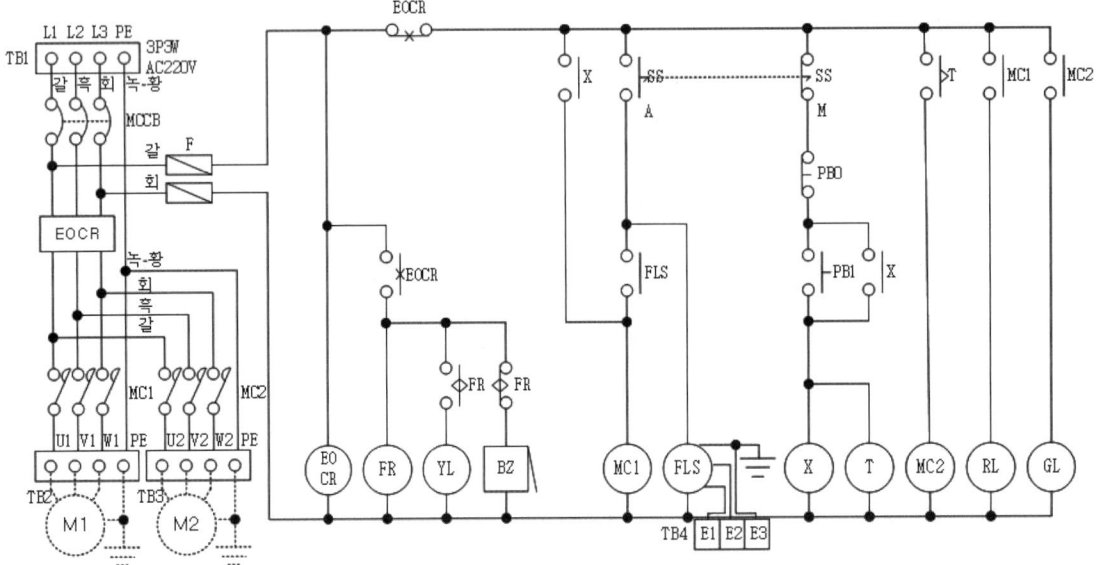

(2) 기구 내부 결선도

(3) 배관 및 기구 배치도 / 제어판 내부 기구 배치도

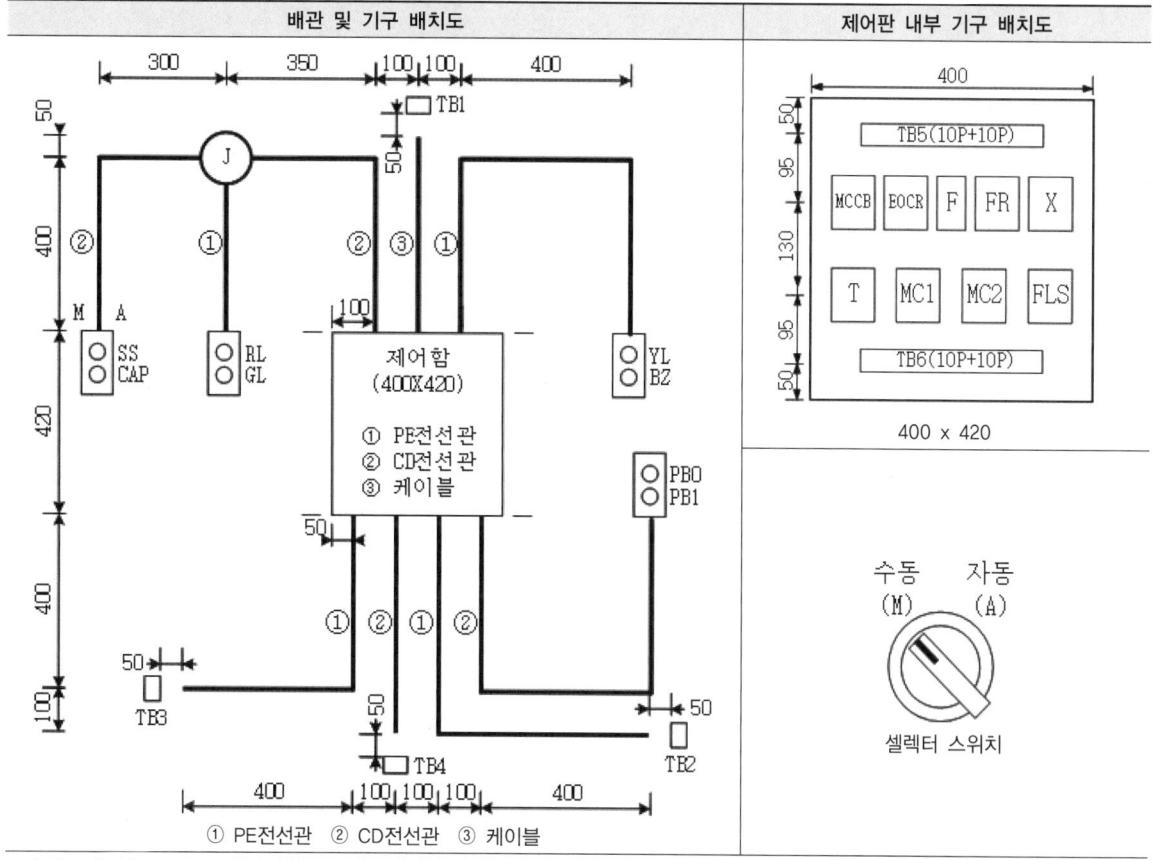

- 주어진 치수는 mm이고 치수 허용 오차는 제어판 내부는 ±10mm, 배관 및 기구 배치도는 ±30mm 이내로 한다.
- 제어함과 전선관이 접속되는 부분에는 전선관 커넥터를 사용하고 제어함에 5mm 정도 올리고 새들로 고정한다.

(4) 범례

기호	명칭	기호	명칭	기호	명칭
TB1	전원(단자대 4P)	MC1, MC2	전자접촉기(12P)	SS	셀렉터 스위치
TB2, 3	전동기(단자대 4P)	X	릴레이(8P)	RL	램프(적)
TB4	플로트레스(단자대 4P)	T	타이머(8P)	GL	램프(녹)
TB5, 6	단자대(10P+10P)	FLS	플로트레스(8P)	YL	램프(황)
MCCB	배선차단기(3P)	FR	플리커릴레이(8P)	BZ	버저
F	퓨즈홀더(2P)	PB0	푸시버튼(적)	CAP	홀마개
EOCR	EOCR(12P)	PB1	푸시버튼(녹)	J	8각 박스

※ 같은 문제라도 기구의 종류와 수가 증감하거나 문자가 변경될 수 있다.

| JOB9 - 10 | 제목 | 전동기(배수회로) 제어 ⑩ (기출유형) | 4시간 30분 | 제작 박성운 |

1. 동 작

1) MCCB ON하고, SS를 M방향(수동) : PB1을 누르면 MC1과 X, T 여자, M1(급수 펌프1)이 운전, RL이 점등, T 설정 시간 후 MC2가 여자되고, M2(급수 펌프2)가 운전, GL이 점등된다. PB0을 누르면 모든 동작이 정지된다.
2) SS를 A방향(자동) : 만수 시 MC1과 X, T 여자, M1(급수 펌프1)이 동작, RL이 점등되고 T 설정 시간 후 MC2가 여자, M2(급수 펌프2)가 동작, GL이 점등된다. 저수 시 모든 동작이 정지된다.
3) 운전 중 EOCR이 작동되면 FR이 여자되어, BZ와 YL이 교대 점멸한다.

2. 도 면

(1) 동작회로도

플로트레스 스위치의 접지(PE)는 제어판 내에서만 실시한다.

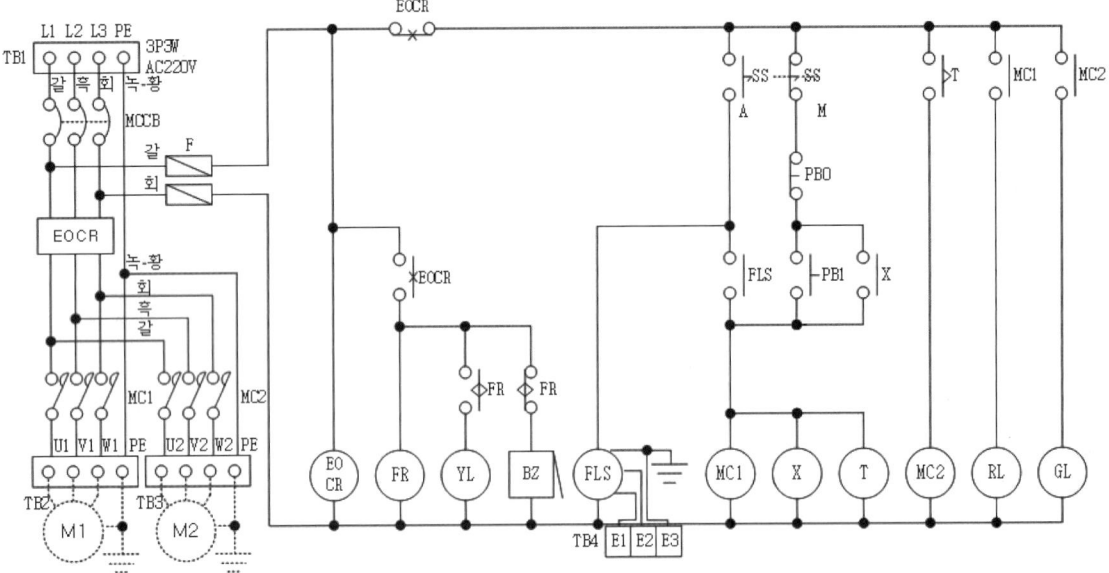

(2) 기구 내부 결선도

(3) 배관 및 기구 배치도 / 제어판 내부 기구 배치도

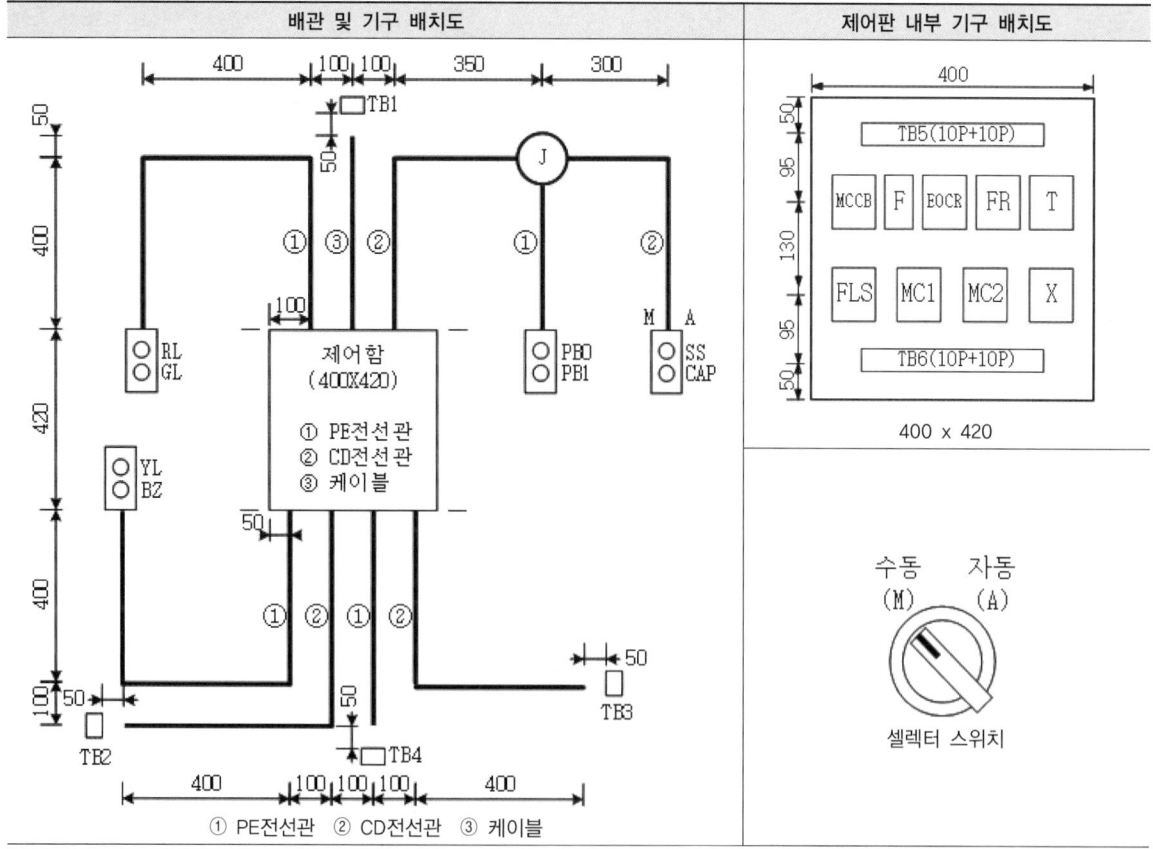

- 주어진 치수는 mm이고 치수 허용 오차는 제어판 내부는 ±10mm, 배관 및 기구 배치도는 ±30mm 이내로 한다.
- 제어함과 전선관이 접속되는 부분에는 전선관 커넥터를 사용하고 제어함에 5mm 정도 올리고 새들로 고정한다.

(4) 범례

기 호	명 칭	기 호	명 칭	기 호	명 칭
TB1	전원(단자대 4P)	MC1, MC2	전자접촉기(12P)	SS	셀렉터 스위치
TB2, 3	전동기(단자대 4P)	X	릴레이(8P)	RL	램프(적)
TB4	플로트레스(단자대 4P)	T	타이머(8P)	GL	램프(녹)
TB5, 6	단자대(10P+10P)	FLS	플로트레스(8P)	YL	램프(황)
MCCB	배선차단기(3P)	FR	플리커릴레이(8P)	BZ	버저
F	퓨즈홀더(2P)	PB0	푸시버튼(적)	CAP	홀마개
EOCR	EOCR(12P)	PB1	푸시버튼(녹)	J	8각 박스

※ 같은 문제라도 기구의 종류와 수가 증감하거나 문자가 변경될 수 있다.

JOB10 - 1	제목	전동기(리밋-순차) 제어 ① (공개 ⑩)	4시간 30분	제작 박성운

1. 동작

1) MCCB ON하고, PB1을 누르면, X1 여자, WL 점등되고, LS1이 동작하면 T1 여자, T1 설정 시간 후 MC1 여자, M1(전동기1) 동작, WL 소등, RL 점등, PB0을 누르면 모든 동작이 정지된다.
2) PB2를 누르면, X2 여자, WL 점등되고, LS2가 동작하면 T2 여자, T2 설정 시간 후 MC2 여자, M2(전동기2) 동작, WL 소등, GL 점등, PB0을 누르면 모든 동작이 정지된다.
3) 운전 중 EOCR이 작동되면, 동작이 초기화되고, YL이 점등된다.

2. 도면

(1) 동작회로도

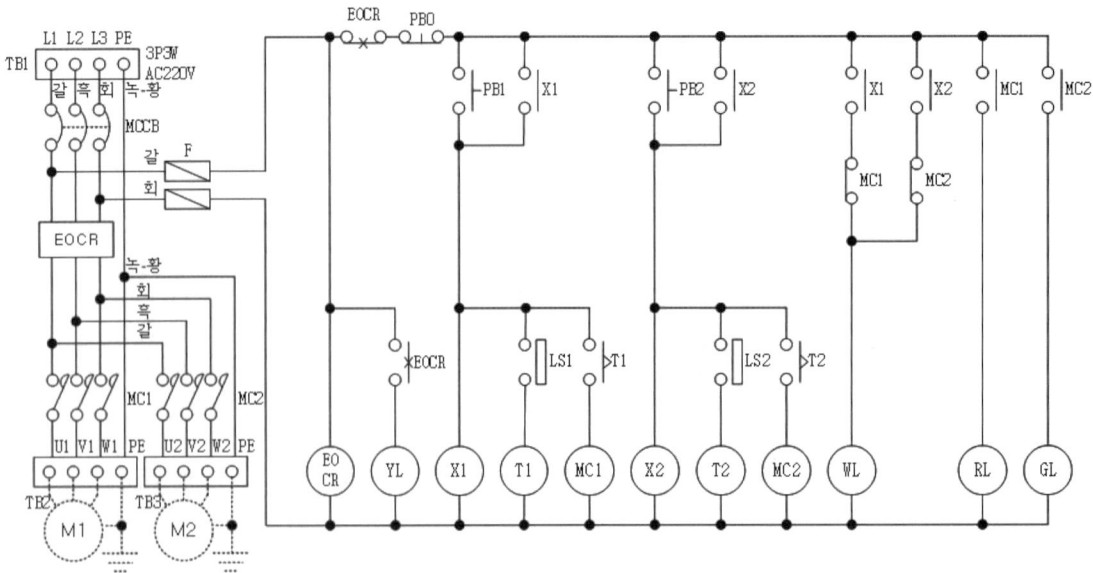

(2) 기구 내부 결선도

(3) 배관 및 기구 배치도 / 제어판 내부 기구 배치도

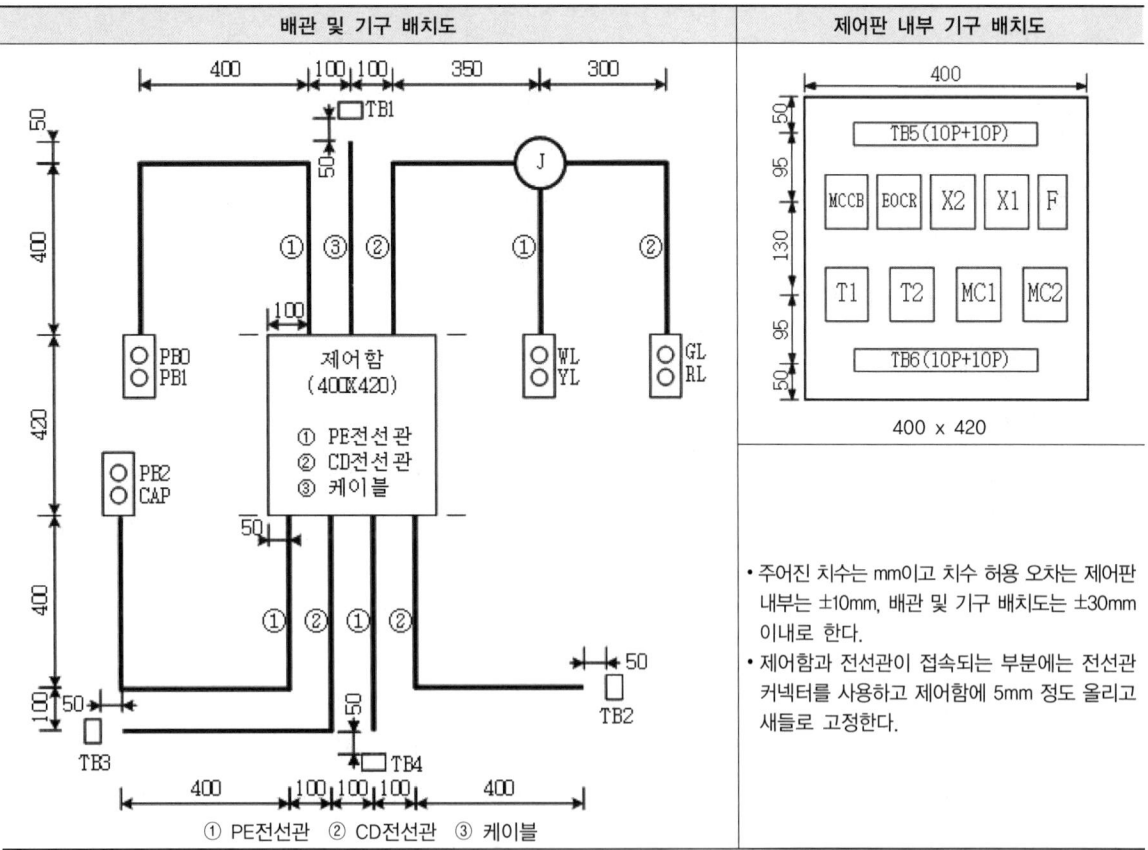

(4) 범례

기 호	명 칭	기 호	명 칭	기 호	명 칭
TB1	전원(단자대 4P)	EOCR	EOCR(12P)	PB2	푸시버튼(녹)
TB2, 3	전동기(단자대 4P)	MC1, MC2	전자접촉기(12P)	RL	램프(적)
TB4	LS1, 2(단자대 4P)	X1, 2	릴레이(8P)	GL	램프(녹)
TB5, 6	단자대(10P+10P)	T1, 2	타이머(8P)	YL, WL	램프(황, 백)
MCCB	배선차단기(3P)	PB0	푸시버튼(적)	CAP	홀마개
F	퓨즈홀더(2P)	PB1	푸시버튼(녹)	J	8각 박스

※ 같은 문제라도 기구의 종류와 수가 증감하거나 문자가 변경될 수 있다.

| JOB10 - 2 | 제목 | 전동기(리밋-순차) 제어 ② (공개 ⑪) | 4시간 30분 | 제작 박성운 |

1. 동 작

1) MCCB ON하고, PB1을 누르면, X1과 T1 여자, WL 점등되고, T1 설정 시간 이상 PB1을 누르고 있어야 자기유지가 되고, LS1이 동작되면 MC1 여자, M1(전동기1) 동작, WL 소등, RL 점등, 전동기1이 동작 중 LS1 감지가 해제되면 MC1 소자, M1 정지, WL 점등, RL 소등, PB0을 누르면 모든 동작이 정지된다.
2) PB2를 누르면, X2와 T2 여자, WL 점등되고, T2 설정 시간 이상 PB2를 누르고 있어야 자기유지가 되며 LS2가 동작하면 MC2 여자, M2(전동기2) 동작, WL 소등, GL 점등, 전동기2가 동작 중 LS2 감지가 해제되면 MC2 소자, M2 정지, WL 점등, GL 소등, PB0을 누르면 모든 동작 정지된다.
3) 운전 중 EOCR이 작동되면, 동작이 초기화되고, YL이 점등된다.

2. 도 면

(1) 동작회로도

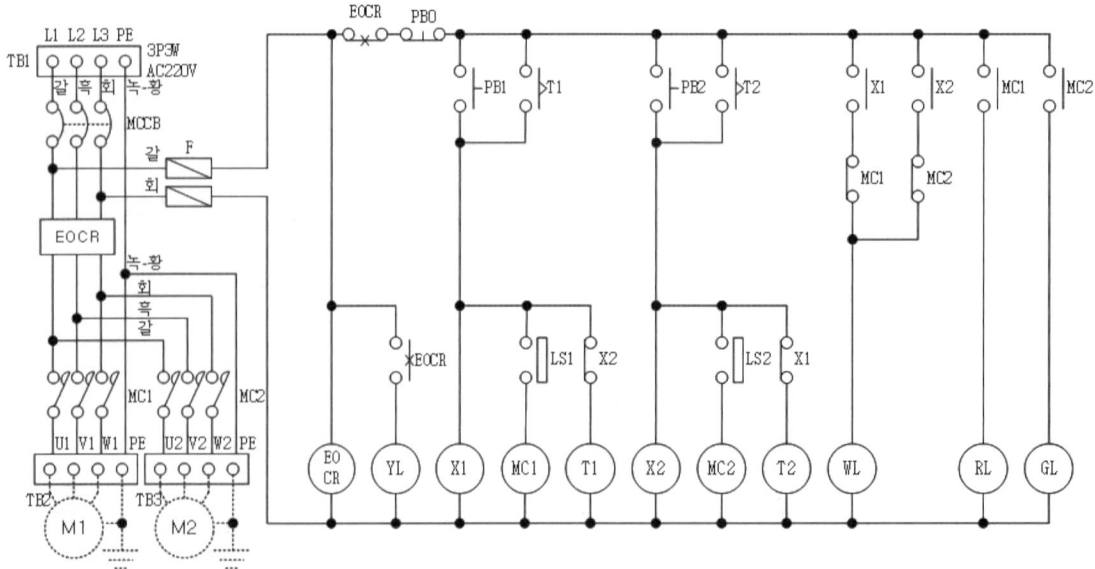

(2) 기구 내부 결선도

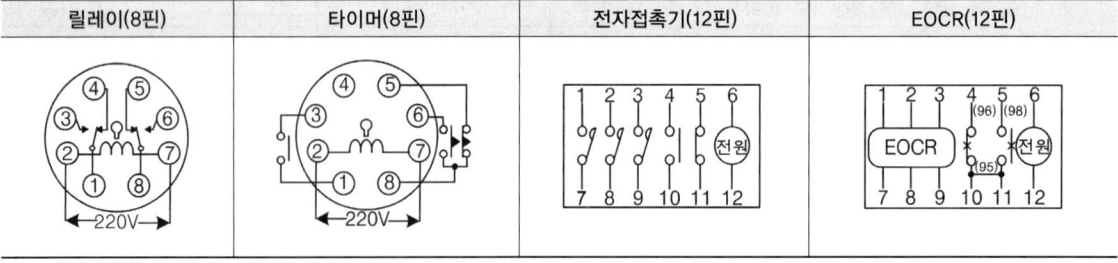

(3) 배관 및 기구 배치도 / 제어판 내부 기구 배치도

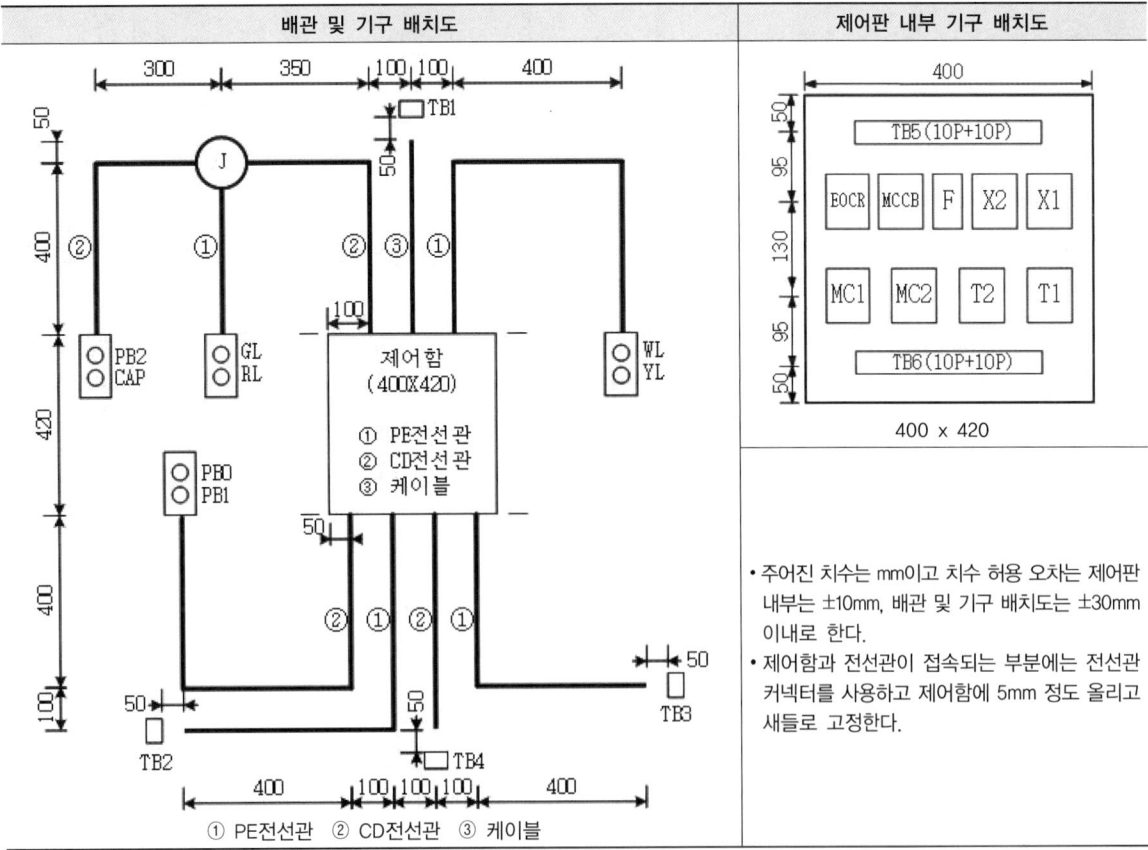

(4) 범례

기호	명칭	기호	명칭	기호	명칭
TB1	전원(단자대 4P)	EOCR	EOCR(12P)	PB2	푸시버튼(녹)
TB2, 3	전동기(단자대 4P)	MC1, MC2	전자접촉기(12P)	RL	램프(적)
TB4	LS1, 2(단자대 4P)	X1, 2	릴레이(8P)	GL	램프(녹)
TB5, 6	단자대(10P+10P)	T1, 2	타이머(8P)	YL, WL	램프(황, 백)
MCCB	배선차단기(3P)	PB0	푸시버튼(적)	CAP	홀마개
F	퓨즈홀더(2P)	PB1	푸시버튼(녹)	J	8각 박스

※ 같은 문제라도 기구의 종류와 수가 증감하거나 문자가 변경될 수 있다.

| JOB10 - 3 | 제목 | 전동기(리밋-순차) 제어 ③ (공개 ⑫) | 4시간 30분 | 제작 박성운 |

1. 동 작

1) MCCB ON하고, PB1을 누르면 X1과 T1 여자되어 WL 점등된다.
   ① X1이 여자된 상태에서 LS1이 감지되면 MC1이 여자되어, T1 소자, M1 회전, RL 점등, WL 소등된다.
   ② M1 회전 중 LS1 감지 해제, T1 여자, MC1 소자, M1 정지, RL 소등, WL 점등한다.
   ③ LS1 감지되지 않을 경우 T1 설정 시간 후 X2와 MC2 여자, M2 회전, GL 점등한다.
2) PB2를 누르면 X2와 MC2 여자되어, M2 회전, GL 점등된다.
   ① X2가 여자된 상태에서 LS2가 감지되면 T2 여자, WL 점등, T2 설정 시간 후 X1과 T1 여자된다.
   ② X1이 여자된 상태에서 LS1이 감지되면, MC1 여자, T1 소자, M1 회전, RL 점등된다.
3) 제어회로가 동작하는 중 푸시버튼 스위치 PB0을 누르면 제어회로 및 전동기 동작은 모두 정지된다.
4) 운전 중 EOCR이 작동되면, 동작이 초기화되고, YL이 점등된다.

2. 도 면

(1) 동작회로도

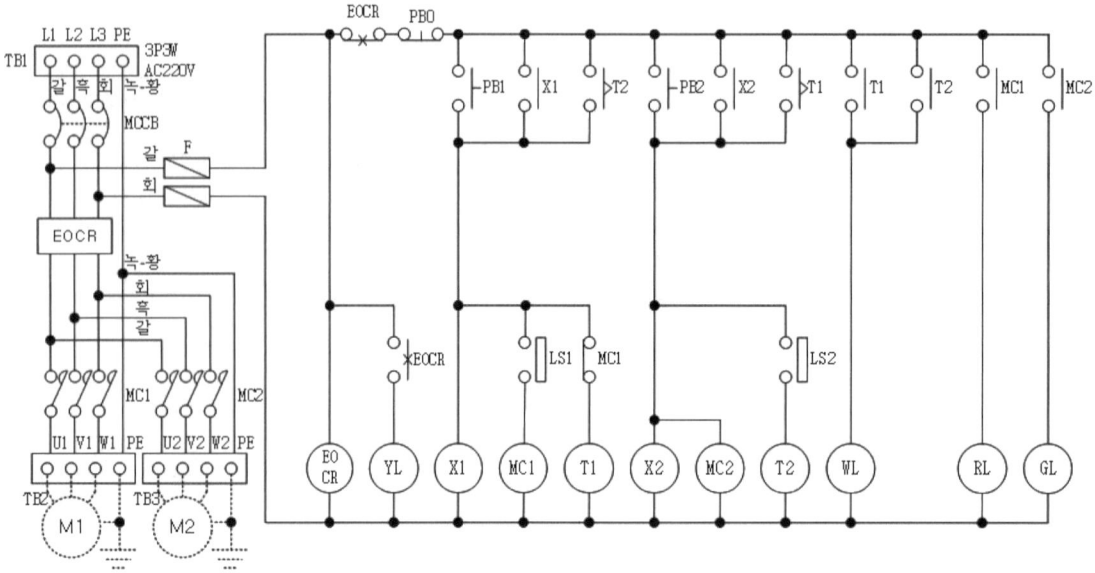

(2) 기구 내부 결선도

(3) 배관 및 기구 배치도 / 제어판 내부 기구 배치도

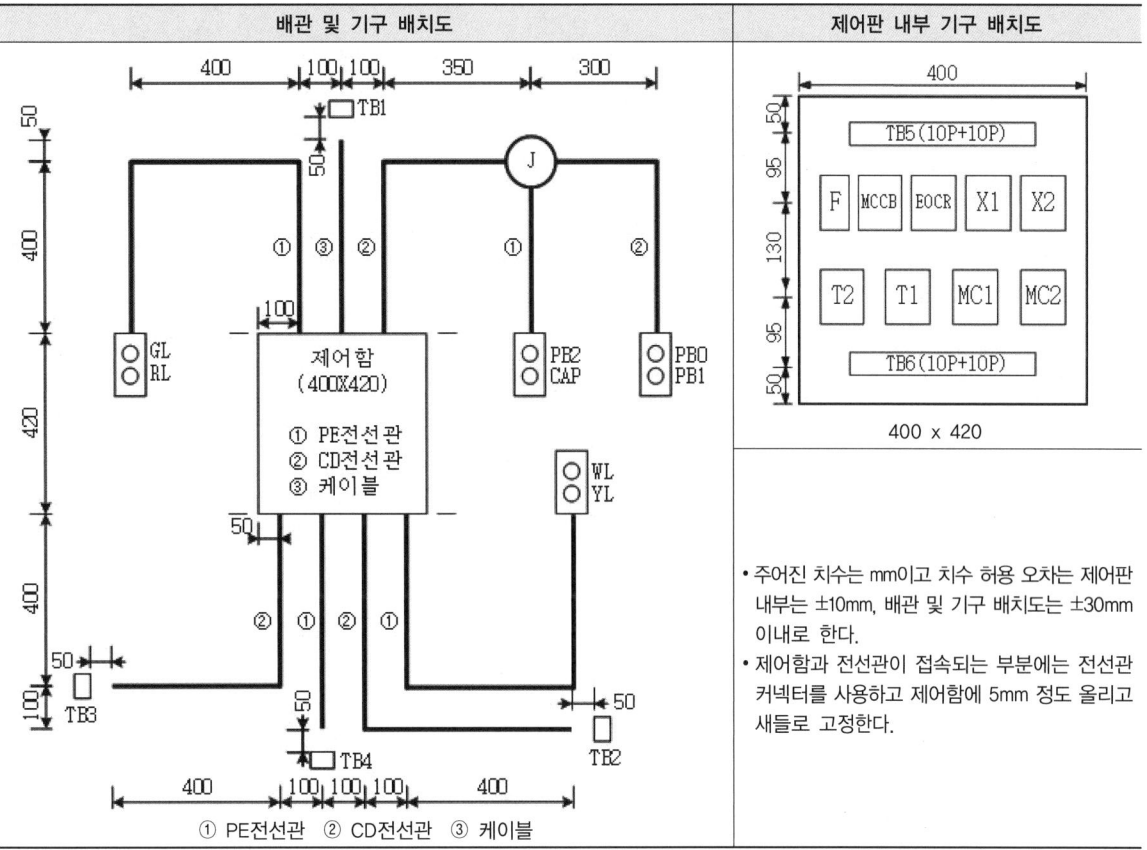

(4) 범례

기 호	명 칭	기 호	명 칭	기 호	명 칭
TB1	전원(단자대 4P)	EOCR	EOCR(12P)	PB2	푸시버튼(녹)
TB2, 3	전동기(단자대 4P)	MC1, MC2	전자접촉기(12P)	RL	램프(적)
TB4	LS1, 2(단자대 4P)	X1, 2	릴레이(8P)	GL	램프(녹)
TB5, 6	단자대(10P+10P)	T1, 2	타이머(8P)	YL, WL	램프(황, 백)
MCCB	배선차단기(3P)	PB0	푸시버튼(적)	CAP	홀마개
F	퓨즈홀더(2P)	PB1	푸시버튼(녹)	J	8각 박스

※ 같은 문제라도 기구의 종류와 수가 증감하거나 문자가 변경될 수 있다.

| JOB10 - 4 | 제목 | 전동기(리밋-순차) 제어 ④ (공개 ⑬) | 4시간 30분 | 제작 박성운 |

1. 동 작

1) MCCB ON하고, PB1을 누르거나 LS1이 감지된 후 해제(OFF→ON→OFF)되면, X1과 T1 여자, WL 점등된다.
   ① X1 여자 상태, LS2 감지되면, MC1 여자, T1 소자, M1(전동기1) 회전, RL 점등, WL 소등, M1 회전 중 LS2 감지 해제, T1 여자, MC1 소자, M1 정지, RL 소등, WL 점등, PB0을 누르면 모든 동작이 정지된다.
   ② X1 여자 상태, LS2 감지되지 않는 경우, T1 설정 시간 후 X2와 T2, MC2 여자, M2 회전, GL 점등, T2 설정 시간 후 X1과 T1, T2 소자, WL 소등되며, PB0을 누르면 모든 동작이 정지된다.
2) PB2를 누르면, X2와 MC2 여자, M2(전동기2) 회전, GL 점등(M1 동작 중 WL 점등), PB0을 누르면 모든 동작이 정지된다.
3) 운전 중 EOCR이 작동되면, 동작이 초기화되고, YL이 점등된다.

2. 도 면

(1) 동작회로도

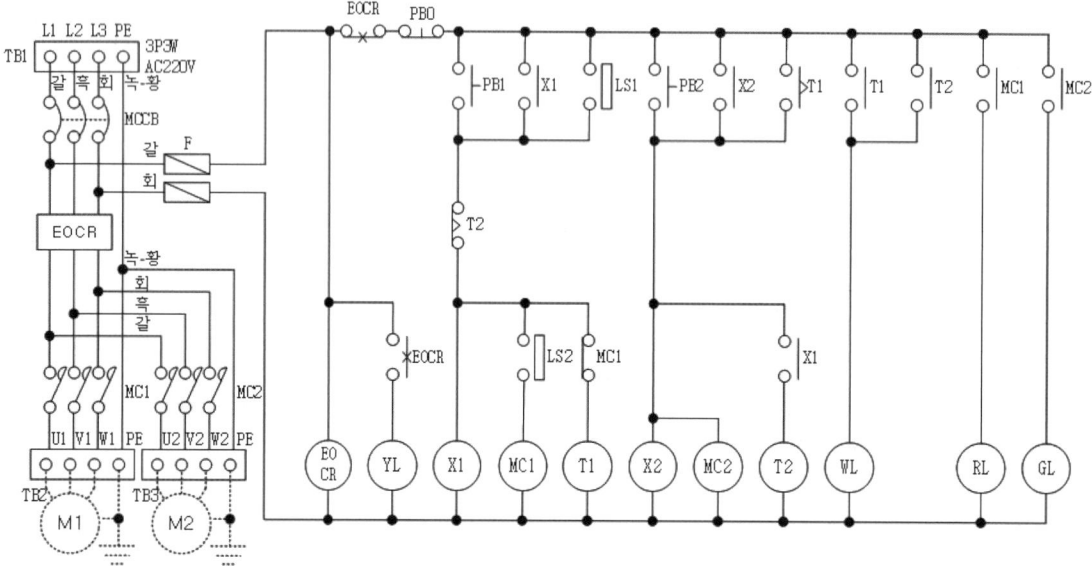

(2) 기구 내부 결선도

(3) 배관 및 기구 배치도 / 제어판 내부 기구 배치도

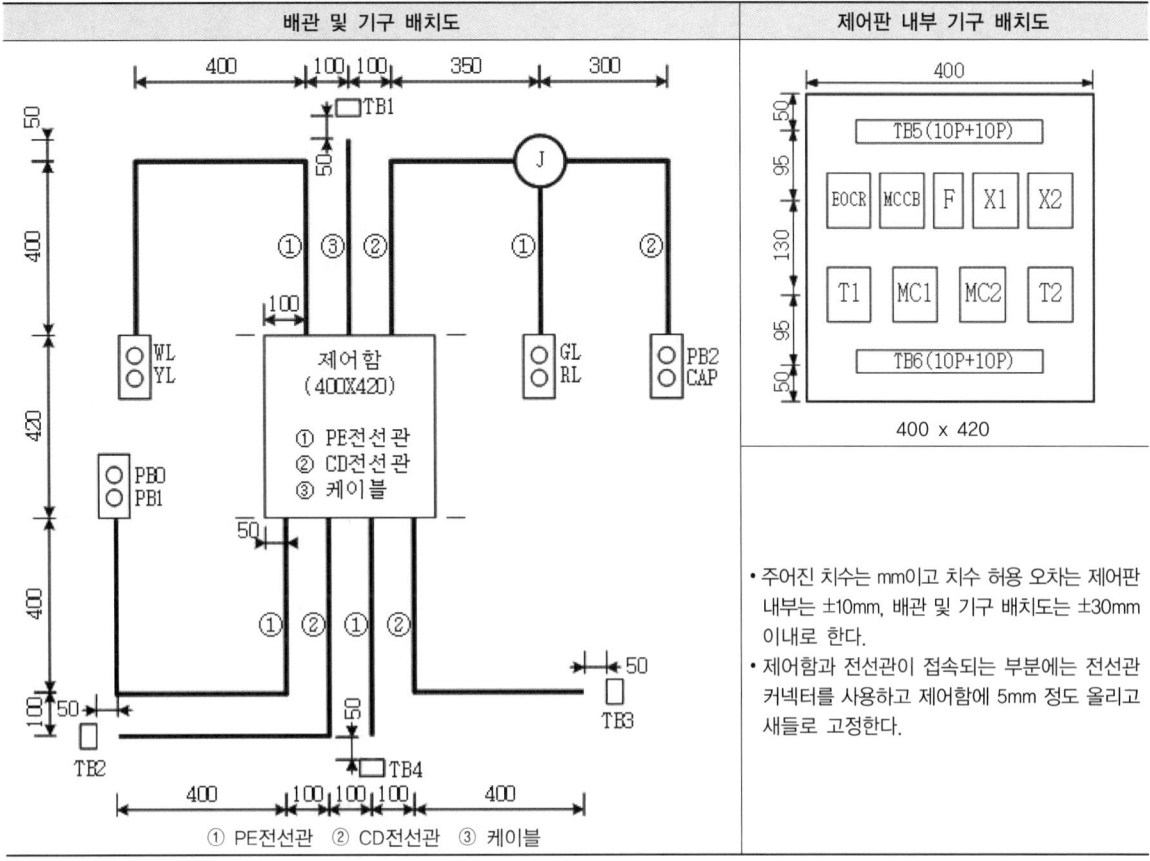

- 주어진 치수는 mm이고 치수 허용 오차는 제어판 내부는 ±10mm, 배관 및 기구 배치도는 ±30mm 이내로 한다.
- 제어함과 전선관이 접속되는 부분에는 전선관 커넥터를 사용하고 제어함에 5mm 정도 올리고 새들로 고정한다.

(4) 범례

기 호	명 칭	기 호	명 칭	기 호	명 칭
TB1	전원(단자대 4P)	EOCR	EOCR(12P)	PB2	푸시버튼(녹)
TB2, 3	전동기(단자대 4P)	MC1, MC2	전자접촉기(12P)	RL	램프(적)
TB4	LS1, 2(단자대 4P)	X1, 2	릴레이(8P)	GL	램프(녹)
TB5, 6	단자대(10P+10P)	T1, 2	타이머(8P)	YL, WL	램프(황, 백)
MCCB	배선차단기(3P)	PB0	푸시버튼(적)	CAP	홀마개
F	퓨즈홀더(2P)	PB1	푸시버튼(녹)	J	8각 박스

※ 같은 문제라도 기구의 종류와 수가 증감하거나 문자가 변경될 수 있다.

| JOB10 - 5 | 제목 | 전동기(리밋-순차) 제어 ⑤ (공개 ⑭) | 4시간 30분 | 제작 박성운 |

1. 동 작

1) MCCB ON하고, WL이 점등된다.
2) LS1과 LS2 모두 감지, PB1을 누르면 T1과 MC1 여자, M1 회전, RL 점등, WL 소등된다.
   ① M1 회전 상태, T1 설정 시간 후 T1과 MC1 소자, M1 정지, RL 소등, WL 점등된다.
   ② LS1과 LS2 하나라도 해제, T1과 MC1 소자, M1 정지, RL 소등, WL 점등된다.
3) LS1과 LS2 하나 이상 감지, PB2를 누르면 T2와 MC2 여자, M2 회전, GL 점등, WL 소등된다.
   ① M2 회전 상태, T2 설정 시간 후 T2와 MC2 소자, M2 정지, GL 소등, WL 점등된다.
   ② LS1과 LS2 모두 해제, T2와 MC2 소자, M2 정지, GL 소등, WL 점등된다.
4) 제어회로 동작 중 PB0을 누르면 초기화된다.
5) 운전 중 EOCR이 작동되면, 동작이 초기화되고, YL이 점등된다.

2. 도 면

(1) 동작회로도

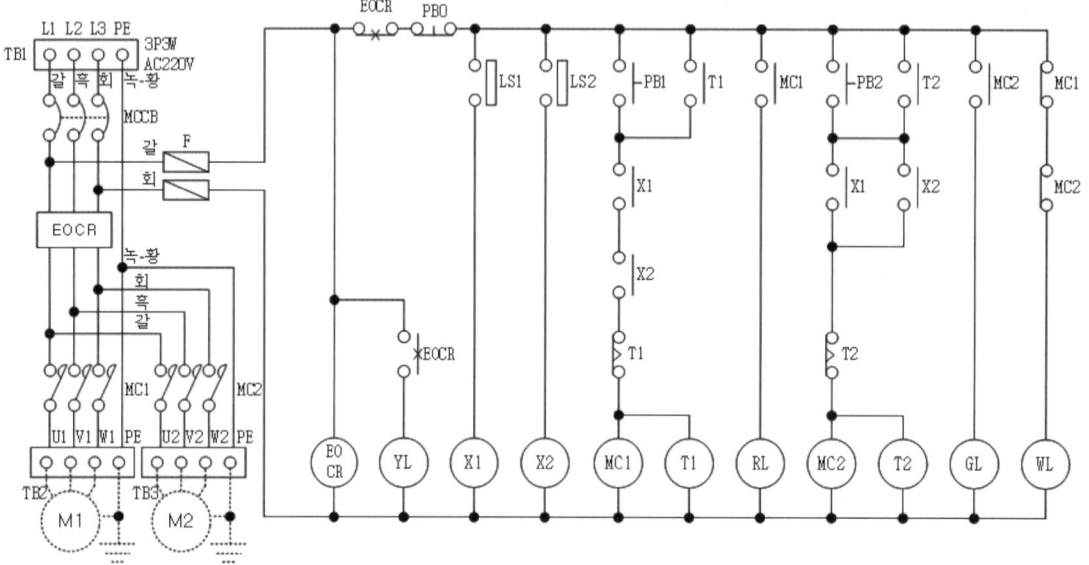

(2) 기구 내부 결선도

(3) 배관 및 기구 배치도 / 제어판 내부 기구 배치도

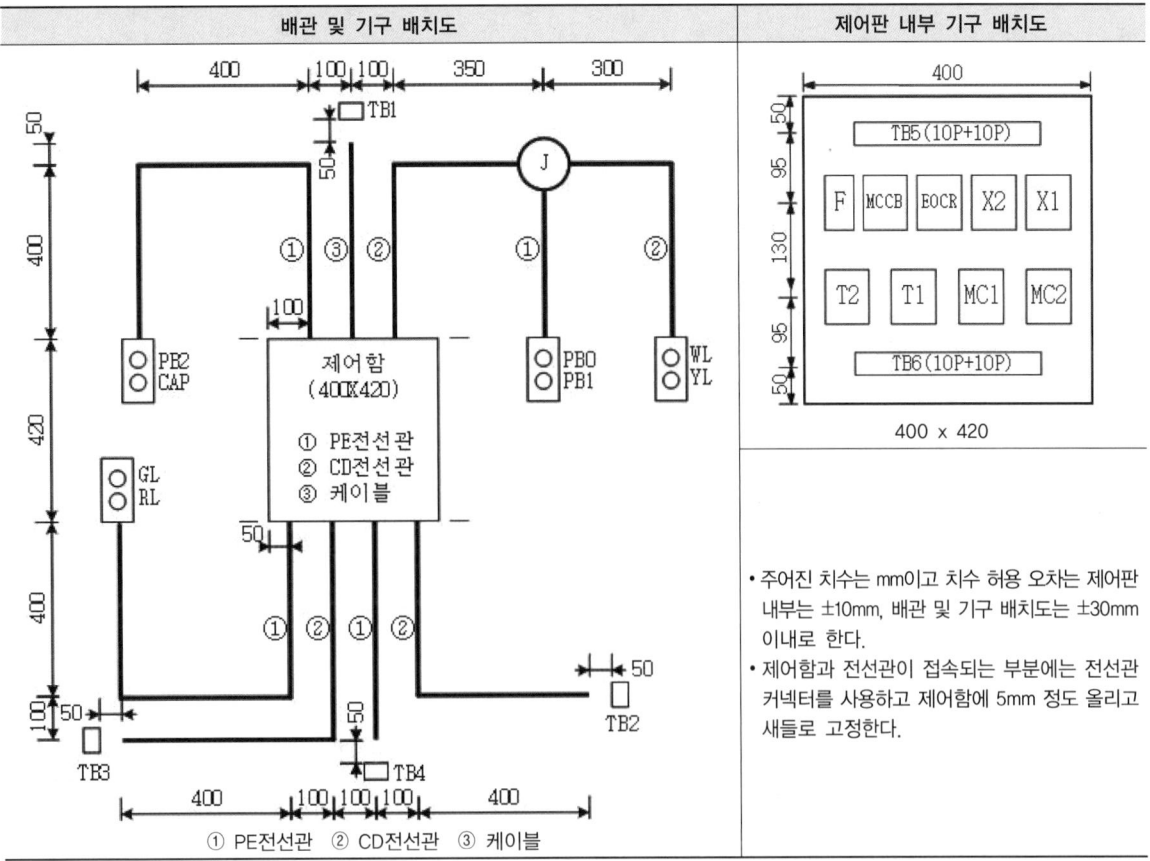

(4) 범례

기 호	명 칭	기 호	명 칭	기 호	명 칭
TB1	전원(단자대 4P)	EOCR	EOCR(12P)	PB2	푸시버튼(녹)
TB2, 3	전동기(단자대 4P)	MC1, MC2	전자접촉기(12P)	RL	램프(적)
TB4	LS1, 2(단자대 4P)	X1, 2	릴레이(8P)	GL	램프(녹)
TB5, 6	단자대(10P+10P)	T1, 2	타이머(8P)	YL, WL	램프(황, 백)
MCCB	배선차단기(3P)	PB0	푸시버튼(적)	CAP	홀마개
F	퓨즈홀더(2P)	PB1	푸시버튼(녹)	J	8각 박스

※ 같은 문제라도 기구의 종류와 수가 증감하거나 문자가 변경될 수 있다.

| JOB10 - 6 | 제목 | 전동기(리밋-순차) 제어 ⑥ (공개 ⑮) | 4시간 30분 | 제작 박성운 |

1. 동 작

1) MCCB ON하고, WL이 점등된다.
2) LS1과 LS2 하나 이상 감지, PB1을 누르면 T1과 MC1 여자, M1 회전, RL 점등, WL 소등된다.
   ① M1 회전 상태, T1 설정 시간 후 T1과 MC1 소자, M1 정지, RL 소등, WL 점등된다.
   ② LS1과 LS2 모두 감지 해제, 동작의 변화는 없다.
3) LS1과 LS2 모두 감지, PB2를 누르면 T2와 MC2 여자, M2 회전, GL 점등, WL 소등된다.
   ① M2 회전 상태, T2 설정 시간 후 T2와 MC2 소자, M2 정지, GL 소등, WL 점등된다.
   ② LS1과 LS2 모두 감지 해제, 동작의 변화는 없다.
4) 제어회로 동작 중 PB0을 누르면 초기화된다.
5) 운전 중 EOCR이 작동되면, 동작이 초기화되고, YL이 점등된다.

2. 도 면

(1) 동작회로도

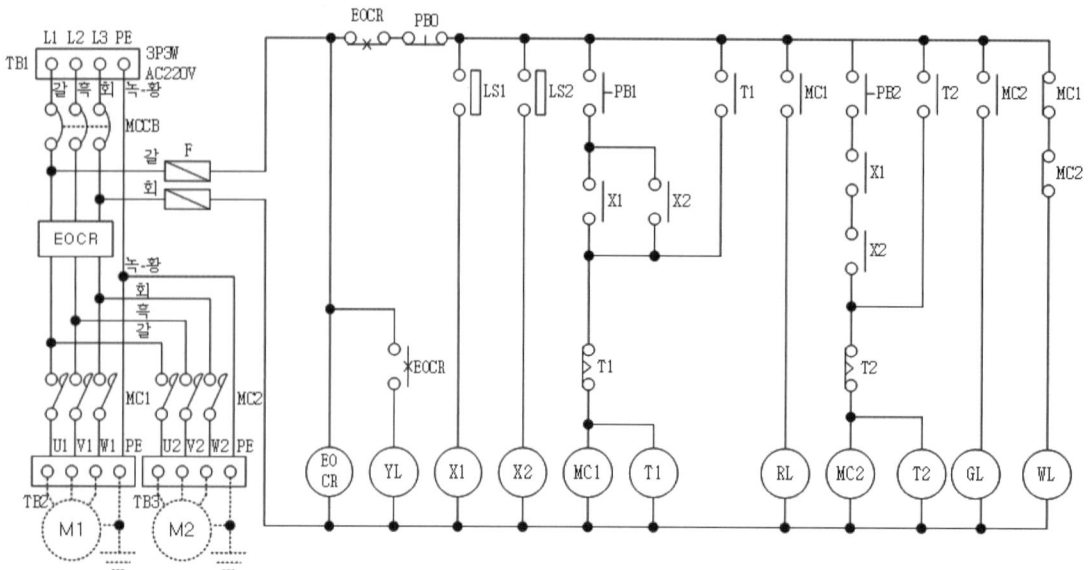

(2) 기구 내부 결선도

(3) 배관 및 기구 배치도 / 제어판 내부 기구 배치도

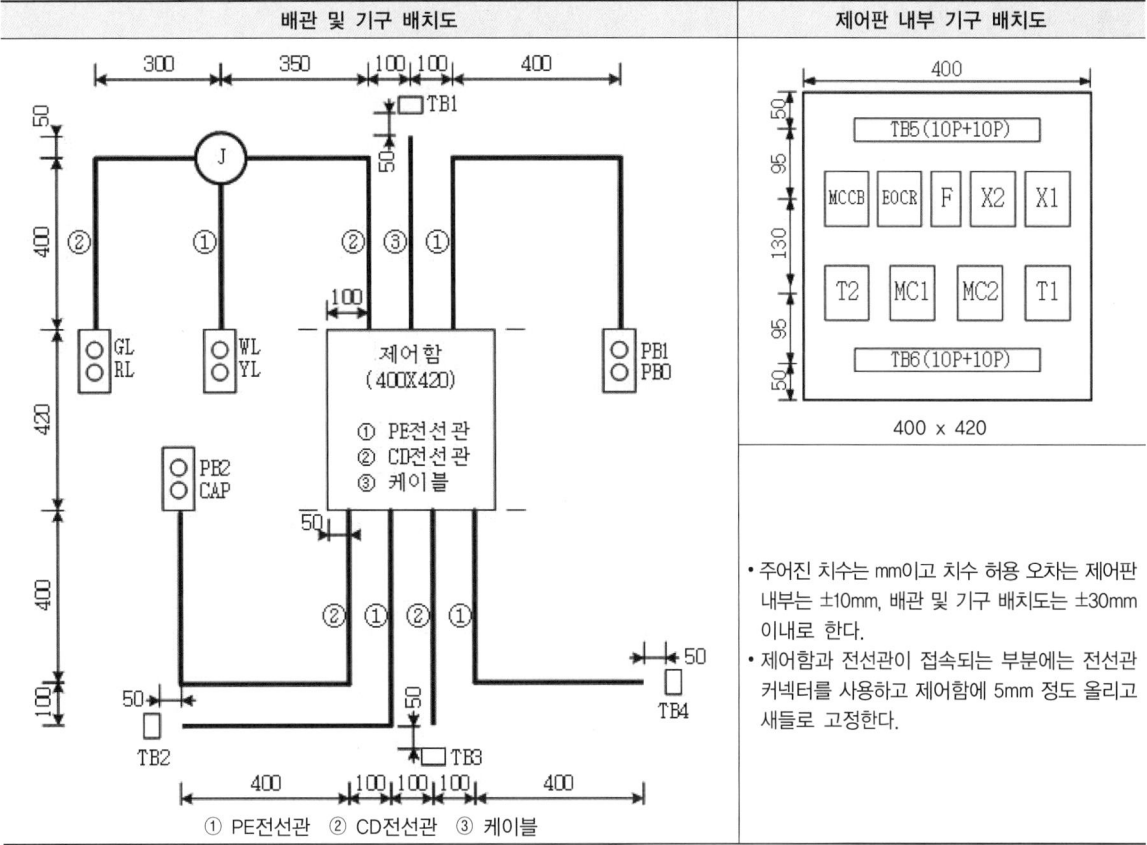

- 주어진 치수는 mm이고 치수 허용 오차는 제어판 내부는 ±10mm, 배관 및 기구 배치도는 ±30mm 이내로 한다.
- 제어함과 전선관이 접속되는 부분에는 전선관 커넥터를 사용하고 제어함에 5mm 정도 올리고 새들로 고정한다.

(4) 범례

기 호	명 칭	기 호	명 칭	기 호	명 칭
TB1	전원(단자대 4P)	EOCR	EOCR(12P)	PB2	푸시버튼(녹)
TB2, 3	전동기(단자대 4P)	MC1, MC2	전자접촉기(12P)	RL	램프(적)
TB4	LS1, 2(단자대 4P)	X1, 2	릴레이(8P)	GL	램프(녹)
TB5, 6	단자대(10P+10P)	T1, 2	타이머(8P)	YL, WL	램프(황, 백)
MCCB	배선차단기(3P)	PB0	푸시버튼(적)	CAP	홀마개
F	퓨즈홀더(2P)	PB1	푸시버튼(녹)	J	8각 박스

※ 같은 문제라도 기구의 종류와 수가 증감하거나 문자가 변경될 수 있다.

| JOB10 - 7 | 제목 | 전동기(리밋-순차) 제어 ⑦ (공개 ⑯) | 4시간 30분 | 제작 박성운 |

1. 동 작

1) MCCB ON하고, LS1 감지, T1 여자, PB2 또는 T2로 전동기 M2가 동작된다.
   ① PB1을 누르거나 T1 설정 시간 후 X1과 MC1 여자, M1 회전, RL 점등된다.
   ② LS2 감지 해제, 동작의 변화는 없다.
2) LS1 감지 상태, PB2를 누르면 X2와 MC2 여자, M2 회전, GL 점등된다.
   ① LS2 감지, T2와 X2, MC2 여자, M2 회전, GL 점등된다.
   ② T2 설정 시간 후 MC2 소자, M2 정지, GL 소등, WL 점등된다.
   ③ LS2 감지 해제, MC2 여자, M2 회전, GL 점등, WL 소등된다.
4) 제어회로 동작 중 PB0을 누르면 초기화된다.
5) 운전 중 EOCR이 작동되면, 동작이 초기화되고, YL이 점등된다.

2. 도 면

(1) 동작회로도

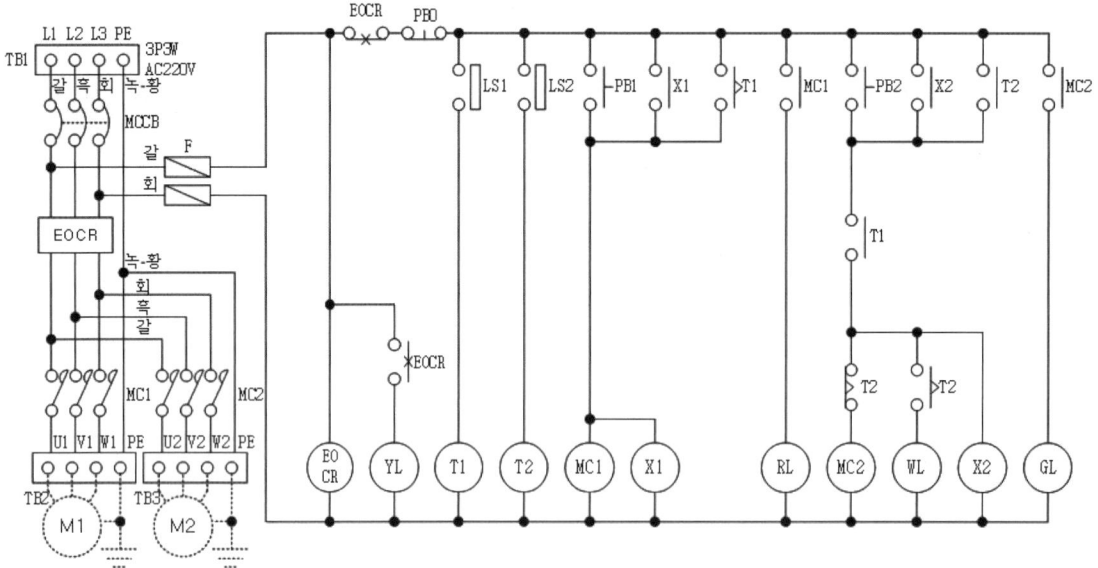

(2) 기구 내부 결선도

(3) 배관 및 기구 배치도 / 제어판 내부 기구 배치도

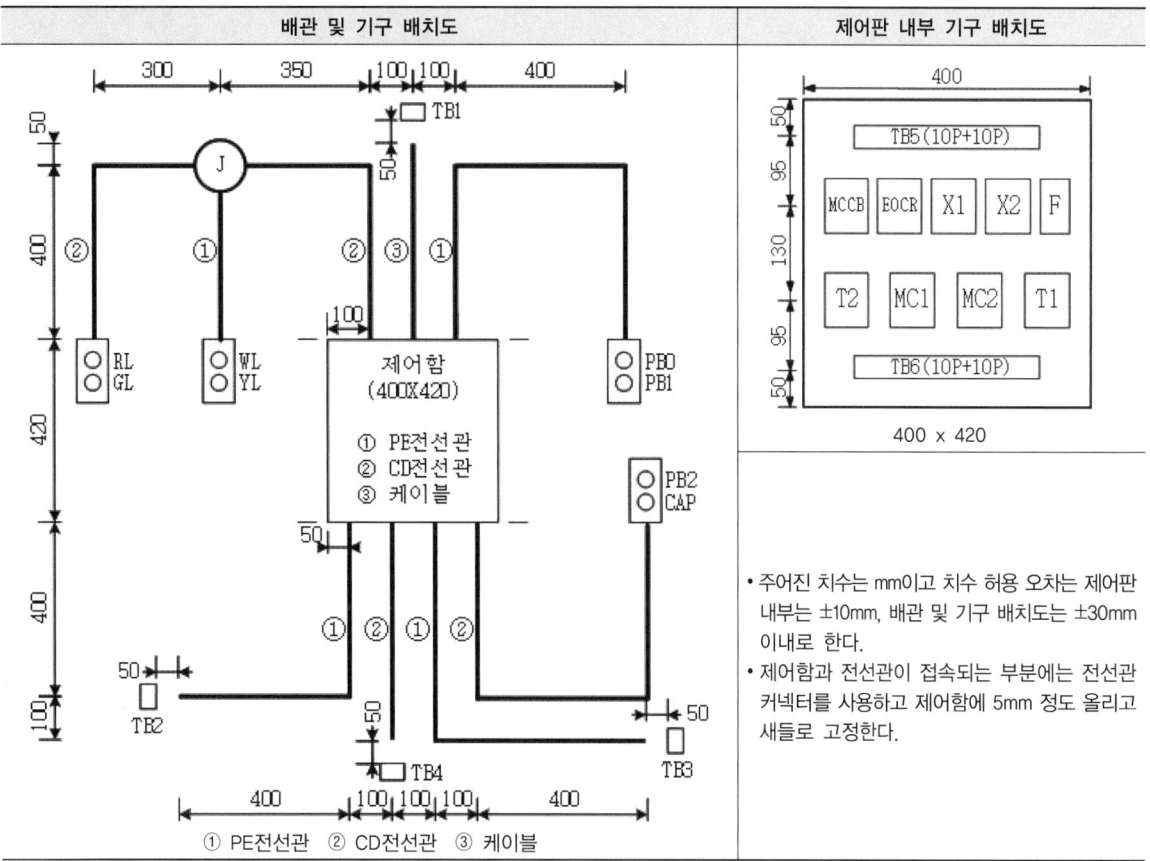

(4) 범례

기 호	명 칭	기 호	명 칭	기 호	명 칭
TB1	전원(단자대 4P)	EOCR	EOCR(12P)	PB2	푸시버튼(녹)
TB2, 3	전동기(단자대 4P)	MC1, MC2	전자접촉기(12P)	RL	램프(적)
TB4	LS1, 2(단자대 4P)	X1, 2	릴레이(8P)	GL	램프(녹)
TB5, 6	단자대(10P+10P)	T1, 2	타이머(8P)	YL, WL	램프(황, 백)
MCCB	배선차단기(3P)	PB0	푸시버튼(적)	CAP	홀마개
F	퓨즈홀더(2P)	PB1	푸시버튼(녹)	J	8각 박스

※ 같은 문제라도 기구의 종류와 수가 증감하거나 문자가 변경될 수 있다.

| JOB10 - 8 | 제목 | 전동기(리밋-순차) 제어 ⑧ (공개 ⑰) | 4시간 30분 | 제작 박성운 |

1. 동 작

1) MCCB ON하고, LS1과 LS2 중 하나만 감지 상태, PB1을 누르면 T1과 MC1 여자, M1 회전, RL 점등된다.
   ① M1 회전 상태, T1 설정 시간 후 PB2 입력이 가능하다.
   ② LS1과 LS2 모두 감지하거나 모두 해제되면, T1과 MC1 소자, M1 정지, RL 소등된다. 제어회로 동작 중 PB0을 누르면 초기화된다.
2) T1 여자, T1 설정 시간 후 PB2를 누르면, T2와 MC2 여자, M2 회전, GL 점등된다.
   T2 설정 시간 후 MC2 소자, M2 정지, GL 소등, WL 점등된다. 제어회로 동작 중 PB0을 누르면 초기화된다.
3) 운전 중 EOCR이 작동되면, 동작이 초기화되고, YL이 점등된다.

2. 도 면

(1) 동작회로도

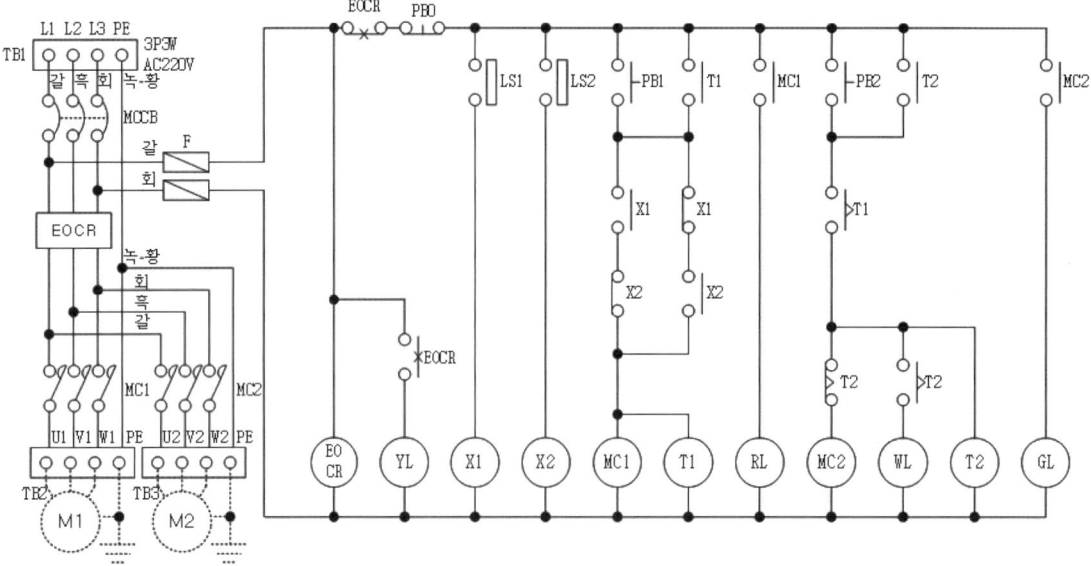

(2) 기구 내부 결선도

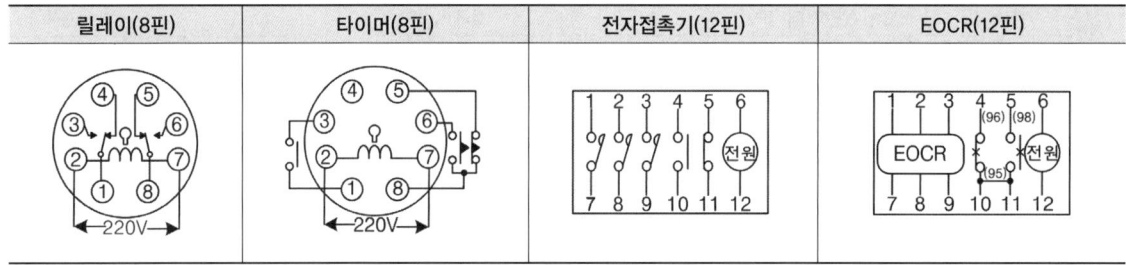

(3) 배관 및 기구 배치도 / 제어판 내부 기구 배치도

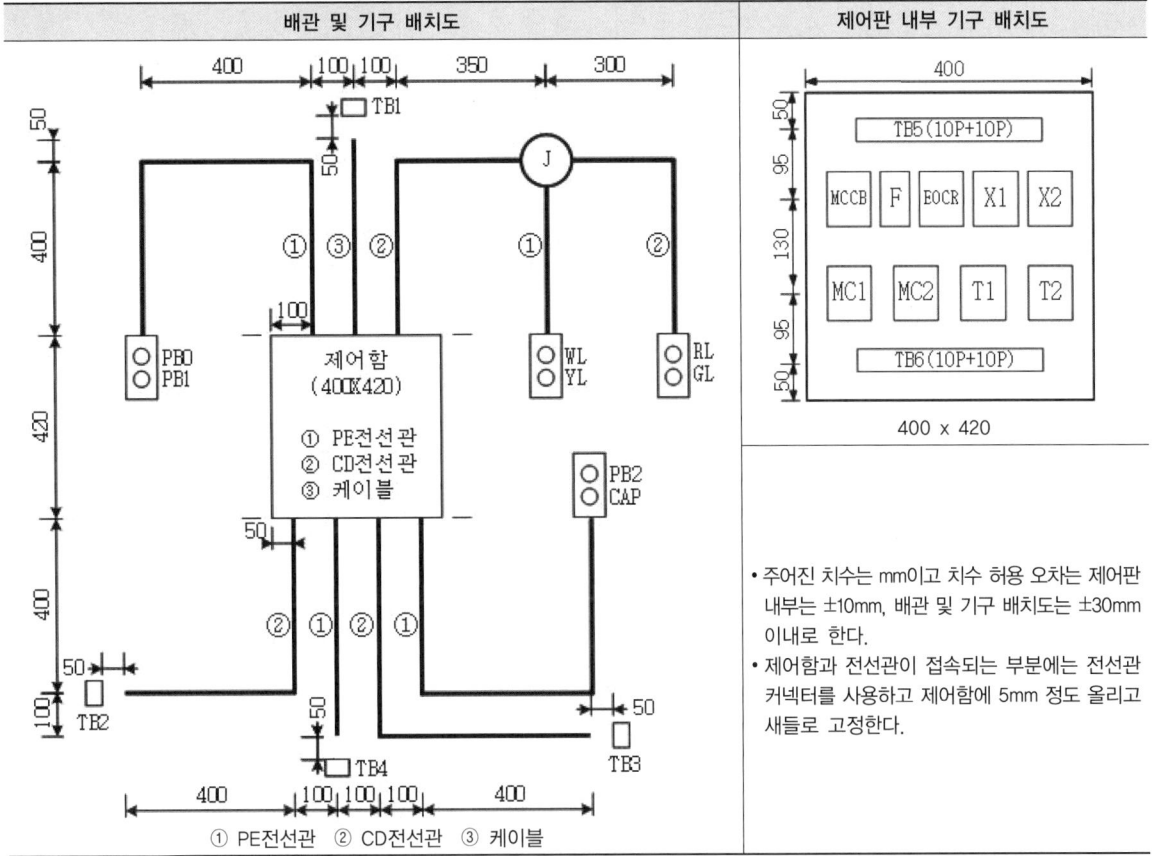

(4) 범례

기호	명칭	기호	명칭	기호	명칭
TB1	전원(단자대 4P)	EOCR	EOCR(12P)	PB2	푸시버튼(녹)
TB2, 3	전동기(단자대 4P)	MC1, MC2	전자접촉기(12P)	RL	램프(적)
TB4	LS1, 2(단자대 4P)	X1, 2	릴레이(8P)	GL	램프(녹)
TB5, 6	단자대(10P+10P)	T1, 2	타이머(8P)	YL, WL	램프(황, 백)
MCCB	배선차단기(3P)	PB0	푸시버튼(적)	CAP	홀마개
F	퓨즈홀더(2P)	PB1	푸시버튼(녹)	J	8각 박스

※ 같은 문제라도 기구의 종류와 수가 증감하거나 문자가 변경될 수 있다.

| JOB10 - 9 | 제목 | 전동기(리밋-순차) 제어 ⑨ (공개 ⑱) | 4시간 30분 | 제작 박성운 |

1. 동 작

1) MCCB ON하고, LS1 감지, LS2 감지 해제 상태, PB1을 누르면, T1과 MC1 여자, M1 회전, RL 점등된다.
   ① T1 설정 시간 후 WL 점등된다.
   ② LS1과 LS2 모두 감지가 변해도 동작의 변화는 없다.
2) LS1 감지 해제 상태, LS2 감지, PB2를 누르면, T2와 MC2 여자, M2 회전, GL 점등된다.
   ① T2 설정 시간 후 WL 점등된다.
   ② LS1과 LS2 감지가 변해도 동작의 변화는 없다.
3) 제어회로 동작 중 PB0을 누르면 초기화된다.
4) 운전 중 EOCR이 작동되면, 동작이 초기화되고, YL이 점등된다.

2. 도 면

(1) 동작회로도

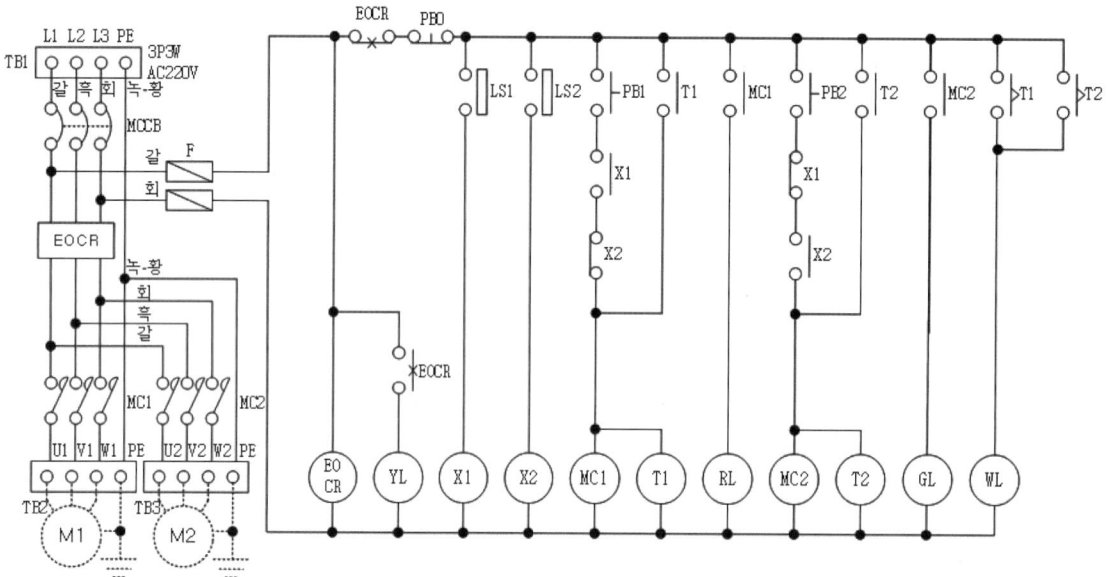

(2) 기구 내부 결선도

(3) 배관 및 기구 배치도 / 제어판 내부 기구 배치도

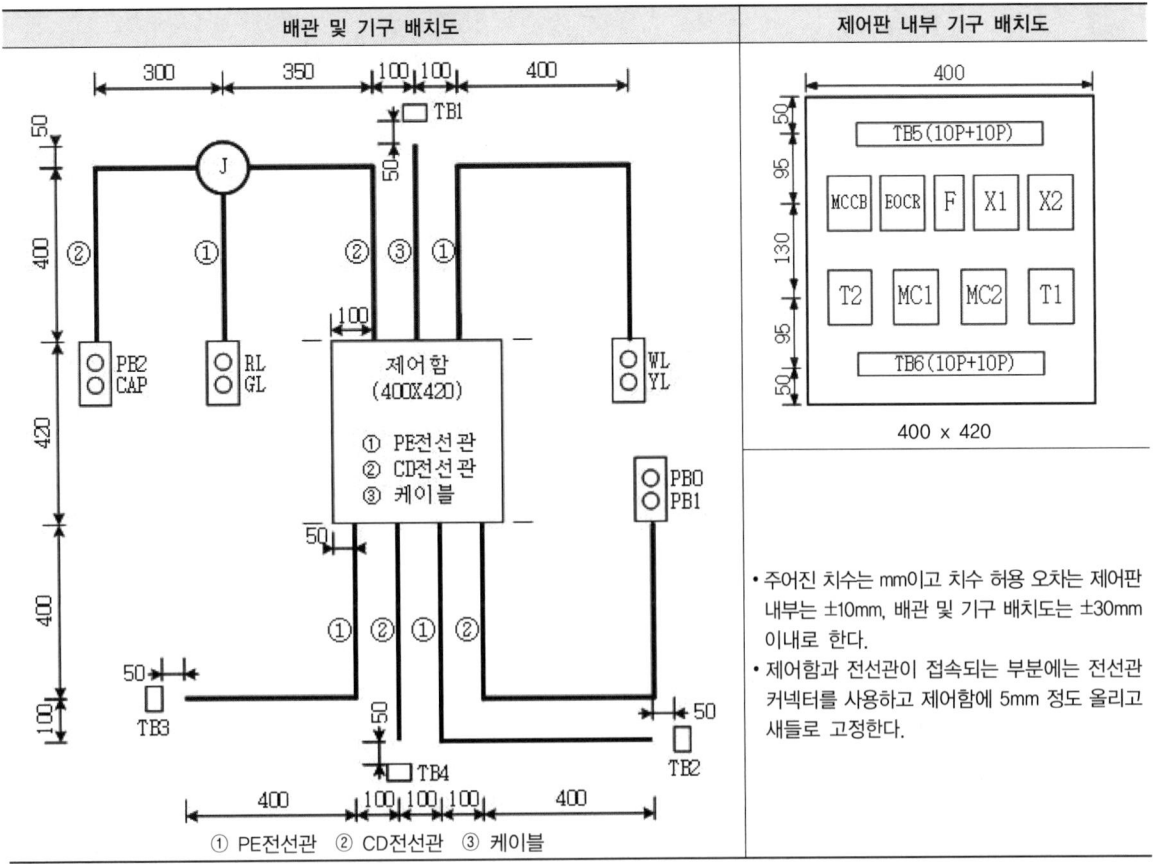

(4) 범례

기호	명칭	기호	명칭	기호	명칭
TB1	전원(단자대 4P)	EOCR	EOCR(12P)	PB2	푸시버튼(녹)
TB2, 3	전동기(단자대 4P)	MC1, MC2	전자접촉기(12P)	RL	램프(적)
TB4	LS1, 2(단자대 4P)	X1, 2	릴레이(8P)	GL	램프(녹)
TB5, 6	단자대(10P+10P)	T1, 2	타이머(8P)	YL, WL	램프(황, 백)
MCCB	배선차단기(3P)	PB0	푸시버튼(적)	CAP	홀마개
F	퓨즈홀더(2P)	PB1	푸시버튼(녹)	J	8각 박스

※ 같은 문제라도 기구의 종류와 수가 증감하거나 문자가 변경될 수 있다.

| JOB10 - 10 | 제목 | 전동기(리밋-순차) 제어 ⑩ (기출유형) | 4시간 30분 | 제작 박성운 |

1. 동 작

1) MCCB ON하고, LS1 감지, PB1을 누르면 T1과 MC1 여자, M1 회전, RL 점등된다.
   T1 설정 시간 후 WL 점등되고, 제어회로 동작 중 PB0을 누르면 초기화된다.
2) LS2 감지, PB2를 누르면, T2와 MC2 여자, M2 회전, GL 점등, T2 설정 시간 후 WL 점등, 제어회로 동작 중 PB0을 누르면 초기화된다.
3) 제어회로 동작 중 PB0을 누르면 초기화된다.
4) 운전 중 EOCR이 작동되면, 동작이 초기화되고, YL이 점등된다.

2. 도 면

(1) 동작회로도

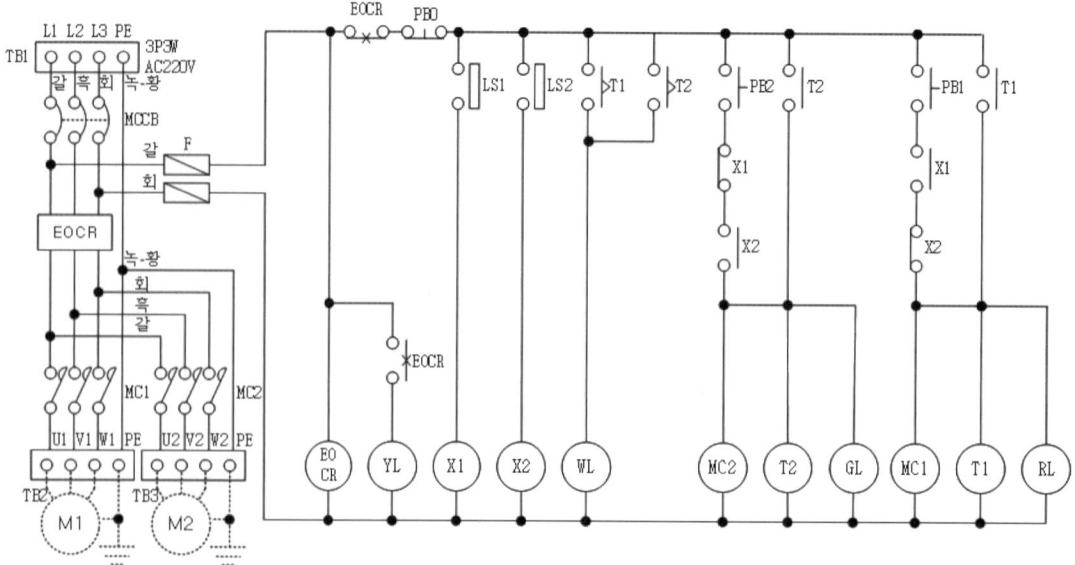

(2) 기구 내부 결선도

(3) 배관 및 기구 배치도 / 제어판 내부 기구 배치도

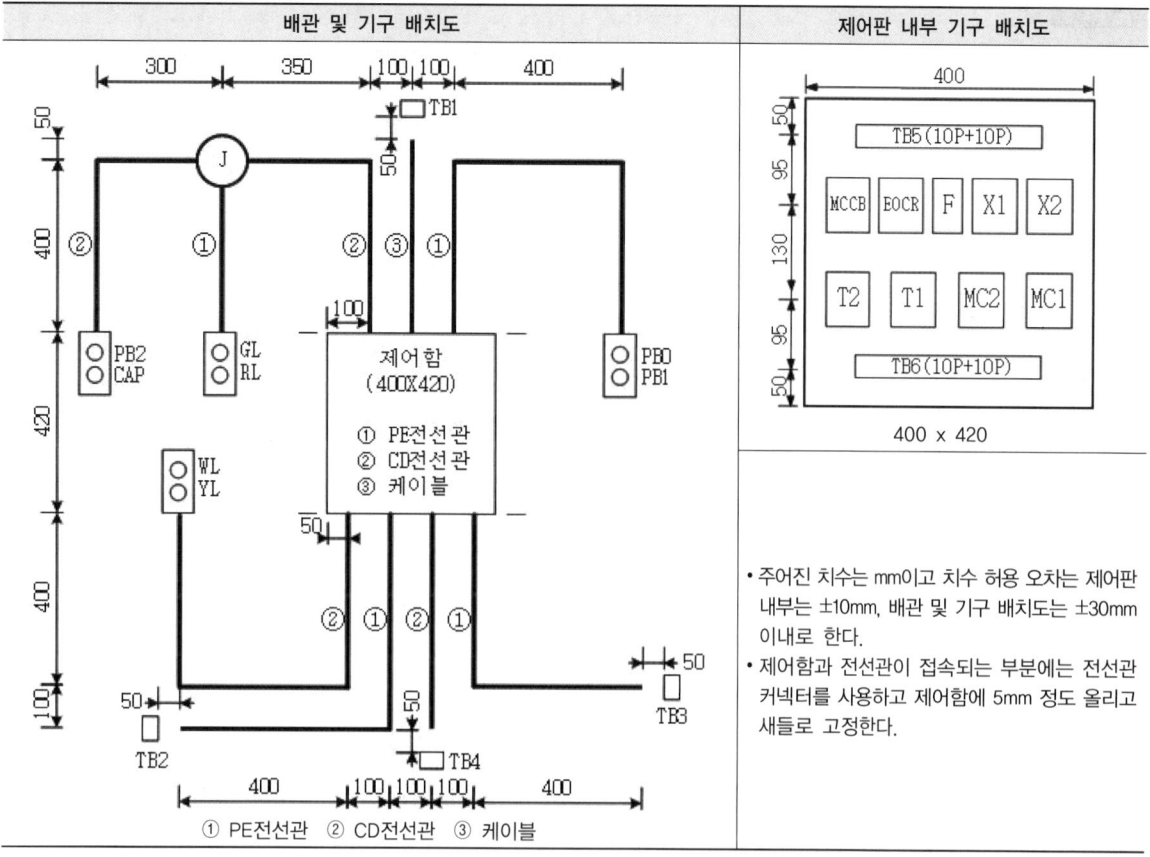

- 주어진 치수는 mm이고 치수 허용 오차는 제어판 내부는 ±10mm, 배관 및 기구 배치도는 ±30mm 이내로 한다.
- 제어함과 전선관이 접속되는 부분에는 전선관 커넥터를 사용하고 제어함에 5mm 정도 올리고 새들로 고정한다.

(4) 범례

기 호	명 칭	기 호	명 칭	기 호	명 칭
TB1	전원(단자대 4P)	EOCR	EOCR(12P)	PB2	푸시버튼(녹)
TB2, 3	전동기(단자대 4P)	MC1, MC2	전자접촉기(12P)	RL	램프(적)
TB4	LS1, 2(단자대 4P)	X1, 2	릴레이(8P)	GL	램프(녹)
TB5, 6	단자대(10P+10P)	T1, 2	타이머(8P)	YL, WL	램프(황, 백)
MCCB	배선차단기(3P)	PB0	푸시버튼(적)	CAP	홀마개
F	퓨즈홀더(2P)	PB1	푸시버튼(녹)	J	8각 박스

※ 같은 문제라도 기구의 종류와 수가 증감하거나 문자가 변경될 수 있다.

CHAPTER 03 단자대 이름 및 동작회로도 내부 기구 번호 넣기 정답

작업 요령 및 이해

(1) 단자대 외부 기구 표시

1) 외부 기구에서 푸시버튼, 센서, 리밋 스위치 등을 나타낼 때 나사 1칸이 너무 좁기 때문에 줄여서 표현한다.
   - 푸시버튼   PB0ⓐ → 0ⓑ   PB1ⓑ → 1ⓑ   (문자 생략)
   - 리밋 스위치 LS1ⓐ → Ls1ⓐ   LS2ⓑ → Ls2ⓑ
   - 센 서   Sensorⓐ → 센ⓐ   Sensorⓑ → 센ⓑ
   - 열전쌍   TC 열전쌍 → 열

2) 공통은 C1, C2, C3, ⋯ 순서로 기입하며, 단독을 보면 쉽게 알 수 있다.

3) 공통선이 있는 경우 단자대 이름을 적을 때는 배관 배치도의 배치 순서로 한다.
   - 스위치   단독 → 공통 → 단독   예) 1ⓐ   1ⓐ   2ⓑ
                                              2ⓑ
   - 리밋스위치 공통 → 단독 → 단독   예) LS1ⓐ   LS1ⓐ   LS2ⓐ
                                            LS2ⓐ
   - 부 하   단독 → 단독 → 공통   예) GL   RL   C1

※ 단자대에는 순서 번호만 적고 동작회로도에 단자대 순서 번호를 표시할 수 있다.
   (좌에서 우로, 위에서 아래로 순서대로 표시한다. 위아래 구분은 색깔(위 : 파란색, 아래 : 빨간색), 도형(위 : △, 아래 : ▽))

4) 전선관 조인트 박스 처리
   - 조인트 박스 내에 미접속(기본 표시) : 전선관별로 독립적으로 처리
   - 조인트 박스 내에 접속 : 각 전선관 공통을 묶어 단자대 1단자에 결선

(2) 동작회로도 각종 릴레이 기구 번호 넣기

1) 기구 내부 결선도를 보면서 정확하게 표시한다.
2) 번호 넣는 순서는 결선 순서와 동일하다.
   (주회로 → 보조회로 : 위쪽 라인과 연결된 기구 - 중간 라인에 연결된 기구 - 가지인 경우 : 아래 - 오른쪽 이동(아래/위)순)

1-1. 전동기(정역) 제어 ① : 내부 기구 번호 및 단자대(15P) 외부 기구 이름

RL1	RL2	C1	L1	L2	L3	PE	BZ	YL	C2	GL	GL			
1	2	3	4	5	6	7	8	9	10	11	12	13	14	15

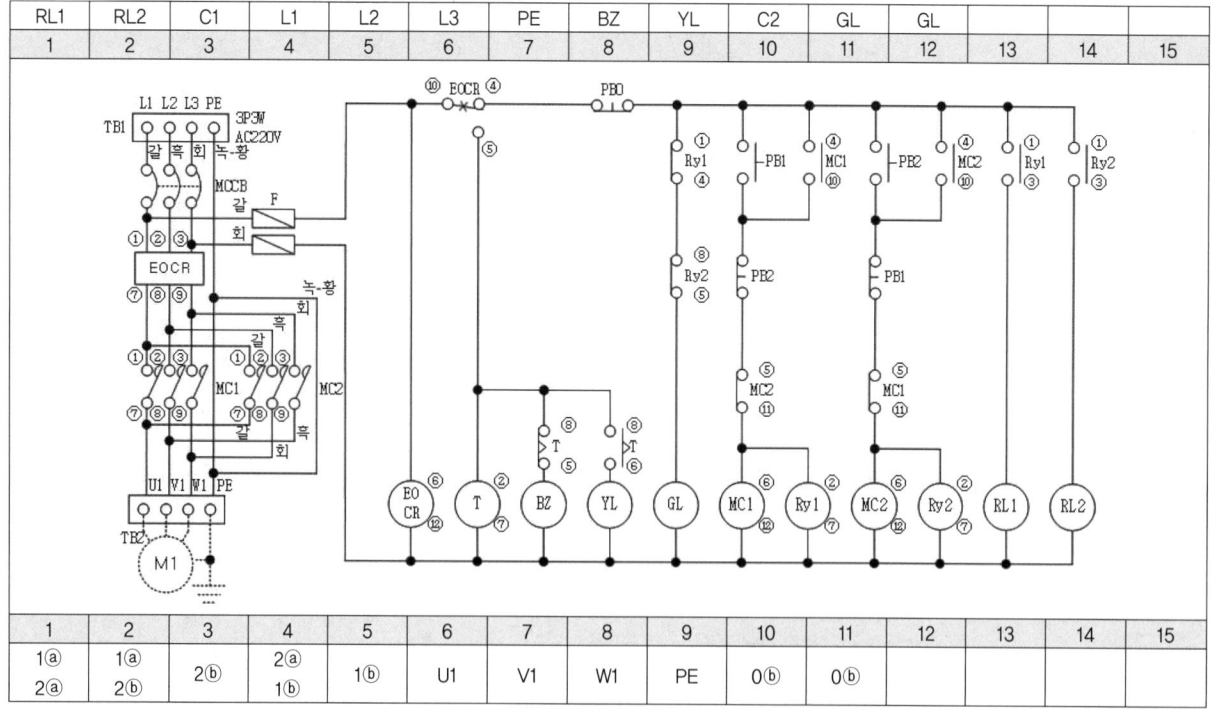

1	2	3	4	5	6	7	8	9	10	11	12	13	14	15
1ⓐ 2ⓐ	1ⓐ 2ⓑ	2ⓑ	2ⓐ 1ⓑ	1ⓑ	U1	V1	W1	PE	0ⓑ	0ⓑ				

1-2. 전동기(정역) 제어 ② : 내부 기구 번호 및 단자대(15P) 외부 기구 이름

BZ	YL	C1	GL	GL	L1	L2	L3	PE	RL1	RL2	C2			
1	2	3	4	5	6	7	8	9	10	11	12	13	14	15

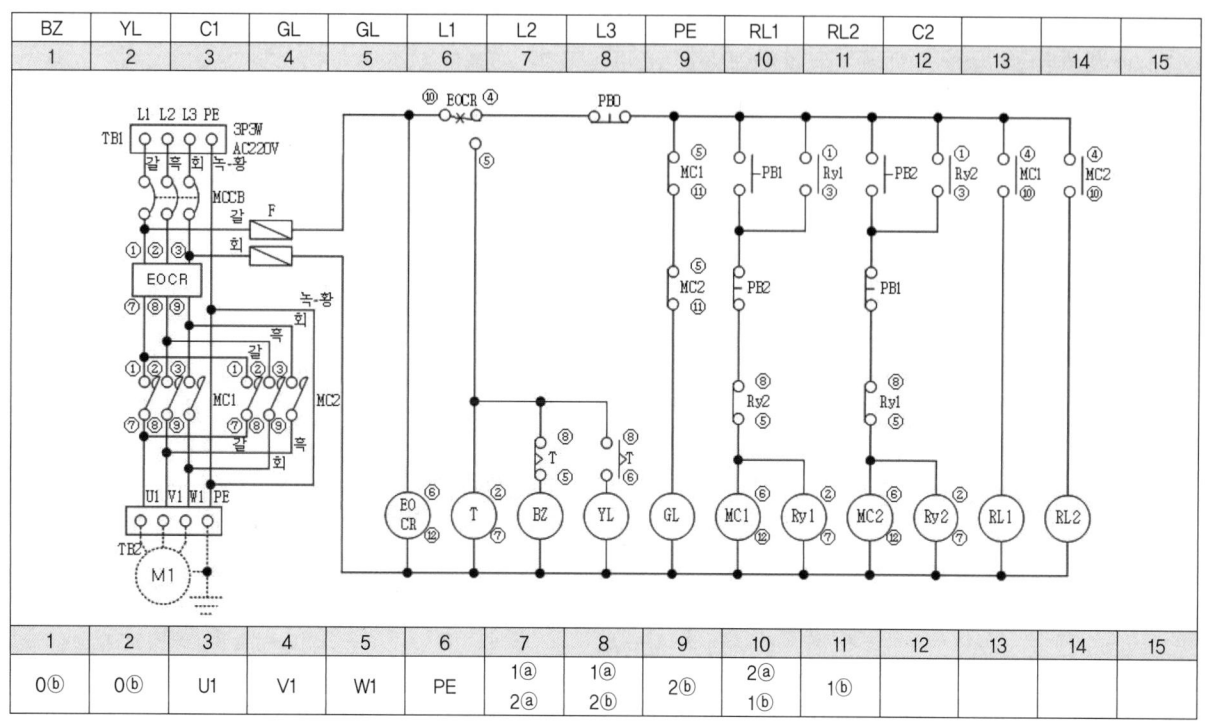

1	2	3	4	5	6	7	8	9	10	11	12	13	14	15
0ⓑ	0ⓑ	U1	V1	W1	PE	1ⓐ 2ⓐ	1ⓐ 2ⓑ	2ⓑ	2ⓐ 1ⓑ	1ⓑ				

1-3. 전동기(정역) 제어 ③ : 내부 기구 번호 및 단자대(15P) 외부 기구 이름

GL	GL	L1	L2	L3	PE	RL1	RL2	C1	1ⓐ 2ⓐ	1ⓐ 2ⓑ	2ⓑ	2ⓐ 1ⓑ	1ⓑ	
1	2	3	4	5	6	7	8	9	10	11	12	13	14	15

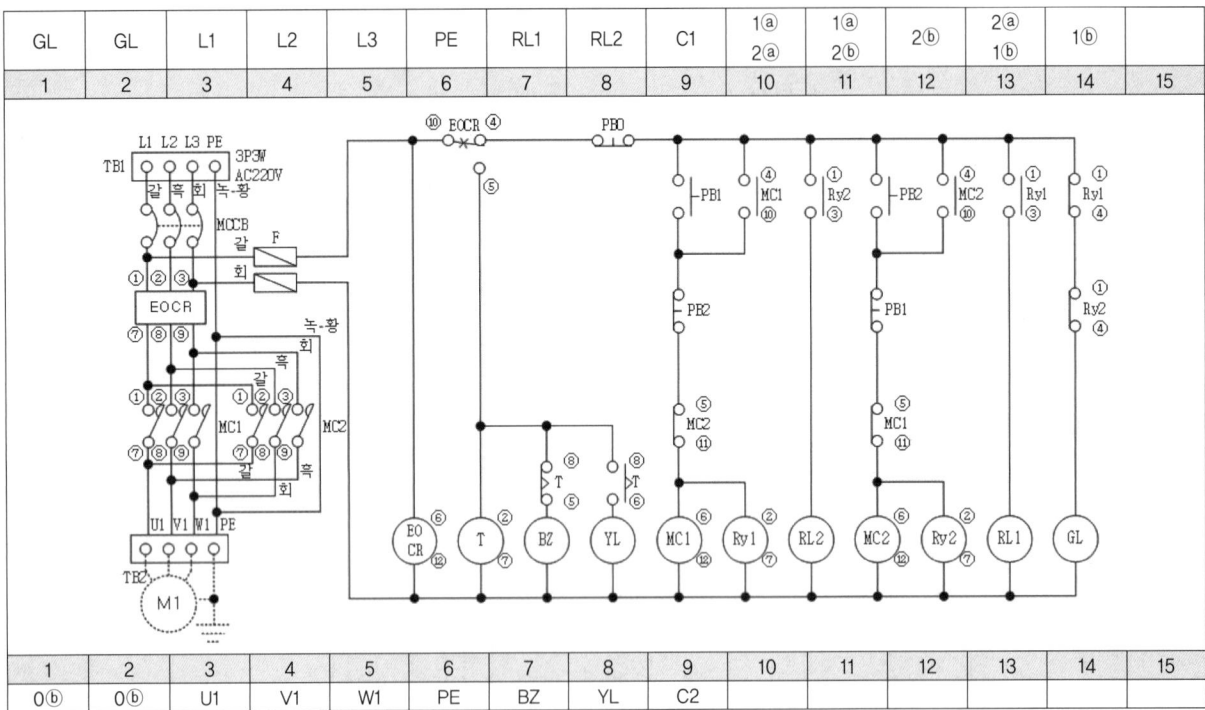

1	2	3	4	5	6	7	8	9	10	11	12	13	14	15
0ⓑ	0ⓑ	U1	V1	W1	PE	BZ	YL	C2						

1-4. 전동기(정역) 제어 ④ : 내부 기구 번호 및 단자대(15P) 외부 기구 이름

RL1	RL2	C1	BZ	YL	C2	L1	L2	L3	PE	GL	GL			
1	2	3	4	5	6	7	8	9	10	11	12	13	14	15

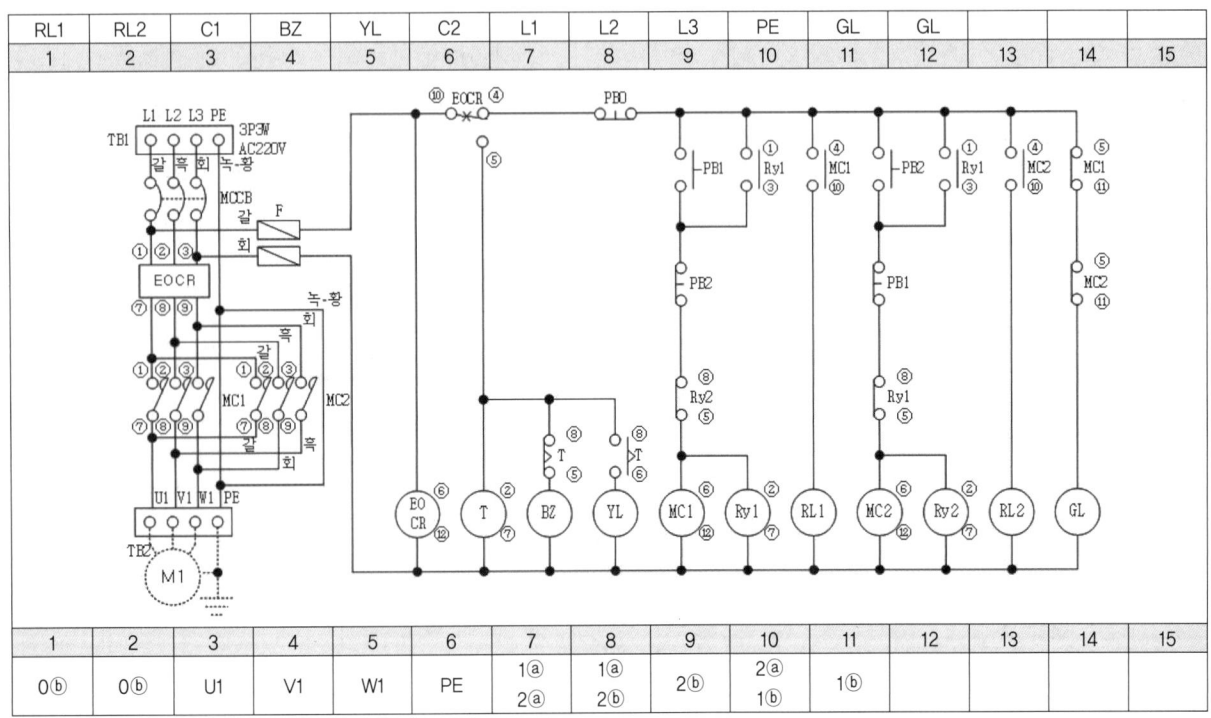

1	2	3	4	5	6	7	8	9	10	11	12	13	14	15
0ⓑ	0ⓑ	U1	V1	W1	PE	1ⓐ 2ⓐ	1ⓐ 2ⓑ	2ⓑ	2ⓐ 1ⓑ	1ⓑ				

1-5. 전동기(정역) 제어 ⑤ : 내부 기구 번호 및 단자대(15P) 외부 기구 이름

GL	GL	RL1	RL2	C1	L1	L2	L3	PE	2ⓑ 1ⓑ	2ⓑ 1ⓐ	1ⓐ	1ⓑ 2ⓐ	2ⓐ	
1	2	3	4	5	6	7	8	9	10	11	12	13	14	15

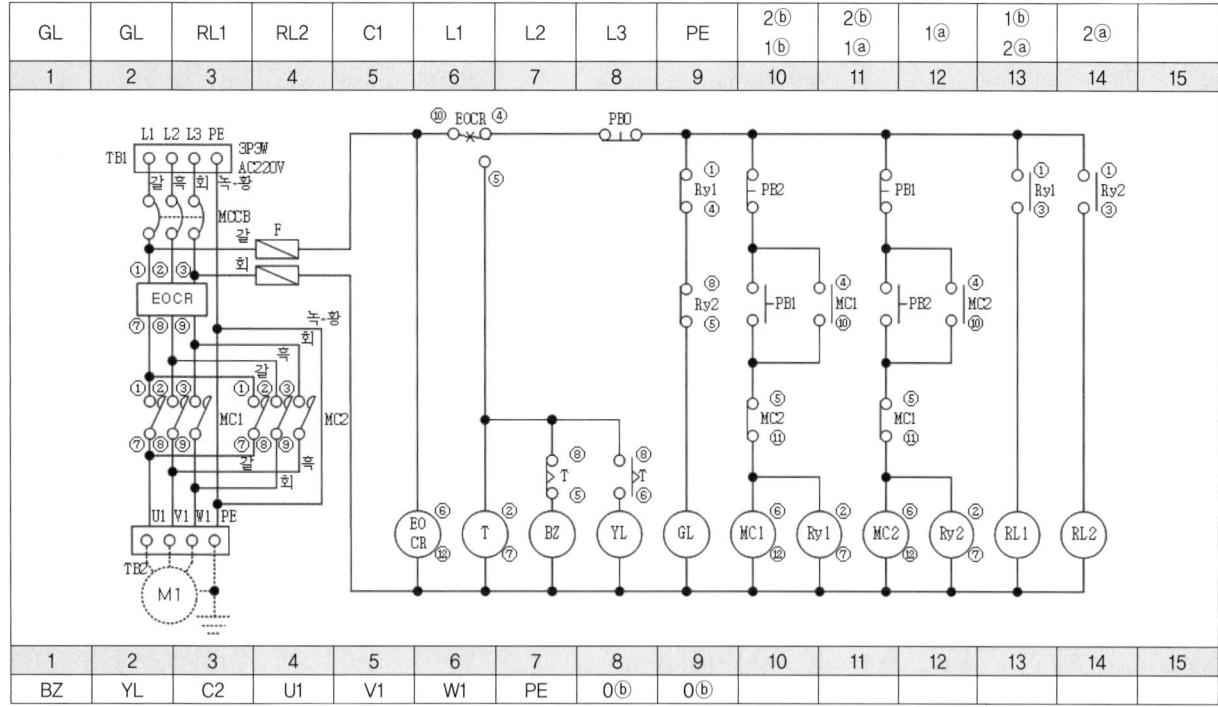

1	2	3	4	5	6	7	8	9	10	11	12	13	14	15
BZ	YL	C2	U1	V1	W1	PE	0ⓑ	0ⓑ						

2-1. 컨베이어(정역) 제어 ① : 내부 기구 번호 및 단자대(15P) 외부 기구 이름

1ⓐ	1ⓐ	2ⓐ	2ⓐ	0ⓑ	0ⓑ	YL	YL	L1	L2	L3	PE	GL	RL	C1
1	2	3	4	5	6	7	8	9	10	11	12	13	14	15

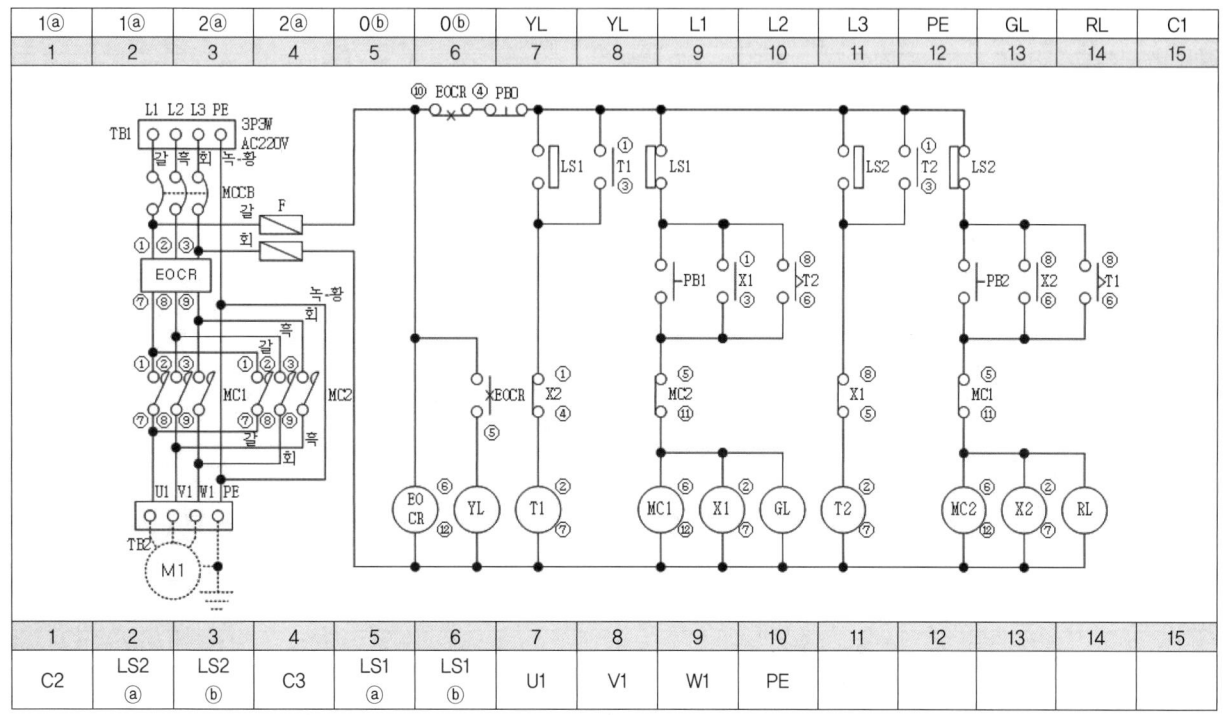

1	2	3	4	5	6	7	8	9	10	11	12	13	14	15
C2	LS2 ⓐ	LS2 ⓑ	C3	LS1 ⓐ	LS1 ⓑ	U1	V1	W1	PE					

2-2. 컨베이어(정역) 제어 ② : 내부 기구 번호 및 단자대(15P) 외부 기구 이름

1	2	3	4	5	6	7	8	9	10	11	12	13	14	15
RL	GL	C1	0ⓑ	0ⓑ	YL	YL	L1	L2	L3	PE	1ⓐ	1ⓐ	2ⓐ	2ⓐ

1	2	3	4	5	6	7	8	9	10	11	12	13	14	15
C2	LS1 ⓐ	LS1 ⓑ	U1	V1	W1	PE	C3	LS2 ⓐ	LS2 ⓑ					

2-3. 컨베이어(정역) 제어 ③ : 내부 기구 번호 및 단자대(15P) 외부 기구 이름

1	2	3	4	5	6	7	8	9	10	11	12	13	14	15
0ⓑ	0ⓑ	YL	YL	L1	L2	L3	PE	1ⓐ 2ⓐ	1ⓐ	2ⓐ	GL	RL	C1	

1	2	3	4	5	6	7	8	9	10	11	12	13	14	15
LS2 ⓐ	LS2 ⓐ	LS2 ⓑ	LS2 ⓑ	U1	V1	W1	PE	LS1 ⓐ	LS1 ⓐ	LS1 ⓑ	LS1 ⓑ			

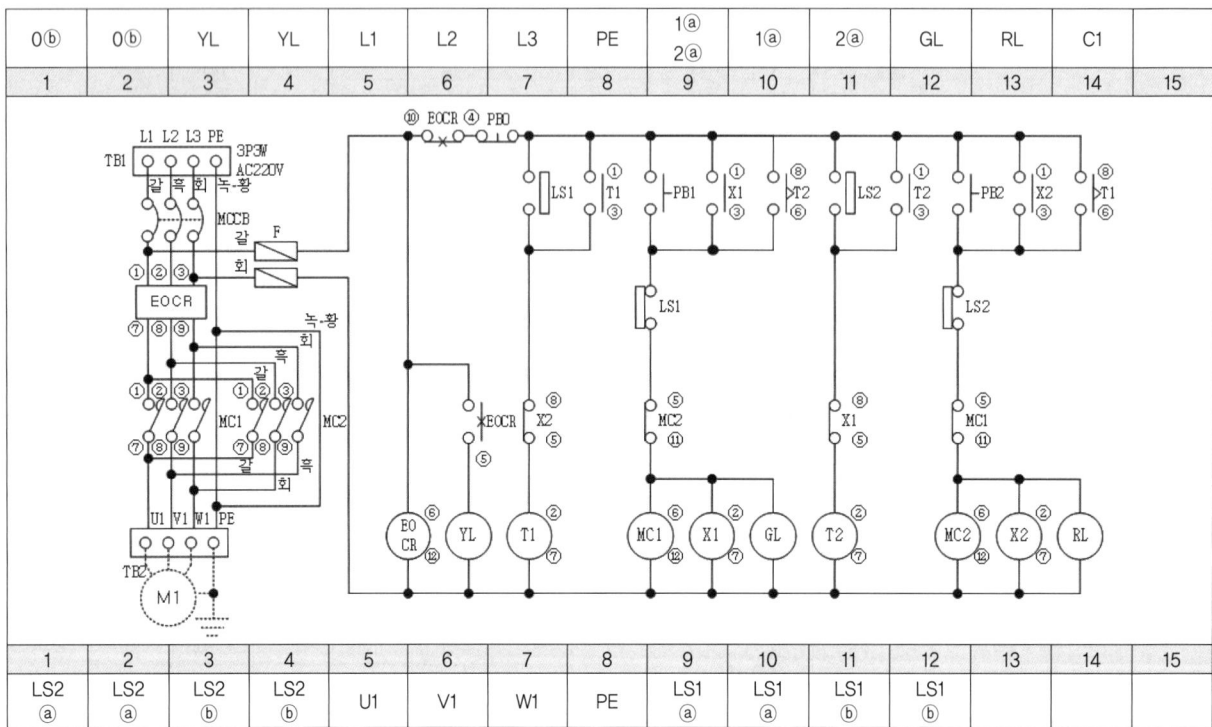

2-4. 컨베이어(정역) 제어 ④ : 내부 기구 번호 및 단자대(15P) 외부 기구 이름

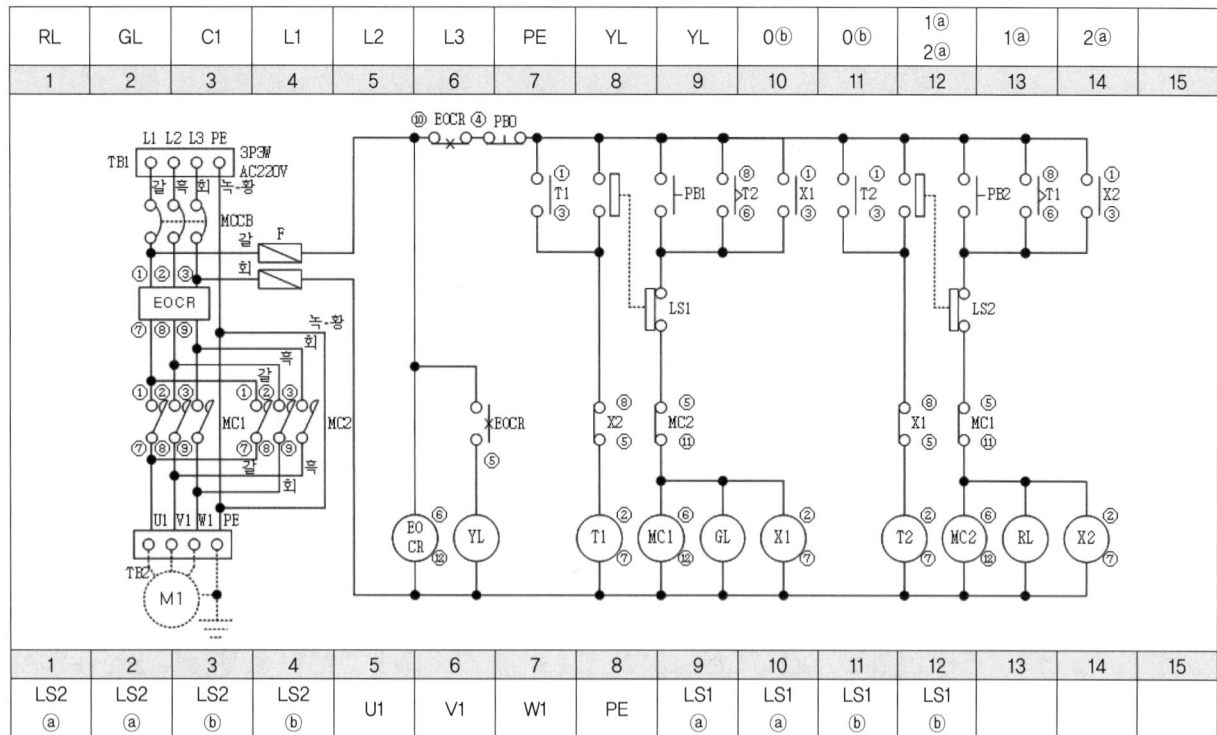

2-5. 컨베이어(정역) 제어 ⑤ : 내부 기구 번호 및 단자대(15P) 외부 기구 이름

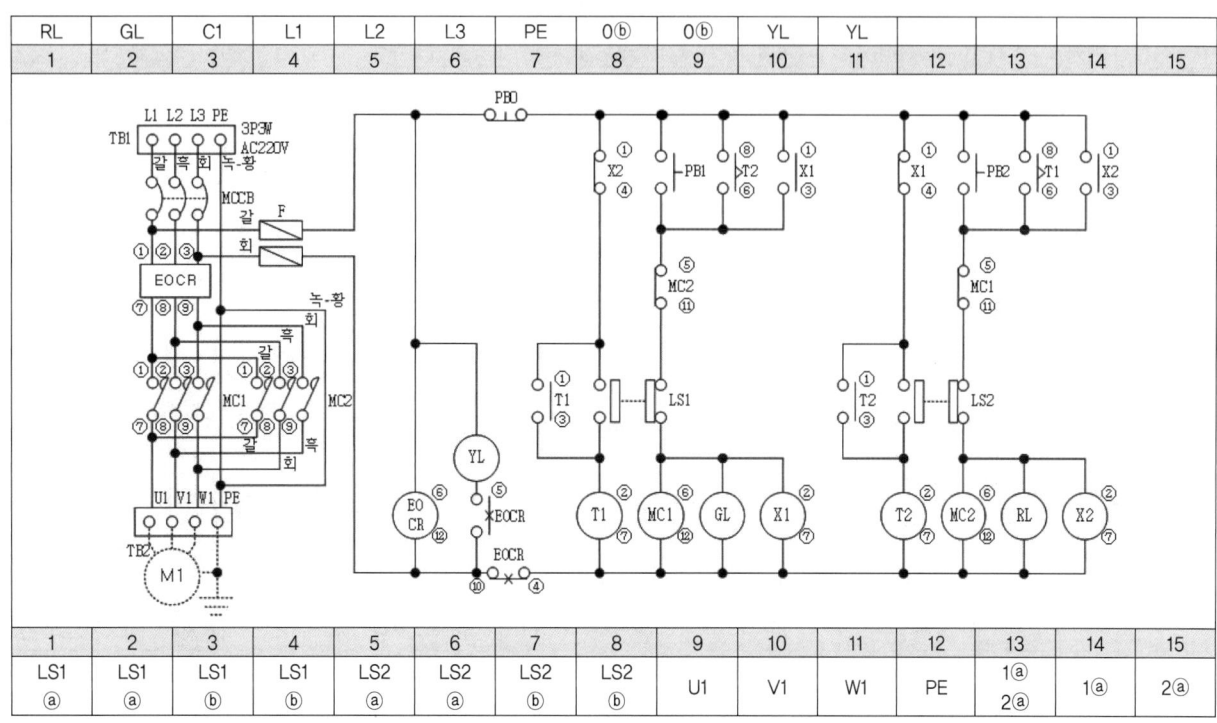

3-1. 전동기(정역순차) 제어 ① : 내부 기구 번호 및 단자대(15P) 외부 기구 이름

YL	BZ	C1	L1	L2	L3	PE	0ⓑ	0ⓑ 1ⓐ	1ⓐ	GL	RL	C2		
1	2	3	4	5	6	7	8	9	10	11	12	13	14	15

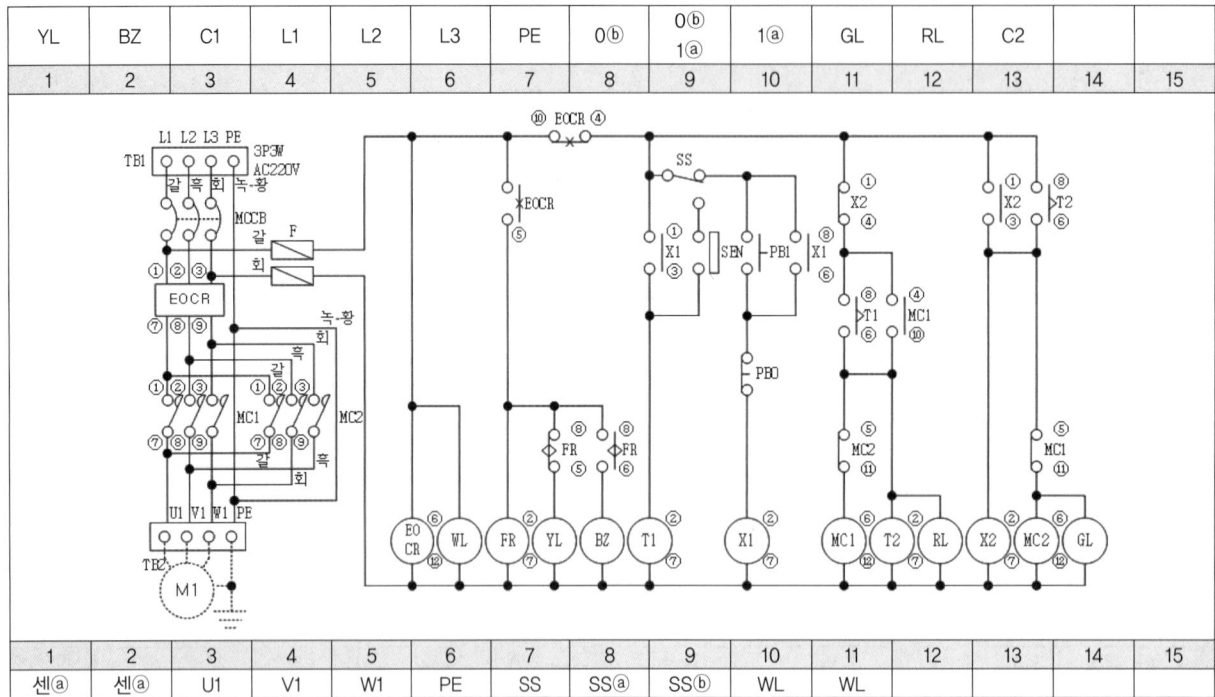

1	2	3	4	5	6	7	8	9	10	11	12	13	14	15
센ⓐ	센ⓐ	U1	V1	W1	PE	SS	SSⓐ	SSⓑ	WL	WL				

3-2. 전동기(정역순차) 제어 ② : 내부 기구 번호 및 단자대(15P) 외부 기구 이름

RL	GL	C1	L1	L2	L3	PE	SS	SSⓐ	SSⓑ	WL	WL	1ⓐ	1ⓐ 0ⓑ	0ⓑ
1	2	3	4	5	6	7	8	9	10	11	12	13	14	15

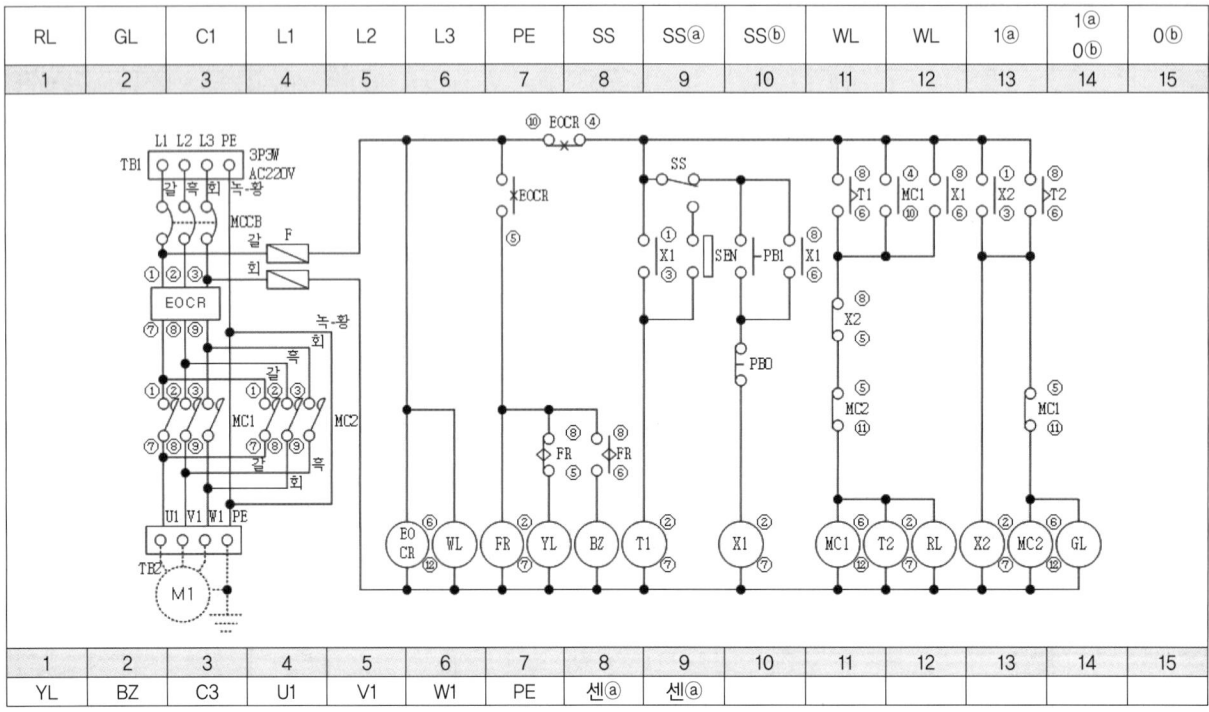

1	2	3	4	5	6	7	8	9	10	11	12	13	14	15
YL	BZ	C3	U1	V1	W1	PE	센ⓐ	센ⓐ						

3-3. 전동기(정역순차) 제어 ③ : 내부 기구 번호 및 단자대(15P) 외부 기구 이름

1	2	3	4	5	6	7	8	9	10	11	12	13	14	15
0ⓑ	0ⓑ 1ⓐ	1ⓐ	YL	BZ	C1	L1	L2	L3	PE	GL	RL	C2		

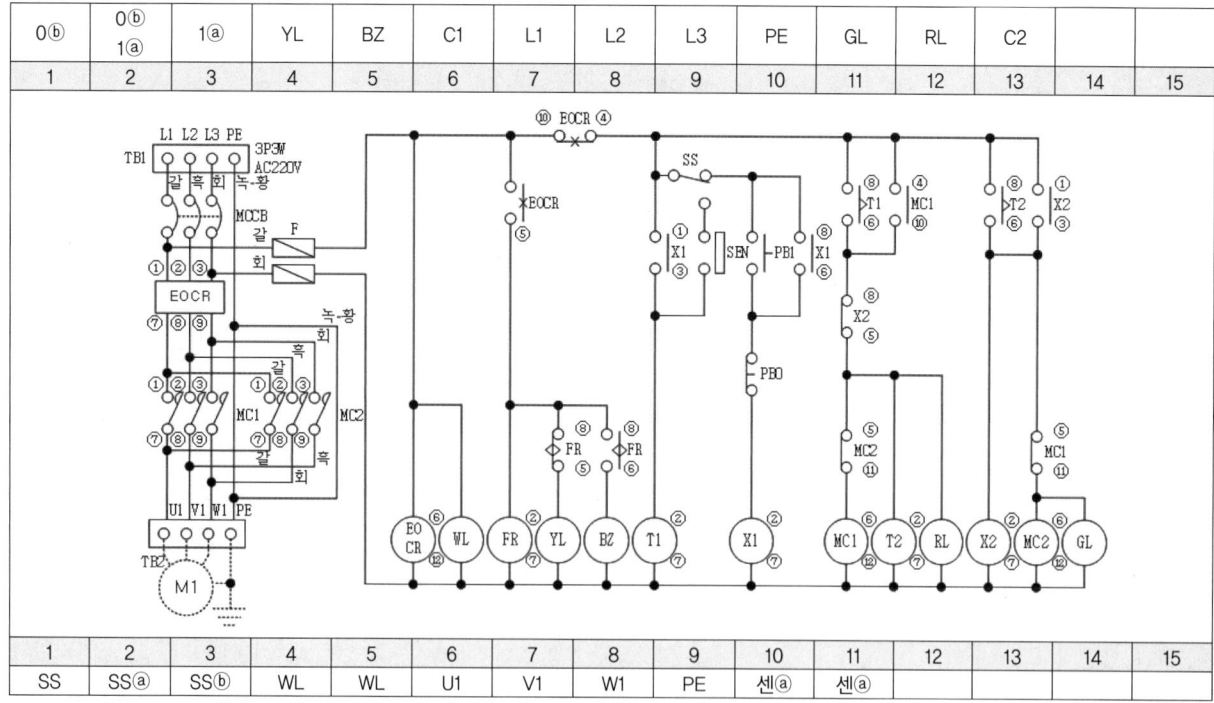

1	2	3	4	5	6	7	8	9	10	11	12	13	14	15
SS	SSⓐ	SSⓑ	WL	WL	U1	V1	W1	PE	센ⓐ	센ⓐ				

3-4. 전동기(정역순차) 제어 ④ : 내부 기구 번호 및 단자대(15P) 외부 기구 이름

1	2	3	4	5	6	7	8	9	10	11	12	13	14	15
RL	GL	C1	YL	BZ	C2	L1	L2	L3	PE	SS	SSⓐ	SSⓑ	WL	WL

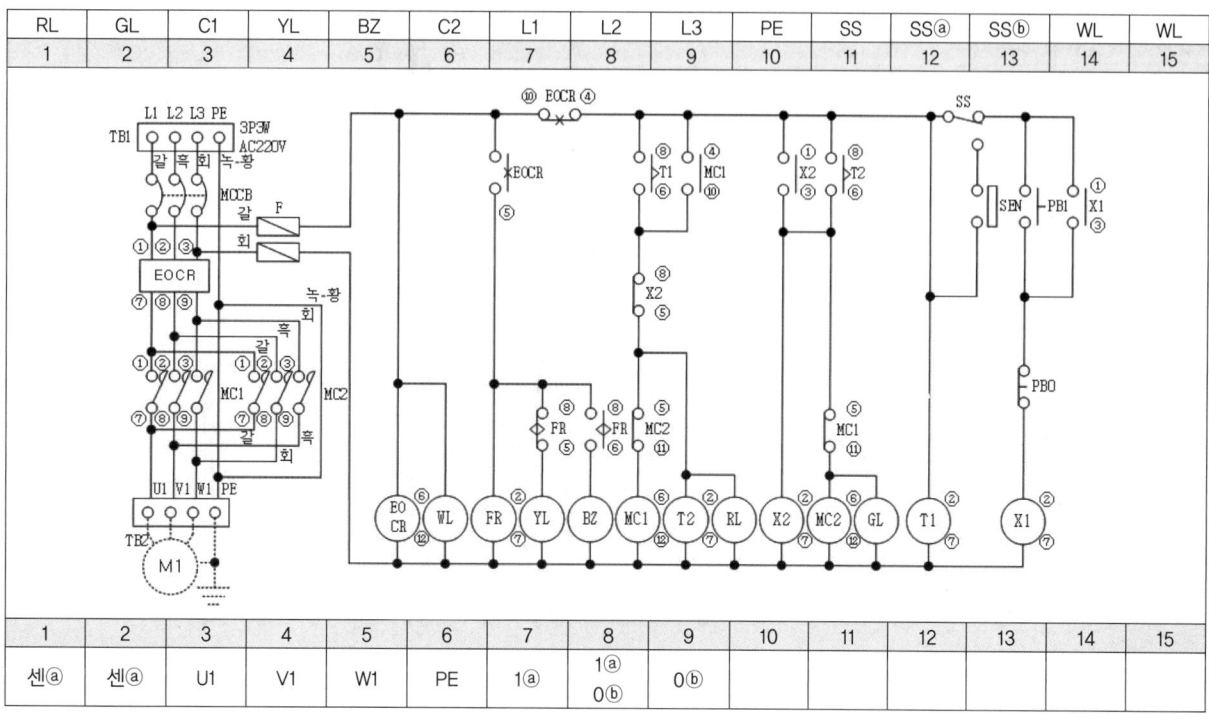

1	2	3	4	5	6	7	8	9	10	11	12	13	14	15
센ⓐ	센ⓐ	U1	V1	W1	PE	1ⓐ	1ⓐ 0ⓑ	0ⓑ						

3-5. 전동기(정역순차) 제어 ⑤ : 내부 기구 번호 및 단자대(15P) 외부 기구 이름

RL	GL	C1	L1	L2	L3	PE	BZ	YL	C2					
1	2	3	4	5	6	7	8	9	10	11	12	13	14	15

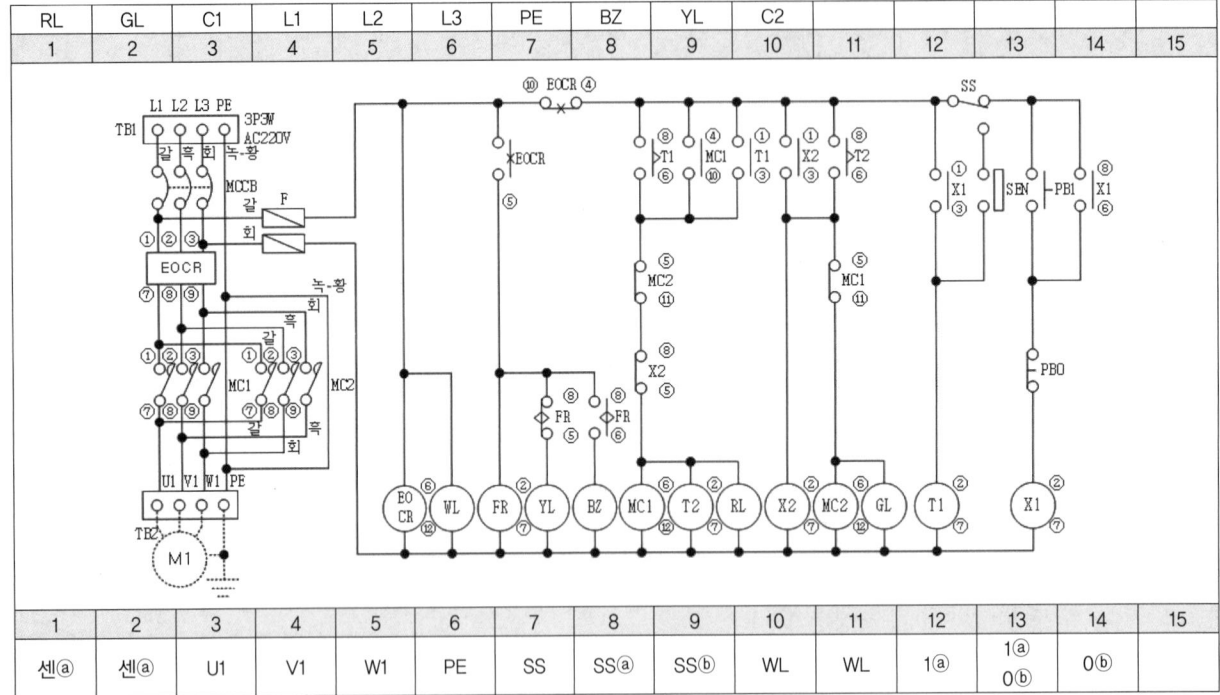

1	2	3	4	5	6	7	8	9	10	11	12	13	14	15
센ⓐ	센ⓐ	U1	V1	W1	PE	SS	SSⓐ	SSⓑ	WL	WL	1ⓐ	1ⓐ 0ⓑ	0ⓑ	

4-1. 공장동력 제어 ① : 내부 기구 번호 및 단자대(15P) 외부 기구 이름

0ⓑ	0ⓑ 1ⓐ 2ⓐ	1ⓐ	2ⓐ	L1	L2	L3	PE	YL	BZ	C1	GL	WL	C2	
1	2	3	4	5	6	7	8	9	10	11	12	13	14	15

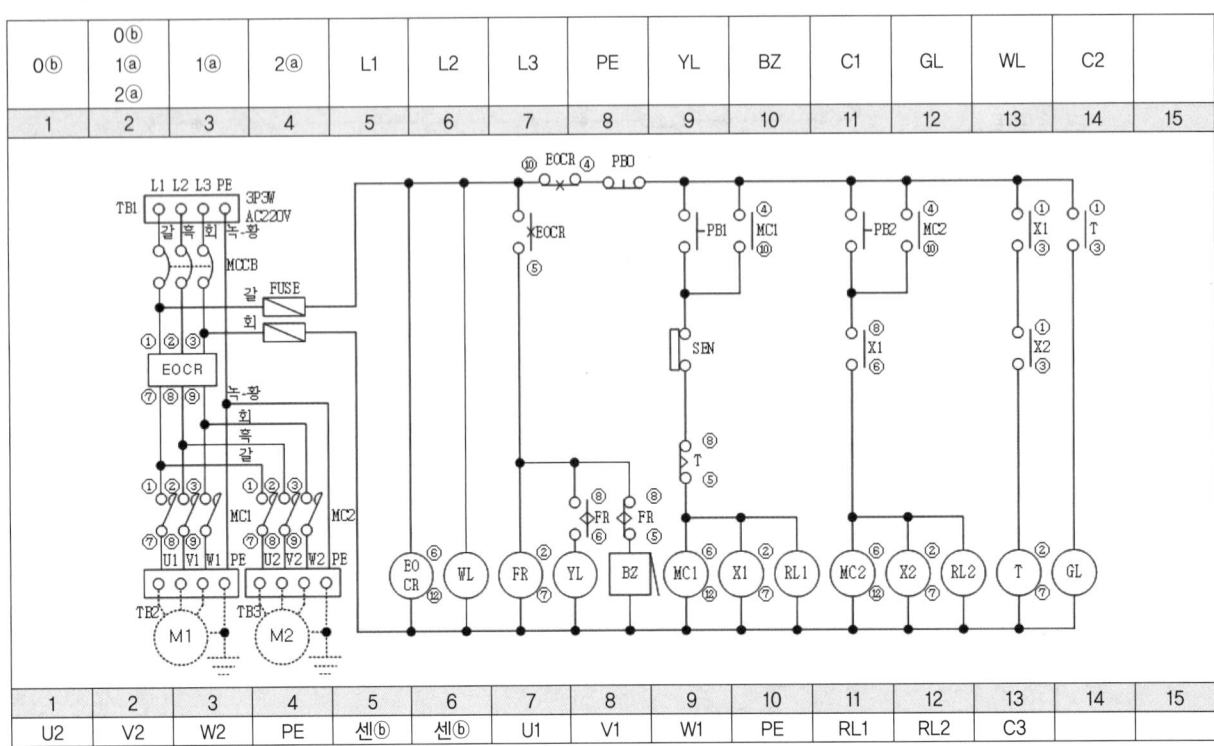

1	2	3	4	5	6	7	8	9	10	11	12	13	14	15
U2	V2	W2	PE	센ⓑ	센ⓑ	U1	V1	W1	PE	RL1	RL2	C3		

4-2. 공장동력 제어 ② : 내부 기구 번호 및 단자대(15P) 외부 기구 이름

1	2	3	4	5	6	7	8	9	10	11	12	13	14	15
RL1	RL2	C1	센ⓑ	센ⓑ	L1	L2	L3	PE	GL	WL	C2			

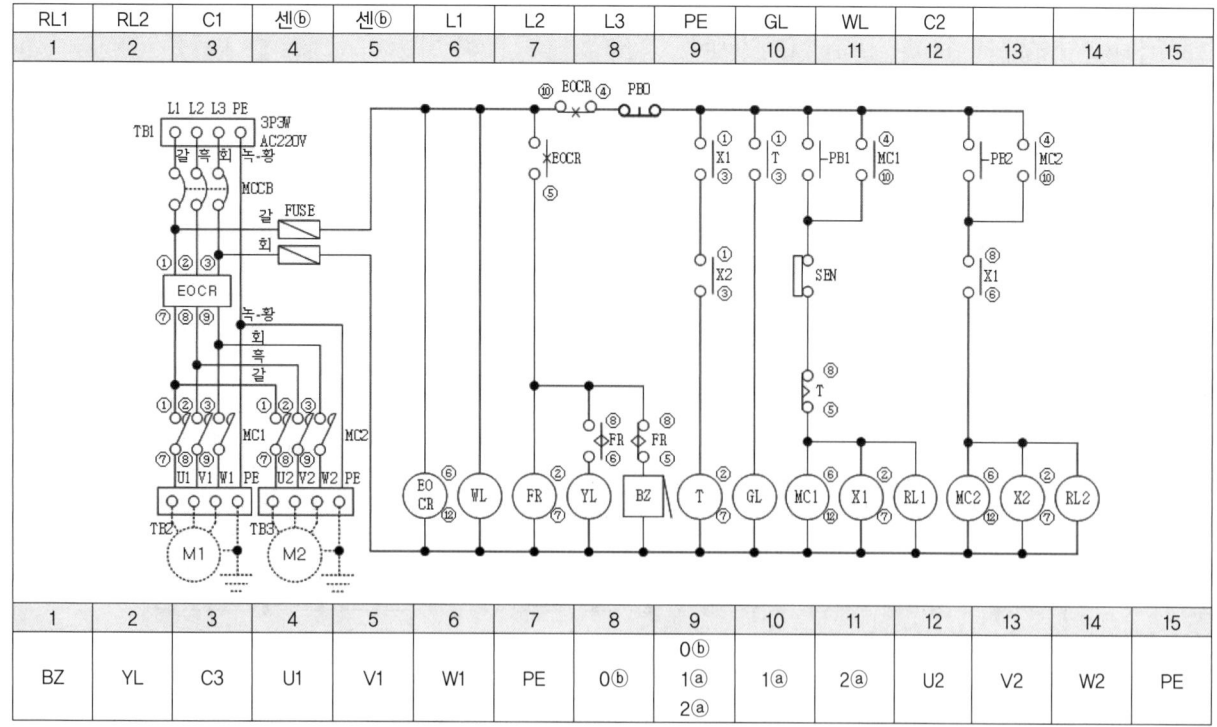

1	2	3	4	5	6	7	8	9	10	11	12	13	14	15
BZ	YL	C3	U1	V1	W1	PE	0ⓑ 1ⓐ 2ⓐ	1ⓐ	2ⓐ	U2	V2	W2	PE	

4-3. 공장동력 제어 ③ : 내부 기구 번호 및 단자대(15P) 외부 기구 이름

1	2	3	4	5	6	7	8	9	10	11	12	13	14	15
RL1	RL2	C1	BZ	YL	C2	L1	L2	L3	PE	센ⓑ	센ⓑ			

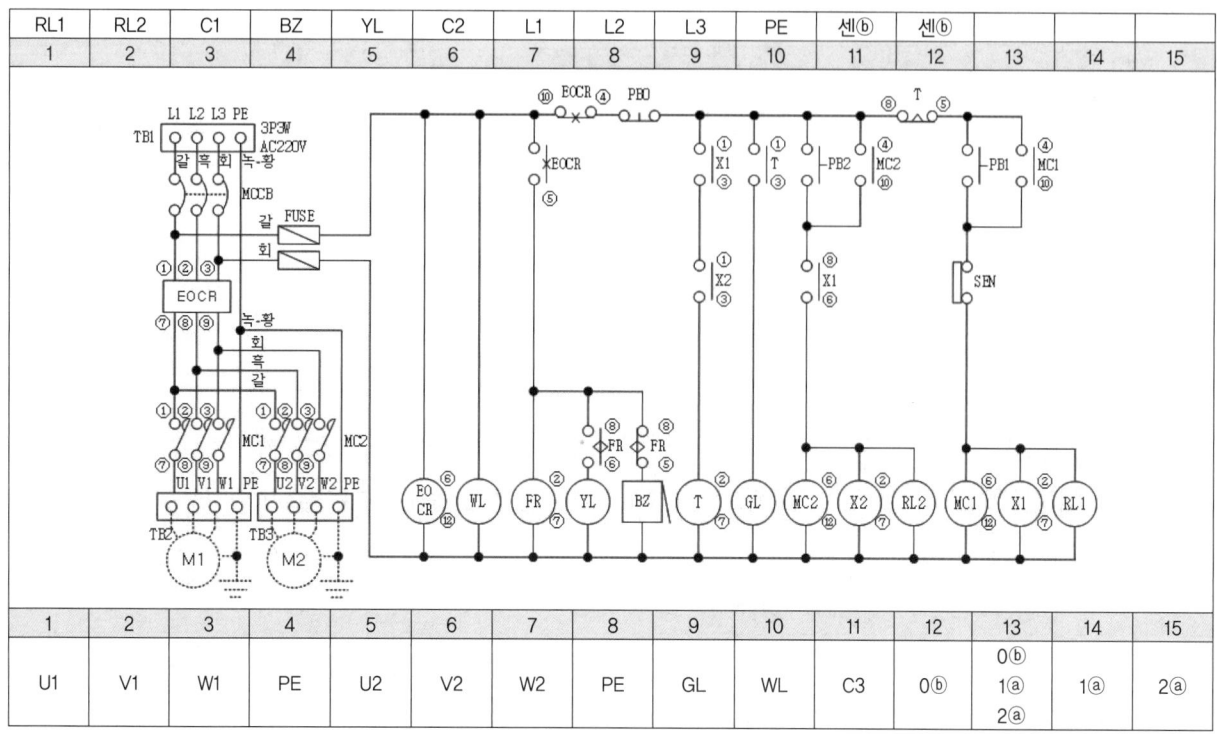

1	2	3	4	5	6	7	8	9	10	11	12	13	14	15
U1	V1	W1	PE	U2	V2	W2	PE	GL	WL	C3	0ⓑ	0ⓑ 1ⓐ 2ⓐ	1ⓐ	2ⓐ

4-4. 공장동력 제어 ④ : 내부 기구 번호 및 단자대(15P) 외부 기구 이름

BZ	YL	C1	L1	L2	L3	PE	센ⓑ	센ⓑ	0ⓑ	0ⓑ 1ⓐ 2ⓐ	1ⓐ	2ⓐ		
1	2	3	4	5	6	7	8	9	10	11	12	13	14	15

1	2	3	4	5	6	7	8	9	10	11	12	13	14	15
WL	GL	C2	U2	V2	W2	PE	U1	V1	W1	PE	RL1	RL2	C3	

4-5. 공장동력 제어 ⑤ : 내부 기구 번호 및 단자대(15P) 외부 기구 이름

L1	L2	L3	PE	U2	V2	W2	PE	RL1	RL2	C1	BZ	YL	C2	
1	2	3	4	5	6	7	8	9	10	11	12	13	14	15

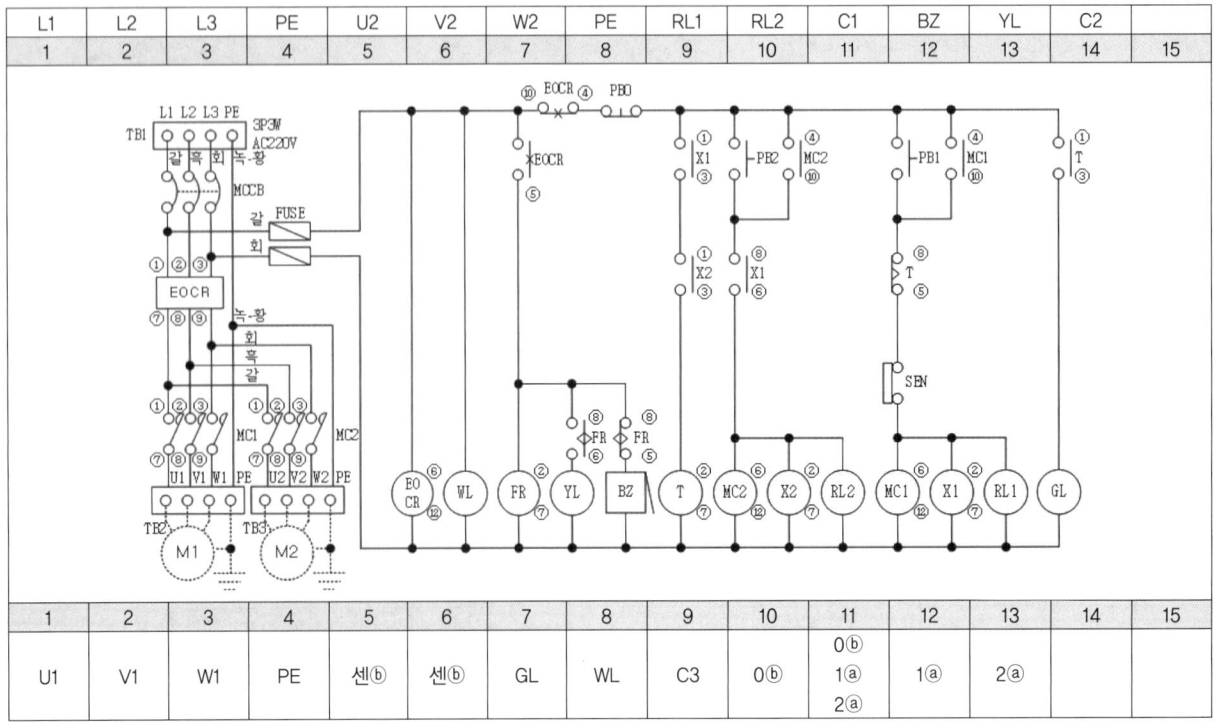

1	2	3	4	5	6	7	8	9	10	11	12	13	14	15
U1	V1	W1	PE	센ⓑ	센ⓑ	GL	WL	C3	0ⓑ	0ⓑ 1ⓐ 2ⓐ	1ⓐ	2ⓐ		

5-1. 자동온도조절 장치 ① : 내부 기구 번호 및 단자대(20P) 외부 기구 이름

WL	YL	BZ	C1	열1	열2	L1	L2	L3	PE	GL	RL	C2				~	20
1	2	3	4	5	6	7	8	9	10	11	12	13	14	15	16	~	20

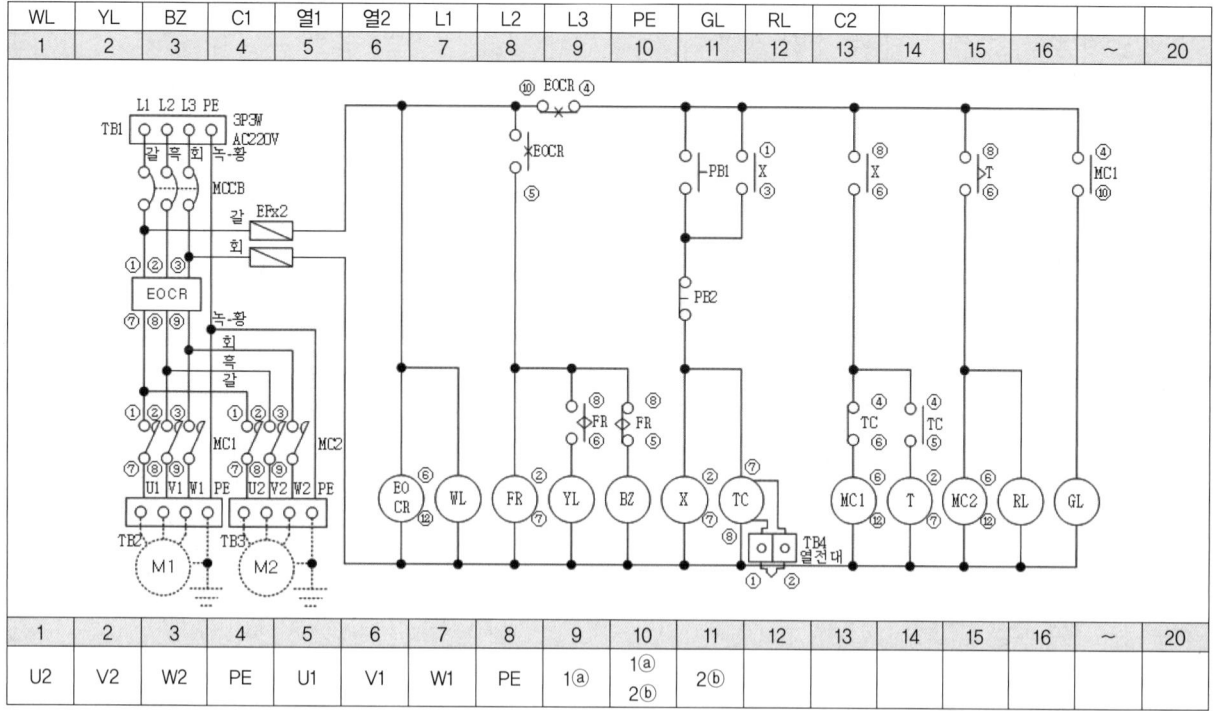

1	2	3	4	5	6	7	8	9	10	11	12	13	14	15	16	~	20
U2	V2	W2	PE	U1	V1	W1	PE	1ⓐ	1ⓐ 2ⓑ	2ⓑ							

5-2. 자동온도조절 장치 ② : 내부 기구 번호 및 단자대(20P) 외부 기구 이름

열1	열2	WL	YL	BZ	C1	L1	L2	L3	PE	1ⓐ	1ⓐ 2ⓑ	2ⓑ				~	20
1	2	3	4	5	6	7	8	9	10	11	12	13	14	15	16	~	20

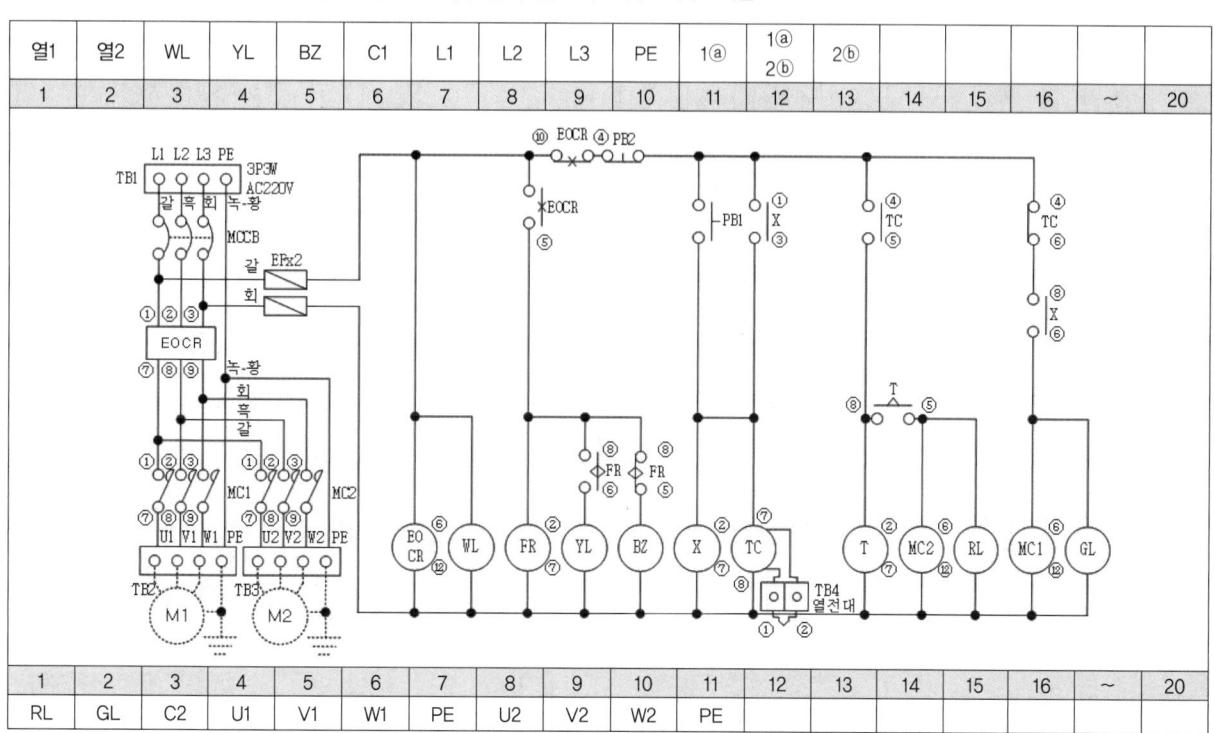

1	2	3	4	5	6	7	8	9	10	11	12	13	14	15	16	~	20
RL	GL	C2	U1	V1	W1	PE	U2	V2	W2	PE							

5-3. 자동온도조절 장치 ③ : 내부 기구 번호 및 단자대(20P) 외부 기구 이름

1ⓐ	1ⓐ 2ⓑ	2ⓑ	L1	L2	L3	PE	WL	YL	BZ	C1	GL	RL	C2			
1	2	3	4	5	6	7	8	9	10	11	12	13	14	15	16	~ 20

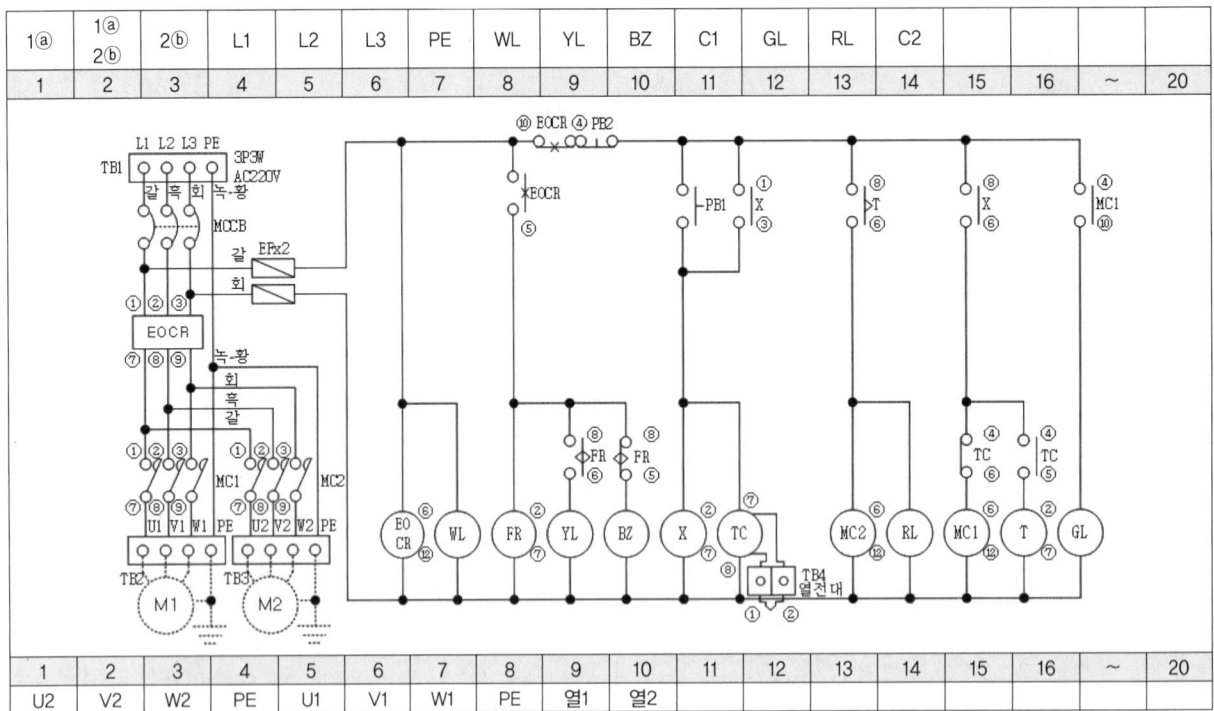

1	2	3	4	5	6	7	8	9	10	11	12	13	14	15	16	~ 20
U2	V2	W2	PE	U1	V1	W1	PE	열1	열2							

5-4. 자동온도조절 장치 ④ : 내부 기구 번호 및 단자대(20P) 외부 기구 이름

WL	YL	BZ	C1	L1	L2	L3	PE	열1	열2	1ⓐ	1ⓐ 2ⓑ	2ⓑ				
1	2	3	4	5	6	7	8	9	10	11	12	13	14	15	16	~ 20

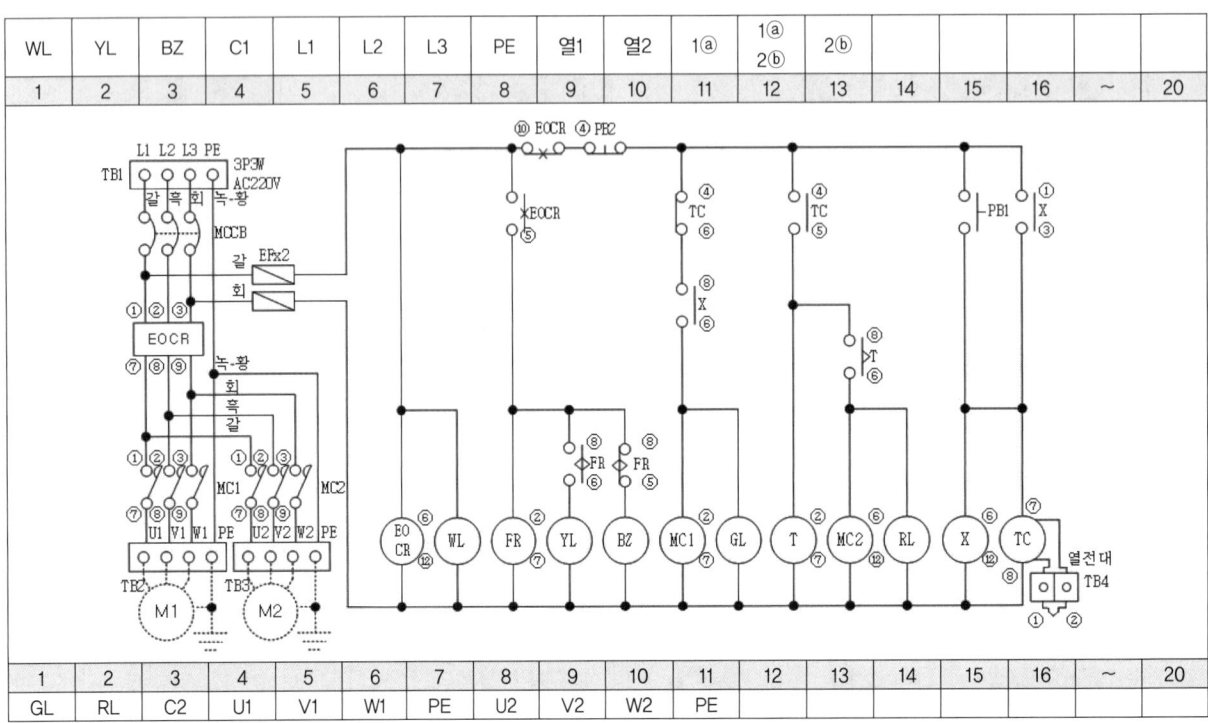

1	2	3	4	5	6	7	8	9	10	11	12	13	14	15	16	~ 20
GL	RL	C2	U1	V1	W1	PE	U2	V2	W2	PE						

5-5. 자동온도조절 장치 ⑤ : 내부 기구 번호 및 단자대(20P) 외부 기구 이름

GL	RL	C1	WL	YL	BZ	C2	L1	L2	L3	PE	1ⓐ	1ⓐ 2ⓑ	2ⓑ						
1	2	3	4	5	6	7	8	9	10	11	12	13	14	15	16	~			20

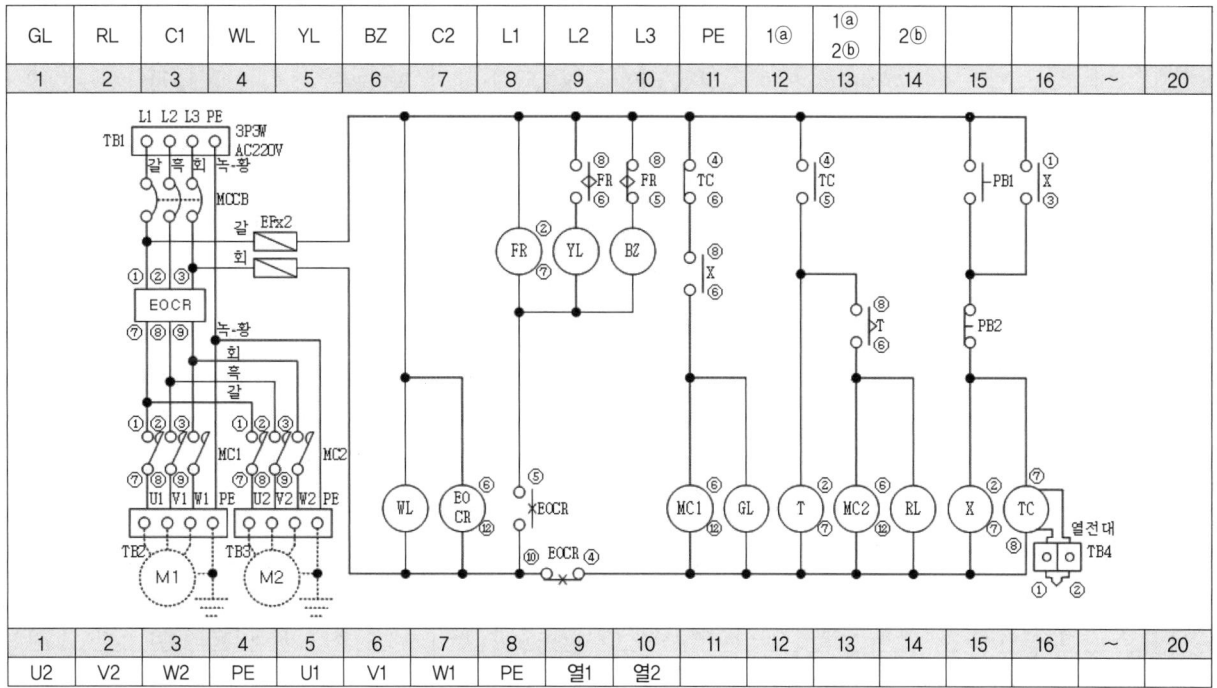

1	2	3	4	5	6	7	8	9	10	11	12	13	14	15	16	~			20
U2	V2	W2	PE	U1	V1	W1	PE	열1	열2										

6-1. 급배수처리 장치 ① : 내부 기구 번호 및 단자대(20P) 외부 기구 이름

SS	A	M 1ⓑ	1ⓑ 2ⓐ	2ⓐ	L1	L2	L3	PE	GL	RL	BZ	C1	YL	YL	3ⓑ	3ⓑ 4ⓐ	4ⓐ		
1	2	3	4	5	6	7	8	9	10	11	12	13	14	15	16	17	18	19	20

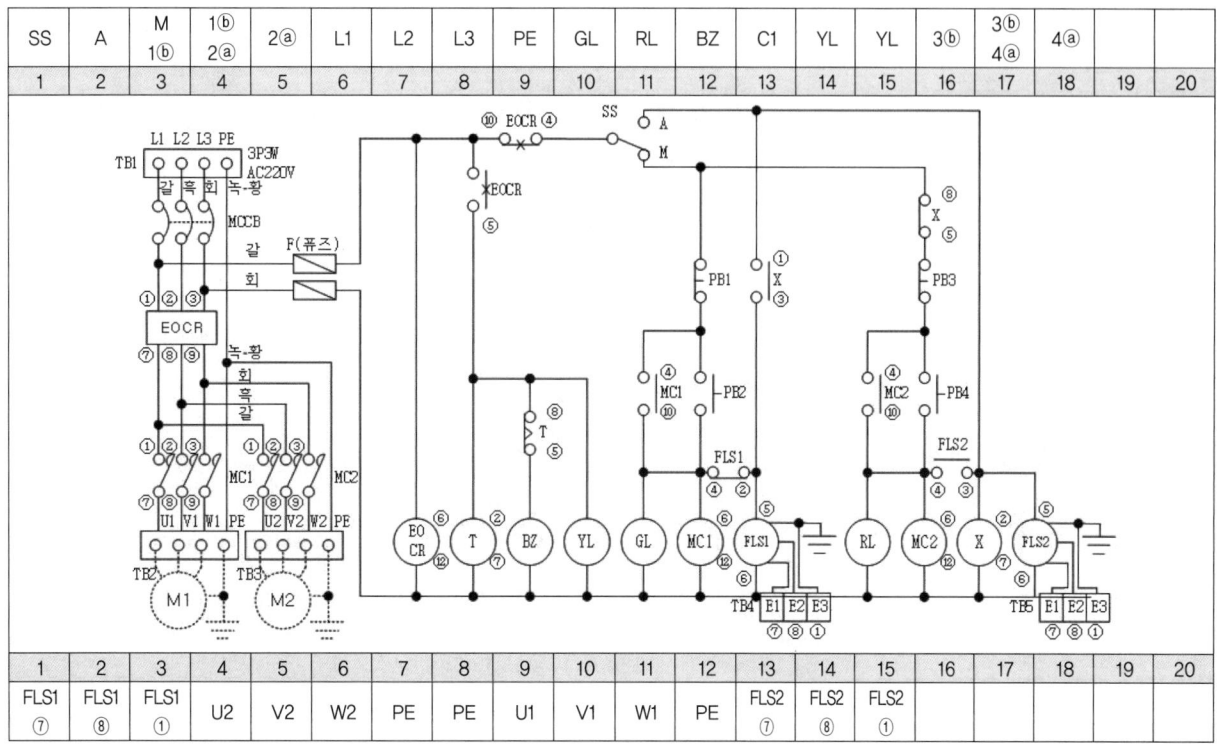

1	2	3	4	5	6	7	8	9	10	11	12	13	14	15	16	17	18	19	20
FLS1 ⑦	FLS1 ⑧	FLS1 ①	U2	V2	W2	PE	PE	U1	V1	W1	PE	FLS2 ⑦	FLS2 ⑧	FLS2 ①					

6-2. 급배수처리 장치 ② : 내부 기구 번호 및 단자대(20P) 외부 기구 이름

GL	RL	BZ	C1	YL	YL	3ⓑ	3ⓑ 4ⓐ	4ⓐ	L1	L2	L3	PE	SS	A	M 2ⓐ	2ⓐ 1ⓑ	1ⓑ		
1	2	3	4	5	6	7	8	9	10	11	12	13	14	15	16	17	18	19	20

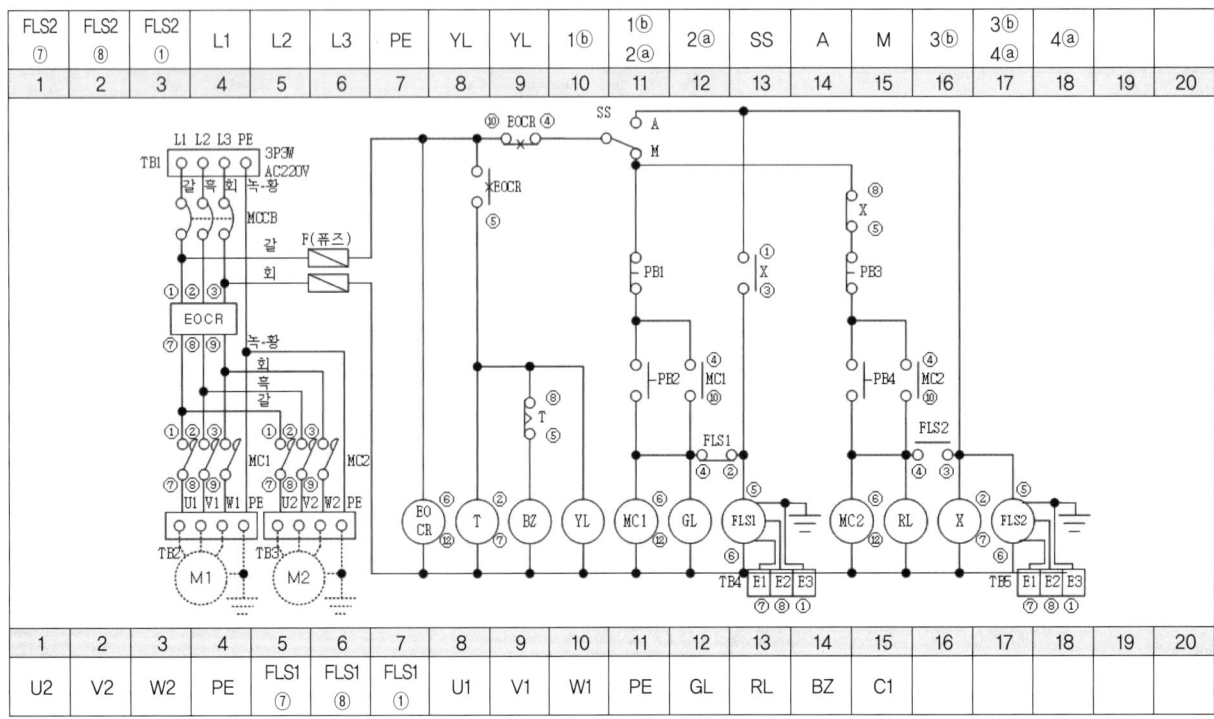

1	2	3	4	5	6	7	8	9	10	11	12	13	14	15	16	17	18	19	20
U1	V1	W1	PE	U2	V2	W2	PE	FLS2 ⑦	FLS2 ⑧	FLS2 ①	FLS1 ⑦	FLS1 ⑧	FLS1 ①						

6-3. 급배수처리 장치 ③ : 내부 기구 번호 및 단자대(20P) 외부 기구 이름

FLS2 ⑦	FLS2 ⑧	FLS2 ①	L1	L2	L3	PE	YL	YL	1ⓑ	1ⓑ 2ⓐ	2ⓐ	SS	A	M	3ⓑ	3ⓑ 4ⓐ	4ⓐ		
1	2	3	4	5	6	7	8	9	10	11	12	13	14	15	16	17	18	19	20

1	2	3	4	5	6	7	8	9	10	11	12	13	14	15	16	17	18	19	20
U2	V2	W2	PE	FLS1 ⑦	FLS1 ⑧	FLS1 ①	U1	V1	W1	PE	GL	RL	BZ	C1					

6-4. 급배수처리 장치 ④ : 내부 기구 번호 및 단자대(20P) 외부 기구 이름

FLS2 ⑦	FLS2 ⑧	FLS2 ①	FLS1 ⑦	FLS1 ⑧	FLS1 ①	L1	L2	L3	PE	GL	RL	BZ	C1						
1	2	3	4	5	6	7	8	9	10	11	12	13	14	15	16	17	18	19	20

1	2	3	4	5	6	7	8	9	10	11	12	13	14	15	16	17	18	19	20
SS	A	M 2ⓐ	2ⓐ 1ⓑ	1ⓑ	U1	V1	W1	PE	YL	YL	3ⓑ	3ⓑ 4ⓐ	4ⓐ	U2	V2	W2	PE		

6-5. 급배수처리 장치 ⑤ : 내부 기구 번호 및 단자대(20P) 외부 기구 이름

L1	L2	L3	PE	YL	YL	3ⓑ 4ⓐ	4ⓐ	GL	RL	BZ	C1	SS	A	M 2ⓐ	2ⓐ 1ⓑ	1ⓑ			
1	2	3	4	5	6	7	8	9	10	11	12	13	14	15	16	17	18	19	20

1	2	3	4	5	6	7	8	9	10	11	12	13	14	15	16	17	18	19	20
U1	V1	W1	PE	FLS2 ⑦	FLS2 ⑧	FLS2 ①	FLS1 ⑦	FLS1 ⑧	FLS1 ①	U2	V2	W2	PE						

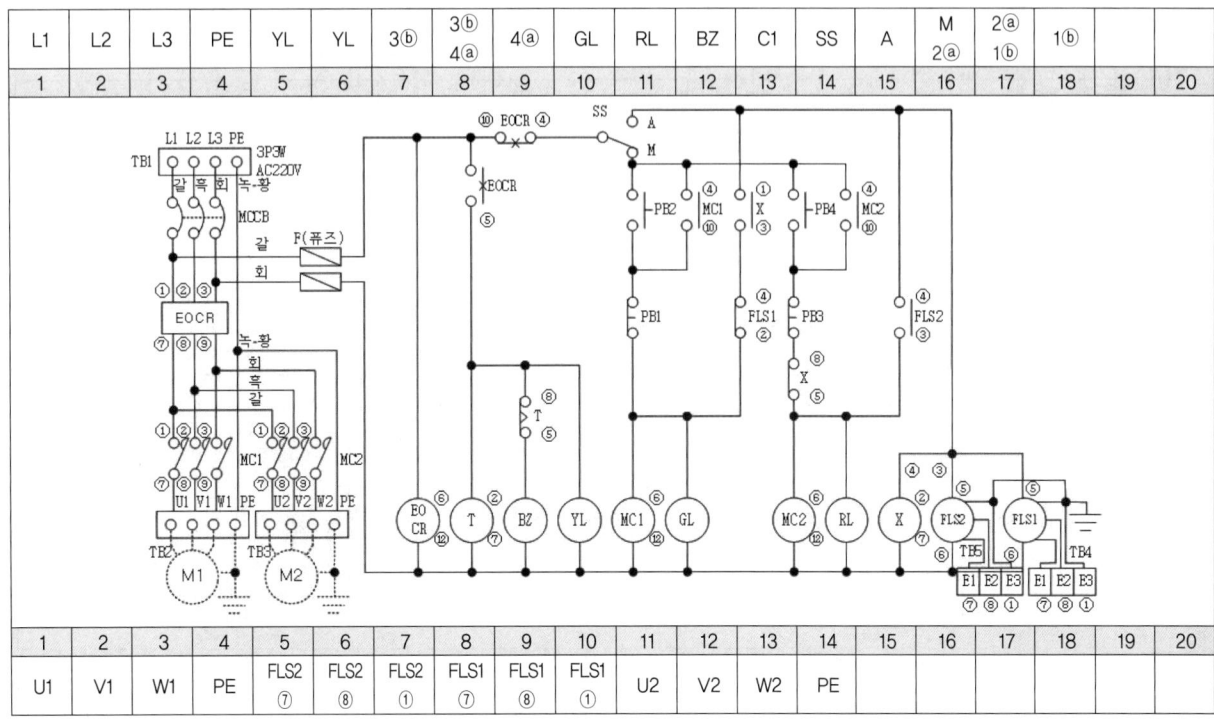

7-1. 승강기 제어 ① : 내부 기구 번호 및 단자대(20P) 외부 기구 이름

RL1	RL2	C1	GL1	GL2	C2	L1	L2	L3	PE	LS1 ⓐ	LS1 ⓐ						
1	2	3	4	5	6	7	8	9	10	11	12	13	14	15	16	~	20

1	2	3	4	5	6	7	8	9	10	11	12	13	14	15	16	~	20
LS2 ⓐ	LS2 ⓐ	U2	V2	W2	PE	U1	V1	W1	PE	1ⓐ	1ⓐ 2ⓑ	2ⓑ					

7-2. 승강기 제어 ② : 내부 기구 번호 및 단자대(20P) 외부 기구 이름

GL1	GL2	C1	1ⓐ	1ⓐ 2ⓑ	2ⓑ	L1	L2	L3	PE	RL1	RL2	C2					
1	2	3	4	5	6	7	8	9	10	11	12	13	14	15	16	~	20

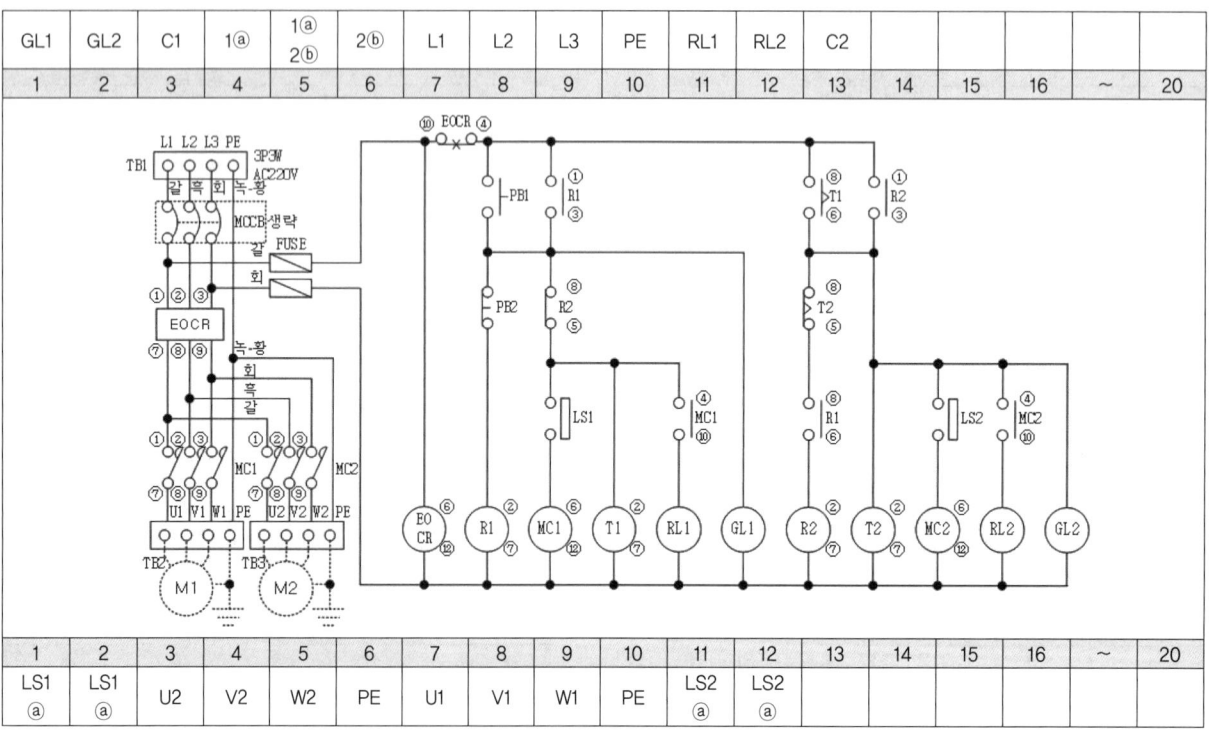

1	2	3	4	5	6	7	8	9	10	11	12	13	14	15	16	~	20
LS1 ⓐ	LS1 ⓐ	U2	V2	W2	PE	U1	V1	W1	PE	LS2 ⓐ	LS2 ⓐ						

7-3. 승강기 제어 ③ : 내부 기구 번호 및 단자대(20P) 외부 기구 이름

1ⓐ	1ⓐ 2ⓑ	2ⓑ	L1	L2	L3	PE	LS1 ⓐ	LS1 ⓐ	GL1	GL2	C1					~	
1	2	3	4	5	6	7	8	9	10	11	12	13	14	15	16	~	20

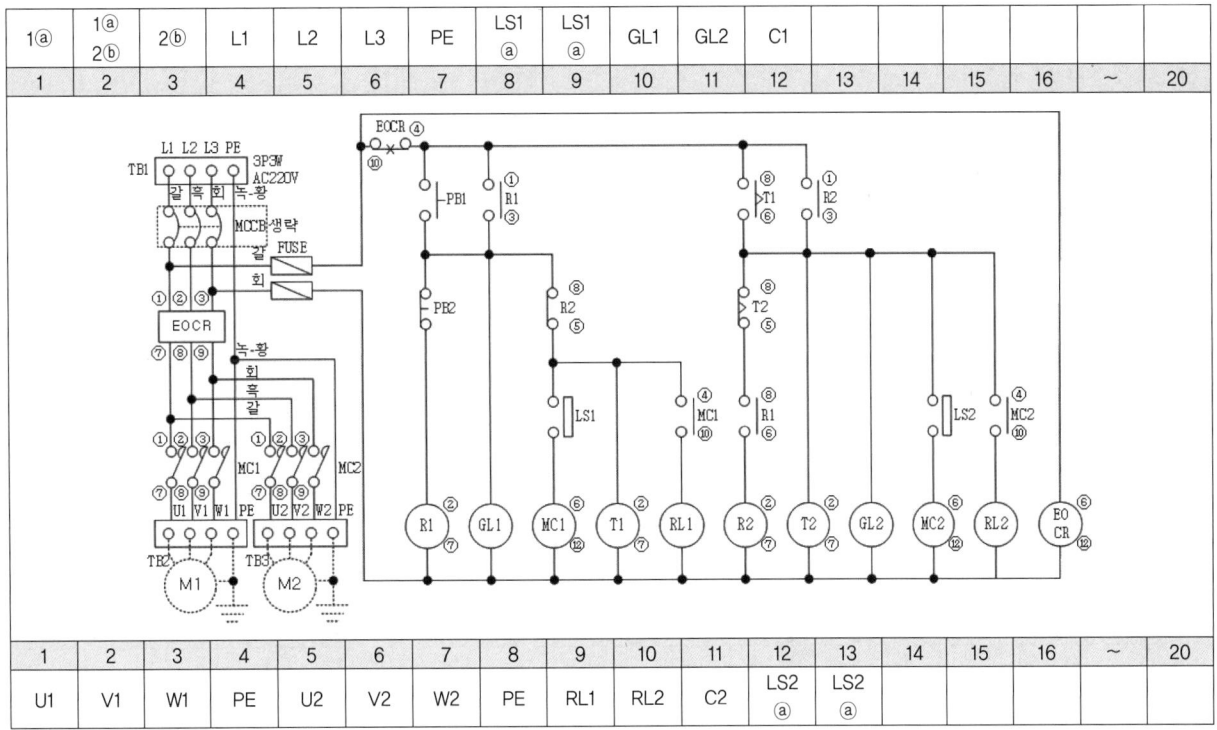

1	2	3	4	5	6	7	8	9	10	11	12	13	14	15	16	~	20
U1	V1	W1	PE	U2	V2	W2	PE	RL1	RL2	C2	LS2 ⓐ	LS2 ⓐ					

7-4. 승강기 제어 ④ : 내부 기구 번호 및 단자대(20P) 외부 기구 이름

GL1	GL2	C1	L1	L2	L3	PE	RL1	RL2	C2	LS1 ⓐ	LS1 ⓐ					~	
1	2	3	4	5	6	7	8	9	10	11	12	13	14	15	16	~	20

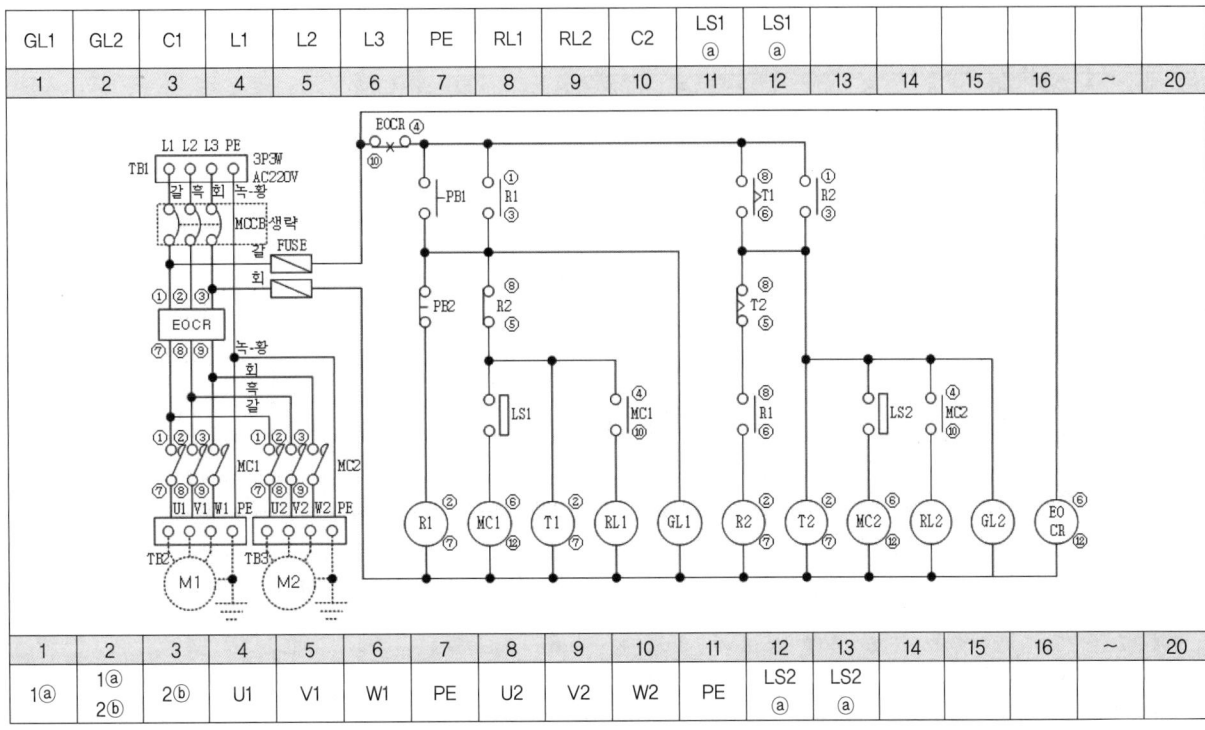

1	2	3	4	5	6	7	8	9	10	11	12	13	14	15	16	~	20
1ⓐ	1ⓐ 2ⓑ	2ⓑ	U1	V1	W1	PE	U2	V2	W2	PE	LS2 ⓐ	LS2 ⓐ					

7-5. 승강기 제어 ⑤ : 내부 기구 번호 및 단자대(20P) 외부 기구 이름

1	2	3	4	5	6	7	8	9	10	11	12	13	14	15	16	~	20
1ⓐ	1ⓐ 2ⓑ	2ⓑ	L1	L2	L3	PE	LS1 ⓐ	LS1 ⓐ	RL1	RL2	C1						

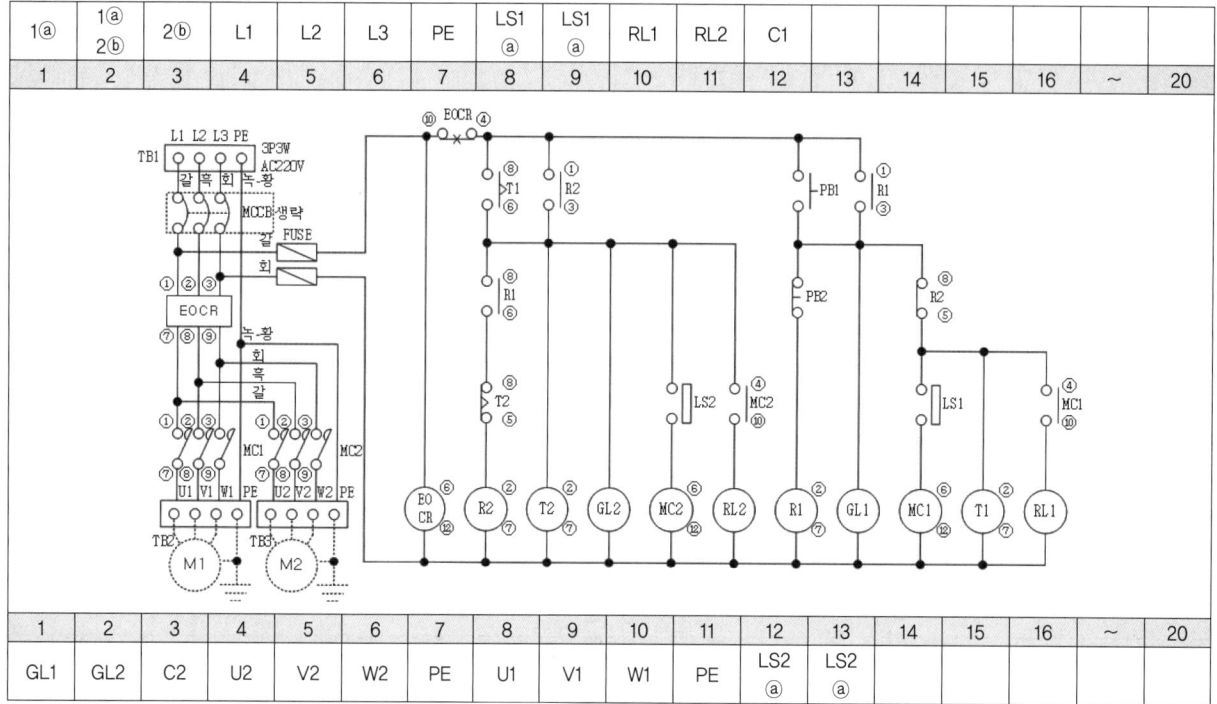

1	2	3	4	5	6	7	8	9	10	11	12	13	14	15	16	~	20
GL1	GL2	C2	U2	V2	W2	PE	U1	V1	W1	PE	LS2 ⓐ	LS2 ⓐ					

8-1. 전동기(리밋-타이머) 제어 ① : 내부 기구 번호 및 단자대(20P) 외부 기구 이름

1	2	3	4	5	6	7	8	9	10	11	12	13	14	15	16	17	~	20
1ⓑ	1ⓑ 2ⓐ 3ⓐ	2ⓐ	3ⓐ	L1	L2	L3	PE	YL	BZ	C1	GL	RL	C2					

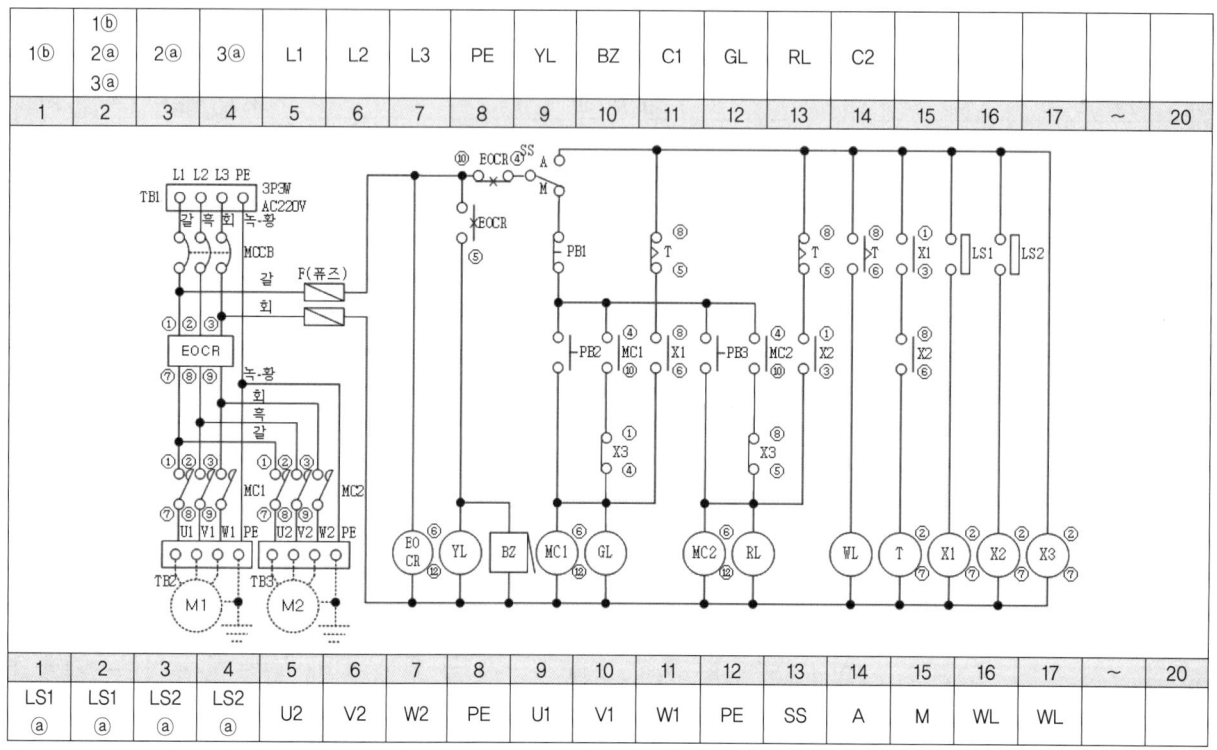

1	2	3	4	5	6	7	8	9	10	11	12	13	14	15	16	17	~	20
LS1 ⓐ	LS1 ⓐ	LS2 ⓐ	LS2 ⓐ	U2	V2	W2	PE	U1	V1	W1	PE	SS	A	M	WL	WL		

8-2. 전동기(리밋-타이머) 제어 ② : 내부 기구 번호 및 단자대(20P) 외부 기구 이름

SS	A	M	WL	WL	LS1 ⓐ	LS1 ⓐ	LS2 ⓐ	LS2 ⓐ	L1	L2	L3	PE	GL	RL	C1		
1	2	3	4	5	6	7	8	9	10	11	12	13	14	15	16	~	20

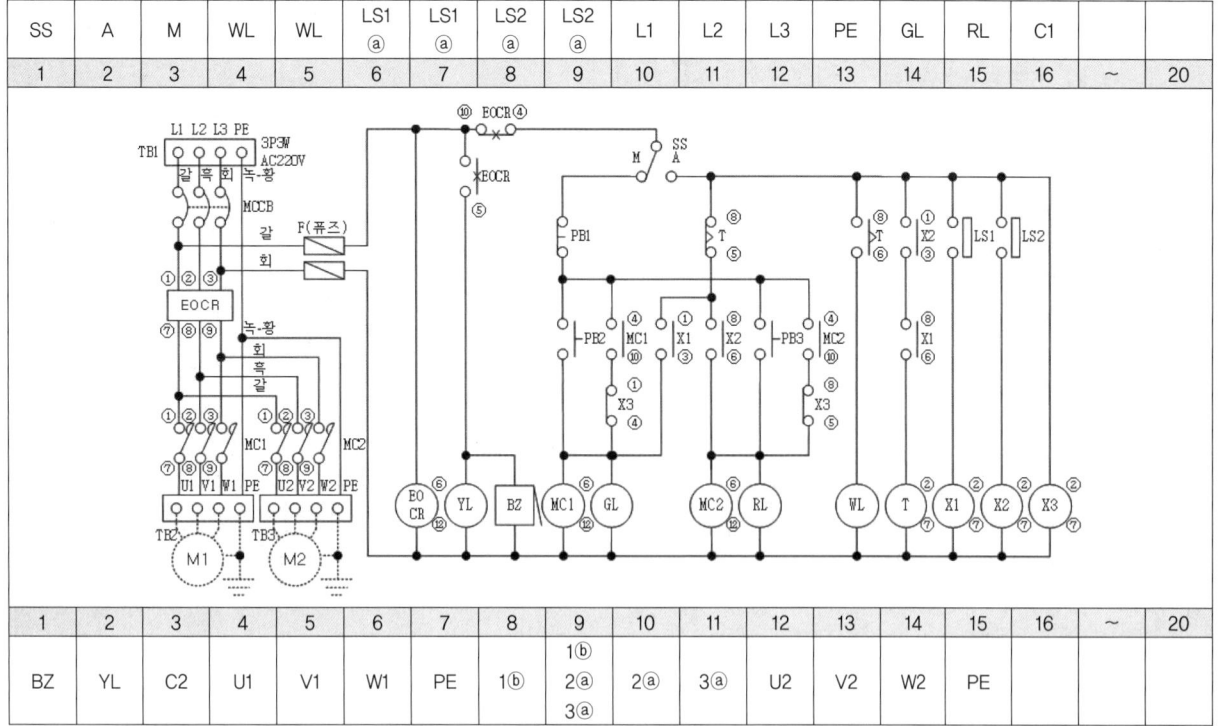

1	2	3	4	5	6	7	8	9	10	11	12	13	14	15	16	~	20
BZ	YL	C2	U1	V1	W1	PE	1ⓑ	1ⓑ 2ⓐ 3ⓐ	2ⓐ	3ⓐ	U2	V2	W2	PE			

8-3. 전동기(리밋-타이머) 제어 ③ : 내부 기구 번호 및 단자대(20P) 외부 기구 이름

1ⓑ 2ⓐ 3ⓐ	2ⓐ	3ⓐ	SS	A	M	WL	WL	L1	L2	L3	PE	LS1 ⓐ	LS1 ⓐ	LS2 ⓐ	LS2 ⓐ		
1	2	3	4	5	6	7	8	9	10	11	12	13	14	15	16	17	~	20

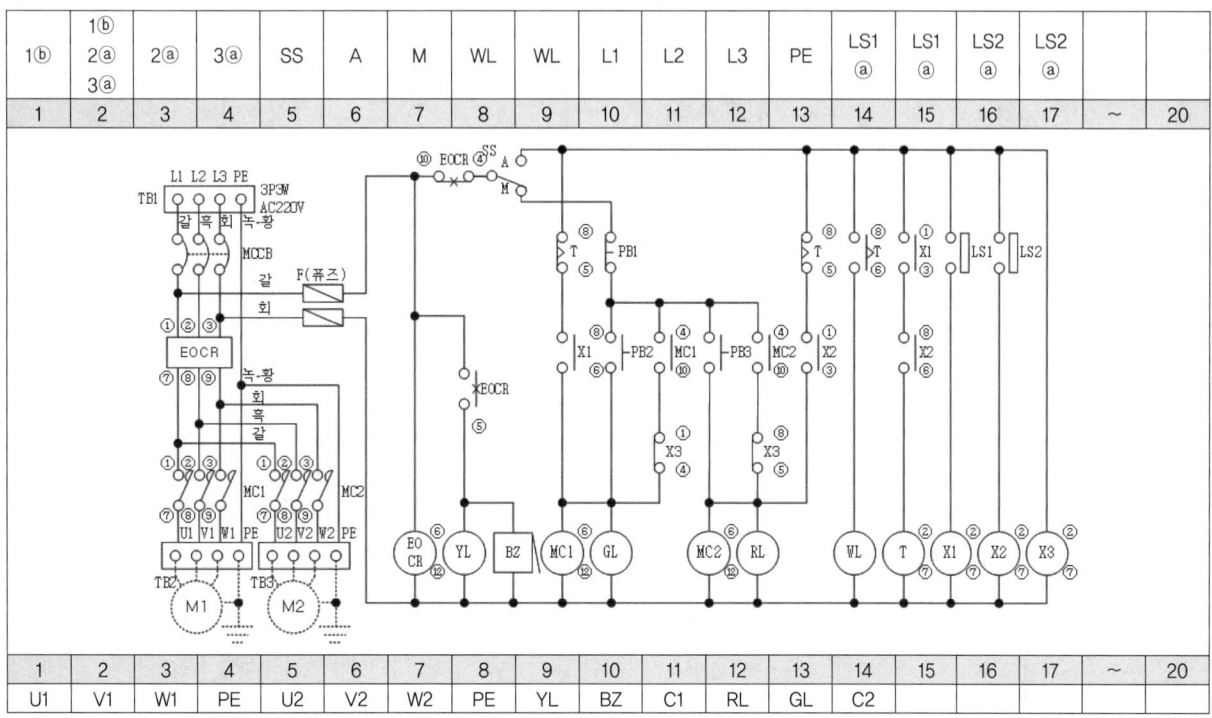

1	2	3	4	5	6	7	8	9	10	11	12	13	14	15	16	17	~	20
U1	V1	W1	PE	U2	V2	W2	PE	YL	BZ	C1	RL	GL	C2					

8-4. 전동기(리밋-타이머) 제어 ④ : 내부 기구 번호 및 단자대(20P) 외부 기구 이름

BZ	YL	C1	L1	L2	L3	PE	LS1 ⓐ	LS1 ⓐ	LS2 ⓐ	LS2 ⓐ	1ⓑ	1ⓑ 2ⓐ 3ⓐ	2ⓐ	3ⓐ		
1	2	3	4	5	6	7	8	9	10	11	12	13	14	15	16	~ 20

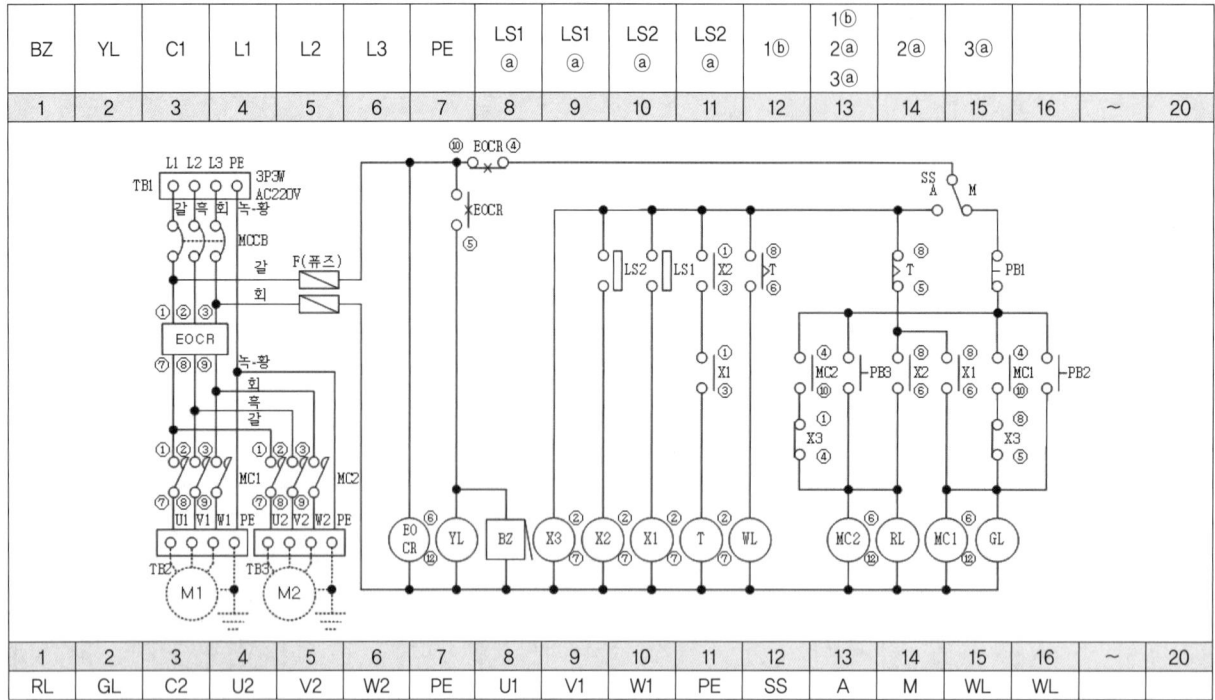

1	2	3	4	5	6	7	8	9	10	11	12	13	14	15	16	~ 20
RL	GL	C2	U2	V2	W2	PE	U1	V1	W1	PE	SS	A	M	WL	WL	

8-5. 전동기(리밋-타이머) 제어 ⑤ : 내부 기구 번호 및 단자대(20P) 외부 기구 이름

L1	L2	L3	PE	LS1 ⓐ	LS1 ⓐ	LS2 ⓐ	LS2 ⓐ	GL	RL	C1	BZ	YL	C2				
1	2	3	4	5	6	7	8	9	10	11	12	13	14	15	16	17	~ 20

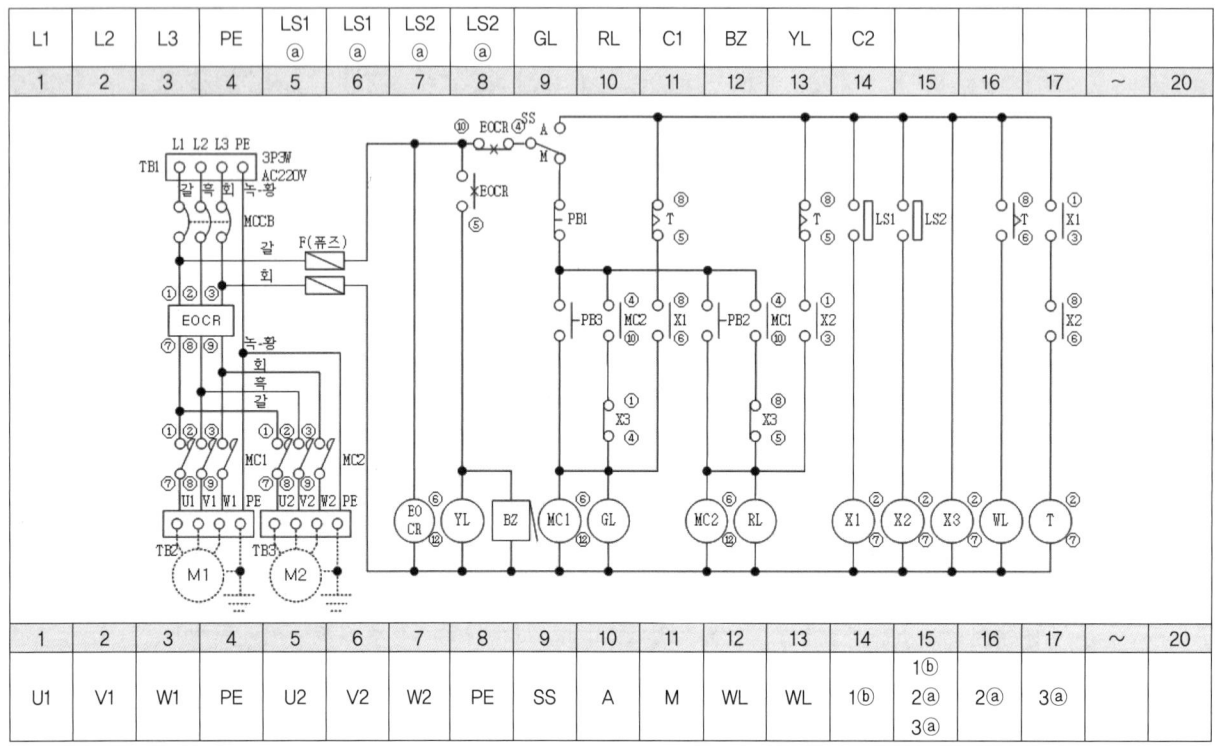

1	2	3	4	5	6	7	8	9	10	11	12	13	14	15	16	17	~ 20
U1	V1	W1	PE	U2	V2	W2	PE	SS	A	M	WL	WL	1ⓑ	1ⓑ 2ⓐ 3ⓐ	2ⓐ	3ⓐ	

9-1. 전동기(배수회로) 제어 ① (공개 ①) : 내부 기구 번호 및 단자대(20P) 외부 기구 이름

1ⓐ	1ⓐ 0ⓑ	0ⓑ	SS	A	M	L1	L2	L3	PE	RL	GL	C1				~			
1	2	3	4	5	6	7	8	9	10	11	12	13	14	15	16	~			20

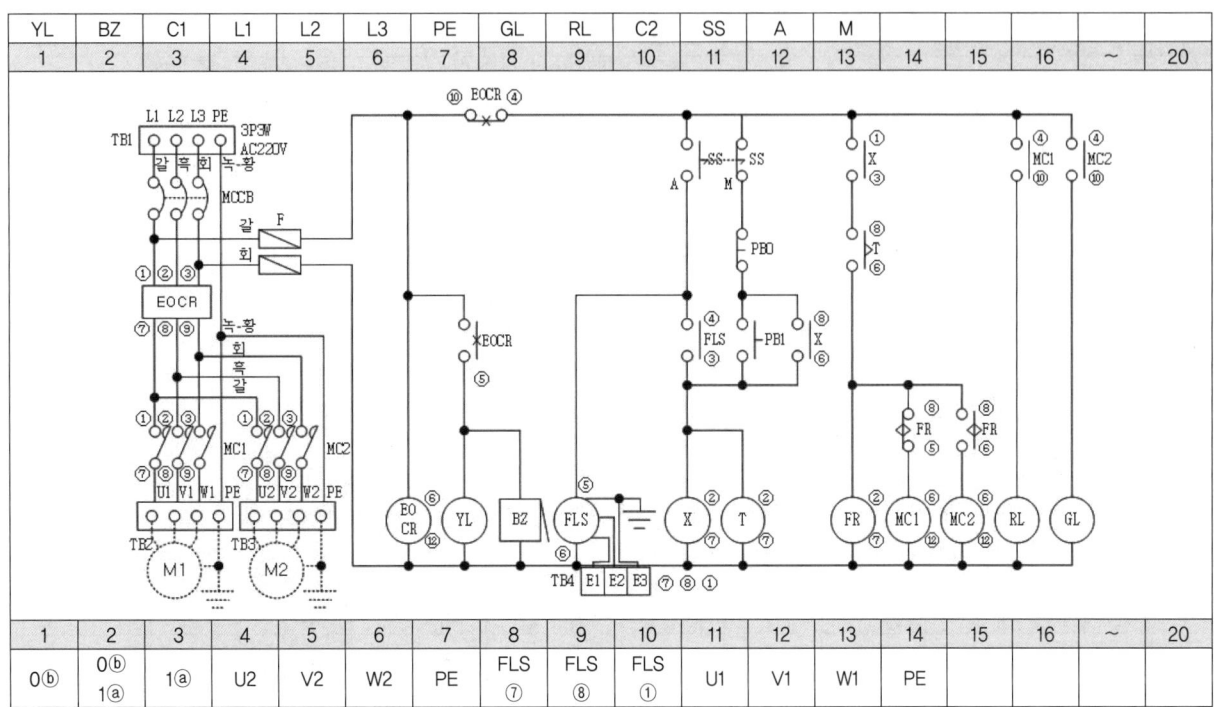

1	2	3	4	5	6	7	8	9	10	11	12	13	14	15	16	~	20
YL	BZ	C2	U2	V2	W2	PE	FLS ⑦	FLS ⑧	FLS ①	U1	V1	W1	PE			~	

9-2. 전동기(배수회로) 제어 ② (공개 ②) : 내부 기구 번호 및 단자대(20P) 외부 기구 이름

YL	BZ	C1	L1	L2	L3	PE	GL	RL	C2	SS	A	M				~	
1	2	3	4	5	6	7	8	9	10	11	12	13	14	15	16	~	20

1	2	3	4	5	6	7	8	9	10	11	12	13	14	15	16	~	20
0ⓑ	0ⓑ 1ⓐ	1ⓐ	U2	V2	W2	PE	FLS ⑦	FLS ⑧	FLS ①	U1	V1	W1	PE			~	

9-3. 전동기(배수회로) 제어 ③ (공개 ③) : 내부 기구 번호 및 단자대(20P) 외부 기구 이름

0ⓑ	0ⓑ 1ⓐ	1ⓐ	L1	L2	L3	PE	YL	BZ	C1	RL	GL	C2				
1	2	3	4	5	6	7	8	9	10	11	12	13	14	15	16	~ 20

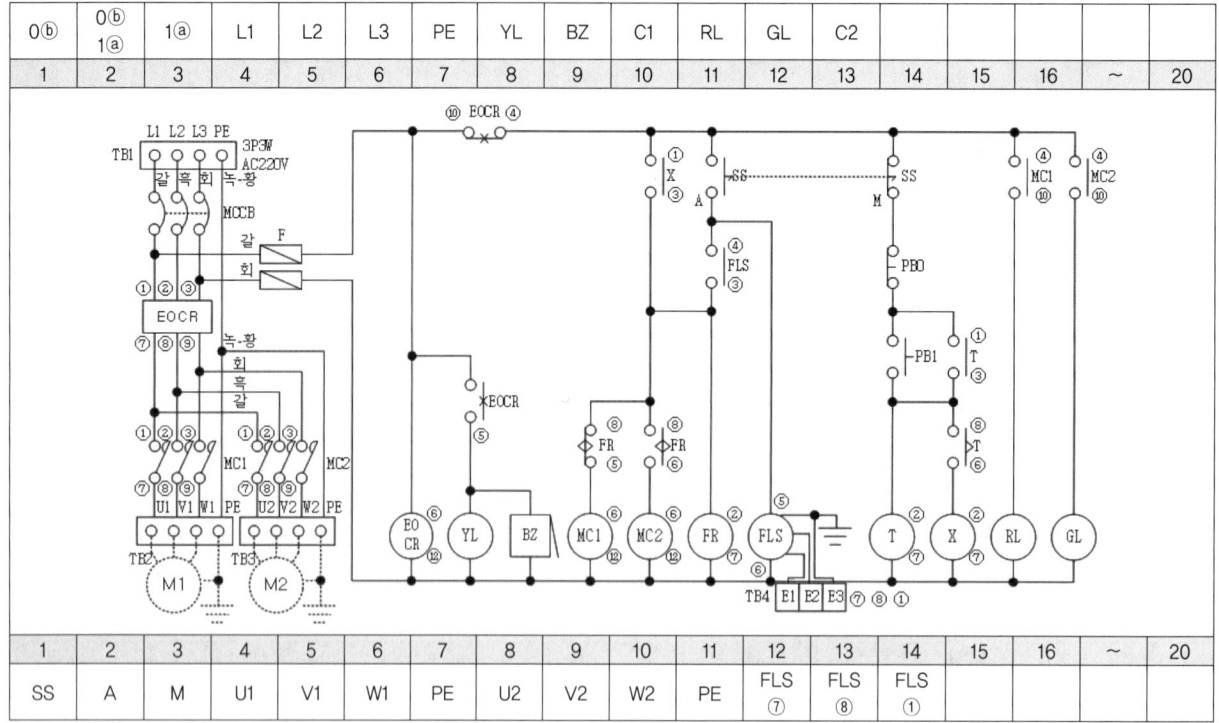

1	2	3	4	5	6	7	8	9	10	11	12	13	14	15	16	~ 20
SS	A	M	U1	V1	W1	PE	U2	V2	W2	PE	FLS ⑦	FLS ⑧	FLS ①			

9-4. 전동기(배수회로) 제어 ④ (공개 ④) : 내부 기구 번호 및 단자대(20P) 외부 기구 이름

YL	BZ	C1	L1	L2	L3	PE	RL	GL	C2	SS	A	M				
1	2	3	4	5	6	7	8	9	10	11	12	13	14	15	16	~ 20

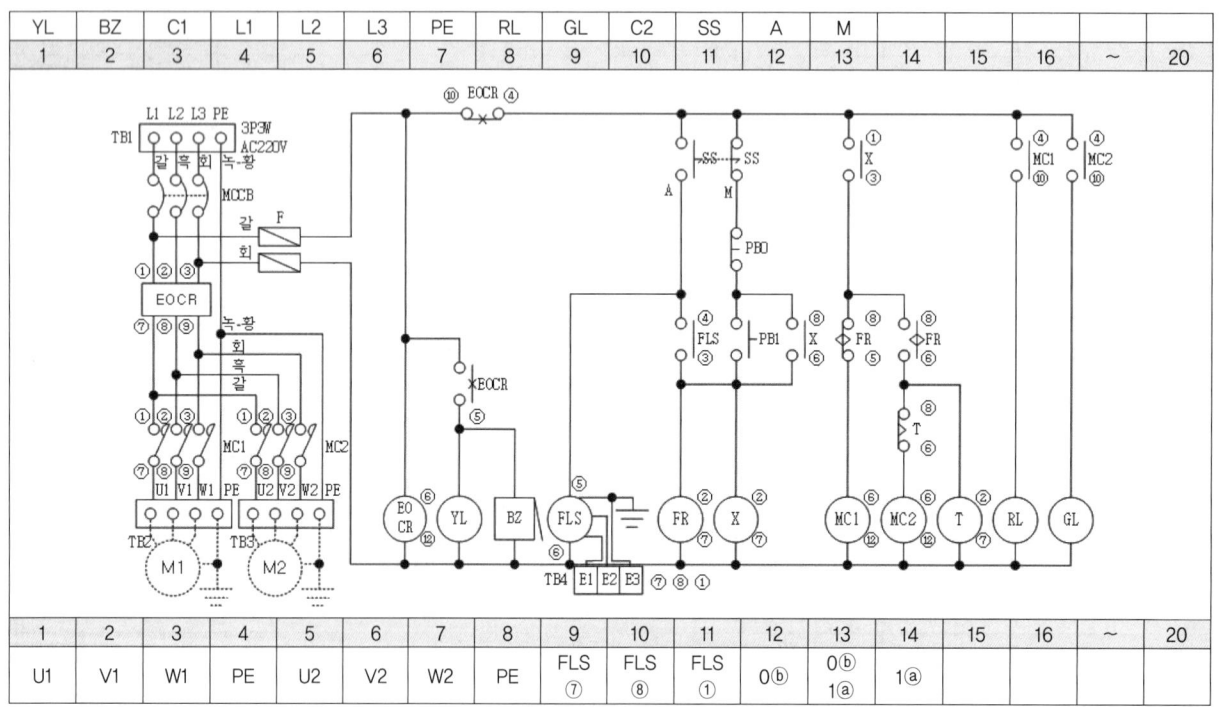

1	2	3	4	5	6	7	8	9	10	11	12	13	14	15	16	~ 20
U1	V1	W1	PE	U2	V2	W2	PE	FLS ⑦	FLS ⑧	FLS ①	0ⓑ	0ⓑ 1ⓐ	1ⓐ			

9-5. 전동기(배수회로) 제어 ⑤ (공개 ⑤) : 내부 기구 번호 및 단자대(20P) 외부 기구 이름

1	2	3	4	5	6	7	8	9	10	11	12	13	14	15	16	~	20
RL	GL	C1	L1	L2	L3	PE	SS	A	M	0ⓑ	0ⓑ 1ⓐ	1ⓐ					

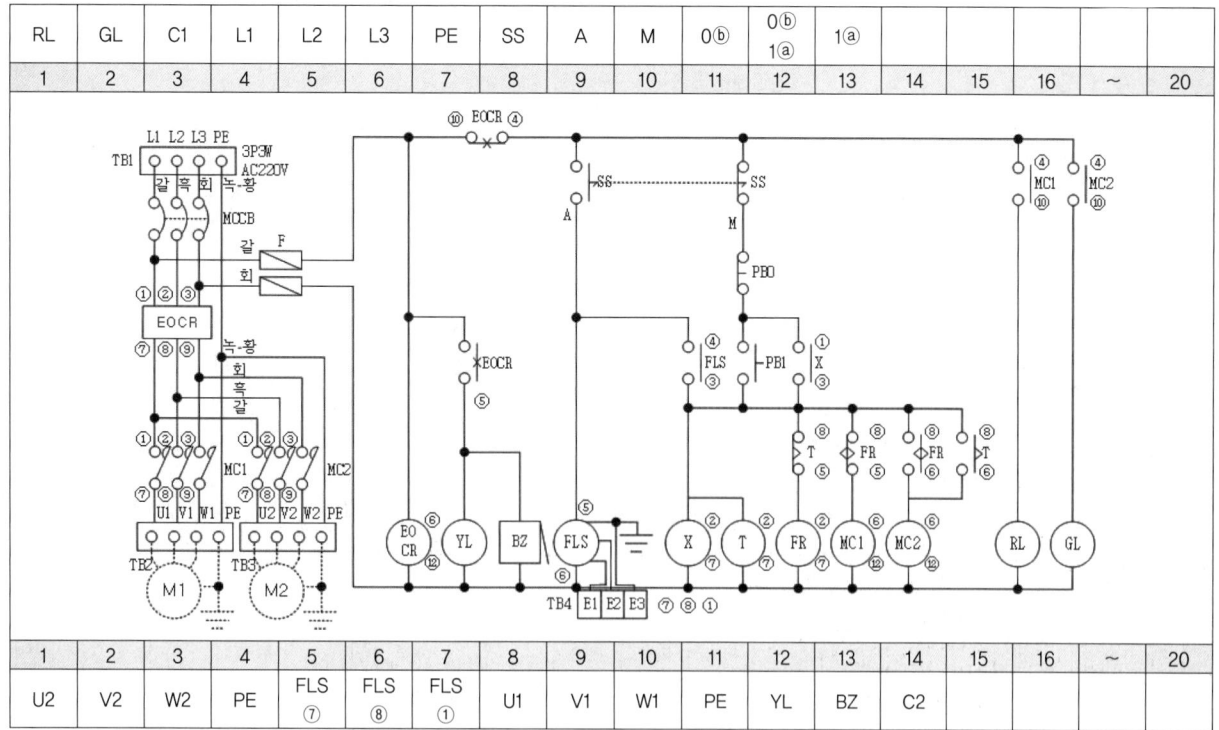

1	2	3	4	5	6	7	8	9	10	11	12	13	14	15	16	~	20
U2	V2	W2	PE	FLS ⑦	FLS ⑧	FLS ①	U1	V1	W1	PE	YL	BZ	C2				

9-6. 전동기(배수회로) 제어 ⑥ (공개 ⑥) : 내부 기구 번호 및 단자대(20P) 외부 기구 이름

1	2	3	4	5	6	7	8	9	10	11	12	13	14	15	16	~	20
YL	BZ	C1	L1	L2	L3	PE	RL	GL	C2	SS	A	M					

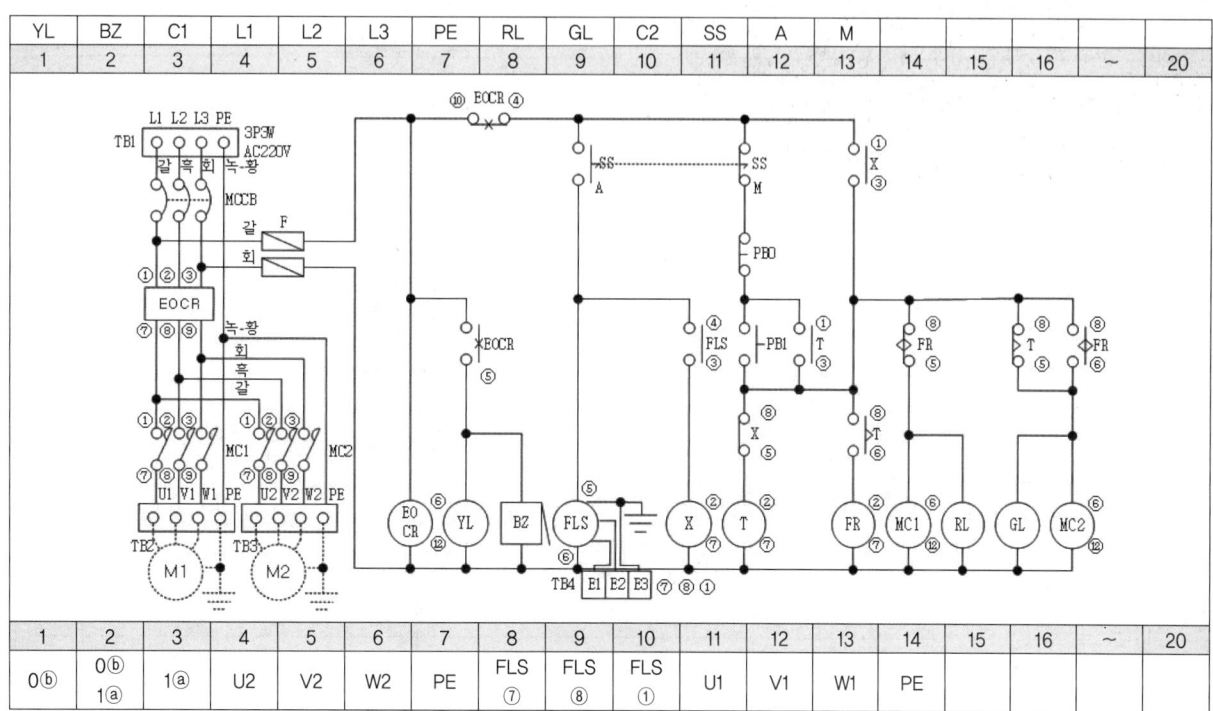

1	2	3	4	5	6	7	8	9	10	11	12	13	14	15	16	~	20
0ⓑ	0ⓑ 1ⓐ	1ⓐ	U2	V2	W2	PE	FLS ⑦	FLS ⑧	FLS ①	U1	V1	W1	PE				

9-7. 전동기(배수회로) 제어 ⑦ (공개 ⑦) : 내부 기구 번호 및 단자대(20P) 외부 기구 이름

YL	BZ	C1	L1	L2	L3	PE	RL	GL	C2	SS	A	M				~	
1	2	3	4	5	6	7	8	9	10	11	12	13	14	15	16	~	20

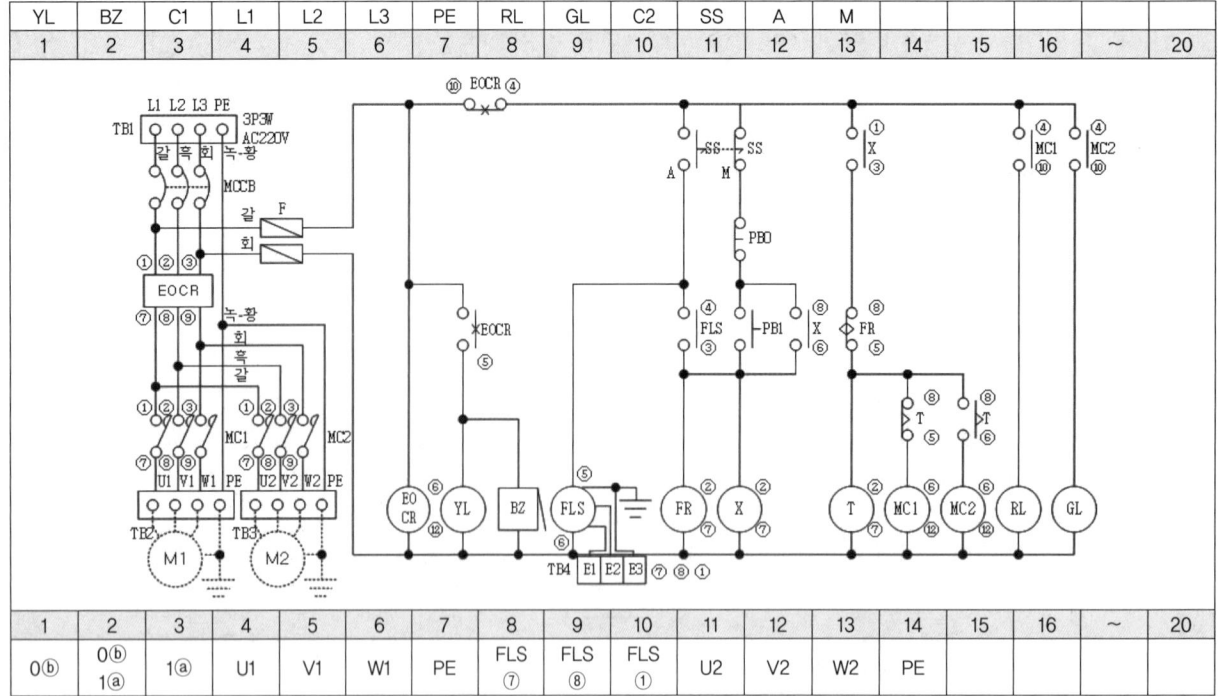

1	2	3	4	5	6	7	8	9	10	11	12	13	14	15	16	~	20
0ⓑ	0ⓑ 1ⓐ	1ⓐ	U1	V1	W1	PE	FLS ⑦	FLS ⑧	FLS ①	U2	V2	W2	PE			~	

9-8. 전동기(배수회로) 제어 ⑧ (공개 ⑧) : 내부 기구 번호 및 단자대(20P) 외부 기구 이름

0ⓑ	0ⓑ 1ⓐ	1ⓐ	SS	A	M	L1	L2	L3	PE	GL	RL	C1				~	
1	2	3	4	5	6	7	8	9	10	11	12	13	14	15	16	~	20

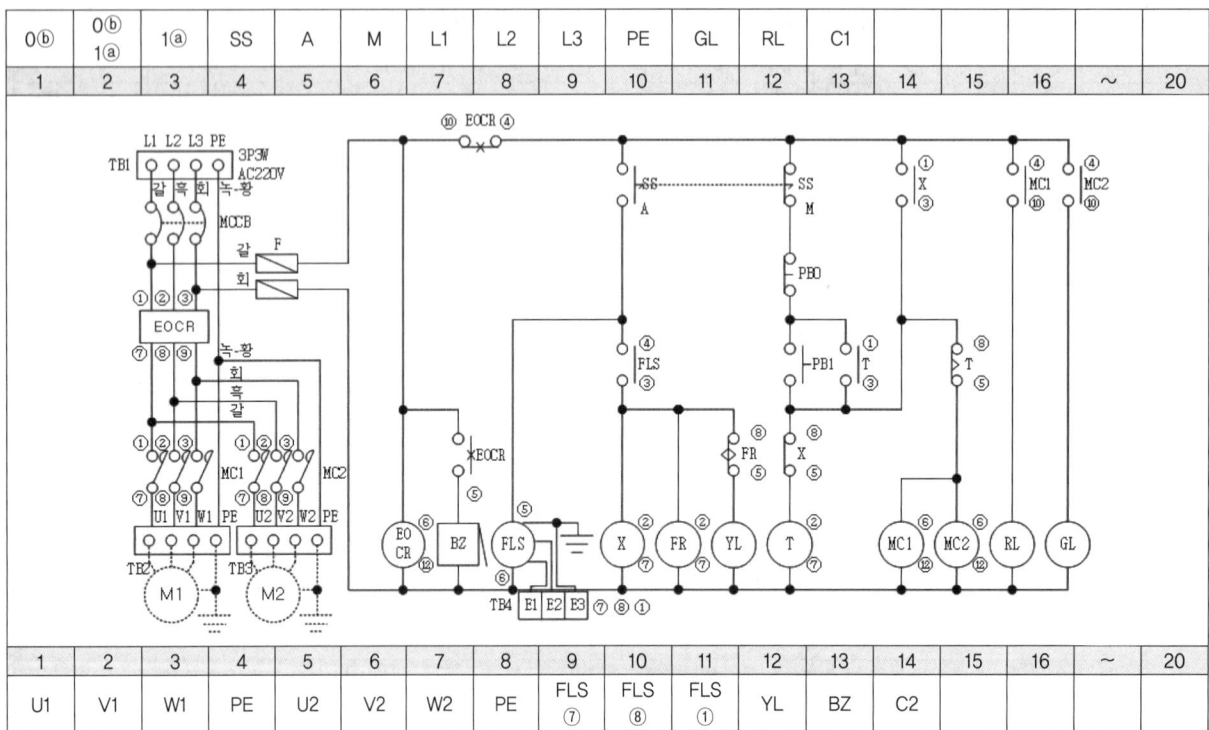

1	2	3	4	5	6	7	8	9	10	11	12	13	14	15	16	~	20
U1	V1	W1	PE	U2	V2	W2	PE	FLS ⑦	FLS ⑧	FLS ①	YL	BZ	C2			~	

9-9. 전동기(배수회로) 제어 ⑨ (공개 ⑨) : 내부 기구 번호 및 단자대(20P) 외부 기구 이름

SS	A	M	RL	GL	C1	L1	L2	L3	PE	YL	BZ	C2				~	
1	2	3	4	5	6	7	8	9	10	11	12	13	14	15	16	~	20

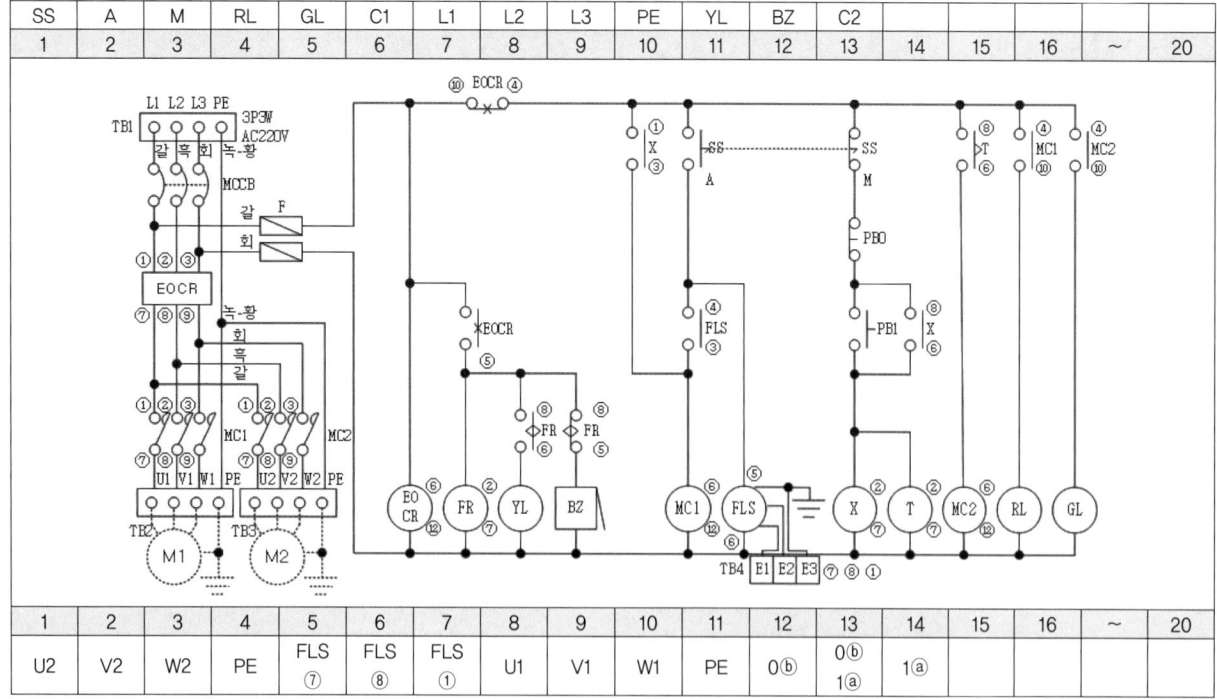

1	2	3	4	5	6	7	8	9	10	11	12	13	14	15	16	~	20
U2	V2	W2	PE	FLS ⑦	FLS ⑧	FLS ①	U1	V1	W1	PE	0ⓑ	0ⓑ 1ⓐ	1ⓐ			~	

9-10. 전동기(배수회로) 제어 ⑩ (기출유형) : 내부 기구 번호 및 단자대(20P) 외부 기구 이름

RL	GL	C1	L1	L2	L3	PE	0ⓑ	0ⓑ 1ⓐ	1ⓐ	SS	A	M				~	
1	2	3	4	5	6	7	8	9	10	11	12	13	14	15	16	~	20

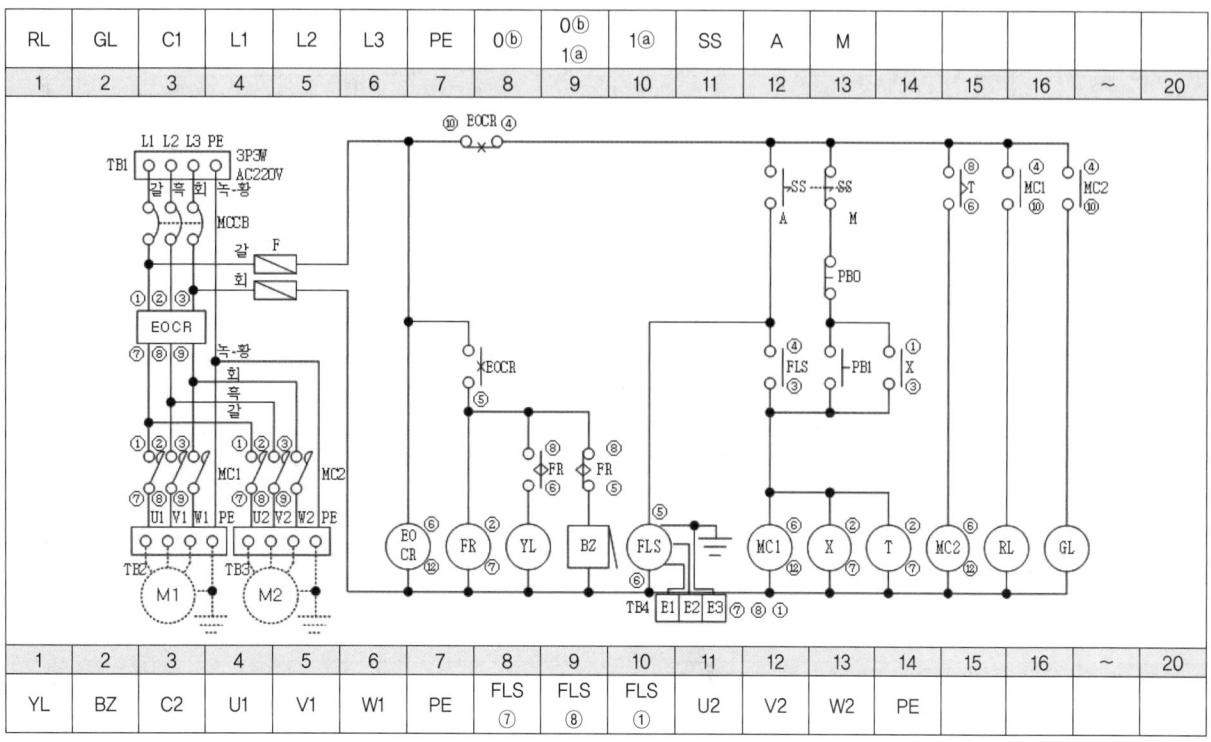

1	2	3	4	5	6	7	8	9	10	11	12	13	14	15	16	~	20
YL	BZ	C2	U1	V1	W1	PE	FLS ⑦	FLS ⑧	FLS ①	U2	V2	W2	PE			~	

10-1. 전동기(리밋-순차) 제어 ① (공개 ⑩) : 내부 기구 번호 및 단자대(20P) 외부 기구 이름

0ⓑ	0ⓑ 1ⓐ	1ⓐ	L1	L2	L3	PE	WL	YL	C1	GL	RL	C2				~	
1	2	3	4	5	6	7	8	9	10	11	12	13	14	15	16	~	20

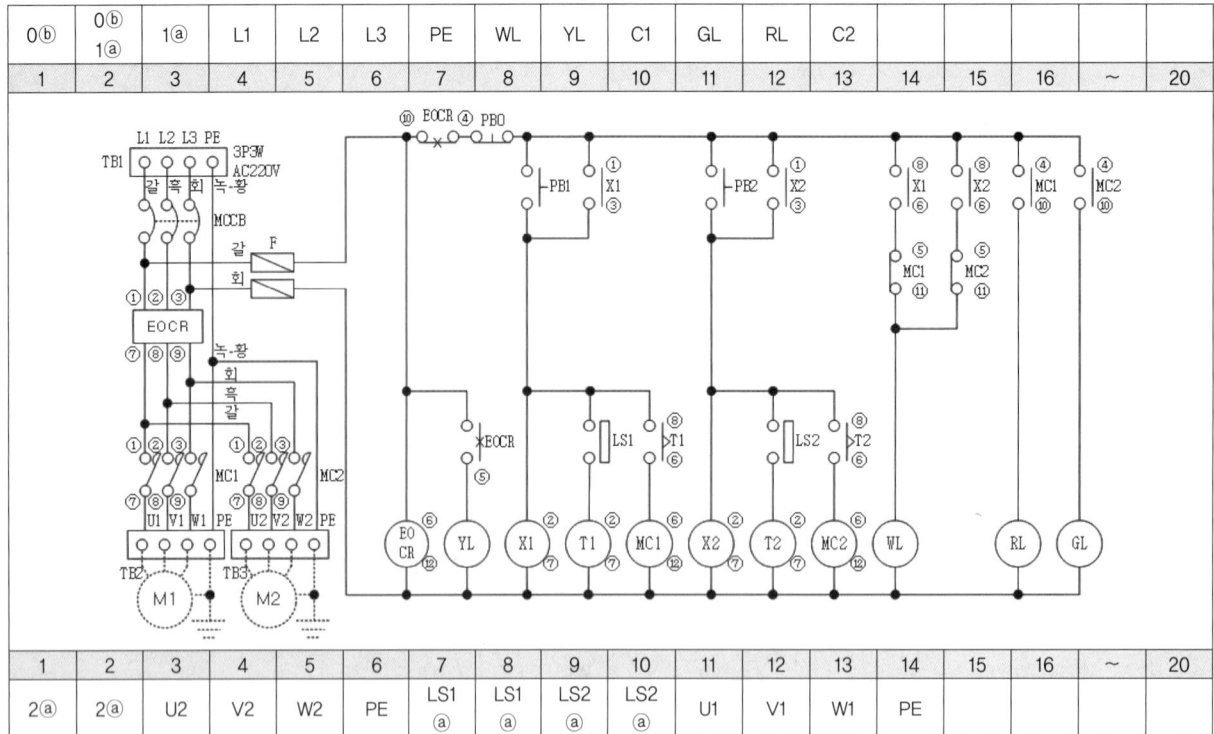

1	2	3	4	5	6	7	8	9	10	11	12	13	14	15	16	~	20
2ⓐ	2ⓐ	U2	V2	W2	PE	LS1 ⓐ	LS1 ⓐ	LS2 ⓐ	LS2 ⓐ	U1	V1	W1	PE			~	

10-2. 전동기(리밋-순차) 제어 ② (공개 ⑪) : 내부 기구 번호 및 단자대(20P) 외부 기구 이름

2ⓐ	2ⓐ	WL	YL	C1	L1	L2	L3	PE	GL	RL	C2					~	
1	2	3	4	5	6	7	8	9	10	11	12	13	14	15	16	~	20

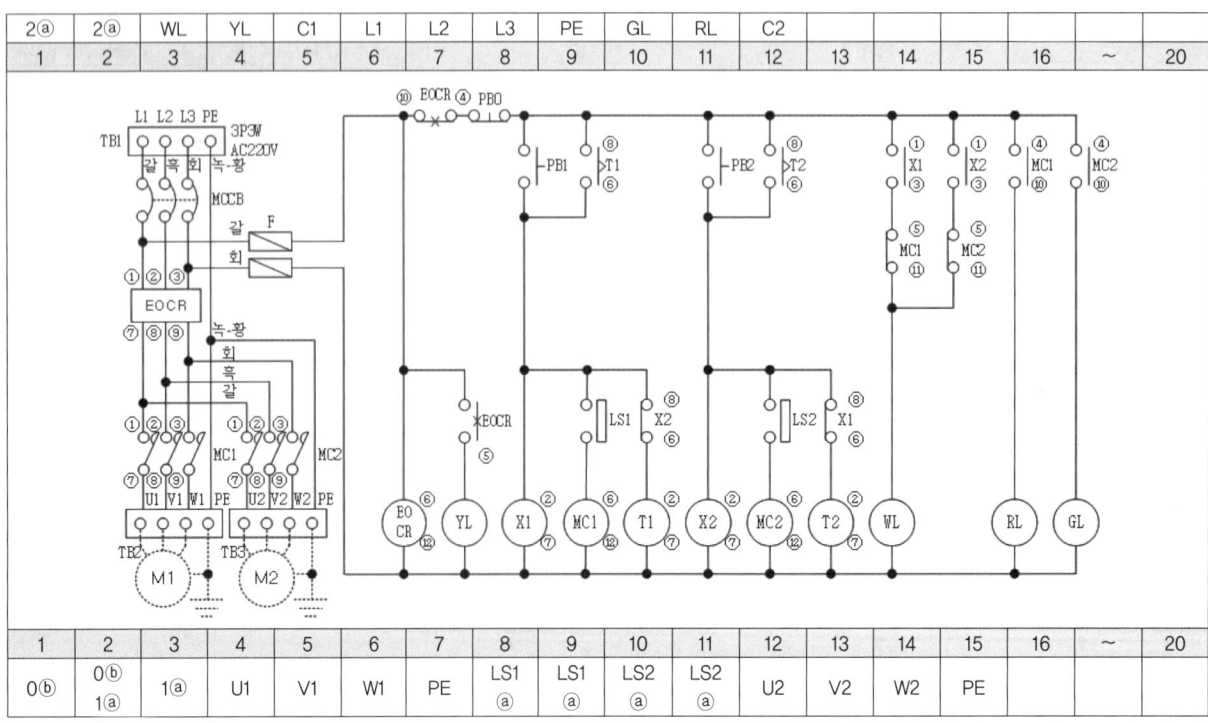

1	2	3	4	5	6	7	8	9	10	11	12	13	14	15	16	~	20
0ⓑ	0ⓑ 1ⓐ	1ⓐ	U1	V1	W1	PE	LS1 ⓐ	LS1 ⓐ	LS2 ⓐ	LS2 ⓐ	U2	V2	W2	PE		~	

10-3. 전동기(리밋-순차) 제어 ③ (공개 ⑫) : 내부 기구 번호 및 단자대(20P) 외부 기구 이름

1	2	3	4	5	6	7	8	9	10	11	12	13	14	15	16	~	20
GL	RL	C1	L1	L2	L3	PE	2ⓐ	2ⓐ	0ⓑ	0ⓑ 1ⓐ	1ⓐ						

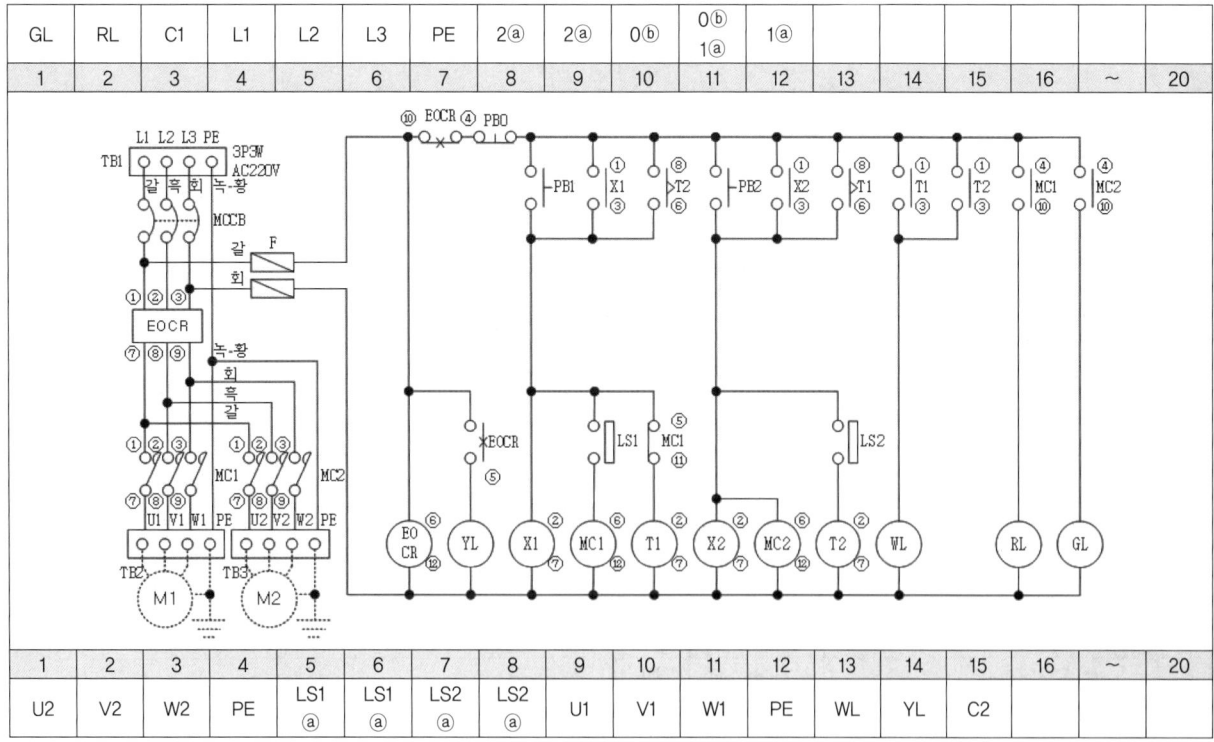

1	2	3	4	5	6	7	8	9	10	11	12	13	14	15	16	~	20
U2	V2	W2	PE	LS1 ⓐ	LS1 ⓐ	LS2 ⓐ	LS2 ⓐ	U1	V1	W1	PE	WL	YL	C2			

10-4. 전동기(리밋-순차) 제어 ④ (공개 ⑬) : 내부 기구 번호 및 단자대(20P) 외부 기구 이름

1	2	3	4	5	6	7	8	9	10	11	12	13	14	15	16	~	20
WL	YL	C1	L1	L2	L3	PE	GL	RL	C2	2ⓐ	2ⓐ						

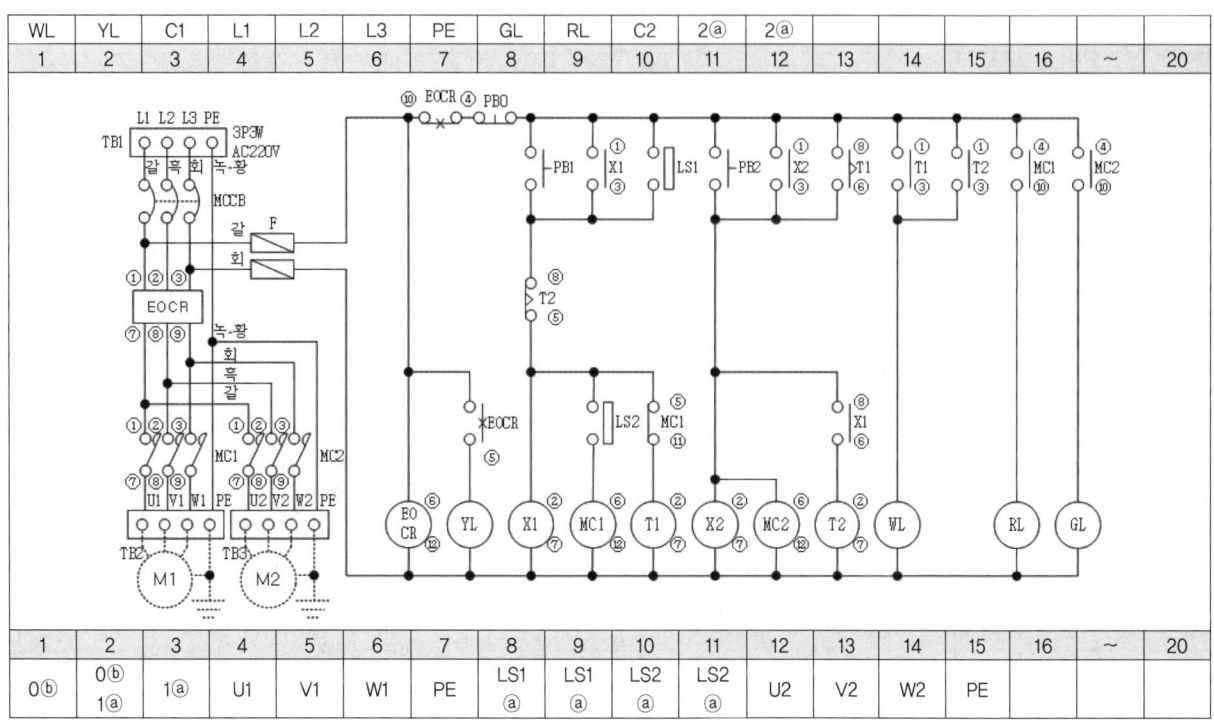

1	2	3	4	5	6	7	8	9	10	11	12	13	14	15	16	~	20
0ⓑ	0ⓑ 1ⓐ	1ⓐ	U1	V1	W1	PE	LS1 ⓐ	LS1 ⓐ	LS2 ⓐ	LS2 ⓐ	U2	V2	W2	PE			

10-5. 전동기(리밋-순차) 제어 ⑤ (공개 ⑭) : 내부 기구 번호 및 단자대(20P) 외부 기구 이름

2ⓐ	2ⓐ	L1	L2	L3	PE	0ⓑ	0ⓑ/1ⓐ	1ⓐ	WL	YL	C1					~	
1	2	3	4	5	6	7	8	9	10	11	12	13	14	15	16	~	20

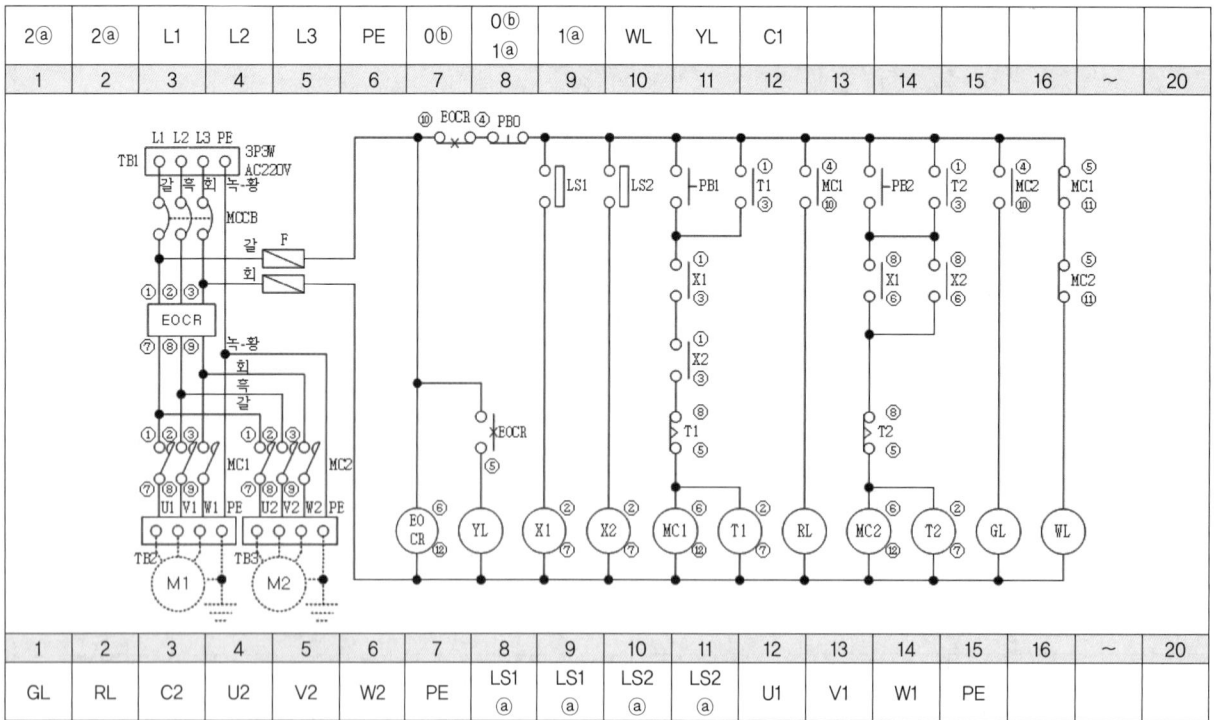

1	2	3	4	5	6	7	8	9	10	11	12	13	14	15	16	~	20
GL	RL	C2	U2	V2	W2	PE	LS1 ⓐ	LS1 ⓐ	LS2 ⓐ	LS2 ⓐ	U1	V1	W1	PE			

10-6. 전동기(리밋-순차) 제어 ⑥ (공개 ⑮) : 내부 기구 번호 및 단자대(20P) 외부 기구 이름

GL	RL	C1	WL	YL	C2	L1	L2	L3	PE	0ⓑ	0ⓑ/1ⓐ	1ⓐ				~	
1	2	3	4	5	6	7	8	9	10	11	12	13	14	15	16	~	20

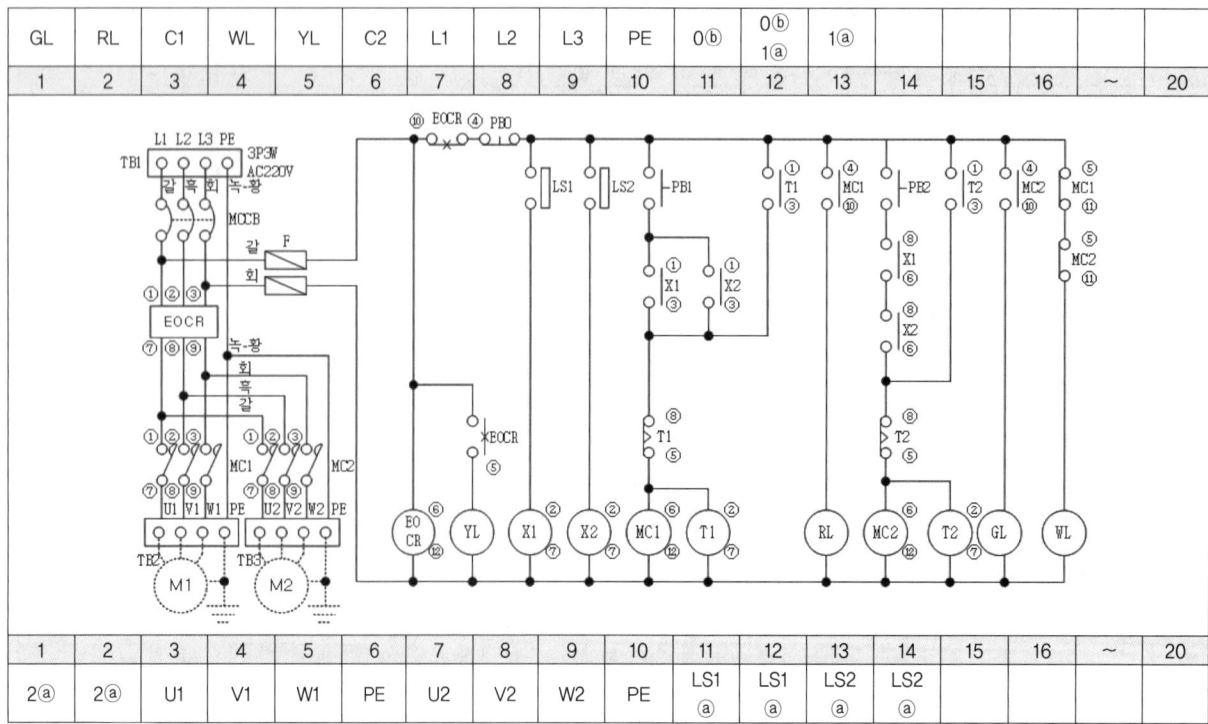

1	2	3	4	5	6	7	8	9	10	11	12	13	14	15	16	~	20
2ⓐ	2ⓐ	U1	V1	W1	PE	U2	V2	W2	PE	LS1 ⓐ	LS1 ⓐ	LS2 ⓐ	LS2 ⓐ				

10-7. 전동기(리밋-순차) 제어 ⑦ (공개 ⑯) : 내부 기구 번호 및 단자대(20P) 외부 기구 이름

1	2	3	4	5	6	7	8	9	10	11	12	13	14	15	16	~	20
RL	GL	C1	WL	YL	C2	L1	L2	L3	PE	0ⓑ	0ⓑ 1ⓐ	1ⓐ					

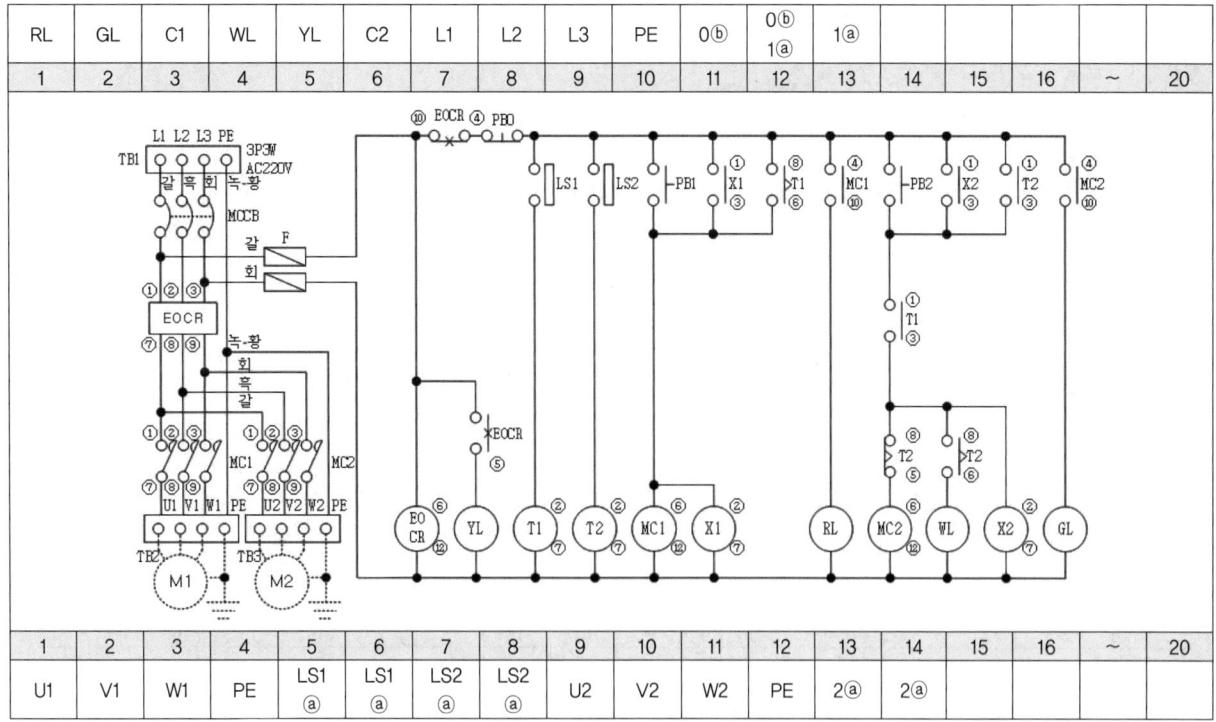

1	2	3	4	5	6	7	8	9	10	11	12	13	14	15	16	~	20
U1	V1	W1	PE	LS1 ⓐ	LS1 ⓐ	LS2 ⓐ	LS2 ⓐ	U2	V2	W2	PE	2ⓐ	2ⓐ				

10-8. 전동기(리밋-순차) 제어 ⑧ (공개 ⑰) : 내부 기구 번호 및 단자대(20P) 외부 기구 이름

1	2	3	4	5	6	7	8	9	10	11	12	13	14	15	16	~	20
0ⓑ	0ⓑ 1ⓐ	1ⓐ	L1	L2	L3	PE	WL	YL	C1	GL	RL	C2					

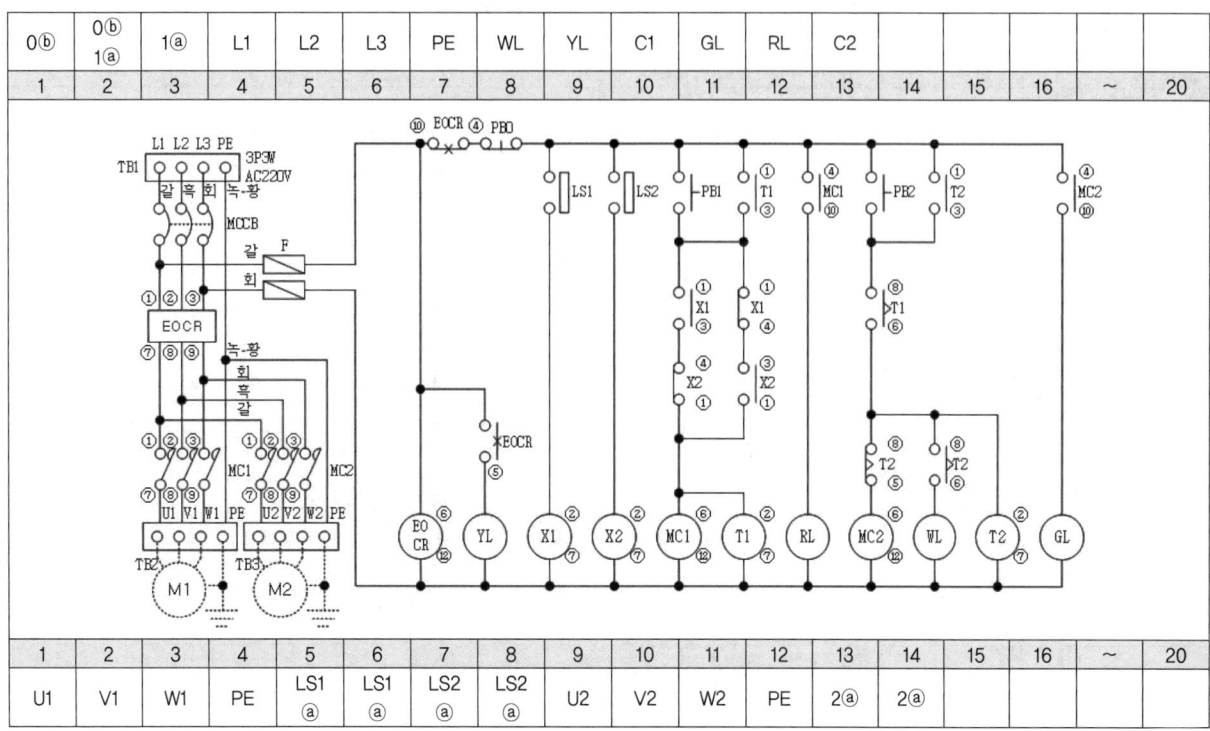

1	2	3	4	5	6	7	8	9	10	11	12	13	14	15	16	~	20
U1	V1	W1	PE	LS1 ⓐ	LS1 ⓐ	LS2 ⓐ	LS2 ⓐ	U2	V2	W2	PE	2ⓐ	2ⓐ				

10-9. 전동기(리밋-순차) 제어 ⑨ (공개 ⑱) : 내부 기구 번호 및 단자대(20P) 외부 기구 이름

2ⓐ	2ⓐ	RL	GL	C1	L1	L2	L3	PE	WL	YL	C2					~	
1	2	3	4	5	6	7	8	9	10	11	12	13	14	15	16	~	20

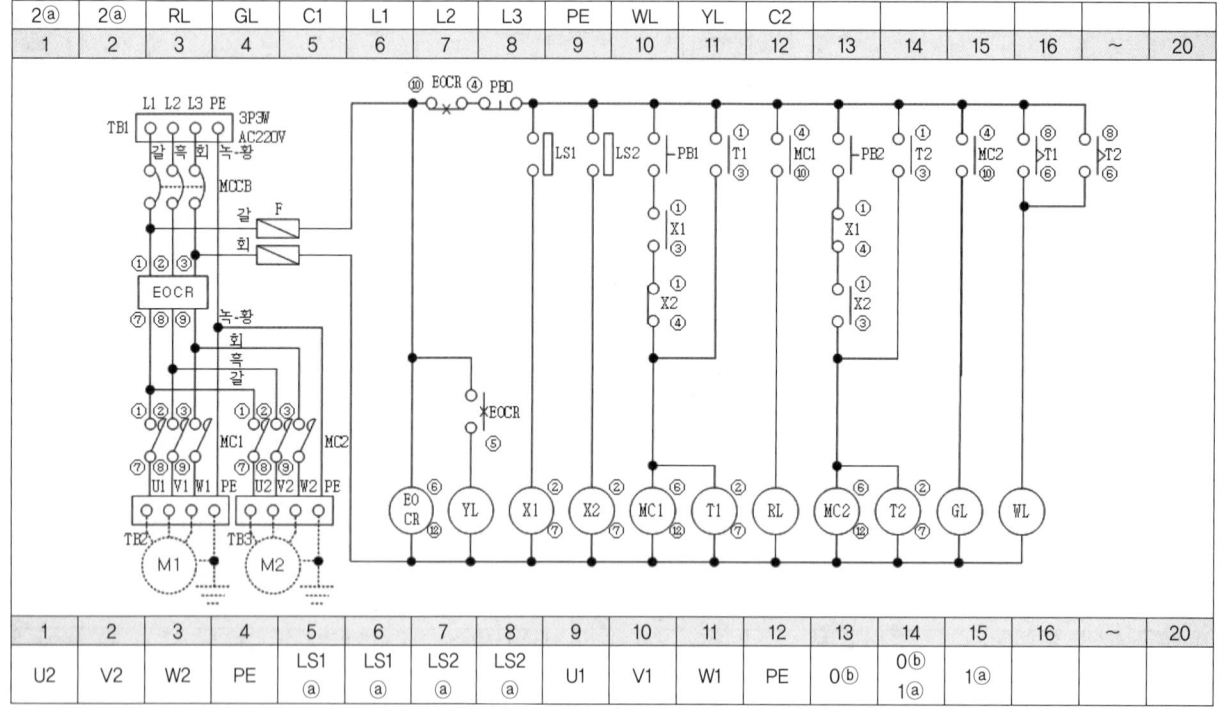

1	2	3	4	5	6	7	8	9	10	11	12	13	14	15	16	~	20
U2	V2	W2	PE	LS1 ⓐ	LS1 ⓐ	LS2 ⓐ	LS2 ⓐ	U1	V1	W1	PE	0ⓑ	0ⓑ 1ⓐ	1ⓐ			

10-10. 전동기(리밋-순차) 제어 ⑩ (기출유형) : 내부 기구 번호 및 단자대(20P) 외부 기구 이름

2ⓐ	2ⓐ	GL	RL	C1	L1	L2	L3	PE	0ⓑ	0ⓑ 1ⓐ	1ⓐ					~	
1	2	3	4	5	6	7	8	9	10	11	12	13	14	15	16	~	20

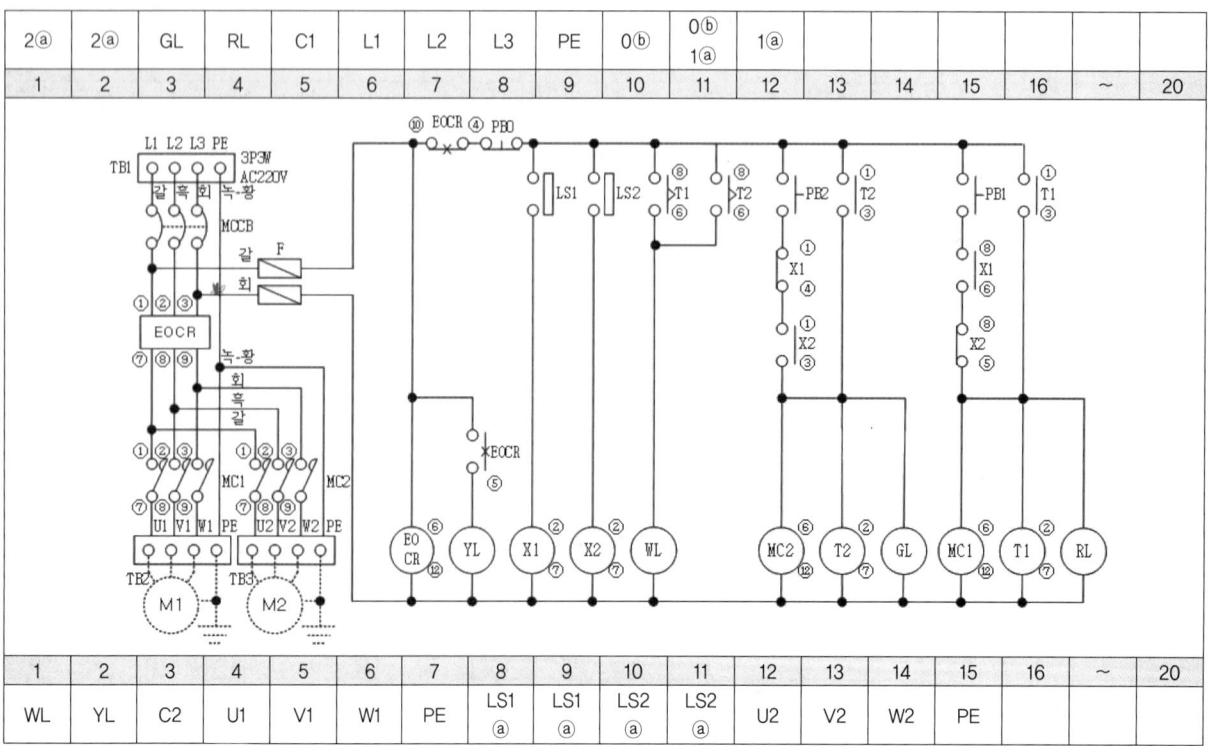

1	2	3	4	5	6	7	8	9	10	11	12	13	14	15	16	~	20
WL	YL	C2	U1	V1	W1	PE	LS1 ⓐ	LS1 ⓐ	LS2 ⓐ	LS2 ⓐ	U2	V2	W2	PE			

PART 03

부록
전기기능사 실기 (작업형) 응시요령

CHAPTER 01　작업 방법 및 순서
CHAPTER 02　실기(모의) 문제지
CHAPTER 03　채점 기준표
CHAPTER 04　출제 경향
CHAPTER 05　각종 릴레이 내부 회로도

> **일러두기**
> • 2023년 10월 12일 한국전기설비규정(KEC) 일부 개정에 따라 용어가 아래와 같이 변경되었으나 교재 내에서는 도면 표기 및 학습의 편의상 변경 전 용어를 그대로 사용하였으니 학습에 참고하시기 바랍니다.
>
> | 변경 전 | 결선 | 백색 | 청색 | 황색 | 흑색 |
> |---|---|---|---|---|---|
> | 변경 후 | 전선연결 | 흰색 | 파란색 | 노란색 | 검은색 |

CHAPTER 01 작업 방법 및 순서

㉮ 재료 확인(수량, 불량) : 부족 시 보충, 불량 시 교환
㉯ 동작회로도 각종 릴레이 핀번호 붙이기 : a, b접점 구분, 중복사용 금지
- 틀리기 쉬운 경우 및 번호 부여 규칙(숙달자는 결선을 간단, 초보자는 기준 부여)
예 8핀 릴레이

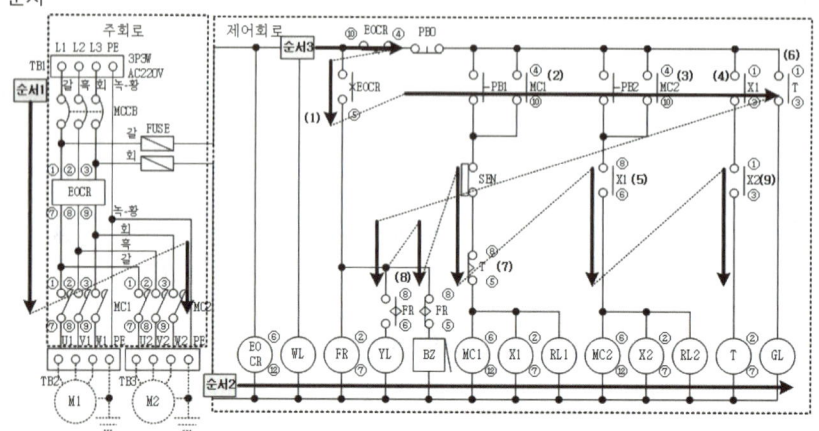

구 분	번호 표시	같은 기구 중복	중간 기구 공통접점	공통접점 교차
×				
○				

전 원 (작은 숫자 : 위쪽)	단독접점 공통(위쪽)	공통접점(3단자)		
		(공통 : 위쪽)	(공통 : 아래쪽)	(공통 : 가운데)

- 번호 넣는 순서

1. 작업 준비

순서1
- 주회로 : MC1과 MC2 주접점과 EOCR 감지기
- MC 주접점과 EOCR 감지기 개수에 상관없이 (상) ① ② ③, (하) ⑦ ⑧ ⑨를 넣는다.

순서2
- 각종 릴레이의 전원
- 각종 릴레이의 전원은 개수에 상관없이 작은 숫자가 위쪽, 큰 숫자가 아래쪽에 넣는다.

순서3
- 각종 릴레이의 접점
- 화살표 방향으로 이동하며 릴레이 종류별로 ⓐ접점과 ⓑ접점을 구분하며 넣는다. 병렬로 연결된 것은 같은 열로 본다.

	㉮ 수직·수평선 그리기	

수직 간격	수평 간격
도면 치수	임 의

좌우 표시한 후 선긋기

㉯ 좌우 수직선 그리기

부품수	좌우 여백
2개	50mm
3개	40mm
4개 이상	30mm
좌우 여백은 동일	

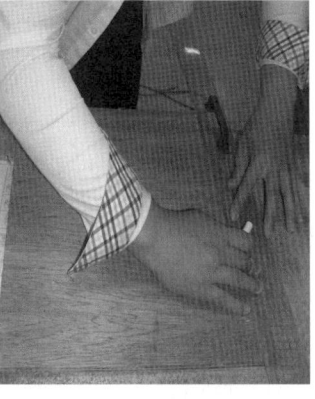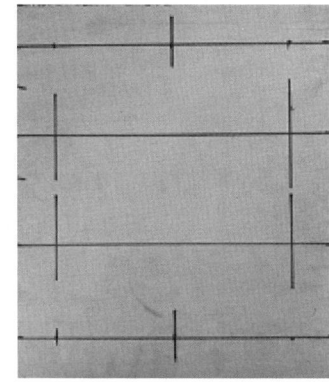

※ 정확할 필요가 없음, 선긋기 작업은 반드시 분필 사용할 것

㉰ 기구 및 소켓 위·아래 구분하여 배치하고 고정

2. 제어판 만들기

- 1행과 4행의 단자대는 수평선에 맞게 좌우 여백이 같게 전체를 배열한 후 나사로 고정한다.
- 2행과 3행은 행단위로 배열하고 고정한다.
  - 가장 왼쪽이나 오른쪽 수직선에 기구의 바깥 면을 맞추어 배열한다.
  - 중간 배열은 나머지 기구의 여백을 균등하게 배치한 후 고정한다.
- 소켓이나 배선차단기의 위아래 위치가 바뀌지 않도록 주의한다.
- 단자대 사이의 수평과 기구 바깥의 수직 빈 공간의 1/2 지점에 배선 기준선을 그린다(생략 가능).

㉱ 단자대 이름 및 제어판 소켓 넣기

- 단자대 이름 결정 및 단자대 구분
  외부 기구의 단자대 위치는 전선관을 따라 이동한다.

전선관 3개	전선관 4개
좌, 중, 우	좌, 중1, 중2, 우

- 왼쪽은 단자대 첫 칸, 오른쪽은 마지막 칸부터 사용하고, 전선관을 구분 시 빈칸으로 사용한다.
  ※ 단자대 첫 칸부터 빈 공간 없이 차례로 채우는 방법도 있다. 도중에 결선을 빠진 것을 쉽게 파악한다.
- 단자대와 소켓에 종이테이프를 붙인다.
  - 단자대 위에 직접 붙이거나 바깥쪽에 붙인다.
  - 기구가 여러 개 배열된 경우 한 번에 붙인다.
- 공통선 표시 조건
  - 동작회로도에 전선으로 직접 연결
  - 기구 배치도에서 같은 전선관 끝에 위치

※ 단자대 기구 이름 넣기

| 동작
회로도 | • 동작 상태 확인
• 배선 및 결선(릴레이 번호 부여)
• 기구 공통선 찾기 | | | | | | | | | | | | | 배관 및
기구 배치도 | • 전선관 종류(PE전선관, CD전선관, 케이블)
• 외부 기구 배치
• 단자대 기구 위치 파악 |

전원				RL1, RL2			PB0, PB1, PB2				GL, WL			
L1	L2	L3	PE	RL1	RL2	C1	0ⓑ	C2	1ⓐ	2ⓐ	GL	WL	C3	
1	2	3	4	5	6	7	8	9	10	11	12	13	14	15

2. 제어판 만들기

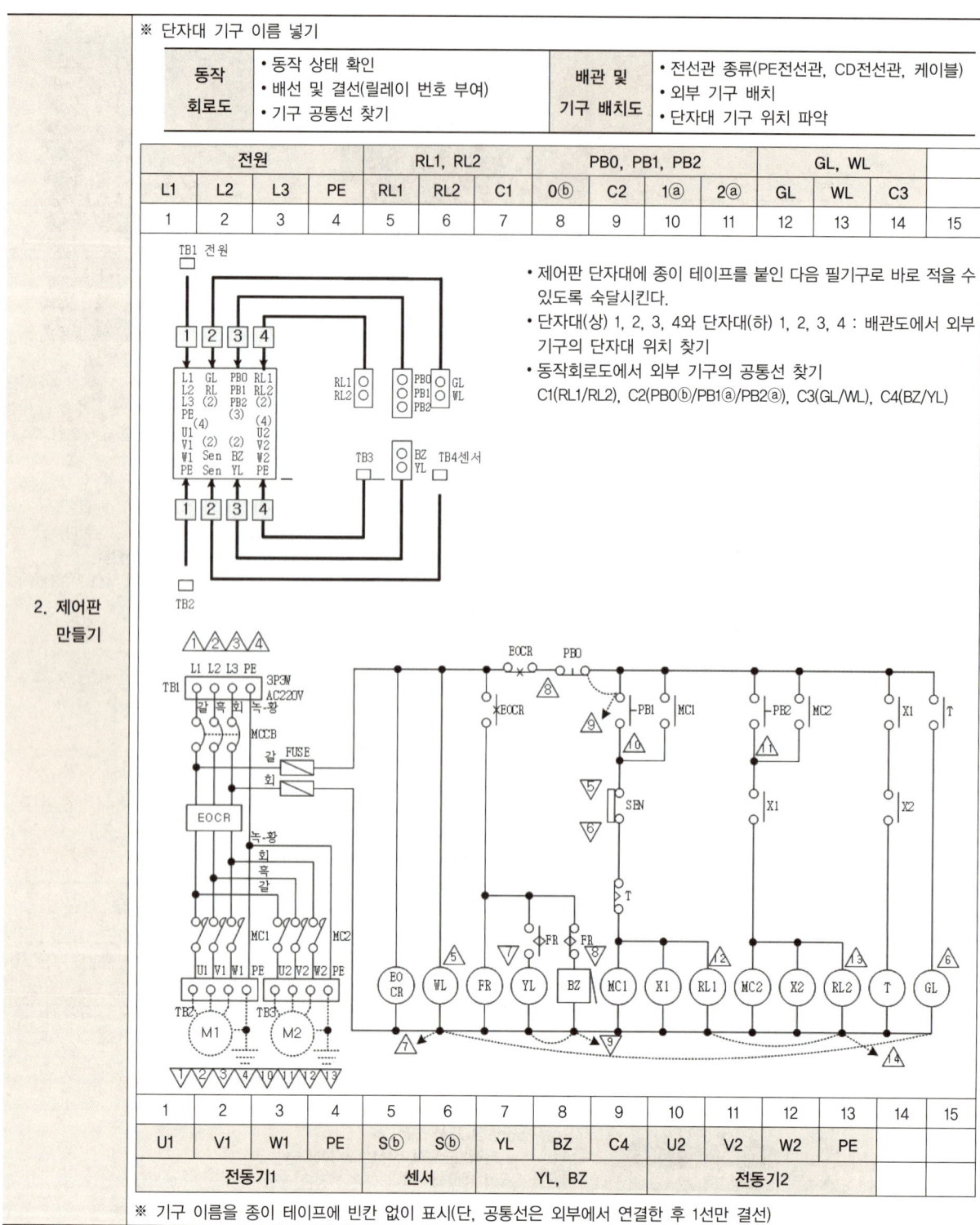

• 제어판 단자대에 종이 테이프를 붙인 다음 필기구로 바로 적을 수 있도록 숙달시킨다.
• 단자대(상) 1, 2, 3, 4와 단자대(하) 1, 2, 3, 4 : 배관도에서 외부 기구의 단자대 위치 찾기
• 동작회로도에서 외부 기구의 공통선 찾기
 C1(RL1/RL2), C2(PB0ⓑ/PB1ⓐ/PB2ⓐ), C3(GL/WL), C4(BZ/YL)

1	2	3	4	5	6	7	8	9	10	11	12	13	14	15
U1	V1	W1	PE	Sⓑ	Sⓑ	YL	BZ	C4	U2	V2	W2	PE		
전동기1				센서		YL, BZ			전동기2					

※ 기구 이름을 종이 테이프에 빈칸 없이 표시(단, 공통선은 외부에서 연결한 후 1선만 결선)

		㉯ 전원선의 색깔은 도면 제시된 전선색과 같게 연결한다.		
		주회로(도면원칙)	접지회로	제어회로
		L1(갈), L2(흑), L3(회)	녹-황	황

2. 제어판 만들기

㉰ 결선할 때 주의 사항
- 기구 사이에 전선통과 금지
- 나사 1개에 전선 최대 2가닥(단, 배선차단기(MCB), 퓨즈홀더(EF, F)는 1가닥만 연결)
- 결선할 때 나사의 파손, 피복이 물리지 않게 하고, 사용하지 않는 단자는 조여둔다.

㉠ 주회로 결선

※ 전동드라이버 힘 조절 : 기구 파손 원인
- 전원선은 L1, L2, L3 3선을 동시에, 접지선은 전원선 결선이 끝나면 작업한다.
  - 구간별로 3선을 동시에 길이를 재고 절단한다.
  - 3선의 피복을 벗기고 단자대 3칸에 색깔을 구분하여 연결한다.
  - 1선씩 구부려 전선을 배치한다.
  - 굴곡 부분에서는 3선을 동시에 구부린다.
  - 기구 결합 나사 위에 전선을 배치한다.
  - 나사의 1/2 지점에 절단하고 피복을 벗긴 후 결선한다.
- 전원선은 굵기가 두꺼워 작업하기 어렵고 시간이 많이 걸린다.

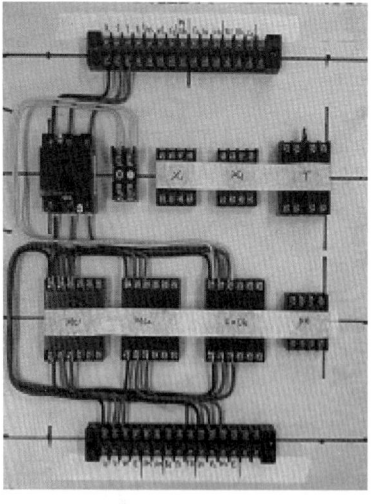

㉡ 제어회로 결선
- 시작과 끝단자는 1선, 경유 단자는 2선이 연결된다.
- 결선 후 시작 단자와 끝단자에 벨테스터기를 데어 결선을 확인한다.
- 결선은 전선의 수가 위와 아래 모선의 결선→ 모선 사이 중간 순으로 한다.
  - 14핀 릴레이 사용할 때는 아래 모선을 마지막에 결선한다.
- 전선수가 많은 경우 복선도를 그리거나 종이테이프 붙여 표시를 하여 결선하면 정확하고 신속하게 최단거리로 결선할 수 있다.

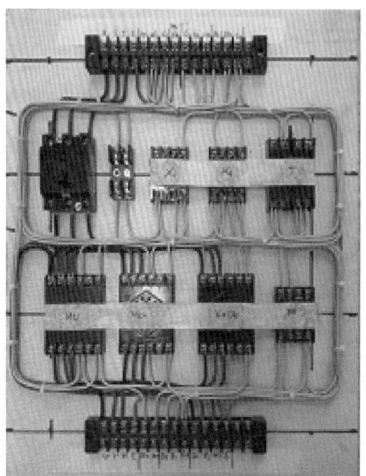

㉱ 동작 검사 및 케이블 타이 묶기

㉮ 제어판 고정
- 작업판에 고정할 때 전선관이나 외부 기구가 작업 범위를 벗어나지 않고 작업이 안정되게 할 수 있는 위치를 선정한다.
- 제어판이 수평과 수직 상태가 될 수 있도록 고정한다.
- 제어판 고정 나사가 너무 길어 미리 바닥에서 짧은 나사로 예비 구멍을 뚫어 둔다.

3. 작업판 기구 배치 및 고정

㉯ 전선관 새들 고정 위치

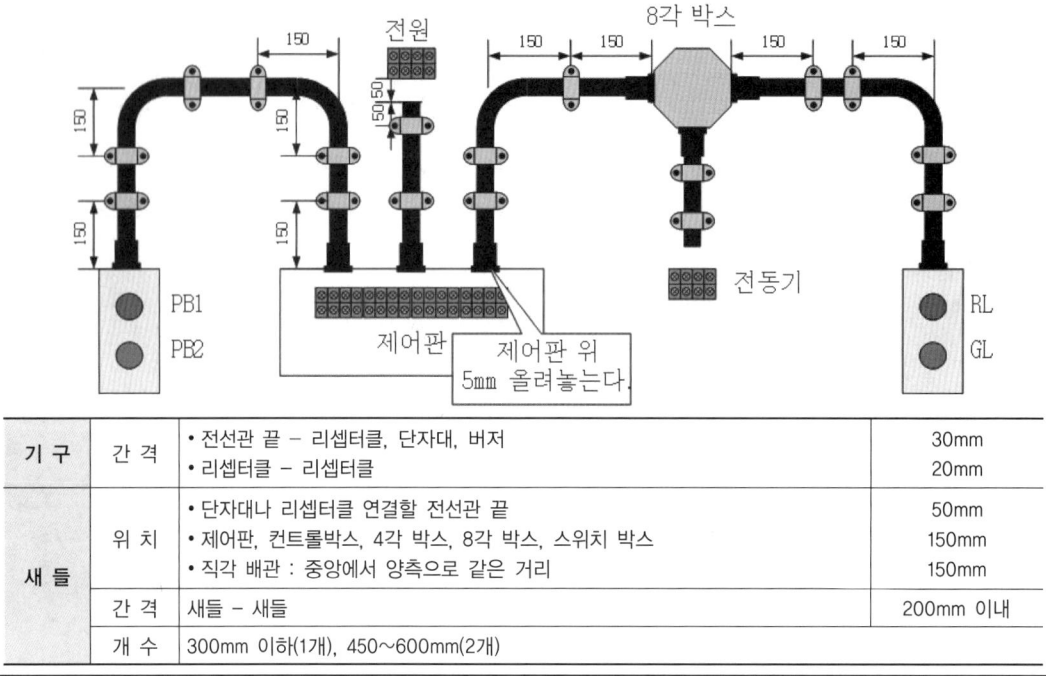

기 구	간 격	• 전선관 끝 - 리셉터클, 단자대, 버저 • 리셉터클 - 리셉터클	30mm 20mm
새 들	위 치	• 단자대나 리셉터클 연결할 전선관 끝 • 제어판, 컨트롤박스, 4각 박스, 8각 박스, 스위치 박스 • 직각 배관 : 중앙에서 양측으로 같은 거리	50mm 150mm 150mm
	간 격	새들 - 새들	200mm 이내
	개 수	300mm 이하(1개), 450~600mm(2개)	

3. 작업판 기구 배치 및 고정	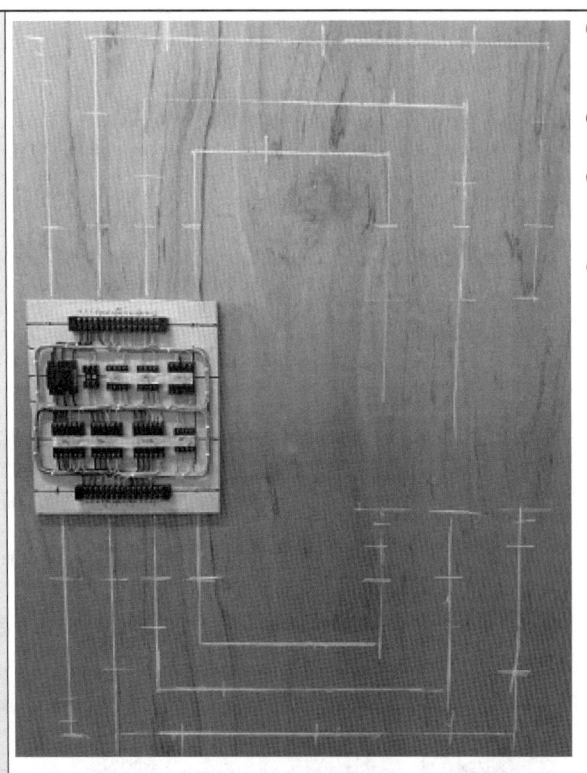	㉓ 작업판 제도 • 전선관 단위(ㅡ, ㄱ, ㄷ자)로 수직선과 수평선을 긋는다. ㉔ 기구 고정 위치와 이름을 표시한다(생략 가능). ㉕ 기구 고정 위치를 확인하고 외부 배선 기구를 고정한다. • 수평과 수직이 되도록 한다. ㉖ 새들 위치 표시 • 컨트롤박스(2구) 커버로 새들 위치를 표시한다. 　　맞추기　　새들 위치 표시 • 단자대는 컨트롤박스(2구) 커버 세로 방향을 활용한다.
	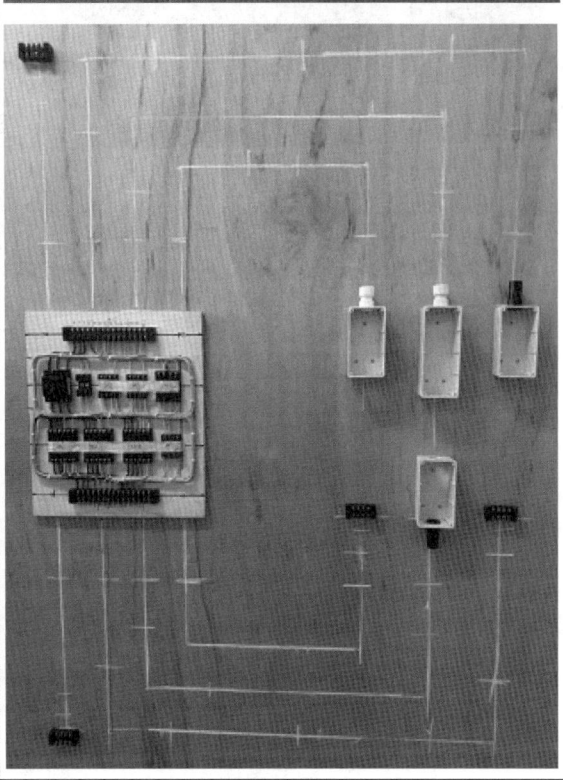	㉗ 컨트롤박스 몸체와 8각 박스에 전선관 커넥터를 연결한다. ※ PE 커넥터와 CD 커넥터를 반드시 구분할 것

4. 배관 작업	㉮ 배관 작업 방법(PE전선관, CD전선관, 케이블) 확인
	
	㉯ PE전선관
	• 펴기 : 전선관에 스프링을 넣고 바깥 부분에 무릎을 대고 직선에 가깝게 편다.
	• 길이 정하기 : 스프링으로 작업대에 그려진 표시를 따라 재고 1번을 넘는 경우 넘어선 부분을 손으로 표시한다.

	• 자르기
	  - 스프링을 전선관에 대고 측정된 길이 만큼 절단한다. 1번을 넘어선 경우 넘어선 부분부터 재고 1번은 마지막에 재고 절단한다.
	  - 쇠톱을 사용하나 전선관 커트기를 사용하면 빨리 정확히 자를 수 있다.
	• 굽히기 : 전선관 안에 스프링을 넣고 무릎을 이용하여 굽힌 다음 작업판에 붙이거나 전선관을 작업대에 붙인 다음 스프링을 넣고 손으로 굽히는 방법이 있다.
	※ 굽힘으로 줄어드는 길이는 개인 신체 조건 및 작업 방법에 따라 달라지기 때문에 연습을 통해 찾아 자신만의 치수를 정하도록 한다.
	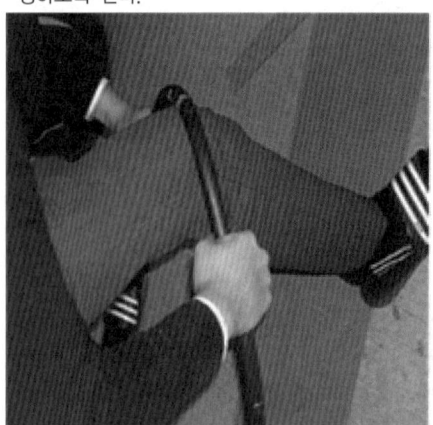 

	• 붙이기 : 전선관 커넥터가 있는 경우 먼저 끼워 고정한 후 표시된 새들점에 새들을 고정한다.
	
	㉰ CD전선관 배관 작업 : 스프링을 넣지 않고 모양을 만들며 표시된 새들점에 새들을 고정한다.

5. 입선 및 결선작업	㉮ 전선관에 전선 넣기 • 전선 길이 정하기 : 스프링으로 측정하고 충분한 여유가 있게 한다. • 전선의 가닥수가 최소가 되도록 하여 그 가닥수만큼 접어 절단한다. • 걸림이 발생하거나 여러 가닥 전선을 전선관에 넣는 경우 아래와 같이 진행한다. 　－ 전선의 앞부분을 모아 테이프로 단단히 감고 집어 넣는다. 　－ 인출선과 전선을 테이프로 묶어 작업한다. 　－ 1회용 커피 봉지의 개방된 쪽에 전선 끝을 모아 전선관에 밀어 넣는다. 도중에 전선을 빼내면 전선관이 막히기 때문에 1번에 성공해야 한다. 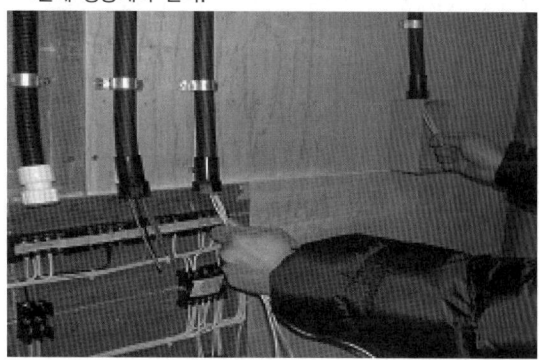	

㉯ 컨트롤박스 커버에 기구 부착 및 결선

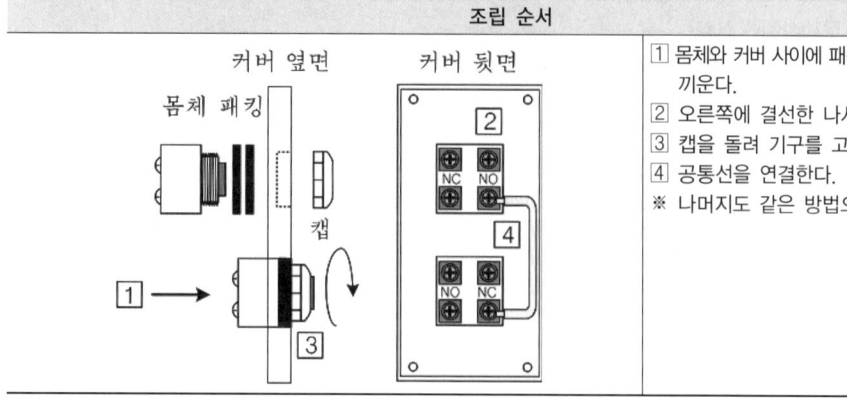

㉰ 제어판 단자대와 외부 기구 회로를 결선
• 고정된 컨트롤박스 몸체에 기구가 달린 커버를 클립이나 나사로 왼쪽에 고정하고 왼손으로 받쳐 잡고 작업하면 편리하다.

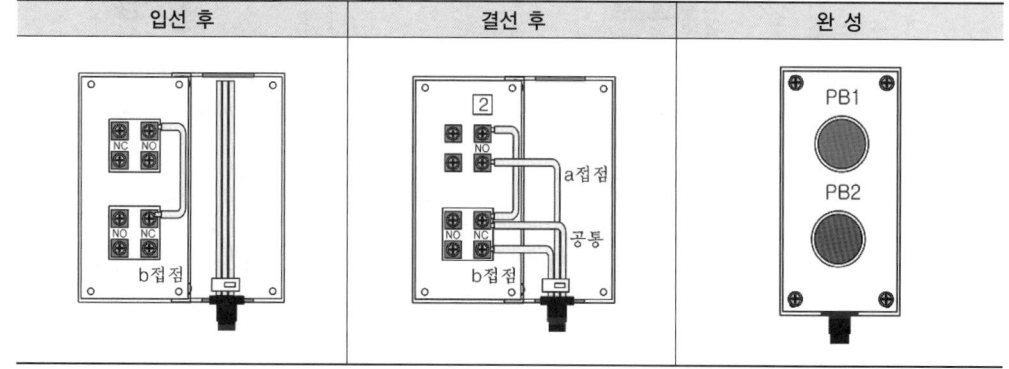

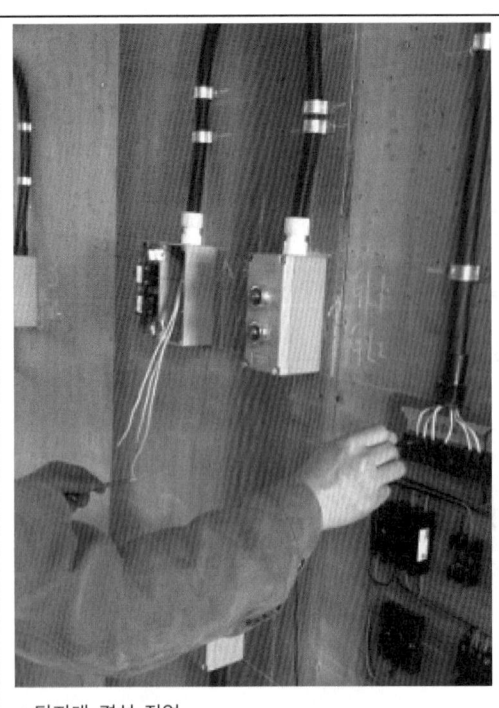

- 결선 순서는 단자대에 전선을 연결하고 외부 기구 단자(단자대, 푸시버튼, 램프 등)를 찾아 연결한다.
- 단자대 전선 연결은 전원선은 색깔 순서로 보조선은 순서에 관계 없이 임의로 연결하면 된다.
- 외부 기구 단자 연결은 전원이나 전동기는 색깔 순서로, 보조선은 벨테스터기를 단자대에 대고 반대쪽에 전선을 찾아 해당 기구에 결선한다.
- 공통선 연결은 외부 기구끼리 연결한 후 1선만 단자대에 연결한다.

5. 입선 및 결선작업

- 단자대 결선 작업

① 전선을 150mm 정도 여유를 남기고 전선관 쪽 전선을 타이로 묶는다.

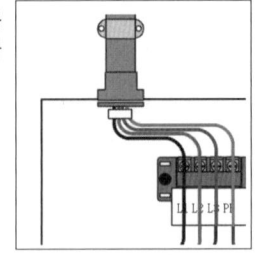

② 전선을 손가락을 이용해 굽혀 결합 나사로 전선을 배치한다.

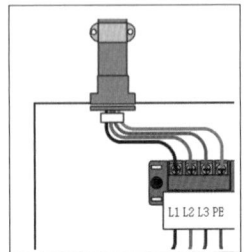

③ 결합 나사의 1/2 높이에서 절단한다.

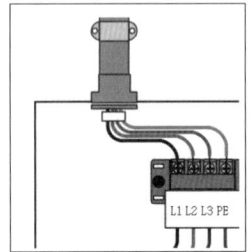

④ 전선 피복은 벗기기 쉽게 전선을 비틀어 벗긴 후 결선한다.

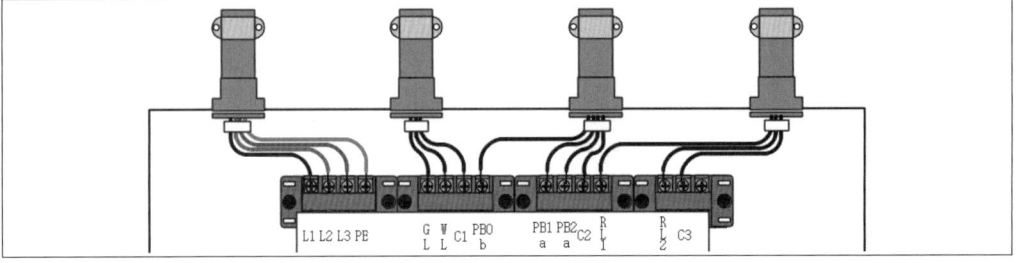

※ 주의 : 제어회로(임의), 전원선(도면 색깔)

6. 동작 시험 및 마무리	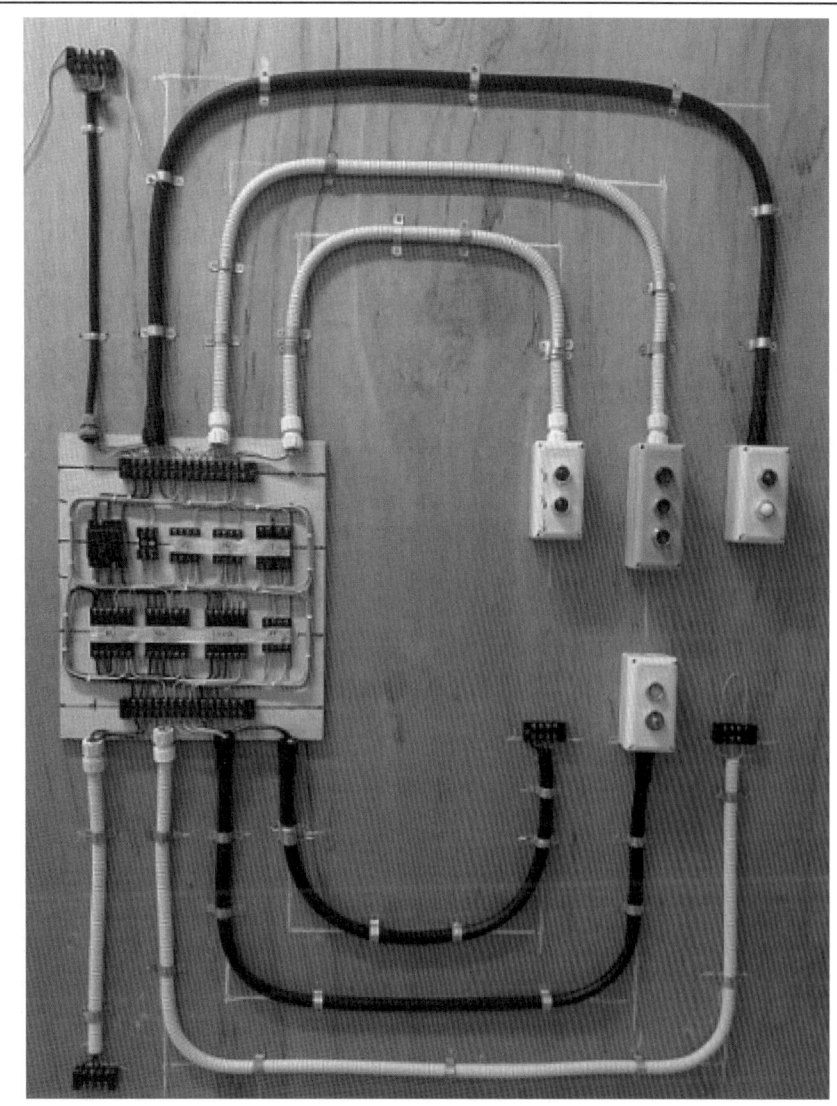 ㉮ 동작 검사 ㉯ 단자 조임 상태 확인 ㉰ 접지 공사 확인(외부 접지 : 전원 접지를 외부로 노출 후 나사못으로 고정한다) ㉱ 퓨즈 끼우기 ㉲ 케이블 타이 묶기 ㉳ 외부 전원선 만들기(100mm 정도) ㉴ 각종 기구 뚜껑 닫기

CHAPTER 02 실기(모의) 문제지

국가기술자격 실기시험문제

자격종목	전기기능사	과제명	전기 설비의 배선 및 배관 공사(1/9)

※ 문제지는 시험종료 후 본인이 가져갈 수 있습니다.

비번호		시험일시		시험장명	

※ 시험 시간 : 4시간 30분

1. 요구사항

가. 지급된 재료와 시험장 시설을 사용하여 제한 시간 내에 주어진 과제를 **안전에 유의**하여 완성하시오(단, 지급된 재료와 도면에서 요구하는 재료가 서로 상이할 수 있으므로 도면을 참고하여 필요한 재료를 지급된 재료에서 선택하여 작품을 완성하시오).

나. 배관 및 기구 배치 도면에 따라 배관 및 기구를 배치하시오(단, 제어판을 제어함이라고 가정하고 전선관 및 케이블을 접속하시오).

다. 전기 설비 운전 제어회로 구성
  1) 제어회로의 도면과 동작 사항을 참고하여 제어회로를 구성하시오.
  2) 전원 방식 : 3상 3선식 220V
  3) 전동기의 접속은 생략하고 접속할 수 있게 단자대까지 배선하시오.

라. 특별히 명시되어 있지 않은 공사 방법 등은 전기사업법령에 따른 행정규칙(전기설비기술기준, 한국전기설비규정(KEC))에 따릅니다.

2. 수험자 유의사항

※ 수험자 유의사항을 고려하여 요구사항을 완성하도록 합니다.

1) 시험 시작 전 지급된 재료의 이상 유무를 확인하고 이상이 있을 때에는 감독위원의 승인을 얻어 교환할 수 있습니다(단, 시험 시작 후 파손된 재료는 수험자 부주의에 의해 파손된 것으로 간주되어 추가로 지급받지 못 합니다).

2) 제어판을 포함한 작업판에서의 제반 치수는 mm이고 치수 허용 오차는 외관(전선관, 케이블, 박스, 전원 및 부하 측 단자대 등)은 ±30mm, 제어판 내부는 ±5mm입니다(단, 치수는 도면에 표시된 사항에 의하며 표시되지 않은 경우 부품의 중심을 기준으로 합니다).

3) 전선관 및 케이블의 수직과 수평을 맞추어 작업하고, 전선관의 곡률 반지름은 전선관 안지름의 6배 이상, 8배 이하로 작업해야 합니다.

4) 기구(컨트롤 박스, 8각 박스, 제어판, 단자대)와 전선관 및 케이블이 접속되는 부분에서 가까운 곳(300mm 이하)에 새들을 설치하고 전선관 및 케이블이 작업판에서 뜨지 않도록 새들을 적절히 배치하여 튼튼하게 고정합니다(단, 굴곡부가 없는 배관에서 기구와 기구 끝단 사이의 치수가 400mm 미만이면 새들 1개도 가능하고, 새들로 고정 시 나사를 2개 모두 체결해야 고정된 것으로 인정).

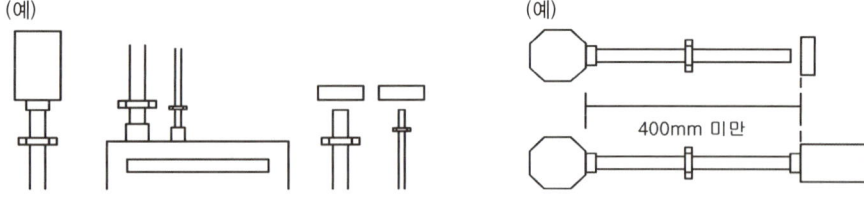

자격종목	전기기능사	과제명	전기 설비의 배선 및 배관 공사(2/9)

5) 기구(컨트롤 박스, 8각 박스, 제어판)와 전선관 및 케이블이 접속되는 부분에 전선관 및 케이블용 커넥터를 사용하고 제어판에 전선관 및 케이블용 커넥터를 5mm 정도 올리고 새들로 고정해야 합니다(단, 단자대와 전선관 또는 케이블이 접속되는 부분에 전선관 및 케이블용 커넥터를 사용하는 것을 금지합니다).

6) 전선의 열적 용량에 대한 전선관의 용적률은 고려하지 않습니다.

7) 컨트롤 박스에서 사용하지 않는 **홀(구멍)에 홀마개를 설치**합니다.

8) 제어판 내의 기구는 기구 배치도와 같이 균형 있게 배치하고 흔들림이 없도록 고정합니다.

9) 소켓(베이스)에 채점용 기기가 들어갈 수 있도록 작업합니다.

10) 제어판 배선은 미관을 고려하여 전면에 노출 배선(수평수직)하고 전선의 흐트러짐 등이 없도록 케이블 타이를 이용하여 균형 있게 배선합니다(단, 제어판 배선 시 **기구와 기구 사이의 배선을 금지**합니다).

11) 주회로는 2.5mm²(1/1.78) 전선, 보조회로는 1.5mm²(1/1.38) 전선(황색)을 사용하고 주회로의 전선 색상은 **L1은 갈색, L2는 흑색, L3은 회색**을 사용합니다.

12) 보호도체(접지) 회로는 **2.5mm²(1/1.78) 녹색-황색 전선**으로 배선해야 합니다.

13) 퓨즈홀더 1차 측 주회로는 각각 **2.5mm²(1/1.78) 갈색과 회색 전선**을 사용하고, 퓨즈홀더 2차 측 보조회로는 **1.5mm²(1/1.38) 황색 전선**을 사용하고, 퓨즈홀더에는 퓨즈를 끼워 놓아야 합니다.

14) 케이블의 색상이 주회로 색상과 상이한 경우 감독위원이 지정한 색상으로 대체합니다(단, 보호도체(접지) 회로 전선은 제외).

15) 단자에 전선을 접속하는 경우 나사를 견고하게 조입니다. 단자 조임 불량이란 피복이 제거된 나선이 2mm 이상 보이거나, 피복이 단자에 물린 경우를 말합니다(단, **한 단자에 전선 3가닥 이상 접속하는 것을 금지**합니다).

16) 전원과 부하(전동기) 측 단자대, 리밋 스위치의 단자대, 플로트레스 스위치의 단자대는 가로인 경우 왼쪽부터 세로인 경우 위쪽부터 각각 "L1, L2, L3, PE(보호도체)"의 순서, "U(X), V(Y), W(Z), PE(보호도체)"의 순서, "LS1, LS2"의 순서, "E1, E2, E3"의 순서로 결선합니다.

17) 배선점검은 회로시험기 또는 벨시험기만을 가지고 확인할 수 있고, 전원을 투입한 동작시험은 할 수 없습니다.

18) 전원 측 단자대는 동작시험을 할 수 있도록 전원선의 색상에 맞추어 100mm 정도 인출하고 피복은 전선 끝에서 약 10mm 정도 벗겨둡니다.

19) 전자접촉기, 타이머, 릴레이 등의 소켓(베이스)의 방향은 기구의 내부 결선도 및 구성도를 참고하여 홈이 아래로 향하도록 배치하고, 소켓 번호에 유의하여 작업합니다.

   ※ 기구의 내부 결선도 및 구성도와 지급된 채점용 기구 및 소켓(베이스)이 상이할 경우 감독위원의 지시에 따라 작업합니다.

20) 8P 소켓을 사용하는 기구(타이머, 릴레이, 플리커릴레이, 온도릴레이, 플로트레스 등)는 기구의 구분 없이 지급된 8P 소켓(베이스)을 적용하여 작업합니다(각 기구에 해당하는 소켓을 고려하지 않고 모두 동일하게 적용합니다).

21) 보호도체(접지)의 결선은 도면에 표시된 부분만 실시하고, 보호도체(접지)는 입력(전원) 단자대에서 제어판 내의 단자대를 거쳐 출력(부하) 단자대까지 결선하며, 도면에 별도로 표시하지 않더라도 모든 보호도체(접지)는 입력 단자대의 보호도체 단자(PE)와 연결되어야 합니다.

   ※ 기타 외부로의 보호도체(접지)의 결선은 실시하지 않아도 됩니다.

22) 기타 공사 방법 등은 감독위원의 지시사항을 준수하여 작업하며, 작업에 대한 문의사항은 시험 시작 전 질의하도록 하고 시험 진행 중에는 질의를 삼가도록 합니다.

23) 특별히 지정한 것 이외에는 전기사업법령에 따른 행정규칙(전기설비기술기준, 한국전기설비규정(KEC))에 의하되 외관이 보기 좋아야 하며 **안전성**이 있어야 합니다.

24) **시험 중 수험자는 반드시 안전 수칙을 준수해야 하며, 작업 복장 상태와 안전 사항 등이 채점대상이 됩니다.**

자격종목	전기기능사	과제명	전기 설비의 배선 및 배관 공사(3/9)

25) **다음 사항은 실격에 해당하며 채점 대상에서 제외됩니다.**
   - 과제 진행 중 수험자 스스로 작업에 대한 포기 의사를 표현한 경우
   - 지급재료 이외의 재료를 사용한 작품
   - 시험 중 시설·장비의 조작 또는 재료의 취급이 미숙하여 위해를 일으킬 것으로 감독위원 전원이 합의하여 판단한 경우
   - 기능이 해당 등급 수준에 전혀 도달하지 못한 것으로 감독위원 전원이 합의하여 판단한 경우
   - 시험 관련 부정에 해당하는 장비(기기)·재료 등을 사용하는 것으로 감독위원 전원이 합의하여 판단한 경우(시험 전 사전 준비작업 및 범용 공구가 아닌 시험에 최적화된 공구는 사용할 수 없음)
   - 시험 시간 내에 제출된 작품이라도 다음과 같은 경우
      (1) 제출된 과제가 도면 및 배치도, 시퀀스 회로도의 동작 사항, 부품의 방향, 결선 상태가 상이한 경우(전자접촉기, 타이머, 릴레이, 푸시버튼 스위치 및 램프 색상 등)
      (2) **주회로(갈색, 흑색, 회색)** 및 **보조회로(황색)** 배선의 전선 굵기 및 색상이 도면 및 유의사항과 상이한 경우
      (3) 제어판 밖으로 인출되는 배선이 제어판 내의 단자대를 거치지 않고 직접 접속된 경우
      (4) 제어판 내의 배선상태나 전선관 및 케이블 가공 상태가 불량하여 전기 공급이 불가한 경우
      (5) 제어판 내의 배선상태나 **기구의 접속 불가 등으로** 동작 상태의 확인이 불가한 경우
      (6) 보호도체(접지)의 결선을 하지 않은 경우와 **보호도체(접지) 회로(녹색-황색)** 배선의 전선 굵기 및 색상이 도면 및 유의사항과 다른 경우(단, 전동기로 출력되는 부분은 생략)
      (7) 컨트롤 박스 커버 등이 조립되지 않아 내부가 보이는 경우
      (8) 배관 및 기구 배치도에서 허용오차 ±50mm를 넘는 곳이 3개소 이상, ±100mm를 넘는 곳이 1개소 이상인 경우(**단, 박스, 단자대, 전선관, 케이블 등이 도면 치수를 벗어나는 경우 개별 개소로 판정**)
      (9) 기구(컨트롤 박스, 8각 박스, 제어판)와 전선관 및 케이블이 접속되는 부분에 전선관 및 케이블용 커넥터를 정상 접속하지 않은 경우(**미접속 및 불필요한 접속 포함**)
      (10) 기구(컨트롤 박스, 8각 박스, 제어판, 단자대)와 전선관 및 케이블이 접속되는 부분에서 가까운 곳(300mm 이하)에 새들의 고정이 누락된 경우(단, 굴곡부가 없는 배관에서 기구와 기구 끝단 사이의 치수가 400mm 미만이면 새들 1개도 가능)
      (11) 전선관 및 케이블을 말아서 배관한 경우
      (12) 전원과 부하(전동기) 측 단자대에서 L1, L2, L3, PE(보호도체)의 배치 순서와 U(X), V(Y), W(Z), PE(보호도체)의 배치 순서가 유의사항과 상이한 경우, 리밋 스위치 단자대에서 LS1, LS2의 배치 순서가 유의사항과 상이한 경우, 플로트레스 스위치 단자대에서 E1, E2, E3의 배치 순서가 유의사항과 상이한 경우
      (13) 한 단자에 전선 3가닥 이상 접속된 경우
      (14) 제어판 내의 배선 시 기구와 기구 사이로 수직 배선한 경우
      (15) 전기설비기술기준, 한국전기설비규정으로 공사를 진행하지 않은 경우
26) 시험 종료 후 완성작품에 한해서만 작동 여부를 감독위원으로부터 확인받을 수 있습니다.
27) 다음 시험의 원활한 진행을 위하여 수험자 본인의 작품 해체에 협조하여 주시기 바랍니다.

| 자격종목 | 전기기능사 | 과제명 | 전기 설비의 배선 및 배관 공사(4/9) | 척도 | NS |

3. 도면

1) 배관 및 기구 배치도

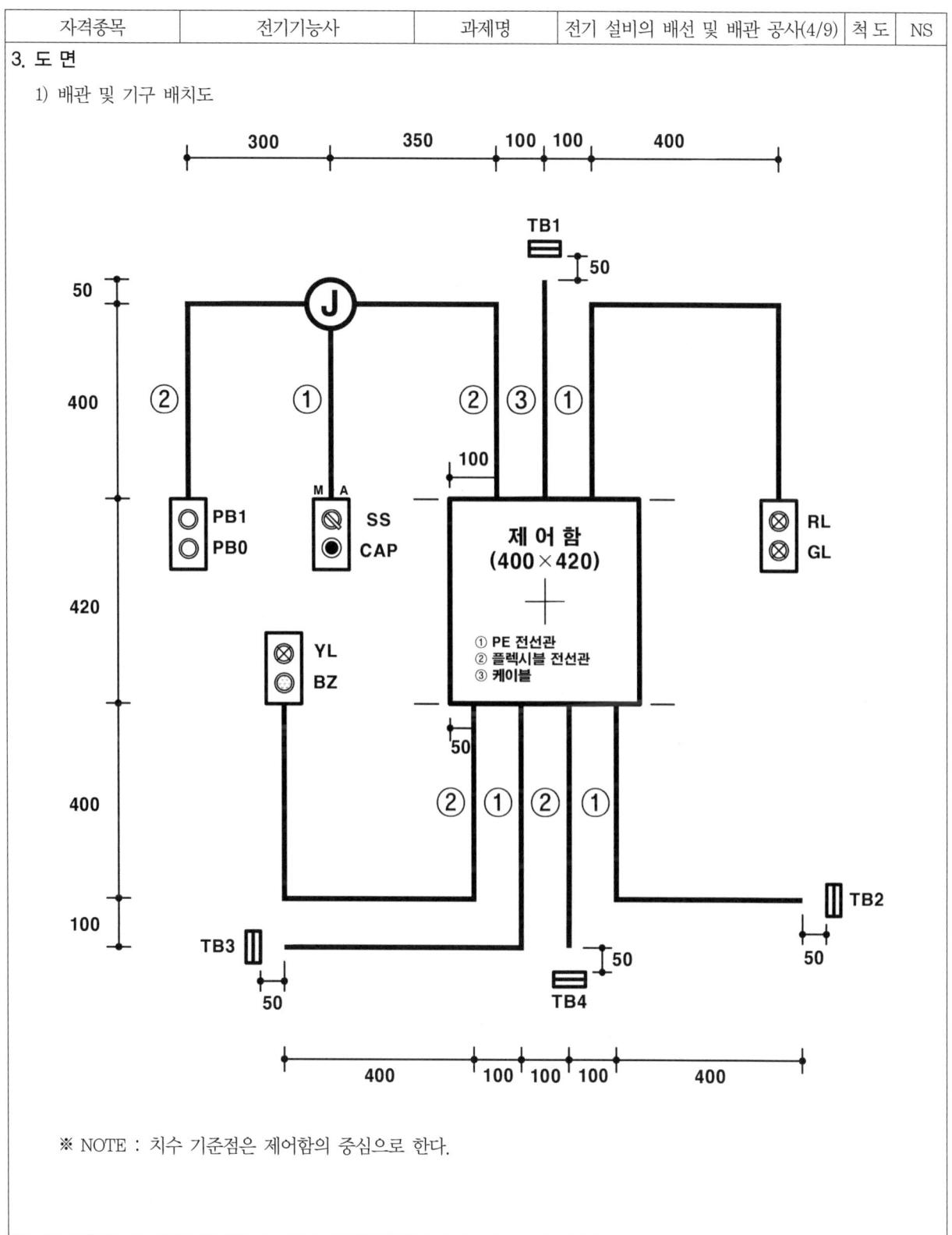

※ NOTE : 치수 기준점은 제어함의 중심으로 한다.

| 자격종목 | 전기기능사 | 과제명 | 전기 설비의 배선 및 배관 공사(5/9) | 척 도 | NS |

2) 제어함 내부 기구 배치

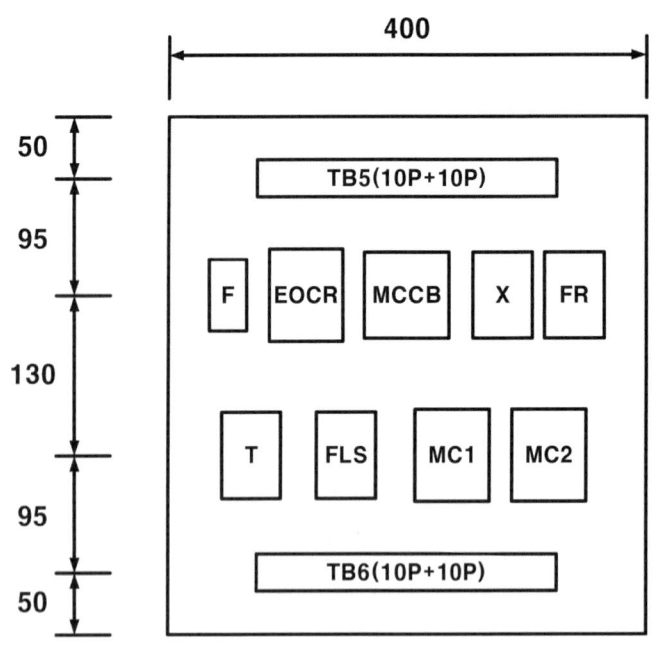

[범례]

기 호	명 칭	기 호	명 칭
TB1	전원(단자대 4P)	PB0	푸시버튼 스위치(적색)
TB2, TB3	전동기(단자대 4P)	PB1	푸시버튼 스위치(녹색)
TB4	플로트레스(단자대 4P)	SS	셀렉터 스위치
TB5, TB6	단자대(10P+10P)	YL	램프(황)
MC1, MC2	전자접촉기(12P)	GL	램프(녹색)
EOCR	EOCR(12P)	RL	램프(적색)
X	릴레이(8P)	BZ	버저
T	타이머(8P)	CAP	홀마개
FR	플리커릴레이(8P)	Ⓙ	8각 박스
FLS	플로트레스 스위치(8P)	F	퓨즈 및 퓨즈홀더
MCCB	배선용차단기		

| 자격종목 | 전기기능사 | 과제명 | 전기 설비의 배선 및 배관 공사(6/9) | 척 도 | NS |

3) 제어회로의 시퀀스 회로도(※ 본 도면은 시험을 위해서 임의 구성한 것으로 상용도면과 상이할 수 있습니다)

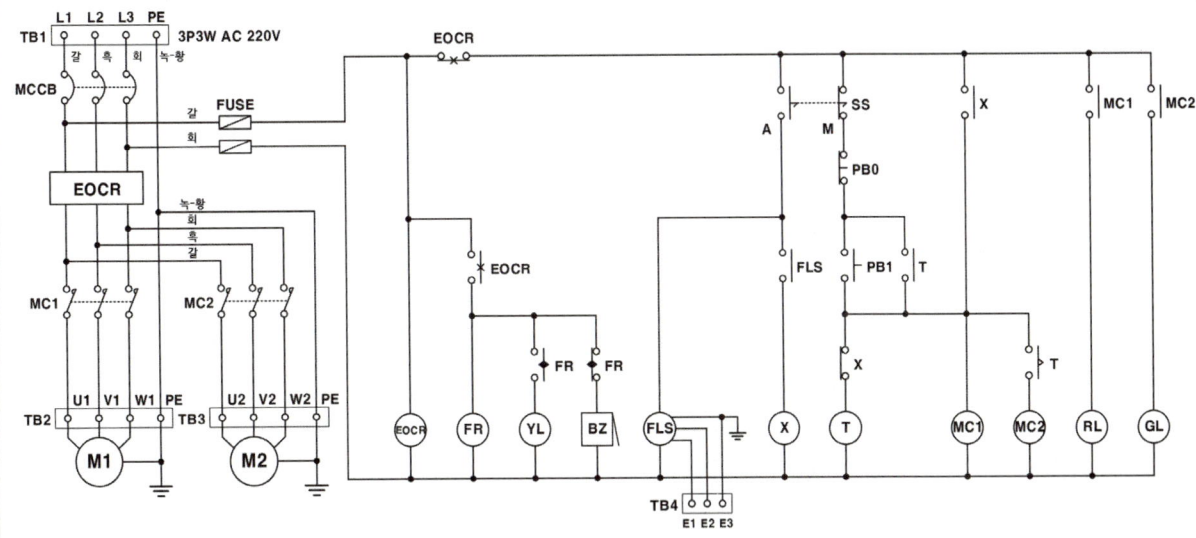

※ NOTE
- 플로트레스 스위치 FLS에서 TB4로 배선되는 E1, E2, E3는 보조회로 전선을 사용합니다.
- 플로트레스 스위치 FLS의 보호도체(접지) 결선은 제어판(TB6 또는 FLS 소켓)에서 보호도체 회로 전선으로 실시합니다.

[알아두기] 기능사 실기 검정에서는 동작회로도는 90° 회전한 세로형으로 배치하여 출제됩니다.

자격종목	전기기능사	과제명	전기 설비의 배선 및 배관 공사(7/9)	척도	NS

4) 제어회로의 동작 사항

가) MCCB를 통해 전원을 투입하면, 전자식 과전류계전기 EOCR에 전원이 공급된다.

나) 자동 운전 동작 사항

  (1) 셀렉터 스위치 SS를 A(자동) 위치에 놓으면 플로트레스 스위치 FLS에 전원이 공급되고, 플로트레스 스위치 FLS의 수위 감지가 동작되면, 릴레이 X, 전자접촉기 MC1이 여자되어, 전동기 M1이 회전하고, 램프 RL이 점등된다.

  (2) 전동기가 운전하는 중 플로트레스 스위치 FLS의 수위 감지가 해제되거나 셀렉터 스위치 SS를 M(수동) 위치에 놓으면, 제어회로 및 전동기의 동작은 모두 정지된다.

다) 수동 운전 동작 사항

  (1) 셀렉터 스위치 SS를 M(수동) 위치에 놓은 상태에서 푸시버튼 스위치 PB1을 누르면 타이머 T, 전자접촉기 MC1이 여자되어, 전동기 M1이 회전하고 램프 RL이 점등된다.

  (2) 타이머 T의 설정 시간 t초 후에 전자접촉기 MC2가 여자되어, 전동기 M2가 회전하고 램프 GL이 점등된다.

  (3) 전동기가 운전하는 중 푸시버튼 스위치 PB0를 누르거나 셀렉터 스위치 SS를 A(자동) 위치에 놓으면, 제어회로 및 전동기 동작은 모두 정지된다.

라) EOCR 동작 사항

  (1) 전동기가 운전하는 중 전동기의 과부하로 과전류가 흐르면, 전자식 과전류계전기 EOCR이 동작되어 전동기는 정지하고, 플리커릴레이 FR이 여자되고, 버저 BZ가 동작된다.

  (2) 플리커릴레이 FR의 설정 시간 간격으로 버저 BZ와 램프 YL이 교대로 동작된다.

  (3) 전자식 과전류계전기 EOCR을 리셋(RESET)하면 제어회로는 초기 상태로 복귀된다.

※ 동작 내용은 단순 참고 사항이며, 모든 동작은 시퀀스 회로를 기준으로 합니다.

| 자격종목 | 전기기능사 | 과제명 | 전기 설비의 배선 및 배관 공사(8/9) | 척도 | NS |

5) 기구의 내부 결선도 및 구성도

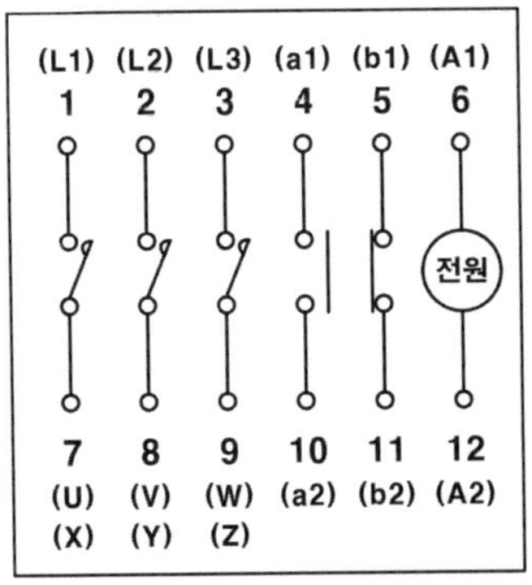

전자접촉기

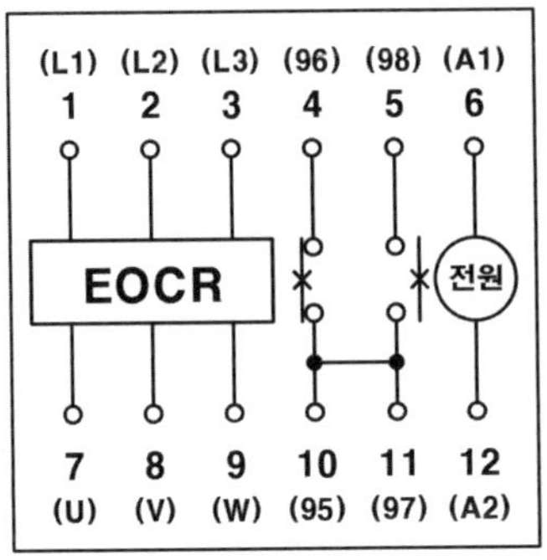

EOCR

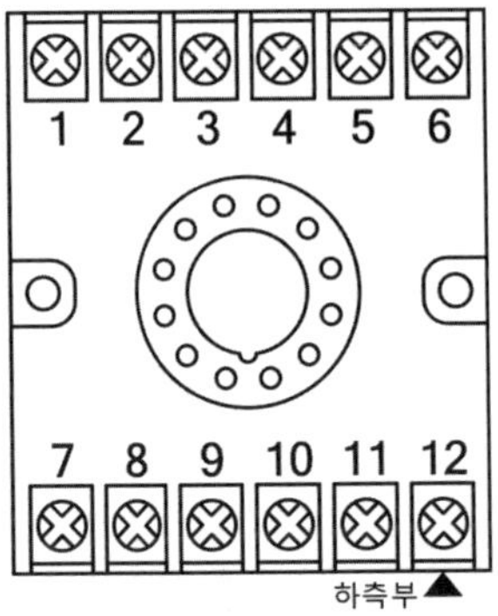

12P 소켓(베이스) 구성도

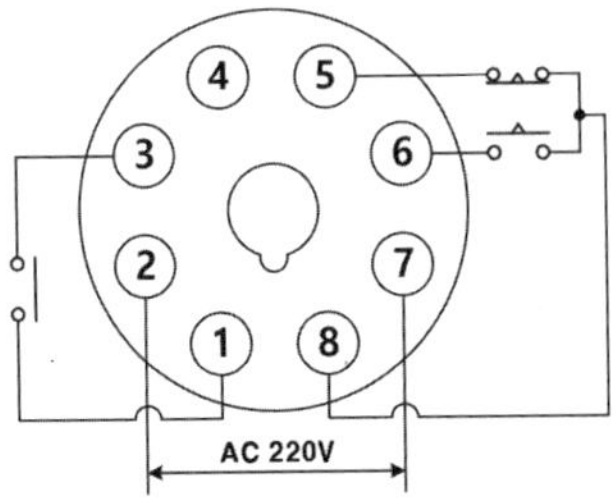

타이머

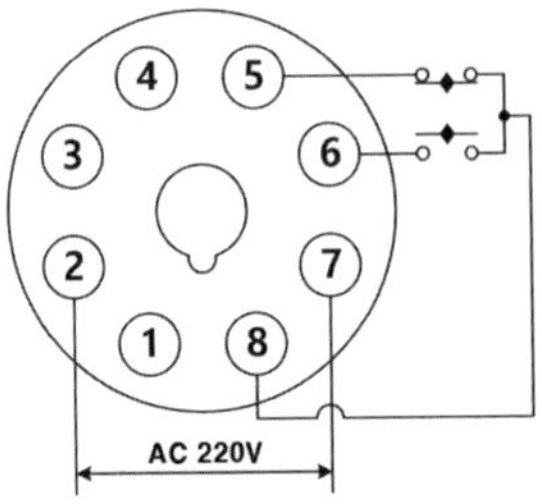

플리커릴레이

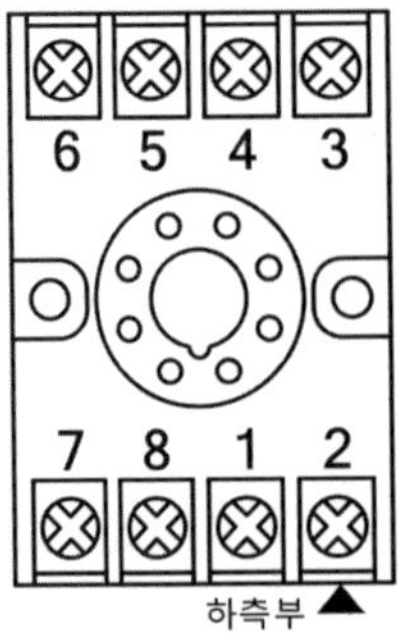

8P 소켓(베이스) 구성도

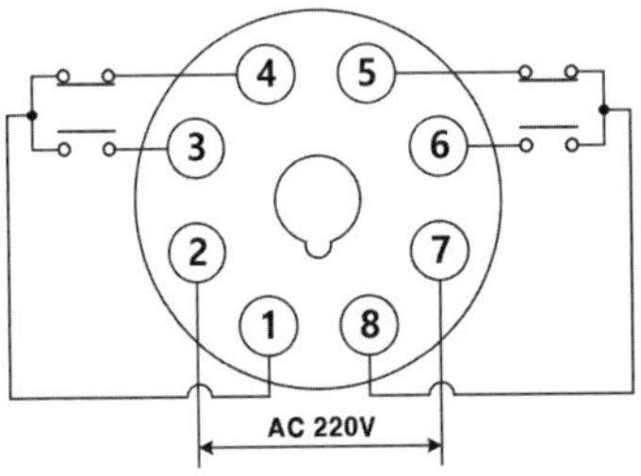

8P 릴레이

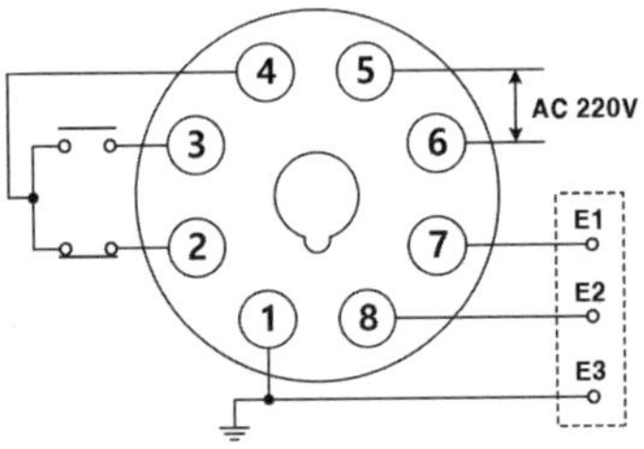

플로트레스 스위치

셀렉터 스위치

4. 지급재료 목록 (9/9)

자격종목	전기기능사

일련번호	재료명	규격	단위	수량	비고
1	합 판	400×420×12mm	장	1	
2	케이블타이	100mm	개	25	
3	나사못	3.5×25	개	4	납작머리
4	나사못	4×12	개	96	납작머리
5	나사못	4×16	개	16	둥근머리
6	나사못	4×20	개	18	둥근머리
7	케이블	4C 2.5mm^2	m	1	
8	케이블 새들	4C 케이블용	개	2	
9	케이블 커넥터	4C 케이블용	개	1	
10	유리관 퓨즈 및 홀더	250V 30A	개	1	퓨즈 10A 2개 포함
11	새 들	16mm 전선관용	개	40	
12	8각 박스	철제	개	1	
13	PE 전선관	16mm	m	6	
14	플렉시블 전선관	16mm	m	6	
15	커넥터	16mm	개	7	PE 전선관용
16	커넥터	16mm	개	7	플렉시블 전선관용
17	비닐절연전선	1.5mm^2(1/1.38), 황색	m	50	
18	비닐절연전선	2.5mm^2(1/1.78), 갈색	m	5	
19	비닐절연전선	2.5mm^2(1/1.78), 흑색	m	5	
20	비닐절연전선	2.5mm^2(1/1.78), 회색	m	5	
21	비닐절연전선	2.5mm^2(1/1.78), 녹색-황색	m	5	
22	단자대	10P 20A 220V	개	4	
23	단자대	4P 20A 220V	개	4	
24	배선용차단기	3P, AC250V, 30A	개	1	
25	12P 소켓	12P	개	3	12P 기구 겸용
26	8P 소켓	8P	개	4	8P 기구 겸용
27	램 프	25∅, 220V	개	3	적1, 녹1, 황1
28	푸시버튼 스위치	25∅, 1a1b	개	2	적1, 녹1
29	셀렉터 스위치	25∅, 1a1b	개	1	
30	버 저	25∅, 220V	개	1	
31	컨트롤 박스	25∅, 2구	개	4	
32	홀마개	25∅	개	1	재사용
33	전자접촉기	AC220V, 12P	개	2	채점용
34	EOCR	AC220V, 12P	개	1	채점용
35	타이머	AC220V, 8P	개	1	채점용
36	릴레이	AC220V, 8P	개	1	채점용
37	플리커릴레이	AC220V, 8P	개	1	채점용
38	플로트레스 스위치	AC220V, 8P	개	1	채점용

※ 국가기술자격 실기시험 지급재료는 시험 종료 후(기권, 결시자 포함) 수험자에게 지급하지 않습니다.

CHAPTER 03 채점 기준표

※ 전기기능사 시험 때마다 약간 달라질 수도 있음

NO	주요 항목	세부 항목	항목별 채점 방법	배 점
1	동 작	동작 사항 및 유의사항	① 회로도 요구대로 동작 : 25점 ② 한 곳이라도 동작이 안 되면 오동작이므로 채점대상에서 제외 ③ 유의사항의 불합격 조항에 해당되면 채점대상에서 제외	0, 25
2	배관 작업	전선관 굽힘	① 전선관 작업(L굽힘, 오프셋 등)이 잘되었으면 : 10점 ② 수평·수직 불량 및 곡률 반지름이 작거나(60D 이하) 과도하게 큰 경우(100D 이상) : 1개소마다 1점씩 감점 ※ D : 전선관의 안지름	0~10
		전선관 고정	① 전선관이 작업판에서 뜨지 않았고 견고하게 고정되었으며 새들의 수평과 수직이 모두 바르면 : 5점 ② 불량 개소(수평, 수직, 헐거움) : 1개소마다 1점씩 감점	0~5
		기구 고정 및 배치	① 기구 고정상태(수평, 수직, 헐거움) 및 방법이 잘 되었으면 : 5점 ② 기구 미부착(커넥터 등) 및 기구 고정 불량 : 1개소마다 1점씩 감점	0~5
3	배선 및 결선	전선의 색별 배선	① 전선의 색별 배선(L1상, L2상, L3상) 및 제어회로 전선 사용이 잘 되었으면 : 10점 ② 불량(1개소라도 전선 색별이 틀린 경우) : 0점	0, 10
		제어함 배선 상태	① 전선 배열의 수평, 수직과 전선의 흐트러짐 없이 양호하면 : 10점 ② 그렇지 않으면 : 1개소당 1점씩 감점(단, 기구와 기구 사이에 배선 시 0점)	0, 10
		제어함 배선 정리	① 케이블 타이로 전선의 묶음 및 균형배치가 양호하면 : 6점 ② 그렇지 않으면 : 0점	0, 6
		전원 준비 상태	① 퓨즈 삽입 여부 및 전원 측 인출선 등이 양호하면 : 3점 ② 그렇지 않으면 : 0점	0, 3
		단자 조임 상태	① 단자 조임 상태가 잘되었으면 : 10점 ② 한 단자에 3선 이상 1개소라도 물려 있으면 : 0점 ③ 불량 개소(파손, 피복 제거 및 물림, 사용하지 않는 단자가 열려 있는 경우 등) : 2개소 당 1점 감점	0~10
4	경제성	기구 파손	① 기구 파손이 없으면 : 4점 ② 불량 개소(기구 파손) : 1개소마다 1점씩 감점	0~4
5	치 수	제어함 내부 기구 배치도	① 기구 배치가 양호(±10mm 이내)하면 : 4점 ② 불량 개소(허용 오차를 초과하는 경우) : 1개소마다 2점씩 감점	0, 2, 4
		배관 및 기구 배치도	① 도면 치수가 양호하면 : 8점 ② 불량 개소(허용 오차를 초과하는 경우) : 1개소마다 2점씩 감점 ③ 배관 및 기구 배치도에서 허용 오차 ±50mm 이상일 경우 : 채점 대상에서 제외(단, 3개소 이상인 경우)	실격, 0, 2, 4, 6, 8
6	기 타	접 지	① 접지를 요구사항대로 했을 경우 ② 접지 누락 : 실격 ③ 시험에 따라 적용이 달라진다.	
합 계			100점	

CHAPTER 04 출제 경향

NO	작업명	제어판 크기(mm)(상/하 단자대)	구성 셀렉터 SW	8각 박스	부하(전동기, 히터 등)
1	전동기(정역) 제어	400 × 420 15P / 15P	·	1	1
2	컨베이어(정역) 제어	400 × 420 15P / 15P	·	1	1
3	전동기(정역순차) 제어	400 × 420 15P / 15P	1	1	1
4	공장동력 제어	400 × 420 15P / 15P	·	·	2
5	자동온도조절 장치	400 × 420 20P / 20P	·	1	2
6	급·배수처리 장치	400 × 420 20P / 20P	1	·	2
7	승강기 제어	400 × 420 20P / 20P	·	1	2
8	전동기(리밋-타이머) 제어	400 × 420 20P / 20P	1	·	2
9	전동기(배수회로) 제어 [공개 : 문제1~9], 기출유형	400 × 420 20P / 20P	1	1	2
10	전동기(리밋-순차) 제어 [공개 : 문제10~18], 기출유형	400 × 420 20P / 20P	·	1	2

※ 작업 시간은 4시간 30분으로 동일하며 연장 시간은 주어지지 않는다.

※ 2021년부터 2종류의 회로(18개 도면)를 공개하고 그중에서 변형하여 출제 중이다.

※ 똑같은 도면이 반복 출제되는 것이 아니라 회로도 및 배관, 제어판 기구 배치, 기구 추가 및 삭제 등을 변경시켜 출제되고 있다.

※ 1~7번의 도면이 출제되지는 않지만, 시퀀스 회로에 필수 도면이므로 많은 연습을 통해 이해하고 작업 순서와 정확한 방법을 익히도록 해야 한다.

CHAPTER 05 각종 릴레이 내부 회로도

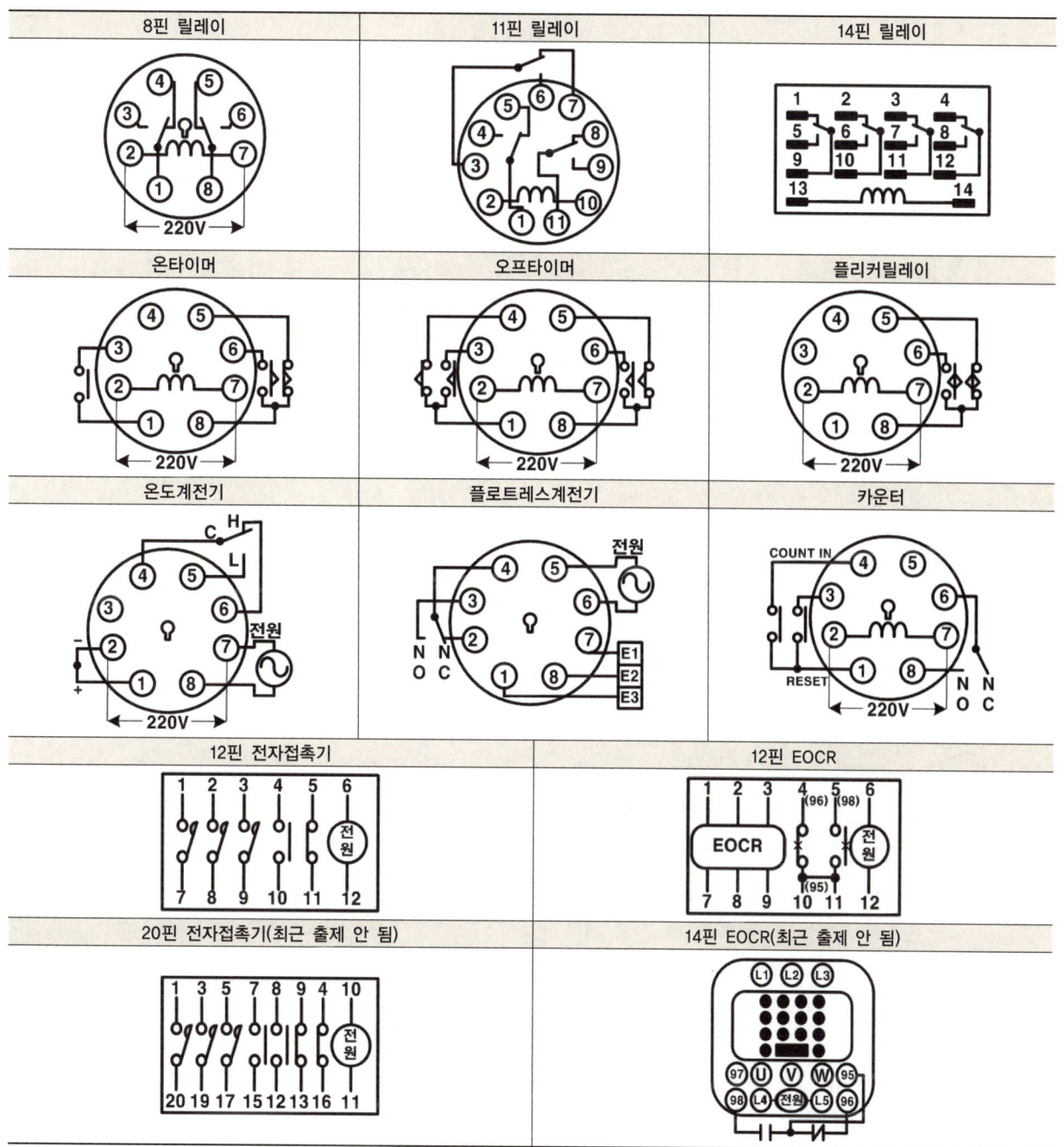

교육은 우리 자신의 무지를 점차 발견해 가는 과정이다.

– 윌 듀란트 –

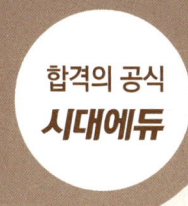

교육이란 사람이 학교에서 배운 것을 잊어버린 후에 남은 것을 말한다.

– 알버트 아인슈타인 –

우리 인생의 가장 큰 영광은 결코 넘어지지 않는 데 있는 것이 아니라
넘어질 때마다 일어서는 데 있다.

– 넬슨 만델라 –

Win-Q 전기기능사 실기

개정12판1쇄 발행	2026년 01월 05일 (인쇄 2025년 09월 22일)
초 판 발 행	2014년 07월 10일 (인쇄 2014년 05월 22일)
발 행 인	박영일
책 임 편 집	이해욱
편 저	박성운, 박지환
편 집 진 행	윤진영, 김경숙
표지디자인	권은경, 길전홍선
편집디자인	정경일, 박동진
발 행 처	(주)시대고시기획
출 판 등 록	제10-1521호
주 소	서울시 마포구 큰우물로 75 [도화동 538 성지 B/D] 9F
전 화	1600-3600
팩 스	02-701-8823
홈 페 이 지	www.sdedu.co.kr

I S B N	979-11-434-0038-3(13560)
정 가	23,000원

※ 저자와의 협의에 의해 인지를 생략합니다.
※ 이 책은 저작권법의 보호를 받는 저작물이므로 동영상 제작 및 무단전재와 배포를 금합니다.
※ 잘못된 책은 구입하신 서점에서 바꾸어 드립니다.

기능사 / 기사·산업기사 / 기능장 / 기술사

단기합격을 위한 완전 학습서
Win-Q
윙크시리즈
WIN QUALIFICATION

Win-Q
승강기기능사
필기+실기

Win-Q
전기기능사
필기

Win-Q
피복아크용접기능사
필기

Win-Q
컴퓨터응용선반·밀링기능사
필기

Win-Q
설비보전기능사
필기+실기

Win-Q
자동화설비기능사
필기

Win-Q
전산응용기계제도기능사
필기

Win-Q
화학분석기능사
필기+실기

자격증 취득에 승리할 수 있도록 Win-Q시리즈가 완벽하게 준비하였습니다.

Win-Q
위험물기능사
필기

Win-Q
환경기능사
필기+실기

Win-Q
화훼장식기능사
필기

Win-Q
원예기능사
필기+실기

Win-Q
공조냉동기계산업기사
필기

Win-Q
화학분석기사
필기

Win-Q
위험물산업기사
필기

Win-Q
소방설비기사[전기편]
필기

Win-Q
설비보전산업기사
필기+실기

Win-Q
가스산업기사
필기

Win-Q
에너지관리기사
필기

Win-Q
실내건축산업기사
필기

※ 도서의 이미지 및 구성은 변경될 수 있습니다.